U0172745

大学数学教学丛书

高等数学（下册）

王耀革　郭从洲　崔国忠　主编

科 学 出 版 社

北　京

内 容 简 介

本书依据理工类本科高等数学课程教学基本要求，并结合教学实践经验编写而成. 融入了课程思政元素，且将“结构分析–形式统一法”贯穿于教材，相比于同类教材，本书增加了部分内容，调整了一些内容的讲述顺序，内容更丰富，系统性更强.

本书在定理的证明和例题的求解之前增加了结构分析环节，展现了思路形成和解题方法设计的过程，突出了数学理性分析的特点；在重要的定义和知识点之后，增加了信息挖掘和抽象总结，优化学生的认知结构；增加了例题和习题的难度，并增加了结构分析的习题题型，突出分析和解决问题的培养和训练.

本书分上、下两册. 上册共 4 章，主要内容有：高等数学基础知识(数列和函数的极限、极限的运算、函数的连续性)、一元函数微分学及其应用、一元函数积分学及其应用、微分方程. 下册共 5 章，主要内容有：向量代数与空间解析几何、多元函数微分学及其应用、多元数量值函数积分学、向量值函数积分学、无穷级数.

本书可作为高等院校理工类非数学类专业高等数学课程教材，也可作为青年教师教学使用的参考书，同时也是一套学生自学的“学案”.

图书在版编目(CIP)数据

高等数学（全二册）/王耀革，郭从洲，崔国忠主编.—北京：科学出版社，2022.10

ISBN 978-7-03-073323-8

Ⅰ.①高… Ⅱ.①王… ②郭… ③崔… Ⅲ.①高等数学–高等学校–教材 Ⅳ.①O13

中国版本图书馆 CIP 数据核字(2022)第 180827 号

责任编辑：张中兴　梁　清　孙翠勤／责任校对：杨聪敏
责任印制：赵　博／封面设计：蓝正设计

科学出版社 出版
北京东黄城根北街 16 号
邮政编码：100717
http://www.sciencep.com
天津市新科印刷有限公司印刷
科学出版社发行　各地新华书店经销
*
2022 年 10 月第 一 版　开本：720 × 1000　1/16
2024 年 6 月第四次印刷　印张：49
字数：988 000

定价：**169.00** 元（上下册）
（如有印装质量问题，我社负责调换）

目　录

第 5 章　向量代数与空间解析几何

在平面解析几何中曾经利用平面直角坐标系将平面上的点用坐标表示出来，这样一个代数方程 $f(x,y)=0$ 就与平面上的一条曲线对应起来，进而可以用代数方法 (坐标法) 研究几何问题：一方面可以将几何问题转化为代数问题，可以进行量化处理，另一方面也可以通过代数问题的研究发现新的几何结论，这在上册一元微积分中已有体现. 本章先引进向量的概念，根据向量的线性运算建立空间坐标系，将空间点用坐标表示出来，对向量及其运算用坐标法进行量化处理，然后以向量为工具研究空间几何问题：包括空间的平面、直线、曲面和曲线等.

通过本章的学习，一方面要掌握研究空间几何问题的解析方法，掌握日常所见的很多曲面曲线的表示方法，另一方面也是为后面学习多元函数微分学和积分学的几何图形的描绘打基础.

5.1　向量及其线性运算

5.1节课件

5.1.1　向量的概念

在现实生活中，我们遇到的量常可以分为两种类型. 一类量在取定测量单位之后，只有大小没有方向，用一个实数就可以表示出来，如长度、面积、体积、温度、质量等，这类量称为**数量**，也称为**纯量**或**标量**. 另一类量不仅有大小，而且有方向，例如，描述一个物体运动的位移，只指出大小还不够，还要同时指出方向才算完整. 类似的量还很多，如力、速度、加速度、磁场强度与电场强度等物理量，这种既有大小，又有方向的量称为**向量**，也称为**矢量**.

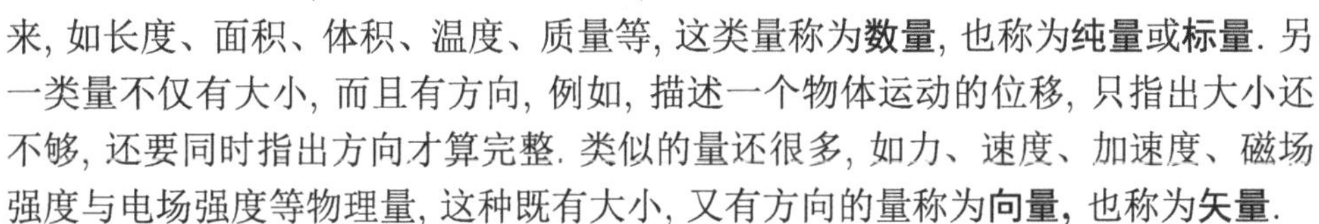

在数学上常以有向线段表示向量，如图 5-1 所示，$\overrightarrow{AB}$ 表示以 A 为起点，B 为终点的**向量**，有向线段的长度表示向量的大小，有向线段的方向表示向量的方向. 向量也可以用 $\vec{a}, \vec{b}, \vec{c}$ 或者用 $\boldsymbol{a}, \boldsymbol{b}$ 和 $\boldsymbol{c}$ 等黑体字母表示.

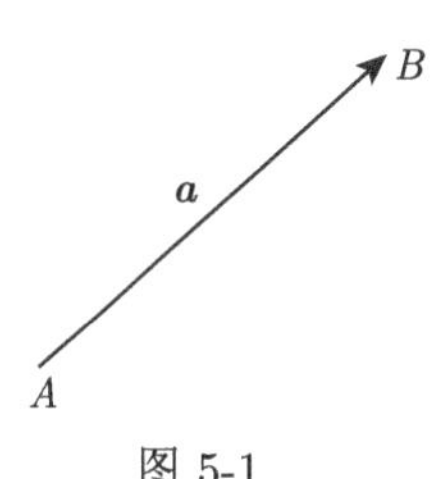

图 5-1

物理世界中，有些向量与起点有关，有些向量与起点无关. 在数学上，我们只研究与起点无关的向量即所谓的**自由向量**，这种向量可以将起点自由平移至任何地方而保持大小和方向不变. 我们把起点在原点的向量称为**向径**.

由于向量既有大小又有方向, 所以对两个自由向量而言, **两个向量相等**是指它们大小相等、方向相同, 记为 $\boldsymbol{a}=\boldsymbol{b}$. 向量的大小称为**向量的模**, 记为 $|\boldsymbol{a}|$, $|\overrightarrow{AB}|$. 称模为 1 的向量为单位向量; 模等于 0 的向量称为零向量, 记作 $\mathbf{0}$, 或者 $\vec{0}$, 零向量的起点与终点重合, 方向任意. 与向量 $\boldsymbol{a}$ 大小相同、方向相反的向量称为 $\boldsymbol{a}$ 的负向量, 记作 $-\boldsymbol{a}$.

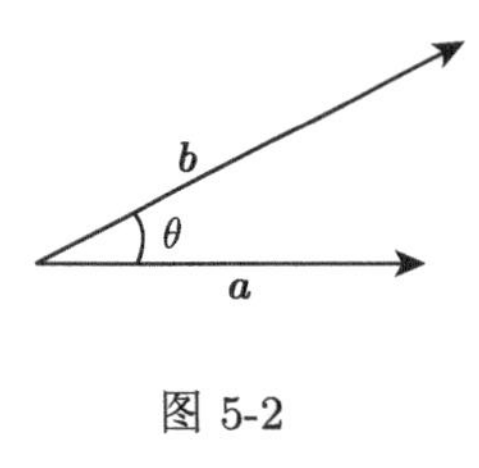

图 5-2

若将向量 $\boldsymbol{a}$, $\boldsymbol{b}$ 平移, 使它们的起点重合, 那么表示这两个有向线段的夹角 θ, 记作 $\widehat{(\boldsymbol{a},\boldsymbol{b})}$ 或 $\widehat{(\boldsymbol{b},\boldsymbol{a})}$, 即 $\widehat{(\boldsymbol{a},\boldsymbol{b})}=\theta$ 称为两向量 $\boldsymbol{a}$ 和 $\boldsymbol{b}$ 之间的夹角 (图 5-2), 规定 $0\leqslant\theta\leqslant\pi$. 特别地, 当 $\boldsymbol{a}$ 与 $\boldsymbol{b}$ 同向时, $\theta=0$; 当 $\boldsymbol{a}$ 与 $\boldsymbol{b}$ 反向时, $\theta=\pi$.

若两个非零向量 $\boldsymbol{a},\boldsymbol{b}$ 的方向相同或相反, 则称 $\boldsymbol{a}$ 和 $\boldsymbol{b}$ 平行, 记为 $\boldsymbol{a}//\boldsymbol{b}$; 显然零向量与任意向量平行.

两向量**共线**是指两向量平行时, 当将起点放在一起时, 起点和终点在同一直线上.

k 个向量**共面**是指 k 个向量起点放在同一点时, 起点和终点在同一平面上.

抽象总结 向量的大小和方向是组成向量的不可分割的两个部分, 也是向量与数量的根本区别所在. 因此, 在讨论向量的运算时, 必须把它的大小和方向统一起来考虑.

5.1.2 向量的线性运算

数量只有大小, 没有方向, 其加减乘除有很好的运算性质, 比如加法与乘法满足交换律、结合律及分配律等. 而向量有方向, 因此其运算性质必然不同于数量的运算, 其运算性质需要专门探讨.

1. 向量的加减法

根据力的合成原理, 我们定义向量的加法.

定义 5-1 经过平行移动使向量 $\boldsymbol{a}$ 与 $\boldsymbol{b}$ 的起点重合, 以它们为邻边的平行四边形的对角线向量 $\boldsymbol{c}$(如图 5-3), 称为向量 $\boldsymbol{a}$ 与 $\boldsymbol{b}$ 的和向量. 记作 $\boldsymbol{a}+\boldsymbol{b}$, 即 $\boldsymbol{c}=\boldsymbol{a}+\boldsymbol{b}$, 这种运算称为向量的加法.

求和向量的这一方法称为**平行四边形法则**. 加法也可以按照**三角形法则** (如图 5-4) 进行.

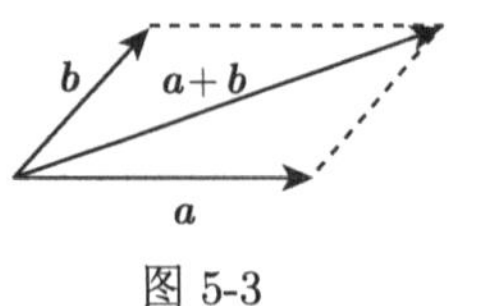

图 5-3

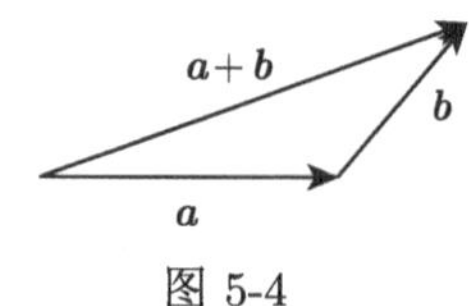

图 5-4

利用向量加法的三角形法则或平行四边形法则不难推出, 向量的加法满足以下运算规律

(1) 交换律：$\boldsymbol{a}+\boldsymbol{b}=\boldsymbol{b}+\boldsymbol{a}$.

(2) 结合律：$(\boldsymbol{a}+\boldsymbol{b})+\boldsymbol{c}=\boldsymbol{a}+(\boldsymbol{b}+\boldsymbol{c})$.

交换律示意如图 5-5 所示, 结合律示意图如图 5-6 所示.

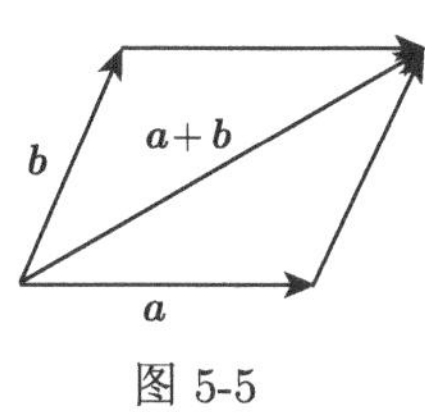

图 5-5

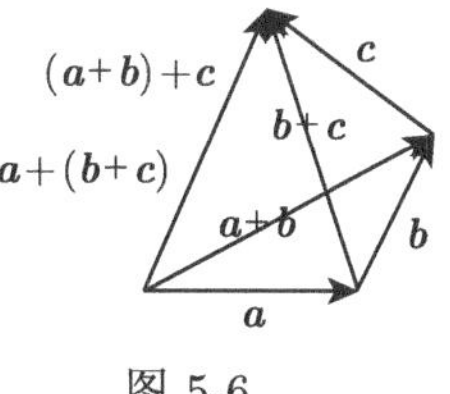

图 5-6

按照向量加法的交换律与结合律, 在求任意有限个向量 $\boldsymbol{a_1},\boldsymbol{a_2},\cdots,\boldsymbol{a_n}$ 的和 $\boldsymbol{a_1}+\boldsymbol{a_2}+\cdots+\boldsymbol{a_n}$ 时, 只要将这些向量按照首尾相接的方式连接起来, 那么, 从第一个向量的起点指向最后一个向量终点的向量就是这些向量的和向量：$\overrightarrow{OA_1}+\overrightarrow{A_1A_2}+\cdots+\overrightarrow{A_{n-1}A_n}=\overrightarrow{OA_n}$.

利用负向量, 可以规定向量的减法, 向量 $\boldsymbol{a}$ 和 $\boldsymbol{b}$ **的差**为 $\boldsymbol{a}-\boldsymbol{b}=\boldsymbol{a}+(-\boldsymbol{b})$, 向量的减法也可以用三角形法则表示, 如图 5-7 所示.

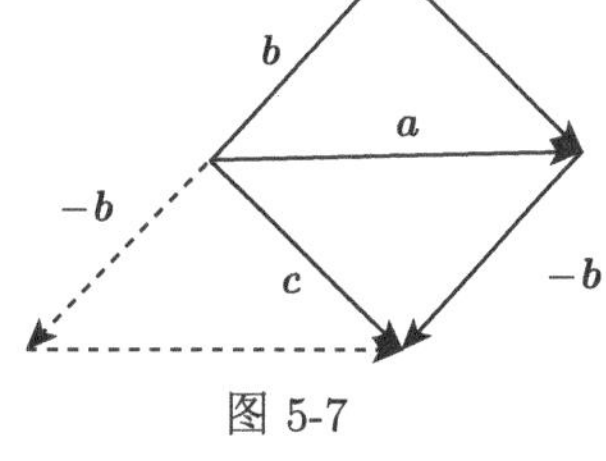

图 5-7

根据向量的加法和减法, 可知对任一向量 $\overrightarrow{AB}$ 及点 O, 有 $\overrightarrow{AB}=\overrightarrow{AO}+\overrightarrow{OB}=\overrightarrow{OB}-\overrightarrow{OA}$.

2. 向量与数的乘法 (简称数乘)

定义 5-2　向量 $\boldsymbol{a}$ 与实数 λ 的乘积是一个向量, 记作 $\lambda\boldsymbol{a}$, 规定

(1) 其大小为 $|\lambda\boldsymbol{a}|=|\lambda|\,|\boldsymbol{a}|$,

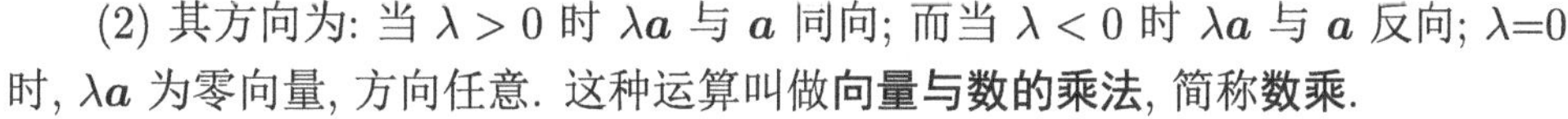

(2) 其方向为: 当 $\lambda>0$ 时 $\lambda\boldsymbol{a}$ 与 $\boldsymbol{a}$ 同向; 而当 $\lambda<0$ 时 $\lambda\boldsymbol{a}$ 与 $\boldsymbol{a}$ 反向; $\lambda=0$ 时, $\lambda\boldsymbol{a}$ 为零向量, 方向任意. 这种运算叫做**向量与数的乘法**, 简称**数乘**.

比如, $\dfrac{2}{3}\boldsymbol{a}$ 表示与 $\boldsymbol{a}$ 同向且长度为 $|\boldsymbol{a}|$ 的 $\dfrac{2}{3}$ 倍的向量, 而 $-\dfrac{1}{2}\boldsymbol{a}$ 表示与 $\boldsymbol{a}$ 反向且长度为 $|\boldsymbol{a}|$ 的 $\dfrac{1}{2}$ 倍的向量, 如图 5-8.

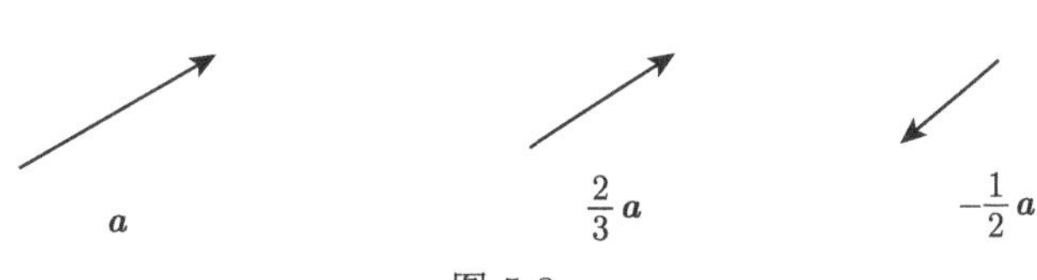

图 5-8

由定义, 不难推出向量与数的乘法满足

(1) 结合律：$\lambda(\mu\boldsymbol{a})=\mu(\lambda\boldsymbol{a})=(\lambda\mu)\boldsymbol{a}$.

(2) 分配律：$(\lambda+\mu)\boldsymbol{a}=\lambda\boldsymbol{a}+\mu\boldsymbol{a};\lambda(\boldsymbol{a}+\boldsymbol{b})=\lambda\boldsymbol{a}+\lambda\boldsymbol{b}$.

特别地, 对于非零向量 $\boldsymbol{a}$, 取 $\lambda=\dfrac{1}{|\boldsymbol{a}|}$, 则向量 $\lambda\boldsymbol{a}=\dfrac{\boldsymbol{a}}{|\boldsymbol{a}|}$ 的方向与 $\boldsymbol{a}$ 相同, 大小 $|\lambda\boldsymbol{a}|=\left|\dfrac{\boldsymbol{a}}{|\boldsymbol{a}|}\right|=\dfrac{1}{|\boldsymbol{a}|}\cdot|\boldsymbol{a}|=1$, 可见 $\dfrac{\boldsymbol{a}}{|\boldsymbol{a}|}$ 是与 $\boldsymbol{a}$ 同方向的单位向量, 记为 $\dfrac{\boldsymbol{a}}{|\boldsymbol{a}|}=\boldsymbol{e_a}$ 或 $\dfrac{\boldsymbol{a}}{|\boldsymbol{a}|}=\boldsymbol{a}^0$. 于是有

$$\boldsymbol{a}=|\boldsymbol{a}|\,\boldsymbol{e_a}.$$

抽象总结 任何非零向量可以表示为它的模与同方向单位向量的数乘.

进而可以得到下列定理.

定理 5-1 设向量 $\boldsymbol{a}$ 为非零向量, 则向量 $\boldsymbol{b}//\boldsymbol{a}$ 的充要条件是存在唯一实数 $\lambda\in\mathbf{R}$, 使 $\boldsymbol{b}=\lambda\boldsymbol{a}$.

证明 **充分性** 显然.

必要性 设 $\boldsymbol{b}//\boldsymbol{a}$, 并取数 λ：λ 的大小为 $|\lambda|=\dfrac{|\boldsymbol{b}|}{|\boldsymbol{a}|}$, λ 的符号按下述方式确定：

$$\boldsymbol{b}\text{与}\boldsymbol{a}\text{同向时},\lambda>0;\quad \boldsymbol{b}\text{与}\boldsymbol{a}\text{反向时},\lambda<0.$$

则有 $\boldsymbol{b}=\lambda\boldsymbol{a}$.

唯一性 设 $\boldsymbol{b}=\lambda\boldsymbol{a}$, $\boldsymbol{b}=\mu\boldsymbol{a}$, 则 $(\lambda-\mu)\boldsymbol{a}=0$, 所以 $|(\lambda-\mu)\boldsymbol{a}|=|\lambda-\mu|\,|\boldsymbol{a}|=0$, 因向量 $\boldsymbol{a}$ 为非零向量 $|\boldsymbol{a}|\neq0$, 故 $\lambda=\mu$.

注 与向量 $\boldsymbol{a}$ 同向的单位向量为 $\boldsymbol{a}^0=\dfrac{1}{|\boldsymbol{a}|}\boldsymbol{a}=\dfrac{\boldsymbol{a}}{|\boldsymbol{a}|}$, 而与 $\boldsymbol{a}$ 平行的单位向量有两个, 即 $\pm\dfrac{\boldsymbol{a}}{|\boldsymbol{a}|}$. 利用向量的线性运算, 有时可以很方便地证明一些几何命题.

例 1 设四边形 $ABCD$ 的两个对角线互相平分, 试用向量方法证明四边形 $ABCD$ 是平行四边形.

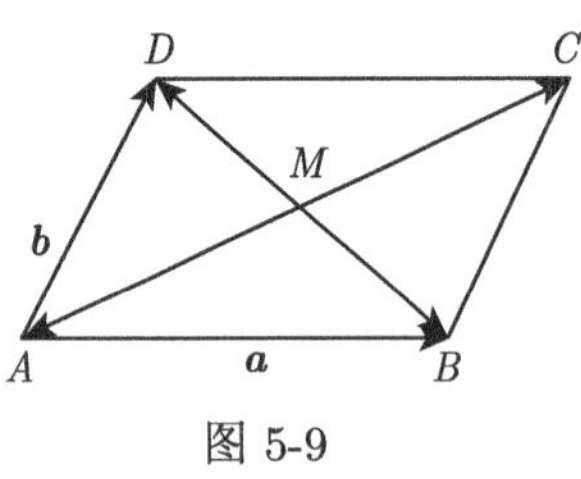

图 5-9

结构分析 类比向量的已知知识, 本题的思路是将线段的平行且相等转化为两个向量相等或互为负向量.

解 如图 5-9, 只需证明 $\overrightarrow{AD}=\overrightarrow{BC}$. 由于

$$\overrightarrow{AD}=\overrightarrow{MD}-\overrightarrow{MA},\quad \overrightarrow{BC}=\overrightarrow{MC}-\overrightarrow{MB},$$

而

$$\overrightarrow{MD}=-\overrightarrow{MB},\quad \overrightarrow{MC}=-\overrightarrow{MA},$$

所以 $\overrightarrow{MD}-\overrightarrow{MA}=\overrightarrow{MC}-\overrightarrow{MB}$, 即 $\overrightarrow{AD}=\overrightarrow{BC}$.

3. 向量的线性组合和向量的分解

以上定义的两个向量的加减法以及数乘运算, 统称为向量的线性运算, 这类运算可以推广到两个以上向量的情形, 例如, 有一组向量 $\boldsymbol{a}_1, \boldsymbol{a}_2, \cdots, \boldsymbol{a}_n$, 经过数乘和加减法运算后得到的表达式

$$\lambda_1\boldsymbol{a}_1 + \lambda_2\boldsymbol{a}_2 + \cdots + \lambda_n\boldsymbol{a}_n,$$

称为向量 $\boldsymbol{a}_1, \boldsymbol{a}_2, \cdots, \boldsymbol{a}_n$ 的线性组合, 其中 $\lambda_i(i = 1, 2, \cdots, n)$ 都是实数.

在科学技术中常会遇到相反的问题, 需要把一个向量分解成几何向量之和, 关于向量的分解有以下两个基本结论.

定理 5-2　设两向量 $\boldsymbol{a}, \boldsymbol{b}$ 不共线, 则向量 $\boldsymbol{c}$ 与 $\boldsymbol{a}, \boldsymbol{b}$ 共面的充要条件是存在唯一的两个实数 λ, μ 使得 $\boldsymbol{c} = \lambda\boldsymbol{a} + \mu\boldsymbol{b}$ 成立.

结构分析　当两向量 $\boldsymbol{a}, \boldsymbol{b}$ 不共线时, 任何一个与 $\boldsymbol{a}, \boldsymbol{b}$ 共面的向量 $\boldsymbol{c}$ 一定可以沿 $\boldsymbol{a}, \boldsymbol{b}$ 方向进行分解.

证明　必要性　若向量 $\boldsymbol{c}$ 与向量 $\boldsymbol{a}, \boldsymbol{b}$ 共面, 平行移动使它们的起点重合于 O 点, 过 $\boldsymbol{c}$ 的终点 R 分别引平行于 $\boldsymbol{a}$ 的直线交 $\boldsymbol{b}$ 所在的直线于 Q 点, 引平行于 $\boldsymbol{b}$ 的直线交 $\boldsymbol{a}$ 所在的直线于 P 点 (如图 5-10).

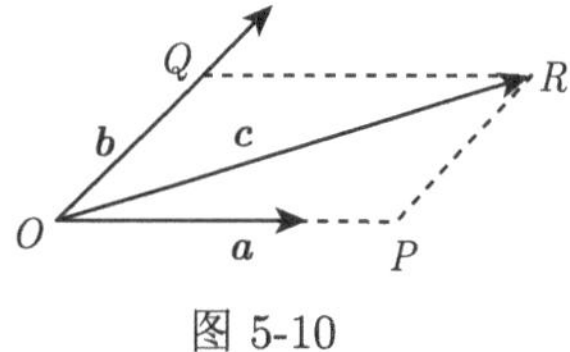

图 5-10

由定理 5-1, 因 $\overrightarrow{OP}$ 与 $\boldsymbol{a}$ 共线, 存在唯一实数 λ, 使得 $\overrightarrow{OP} = \lambda\boldsymbol{a}$; 因 $\overrightarrow{OQ}$ 与 $\boldsymbol{b}$ 共线, 存在唯一实数 μ, 使得 $\overrightarrow{OQ} = \mu\boldsymbol{b}$. 由向量加法的平行四边形法则, 可得

$$\boldsymbol{c} = \overrightarrow{OR} = \overrightarrow{OP} + \overrightarrow{OQ} = \lambda\boldsymbol{a} + \mu\boldsymbol{b}.$$

充分性　设 $\boldsymbol{c} = \lambda\boldsymbol{a} + \mu\boldsymbol{b}$ 成立, 由平行四边形法则, 向量 $\boldsymbol{c}$ 与 $\lambda\boldsymbol{a}$, $\mu\boldsymbol{b}$ 共面. 而 $\lambda\boldsymbol{a}$ 与 $\boldsymbol{a}$ 共线, $\mu\boldsymbol{b}$ 与 $\boldsymbol{b}$ 共线, 从而得证 $\boldsymbol{c}$ 与 $\boldsymbol{a}, \boldsymbol{b}$ 共面.

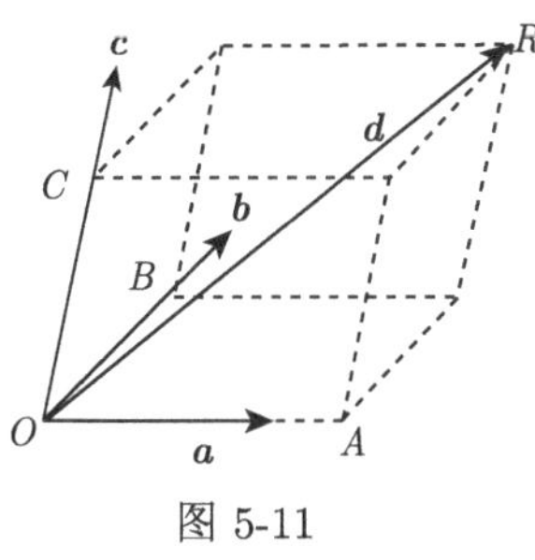

图 5-11

定理 5-3　若 $\boldsymbol{a}, \boldsymbol{b}, \boldsymbol{c}$ 三向量不共面, 则对于空间任一向量 $\boldsymbol{d}$, 总存在唯一的一组实数 λ, μ, γ, 使得 $\boldsymbol{d} = \lambda\boldsymbol{a} + \mu\boldsymbol{b} + \gamma\boldsymbol{c}$ 成立.

结构分析　任何一个向量总可以沿不共面的三个向量的方向进行分解.

证明　平行移动使向量 $\boldsymbol{a}, \boldsymbol{b}, \boldsymbol{c}, \boldsymbol{d}$ 的起点重合于 O 点, 过向量 $\boldsymbol{d}$ 的终点 R 分别作平行于 $\boldsymbol{b}$ 与 $\boldsymbol{c}$ 所决定的平面, 平行于 $\boldsymbol{a}$ 与 $\boldsymbol{c}$ 所决定的平面, 平行于 $\boldsymbol{a}$ 与 $\boldsymbol{b}$ 所决定的平面, 分别与 $\boldsymbol{a}, \boldsymbol{b}, \boldsymbol{c}$(或其延长线) 交于点 A, B, C(图 5-11), 则 $\overrightarrow{OR}$ 就是以 OA, OB, OC 为棱的平行六面体的对角线向量, 由向量的加法得 $\boldsymbol{d} = \overrightarrow{OR} = \overrightarrow{OA} + \overrightarrow{OB} + \overrightarrow{OC}$.

根据定理 5-1, $\overrightarrow{OA}$ 与 $\boldsymbol{a}$ 共线, 存在唯一实数 λ, 使得 $\overrightarrow{OA}=\lambda\boldsymbol{a}$; 因 $\overrightarrow{OB}$ 与 $\boldsymbol{b}$ 共线, 存在唯一实数 μ, 使得 $\overrightarrow{OB}=\mu\boldsymbol{b}$; $\overrightarrow{OC}$ 与 $\boldsymbol{c}$ 共线, 存在唯一实数 γ, 使得 $\overrightarrow{OC}=\gamma\boldsymbol{c}$. 于是

$$\boldsymbol{d}=\overrightarrow{OR}=\overrightarrow{OA}+\overrightarrow{OB}+\overrightarrow{OC}=\lambda\boldsymbol{a}+\mu\boldsymbol{b}+\gamma\boldsymbol{c}.$$

例 2 设向量 $\boldsymbol{e}_1,\boldsymbol{e}_2,\boldsymbol{e}_3$ 非零不共面, 验证向量 $\boldsymbol{a}=3\boldsymbol{e}_1+\boldsymbol{e}_2$, $\boldsymbol{b}=4\boldsymbol{e}_2+3\boldsymbol{e}_3$, $\boldsymbol{c}=-4\boldsymbol{e}_1+\boldsymbol{e}_3$ 共面.

证明 设 $\boldsymbol{c}=\lambda\boldsymbol{a}+\mu\boldsymbol{b}$, 其中 λ,μ 为待定实数, 把已知的向量 $\boldsymbol{a},\boldsymbol{b},\boldsymbol{c}$ 代入, 得等式

$$-4\boldsymbol{e}_1+\boldsymbol{e}_3=\lambda(3\boldsymbol{e}_1+\boldsymbol{e}_2)+\mu(4\boldsymbol{e}_2+3\boldsymbol{e}_3),$$

即 $(3\lambda+4)\boldsymbol{e}_1+(\lambda+4\mu)\boldsymbol{e}_2+(3\mu-1)\boldsymbol{e}_3=\boldsymbol{0}$, 于是得 $\begin{cases}3\lambda+4=0,\\ \lambda+4\mu=0,\\ 3\mu-1=0,\end{cases}$ 解之得 $\lambda=-\dfrac{4}{3},\mu=\dfrac{1}{3}$, 从而等式 $\boldsymbol{c}=-\dfrac{4}{3}\boldsymbol{a}+\dfrac{1}{3}\boldsymbol{b}$ 成立. 依定理 5-2 知, 向量 $\boldsymbol{a},\boldsymbol{b},\boldsymbol{c}$ 共面.

4. 向量的投影

定义 5-3 设有一个点 A 及一轴 l, 过点 A 作轴 l 的垂直平面与轴 l 交于 A', 称 A' 为**点 A 在轴 l 上的投影**.

定义 5-4 设一向量 $\overrightarrow{AB}$ 的起点 A 与终点 B 在轴 l 上的投影分别为 A' 和 B'(图 5-12), 称有向线段 $\overline{A'B'}$ 的值 $A'B'$ 为**向量 $\overrightarrow{AB}$ 在轴 l 上的投影**. 记作 $\mathrm{Prj}_l\overrightarrow{AB}=A'B'$.

定理 5-4 向量 $\overrightarrow{AB}$ 在轴 l 上的投影等于它的模乘以它与轴 l 的夹角的余弦, 即

$$\mathrm{Prj}_l\overrightarrow{AB}=\left|\overrightarrow{AB}\right|\cos(\widehat{\overrightarrow{AB},l}).$$

证明 过点 A 作平行于轴 l 的轴 l', l' 与过点 B 且垂直于轴 l 的平面交于 B'', 如图 5-13 所示, 于是 $AB''//A'B'$, 而 $AB''=\left|\overrightarrow{AB}\right|\cos(\widehat{\overrightarrow{AB},l'})=\left|\overrightarrow{AB}\right|\cos(\widehat{\overrightarrow{AB},l})$, 记 $(\widehat{\overrightarrow{AB},l'})=\varphi$, 故有

$$\mathrm{Prj}_l\overrightarrow{AB}=\mathrm{Prj}_{l'}\overrightarrow{AB}=\left|\overrightarrow{AB}\right|\cos\varphi.$$

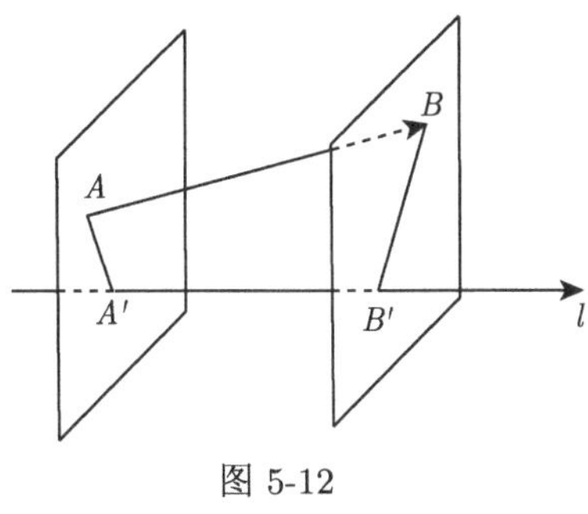

图 5-12

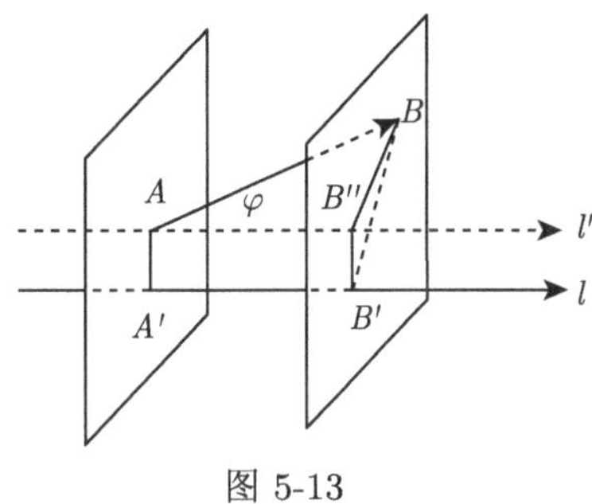

图 5-13

说明　(1) 当 $0 \leqslant \varphi < \dfrac{\pi}{2}$ 时, 向量的投影为正值; 当 $\dfrac{\pi}{2} < \varphi \leqslant \pi$ 时, 向量的投影为负值; 当 $\varphi = \dfrac{\pi}{2}$ 时, 向量的投影为零.

(2) 两个向量的和在同一轴上的投影等于两个向量在该轴上的投影之和, 即 $\mathrm{Prj}_l(\boldsymbol{a}_1 + \boldsymbol{a}_2) = \mathrm{Prj}_l\boldsymbol{a}_1 + \mathrm{Prj}_l\boldsymbol{a}_2$, 如图 5-14 所示. 该结论可推广到有限多个向量.

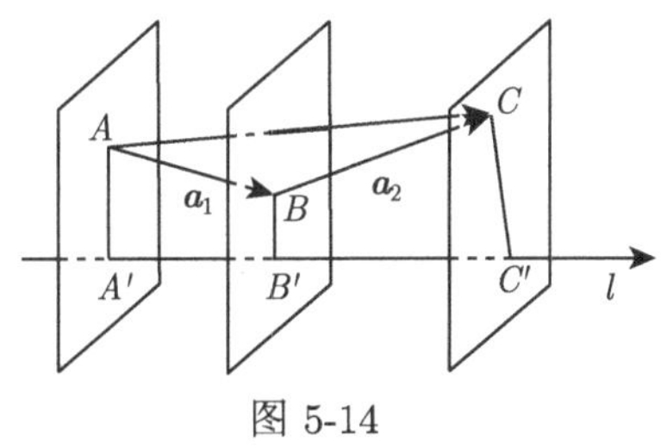

图 5-14

习　题　5-1

1. 设 $\boldsymbol{u} = \boldsymbol{a} - \boldsymbol{b} + 2\boldsymbol{c}, \boldsymbol{v} = -\boldsymbol{a} + 3\boldsymbol{b} - \boldsymbol{c}$. 试用 $\boldsymbol{a}, \boldsymbol{b}, \boldsymbol{c}$ 表示 $2\boldsymbol{u} - 3\boldsymbol{v}$.
2. 设 $\boldsymbol{a} = 2\boldsymbol{u} + \boldsymbol{v} - \boldsymbol{w}, \boldsymbol{b} = \boldsymbol{u} - 4\boldsymbol{v} - 5\boldsymbol{w}, \boldsymbol{c} = -4\boldsymbol{u} + 2\boldsymbol{v} + \boldsymbol{w}$, 求 $2\boldsymbol{a} - 2\boldsymbol{b} + 3\boldsymbol{c}$.
3. 已知 M 是线段 CD 的中点, 证明对任意一点 O, $\overrightarrow{OM} = \dfrac{1}{2}\left(\overrightarrow{OC} + \overrightarrow{OD}\right)$.
4. 用向量的方法证明：梯形两腰中点的连线平行底边且等于两底边和的一半.
5. 用向量方法证明：平行四边形的对角线互相平分.
6. 已知平行四边形 $ABCD$ 的对角线 $\overrightarrow{AC} = \boldsymbol{a}, \overrightarrow{BD} = \boldsymbol{b}$, 求 $\overrightarrow{BA}, \overrightarrow{AD}, \overrightarrow{DC}, \overrightarrow{CB}$.
7. 在 $\triangle ABC$ 中, O 是外心, G 是重心, H 是垂心. 求证：$\overrightarrow{OG} = \dfrac{1}{3}(\overrightarrow{OA} + \overrightarrow{OB} + \overrightarrow{OC})$; $\overrightarrow{OH} = \overrightarrow{OA} + \overrightarrow{OB} + \overrightarrow{OC}$.

5.2 空间直角坐标系与向量的坐标表示

5.2.1 空间直角坐标系

1. 空间直角坐标系的概念

在空间任取一点 O, 做三条互相垂直的数轴: x 轴 (横轴), y 轴 (纵轴), z 轴 (竖轴), 三轴的单位向量依次为 $\boldsymbol{i}, \boldsymbol{j}, \boldsymbol{k}$. 它们的排列顺序, 按右手定则, 即用右手握住 z 轴, 使拇指指向 z 轴的正向时, 四指指向 x 轴正向, 握拳转过 $\dfrac{\pi}{2}$ 角度后刚好到达 y 轴正向, 则称此坐标系为右手系. 如图 5-15 所示. 这样就建立了一个空间直角坐标系. 记作 $Oxyz$. 定点 O 称为**坐标原点**, 由两条坐标轴决定的平面, 称为**坐标平面**, 分别称为 xOy 平面, yOz 平面, zOx 平面. 三个坐标平面把空间划分为 8 个**卦限**. $x>0, y>0, z>0$ 的部分为第 I 卦限, 其余卦限的编号如图 5-16 所示.

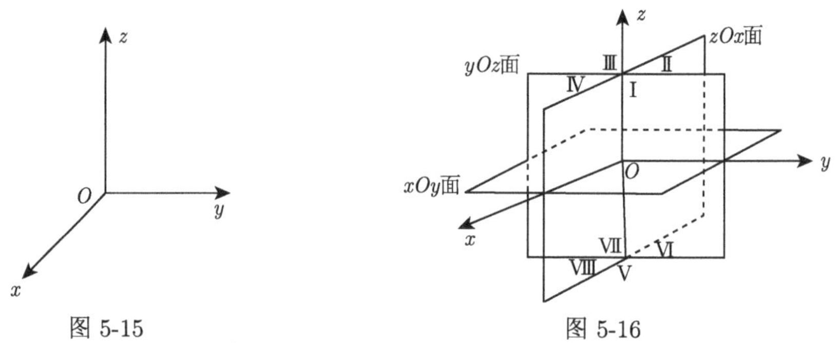

图 5-15　　图 5-16

建立了空间直角坐标系后, 空间任一点 M 的位置就可以用一个有序实数组 (x, y, z) 来确定. 过 M 作与三个坐标轴垂直的平面, 分别交 x 轴、y 轴、z 轴于 P, Q, R 三点, 这三点在 x 轴、y 轴、z 轴上的坐标分别为 x, y, z, 这样已知空间点 M 对应于唯一确定的一组数 (x, y, z). 反之, 已知一个有序三元数组 (x, y, z), 可在 x 轴、y 轴、z 轴上确定 P, Q, R 三点, 再过这三点做与 x 轴、y 轴、z 轴垂直的平面, 三个平面交于一点, 就得到 M. 这样, 空间的点就可以用有序数组 (x, y, z) 唯一表示. 称 (x,y,z) 为点 M 的坐标. 记为 $M(x, y, z)$, 如图 5-17 所示, 其中 x 的正负决定前后, y 的正负决定左右, z 的正负决定上下.

例如原点坐标为 $(0, 0, 0)$; x 轴上点的坐标为 $(x, 0, 0)$; y 轴上点的坐标为 $(0, y, 0)$; z 轴上点的坐标为 $(0, 0, z)$; 而 xOy 面上点的坐标为 $(x, y, 0)$; yOz 面上点的坐标为 $(0, y, z)$; zOx 面上点的坐标为 $(x, 0, z)$.

2. 空间两点间的距离

在平面直角坐标系中, 任意两点 $M_1(x_1,y_1),M_2(x_2,y_2)$ 之间的距离, 可由下式

$$\left|\overrightarrow{M_1M_2}\right|=\sqrt{(x_2-x_1)^2+(y_2-y_1)^2}$$

得到. 在空间直角坐标系中, 利用点的坐标, 可以计算空间任意两点之间的距离. 设 $M_1(x_1,y_1,z_1),M_2(x_2,y_2,z_2)$ 是空间两已知点, 过 M_1,M_2 各作三张平面分别垂直于三个坐标轴, 这六个平面围成一个以 M_1M_2 为对角线的长方体 (假设对角线 M_1M_2 与三个坐标轴既不平行也不垂直), 如图 5-18 所示.

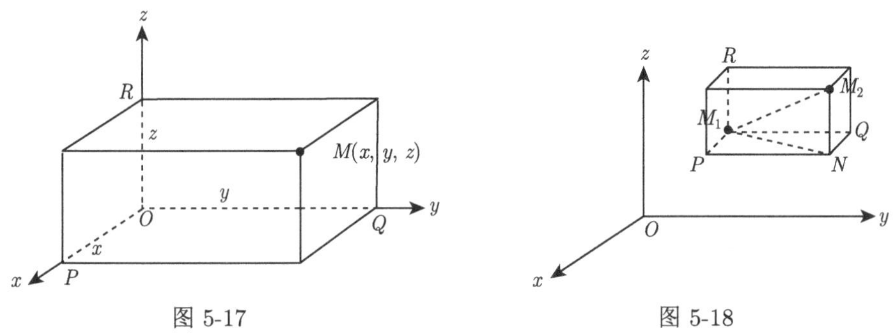

图 5-17　　　　图 5-18

在直角三角形 $\triangle M_1NM_2$ 中, 有

$$\left|\overrightarrow{M_1M_2}\right|^2=\left|\overrightarrow{M_1N}\right|^2+\left|\overrightarrow{NM_2}\right|^2,$$

而 $\left|\overrightarrow{M_1N}\right|^2=\left|\overrightarrow{M_1P}\right|^2+\left|\overrightarrow{PN}\right|^2$, 又因为

$$\left|\overrightarrow{M_1P}\right|^2=(x_2-x_1)^2,\quad \left|\overrightarrow{PN}\right|^2=(y_2-y_1)^2,\quad \left|\overrightarrow{NM_2}\right|^2=(z_2-z_1)^2,$$

于是, 便得空间两点间的距离公式

$$\left|\overrightarrow{M_1M_2}\right|=\sqrt{(x_2-x_1)^2+(y_2-y_1)^2+(z_2-z_1)^2}.$$

特殊地, 点 M 与坐标原点 $O(0,0,0)$ 的距离为

$$d=\left|\overrightarrow{OM}\right|=\sqrt{x^2+y^2+z^2}.$$

例 3　已知三点 $A(0, 3, 1)$, $B(6, 1, 0)$, $C(1, 0, 3)$, 它们能构成等腰三角形吗?

结构分析 类比两点间的距离公式, 只需用两点间距离公式算出三边的长, 比较即知是否为等腰三角形.

解 由于 $\left|\overrightarrow{AB}\right|^2 = (0-6)^2 + (3-1)^2 + (1-0)^2 = 41,$

$$\left|\overrightarrow{BC}\right|^2 = (6-1)^2 + (1-0)^2 + (0-3)^2 = 35,$$

$$\left|\overrightarrow{AC}\right|^2 = (0-1)^2 + (3-0)^2 + (1-3)^2 = 14,$$

故 $\triangle ABC$ 不是等腰三角形.

5.2.2 向量的坐标表示

前面讨论的向量的各种运算, 只能在图形上表示, 称为几何运算, 计算起来很不方便, 我们需要将几何运算转化为代数运算, 以便于计算. 在 5.1.2 节的定理 5-3 知, 空间任一向量均可沿三个不共面的方向进行分解. 由此我们可以将空间任一向量沿空间直角坐标系的三个坐标轴的方向进行分解.

给定向量 $\boldsymbol{a}$, 将其平行移动, 使其起点与原点 O 重合, 终点记为 M, M 的坐标记为 (a_x, a_y, a_z). 显然 $\overrightarrow{OM} = \boldsymbol{a}$. 过 M 点作垂直于三坐标轴的三个平面, 与 Ox 轴, Oy 轴, Oz 轴的交点分别为 P, Q, R(图 5-19).

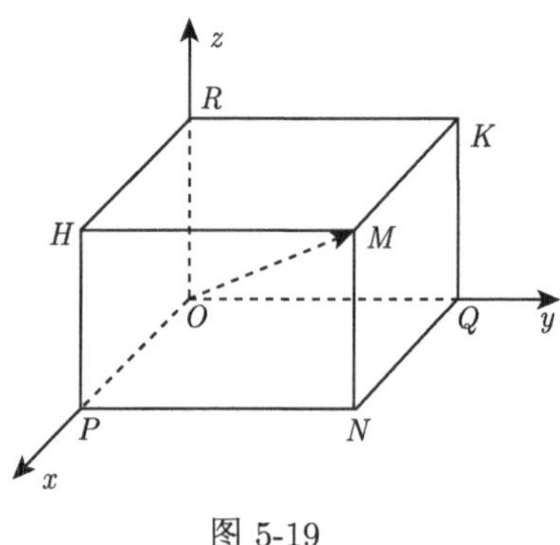

图 5-19

根据向量的加法法则, 可得

$$\boldsymbol{a} = \overrightarrow{OM} = \overrightarrow{OP} + \overrightarrow{PN} + \overrightarrow{NM},$$

由于 $\overrightarrow{PN} = \overrightarrow{OQ}, \overrightarrow{NM} = \overrightarrow{OR}$, 于是

$$\boldsymbol{a} = \overrightarrow{OM} = \overrightarrow{OP} + \overrightarrow{OQ} + \overrightarrow{OR}.$$

设 $\boldsymbol{i},\boldsymbol{j},\boldsymbol{k}$ 分别为 x 轴, y 轴, z 轴正向的单位向量. 由于 M 的坐标是 (a_x,a_y,a_z), 因此

$$\overrightarrow{OP}=a_x\boldsymbol{i},\quad \overrightarrow{OQ}=a_y\boldsymbol{j},\quad \overrightarrow{OR}=a_z\boldsymbol{k},$$

于是

$$\boldsymbol{a}=\overrightarrow{OM}=a_x\boldsymbol{i}+a_y\boldsymbol{j}+a_z\boldsymbol{k}\ \text{或记为}\boldsymbol{a}=(a_x,a_y,a_z).$$

上式称为向量 $\boldsymbol{a}$ 在空间直角坐标系中的坐标表达式, 其中 a_x,a_y,a_z 称为向量 $\boldsymbol{a}$ 的坐标 (或者分量).

特别是起点在坐标原点的向量 $\overrightarrow{OM}$, 叫做**向径**, 记为 $\boldsymbol{r}=\overrightarrow{OM}$, 它在坐标轴上的投影就是终点 M 的坐标 x,y,z, 于是坐标表达式为

$$\boldsymbol{r}=\overrightarrow{OM}=x\boldsymbol{i}+y\boldsymbol{j}+z\boldsymbol{k},$$

或记为 $\boldsymbol{r}=(x,y,z)$.

抽象总结 坐标为 (x,y,z) 的空间点 M, 与以此点为终点的向径 $\overrightarrow{OM}$ 一一对应, $\overrightarrow{OM}\leftrightarrow M\leftrightarrow(x,y,z)$, 即点与此点的向径有相同的坐标. (x,y,z) 既表示点 M, 又表示向量 $\overrightarrow{OM}$. 有了向量的坐标表达式, 那么向量的模和方向都可用确切而简单的代数式表示. 由图 5-19 可知, 向量 $\boldsymbol{a}$ 的模就是

$$|\boldsymbol{a}|=\sqrt{a_x^2+a_y^2+a_z^2}.$$

向径 $\boldsymbol{r}=(x,y,z)$ 的模是

$$|\boldsymbol{r}|=\sqrt{x^2+y^2+z^2}.$$

一个向量与 x 轴, y 轴, z 轴正向有一组夹角 α,β,γ, 反之, 给定一组夹角 α,β,γ(满足一定条件), 就确定了一个向量的方向, 因此可用一组与 x 轴, y 轴, z 轴正向的夹角 α,β,γ(称为向量的方向角) 来表示一个向量的方向. 方向角的余弦 $\cos\alpha,\cos\beta,\cos\gamma$ 称为向量的方向余弦. 由于向量夹角的变化范围是 $[0,\pi]$, 因此, 对一组方向角 α,β,γ 就有一组确定的方向余弦 $\cos\alpha,\cos\beta,\cos\gamma$.

由投影公式

$$\mathrm{Prj}_x\boldsymbol{a}=a_x=|\boldsymbol{a}|\cos\alpha,\quad \mathrm{Prj}_y\boldsymbol{a}=a_y=|\boldsymbol{a}|\cos\beta,\quad \mathrm{Prj}_z\boldsymbol{a}=a_z=|\boldsymbol{a}|\cos\alpha.$$

当 $\boldsymbol{a}\neq 0$ 时, 得方向余弦的坐标表达式

$$\cos\alpha=\frac{a_x}{|\boldsymbol{a}|}=\frac{a_x}{\sqrt{a_x^2+a_y^2+a_z^2}},$$

$$\cos\beta=\frac{a_y}{|\boldsymbol{a}|}=\frac{a_y}{\sqrt{a_x^2+a_y^2+a_z^2}},$$

$$\cos\gamma=\frac{a_z}{|\boldsymbol{a}|}=\frac{a_z}{\sqrt{a_x^2+a_y^2+a_z^2}}.$$

将这组公式两边平方后相加, 得到三个方向角所必须满足的条件：

$$\cos^2\alpha+\cos^2\beta+\cos^2\gamma=1.$$

与 $\boldsymbol{a}$ 同方向的单位向量可表示为

$$\boldsymbol{a}^0=\frac{\boldsymbol{a}}{|\boldsymbol{a}|}=\frac{a_x\boldsymbol{i}+a_y\boldsymbol{j}+a_z\boldsymbol{k}}{\sqrt{a_x^2+a_y^2+a_z^2}}=\cos\alpha\boldsymbol{i}+\cos\beta\boldsymbol{j}+\cos\gamma\boldsymbol{k}=(\cos\alpha,\ \cos\beta,\ \cos\gamma).$$

5.2.3 向量的代数运算

有了向量在直角坐标系中的坐标表达式, 向量的几何运算就可以转化为向量坐标的代数运算. 设向量 $\boldsymbol{a}=(a_x,\ a_y,\ a_z)=a_x\boldsymbol{i}+a_y\boldsymbol{j}+a_z\boldsymbol{k},\boldsymbol{b}=(b_x,\ b_y,\ b_z)=b_x\boldsymbol{i}+b_y\boldsymbol{j}+b_z\boldsymbol{k}$. 由向量加法的结合律和分配律, 有

$$\begin{aligned}\boldsymbol{a}+\boldsymbol{b}&=(a_x\boldsymbol{i}+a_y\boldsymbol{j}+a_z\boldsymbol{k})+(b_x\boldsymbol{i}+b_y\boldsymbol{j}+b_z\boldsymbol{k})\\&=(a_x+b_x)\boldsymbol{i}+(a_y+b_y)\boldsymbol{j}+(a_z+b_z)\boldsymbol{k}\\&=(a_x+b_x,\ a_y+b_y,\ a_z+b_z).\end{aligned}$$

同理

$$\boldsymbol{a}-\boldsymbol{b}=(a_x-b_x,\ a_y-b_y,\ a_z-b_z).$$

总结 两向量的和 (或差), 等于它们对应坐标的和 (或差).

利用数乘向量的运算规律, 有

$$\lambda\boldsymbol{a}=\lambda(a_x\boldsymbol{i}+a_y\boldsymbol{j}+a_z\boldsymbol{k})=(\lambda a_x)\boldsymbol{i}+(\lambda a_y)\boldsymbol{j}+(\lambda a_z)\boldsymbol{k},$$

或简记为

$$\lambda\boldsymbol{a}=(\lambda a_x,\ \lambda a_y,\ \lambda a_z).$$

总结 数量与向量的乘积等于把数量乘以向量的每个坐标.

定理 5-1 指出若向量 $\boldsymbol{a}\neq\boldsymbol{0}$, $\boldsymbol{b}//\boldsymbol{a}$ 相当于 $\boldsymbol{b}=\lambda\boldsymbol{a}$. 用坐标表达式表示即为

$$(b_x,\ b_y,\ b_z)=(\lambda a_x,\ \lambda a_y,\ \lambda a_z),$$

从而 $\dfrac{b_x}{a_x}=\dfrac{b_y}{a_y}=\dfrac{b_z}{a_z}=\lambda$. 由此可知两个非零向量 $\boldsymbol{a}=(a_x,a_y,a_z)$, $\boldsymbol{b}=(b_x,b_y,b_z)$ 平行的充分必要条件是对应的坐标成比例, 即 $\dfrac{b_x}{a_x}=\dfrac{b_y}{a_y}=\dfrac{b_z}{a_z}$(当分母为零时, 其分子也为零).

例 4　已知两点 $P(1,2,1)$ 和 $Q(2,1,2)$, 求向量 $\overrightarrow{PQ}$ 的模、方向余弦和方向角.

解　显然 $\overrightarrow{PQ}=(2-1,1-2,2-1)=(1,-1,1)$, 于是

$$\left|\overrightarrow{PQ}\right|=\sqrt{1^2+(-1)^2+1^2}=\sqrt{3},$$

故

$$\cos\alpha=\cos\gamma=\frac{1}{\sqrt{3}},\quad \cos\beta=-\frac{1}{\sqrt{3}}.$$

所以

$$\alpha=\gamma=\arccos\frac{1}{\sqrt{3}},\quad \beta=\arccos\left(-\frac{1}{\sqrt{3}}\right).$$

例 5　已知两点 $A(3,0,2)$ 和点 $B(1,2,-2)$, 求 (1) 与 $\overrightarrow{AB}$ 方向相同的单位向量; (2) 与 $\overrightarrow{AB}$ 平行的单位向量.

解　$\overrightarrow{AB}=\overrightarrow{OB}-\overrightarrow{OA}=(1,2,-2)-(3,0,2)=(-2,2,-4)$.

(1) $\dfrac{\overrightarrow{AB}}{|\overrightarrow{AB}|}=\dfrac{1}{2\sqrt{6}}(-2,2,-4)=\dfrac{1}{\sqrt{6}}(-1,1,-2)$, 是与 $\overrightarrow{AB}$ 方向相同的单位向量;

(2) $\pm\dfrac{\overrightarrow{AB}}{|\overrightarrow{AB}|}=\pm\dfrac{1}{\sqrt{6}}(-1,1,-2)$ 是两个与 $\overrightarrow{AB}$ 平行的单位向量.

例 6　设点 Q 位于第 Ⅵ 卦限, 向径 $\overrightarrow{OQ}$ 与 x 轴, y 轴的夹角依次为 $2\pi/3$ 和 $\pi/4$, $\left|\overrightarrow{OQ}\right|=4$, 求点 Q 的坐标.

结构分析　利用已知条件和向量方向余弦的特征, 得出向量的方向余弦, 再根据向量的单位向量与向量的模和方向余弦的关系, 得出向量.

解　由于 $\alpha=\dfrac{2\pi}{3}$; $\beta=\dfrac{\pi}{4}$, 且 $(\cos\alpha)^2+(\cos\beta)^2+(\cos\gamma)^2=1$, $(\cos\gamma)^2=1/4$, 又点 Q 在第 Ⅵ 卦限, 所以 $\cos\gamma=-\dfrac{1}{2}$.

故 $\overrightarrow{OQ}=\left|\overrightarrow{OQ}\right|(\cos\alpha,\cos\beta,\cos\gamma)=4\left(\dfrac{-1}{2},\dfrac{\sqrt{2}}{2},\dfrac{-1}{2}\right)$.

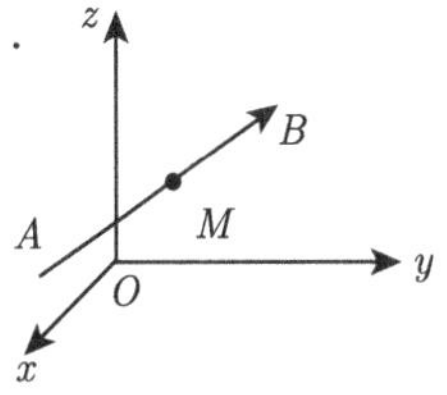

例 7(定比分点公式)　如图 5-20, 设 $A(x_1,y_1,z_1)$ 和 $B(x_2,y_2,z_2)$ 为两已知点, 而在 AB 直线上的点 M 分有向线段 $\overrightarrow{AB}$ 为两部分 $\overrightarrow{AM}$, $\overrightarrow{MB}$, 使它们的值的比等于某数 $\lambda(\lambda\neq-1)$, 即 $\dfrac{\overrightarrow{AM}}{\overrightarrow{MB}}=\lambda$, 求分点 M 的坐标.

图 5-20

解 设点 M 的坐标为 (x,y,z), 则

$$\overrightarrow{AM}=(x-x_1,\ y-y_1,\ z-z_1),\quad \overrightarrow{MB}=(x_2-x,\ y_2-y,\ z_2-z),$$

因 $\overrightarrow{AM}$ 与 $\overrightarrow{MB}$ 共线, 于是 $\overrightarrow{AM}=\lambda\overrightarrow{MB}$, 即

$$(x-x_1,\ y-y_1,\ z-z_1)=\lambda(x_2-x,\ y_2-y,\ z_2-z),$$

因此

$$\begin{cases} x-x_1=\lambda(x_2-x), \\ y-y_1=\lambda(y_2-y), \\ z-z_1=\lambda(z_2-z), \end{cases}$$

解得

$$x=\frac{x_1+\lambda x_2}{1+\lambda},\quad y=\frac{y_1+\lambda y_2}{1+\lambda},\quad z=\frac{z_1+\lambda z_2}{1+\lambda}.$$

特别当 $\lambda=1$ 时为中点公式

$$x=\frac{x_1+x_2}{2},\quad y=\frac{y_1+y_2}{2},\quad z=\frac{z_1+z_2}{2}.$$

说明 (1) $\lambda\neq-1$ 使得 $A\neq B$;

(2) $\lambda>0$, 则 $\overrightarrow{AM}$ 与 $\overrightarrow{MB}$ 同向, M 为 $\overrightarrow{AB}$ 内部的点;

(3) $\lambda<0$, 则 $\overrightarrow{AM}$ 与 $\overrightarrow{MB}$ 反向, M 为 $\overrightarrow{AB}$ 外部的点, 且若 $\lambda<-1$, 则 M 点在 B 右侧; 若 $-1<\lambda<0$, 则 M 点在 A 左侧.

习 题 5-2

1. 求点 (a,b,c) 关于 (1) 各坐标面; (2) 各坐标轴; (3) 坐标原点的对称点的坐标.(4) 过该点向各个坐标面和各个坐标轴引垂线, 求该点在三个坐标面, 坐标轴上的垂足的坐标.

2. 求点 $M(4,-3,5)$ 到各坐标轴的距离.

3. 已知两点 $M_1(0,1,2)$ 和 $M_2(1,-1,0)$. 试用坐标表示式表示向量 $\overrightarrow{M_1M_2}$ 及 $-2\overrightarrow{M_1M_2}$.

4. 求平行于向量 $\boldsymbol{a}=(6,7,-6)$ 的单位向量.

5. 试证明以三点 $A(4,1,9)$, $B(10,-1,6)$, $C(2,4,3)$ 为顶点的三角形是等腰直角三角形.

6. 设已知两点 $M_1\left(4,\sqrt{2},1\right)$ 和 $M_2(3,0,2)$, 计算向量 $\overrightarrow{M_1M_2}$ 的模、方向余弦和方向角.

7. 设 $\boldsymbol{a}=2\boldsymbol{i}+3\boldsymbol{j}-4\boldsymbol{k}, \boldsymbol{b}=-\boldsymbol{i}-3\boldsymbol{j}+2\boldsymbol{k}, \boldsymbol{c}=2\boldsymbol{i}+\boldsymbol{j}-\boldsymbol{k}$, 求 $2\boldsymbol{a}+3\boldsymbol{b}-5\boldsymbol{c}$ 的坐标, 三个分向量, 在三个坐标轴上的投影, 与之同向的单位向量, 与之平行的单位向量, 模及方向余弦.

8. 已知单位向量 $\boldsymbol{a}$ 与 x 轴正向夹角为 $\frac{\pi}{3}$, 与其 xOy 面上的投影向量夹角为 $\frac{\pi}{4}$, 试求向量 $\boldsymbol{a}$.

9. 设向量的方向余弦分别满足：(1) $\cos\alpha = 0$; (2) $\cos\beta = 1$; (3) $\cos\alpha = \cos\beta = 0$. 问这些向量与坐标轴或坐标面的关系如何?

10. 设向量 $\boldsymbol{r}$ 的模是 4, 它与轴 u 的夹角是 60°, 求 $\boldsymbol{r}$ 在轴 u 上的投影.

11. 设 $\boldsymbol{m} = 3\boldsymbol{i} + 5\boldsymbol{j} + 8\boldsymbol{k}$, $\boldsymbol{n} = 2\boldsymbol{i} - 4\boldsymbol{j} - 7\boldsymbol{k}$ 和 $\boldsymbol{p} = 5\boldsymbol{i} + \boldsymbol{j} - 4\boldsymbol{k}$. 求向量 $\boldsymbol{a} = 4\boldsymbol{m} + 3\boldsymbol{n} - \boldsymbol{p}$ 在 x 轴上的投影及在 y 轴上的分量.

12. 已知不共面的三个向量 $\boldsymbol{a} = (1, 0, -1)$, $\boldsymbol{b} = (2, 3, 1)$, $\boldsymbol{c} = (0, 1, 2)$ 及向量 $\boldsymbol{d} = (0, 0, 3)$, 试用 $\boldsymbol{a}, \boldsymbol{b}, \boldsymbol{c}$ 的线性组合表示向量 $\boldsymbol{d}$.

5.3　向量的乘法

5.3.1　两向量的数量积

1. 两向量的数量积的概念

在物理上常要考虑力对物体所做的功. 我们在中学就知道若质点在恒定不变的力作用下沿直线运动, 并设力与位移的夹角为 θ, 则力对质点所做的功 $W = |\boldsymbol{F}||\boldsymbol{s}|\cos\theta$, 即功是两个向量的模与它们夹角余弦的乘积, 抛开力与位移的物理意义, 我们需要考虑两个向量的一种乘积, 这种乘积的结果是一个数. 这类由两个向量确定一个数量的运算在其他学科领域中也常遇到, 为此在数学中把这种运算抽象成两个向量的数量积的概念.

定义 5-5　两个向量 $\boldsymbol{a}, \boldsymbol{b}$ 的模与它们夹角余弦的乘积, 称为向量 $\boldsymbol{a}, \boldsymbol{b}$ 的**数量积** (或**内积**), 记作 $\boldsymbol{a} \cdot \boldsymbol{b}$, 即 $\boldsymbol{a} \cdot \boldsymbol{b} = |\boldsymbol{a}||\boldsymbol{b}|\cos(\widehat{\boldsymbol{a}, \boldsymbol{b}})$. 由于这里用圆点 “·” 表示乘号, 故数量积也叫向量的点积.

注　(1) 由于 $\boldsymbol{a} \neq \boldsymbol{0}$ 时, $|\boldsymbol{b}|\cos(\widehat{\boldsymbol{a}, \boldsymbol{b}}) = \mathrm{Prj}_{\boldsymbol{a}}\boldsymbol{b}$, 故 $\boldsymbol{a} \cdot \boldsymbol{b} = |\boldsymbol{a}|\mathrm{Prj}_{\boldsymbol{a}}\boldsymbol{b}$ $(\boldsymbol{a} \neq \boldsymbol{0})$. 同理 $\boldsymbol{b} \neq \boldsymbol{0}$ 时, $\boldsymbol{a} \cdot \boldsymbol{b} = |\boldsymbol{b}|\mathrm{Prj}_{\boldsymbol{b}}\boldsymbol{a}$.

(2) 两向量夹角余弦公式 $\cos(\widehat{\boldsymbol{a}, \boldsymbol{b}}) = \dfrac{\boldsymbol{a} \cdot \boldsymbol{b}}{|\boldsymbol{a}|\,|\boldsymbol{b}|}$.

(3) $\boldsymbol{a} \cdot \boldsymbol{a} = |\boldsymbol{a}||\boldsymbol{a}|\cos(\widehat{\boldsymbol{a}, \boldsymbol{a}}) = |\boldsymbol{a}|^2$, 此式说明向量和数之间可以自由转换.

2. 数量积的性质

根据数量积的定义, 当 $\boldsymbol{a} \perp \boldsymbol{b}$ 时, 有

$$\boldsymbol{a} \cdot \boldsymbol{b} = |\boldsymbol{a}||\boldsymbol{b}|\cos\frac{\pi}{2} = 0.$$

反之, 若 $\boldsymbol{a}, \boldsymbol{b}$ 为非零向量, 且有 $\boldsymbol{a} \cdot \boldsymbol{b} = |\boldsymbol{a}||\boldsymbol{b}|\cos(\widehat{\boldsymbol{a}, \boldsymbol{b}}) = 0$, 因 $|\boldsymbol{a}| \neq 0, |\boldsymbol{b}| \neq 0$, 必定有 $\cos(\widehat{\boldsymbol{a}, \boldsymbol{b}}) = 0$, 从而 $(\widehat{\boldsymbol{a}, \boldsymbol{b}}) = \dfrac{\pi}{2}$, 即 $\boldsymbol{a} \perp \boldsymbol{b}$. 并且, 如果注意到零向量可以与任何向量垂直, 那么就得到如下重要结论.

定理 5-5 两个向量 $\boldsymbol{a},\boldsymbol{b}$ 相互垂直的充要条件是它们的数量积等于零, 即

$$\boldsymbol{a}\perp\boldsymbol{b} \Leftrightarrow \boldsymbol{a}\cdot\boldsymbol{b}=0.$$

3. 数量积的运算规律

两个向量的数量积满足以下运算规律

(1) 交换律: $\boldsymbol{a}\cdot\boldsymbol{b}=\boldsymbol{b}\cdot\boldsymbol{a}$.

(2) 结合律: $(\lambda\boldsymbol{a})\cdot\boldsymbol{b}=\boldsymbol{a}\cdot(\lambda\boldsymbol{b})=\lambda(\boldsymbol{a}\cdot\boldsymbol{b})$.

(3) 分配律: $(\boldsymbol{a}+\boldsymbol{b})\cdot\boldsymbol{c}=\boldsymbol{a}\cdot\boldsymbol{c}+\boldsymbol{b}\cdot\boldsymbol{c}$.

用数量积定义和数乘向量的定义, 立即可证交换律与结合律成立, 留给读者自己完成. 这里只证明分配律.

证明 (3) 当 $\boldsymbol{c}=\boldsymbol{0}$ 时, 显然成立; 当 $\boldsymbol{c}\neq\boldsymbol{0}$ 时,

$$\begin{aligned}(\boldsymbol{a}+\boldsymbol{b})\cdot\boldsymbol{c}&=|\boldsymbol{c}|\operatorname{Prj}_{\boldsymbol{c}}(\boldsymbol{a}+\boldsymbol{b})=|\boldsymbol{c}|\left(\operatorname{Prj}_{\boldsymbol{c}}\boldsymbol{a}+\operatorname{Prj}_{\boldsymbol{c}}\boldsymbol{b}\right)\\&=|\boldsymbol{c}|\operatorname{Prj}_{\boldsymbol{c}}\boldsymbol{a}+|\boldsymbol{c}|\operatorname{Prj}_{\boldsymbol{c}}\boldsymbol{b}=\boldsymbol{a}\cdot\boldsymbol{c}+\boldsymbol{b}\cdot\boldsymbol{c}.\end{aligned}$$

例 8 如图 5-21, 试用向量方法证明三角形的余弦定理 $c^2=a^2+b^2-2ab\cos\theta$.

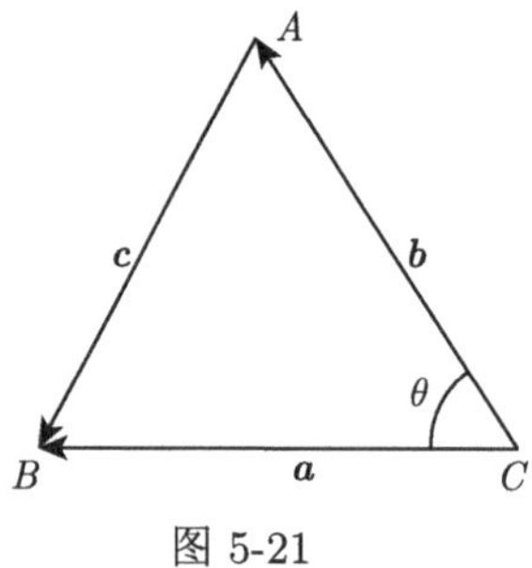

图 5-21

结构分析 从结构上看, 已知条件是向量, 需要证明的结论是数量. 因此, 本题的关键是将余弦定理中的数量关系用向量表示出来. 类比已知: 向量和数量之间的转换需要的公式为 $\boldsymbol{a}\cdot\boldsymbol{a}=|\boldsymbol{a}||\boldsymbol{a}|\cos(\boldsymbol{a},\boldsymbol{a})$. 确立思路: 利用向量的加法运算和式 $\boldsymbol{a}\cdot\boldsymbol{a}=|\boldsymbol{a}|^2$, 将向量间的关系转化为数量间的关系.

证明 由图 5-21 可见, $\angle BCA=\theta$, $\left|\overrightarrow{CB}\right|=|\boldsymbol{a}|=a$, $\left|\overrightarrow{CA}\right|=|\boldsymbol{b}|=b$, $\left|\overrightarrow{AB}\right|=|\boldsymbol{c}|=c$. 由于 $\boldsymbol{c}=\boldsymbol{a}-\boldsymbol{b}$, 所以

$$c^2=|\boldsymbol{c}|^2=\boldsymbol{c}\cdot\boldsymbol{c}=(\boldsymbol{a}-\boldsymbol{b})\cdot(\boldsymbol{a}-\boldsymbol{b})=\boldsymbol{a}\cdot\boldsymbol{a}+\boldsymbol{b}\cdot\boldsymbol{b}-2\boldsymbol{a}\cdot\boldsymbol{b},$$

$$c^2=|\boldsymbol{c}|^2=|\boldsymbol{a}|^2+|\boldsymbol{b}|^2-2\,|\boldsymbol{a}|\,|\boldsymbol{b}|\cos\theta,$$

即 $c^2=a^2+b^2-2ab\cos\theta$.

4. 数量积的坐标表达式

利用数量积的上述运算规律, 来推导数量积的坐标表达式.

设 $\boldsymbol{a}=(a_x,a_y,a_z),\boldsymbol{b}=(b_x,b_y,b_z)$, 则

$$\begin{aligned}\boldsymbol{a}\cdot\boldsymbol{b}&=(a_x\boldsymbol{i}+a_y\boldsymbol{j}+a_z\boldsymbol{k})\cdot(b_x\boldsymbol{i}+b_y\boldsymbol{j}+b_z\boldsymbol{k})\\&=(a_x\boldsymbol{i})\cdot(b_x\boldsymbol{i}+b_y\boldsymbol{j}+b_z\boldsymbol{k})+(a_y\boldsymbol{j})\cdot(b_x\boldsymbol{i}+b_y\boldsymbol{j}+b_z\boldsymbol{k})\\&\quad+(a_z\boldsymbol{k})\cdot(b_x\boldsymbol{i}+b_y\boldsymbol{j}+b_z\boldsymbol{k})\\&=a_xb_x\boldsymbol{i}\cdot\boldsymbol{i}+a_xb_y\boldsymbol{i}\cdot\boldsymbol{j}+a_xb_z\boldsymbol{i}\cdot\boldsymbol{k}+a_yb_x\boldsymbol{j}\cdot\boldsymbol{i}+a_yb_y\boldsymbol{j}\cdot\boldsymbol{j}\\&\quad+a_yb_z\boldsymbol{j}\cdot\boldsymbol{k}+a_zb_x\boldsymbol{k}\cdot\boldsymbol{i}+a_zb_y\boldsymbol{k}\cdot\boldsymbol{j}+a_zb_z\boldsymbol{k}\cdot\boldsymbol{k},\end{aligned}$$

由于 $\boldsymbol{i}\perp\boldsymbol{j}\perp\boldsymbol{k}$, 故有 $\boldsymbol{i}\cdot\boldsymbol{j}=\boldsymbol{j}\cdot\boldsymbol{k}=\boldsymbol{k}\cdot\boldsymbol{i}=0$, 又 $\boldsymbol{i},\boldsymbol{j},\boldsymbol{k}$ 是单位向量, 故有

$$\boldsymbol{i}\cdot\boldsymbol{i}=\boldsymbol{j}\cdot\boldsymbol{j}=\boldsymbol{k}\cdot\boldsymbol{k}=1,$$

代入前式, 便得

$$\boldsymbol{a}\cdot\boldsymbol{b}=a_xb_x+a_yb_y+a_zb_z.$$

这就是**数量积的坐标表达式**.

结构分析　数量积的坐标表达式表明：两个向量的数量积等于它们的对应坐标乘积之和. 应用数量积的坐标表达式, 又可以推导出以下的重要结果:

(1) $\boldsymbol{a}\perp\boldsymbol{b}\Leftrightarrow a_xb_x+a_yb_y+a_zb_z=0$;

(2) $|\boldsymbol{a}|=\sqrt{\boldsymbol{a}\cdot\boldsymbol{a}}=\sqrt{a_x^2+a_y^2+a_z^2}$;

(3) $\cos(\boldsymbol{a},\boldsymbol{b})=\dfrac{\boldsymbol{a}\cdot\boldsymbol{b}}{|\boldsymbol{a}|\,|\boldsymbol{b}|}=\dfrac{a_xb_x+a_yb_y+a_zb_z}{\sqrt{a_x^2+a_y^2+a_z^2}\sqrt{b_x^2+b_y^2+b_z^2}}$.

例 9　给定三点 $M(2,1,2)$, $P(1,1,0)$ 和 $Q(2,1,0)$, 求 $\angle PMQ$.

结构分析　数量积计算向量的夹角.

解　由于 $\overrightarrow{MP}=(-1,0,-2)$,　$\overrightarrow{MQ}=(0,0,-2)$, 所以

$$\overrightarrow{MP}\cdot\overrightarrow{MQ}=(-1,0,-2)\cdot(0,0,-2)=(-1)\times0+0\times0+(-2)\times(-2)=4,$$

$$\left|\overrightarrow{MP}\right|=\sqrt{5},\quad\left|\overrightarrow{MQ}\right|=2,$$

于是 $\cos\angle PMQ=\dfrac{\overrightarrow{MP}\cdot\overrightarrow{MQ}}{\left|\overrightarrow{MP}\right|\left|\overrightarrow{MQ}\right|}=\dfrac{4}{2\sqrt{5}}=\dfrac{2}{\sqrt{5}}$, 所以 $\angle PMQ=\arccos\dfrac{2}{\sqrt{5}}$.

例 10 设 $\boldsymbol{a},\boldsymbol{b},\boldsymbol{c}$ 两两垂直, 且 $|\boldsymbol{a}|=2,|\boldsymbol{b}|=1,|\boldsymbol{c}|=2$, 求 $\boldsymbol{s}=\boldsymbol{a}+\boldsymbol{b}+\boldsymbol{c}$ 的长度与它和 $\boldsymbol{a},\boldsymbol{b},\boldsymbol{c}$ 的夹角.

结构分析 利用“向量模的平方等于向量与自身的数量积”这一结论.

解 $|\boldsymbol{s}|^2=\boldsymbol{s}\cdot\boldsymbol{s}=(\boldsymbol{a}+\boldsymbol{b}+\boldsymbol{c})\cdot(\boldsymbol{a}+\boldsymbol{b}+\boldsymbol{c})=\boldsymbol{a}\cdot\boldsymbol{a}+\boldsymbol{b}\cdot\boldsymbol{b}+\boldsymbol{c}\cdot\boldsymbol{c}+2\boldsymbol{a}\cdot\boldsymbol{b}+2\boldsymbol{b}\cdot\boldsymbol{c}+2\boldsymbol{a}\cdot\boldsymbol{c}$, 由于 $\boldsymbol{a}\cdot\boldsymbol{a}=|\boldsymbol{a}|^2=4,\boldsymbol{b}\cdot\boldsymbol{b}=|\boldsymbol{b}|^2=1,\boldsymbol{c}\cdot\boldsymbol{c}=|\boldsymbol{c}|^2=4,\ \boldsymbol{a}\cdot\boldsymbol{b}=\boldsymbol{b}\cdot\boldsymbol{c}=\boldsymbol{a}\cdot\boldsymbol{c}=0$, 故

$$|\boldsymbol{s}|^2=9,\quad |\boldsymbol{s}|=3.\quad \cos(\widehat{\boldsymbol{s},\boldsymbol{a}})=\frac{\boldsymbol{s}\cdot\boldsymbol{a}}{|\boldsymbol{s}|\,|\boldsymbol{a}|}=\frac{4}{6}=\frac{2}{3},$$

从而 $\boldsymbol{s}$ 与 $\boldsymbol{a}$ 的夹角为 $\arccos\dfrac{2}{3}$. 同理 $\boldsymbol{s}$ 与 $\boldsymbol{b}$ 的夹角为 $\arccos\dfrac{1}{3}$, $\boldsymbol{s}$ 与 $\boldsymbol{c}$ 的夹角为 $\arccos\dfrac{2}{3}$.

例 11 利用向量证明不等式:

$$\sqrt{a_1^2+a_2^2+a_3^2}\cdot\sqrt{b_1^2+b_2^2+b_3^2}\geqslant|a_1b_1+a_2b_2+a_3b_3|,$$

其中 $a_1,\ a_2,\ a_3,\ b_1,\ b_2,\ b_3$ 为任意常数, 并指出等号成立的条件.

结构分析 不等式左端视为两个向量模的乘积, 右端视为数量积, 再利用向量夹角公式即可.

证明 设 $\boldsymbol{a}=(a_1,a_2,a_3),\boldsymbol{b}=(b_1,b_2,b_3)$, 则

$$\cos(\widehat{\boldsymbol{a},\boldsymbol{b}})=\frac{\boldsymbol{a}\cdot\boldsymbol{b}}{|\boldsymbol{a}|\,|\boldsymbol{b}|}=\frac{a_1b_1+a_2b_2+a_3b_3}{\sqrt{a_1^2+a_2^2+a_3^2}\sqrt{b_1^2+b_2^2+b_3^2}}.$$

故

$$\sqrt{a_1^2+a_2^2+a_3^2}\cdot\sqrt{b_1^2+b_2^2+b_3^2}\geqslant|a_1b_1+a_2b_2+a_3b_3|,$$

等号“=”成立 $\Leftrightarrow \boldsymbol{a}//\boldsymbol{b}$.

5.3.2 两向量的向量积

1. 向量积的概念

如同两向量的数量积一样, 两向量的向量积概念也是从力学及物理学中的某些概念抽象出来的. 例如, 在物理上刻画刚体转动的力矩, 是一个由力和力臂确定的向量 $\boldsymbol{M}$, $|\boldsymbol{M}|=|\boldsymbol{F}||\boldsymbol{r}|\sin\theta$($\theta$ 为 $\boldsymbol{F}$ 与 $\boldsymbol{r}$ 的夹角), 而 $\boldsymbol{M}$ 的方向垂直与 $\boldsymbol{F}$ 与 $\boldsymbol{r}$ 所确定的平面, 且与 $\boldsymbol{F}$ 与 $\boldsymbol{r}$ 满足右手定则, 其指向按右手四指从 $\boldsymbol{F}$ 转向 $\boldsymbol{r}$ 确定, 拇指的指向就是力矩的方向, 如图 5-22 所示. 由此抽象出两个向量积的概念.

定义 5-6 由两个向量 $\boldsymbol{a}$ 与 $\boldsymbol{b}$ 按下列条件确定一个向量 $\boldsymbol{c}$:

(1) 模为 $|\boldsymbol{c}|=|\boldsymbol{a}||\boldsymbol{b}|\sin(\widehat{\boldsymbol{a},\boldsymbol{b}})$,

(2) 方向为 $\boldsymbol{c}\perp\boldsymbol{a},\boldsymbol{c}\perp\boldsymbol{b}$, $\boldsymbol{a}$, $\boldsymbol{b}$, $\boldsymbol{c}$ 符合右手定则.

称 $\boldsymbol{c}$ 为向量 $\boldsymbol{a}$ 与 $\boldsymbol{b}$ 的**向量积** (**或外积, 或叉积**), 记作 $\boldsymbol{c}=\boldsymbol{a}\times\boldsymbol{b}$.

这样, 力矩就是 $\boldsymbol{r}$ 与 $\boldsymbol{F}$ 的向量积 $\boldsymbol{M}=\boldsymbol{r}\times\boldsymbol{F}$.

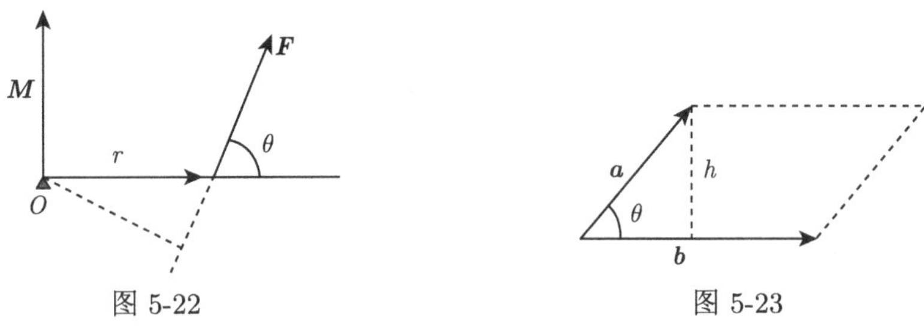

图 5-22　　图 5-23

向量积的几何意义: 以 $\boldsymbol{a}$ 与 $\boldsymbol{b}$ 为邻边的平行四边形, $\boldsymbol{b}$ 边上的高是 $h=|\boldsymbol{a}|\sin\theta$(图 5-23), 于是向量积的模是 $\boldsymbol{a}\times\boldsymbol{b}=|\boldsymbol{a}||\boldsymbol{b}|\sin\theta=|\boldsymbol{a}|\cdot h$. 它在几何上表示以 $\boldsymbol{a}, \boldsymbol{b}$ 为邻边的平行四边形的面积. 这就是向量积的几何意义.

2. 向量积的性质

由向量积的定义, 若 $\boldsymbol{a}//\boldsymbol{b}$, 则 $(\widehat{\boldsymbol{a},\boldsymbol{b}})=\theta=0$(或 π), 从而 $|\boldsymbol{a}\times\boldsymbol{b}|=|\boldsymbol{a}||\boldsymbol{b}|\sin\theta=0$, 故 $\boldsymbol{a}\times\boldsymbol{b}=\boldsymbol{0}$. 反之, 若 $\boldsymbol{a},\boldsymbol{b}$ 为非零向量, 且有 $\boldsymbol{a}\times\boldsymbol{b}=\boldsymbol{0}$, 则 $|\boldsymbol{a}\times\boldsymbol{b}|=|\boldsymbol{a}||\boldsymbol{b}|\sin\theta=0$, 因 $|\boldsymbol{a}|\neq 0,|\boldsymbol{b}|\neq 0$, 从而 $\sin\theta=0$, $\theta=0$ 或 $\theta=\pi$, 所以 $\boldsymbol{a}//\boldsymbol{b}$.

如果注意到零向量的方向可以任意, 可看成与任何向量平行, 那么就得到向量积的一个重要性质.

定理 5-6　两个向量 $\boldsymbol{a},\boldsymbol{b}$ 相互平行的充要条件是, 它们的向量积等于零向量, 即

$$\boldsymbol{a}//\boldsymbol{b}\Leftrightarrow\boldsymbol{a}\times\boldsymbol{b}=\boldsymbol{0}.$$

这个性质将在往后讨论几何问题时经常用到. 特别是 $\boldsymbol{a}\times\boldsymbol{a}=\boldsymbol{0}$, 即任何向量自身的向量积为零向量.

3. 向量积的运算规律

向量积满足下列运算规律

(1) 反交换律: $\boldsymbol{a}\times\boldsymbol{b}=-\boldsymbol{b}\times\boldsymbol{a}$.

(2) 结合律: $(\lambda\boldsymbol{a})\times\boldsymbol{b}=\boldsymbol{a}\times(\lambda\boldsymbol{b})=\lambda(\boldsymbol{a}\times\boldsymbol{b})$.

(3) 分配律: $(\boldsymbol{a}+\boldsymbol{b})\times\boldsymbol{c}=\boldsymbol{a}\times\boldsymbol{c}+\boldsymbol{b}\times\boldsymbol{c}$.

4. 向量积的坐标表达式

利用向量积的运算规律, 可推出向量积的坐标表达式.

设 $\boldsymbol{a}=(a_x,a_y,a_z),\boldsymbol{b}=(b_x,b_y,b_z)$, 则

$$\boldsymbol{a}\times\boldsymbol{b}=(a_x\boldsymbol{i}+a_y\boldsymbol{j}+a_z\boldsymbol{k})\times(b_x\boldsymbol{i}+b_y\boldsymbol{j}+b_z\boldsymbol{k})$$

$$
\begin{aligned}
&=(a_x\boldsymbol{i})\times(b_x\boldsymbol{i}+b_y\boldsymbol{j}+b_z\boldsymbol{k})+(a_y\boldsymbol{j})\times(b_x\boldsymbol{i}+b_y\boldsymbol{j}+b_z\boldsymbol{k})\\
&\quad+(a_z\boldsymbol{k})\times(b_x\boldsymbol{i}+b_y\boldsymbol{j}+b_z\boldsymbol{k})\\
&=a_xb_x\boldsymbol{i}\times\boldsymbol{i}+a_xb_y\boldsymbol{i}\times\boldsymbol{j}+a_xb_z\boldsymbol{i}\times\boldsymbol{k}+a_yb_x\boldsymbol{j}\times\boldsymbol{i}+a_yb_y\boldsymbol{j}\times\boldsymbol{j}\\
&\quad+a_yb_z\boldsymbol{j}\times\boldsymbol{k}+a_zb_x\boldsymbol{k}\times\boldsymbol{i}+a_zb_y\boldsymbol{k}\times\boldsymbol{j}+a_zb_z\boldsymbol{k}\times\boldsymbol{k},
\end{aligned}
$$

由于 $\boldsymbol{i}\times\boldsymbol{i}=\boldsymbol{j}\times\boldsymbol{j}=\boldsymbol{k}\times\boldsymbol{k}=\boldsymbol{0}$, $\boldsymbol{i}\times\boldsymbol{j}=\boldsymbol{k},\boldsymbol{k}\times\boldsymbol{i}=\boldsymbol{j},\boldsymbol{j}\times\boldsymbol{k}=\boldsymbol{i}$, $\boldsymbol{j}\times\boldsymbol{i}=-\boldsymbol{k},\boldsymbol{i}\times\boldsymbol{k}=-\boldsymbol{j},\boldsymbol{k}\times\boldsymbol{j}=-\boldsymbol{i}$, 两个基本单位向量的向量积可用图 5-24 记忆, 按逆时针方向为正, 顺时针方向为负.

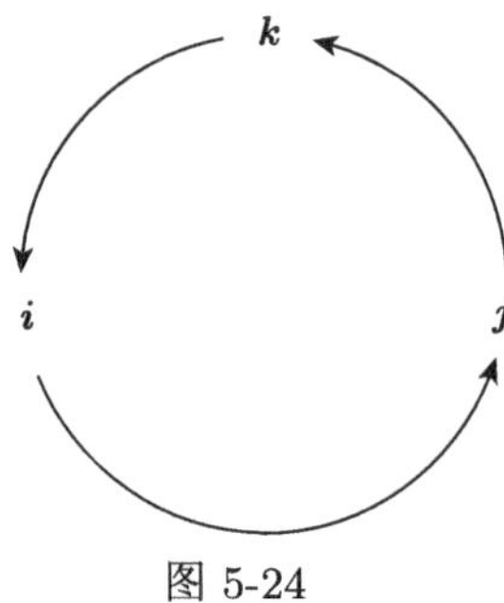

图 5-24

于是, 便得

$$
\begin{aligned}
\boldsymbol{a}\times\boldsymbol{b}&=(a_yb_z-a_zb_y)\boldsymbol{i}-(a_xb_z-a_zb_x)\boldsymbol{j}+(a_xb_y-a_yb_x)\boldsymbol{k}\\
&=\begin{vmatrix}a_y & a_z\\ b_y & b_z\end{vmatrix}\boldsymbol{i}-\begin{vmatrix}a_x & a_z\\ b_x & b_z\end{vmatrix}\boldsymbol{j}+\begin{vmatrix}a_x & a_y\\ b_x & b_y\end{vmatrix}\boldsymbol{k}.
\end{aligned}
$$

为了帮助记忆, 借助三阶行列式的记号

$$
\boldsymbol{a}\times\boldsymbol{b}=\begin{vmatrix}\boldsymbol{i} & \boldsymbol{j} & \boldsymbol{k}\\ a_x & a_y & a_z\\ b_x & b_y & b_z\end{vmatrix}.
$$

这就是**向量积的坐标表达式**.

由 $\boldsymbol{a}\times\boldsymbol{b}=(a_yb_z-a_zb_y)\boldsymbol{i}-(a_xb_z-a_zb_x)\boldsymbol{j}+(a_xb_y-a_yb_x)\boldsymbol{k}$ 可知, $\boldsymbol{a}\times\boldsymbol{b}=\boldsymbol{0}$ 时, 必有

$$
a_yb_z-a_zb_y=0,\quad a_xb_z-a_zb_x=0,\quad a_xb_y-a_yb_x=0,
$$

于是得比例式

$$
\frac{a_x}{b_x}=\frac{a_y}{b_y}=\frac{a_z}{b_z}.
$$

反之, 当 $\frac{a_x}{b_x}=\frac{a_y}{b_y}=\frac{a_z}{b_z}$ 时, $\boldsymbol{a}\times\boldsymbol{b}=\boldsymbol{0}$ 成立.

再根据两个向量 $\boldsymbol{a}=(a_x,a_y,a_z)$, $\boldsymbol{b}=(b_x,b_y,b_z)$ 平行的充分必要条件, 对应的坐标成比例, 知

$$\boldsymbol{a}//\boldsymbol{b}\Leftrightarrow\boldsymbol{a}\times\boldsymbol{b}=\boldsymbol{0}\Leftrightarrow\frac{a_x}{b_x}=\frac{a_y}{b_y}=\frac{a_z}{b_z}.$$

例 12　设 $\boldsymbol{a}=(1,2,3)$, $\boldsymbol{b}=(1,2,-3)$, 计算 $\boldsymbol{a}\times\boldsymbol{b}$.

解　$\boldsymbol{a}\times\boldsymbol{b}=\begin{vmatrix}\boldsymbol{i}&\boldsymbol{j}&\boldsymbol{k}\\1&2&3\\1&2&-3\end{vmatrix}=(-12,6,0).$

例 13　已知三点 $A(1,0,1)$, $B(1,1,0)$ 和 $C(0,1,1)$, 求 $\triangle ABC$ 的面积.

结构分析　利用向量积的模在几何上表示平行四边形的面积这一结论.

解
$$S_{\triangle ABC}=\frac{1}{2}\left|\overrightarrow{AC}\right|\left|\overrightarrow{AB}\right|\sin\angle A=\frac{1}{2}\left|\overrightarrow{AC}\times\overrightarrow{AB}\right|,$$

$$\overrightarrow{AB}=(1,1,0)-(1,0,1)=(0,1,-1),\quad \overrightarrow{AC}=(0,1,1)-(1,0,1)=(-1,1,0),$$

$$\overrightarrow{AC}\times\overrightarrow{AB}=\begin{vmatrix}\boldsymbol{i}&\boldsymbol{j}&\boldsymbol{k}\\-1&1&0\\0&1&-1\end{vmatrix}=(-1,-1,-1),$$

$$S_{\triangle ABC}=\frac{1}{2}\left|\overrightarrow{AC}\times\overrightarrow{AB}\right|=\frac{\sqrt{3}}{2}.$$

例 14　已知 $A(-1,1,2)$, $B(2,2,-1)$, $C(2,1,2)$, 求与 $\overrightarrow{BC},\overrightarrow{AB}$ 同时垂直的单位向量.

结构分析　利用两向量的向量积是一个与两向量均垂直的向量这一结论.

解　$\overrightarrow{BC}=(0,-1,3),\overrightarrow{AB}=(3,1,-3)$,

$$\overrightarrow{BC}\times\overrightarrow{AB}=\begin{vmatrix}\boldsymbol{i}&\boldsymbol{j}&\boldsymbol{k}\\0&-1&3\\3&1&-3\end{vmatrix}=(0,9,3),$$

而 $\overrightarrow{BC}\times\overrightarrow{AB}$ 是与 $\overrightarrow{BC},\overrightarrow{AB}$ 同时垂直的一个向量. 与 $\overrightarrow{BC},\overrightarrow{AB}$ 同时垂直的单位向量为

$$\pm\frac{\overrightarrow{BC}\times\overrightarrow{AB}}{\left|\overrightarrow{BC}\times\overrightarrow{AB}\right|}=\pm\frac{1}{3\sqrt{10}}(0,9,3)=\pm\frac{1}{\sqrt{10}}(0,3,1).$$

5.3.3 三向量的混合积

定义 5-7 对于三个向量 $\boldsymbol{a},\boldsymbol{b},\boldsymbol{c}$ 进行点乘和叉乘两种运算, 得到 $(\boldsymbol{a}\times\boldsymbol{b})\cdot\boldsymbol{c}$ 称为这三个向量的**混合积**, 记为 $[\boldsymbol{abc}]$.

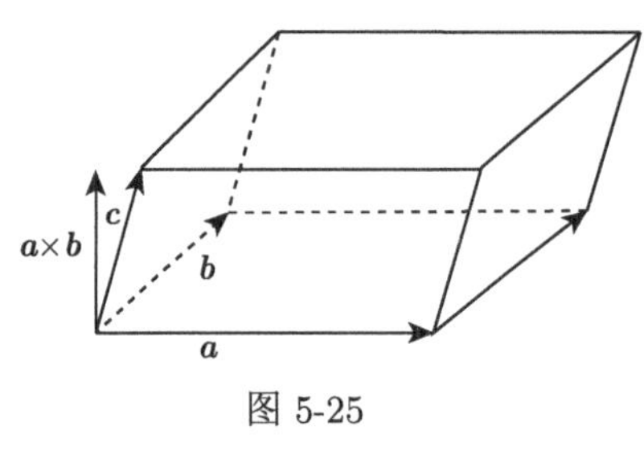

图 5-25

由于最后进行的是点积运算, 故混合积是一个数量. 因为 $(\boldsymbol{a}\times\boldsymbol{b})\cdot\boldsymbol{c}=|\boldsymbol{a}\times\boldsymbol{b}||\boldsymbol{c}|\cos(\widehat{\boldsymbol{a}\times\boldsymbol{b},\boldsymbol{c}})$, 其中 $|\boldsymbol{a}\times\boldsymbol{b}|$ 表示以 $\boldsymbol{a},\boldsymbol{b}$ 为邻边的平行四边形面积, 而 $|\boldsymbol{c}|\cos(\widehat{\boldsymbol{a}\times\boldsymbol{b},\boldsymbol{c}})=\mathrm{Prj}_{\boldsymbol{a}\times\boldsymbol{b}}\boldsymbol{c}$, 当 $\boldsymbol{c}$ 与 $\boldsymbol{a}\times\boldsymbol{b}$ 的夹角为锐角时, $\cos(\widehat{\boldsymbol{a}\times\boldsymbol{b},\boldsymbol{c}})>0$, 这时 $|\boldsymbol{c}|\cos(\widehat{\boldsymbol{a}\times\boldsymbol{b},\boldsymbol{c}})$ 就是以 $\boldsymbol{a},\boldsymbol{b},\boldsymbol{c}$ 为相邻三条棱的平行六面体在 $\boldsymbol{a}$ 与 $\boldsymbol{b}$ 所在平面上的高 h; 如果 $\boldsymbol{a}\times\boldsymbol{b}$ 与 $\boldsymbol{c}$ 的夹角为钝角时, $\cos(\widehat{\boldsymbol{a}\times\boldsymbol{b},\boldsymbol{c}})<0$, 这时高 $h=-|\boldsymbol{c}|\cos(\widehat{\boldsymbol{a}\times\boldsymbol{b},\boldsymbol{c}})$. 如图 5-25 所示. 所以混合积的绝对值在几何上表示以向量 $\boldsymbol{a},\boldsymbol{b},\boldsymbol{c}$ 为相邻三棱的平行六面体的体积 V. 即

$$V=|(\boldsymbol{a}\times\boldsymbol{b})\cdot\boldsymbol{c}|.$$

由此几何意义可推出：三向量 $\boldsymbol{a},\boldsymbol{b},\boldsymbol{c}$ 共面 $\Leftrightarrow(\boldsymbol{a}\times\boldsymbol{b})\cdot\boldsymbol{c}=0$.

若设 $\boldsymbol{a}=a_x\boldsymbol{i}+a_y\boldsymbol{j}+a_z\boldsymbol{k},\boldsymbol{b}=b_x\boldsymbol{i}+b_y\boldsymbol{j}+b_z\boldsymbol{k},\boldsymbol{c}=c_x\boldsymbol{i}+c_y\boldsymbol{j}+c_z\boldsymbol{k}$, 应用数量积与向量积的坐标表达式, 得

$$\begin{aligned}(\boldsymbol{a}\times\boldsymbol{b})\cdot\boldsymbol{c}&=\left[\begin{vmatrix}a_y&a_z\\b_y&b_z\end{vmatrix}\boldsymbol{i}-\begin{vmatrix}a_x&a_z\\b_x&b_z\end{vmatrix}\boldsymbol{j}+\begin{vmatrix}a_x&a_y\\b_x&b_y\end{vmatrix}\boldsymbol{k}\right]\cdot(c_x\boldsymbol{i}+c_y\boldsymbol{j}+c_z\boldsymbol{k})\\&=\begin{vmatrix}a_y&a_z\\b_y&b_z\end{vmatrix}c_x-\begin{vmatrix}a_x&a_z\\b_x&b_z\end{vmatrix}c_y+\begin{vmatrix}a_x&a_y\\b_x&b_y\end{vmatrix}c_z.\end{aligned}$$

根据三阶行列式按第一行展开法及交换行列式任意两行的元素, 行列式要变号的性质, 上式右边可以表示成三阶行列式, 从而得

$$(\boldsymbol{a}\times\boldsymbol{b})\cdot\boldsymbol{c}=\begin{vmatrix}a_x&a_y&a_z\\b_x&b_y&b_z\\c_x&c_y&c_z\end{vmatrix}.$$

这就是混合积的坐标表达式.

交换行列式两行的元素, 行列式要变号, 如果再交换一次, 那么就复原, 故有

$$[\boldsymbol{abc}]=(\boldsymbol{a}\times\boldsymbol{b})\cdot\boldsymbol{c}=(\boldsymbol{b}\times\boldsymbol{c})\cdot\boldsymbol{a}=(\boldsymbol{c}\times\boldsymbol{a})\cdot\boldsymbol{b},$$

称为混合积的轮换性.

例 15　试求以 $A(2,0,0),B(-1,2,3),C(4,1,0),D(5,0,1)$ 为顶点的四面体的体积 V.

解　由混合积的几何意义知, 这四面体体积等于以 $\overrightarrow{AB},\overrightarrow{AC},\overrightarrow{AD}$ 为相邻三条棱的平行六面体的体积的六分之一, 故有 $V=\dfrac{1}{6}\left|(\overrightarrow{AB}\times\overrightarrow{AC})\cdot\overrightarrow{AD}\right|$. 又

$$\overrightarrow{AB}=(-3,2,3),\quad \overrightarrow{AC}=(2,1,0),\quad \overrightarrow{AD}=(3,0,1),$$

于是

$$\begin{aligned}(\overrightarrow{AB}\times\overrightarrow{AC})\cdot\overrightarrow{AD}&=\begin{vmatrix}-3&2&3\\2&1&0\\3&0&1\end{vmatrix}=-3\begin{vmatrix}1&0\\0&1\end{vmatrix}-2\begin{vmatrix}2&0\\3&1\end{vmatrix}+3\begin{vmatrix}2&1\\3&0\end{vmatrix}\\&=-3-4-9=-16,\end{aligned}$$

所求体积为 $V=\dfrac{1}{6}\left|(\overrightarrow{AB}\times\overrightarrow{AC})\cdot\overrightarrow{AD}\right|=\dfrac{1}{6}\left|-16\right|=\dfrac{8}{3}$.

例 16　验证四点 $A(1,0,1)$, $B(4,4,6)$, $C(2,2,3)$, $D(10,14,17)$ 在同一平面上.

证　从 A 点出发引向量 $\overrightarrow{AB}=(3,4,5),\overrightarrow{AC}=(1,2,2),\overrightarrow{AD}=(9,14,16)$, 计算得

$$\begin{aligned}(\overrightarrow{AB}\times\overrightarrow{AC})\cdot\overrightarrow{AD}&=\begin{vmatrix}3&4&5\\1&2&2\\9&14&16\end{vmatrix}=3\begin{vmatrix}2&2\\14&16\end{vmatrix}-4\begin{vmatrix}1&2\\9&16\end{vmatrix}+5\begin{vmatrix}1&2\\9&14\end{vmatrix}\\&=12+8-20=0,\end{aligned}$$

所以三向量 $\overrightarrow{AB},\overrightarrow{AC},\overrightarrow{AD}$ 共面, 从而证得 A,B,C,D 四点在同一平面上.

习　题　5-3

1. 设 $\boldsymbol{a}=3\boldsymbol{i}-\boldsymbol{j}-2\boldsymbol{k}$, $\boldsymbol{b}=\boldsymbol{i}+2\boldsymbol{j}-\boldsymbol{k}$, 求

(1) $\boldsymbol{a}\cdot\boldsymbol{b}$ 及 $\boldsymbol{a}\times\boldsymbol{b}$;

(2) $(-2\boldsymbol{a})\cdot 3\boldsymbol{b}$ 及 $\boldsymbol{a}\times 2\boldsymbol{b}$;

(3) $\boldsymbol{a},\boldsymbol{b}$ 的夹角的余弦.

2. 已知 $|\boldsymbol{a}|=2$, $|\boldsymbol{b}|=4$, $(\widehat{\boldsymbol{a},\boldsymbol{b}})=\dfrac{\pi}{4}$, 求:

(1) $2\boldsymbol{a}-3\boldsymbol{b}$ 与 $3\boldsymbol{a}+4\boldsymbol{b}$ 的数量积、向量积及二向量的夹角; (2) $\boldsymbol{a}$ 在 $\boldsymbol{b}$ 上的投影.

3. 已知 $A(1,2,3)$, $B(1,-1,2)$ 和 $C(1,0,1)$, 求

(1) $\overrightarrow{AB}\times\overrightarrow{AC}$;

(2) 与 $\overrightarrow{AB},\overrightarrow{AC}$ 同时垂直的单位向量;

(3) λ 与 μ 满足什么条件时 $\lambda\overrightarrow{AB}+\mu\overrightarrow{AC}$ 与 y 轴平行?

(4) λ 与 μ 满足什么条件时 $\lambda\overrightarrow{AB}+\mu\overrightarrow{AC}$ 与 y 轴垂直?

4. 已知向量 $\boldsymbol{a}=2\boldsymbol{i}-3\boldsymbol{j}+\boldsymbol{k}$, $\boldsymbol{b}=\boldsymbol{i}-\boldsymbol{j}+3\boldsymbol{k}$ 和 $\boldsymbol{c}=\boldsymbol{i}-2\boldsymbol{j}$, 计算:

(1) $(\boldsymbol{a}\cdot\boldsymbol{b})\boldsymbol{c}-(\boldsymbol{a}\cdot\boldsymbol{c})\boldsymbol{b}$; (2) $(\boldsymbol{a}+\boldsymbol{b})\times(\boldsymbol{b}+\boldsymbol{c})$; (3) $(\boldsymbol{a}\times\boldsymbol{b})\cdot\boldsymbol{c}$.

5. 已知 $\overrightarrow{OA}=\boldsymbol{i}+3\boldsymbol{k}$, $\boldsymbol{OB}=\boldsymbol{j}+3\boldsymbol{k}$, 求 $\triangle OAB$ 的面积.

6. 设向量 $\boldsymbol{a}=\boldsymbol{i}+2\boldsymbol{j}+3\boldsymbol{k}$, $\boldsymbol{b}=2\boldsymbol{i}-\boldsymbol{j}-\boldsymbol{k}$.

(1) 求向量 $\boldsymbol{a}$ 在 $\boldsymbol{b}$ 上的投影;

(2) 若 $|\boldsymbol{c}|=3$, 求向量 $\boldsymbol{c}$, 使得三向量 $\boldsymbol{a}$, $\boldsymbol{b}$, $\boldsymbol{c}$ 构成的平行六面体的体积最大.

7. 试用向量证明不等式: $\sqrt{a_1^2+a_2^2+a_3^2}\cdot\sqrt{b_1^2+b_2^2+b_3^2}\geqslant|a_1b_1+a_2b_2+a_3b_3|$, 其中 $a_i,b_i(i=1,2,3)$ 为任意实数, 并指出等号成立的条件.

8. 证明: $(\boldsymbol{a}\cdot\boldsymbol{b})^2+(\boldsymbol{a}\times\boldsymbol{b})^2=|\boldsymbol{a}|^2\cdot|\boldsymbol{b}|^2$.

9. 设重量为 50kg 的物体沿斜坡以直线运动方式从点 $A(5,2,3)$ 滑到 $B(0,-1,2)$, 斜坡与地面的夹角为 45 度, 求在此过程中重力所做的功.

5.4 空间平面与直线的方程

5.4节课件

前面介绍了向量及其运算和空间直角坐标系, 空间直角坐标系的建立, 使得几何上的点、向量与有序数组建立了一一对应关系, 从而就有可能用代数的方法来研究一些几何问题. 从本节开始介绍空间解析几何. 我们以向量为工具, 在空间直角坐标系中, 首先讨论最简单, 但非常重要的几何图形——空间的平面与直线.

5.4.1 平面及平面方程

平面可以看成满足一定条件的点的集合, 在建立了空间直角坐标系后, 平面作为点集, 当其位置确定之后, 平面可以用其上任一点坐标所满足的方程来表示, 就是指平面上任一点的坐标都满足该方程, 不在该平面上的点的坐标都不满足该方程, 这样的方程叫做该平面的方程. 下面我们介绍平面方程的几种形式.

1. *平面的点法式方程*

过定点并和已知直线垂直的平面有且只有一个, 因此若已知平面上的一点, 并且知道了和平面垂直的直线的方向, 则平面就完全确定了. 把垂直与平面的直线称为平面的**法线**, 垂直与平面的非零向量 $\boldsymbol{n}$ 称为平面的**法向量**. 由于法向量的方向

有两种选择方式而长度有无限多种可能性, 因此平面的法向量是无限多的. 平面上的任何向量都垂直于它的法向量.

设平面 Π 经过点 $M_0(x_0,y_0,z_0)$, $\boldsymbol{n}=(A,B,C)$ 是平面 Π 的一个法向量，我们来建立平面的方程.

在平面 Π 上任取一点 $M(x,y,z)$ (图 5-26), 做向量 $\overrightarrow{M_0M}$, 则 $\boldsymbol{n}\perp\overrightarrow{M_0M}$, 从而 $\boldsymbol{n}\cdot\overrightarrow{M_0M}=0$. 而 $\overrightarrow{M_0M}=(x-x_0,y-y_0,z-z_0)$, 故

$$A(x-x_0)+B(y-y_0)+C(z-z_0)=0,$$

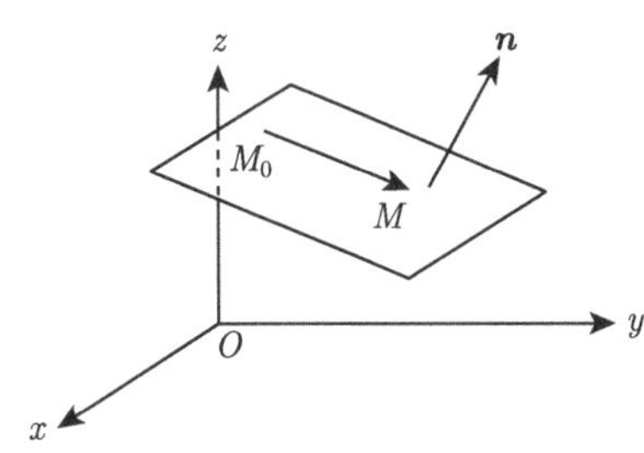

图 5-26

由 M 的任意性, 可知平面上任一点的坐标都满足上述方程. 反之, 不在该平面上的点的坐标都不满足该方程, 因此, 这样的点与 M_0 所连成的向量与法向量不垂直. 因此, 上述方程就是所求平面方程. 因为该平面是由点 M_0 和法向量 $\boldsymbol{n}$ 所确定的, 故又称该方程为平面的点法式方程.

信息挖掘　① 平面方程是三元一次方程; ② 若已知方程 $A(x-x_0)+B(y-y_0)+C(z-z_0)=0$, 则其表示过点 $M_0(x_0,y_0,z_0)$, 法向量为 $\boldsymbol{n}=(A, B, C)$ 的平面.

例 17　设平面过点 $(1,2,-1)$ 且与平面 $x-y+2z=1$ 平行的平面的方程.

结构分析　题型为求平面的方程. 类比已知: 平面的点法式方程, 关键是求已知点和法向量, 点已知的情况下, 关键是找法向量. 方法: 从所给平面 $x-y+2z=1$, 可知其法向量为 $\boldsymbol{n}=(1,-1,2)$.

解　由于所求平面与已知平面平行, 而已知平面的法向量 $\boldsymbol{n}=(1,-1,2)$. 设所求平面的法向量为 $\boldsymbol{n}_1$, 则有 $\boldsymbol{n}_1//\boldsymbol{n}$, 故可设 $\boldsymbol{n}_1=\boldsymbol{n}$, 又平面过点 $(1,2,-1)$, 于是, 所求平面的方程

$$(x-1)-(y-2)+2(z+1)=0,$$

即 $x-y+2z+3=0$.

2. 平面的一般方程

由平面的点法式方程可知平面的方程都是三元一次方程, 或者说任一平面都可以用三元一次方程来表示, 反之, 任意一个三元一次方程 $Ax+By+Cz+D=0$ 是否也能表示一个平面呢?

设有三元一次方程 $Ax+By+Cz+D=0$, 任取满足该方程的一组解 (x_0,y_0,z_0), 则必有 $Ax_0+By_0+Cz_0+D=0$, 从而两式相减得 $A(x-x_0)+B(y-y_0)+$

$C(z-z_0)=0$. 这与平面的点法式方程完全一样, 因此, 任意一个三元一次方程 $Ax+By+Cz+D=0$ 都表示一个平面, 且平面的法向量为 $\boldsymbol{n}=(A,B,C)$.

我们称 $Ax+By+Cz+D=0$ 为**平面的一般式方程**, 其中 $\boldsymbol{n}=(A,B,C)$ 为法向量.

注 在平面的一般式方程中, 当系数取不同值时, 平面的位置会呈现出不同特点. 以下是各种特殊情形:

(1) $D=0$ 时, 平面方程为 $Ax+By+Cz=0$, 此时平面经过原点;

(2) A=0 时, 平面方程为 $By+Cz+D=0$, 此时平面平行于 x 轴;

类似地, B=0 时, 平面 $Ax+Cz+D=0$ 平行于 y 轴; C=0 时, 平面 $Ax+By+D=0$ 平行于 z 轴;

(3) $A=D=0$ 时, 平面 $By+Cz=0$ 过 x 轴;

类似地, $B=D=0$ 时, 平面 $Ax+Cz=0$ 过 y 轴; $C=D=0$ 时, 平面 $Ax+By=0$ 过 z 轴;

(4) $A=B=0$, 平面 $Cz+D=0$ 平行于 xOy 平面; 类似地, $A=C=0$, 平面 $By+D=0$ 平行于 zOx 平面; $B=C=0$, 平面 $Ax+D=0$ 平行于 yOz 平面.

(5) xOy 面: $z=0$; yOz 面: $x=0$; zOx 面: $y=0$.

抽象总结 平面的一般式方程中缺少哪个变量, 平面就与哪个轴平行; 缺少哪两个变量平面就与哪个坐标面平行; 缺少常数项平面就过原点.

注 在平面解析几何中, 一次方程表示一条直线; 在空间解析几何中, 一次方程表示一张平面. 例如 $x+y=1$ 在平面解析几何中表示一条直线, 而在空间解析几何中则表示一张平面.

例 18 求过两点 $M(1,2,1),N(1,0,2)$ 且垂直于平面 $x-y+z=1$ 的平面方程.

解 利用点法式, 只需求出一个法向量 $\boldsymbol{n}$. 已知条件中的平面 $x-y+z=1$ 为一般式, 其法向量为 $\boldsymbol{n}_1=(1,-1,1)$. 由于 $\boldsymbol{n}\perp\boldsymbol{n}_1$, $\boldsymbol{n}\perp\overrightarrow{MN}$, 故可取所求平面的一个法向量为

$$\boldsymbol{n}=\overrightarrow{MN}\times\boldsymbol{n}_1=\begin{vmatrix}\boldsymbol{i} & \boldsymbol{j} & \boldsymbol{k}\\ 0 & -2 & 1\\ 1 & -1 & 1\end{vmatrix}=(-1,1,2).$$

代入点法式方程, 得

$$-(x-1)+(y-2)+2(z-1)=0,$$

即

$$x - y - 2z + 3 = 0.$$

3. 平面的截距式方程

对平面方程 $Ax + By + Cz + D = 0$, 当 A, B, C, D 都不为零时, 方程可化为

$$\frac{x}{-\frac{D}{A}} + \frac{y}{-\frac{D}{B}} + \frac{z}{-\frac{D}{C}} = 1,$$

记 $a = -\frac{D}{A}, b = -\frac{D}{B}, c = -\frac{D}{C}$, 则上述平面方程可简化为 $\frac{x}{a} + \frac{y}{b} + \frac{z}{c} = 1$. 令 $y = 0, z = 0$, 得到平面与 Ox 轴的交点为 $(a, 0, 0)$, 同样可得平面与 Oy 轴、Oz 轴的交点分别为 $(0, b, 0), (0, 0, c)$. 数 a, b, c 分别称为平面在 Ox 轴、Oy 轴、Oz 轴上的**截距**, 所以式 $\frac{x}{a} + \frac{y}{b} + \frac{z}{c} = 1$ 也称为**平面的截距式方程**.

因为不在同一条直线上的三点, 可确定一个平面, 所以利用平面的截距式方程, 可方便地作出平面的图形 (图 5-27).

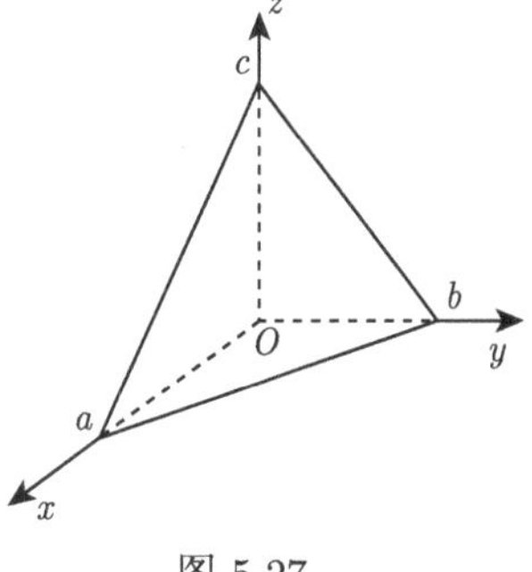

图 5-27

问题　从截距式方程中找出平面的法向量.

例 19　求过三点 $M_1(1, -1, 2), M_2(-1, 1, 2), M_3(1, 1, -2)$ 的平面方程.

解　法一　利用点法式. 由于不共线的三点可以确定一个平面, 这意味着可以借助于这三点确定平面的一个法向量. 事实上, 本题提供了已知平面上三点确定平面法向量的方法.

取

$$\boldsymbol{n} = \overrightarrow{M_1M_2} \times \overrightarrow{M_1M_3} = \begin{vmatrix} \boldsymbol{i} & \boldsymbol{j} & \boldsymbol{k} \\ -2 & 2 & 0 \\ 0 & 2 & -4 \end{vmatrix} = (-8, -8, -4),$$

再取点 $M_1(1, -1, 2)$, 则所求平面方程为 $2(x-1) + 2(y+1) + (z-2) = 0$, 即

$$2x + 2y + z - 2 = 0.$$

法二　利用一般式方程. 将已知三点的坐标代入平面的一般方程 $Ax + By +$

$Cz+D=0$, 得

$$\begin{cases} A-B+2C+D=0, \\ -A+B+2C+D=0, \\ A+B-2C+D=0, \end{cases} A=B=2C, D=-2C,$$

所以所求平面方程为

$$2x+2y+z-2=0.$$

抽象总结 平面的三点式方程为

$$\begin{vmatrix} x-x_1 & y-y_1 & z-z_1 \\ x_2-x_1 & y_2-y_1 & z_2-z_1 \\ x_3-x_1 & y_3-y_1 & z_3-z_1 \end{vmatrix}=0.$$

例 20 设平面过点 $M(1,1,2)$, 且 y 轴在平面上, 求此平面的方程.

简析 思路是利用平面一般方程, 根据平面的特点, 确定方程的特点.

解 首先, 平面经过 y 轴, 则法向量与 y 轴垂直, 法向量在 y 轴上的投影为 0, 即法向量的横坐标为 0, 故 $B=0$;

其次, 平面经过 y 轴, 则平面经过原点, 故 D=0; 故可设平面方程为: $Ax+Cz=0$;

最后, 平面经过点 $M(1,1,2)$, 代入上述方程, 得 $A=-2C$,

故所求平面方程为 $x-2z=0$.

注 各种平面的画法. 由于两条相交直线可以确定一个平面, 所以只要画出平面内两条相交直线, 再以它们为边画出平行四边形即可表示所要画出的平面. 通常我们将平面与两个坐标面的交线画出来, 再以它们为边画出平行四边形就可以了. 以下是各种情形下平面的画法示例.

(1) $2x-2y+z=1$. 方程可视为截距式 $\dfrac{x}{\frac{1}{2}}-\dfrac{y}{\frac{1}{2}}+\dfrac{z}{1}=1$, 画出平面在三个坐标轴上的截距, 再将三点连成平面即可. 如图 5-28 所示.

(2) $y-z=1$, 平面方程中缺少 x, 表示平面与 x 轴平行, 又因为常数项不为 0 , 故平面不过原点. 该平面与 yOz 面的交线为 $l_1:\begin{cases} y-z=1, \\ x=0, \end{cases}$ 与 xOy 面的交线为 $l_2:\begin{cases} y-z=1, \\ z=0 \end{cases} \Rightarrow \begin{cases} y=1, \\ z=0. \end{cases}$ 根据以上分析, 只要在 yOz 内画出 l_1, 在 xOy 内画出 l_2, 以它们为邻边做平行四边形即可. 如图 5-29 所示.

(3) $x=\sqrt{3}y$. 方程中缺少 z, 常数项为 0 , 所以过 z 轴. 与 xOy 面的交线为 $l_1:\begin{cases}x=\sqrt{3}y,\\z=0,\end{cases}$ 与 yOz 面的交线为 $l_2:\begin{cases}x=\sqrt{3}y,\\x=0\end{cases}\Rightarrow\begin{cases}y=0,\\x=0,\end{cases}$ 即 z 轴, 以 l_1 和 l_2 为邻边做平行四边形即可. 如图 5-30 所示.

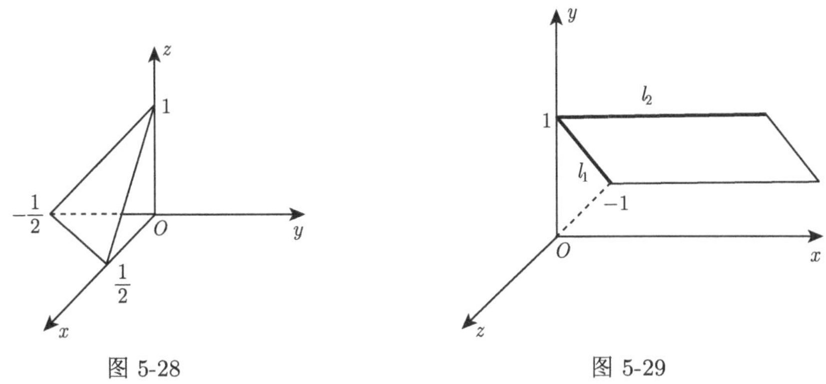

图 5-28　　图 5-29

(4) $z=2$. 方程中缺少 x 和 y, 所以与 xOy 面平行. 它与 yOz 面的交线为 $l_1:\begin{cases}z=2,\\x=0,\end{cases}$ 与 zOx 面的交线为 $l_2:\begin{cases}z=2,\\y=0.\end{cases}$ 因此, 只要在 yOz 内画出 l_1, 在 zOx 内画出 l_2, 以 l_1 和 l_2 为邻边做平行四边形即可. 如图 5-31 所示.

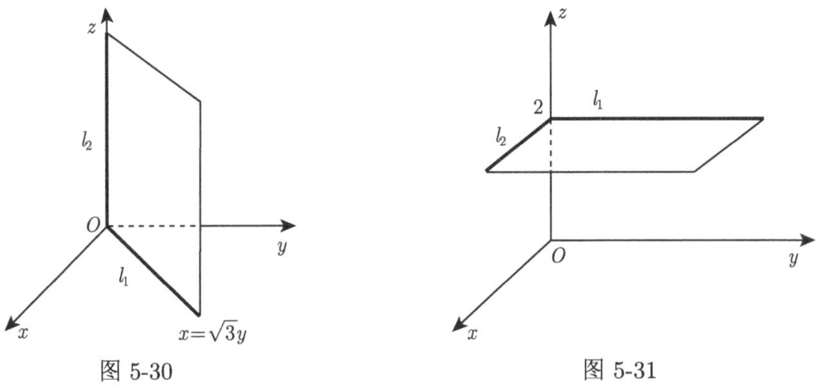

图 5-30　　图 5-31

5.4.2　空间直线方程

和平面一样, 直线也可以看作是满足一定条件的点的集合. 在空间直角坐标系中, 直线作为点集, 当其位置确定之后, 可以用其上任一点的坐标所满足的方程来表示, 这个方程就称为直线方程.

1. 直线的点向式方程

空间直线的位置可由其上一点及它的方向完全确定. 设 L 是过点 $M_0(x_0, y_0, z_0)$, 且与一非零向量 $\boldsymbol{s}=(m,n,p)$ 平行的直线, 求其方程.

设 $M(x,y,z)$ 是直线上任一点, 引向量 $\overrightarrow{M_0M}=(x-x_0, y-y_0, z-z_0)$, 如图 5-32, 由题设 $\overrightarrow{M_0M}//\boldsymbol{s}$, 得

$$\frac{x-x_0}{m}=\frac{y-y_0}{n}=\frac{z-z_0}{p}.$$

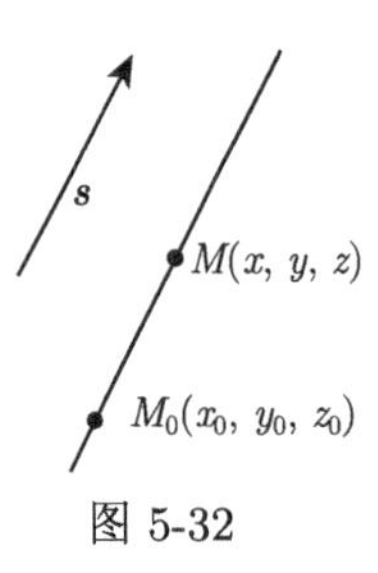

图 5-32

可见凡是直线上的点, 其坐标一定满足上述方程, 反之, 凡坐标不满足上述方程的点 M 一定不在直线 L 上, 因为这样的点 M 与 M_0 所连的向量与 $\boldsymbol{s}$ 不平行. 上述方程称为直线的点向式方程或对称式方程, 其中 $\boldsymbol{s}=(m,n,p)$ 叫做直线的方向向量. 显然直线的方向向量不止一个. 直线 L 的任一方向向量 $\boldsymbol{s}=(m,n,p)$ 的坐标 m,n,p 称为这直线的一组方向数, 而向量 $\boldsymbol{s}$ 的方向余弦叫做该直线的方向余弦.

注 直线的点向式方程中某些分母为零时, 其分子也理解为零.

例如 $m=0, n\neq 0, p\neq 0$, 上述方程可写成 $\dfrac{x-x_0}{0}=\dfrac{y-y_0}{n}=\dfrac{z-z_0}{p}$ 的形式, 此时 $\dfrac{x-x_0}{0}$ 并不表示除式, 这时应理解为直线的方向向量在 x 轴上的投影为零, 即直线垂直与 x 轴, 故直线上所有点的横坐标均相同 $x-x_0=0$. 同时直线又在平面 $\dfrac{y-y_0}{n}=\dfrac{z-z_0}{p}$ 上, 因此直线方程也应理解为

$$\begin{cases}\dfrac{y-y_0}{n}=\dfrac{z-z_0}{p},\\ x=x_0.\end{cases}$$

2. 直线的参数式方程

若令直线的点向式方程为 $\dfrac{x-x_0}{m}=\dfrac{y-y_0}{n}=\dfrac{z-z_0}{p}=t$, 则直线方程可写成

$$\begin{cases}x=x_0+mt,\\ y=y_0+nt, \quad (-\infty<t<\infty),\\ z=z_0+pt\end{cases}$$

上式称为直线的参数式方程.

注　若已知直线的参数方程, 从中也可看出直线经过的定点及直线的方向向量. 直线的参数方程的优势在于只有一个参量 t, 因此, 常用于求直线与曲面或直线与曲线的交点.

3. 直线的两点式方程

若已知直线上两点 $P_1(x_1, y_1, z_1)$ 和 $P_2(x_2, y_2, z_2)$, 则直线唯一确定, 此时引向量 $\overrightarrow{P_1P_2} = (x_2 - x_1, y_2 - y_1, z_2 - z_1)$ 作为直线的方向向量, 由点向式方程可得

$$\frac{x - x_1}{x_2 - x_1} = \frac{y - y_1}{y_2 - y_1} = \frac{z - z_1}{z_2 - z_1},$$

上式称为直线的两点式方程.

4. 直线的一般式方程

空间直线可以看成是通过该直线的任意两张平面的交线, 即在空间直角坐标系中, 直线可以用不平行的两张平面的交线来表示 (图 5-33). 设有两张不平行的平面, 其方程为

$$\Pi_1 : A_1x + B_1y + C_1z + D_1 = 0,$$

$$\Pi_2 : A_2x + B_2y + C_2z + D_2 = 0,$$

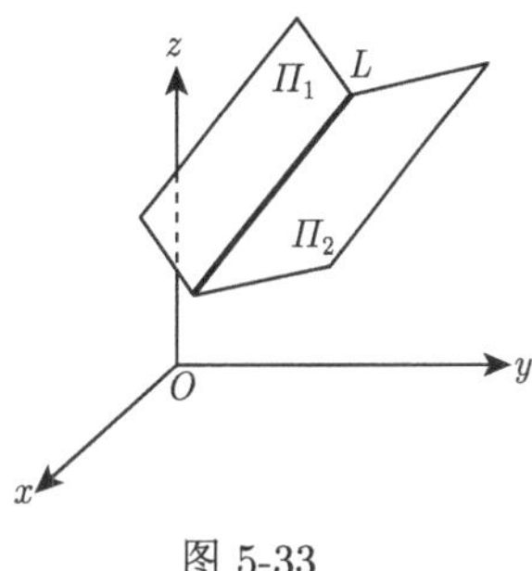

图 5-33

将它们联立成方程组

$$\begin{cases} A_1x + B_1y + C_1z + D_1 = 0, \\ A_2x + B_2y + C_2z + D_2 = 0 \end{cases} \quad (\text{其中 } A_1, B_1, C_1 \text{ 与 } A_2, B_2, C_2 \text{ 不成比例}),$$

称为直线的**一般式方程**.

注　由于过直线的平面有无限多个, 从中挑选任意两个平面的方程联立得到的都是直线的一般式方程, 因此直线的一般方程形式上可以不唯一. 如 x 轴可表示成 $\begin{cases} y = 0, \\ z = 0, \end{cases}$ 也可表示成 $\begin{cases} y = 0, \\ y = z. \end{cases}$

问题　既然直线的方程不唯一, 如何判断两个方程组表示的是否为同一条直线呢?

简析　直线的方程的关键是点和方向向量, 因此由此两方面入手进行考虑.

方法: 第一步, 找点. 取一个方程组的一组解即直线上一定点的坐标, 若该组解也是另一个方程组的解, 则说明该点也在另一方程组所表示直线上; 第二步, 找方向向量. 求出两条直线的方向向量, 检验它们是否互相平行. 直线的方向向量

垂直于两个平面的法向量, 因此, 直线的方向向量可以取为两个平面的法向量向量积.

例 21 试用对称式方程及参数方程表示直线 $\begin{cases} x+2y+z+1=0, \\ x+y+z+2=0. \end{cases}$

结构分析 关键是求出直线的方向向量.

解 由于直线的方向向量与两个平面的法向量垂直, 因此可将直线的方向向量取做两个法向量的向量积.

$$\boldsymbol{s}=\boldsymbol{n}_1\times\boldsymbol{n}_2=\begin{vmatrix} \boldsymbol{i} & \boldsymbol{j} & \boldsymbol{k} \\ 1 & 2 & 1 \\ 1 & 1 & 1 \end{vmatrix}=(1,0,-1),$$

令 x=1, 代入方程, 求得直线上得一点 $(1,1,-4)$. 故, 对称式方程为

$$\frac{x-1}{1}=\frac{y-1}{0}=\frac{z+4}{-1};$$

参数式方程为

$$\begin{cases} x=1+t, \\ y=1, \\ z=-4-t. \end{cases}$$

5.4.3 点、平面、直线的位置关系

现在我们利用点的坐标、平面和直线方程, 来讨论点到平面和点到直线的距离, 两平面的夹角, 两直线的夹角以及平面与直线的夹角等.

1. 点到平面的距离

设 $P_0(x_0,y_0,z_0)$ 是空间一点, 平面 $\varPi$ 的方程是 $Ax+By+Cz+D=0$. 在平面 $\varPi$ 上任取一点 $P_1(x_1,\ y_1,\ z_1)$, 则 P_0 到平面 $\varPi$ 的距离 d 等于 $\overrightarrow{P_1P_0}$ 在法向量 $\boldsymbol{n}=(A,B,C)$ 上的投影的绝对值 (图 5-34),

$$d=|\mathrm{Prj}_{\boldsymbol{n}}\overrightarrow{P_1P_0}|=|\overrightarrow{P_1P_0}|\left|\cos(\widehat{\overrightarrow{P_1P_0},\boldsymbol{n}})\right|=\left|\overrightarrow{P_1P_0}\cdot\boldsymbol{n}^0\right|,$$

又由于 $\overrightarrow{P_1P_0}=(x_0-x_1,y_0-y_1,z_0-z_1)$, 且 $P_1(x_1,\ y_1,\ z_1)$ 在平面 $\varPi$ 上, 即 $Ax_1+By_1+Cz_1+D=0$, $\boldsymbol{n}=(A,B,C)$ 的单位向量

$$\boldsymbol{n}^0=\left(\frac{A}{\sqrt{A^2+B^2+C^2}},\frac{B}{\sqrt{A^2+B^2+C^2}},\frac{C}{\sqrt{A^2+B^2+C^2}}\right),$$

从而得

$$d=\left|\frac{A(x_0-x_1)+B(y_0-y_1)+C(z_0-z_1)}{\sqrt{A^2+B^2+C^2}}\right|=\left|\frac{Ax_0+By_0+Cz_0+D}{\sqrt{A^2+B^2+C^2}}\right|$$

(注意 $-(Ax_1+By_1+Cz_1)=D$).

例 22　求两平面 $x-y+z+1=0$ 与 $x-y+z-1=0$ 之间的距离.

解　两个平面具有相同的法向量 $\boldsymbol{n}=(1,-1,1)$. 在平面 $x-y+z+1=0$ 上取点 $M(1,2,0)$, 则 M 与 $x-y+z-1=0$ 之间的距离即为两平面之间的距离. 故

$$d=\left|\frac{1\cdot1+(-1)\cdot2+1\cdot0-1}{\sqrt{1^2+(-1)^2+1^2}}\right|=\frac{2}{\sqrt{3}}.$$

2. 点到直线的距离

设直线 L 的方程为 $\dfrac{x-x_0}{m}=\dfrac{y-y_0}{n}=\dfrac{z-z_0}{p}$, $M_1(x_1,y_1,z_1)$ 是空间一点, 则 $M_0(x_0,y_0,z_0)$ 在直线 L 上, 且 L 的方向向量 $\boldsymbol{s}=(m,n,p)$.

过点 $M_0(x_0,y_0,z_0)$ 作一向量 $\overrightarrow{M_0M}=\boldsymbol{s}=(m,n,p)$, 以 $\overrightarrow{M_0M_1}$ 和 $\overrightarrow{M_0M}$ 为邻边作一平行四边形 (图 5-35), 不难看出 M_1 到 L 的距离 d 等于这个平行四边形底边上的高.

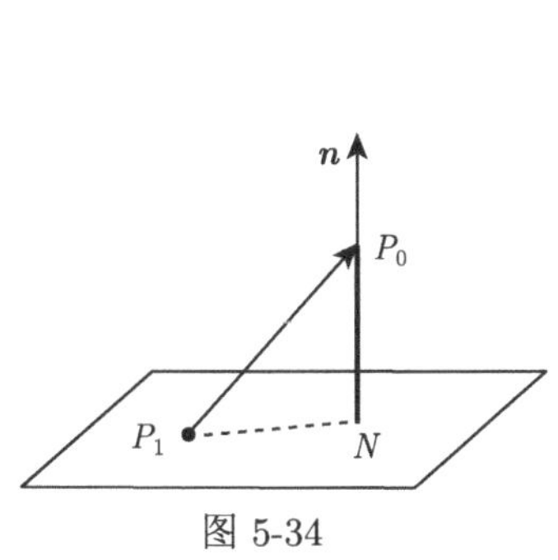

图 5-34

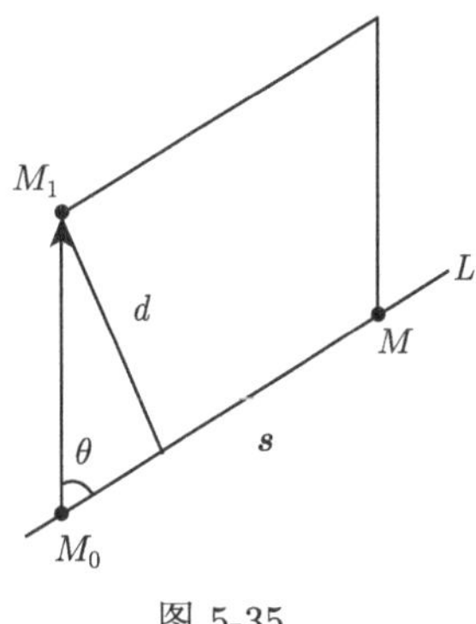

图 5-35

由向量积的定义知, 该平行四边形的面积

$$S=\left|\overrightarrow{M_0M_1}\times\overrightarrow{M_0M}\right|=\left|\overrightarrow{M_0M_1}\times\boldsymbol{s}\right|,$$

又

$$S=\left|\overrightarrow{M_0M}\right|\cdot d=|\boldsymbol{s}|\cdot d,$$

于是点 M_1 到 L 的距离为

$$d=\frac{\left|\overrightarrow{M_0M_1}\times \boldsymbol{s}\right|}{|\boldsymbol{s}|}.$$

例 23 求点 $M(1,2,3)$ 到直线 $x-2=\dfrac{y-2}{-3}=\dfrac{z}{5}$ 的距离.

解 由直线方程知点 $M_0(2,2,0)$ 在直线上, 且直线的方向向量为 $\boldsymbol{s}=(1,-3,5)$. 从而 $\overrightarrow{M_0M}=(-1,0,3)$,

$$\overrightarrow{M_0M_1}\times \boldsymbol{s}=\begin{vmatrix}\boldsymbol{i} & \boldsymbol{j} & \boldsymbol{k}\\ -1 & 0 & 3\\ 1 & -3 & 5\end{vmatrix}=(9,8,3),$$

于是点 $M(1,2,3)$ 到直线的距离为

$$d=\frac{\left|\overrightarrow{M_0M}\times \boldsymbol{s}\right|}{|\boldsymbol{s}|}=\frac{\sqrt{9^2+8^2+3^2}}{\sqrt{1^2+(-3)^2+5^2}}=\sqrt{\frac{22}{5}}.$$

3. 两平面的夹角

设有两平面:

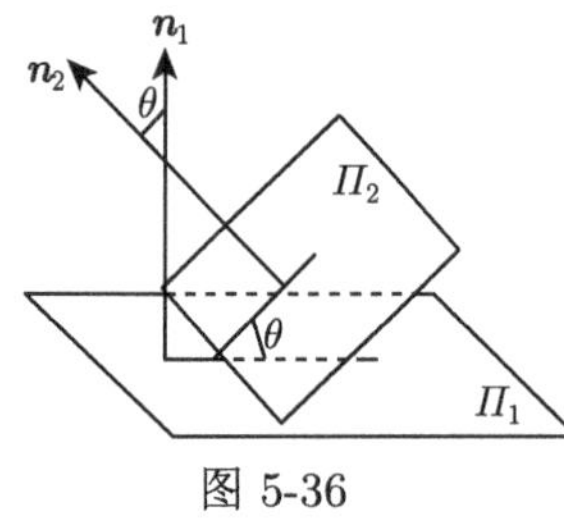

图 5-36

平面 Π_1 : $A_1x+B_1y+C_1z+D_1=0$, 法向量 $\boldsymbol{n}_1=(A_1,B_1,C_1)$;

平面 Π_2 : $A_2x+B_2y+C_2z+D_2=0$, 法向量 $\boldsymbol{n}_2=(A_2,B_2,C_2)$,

则两平面法向量的夹角 θ 或它们的补角 $\pi-\theta$(通常取锐角或直角) 称为**两平面的夹角**. 如图 5-36, 两平面夹角 θ 应为 $(\widehat{\boldsymbol{n}_1,\boldsymbol{n}_2})$ 和 $(\widehat{-\boldsymbol{n}_1,\boldsymbol{n}_2})=\pi-(\widehat{\boldsymbol{n}_1,\boldsymbol{n}_2})$ 两者中的锐角或直角, 因此,

$$\cos\theta=\left|\cos(\widehat{\boldsymbol{n}_1,\boldsymbol{n}_2})\right|=\frac{|\boldsymbol{n}_1\cdot\boldsymbol{n}_2|}{|\boldsymbol{n}_1||\boldsymbol{n}_2|}.$$

按两向量夹角余弦的坐标表达式, 平面 Π_1 和平面 Π_2 的夹角可由

$$\cos\theta=\frac{|\boldsymbol{n}_1\cdot\boldsymbol{n}_2|}{|\boldsymbol{n}_1||\boldsymbol{n}_2|}=\frac{|A_1A_2+B_1B_2+C_1C_2|}{\sqrt{A_1^2+B_1^2+C_1^2}\cdot\sqrt{A_2^2+B_2^2+C_2^2}}$$

来确定.

从两向量垂直、平行的充分必要条件, 立即推得下列结论:

平面 Π_1 和 Π_2 垂直 $\Leftrightarrow A_1A_2+B_1B_2+C_1C_2=0$;

平面 Π_1 和 Π_2 平行 $\Leftrightarrow \dfrac{A_1}{A_2}=\dfrac{B_1}{B_2}=\dfrac{C_1}{C_2}$.

例 24　求平面 $2x+y-z+9=0$ 与 yOz 面的夹角.

解　由已知可知 $\boldsymbol{n}_1=(2,1,-1)$, 而 yOz 面的法向量为 $\boldsymbol{n}_2=(1,0,0)$, 所以

$$\cos\theta=\frac{|\,\boldsymbol{n}_1\cdot\boldsymbol{n}_2\,|}{|\,\boldsymbol{n}_1\,||\,\boldsymbol{n}_2\,|}=\frac{|2\cdot1+1\cdot0-1\cdot0|}{\sqrt{2^2+1^2+(-1)^2}\cdot\sqrt{1^2+0^2+0^2}}=\frac{2}{\sqrt{6}},$$

即 $\theta=\arccos\dfrac{2}{\sqrt{6}}$.

4. 两直线的夹角

把两直线方向向量所夹的锐角称为**直线的夹角**.

若已知直线 L_1 和 L_2 的方向向量 $\boldsymbol{s}_1=(m_1,n_1,p_1)$ 和 $\boldsymbol{s}_2=(m_2,n_2,p_2)$, 则其夹角为 φ 的余弦为 $\cos\varphi=\dfrac{|m_1m_2+n_1n_2+p_1p_2|}{\sqrt{m_1^2+n_1^2+p_1^2}\sqrt{m_2^2+n_2^2+p_2^2}}$.

注　两直线相互垂直和平行的充分必要条件

两直线 $L_1\perp L_2\Leftrightarrow m_1m_2+n_1n_2+p_1p_2=0$;

两直线 $L_1//L_2\Leftrightarrow \dfrac{m_1}{m_2}=\dfrac{n_1}{n_2}=\dfrac{p_1}{p_2}$.

例 25　求两直线 L_1: $\begin{cases}x+y+2z+1=0,\\x+2y+z+3=0\end{cases}$ 和 L_2: $\begin{cases}2x+y+2z+1=0,\\2x+y+z+1=0\end{cases}$ 的夹角.

解　思路是分别求出两直线的方向向量, 再用夹角公式.

$$\boldsymbol{s}_1=\begin{vmatrix}\boldsymbol{i}&\boldsymbol{j}&\boldsymbol{k}\\1&1&2\\1&2&1\end{vmatrix}=(-3,1,1),\quad \boldsymbol{s}_2=\begin{vmatrix}\boldsymbol{i}&\boldsymbol{j}&\boldsymbol{k}\\2&1&2\\2&1&1\end{vmatrix}=(-1,2,0),$$

于是 $\cos\varphi=\dfrac{|(-3)\cdot(-1)+1\cdot2+(1)\cdot0|}{\sqrt{(-3)^2+1^2+(-1)^2}\sqrt{(-1)^2+2^2+0^2}}=\dfrac{5}{\sqrt{55}}$, 故 $\varphi=\arccos\dfrac{5}{\sqrt{55}}$.

5. 直线与平面的夹角

当直线与平面不垂直时, **直线与平面的夹角**是指直线和它在平面上的投影直

线所夹的锐角 $\varphi\left(0\leqslant\varphi<\dfrac{\pi}{2}\right)$. 当直线与平面垂直时, 规定直线与平面的夹角为 $\varphi=\dfrac{\pi}{2}$.

设直线 L 的方向向量为 $\boldsymbol{s}=(m,\ n,\ p)$, 平面 Π 的法向量 $\boldsymbol{n}=(A,B,C)$, 则 $\boldsymbol{s}$ 与 $\boldsymbol{n}$ 的夹角 $\theta=\dfrac{\pi}{2}-\varphi$ 或 $\theta=\dfrac{\pi}{2}+\varphi$(图 5-37), 于是有

$$\sin\varphi=|\cos\theta|=\frac{|\boldsymbol{n}\cdot\boldsymbol{s}|}{|\boldsymbol{n}|\,|\boldsymbol{s}|}=\frac{|Am+Bn+Cp|}{\sqrt{A^2+B^2+C^2}\sqrt{m^2+n^2+p^2}}.$$

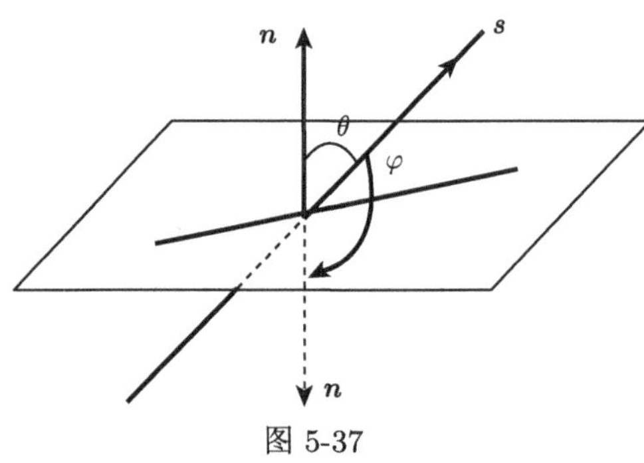

图 5-37

注 根据直线与平面夹角的公式, 不难得到直线与平面相互垂直和平行的充分必要条件:

直线 L 与平面 Π 相互垂直 $\Leftrightarrow \dfrac{A}{m}=\dfrac{B}{n}=\dfrac{C}{p}$;

直线 L 与平面 Π 相互平行 (或直线在平面上) $\Leftrightarrow Am+Bn+Cp=0$.

例 26 求过点 $(1,2,-3)$ 且与平面 $x-y+2z+1=0$ 垂直的直线的方程.

解 所求直线过点 $(1,2,-3)$, 且平面的法向量就是直线的方向向量 $\boldsymbol{s}=(1,-1,2)$, 所以利用对称式可得直线方程为

$$\frac{x-1}{1}=\frac{y-2}{-1}=\frac{z+3}{2}.$$

6. 平面束

通过空间直线 L 可以作无穷多个平面, 所有这些平面的集合称为过直线 L 的**平面束**. 设直线 L 的方程为

$$\begin{cases}A_1x+B_1y+C_1z+D_1=0,\\A_2x+B_2y+C_2z+D_2=0,\end{cases}$$

其中 A_1,B_1,C_1 和 A_2,B_2,C_2 不成比例, 取定一对不全为 0 的实数 μ 与 λ, 则

$$\mu(A_1x+B_1y+C_1z+D_1)+\lambda(A_2x+B_2y+C_2z+D_2)=0 \tag{5-4-1}$$

表示一张过 L 的平面. 当不全为 0 的数对 μ 与 λ 变化时, 就得到一族过 L 的平面, 这族平面就是过 L 的**平面束**, 而把 (5-4-1) 式称为**平面束方程**.

实际上, 过 L 的任一平面都可以用 (5-4-1) 式表示. 设 Π 是过 L 的任一平面, 取定平面 Π 上不在直线 L 上的一点 $M(u,v,w)$, 由于 M 不在直线 L 上, 故 M 的坐标不满足 L 的方程, 即 $A_1u+B_1v+C_1w+D_1$ 与 $A_2u+B_2v+C_2w+D_2$ 不全为 0, 因此, 由 (5-4-1) 式可以唯一地确定 μ 与 λ 的比值, 这样平面 Π 就可以用 (5-4-1) 的形式表示出来.

在实际处理问题时, 为简单起见, 我们也常常用下述形式的平面束方程来处理问题:

$$A_1x+B_1y+C_1z+D_1+\lambda(A_2x+B_2y+C_2z+D_2)=0, \tag{5-4-2}$$

或

$$\mu(A_1x+B_1y+C_1z+D_1)+(A_2x+B_2y+C_2z+D_2)=0. \tag{5-4-3}$$

注　(5-4-2) 能表示除第二个平面之外过直线 L 的所有平面, 但是不能表示第二个平面.

(5-4-3) 能表示除第一个平面之外过直线 L 的所有平面, 但是不能表示第一个平面.

例 27　求过直线 $L:\begin{cases}x-2y+z+2=0,\\ x+2y-z-2=0\end{cases}$ 且与平面 $\pi: x+y-z=0$ 垂直的平面方程.

解　利用过 L 的平面束: $x-2y+z+2+\lambda(x+2y-z-2)=0$, 其法向量为 $\boldsymbol{n}=(1+\lambda,-2+2\lambda,1-\lambda)$, 而已知平面 Π 的法向量为 $\boldsymbol{n}_1=(1,1,-1)$, 按要求应有 $\boldsymbol{n}\perp\boldsymbol{n}_1$, 故有 $\boldsymbol{n}\cdot\boldsymbol{n}_1=0$, 即 $(1+\lambda)+(-2+2\lambda)-(1-\lambda)=0$, 所以 $\lambda=\dfrac{1}{2}$, 从而所求为

$$x-2y+z+2+\frac{1}{2}(x+2y-z-2)=0,$$

即 $\dfrac{3}{2}x-y+\dfrac{1}{2}z+1=0$.

思考 1　本题中的已知直线在已知平面上的投影直线方程如何求?

解答 只需将上面得到的平面方程与已知平面方程联立即可.

$$\begin{cases} \dfrac{3}{2}x - y + \dfrac{1}{2}z + 1 = 0, \\ x + y - z = 0. \end{cases}$$

思考 2 求过直线 $L: \begin{cases} \dfrac{3}{2}x - y + \dfrac{1}{2}z + 1 = 0, \\ x + 2y - z - 2 = 0 \end{cases}$ 且与平面 $\pi: x + y - z = 0$ 垂直的平面方程.

解答 平面 $\dfrac{3}{2}x - y + \dfrac{1}{2}z + 1 = 0$ 不仅过 L, 而且经过验证可见它也与 $\pi: x + y - z = 0$ 垂直, 故即为所求.

例 28 求直线 $\begin{cases} x - y + z = 1, \\ x + y - z = 1 \end{cases}$ 与平面 $-x + y + z = 1$ 的交点.

解 直接将二者的方程联立求解即可:

$$\begin{cases} x - y + z = 1, \\ x + y - z = 1, \\ -x + y + z = 1, \end{cases}$$

得交点坐标为 $(1, 1, 1)$.

例 29 求直线 $\dfrac{x-1}{0} = \dfrac{y-2}{1} = \dfrac{z-1}{2}$ 与平面 $x - 2y + 5z = 0$ 的交点.

解 将直线的参数方程: $\begin{cases} x = 1, \\ y = 2 + t, \\ z = 1 + 2t, \end{cases}$ 代入平面方程得 $t = -\dfrac{1}{4}$. 再代入直线参数方程得交点 $\left(1, \dfrac{7}{4}, \dfrac{1}{2}\right)$.

注 用直线的参数方程求直线与平面的交点很方便. 也可以将直线化为一般方程再按照上例中的方法求解.

例 30 求与直线 $\begin{cases} x + y + z = 1, \\ 2x - y + z = 2 \end{cases}$ 垂直且过 (1,1,0) 的平面.

解 直线的方向向量就是平面的法向量

$$\boldsymbol{n} = \boldsymbol{s} = \begin{vmatrix} \boldsymbol{i} & \boldsymbol{j} & \boldsymbol{k} \\ 1 & 1 & 1 \\ 2 & -1 & 1 \end{vmatrix} = (2, 1, -3),$$

所以由点法式知平面的方程为

$$2(x-1)+(y-1)-3(z-0)=0.$$

即 $2x+y-3z-3=0$.

例 31　已知两直线 L_1: $\dfrac{x-1}{1}=\dfrac{y-0}{-1}=\dfrac{z-2}{2}$ 和 L_2: $\dfrac{x-2}{0}=\dfrac{y-1}{1}=\dfrac{z-0}{-1}$,

(1) 求公垂线 L 的方程.

(2) 求与 L_1 和 L_2 相交且与直线 $\dfrac{x-0}{2}=\dfrac{y-2}{2}=\dfrac{z-1}{1}$ 平行的直线 L'.

结构分析　思路: 公垂线 L 与两条直线都相交, 因此可分别求出 L 与 L_1 确定的平面 π_1 及由 L 与 L_2 确定的平面 π_2, 再将平面 π_1 与平面 π_2 的方程联立即得 L 的一般方程.

解　(1) 先求公垂线 L 的方向向量. 由于公垂线 L 与 L_1 和 L_2 都垂直, 故公垂线 L 的方向向量为

$$\boldsymbol{s}=\boldsymbol{s}_1\times\boldsymbol{s}_2=\begin{vmatrix}\boldsymbol{i}&\boldsymbol{j}&\boldsymbol{k}\\1&-1&2\\0&1&-1\end{vmatrix}=(-1,1,1).$$

再求由 L 与 L_1 确定的平面 π_1 的法向量:

$$\boldsymbol{n}_1=\boldsymbol{s}\times\boldsymbol{s}_1=\begin{vmatrix}\boldsymbol{i}&\boldsymbol{j}&\boldsymbol{k}\\-1&1&1\\1&-1&2\end{vmatrix}=(3,-3,0).$$

在直线 L_1 上取点 (1,0,2), 得平面 π_1 的方程

$$x-y=1.$$

接下来再求由 L 与 L_2 确定的平面 π_2 的法向量

$$\boldsymbol{n}_2=\boldsymbol{s}\times\boldsymbol{s}_2=\begin{vmatrix}\boldsymbol{i}&\boldsymbol{j}&\boldsymbol{k}\\-1&1&1\\0&1&-1\end{vmatrix}=(-2,-1,-1).$$

在直线 L_2 上取点 (2,1,0), 得平面 π_2 的方程 $2x+y=5$. 故公垂线为

$$\begin{cases}x-y=1,\\2x+y=5.\end{cases}$$

(2) 思路：求出 L' 与 L_1 和 L_2 的两个交点再利用两点式或对称式写出 L' 的方程即可. 为此, 首先注意 L_1 与 L_2 的参数方程

$$L_1:\begin{cases}x=1+t_1,\\ y=-t_1,\\ z=2+2t_1,\end{cases}\qquad L_2:\begin{cases}x=2,\\ y=1+t_2,\\ z=-t_2.\end{cases}$$

其次, 由于 L' 与 L_1 和 L_2 都相交且与 L_3 平行, 则两交点连线应与 L_3 的方向向量平行, 故两交点的坐标差应与 L_3 的方向数成比例, 即

$$\frac{1+t_1-2}{2}=\frac{-t_1-1-t_2}{2}=\frac{2+2t_1+t_2}{1},$$

$$\begin{cases}2t_1+t_2=0,\\ 5t_1+3t_2=-5,\end{cases}$$

解得

$$t_1=5,\quad t_2=-10.$$

由此得 L' 和 L_1 和 L_2 的交点为 $(6,-5,12)$, $(2,-9,10)$. 故由两点式得直线 L' 的方程为

$$\frac{x-4}{-4}=\frac{y+3}{-4}=\frac{z-8}{-2}.$$

注 从本例中我们再次看到直线的参数方程在求交点方面的作用.

习 题 5-4

1. 求过点 $(3,0,-1)$ 且与平面 $3x-7y+5z-12=0$ 平行的平面方程.

2. 求过点 $M_0\,(2,9,-6)$ 且与连接坐标原点及点 M_0 的线段 OM_0 垂直的平面方程.

3. 求过 $A\,(1,1,-1)$, $B\,(-2,-2,2)$ 和 $C\,(1,-1,2)$ 三点的平面方程.

4. 指出下列各平面的特殊位置, 并画出图形：

(1) $3y-1=0$; (2) $2x-3y=6$; (3) $6x+5y-z=0$.

5. 求平面 $2x-2y+z+5=0$ 与各坐标面的夹角的余弦.

6. 一平面过点 $(1,0,-1)$ 且平行于向量 $\boldsymbol{a}=(2,1,1)$ 和 $\boldsymbol{b}=(1,-1,0)$, 试求这平面方程.

7. 分别按下列条件求平面方程：(1) 平行于 xOz 面且经过点 $(2,-5,3)$; (2) 通过 z 轴和点 $(-3,1,-2)$; (3) 平行于 x 轴且经过两点 $(4,0,-2)$ 和 $(5,1,7)$.

8. 画出下列平面：

(1) $x-y-z=1$; (2) $x-y=2$;

(3) $y-z=2$; (4) $x-y+z=0$;

(5) $-x+y+z=0$; (6) $x-3z=0$;

(7) $y+z=0$;　　　　(8) $-x+y=0$;

(9)$z=-2$;　　　　(10) $x=1$.

9. 求过点 $(4,-1,3)$ 且平行于直线 $\dfrac{x-3}{2}=\dfrac{y}{1}=\dfrac{z-1}{5}$ 的直线方程.

10. 用对称式方程及参数方程表示直线 $\begin{cases} x-y+z=1, \\ 2x+y+z=4. \end{cases}$

11. 求过点 $(2,0,-3)$ 且与直线 $\begin{cases} x-2y+4z-7=0, \\ 3x+5y-2z+1=0 \end{cases}$ 垂直的平面方程.

12. 求过点 $(0,2,4)$ 且与两平面 $x+2z=1$ 和 $y-3z=2$ 平行的直线方程.

13. 求点 $(1,2,1)$ 到平面 $x+2y+2z-10=0$ 的距离.

14. 求点 $P(3,-1,2)$ 到直线 $\begin{cases} x+y-z+1=0, \\ 2x-y+z-4=0 \end{cases}$ 的距离.

15. 求直线 $\begin{cases} 5x-3y+3z-9=0, \\ 3x-2y+z-1=0 \end{cases}$ 与直线 $\begin{cases} 2x+2y-z+23=0, \\ 3x+8y+z-18=0 \end{cases}$ 的夹角的余弦.

16. 求直线 $\begin{cases} x+y+3z=0, \\ x-y-z=0 \end{cases}$ 与平面 $x-y-z+1=0$ 的夹角.

17. 试确定下列各组中的直线和平面间的关系:

(1) $\dfrac{x+3}{-2}=\dfrac{y+4}{-7}=\dfrac{z}{3}$ 和 $4x-2y-2z=3$;

(2) $\dfrac{x}{3}=\dfrac{y}{-2}=\dfrac{z}{7}$ 和 $3x-2y+7z=8$;

(3) $\dfrac{x-2}{3}=\dfrac{y+2}{1}=\dfrac{z-3}{-4}$ 和 $x+y+z=3$.

18. 求直线 $\begin{cases} 2x-4y+z=0, \\ 3x-y-2z-9=0 \end{cases}$ 在平面 $4x-y+z=1$ 上投影直线的方程.

19. 求直线 $l_1:\dfrac{x-9}{4}=\dfrac{y+2}{-3}=\dfrac{z}{1}$ 与直线 $l_2:\dfrac{x}{-2}=\dfrac{y+7}{9}=\dfrac{z-7}{2}$ 的公垂线方程.

20. 一平面过直线 $\begin{cases} x+5y+z=0, \\ x-z+4=0, \end{cases}$ 且与平面 $x-4y-8z+12=0$ 成 $\dfrac{\pi}{4}$ 角, 求此平面方程.

21. 设两直线 $L_1:\begin{cases} x-3y+z=0, \\ 2x-4y+z+1=0, \end{cases}$ $L_2:\dfrac{x}{1}=\dfrac{y+1}{3}=\dfrac{z-2}{4}$,

(1) 证明 L_1 与 L_2 是异面直线;

(2) 求 L_1 与 L_2 之间的距离;

(3) 求过 L_1 且平行于 L_2 的平面方程.

5.5 曲面与空间曲线的方程

5.5.1 曲面及其方程

在现实生活中我们经常遇到各种各样的曲面, 例如一个鸡蛋的表面, 一片银杏树叶的叶面, 微风吹过的湖面, 迎风飘扬的红旗等. 在 5.4 节中, 我们学习过的平面是一种最简单的空间曲面, 它是满足一定条件的点的集合. 在空间直角坐标系中, 空间的点与有序数组 (x, y, z) 构成了一一对应关系, 类似于平面, 空间曲面与曲线也可以看成符合某种规则的点的集合 (点的轨迹), 那么其几何图形就可以用点的坐标 (x, y, z) 所满足的方程式来表示.

定义 5-8 在空间直角坐标系中, 如果某个曲面 Σ 上任一点的坐标都满足方程 $F(x, y, z) = 0$, 而不在这曲面上的任何点的坐标都不满足该方程, 则称 $F(x, y, z) = 0$ 为曲面 Σ 的方程, 而称曲面 Σ 为方程 $F(x, y, z) = 0$ 的图形. 如图 5-38 所示.

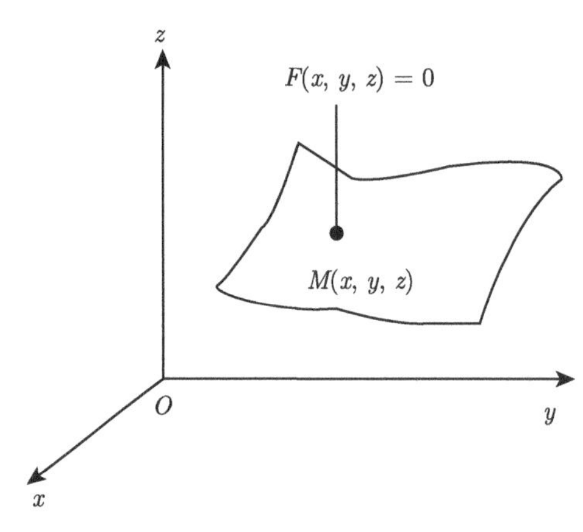

图 5-38

空间曲面的研究有两个基本问题：一是已知曲面求曲面方程; 二是已知曲面方程确定曲面的形状.

我们常见的曲面：球面、柱面、锥面及旋转曲面, 它们都有着显著的几何特征, 我们从这些曲面的形成方式可以建立它们的方程. 在以下讨论中, 注意这些曲面方程的特点及其画法, 为后面学习多元微积分做好准备.

1. 球面及其方程

设动点 $M(x, y, z)$ 到定点 $M_0(x_0, y_0, z_0)$ 的距离等于正数 R, 则该动点 M 的几何轨迹是中心在点 $M_0(x_0, y_0, z_0)$, 半径为 R 的球面. 于是, 由两点间的距离公

式, 得 $|\overrightarrow{M_0M}|=\sqrt{(x-x_0)^2+(y-y_0)^2+(z-z_0)^2}=R$, 两边平方, 消去根号, 得

$$(x-x_0)^2+(y-y_0)^2+(z-z_0)^2=R^2, \tag{5-5-1}$$

这就是球面上的动点 M 满足的方程, 反之, 若有点 $M(x,y,z)$ 满足方程 (5-5-1), 立即可推得 $|\overrightarrow{M_0M}|=R$, 即点 M 必在球面上. 所以方程 (5-5-1) 就是所求的球面方程.

特殊地, 球心在原点时, 球面方程为 $x^2+y^2+z^2=R^2$. 相应地, $z=\pm\sqrt{R^2-x^2-y^2}$ 表示上 (下) 球面.

抽象总结　球面方程是一个关于 x,y,z 的二次方程, 缺混合项 xy,yz,zx, 且 x,y,z 的二次方的系数相等. 反之, 若一个三元二次方程的平方项系数相同, 缺混合项 xy,yz,zx, 则此方程表示球面方程.

注　(1) 球面方程可化为 $x^2+y^2+z^2+Dx+Ey+Fz+G=0$. 反之, 给出一个 $x^2+y^2+z^2+Dx+Ey+Fz+G=0$ 都可通过配方研究它的图形, 当化为 $(x-x_0)^2+(y-y_0)^2+(z-z_0)^2=R^2>0$ 时, 其图形就表示以 $M_0(x_0,y_0,z_0)$ 为中心, 半径为 R 的球面, 当化为 $(x-x_0)^2+(y-y_0)^2+(z-z_0)^2=0$ 其图形就是一个点, 当化为 $(x-x_0)^2+(y-y_0)^2+(z-z_0)^2<0$ 时, 就表示一个虚轨迹.

(2) 球面画法：分三步：定球心, 定半径 (或直径), 画一个正圆, 两个椭圆, 再修改一下虚实即可. 如图 5-39 所示.

2. 柱面及其方程

定义 5-9　由一条动直线 L 沿一定曲线 Γ 平行移动所形成的曲面, 称为**柱面**. 并称动直线 L 为该柱面的**母线**, 称定曲线 Γ 为该柱面的**准线** (图 5-40).

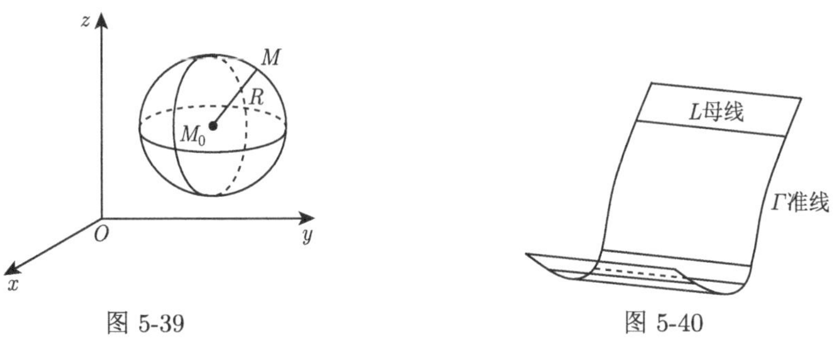

图 5-39　　　　图 5-40

例 32　设柱面 Σ 的准线 Γ 的方程是 $\begin{cases}F(x,y)=0,\\ z=0,\end{cases}$ 母线 L 的方向向量是 $\boldsymbol{s}=(a,b,c)$(这里 $c\neq 0$), 试求柱面 Σ 的方程.

解 设 $M(x,y,z)$ 是柱面 Σ 上任一点, 过点 M 的母线与准线 Γ 交于 $M_1(x_1, y_1, 0)$(图 5-41). 由柱面定义及两向量共线的充要条件知

$$\overrightarrow{M_1M} = \lambda \boldsymbol{s},$$

即 $(x-x_1, y-y_1, z-0) = \lambda(a,b,c)$, 于是得 $x-x_1=\lambda a, y-y_1=\lambda b, z-0=\lambda c$, 消去 λ, 解出

$$x_1 = x - \frac{a}{c}z, \quad y_1 = y - \frac{b}{c}z,$$

因为点 $M_1(x_1,y_1,0)$ 在准线 Γ 上, 所以将 x_1, y_1 代入 $\Gamma: \begin{cases} F(x,y)=0, \\ z=0 \end{cases}$ 的第一个方程, 就得到柱面 Σ 的方程

$$F\left(x-\frac{a}{c}z, y-\frac{b}{c}z\right) = 0.$$

如果柱面的准线 Γ 取在 xOy 面上, 即 $\Gamma: \begin{cases} F(x,y)=0, \\ z=0, \end{cases}$ 而母线 L 平行于 z 轴, 则这个柱面的方程就是 $F(x,y)=0$.

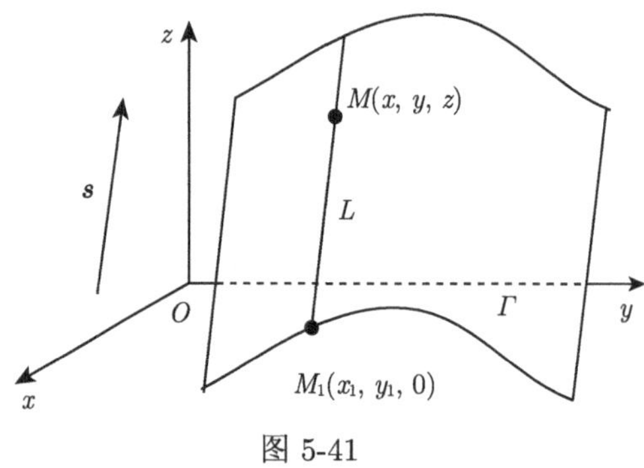

图 5-41

例 33 分析方程 $x^2+y^2=a^2$ 在空间表示什么曲面?

解 在 xOy 平面上, 这是一个圆. 现在过这个圆上任意一点, 做平行于 z 轴的直线, 以该直线为母线, 沿 xOy 平面上圆平行于 z 轴移动, 则形成一个圆柱面(图 5-42). 因此 $x^2+y^2=a^2$ 在空间表示一个以 z 轴为中心轴, 母线平行于 z 轴的圆柱面.

抽象总结 从例 33 的讨论可以看到, 不含 z 的方程 $f(x,y)=0$ 表示以 xOy 平面上的曲线 $l_1: \begin{cases} f(x,y)=0, \\ z=0 \end{cases}$ 为准线, 母线平行于 z 轴的柱面. 如图 5-43.

类似地, 方程 $g(y,z)=0$, 表示以 yOz 平面上的曲线 $l_2:\begin{cases}g(y,z)=0,\\ x=0\end{cases}$ 为准线, 母线平行于 x 轴的柱面. 如图 5-44.

方程 $h(x,z)=0$, 表示以 zOx 平面上的曲线 $l_3:\begin{cases}h(z,x)=0,\\ y=0\end{cases}$ 为准线, 母线平行于 y 轴的柱面. 如图 5-45.

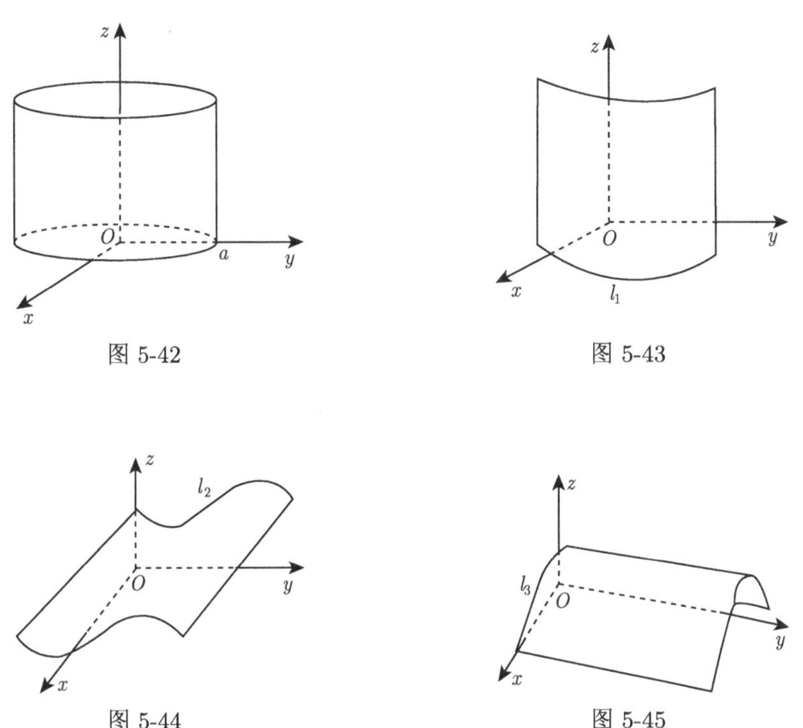

图 5-42　　图 5-43

图 5-44　　图 5-45

注　在研究方程所表示的几何图形时, 要注意前提是平面还是空间, 如例 33, 在平面直角坐标系中, 方程 $x^2+y^2=a^2$ 表示平面上的一个圆, 而在空间直角坐标系中, 方程 $x^2+y^2=a^2$ 表示准线为 xOy 平面上的圆, 母线平行与 z 轴的圆柱面. 在本书中, 我们将主要讨论母线平行于坐标轴的柱面方程.

根据柱面的定义, 柱面的准线是不唯一的. 但是柱面和坐标面相交时, 在坐标面内的准线是唯一的.

例 34　(1) 平面是一种特殊的柱面：它上面任一条直线都可以取做准线. 如 $x-y=0$ 是以 xOy 平面上的直线 $y=x$ 为准线, 母线平行于 z 轴的柱面, 即平面, 如图 5-46.

(2) $\dfrac{x^2}{a^2}-\dfrac{y^2}{b^2}=1$ 是以 xOy 平面上的双曲线为准线, 母线平行于 z 轴的双曲柱面. 如图 5-47.

(3) $z=x^2$ 表示以 zOx 面上的抛物线为准线, 母线平行于 y 轴的抛物柱面. 如图 5-48.

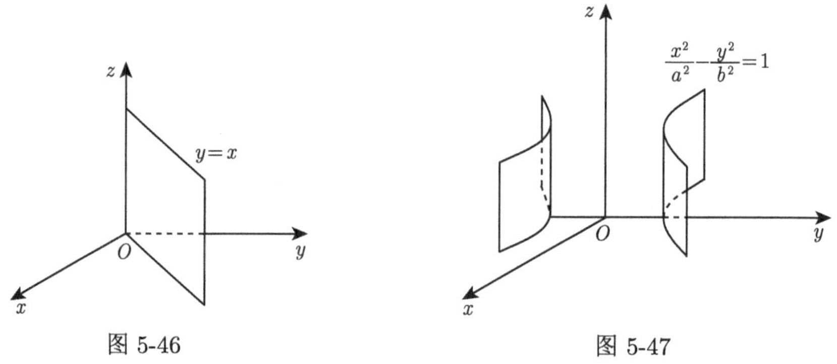

图 5-46 图 5-47

3. 锥面及其方程

定义 5-10 过空间一定点 O 的动直线 L, 沿空间曲线 Γ(不过定点 O) 移动所生成的曲面称为**锥面**. 其中动直线 L 称为该锥面的**母线**, 曲线 Γ 称为该锥面的准线, 定点 O 称为该锥面的顶点 (图 5-49). 通常锥面的准线取平面曲线.

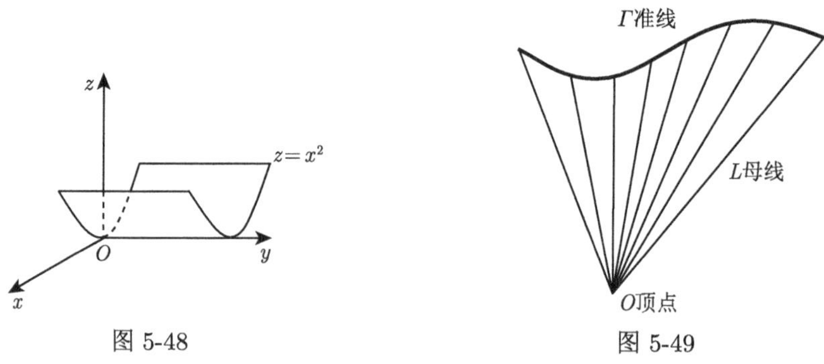

图 5-48 图 5-49

例 35 设锥面 Σ 的准线 Γ 的方程为 $\begin{cases} f(x,y)=0, \\ z=h \end{cases}$ $(h\neq 0)$, 且以原点为顶点, 试求此锥面方程.

解 设 $M(x,y,z)$ 是锥面 Σ 上的任一点, 且过点 M 的母线 L 与准线 Γ 交

于 $M_1(x_1,y_1,h)$(图 5-50). 由两向量共线的充要条件知

$$\overrightarrow{OM_1}=\lambda\overrightarrow{OM},$$

即 $(x_1,y_1,h)=\lambda(x,y,z)$,

于是得 $x_1=\lambda x, y_1=\lambda y, h=\lambda z$, 消去 λ, 得

$$x_1=\frac{h}{z}x,\quad y_1=\frac{h}{z}y,$$

因为点 M_1 在准线 Γ 上, 故 $f(x_1,y_1)=0$, 所以得

$$f\left(\frac{h}{z}x,\frac{h}{z}y\right)=0.$$

这就是所求的锥面方程.

例如以 $z=c$ 平面上的一个椭圆 $\begin{cases}\dfrac{x^2}{a^2}+\dfrac{y^2}{b^2}=1,\\ z=c\end{cases}$ 为准线, 原点在顶点的锥面方程为

$$\frac{1}{a^2}\left(\frac{c}{z}x\right)^2+\frac{1}{b^2}\left(\frac{c}{z}y\right)^2=1 \text{ 或 } \frac{x^2}{a^2}+\frac{y^2}{b^2}=\frac{z^2}{c^2},$$

这曲面叫做椭圆锥面 (图 5-51).

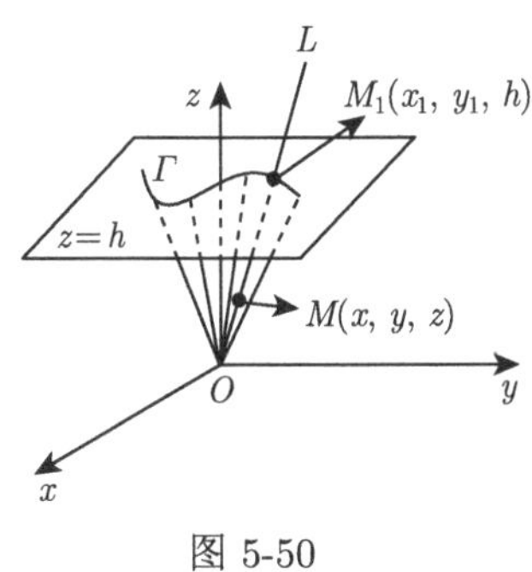

图 5-50

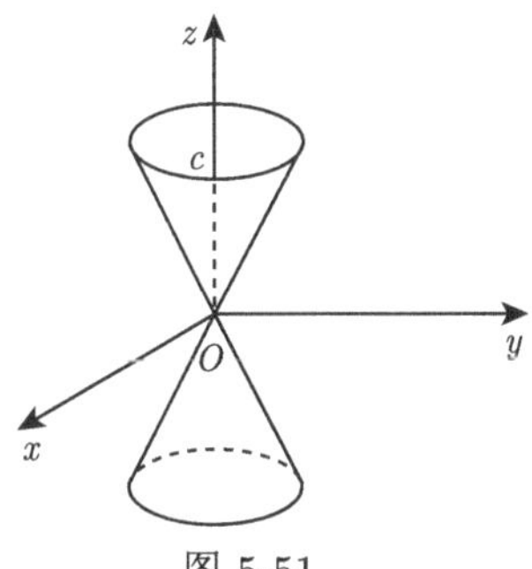

图 5-51

特别地, 以 $\begin{cases}x^2+y^2=a^2,\\ z=h\end{cases}$ 为准线, 原点在顶点的锥面方程为

$$x^2+y^2=\frac{a^2}{h^2}z^2,$$

这就是常见的圆锥面.

注　圆锥面的画法：一顶点、一轴、一准线圆、二母线 (参考图 5-51).

4. 旋转曲面及其方程

定义 5-11 将一条平面曲线 Γ 绕其所在平面内的一条直线 L 旋转一周, 得到的曲面叫做**旋转曲面**, 其中, 定直线 L 叫**曲面的旋转轴**, 动曲线 Γ 的每个位置称为曲面的一条**母线**.

例 36 设 L 是 yOz 面上的一条曲线, 它的方程是 $\begin{cases} f(y,z)=0, \\ x=0, \end{cases}$ 这条曲线绕 z 轴旋转一周得到一个旋转曲面 Σ, 试求此旋转曲面方程.

解 设 $M(x,y,z)$ 是旋转曲面 Σ 上的任一点, 过点 M 作一平面与 z 轴垂直, 该平面与 L 交于点 $M_1(x_1,y_1,z_1)$(图 5-52). 则有

$$x_1=0, \quad z_1=z, \quad f(y_1,z_1)=0.$$

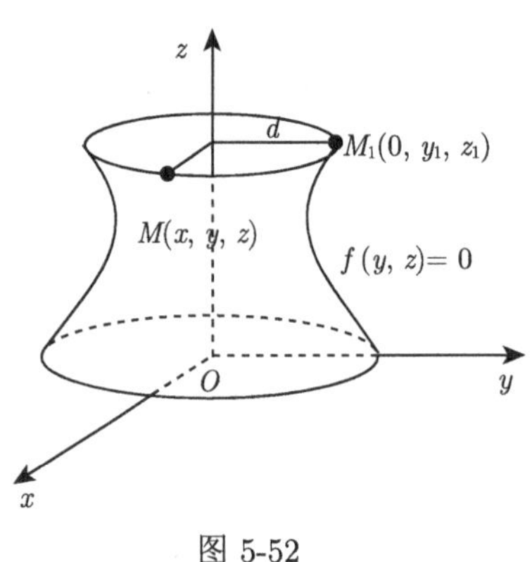

图 5-52

又 M 与 M_1 到 z 轴的距离相等, 因而 $|y_1|=\sqrt{x^2+y^2}$, 即 $y_1=\pm\sqrt{x^2+y^2}$, 从而

$$f\left(\pm\sqrt{x^2+y^2},z\right)=0.$$

这就是所求的旋转曲面方程.

注 旋转曲面的画法: 一轴、二准线圆、二母线, 即定轴, 在与轴垂直的两个面内分别画圆, 画两条母线 (参考图 5-52).

抽象总结 方程的特点与旋转曲面的形成过程相对应, 在原曲线方程中与旋转轴对应的那个变量 z 不变, 将另一个变量 y 换成 $\pm\sqrt{x^2+y^2}$ 即可. 因此旋转轴为坐标轴的曲面的方程的特点是有两个变量以平方和的形式出现, 另一个变量对应的轴就是旋转轴.

同理可知, yOz 面内的曲线 L 绕 y 轴旋转一周所形成的旋转曲面的方程为 $f\left(y,\pm\sqrt{x^2+z^2}\right)=0$.

xOy 面内的曲线绕 x 轴或 y 轴旋转, zOx 面内的曲线绕 x 轴或 z 轴旋转, 由此而生成的旋转曲面的情形, 都可用类似的方法讨论.

例如 xOy 面内椭圆 $\dfrac{x^2}{a^2}+\dfrac{y^2}{b^2}=1$ 绕 x 轴旋转形成的旋转曲面的方程为 $\dfrac{x^2}{a^2}+\dfrac{y^2+z^2}{b^2}=1$; 绕 y 轴旋转形成的旋转曲面的方程为 $\dfrac{x^2+z^2}{a^2}+\dfrac{y^2}{b^2}=1$. 此曲面称为旋转椭球面, 其图形如图 5-53 所示.

注 旋转椭球面的画法：一轴、二母线圆、一准线圆.

zOx 面内的曲线 $x^2 = 2pz$ 绕 z 轴旋转形成的旋转曲面的方程为 $x^2 + y^2 = 2pz$, 此曲面称为旋转抛物面, 其图形如图 5-54 所示.

注　旋转抛物面的画法：一轴、一母线、一准线圆、一顶点.

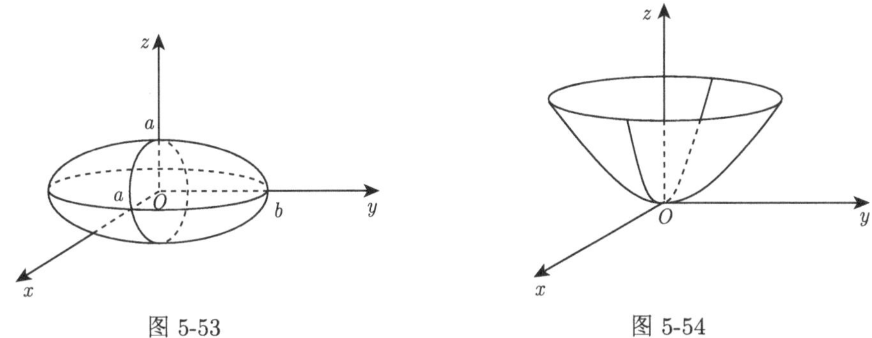

图 5-53　　图 5-54

yOz 面内的双曲线 $\dfrac{z^2}{a^2} - \dfrac{y^2}{b^2} = 1$ 绕虚轴 y 轴旋转形成的旋转曲面方程为 $\dfrac{z^2 + x^2}{a^2} - \dfrac{y^2}{b^2} = 1$, 此曲面称为旋转单叶双曲面 (图 5-55); 绕实轴 z 轴旋转形成的旋转曲面方程为 $\dfrac{z^2}{a^2} - \dfrac{x^2 + y^2}{b^2} = 1$, 此曲面称为旋转双叶双曲面 (图 5-56).

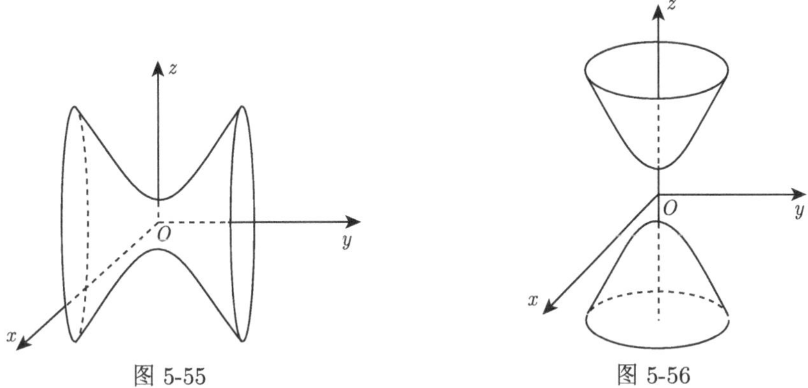

图 5-55　　图 5-56

抽象总结　(1)(旋转) 双曲面方程的右端均为正数, 方程的左端两正一负是 (旋转) 单叶双曲面, 两负一正是 (旋转) 双叶双曲面. 记忆方式：负项的数量对应叶片的数量.

(2) 旋转双曲面的画法：一轴、二母线、二准线圆. 单叶和双叶的区别仅仅是轴和准线圆的位置不同, 如图 5-55 和图 5-56 所示.

5.5.2 空间曲线及其方程

1. 空间曲线的一般方程

任何空间曲线总可以看成两个曲面的交线.

定义 5-12 若曲线 Γ 上的点都满足两个曲面的方程 $F(x,y,z)=0$ 及 $G(x,y,z)=0$, 而不在曲线上 Γ 上的点坐标都不能同时满足这两个方程, 则称

$$\begin{cases} F(x,y,z)=0, \\ G(x,y,z)=0 \end{cases}$$

为**空间曲线 Γ 的一般方程** (图 5-57).

由于过曲线的曲面有很多, 所以曲线的一般方程不唯一. 曲线的形状可以通过曲线方程中两个曲面的形状来判断.

例 37 讨论方程组 $\begin{cases} x^2+y^2=4, \\ z=3 \end{cases}$ 表示的曲线.

解 由上一节我们知道 $x^2+y^2=4$ 表示以 z 轴为轴的圆柱面, $z=3$ 表示平行于 xOy 面的平面, 因此曲线是圆柱面被平面所截出的水平圆周, 如图 5-58 所示.

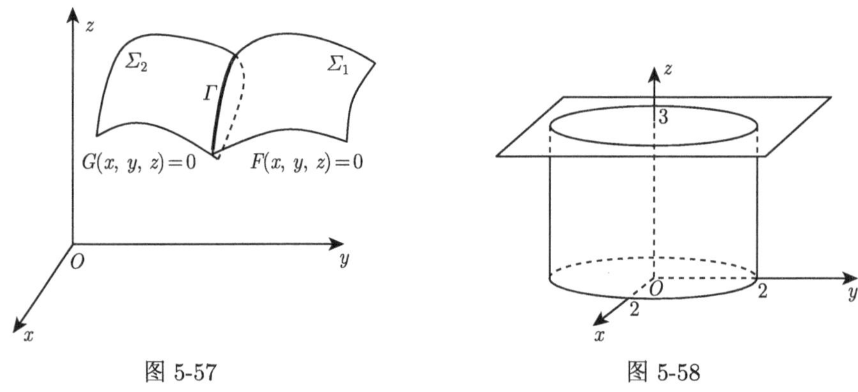

图 5-57　　图 5-58

思考 $\begin{cases} x^2+y^2=2, \\ z+x=3 \end{cases}$ 表示什么曲线?

例 38 方程组 $\begin{cases} z=\sqrt{a^2-x^2-y^2}, \\ \left(x-\dfrac{a}{2}\right)^2+y^2=\dfrac{a^2}{4} \end{cases}$ 表示什么曲线?

解　$\left(x-\dfrac{a}{2}\right)^2+y^2=\dfrac{a^2}{4}$ 表示以 xOy 面内的圆 $\begin{cases}\left(x-\dfrac{a}{2}\right)^2+y^2=\dfrac{a^2}{4},\\ z=0\end{cases}$ 为准线, 母线平行于 z 轴的圆柱面; 而 $z=\sqrt{a^2-x^2-y^2}$ 表示半径为 a 的上半球面, 因此方程组表示圆柱面与上半球面的交线, 如图 5-59 所示.

思考　(1) $\begin{cases}x^2+y^2+z^2=R^2,\\ x^2+y^2=Rx\end{cases}$ 表示什么曲线?

(2) $\begin{cases}x^2+y^2+z^2=R^2,\\ x^2=y\end{cases}$ 表示什么曲线?

例 39　确定曲线 $\begin{cases}x^2+z^2=a^2,\\ x^2+y^2=a^2\end{cases}$ 的形状.

解　这是两个圆柱面的交线, 分布在 8 个卦限, 其中第 I 卦限内曲线的图形如图 5-60 所示.

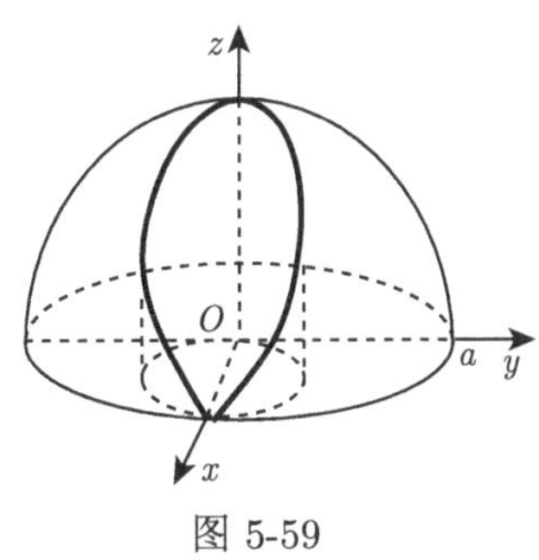

图 5-59

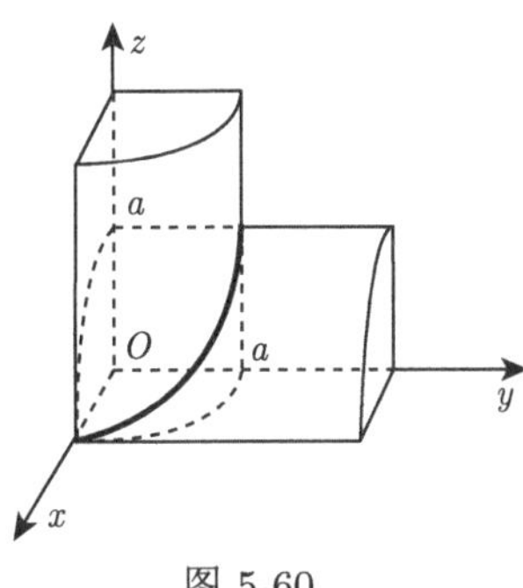

图 5-60

2. 空间曲线的参数方程

在实际中我们也常常把曲线视为动点的轨迹,

定义 5-13　设 Γ 是动点的轨迹, 若运动过程中动点的坐标 x,y,z 是参数 t 的函数,

$$\begin{cases}x=x(t),\\ y=y(t), \quad t\in I,\\ z=z(t),\end{cases}$$

I 是一个实数区间, 且 I 中每个参数对应曲线上的一点, 随着参数 t 的变动可以得到曲线上的所有点, 则称方程组为空间曲线 Γ 的参数方程.

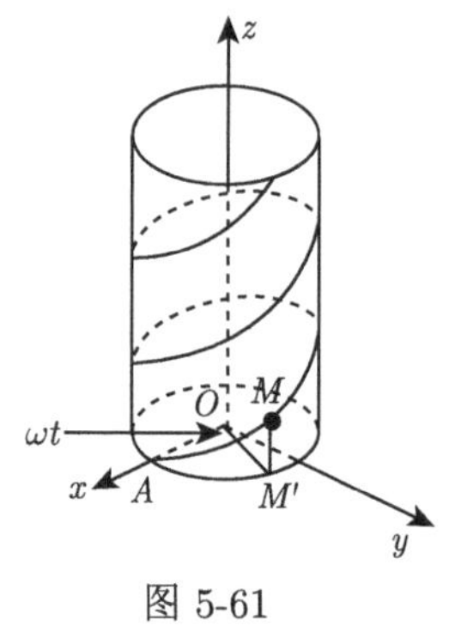

图 5-61

例 40 如果空间一动点 M 在圆柱面 $x^2+y^2=a^2$ 上以角速度 ω 绕 z 轴旋转, 同时又以线速度 v 沿平行于 z 轴的正方向上升 (ω, v 都是参数), 则动点 M 的轨迹称为圆柱螺旋线 (图 5-61).

(1) 试建立其参数方程; (2) 求其一般方程.

解 (1) 取时间 t 为参数. 设 $t=0$ 时, 动点位于 x 轴上点 $A(a,0,0)$ 处. 经过时间 t, 动点运动到 $M(x,y,z)$, 记 M 在 xOy 面上的投影为 M', 显然 M' 的坐标为 $(x,y,0)$. 由于动点 M 在圆柱面上以角速度 ω 绕 z 轴旋转, 所以 $\angle AOM'=\omega t$. 从而

$$x=|OM'|\cos\angle AOM'=a\cos\omega t,\quad y=|OM'|\sin\angle AOM'=a\sin\omega t,$$

又由于动点以线速度 v 沿平行于 z 轴的正方向上升, 故 $z=M'M=vt$. 故所求螺旋线的参数方程为

$$\begin{cases} x=a\cos\omega t, \\ y=a\sin\omega t, \\ z=vt. \end{cases}$$

螺旋线的参数方程还可以写为

$$\begin{cases} x=a\cos\theta, \\ y=a\sin\theta, \\ z=b\theta \end{cases}\quad \left(\theta=\omega t,\quad b=\frac{v}{\omega}\right).$$

螺旋线的重要性质: 当 θ 从 θ_0 变到 $\theta_0+\alpha$, z 由 $b\theta_0$ 变到 $b\theta_0+b\alpha$, 即当 OM' 转过角 α 时, M 上升了高度 $b\alpha$, 上升的高度与转过的角度成正比.

特别当 OM' 转过一周时, M 上升固定高度 $h=2\pi b$. 此高度称为**螺距**.

(2) 将螺旋线的参数方程两两消去参数, 就得到它的一般方程

$$\begin{cases} x^2+y^2=a^2, \\ y=a\sin\dfrac{\omega}{v}z. \end{cases}$$

例 41 将曲线的一般方程 $\begin{cases} x^2+y^2=2, \\ x+2z=2 \end{cases}$ 化为参数方程.

结构分析 空间曲线的一般方程化为参数方程时可以利用平面曲线的参数方程, 比如圆的参数方程、椭圆的参数方程等, 也可以根据曲线方程的特点选择参数, 建立参数方程.

解　由 $x^2+y^2=2$ 可令 $\begin{cases} x=\sqrt{2}\cos t, \\ y=\sqrt{2}\sin t, \end{cases}$ 再将 $x=\sqrt{2}\cos t$ 代入 $x+2z=2$, 得到 $z=1-\dfrac{\sqrt{2}}{2}\cos t$. 所以曲线的参数方程为

$$\begin{cases} x=\sqrt{2}\cos t, \\ y=\sqrt{2}\sin t, \\ z=1-\dfrac{\sqrt{2}}{2}\cos t. \end{cases}$$

此曲线是圆柱面与平面的交线, 形状是椭圆.

思考　求曲线 $\begin{cases} \dfrac{x^2}{2}+\dfrac{y^2}{3}=2, \\ x+2z=2 \end{cases}$ 的参数方程.

3. 空间曲线在坐标面上的投影

以后我们学习多元函数微积分时, 经常用到曲线、曲面及几何体在坐标面上的投影. 由于曲面与几何体在坐标面上的投影是由曲线围成的, 因此我们只要掌握了求曲线投影的方法, 也可以解决曲面投影与几何体投影的问题.

定义 5-14　从空间曲线 Γ 的一般方程 $\begin{cases} F(x,y,z)=0, \\ G(x,y,z)=0. \end{cases}$ 中消去 z 后得方程: $H(x,y)=0$. $H(x,y)=0$ 表示过曲线 Γ 且母线平行于 z 轴的柱面, 称此柱面为曲线 Γ **关于 xOy 面的投影柱面**, 投影柱面与 xOy 面的交线 Γ' 叫做空间曲线 Γ **在 xOy 面上的投影曲线**, 简称**投影** (图 5-62), 即空间曲线 Γ 在 xOy 面上的投影曲线方程为 $\begin{cases} H(x,y)=0, \\ z=0. \end{cases}$

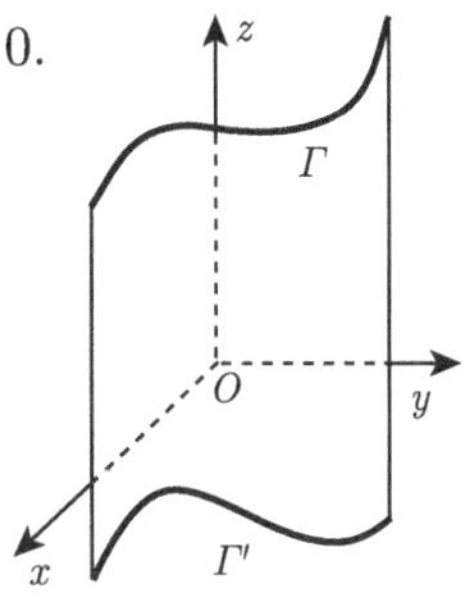

图 5-62

同理, 将空间曲线 Γ 的一般方程分别消去 x 和 y, 就得到在 yOz 面与 zOx 面上的投影曲线方程分别为

$$\begin{cases} R(y,z)=0, \\ x=0 \end{cases} \quad 和 \quad \begin{cases} T(x,z)=0, \\ y=0. \end{cases}$$

曲线在坐标面上的投影曲线是通过将曲线上每点向坐标面上投影得到的, 也可以视为曲线相对于该坐标面的投影柱面与坐标面的交线.

例 42 (1) 求 $\begin{cases} x^2+y^2+z^2=R^2, \\ x^2+y^2=Rx \end{cases}$ 在 xOy 面上的投影曲线.

(2) 已知两球面 $x^2+y^2+z^2=1$ 和 $x^2+(y-1)^2+(z-2)^2=1$, 求它们的交线 Γ 在 xOy 面上的投影方程.

结构分析 向 xOy 面做投影, 消去变量 z 即可得投影柱面, 投影柱面与坐标面的交线即为所求的投影曲线.

解 (1) 由于 $x^2+y^2=Rx$ 自身就是母线平行于 z 轴的圆柱面, 所以这个圆柱面就是已知曲线向 xOy 面投影的投影柱面, 故投影曲线就是 $\begin{cases} z=0, \\ x^2+y^2=Rx, \end{cases}$ 它是一个圆.

(2) 两式相减, 得 $2y+4z-5=0$, 即 $z=-\dfrac{1}{2}y+\dfrac{5}{4}$, 代入 $x^2+y^2+z^2=1$, 得曲线向 xOy 面投影的投影柱面方程为 $x^2+\dfrac{5}{4}y^2-\dfrac{5}{4}y+\dfrac{9}{16}=0$, 于是两球面的交线在 xOy 面上的投影方程为

$$\begin{cases} x^2+\dfrac{5}{4}y^2-\dfrac{5}{4}y+\dfrac{9}{16}=0, \\ z=0. \end{cases}$$

例 43 求曲线 $\begin{cases} y^2+z^2=R^2, \\ x^2+y^2=R^2 \end{cases}$ (在第 I 卦限部分) 在三个坐标面上的投影曲线.

解 曲线向 xOy 面投影的投影柱面为 $x^2+y^2=R^2$, 因此在 xOy 面上的投影曲线为

$$\begin{cases} z=0, \\ x^2+y^2=R^2. \end{cases}$$

同理曲线在 yOz 面上的投影曲线为 $\begin{cases} y^2+z^2=R^2, \\ x=0. \end{cases}$

为了求曲线在 zOx 面上的投影, 先将两式相减, 消去 y, 得 $x^2-z^2=0$, 即 $x=z$, 其中 $0\leqslant x\leqslant R$(因为是第 I 卦限部分的曲线). 所以曲线在 zOx 面上的投影为

$$\begin{cases} x=z, \\ 0\leqslant x\leqslant R, \\ y=0. \end{cases}$$

以后我们还需要考虑曲面在坐标面上的投影以及几何体在坐标面上的投影, 值得注意的是, 曲线在坐标面上的投影仍是曲线, 而曲面和几何体的投影则可能是曲线或平面区域, 我们来看下面的例子.

例 44　设立体由上半球面 $z=\sqrt{4-x^2-y^2}$ 和抛物面 $z=x^2+y^2$ 所围成, 求它在三个坐标面上的投影.

解　(1) 上半球面和抛物面的交线 $\Gamma:\begin{cases} z=\sqrt{4-x^2-y^2}, \\ z=x^2+y^2, \end{cases}$ 其在 xOy 面上的投影, 需要消去 z, 得投影曲线的方程为 $\Gamma:\begin{cases} x^2+y^2=\sqrt{4-x^2-y^2}, \\ z=0, \end{cases}$ 即 $\Gamma:\begin{cases} x^2+y^2=\dfrac{\sqrt{17}-1}{2}, \\ z=0, \end{cases}$ 从而所求立体在 xOy 面上的投影 (如图 5-63) 为

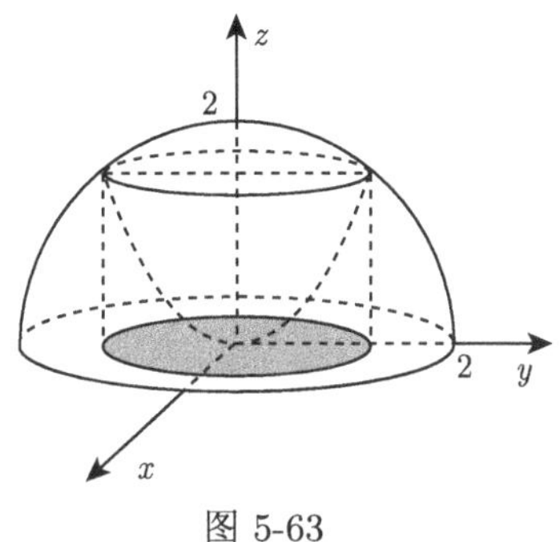

图 5-63

$$\Gamma:\begin{cases} x^2+y^2\leqslant\dfrac{\sqrt{17}-1}{2}, \\ z=0. \end{cases}$$

(2) 在 yOz 面上的投影. 由 $z=x^2+y^2$ 得 $x^2=z-y^2$, 代入 $z=\sqrt{4-x^2-y^2}$ 得 $z=\sqrt{4-z}$, 故交线在 yOz 面上投影为 $\begin{cases} z=\sqrt{4-z}, \\ 0\leqslant z\leqslant 4, \\ x=0. \end{cases}$ 但是立体在 yOz 面上的投影应该是一个区域, 这个区域由一段圆弧 $z^2+y^2=4$ 和一段抛物线 $z=y^2$ 围成, 因此该区域可以表示为

$$\begin{cases} y^2\leqslant z\leqslant\sqrt{4-y^2}, \\ x=0. \end{cases}$$

(3) 类似可得立体在 zOx 面上的投影为

$$\begin{cases} x^2\leqslant z\leqslant\sqrt{4-x^2}, \\ x=0. \end{cases}$$

5.5.3 二次曲面

在空间直角坐标系中, 与三元二次方程

$$Ax^2+By^2+Cz^2+Dxy+Eyx+Fzx+Gx+Hy+Iz+J=0$$

对应的曲面称为二次曲面. 前面出现的球面、圆柱面、圆锥面、抛物柱面、旋转椭球面、旋转抛物面、旋转单叶双曲面和旋转双叶双曲面等均属于二次曲面.

由线性代数中的二次型理论可以证明, 经过适当的坐标变换, 可以使得二次曲面的方程化为标准方程 (其中不含两个不同变量的乘积项, 不同时含有某个变量的一次项和二次项). 二次曲面的应用非常广泛, 在近似计算中, 二次曲面常被用来近似代替复杂曲面.

下面我们将通过二次曲面的标准方程来了解曲面的特点和形状, 常用的方法是伸缩变形法和截痕法.

伸缩变形法的原理：以平面 xOy 面上的图形 C 为例, C 上的点 $M(x,y)$ 的横坐标 x 不变, 而让 y 伸缩为 ky, 则点 M 变为 $M'(x,ky)$, 从而把点 M 的轨迹 C 变为点 M' 的轨迹 C', 称为把图形 C 沿 y 轴方向伸缩 k 倍变为图形 C'. 如圆 $x^2+y^2=a^2$ 沿 y 轴方向伸缩 k 倍变为椭圆 $x^2+\dfrac{y^2}{k^2}=a^2$.

截痕法的原理：用坐标面和平行于坐标面的平面与曲面相截, 考察其交线 (即截痕) 的形状, 然后加以综合, 来了解曲面的大致形状. 用这种方法去认识曲面, 可以培养一定的空间想象能力, 因此, 这里主要用截痕法来研究几个常见的二次曲面.

1. 椭球面

由方程

$$\frac{x^2}{a^2}+\frac{y^2}{b^2}+\frac{z^2}{c^2}=1\quad(a>0,b>0,c>0)\tag{5-5-2}$$

所确定的曲面称为椭球面.

先用伸缩法研究其形状. 先将 yOz 平面上的椭圆 $\dfrac{y^2}{b^2}+\dfrac{z^2}{c^2}=1$ 绕 z 轴旋转一周, 得到旋转椭球面 $\dfrac{x^2}{b^2}+\dfrac{y^2}{b^2}+\dfrac{z^2}{c^2}=1$, 再沿 x 轴方向伸缩 $\dfrac{a}{b}$ 倍, 即令 $x^*=\dfrac{a}{b}x$, 则 $x=\dfrac{b}{a}x^*$, 代入旋转椭球面方程, 可得椭球面 $\dfrac{x^{*2}}{a^2}+\dfrac{y^2}{b^2}+\dfrac{z^2}{c^2}=1$, 即式 (5-5-2), 由它的产生过程很容易想象其图形.

下面利用截痕法, 详细探讨它的形状特点. 由式 (5-5-2) 知 $\dfrac{x^2}{a^2}\leqslant 1$, $\dfrac{y^2}{b^2}\leqslant 1$, $\dfrac{z^2}{c^2}\leqslant 1$, 即 $|x|\leqslant a,|y|\leqslant b,|z|\leqslant c$. 用 xOy 面 $(z=0)$ 截割椭球面, 其交线是

$$\begin{cases} \dfrac{x^2}{a^2}+\dfrac{y^2}{b^2}+\dfrac{z^2}{c^2}=1, \\ z=0, \end{cases} \quad \text{等价于} \quad \begin{cases} \dfrac{x^2}{a^2}+\dfrac{y^2}{b^2}=1, \\ z=0, \end{cases}$$

这是 xOy 面上的一个椭圆, 其两个半轴分别为 a 和 b(图 5-64).

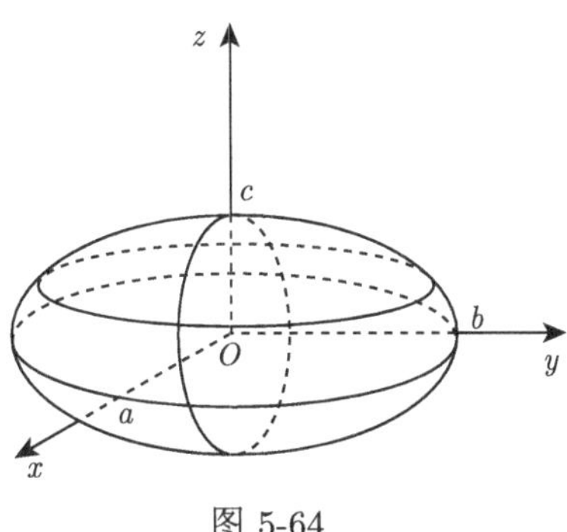

图 5-64

同样, 在 yOz 面和 zOx 面上的交线也是椭圆. 再用平行于 xOy 面的平面 $z=h(|h|<c)$ 来截割椭球面, 交线是

$$\begin{cases} \dfrac{x^2}{a^2}+\dfrac{y^2}{b^2}+\dfrac{z^2}{c^2}=1, \\ z=h, \end{cases} \quad \text{等价于} \quad \begin{cases} \dfrac{x^2}{a^2}+\dfrac{y^2}{b^2}=1-\dfrac{h^2}{c^2}, \\ z=h, \end{cases}$$

亦即

$$\begin{cases} \dfrac{x^2}{\dfrac{a^2}{c^2}(c^2-h^2)}+\dfrac{y^2}{\dfrac{b^2}{c^2}(c^2-h^2)}=1, \\ z=h, \end{cases}$$

这是 $z=h$ 平面上的一个椭圆, 其两个半轴分别是

$$a_1=\frac{a}{c}\sqrt{c^2-h^2}, \quad b_1=\frac{b}{c}\sqrt{c^2-h^2}.$$

当 $|h|$ 逐渐增大到 c 时, 两个半轴 a_1 和 b_1 逐渐缩小到 0, 即椭圆逐渐缩小到一点.

根据以上这些交线, 我们基本上认识了由方程 (5-5-2) 所表示的曲面的形状 (图 5-64). 特别地当 $a=b=c$ 时, 方程 (5-5-2) 变为 $x^2+y^2+z^2=a^2$, 即我们熟知的以原点为球心, 以 a 为半径的球面; 当 $a=b$ 时方程 (5-5-2) 变为 $\dfrac{x^2}{b^2}+\dfrac{y^2}{b^2}+\dfrac{z^2}{c^2}=1$, 可视为 yOz 面上的曲线 $\dfrac{y^2}{b^2}+\dfrac{z^2}{c^2}=1$ 绕 z 轴旋转而成的旋转椭球面.

2. 椭圆抛物面

由方程

$$z=\frac{x^2}{a^2}+\frac{y^2}{b^2}\quad (a>0,b>0) \tag{5-5-3}$$

所确定的曲面称为椭圆抛物面.

先用伸缩法研究其形状. 先将 zOx 平面上的抛物线 $z=\frac{x^2}{a^2}$ 绕 z 轴旋转一周, 得到旋转抛物面 $z=\frac{x^2}{a^2}+\frac{y^2}{a^2}$, 再沿 y 轴方向伸缩 $\frac{b}{a}$ 倍, 即令 $y^*=\frac{b}{a}y$, 则 $y=\frac{a}{b}y^*$, 代入旋转抛物面方程, 可得椭圆抛物面 $z=\frac{x^2}{a^2}+\frac{y^{*2}}{b^2}$, 即式 (5-5-3), 由它的产生过程很容易想象其图形.

下面利用截痕法, 详细探讨它的形状特点.

首先, $z\geqslant 0$, 所以曲面位于 xOy 面的上方. 用 xOy 面 $(z=0)$ 截割此曲面, 其交线是

$$\begin{cases} z=\dfrac{x^2}{a^2}+\dfrac{y^2}{b^2}, \\ z=0, \end{cases}$$

仅有唯一解 $x=0,y=0,z=0$. 即 xOy 面与曲面仅相交于一点 $(0,0,0)$.

用 yOz 面 $(x=0)$ 和 zOx 面 $(y=0)$ 截此曲面, 所得交线分别为

$$\begin{cases} z=\dfrac{y^2}{b^2}, \\ x=0, \end{cases}\qquad \begin{cases} z=\dfrac{x^2}{a^2}, \\ y=0, \end{cases}$$

分别是 yOz 面, zOx 面上的两条抛物线.

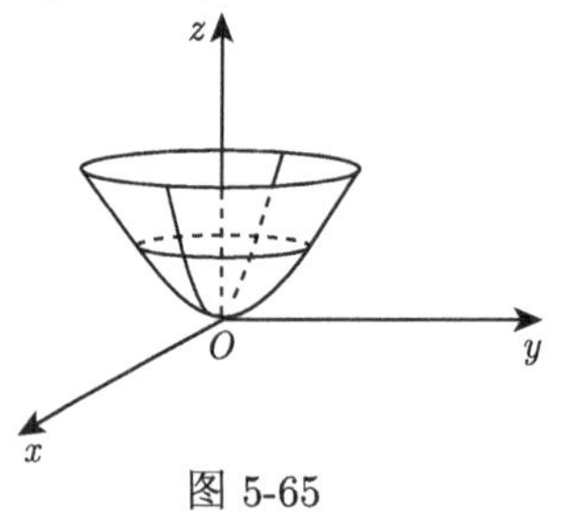

图 5-65

再用平行于 xOy 面的平面 $z=h(h>0)$ 截割此曲面, 交线是

$$\begin{cases} \dfrac{x^2}{a^2h}+\dfrac{y^2}{b^2h}=1, \\ z=h, \end{cases}$$

这是 $z=h$ 平面上的一个椭圆, 当 h 增大时, 两个半轴 $a\sqrt{h}, b\sqrt{h}$ 也随之增大.

根据以上这些交线, 我们基本上认识了由方程 (5-5-3) 所表示的曲面的形状 (图 5-65). 特别地, 当 $a=b$ 时方程 (5-5-3) 就是旋转抛物面 $z=\frac{x^2}{a^2}+\frac{y^2}{a^2}$.

3. 二次锥面

由方程

$$\frac{x^2}{a^2}+\frac{y^2}{b^2}-\frac{z^2}{c^2}=0 \tag{5-5-4}$$

所确定的曲面称为二次锥面.

用平面 $z=h(h\neq 0)$ 截割此曲面, 交线是

$$\begin{cases}\dfrac{x^2}{a^2}+\dfrac{y^2}{b^2}-\dfrac{z^2}{c^2}=0,\\ z=h\end{cases} \text{或} \begin{cases}\dfrac{x^2}{a^2\dfrac{h^2}{c^2}}+\dfrac{y^2}{b^2\dfrac{h^2}{c^2}}=1,\\ z=h,\end{cases} \tag{5-5-5}$$

这是 $z=h$ 平面上的一个椭圆.

曲面与过 z 轴的平面 $y=kx$ 的交线是 $\begin{cases}\left(\dfrac{1}{a^2}+\dfrac{k^2}{b^2}\right)x^2-\dfrac{z^2}{c^2}=0,\\ y=kx,\end{cases}$ 它可分解为下面二式

$$\begin{cases}\sqrt{\dfrac{1}{a^2}+\dfrac{k^2}{b^2}}x-\dfrac{z}{c}=0,\\ y=kx\end{cases} \text{和} \begin{cases}\sqrt{\dfrac{1}{a^2}+\dfrac{k^2}{b^2}}x+\dfrac{z}{c}=0,\\ y=kx,\end{cases}$$

这是两条过原点的直线. 由 k 值的任意性, 说明过 z 轴的任一平面和曲面相截, 都得到两条过原点的直线. 于是, 我们可把曲面 (5-5-4) 看成是由过原点的直线 (母线) 沿椭圆 (5-5-5)(准线) 移动生成的锥面 (图 5-66) 此时锥面顶点为原点.

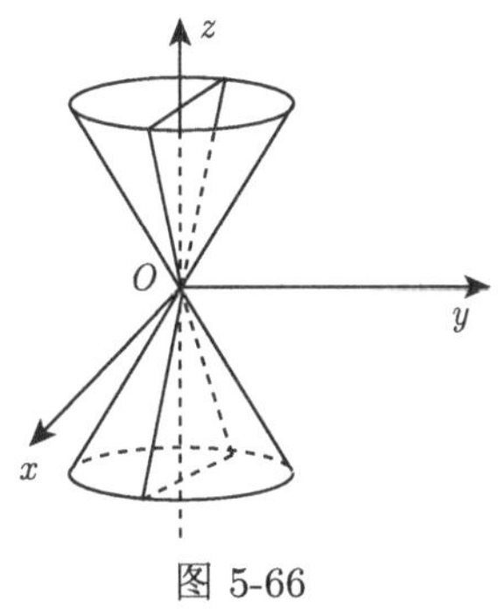

图 5-66

特别地, 当 $a=b$ 时, 得 $\dfrac{x^2}{b^2}+\dfrac{y^2}{b^2}-\dfrac{z^2}{c^2}=0$, 可视为 yOz 面上的直线 $\dfrac{y}{b}=\pm\dfrac{z}{c}$ 绕 z 轴旋转而成的圆锥面.

4. 双曲抛物面 (马鞍面)

由方程

$$z=\frac{x^2}{a^2}-\frac{y^2}{b^2}\quad(a>0,b>0) \tag{5-5-6}$$

所确定的曲面, 称为**双曲抛物面**, 因其形状像马鞍, 故又称其为**马鞍面**.

用平面 $z=h(h\neq 0)$ 相截, 截痕为

$$\begin{cases} \dfrac{x^2}{a^2}-\dfrac{y^2}{b^2}=h, \\ z=h, \end{cases}$$

当 $h>0$ 时, 截痕为实轴平行于 x 轴的双曲线; 当 $h<0$ 时, 截痕为实轴平行于 y 轴的双曲线; 当 $h=0$ 时, 截痕为 xOy 面上的两条直线

$$\begin{cases} \dfrac{x}{a}\pm\dfrac{y}{b}=0, \\ z=0, \end{cases}$$

用平面 $x=k$ 去截此曲面, 所得截痕

$$\begin{cases} \dfrac{y^2}{b^2}=\dfrac{k^2}{a^2}-z, \\ x=k \end{cases}$$

是开口朝下的抛物线; 用平面 $y=k$ 去截此曲面, 所得截痕

$$\begin{cases} \dfrac{x^2}{a^2}=z+\dfrac{k^2}{b^2}, \\ y=k \end{cases}$$

是开口朝上的抛物线.

根据以上这些交线, 我们基本上认识了由方程 (5-5-6) 所表示的曲面的形状 (图 5-67).

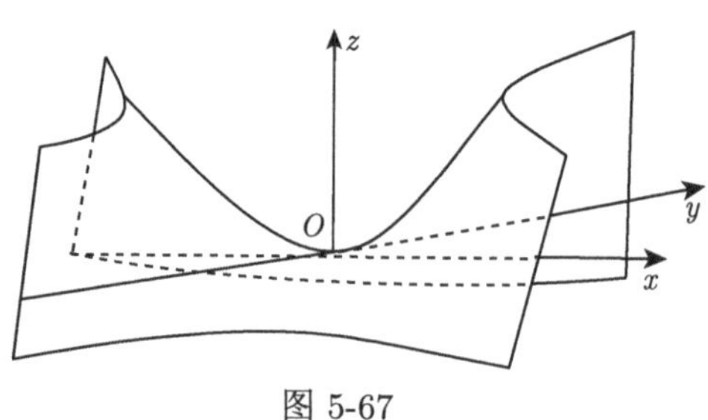

图 5-67

5. 双曲面

由方程 $\dfrac{x^2}{b^2}+\dfrac{y^2}{b^2}-\dfrac{z^2}{c^2}=1$ 所确定的曲面, 称为**单叶双曲面** (图 5-68).

由方程 $\dfrac{x^2}{b^2}+\dfrac{y^2}{b^2}-\dfrac{z^2}{c^2}=-1$ 所确定的曲面, 称为**双叶双曲面** (图 5-69). 有关单叶双曲面和双叶双曲面的截痕曲线, 读者可仿照前述截痕法得到.

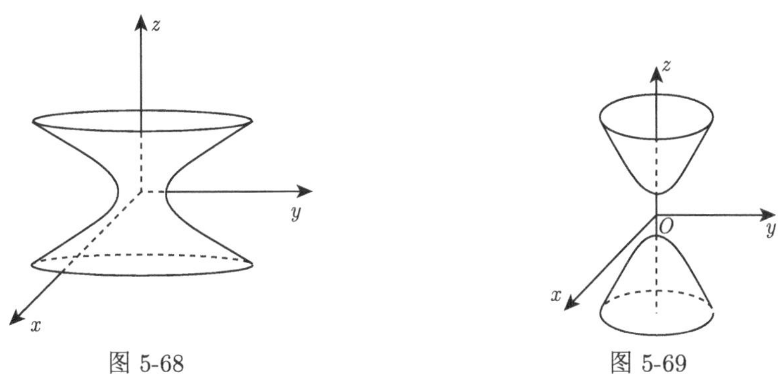

图 5-68　　图 5-69

以上所讨论的三元二次方程是一些常见二次曲面的标准方程, 对于非标准方程, 可通过坐标轴的平移或旋转, 使之化为标准方程, 从而了解该二次曲面的形状. 例如, 设有方程

$$9x^2+18x-36z+4y^2+45=0,$$

经配方可得

$$\frac{(x+1)^2}{4}+\frac{y^2}{9}=z-1,$$

作坐标平移, 令 $X=x+1, Y=y, Z=z-1$, 则有

$$\frac{X^2}{4}+\frac{Y^2}{9}=Z,$$

可知此方程表示开口向上的椭圆抛物面, 在空间直角坐标系中, 它的顶点坐标为 $(-1,0,1)$.

习　题　5-5

1. 建立球心在 $M(1,-2,3)$, 半径为 1 的球面方程并画出该球面.
2. 方程 $x^2+y^2+z^2-2x+z=0$ 表示什么曲面?
3. 已知两点 $A(1,2,3), B(2,1,2)$, 求与二者等距离的点的轨迹曲面.
4. 将 xOy 面内的抛物线 $x^2=2y$ 绕 y 轴旋转一周, 求形成的旋转曲面的方程, 并画出图像.

5. 将 xOy 面内的椭圆 $x^2+4y^2=1$ 绕 y 轴旋转一周, 求形成的旋转曲面的方程, 并画出图像.

6. 将 xOy 面内的双曲线 $x^2-9y^2=1$ 分别绕 x 轴和绕 y 轴旋转一周, 求形成的旋转曲面的方程, 并画出图像.

7. 画出以下曲面:

(1) $4x^2-9y^2=1$;　　(2) $4x^2+9y^2=1$;

(3) $4(x-1)^2-9y^2=1$;　　(4) $4(x-1)^2+9(y-2)^2=1$;

(5) $z^2-1=2y$;　　(6) $-(x-1)^2-1=2y$;

(7) $-x-1=2y$;　　(8) $x=2y$.

8. 画出以下曲面:

(1) $\dfrac{x^2}{4}+\dfrac{y^2}{4}+\dfrac{z^2}{9}=1$;　　(2) $-\dfrac{x^2}{4}+\dfrac{y^2}{4}+\dfrac{z^2}{9}=1$;

(3) $z=2-x^2-y^2$;　　(4) $z=1-\sqrt{x^2+y^2}$.

9. 画出以下曲线:

(1) $\begin{cases} x=y, \\ x^2=y; \end{cases}$　　(2) $\begin{cases} x=2, \\ y^2=x; \end{cases}$

(3) $\begin{cases} x+y+z=1, \\ y^2=x; \end{cases}$　　(4) $\begin{cases} x+y=1, \\ x^2+y^2=z; \end{cases}$

(5) $\begin{cases} y=2, \\ x^2+y^2=z; \end{cases}$　　(6) $\begin{cases} x+y=1, \\ x^2+y^2=4; \end{cases}$

(7) $\begin{cases} x=-2y, \\ \sqrt{x^2+y^2}=z; \end{cases}$　　(8) $\begin{cases} y^2=x, \\ \sqrt{x^2+y^2}=z; \end{cases}$

(9) $\begin{cases} x^2+y^2=1, \\ z^2+y^2=1; \end{cases}$　　(10) $\begin{cases} x^2+y^2+z^2=1, \\ x=y^2; \end{cases}$

(11) $\begin{cases} x=-3, \\ z=1; \end{cases}$　　(12) $\begin{cases} x=y, \\ z=\dfrac{1}{2}y. \end{cases}$

10. 求曲线 $\Gamma:\begin{cases} 2x^2+4y+z^2=4z, \\ x^2-8y+3z^2=12z \end{cases}$ 相对于三个坐标面的投影柱面及在三个坐标面上的投影方程.

11. 求曲线 $\Gamma:\begin{cases} x^2+y^2+z^2=a^2, \\ x^2+y^2-4x=0 \end{cases}$ $(a>0)$ 相对于三个坐标面的投影柱面及在三个坐标面上的投影方程.

12. 求球面 $x^2+y^2+z^2=9$ 与平面 $x+z=1$ 的交线相对于三个坐标面的投影柱面及在三个坐标面上的投影方程.

13. 求曲线 $\Gamma:\begin{cases} x^2+y^2+z^2=9, \\ x=y \end{cases}$ 的参数方程.

14. 将曲线 $\Gamma:\begin{cases} x=2t+1, \\ y=t^2-2, \\ z=(t-1)^3 \end{cases}$ 化为一般形式.

15. 求 $\sqrt{x^2+y^2}=z$ 与 $2-x^2-y^2=z$ 所围几何体在三个坐标面上的投影区域.

16. 求三曲面 $x^2+4y^2=1$, $z=1, z=2$ 所围几何体在三个坐标面上的投影区域.

17. 求 $x^2+y^2+z^2\leqslant 1$ 与 $x^2+y^2\leqslant x$ 的公共部分在三个坐标面上的投影区域.

18. 画出下列曲面:

(1) $z=9x^2+4y^2$;

(2) $z^2=9x^2+4y^2$;

(3) $x=(z-1)^2+4y^2$;

(4) $(y-1)^2=9z^2+x^2$;

(5) $1=9x^2+4y^2$;

(6) $1=9x^2-4y^2$;

(7) $z=9x^2$;

(8) $x-1=-4y^2$;

(9) $x-1=z-y$;

(10) $z=-y$;

(11) $y=-1$;

(12) $9(x-1)^2+4(y-1)^2+(z-2)^2=1$;

(13) $\dfrac{x^2}{9}+\dfrac{y^2}{4}-(z-2)^2=1$;

(14) $\dfrac{(x-1)^2}{9}+\dfrac{(y-1)^2}{4}-(z-2)^2=1$;

(15) $\dfrac{x^2}{9}-\dfrac{y^2}{4}-(z-2)^2=1$;

(16) $\dfrac{(x-1)^2}{9}-\dfrac{(y-1)^2}{4}-(z-2)^2=1$.

19. 画出下列立体图形:

(1) $2y^2=x, z=0, \dfrac{x}{4}+\dfrac{y}{2}+\dfrac{z}{2}=1$ 所围立体;

(2) $x^2=1-z, y=0, z=0, x+y=1$ 所围立体;

(3) $z=\sqrt{y^2+x^2}, z=2-y^2-x^2$ 所围立体;

(4) $z=\sqrt{y^2+x^2}, y^2=x, x=1, z=0$ 所围立体.

20. 试求到球面 $\Sigma_1:(x-4)^2+y^2+z^2=9$ 与 $\Sigma_2:(x+1)^2+(y+1)^2+(z+1)^2=4$ 的距离比 $3:2$ 的点的轨迹, 并指出曲面类型.

第 6 章　多元函数微分学及其应用

人类要认识、改造自然, 必须要研究自然现象, 分析产生这一自然现象的原因, 寻找产生或影响这一自然现象的因素, 刻画这些因素和自然现象之间的规律, 并研究这些规律, 找出形成因果关系间的机制, 从而通过预知原因以求预知结果, 通过改变原因以求实现某个结果. 这个过程可以简单表示为如下框图:

$$\boxed{\text{原因 (影响元素)}} \xrightarrow[\text{规律}]{\text{如何影响}} \boxed{\text{结果 (现象)}}$$

抽象为数学语言, 可以表示为

$$\boxed{\text{自变量}} \xrightarrow{\text{函数关系}} \boxed{\text{因变量}}$$

因此, 对自然界感知的过程, 从数学的观点来看, 实际就是对函数的研究. 以函数作为研究对象, 对其基本性质的研究, 这也正如我们以前所学习的一元函数微积分学理论.

一元函数微积分学至多刻画一个影响元素. 但是, 自然界中某个自然现象或某个结果的产生通常有众多因素的制约, 单靠一个变量是不能代表或刻画众多的制约因素, 一元函数便不能描述这些现象. 如导弹的预警, 需要预知导弹某时刻在空间的具体位置, 即导弹的轨迹, 刻画导弹的轨迹需要一个时间变量和三个空间变量, 这就需要四个变量. 刻画自然界广泛存在的波的传播等扩散现象也是如此. 所以, 要研究复杂的自然现象必须将一元函数及其理论进行推广, 这就形成了我们将要学习的多元函数的微积分学理论.

以上从应用背景出发简述了引入多元函数及其相关理论的必要性. 从理论的发展角度看, 引入多元函数及其理论也是数学理论的自然发展. 任何科学理论的发展都遵循从简单到复杂的发展思路, 因此, 随着一元函数理论的发展, 研究对象自然就从简单的一元函数发展到多元函数, 形成多元函数理论.

那么, 整个多元函数的微积分学的基本内容是什么? 如何引入这些基本内容 (框架结构)? 回顾一元函数微积分理论的框架体系结构: 先建立实数系的基本理论, 构建函数建立的基础; 然后给出一元函数 $y=f(x), x\in I\subset \mathbf{R}^1$ 的定义; 建立

极限理论; 由此分析一元函数的性质. 即

$$\mathbf{R}^1\text{及其基本定理} \to \text{函数}f(x) \to \text{极限理论} \to \text{函数的性质}$$

其中, 完备的实数系理论为函数的研究提供了坚实的理论基础, 极限理论为其研究内容 (函数的分析性质 (微分学、积分学、级数理论)) 的建立提供了有力的工具.

可以设想, 对多元函数的研究基本上沿一元函数理论的框架进行, 即将一元函数理论框架结构移植到多元函数上, 当然, 在移植的过程中, 要根据研究对象的相同特性和差异特性进行平行的推广 (以体现相同之处) 和延伸发展 (以体现区别之处), 因此, 我们仍然先引入多元函数建立的基础——多维集合与多维空间, 进一步建立多元函数的极限理论, 并在此基础上建立多元函数的微分学和积分学.

本章, 我们引入多元函数微积分学理论的研究对象——多元函数, 并建立多元函数的极限理论和连续性理论. 首先介绍多元函数建立的基础——n 维距离空间 $\mathbf{R}^n$.

6.1节课件

6.1　n 维距离空间及基本概念

在一元函数的微积分理论中, 为定义函数, 引入实数系用以刻画函数的定义域和值域; 引入邻域用以刻画极限, 邻域是利用距离刻画的, 因此, 在实数集合上引入了距离的概念, 只是由于实数集合中的距离是最简单直观的自然距离, 这使得我们在使用实数的距离概念时, 没有刻意地重新引入或强调这一点, 因为我们认为这是朴素而自然的一件事情, 这种朴素和自然的属性掩盖了 “距离” 本质的重要性. 换一种说法, 如果仅将实数系视为全体实数的集合, 那么, 这些实数仅仅是众多的孤立的点 (数), 相互缺少联系, 实数集合也缺少生机. 有了距离的概念, 或者说将距离引入到实数集合, 使得集合中的这些实数生动活泼起来, 使得这些实数间能够建立丰富多彩的关系, 因此, 实数集合上配备了距离, 才有了邻域的概念, 才使得建立函数成为可能, 才能用邻域进一步引入极限, 从而建立函数的微积分理论. 只是一维实数轴 (包括一维的距离) 过于简单, 使我们没有注意到这一点. 实际上, 正是这一点带来了从 “集合” 到 “空间” 的本质变化——集合上配备了距离便形成了空间. 因此, 实数轴或全体实数的集合 $\mathbf{R}^1$ 上配备了距离 $d = d(x, y)$ 便形成了一维空间, 通常记为 $(\mathbf{R}^1, d)$, 也简记为 $\mathbf{R}^1$ 或 $\mathbf{R}$.

为引入多元函数理论, 必须引入相应的多维集合、多维空间及其距离的概念, 下面, 我们以一般的 n 维空间 $\mathbf{R}^n$ 为例引入相关概念.

6.1.1　距离空间

通过对实数系上距离的高度抽象, 引入集合上的距离概念.

定义 6-1 设 X 是一个非空的集合, 若对 X 中任意两个元素 x, y, 都有唯一确定的实数 $d(x,y)$ 与之对应且满足

(1) 正定性：$d(x,y) \geqslant 0, \forall x, y \in X$, 且 $d(x,y)=0$ 当且仅当 $x=y$;

(2) 对称性：$d(x,y)=d(y,x), \forall x, y \in X$;

(3) 三角不等式：$d(x,y) \leqslant d(x,z)+d(z,y), \forall x, y, z$,

称 $d(x,y)$ 是定义在集合 X 上的元素 x, y 之间的距离.

距离也称为度量, 是一维空间 $\mathbf{R}^1$ 上距离概念的推广. 虽然也称之为距离, 但不是真正意义上的距离, 只是借用了距离的概念, 使之不那么抽象. 如在 $\mathbf{R}^2$ 上定义 $d(x,y)=\max\limits_{i=1,2}|x_i-y_i|$, 其中 $x=(x_1,x_2), y=(y_1,y_2)$, 可以验证 $d(x,y)$ 满足距离的定义, 但并非实际意义上的点与点之间的距离. 当然, 我们知道, 在 $\mathbf{R}^2$ 上可以定义常规的距离, 这也说明, 同一集合上可以定义不同的距离.

定义 6-2 若在集合 X 上配备了距离 $d(x,y)$, 称 (X,d) 为距离空间, 简记为 X.

距离空间也称为度量空间. 集合 X 与对应的空间 X 是有区别的, 二者是两个完全不同的概念, 集合上配备距离后构成距离空间, 才使得对空间的元素进行度量和对元素间进行运算有可能, 有意义, 赋予了集合新的生命力.

同一集合 X 上, 可以引入不同的距离 d_1, d_2, 形成不同的距离空间 (X,d_1), (X,d_2).

6.1.2 n 维距离空间 $\mathbf{R}^n$

记 $\mathbf{R}$ 为全体实数的集合, 令

$$\mathbf{R}^n=\mathbf{R}\times\mathbf{R}\times\cdots\times\mathbf{R}=\{(x_1,x_2,\cdots,x_n): x_i\in\mathbf{R}, i=1,2,\cdots,n\},$$

这是一个所有 n 维点的集合, $x=(x_1,x_2,\cdots,x_n)$ 是点 (元素) 的坐标表示, 也用于表示这个点, x_i 为第 i 个坐标分量. 如

$\mathbf{R}^1=\mathbf{R}$：一维实数集合, 数轴上点的全体, 即实数系;

$\mathbf{R}^2=\mathbf{R}\times\mathbf{R}=\{(x,y): x\in\mathbf{R}, y\in\mathbf{R}\}$：全体二维平面点的集合;

$\mathbf{R}^3=\mathbf{R}\times\mathbf{R}\times\mathbf{R}=\{(x,y,z): x\in\mathbf{R}, y\in\mathbf{R}, z\in\mathbf{R}\}$：全体三维“空间”点的集合.

上述 $\mathbf{R}^n$, 由于没有定义距离, 因而, 是集合而不是空间, 下面, 将 $\mathbf{R}^1$, $\mathbf{R}^2$, $\mathbf{R}^3$ 中距离进行推广, 引入 $\mathbf{R}^n$ 中距离. 对任意的 $x=(x_1,x_2,\cdots,x_n)\in\mathbf{R}^n$, $y=(y_1,y_2,\cdots,y_n)\in\mathbf{R}^n$, 定义：

$$d(x,y)=\left(\sum_{i=1}^{n}(y_i-x_i)^2\right)^{1/2},$$

则可验证：$d(x,y)$ 满足距离定义 6-1.

常用 $d=d(x,y)$ 或 $d(x,y)=|x-y|$ 表示上述定义的两点距离, 也称自然距离. 这样, 在 $\mathbf{R}^n$ 上装备了距离 d, 称 $(\mathbf{R}^n,d)$ 为 n 维距离空间 (或欧几里得空间), 简记为 $\mathbf{R}^n$.

上述定义的距离 d 是最常用的距离, 在 $\mathbf{R}^n$ 中还可引入如下距离, 如 $d(x,y)=\max\limits_{i=1,2,\cdots,n}|x_i-y_i|$ 和 $d(x,y)=\sum\limits_{i=1}^{n}|x_i-y_i|$ 都是距离, 因此, 同一集合上可以引入不同的距离, 构建不同的距离空间. 而不同的距离也有不同的作用和实际应用背景; 如上述的距离 $d(x,y)=\sum\limits_{i=1}^{n}|x_i-y_i|$, 经常用于纠错编码理论.

6.1.3　$\mathbf{R}^n$ 中的基本点集

引入类似实数系 $\mathbf{R}^1$ 上邻域、开 (闭) 区间的概念.

1. 邻域

给定 $\mathbf{R}^n$, $x_0=(x_1^0,x_2^0,\cdots,x_n^0)\in\mathbf{R}^n$, $\delta>0$.

定义 6-3　集合 $U(x_0,\delta)=\{x\in\mathbf{R}^n:d(x,x_0)<\delta\}$ 称为点 x_0 的 δ(开) 邻域.

例如, $n=1$ 时, $U(x_0,\delta)=(x_0-\delta,x_0+\delta)$ 为实数系中的开区间; $n=2$ 时, $U(x_0,\delta)$ 是以 x_0 为心, 以 δ 为半径的开圆 (不含圆周), 称为圆形邻域; $n=3$ 时, $U(x_0,\delta)$ 是以 x_0 为心, 以 δ 为半径的开球 (不含球面), 称为球形邻域. $\mathbf{R}^n(n\geqslant 3)$ 中的邻域通称为球形邻域.

$\mathbf{R}^2$ 中有时还用到矩形邻域, 如中, $(x_0,y_0)\in\mathbf{R}^2, a>0, b>0$, 则可定义 (x_0,y_0) 的矩形邻域为

$$\{(x,y)\in\mathbf{R}^2:|x-x_0|<a,|y-y_0|<b\},$$

特别, 当 $a=b$ 时, 矩形邻域也称为方形邻域.

因为给定一个圆形邻域, 总可作包含和被包含的矩形邻域, 反之也成立, 因而圆形邻域和矩形邻域是等价的. 还经常用到如下的去心邻域的概念.

圆形去心邻域：$\overset{\circ}{U}(x_0,\delta)=U(x_0,\delta)\backslash\{x_0\}=\{x\in\mathbf{R}^n:0<d(x,x_0)<\delta\}$;

矩形去心邻域：$\{(x,y)\in\mathbf{R}^2:|x-x_0|<a,|y-y_0|<b,\text{且 }(x,y)\neq(x_0,y_0)\}$, 但是, 矩形去心邻域不能写作：$\{(x,y)\in\mathbf{R}^2:0<|x-x_0|<a,0<|y-y_0|<b\}$, 这样不仅去 “心”, 还去掉两条直线 $x=x_0$ 和 $y=y_0$ 上的包含在邻域中的部分线段.

有了邻域的概念, 就可以引入 $\mathbf{R}^n$ 中的各种点和集合的定义了.

2. 内点、外点及边界点

以二维 $\mathbf{R}^2$ 为例, 设集合 $E \subset \mathbf{R}^2$, 以下邻域都为圆形邻域.

定义 6-4 (1) 设 $M_0 \in E$, 若存在 $\delta > 0$, 使得 $U(M_0, \delta) \subset E$, 称 M_0 为 E 的**内点**.

(2) 设 $M_1 \notin E$, 若存在 $\delta > 0$, 使得 $U(M_1, \delta) \cap E \neq \varnothing$ 称 M_1 为 E 的**外点**.

(3) 设 $M \in \mathbf{R}^n$, 若对 $\forall \delta > 0$, 有 $U(M, \delta) \cap E \neq \varnothing$, 且存在 $M' \in U(M, \delta)$, 但 $M' \notin E$, 即 M 的任一邻域内既有属于 M 的点, 也有不属于 M 的点, 称 M 为 E 的**边界点**.

信息挖掘 从定义可知, E 的内点 M 必有 $M \in E$; E 的外点 M 必有 $M \notin E$; E 的边界点 M, 可能有 $M \in E$, 也可能有 $M \notin E$.

由此可见, 内点和边界点与集合 E 的关系更密切, 为此, 记

$$E^0 = \{x : x\text{为 } E \text{ 的内点}\}, \quad \partial E = \{x : x\text{为 } E \text{ 的边界点}\},$$

分别称为 E 的内点集和边界点集.

如平面上单位开圆 $E = \{(x,y) \in \mathbf{R}^2 : x^2 + y^2 < 1\}$, 则其所有点都是内点, 即 $E^0 = E$; 而边界点集为 $\partial E\ \{(x,y) \in \mathbf{R}^2 : x^2 + y^2 = 1\}$. 平面单位闭圆 $E_1 = \{(x,y) \in \mathbf{R}^2 : x^2 + y^2 \leqslant 1\}$, 则 E_1^0 为单位开圆 E; 边界点集仍为 $\partial E = \{(x,y) \in \mathbf{R}^2\text{: } x^2 + y^2 = 1\}$. 对平面圆环 $E_2 = \{(x,y) \in \mathbf{R}^2 : 1 < x^2 + y^2 \leqslant 2\}$, 其内点集 $E_2^0 = \{(x,y) \in \mathbf{R}^2 : 1 < x^2 + y^2 < 2\}$, 边界点集 $\partial E = \{(x,y) \in \mathbf{R}^2 : x^2 + y^2 = 1\} \cup \{(x,y) \in \mathbf{R}^2 : x^2 + y^2 = 2\}$.

集合中还经常涉及另外两类点:

定义 6-5 (1) 设 $M \in E$, 若存在 $\delta > 0$, 使得 $U(M,\delta) \cap E = \{M\}$, 称 M 为 E 的**孤立点**.

(2) 设 $M \in \mathbf{R}^n$, 若对 $\forall \varepsilon > 0$, $U(M, \varepsilon)$ 中都含有 E 中无限个点, 则称 M 为 E 的**聚点**.

聚点还有等价定义: 设 $M \in \mathbf{R}^n$, 若对 $\forall \varepsilon > 0$, 都存在 $M' \in E$ 且 $M' \neq M$, 使 $M' \in U(M,\varepsilon)$ (即 $U(M,\varepsilon)$ 中至少含有一个异于 M 的 E 中的点), 则称 M 为 E 的聚点.

聚点的两个定义中 "无限个" 与 "一个" 是等价的. 事实上, 由于 "无限个", 推出 "一个" 是显然的, 只需由 "一个" 推出 "无限个". 由定义, 对 $\forall \varepsilon > 0$, 存在点 $M_1 \in E \cap U(M,\varepsilon)$, 且 $0 < |M_1 - M| < \varepsilon$, 再取 $\varepsilon_1 = |M_1 - M| < \varepsilon$, 则, 存在 $M_2 \in E \cap U(M, \varepsilon_1)$ 且 $0 < |M_1 - M| < \varepsilon_1$, 再取 $\varepsilon_2 = |M_2 - M| < \varepsilon_1$, 则, 存在 $M_3 \in E \cap U(M, \varepsilon_2)$, 如此下去得到点列 $\{M_n\}$ 且 $M_n \in E \cap U(M, \varepsilon)$.

信息挖掘 由定义可知, 孤立点必是边界点, 内点必是聚点, 边界点要么是聚点, 要么是孤立点. 对 E 的聚点 M, 即可能有 $M \in E$, 也可能有 $M \notin E$. 如圆环

$E=\{(x,y):1<x^2+y^2\leqslant 2\}$, 不属于 E 的聚点为位于单位圆曲线 $x^2+y^2=1$ 上的内边界点; 属于 E 的聚点为内点及位于圆周曲线 $x^2+y^2=2$ 上的外边界点.

E 的所有聚点的集合记为 E', 也称 E' 为 E 的导集. 例如, 假设

$$E=\{(x,y,z)\in\mathbf{R}^3:0<x^2+y^2+z^2<1\},$$

则, $E^0=E$, $\partial E=\{(x,y,z)\in\mathbf{R}^3:x^2+y^2+z^2=1\}\cup\{(0,0,0)\}$,

$$E'=\{(x,y,z)\in\mathbf{R}^3:x^2+y^2+z^2\leqslant 1\}.$$

3. 基本集合

下面引入基本集合的定义, 设 $E\subset\mathbf{R}^n$.

定义 6-6　若 E 中的点都是 E 的内点, 则称 E 为开集; 若 E 中的所有聚点都属于 E, 则称 E 为闭集.

如集合 $\{(x,y):1<x^2+y^2<4\}$ 是开集; 集合 $\{(x,y):1\leqslant x^2+y^2\leqslant 4\}$ 是闭集; 而集合 $\{(x,y):1<x^2+y^2\leqslant 4\}$ 既非开集, 也非闭集.

定义 6-7　如果点集 E 内的任何两点, 都可以用折线连接起来, 且该折线上的点都属于 E, 则称 E 为连通集; 连通的开集称为区域或开区域; 开区域连同它的边界一起构成的点集称为闭区域.

类似于直线上的区间在几何上表示含或不含端点的线段, 区域的几何特征是含或不含边界的 "块", 一 "块" 是一个区域, 两 "块" 是两个区域.

定义 6-8　对于点集 $E\subset\mathbf{R}^n$, 记 $0\in\mathbf{R}^n$ 为原点, 若存在实数 $c>0$, 使 $\forall x\in E$, 成立

$$\|x\|\triangleq d(x,0)<c,$$

即 $E\subset U(0,c)$, 称 E 为有界集.

有界性还可以用直径的定义来刻画: 记 $r=\sup\limits_{x,y\in E}\{d(x,y)\}$, 称 r 为 E 的直径, 集合 E 有界等价于 $r<+\infty$.

6.1.4　多元函数

我们已经使用过多元函数的形式, 如空间曲面的一般方程式: $F(x,y,z)=0$, 这里 $F(x,y,z)$ 就是一个三元函数. 下面, 我们严格给出多元函数的定义. 和一元函数类似, 定义在 $\mathbf{R}^n$ 上的多元函数也是特殊的映射, 因此, 我们仍从映射的角度引入多元函数的定义.

定义 6-9　设 $E\subset\mathbf{R}^n$, $\mathbf{R}=\mathbf{R}^1$, 给定一个 E 到 $\mathbf{R}$ 中映射 f: 对任意 $p\in E$, 存在唯一的 $u\in\mathbf{R}$, 使 f: $p\mapsto u$, 称映射 f 为定义在 E 上的一个 n 元函数, u 为

对应于 p 点的函数值, 记 $u=f(p)$, E 称为函数 f 的定义域; $D=\{u\in\mathbf{R}:u=f(p),p\in E\}$ 称为函数 f 的值域.

由于定义域是一个 n 维集合, 因此, 上述函数是 n 元函数, 若记 $p=p(x_1,x_2,\cdots,x_n)$ 或 $x=(x_1,x_2,\cdots,x_n)$, 则 n 元函数也可以写为 $u=f(x_1,x_2,\cdots,x_n)$, 在不至于混淆的情形下也可以简记为 $u=f(x)$, 或 $u=f(p)$, 与一元函数形式统一.

例 1 上半球面方程 $z=\sqrt{1-x^2-y^2}$ 为一个二元函数, 定义域为 $E=\{(x,y)\in\mathbf{R}^2:x^2+y^2\leqslant 1\}$.

关于多元函数定义域和值域的确定, 由于和一元函数类似, 略去.

对二元函数, 由空间解析几何理论可知, 其有明显的几何意义, 即 $z=f(x,y)$ 表示三维空间的曲面.

6.1.5 多元函数的极限

和一元函数类似, 我们引入多元函数, 也是为了研究多元函数的微积分等分析性质, 可以设想, 建立相应微积分理论的基础仍是极限, 因此, 我们从多元函数的极限入手, 开始建立多元函数的相关理论. 类比一元函数和多元函数结构上的共性和差异, 从两个方面构建多元函数的极限理论. 先从共性的方面开始, 进行极限理论的平行推广.

1. 多重极限

我们将一元函数的极限进行共性推广到多元函数, 形成多元函数的多重极限.

设 $p_0\in\mathbf{R}^n$, $f(p)$ 是 n 元函数, 类比一元函数的极限, 得到如下多重极限的定义.

定义 6-10 设函数 $f(p)$ 在点 p_0 的某空心邻域 $\mathring{U}(p_0)$ 内有定义, 若存在实数 A, 使得对任意 $\varepsilon>0$, 存在 $\delta>0$, 对任意的 $p\in\mathring{U}(p_0)$ 且 $0<d(p,p_0)<\delta$, 都成立

$$|f(p)-A|<\varepsilon,$$

称 $f(p)$ 在 p_0 点存在极限, 称 A 是 $f(p)$ 在 p_0 点的极限, 记作 $\lim\limits_{p\to p_0}f(p)=A$ 或简记为 $f(p)\to A(p\to p_0)$.

从形式上看多元函数极限与一元函数的极限定义相同, 但是实际上还是有区别的, 区别在于变量的极限过程, 若记 $p=(x_1,x_2,\cdots,x_n)$, $p_0=(x_1^{(0)},x_2^{(0)},\cdots,x_n^{(0)})$, $p\to p_0$ 表示 n 维变元的极限过程:

$$(x_1,x_2,\cdots,x_n)\to(x_1^{(0)},x_2^{(0)},\cdots,x_n^{(0)}),$$

因此, $\lim\limits_{p \to p_0} f(p) = A$ 也常写为

$$\lim_{(x_1,x_2,\cdots,x_n)\to(x_1^{(0)},x_2^{(0)},\cdots,x_n^{(0)})} f(x_1,x_2,\cdots,x_n) = A,$$

或

$$\lim_{\substack{x_1\to x_1^{(0)}\\ \cdots \\ x_n\to x_n^{(0)}}} f(x_1,x_2,\cdots,x_n) = A,$$

因此, 也把这样的极限称为 n 重极限.特别, n=2 时, 也常记作 $\lim\limits_{(x,y)\to(x_0,y_0)} f(x,y) = A$ 或者 $\lim\limits_{\substack{x\to x_0\\ y\to y_0}} f(x,y) = A$, 也称为二重极限.

由定义知, 不一定要求 $f(p)$ 在 p_0 点有定义.

定义中距离条件形式 “$0 < d(p,p_0) < \delta$” 可等价写为集合形式：$p \in \mathring{U}(p_0,\delta)$, 因此, 也可以如下等价地定义多元函数的极限.

定义 6-10′　设函数 $f(p)$ 在点 p_0 的某空心邻域 $\mathring{U}(p_0)$ 内有定义, 若存在实数 A, 使得对任意 $\varepsilon > 0$, 存在 $\delta > 0$, 对一切满足 $p \in \mathring{U}(p_0,\delta) \subset \mathring{U}(p_0)$ 的 p 都成立

$$|f(p) - A| < \varepsilon,$$

称 A 是 $f(p)$ 在 p_0 点的极限.

2. 多重极限的计算

我们以二元函数为例, 讨论多元函数多重极限的计算. 类似于一元函数极限理论的框架, 有了多重极限的定义, 我们首先要掌握利用定义处理简单函数的多重极限, 为更复杂、更一般的函数多重极限的计算奠定基础.

1) 简单函数极限结论的验证——定义法

类似一元函数, 用定义证明正常多重极限的基本方法仍然是放大法, 即对刻画函数极限过程的项 $|f(p) - A|$ 进行放大, 从控制对象 $|f(p) - A|$ 中分离出刻画自变量变化趋势的项 $d(p,p_0)$, 由于此因子形式复杂, 通常先分离出组成因子 $\left|x_i - x_i^{(0)}\right|$, 再将这些因子转化为 $d(p,p_0)$; 一元函数极限证明中各种技巧与方法仍适用.

例 2　用定义证明: $\lim\limits_{\substack{x\to 1\\ y\to 1}}(x^2 + xy + y^3) = 3$.

结构分析　对 $\left|x^2 + xy + y^3 - 3\right|$ 放大, 从中分离出 $d(p,p_0)$, 等价于需要分离出因子 $|x-1|$ 和 $|y-1|$, 为从中 $\left|x^2 + xy + y^3 - 3\right|$ 产生上述两个因子, 通常用形

式统一法. 放大过程中为了控制相应的系数, 需要用预控制技术来控制变量 x 和变量 y.

证明 记点 $p(x,y),p_0(1,1)$, 由于

$$\begin{aligned}\left|x^2+xy+y^3-3\right| &= \left|(x^2-1)+(xy-1)+(y^3-1)\right| \\ &= \left|(x-1)(x+1)+(x-1)y+(y-1)+(y-1)(y^2+y+1)\right|,\end{aligned}$$

为分离出 $|x-1|$ 和 $|y-1|$, 须对相关因子的系数如 $x+1,y,y^2+y+1$ 进行控制, 为此采用预控制技术对 x,y 作预控制. 先假设 $p(x,y)\in\{(x,y):|x-1|<1,|y-1|<1\}$, 则 $0<x<2$, $0<y<2$, 因而

$$\begin{aligned}\left|x^2+xy+y^3-3\right| &< 3\left|x-1\right|+2\left|x-1\right|+\left|y-1\right|+7\left|y-1\right| \\ &= 5\left|x-1\right|+8\left|y-1\right| \\ &< 8[|x-1|+|y-1|] \\ &< 8[d(p,p_0)+d(p,p_0)] \\ &= 16d(p,p_0),\end{aligned}$$

故, 对 $\forall\varepsilon>0$, 取 $\delta=\min\left\{\dfrac{\varepsilon}{16},1\right\}$, 对一切 $p(x,y)\in U(p_0,\delta)$, 都有

$$\left|x^2+xy+y^3-3\right|<\varepsilon,$$

故 $\lim\limits_{\substack{x\to1\\y\to1}}(x^2+xy+y^3)=3$.

2) 一般函数极限的计算

利用定义只能处理一些简单函数的极限, 更一般函数的极限计算必须依靠计算法则、极限的性质和特殊的技术、方法来完成. 可以证明, 多元函数极限运算和一元函数极限运算一样都成立相应的运算法则和相同的性质, 我们不再一一叙述, 同时, 一元函数中, 特殊的结构对应特殊的计算思想和计算方法同样适用于多元函数, 因此, 下面的例子都可以从一元函数对应的结构中寻找对应的计算方法.

例 3 计算 $\lim\limits_{\substack{x\to0\\y\to0}}(x^2+y)\cdot\sin\dfrac{1}{x^2+y^2}$.

结构分析 从结构看, 对应的一元函数相似的结构类型为 $\lim\limits_{x\to0}f(x)\cdot\sin g(x)$, 结构中包含正弦函数因子 $\sin x$, 对这类极限的处理方法依据有两个, 其一是重要极限 $\lim\limits_{x\to0}\dfrac{\sin x}{x}=1$. 其二是结论: 无穷小量与有界函数的乘积仍为无穷小量. 进

一步分析结构, 具有明显的无穷小量的结构特征, 符合第二种处理方法的结构, 由此确定解题思路和方法.

解　由于 $\lim\limits_{\substack{x\to 0\\y\to 0}}(x^2+y)=0$, $\sin\dfrac{1}{x^2+y^2}$ 是有界函数, 故

$$\lim_{\substack{x\to 0\\y\to 0}}(x^2+y)\cdot\sin\frac{1}{x^2+y^2}=0.$$

例 4　计算 $\lim\limits_{\substack{x\to 0\\y\to 0}}xy\cdot\ln(x^2+y^2)$.

结构分析　题目类型：$0\cdot\infty$ 待定型极限的计算, 涉及困难因子 $\ln 0$ 型结构. 类比已知：涉及此因子在一元极限理论常用的结论是 $\lim\limits_{x\to 0^+}x^k\ln x=0$, $k>0$. 处理方法：一元函数极限理论中, 对 $0\cdot\infty$ 型极限的计算常用的方法是将其转化为 $\dfrac{0}{0}$ 或 $\dfrac{\infty}{\infty}$ 型后再利用洛必达法则进行计算, 在多元函数极限计算中, 不能利用洛必达法则, 利用形式统一法, 将题目转化类型, 利用一元函数的极限结论进行求解, 从下面解题过程中体会形式统一法的应用.

解　原式 $=\lim\limits_{\substack{x\to 0\\y\to 0}}\dfrac{xy}{x^2+y^2}\cdot(x^2+y^2)\ln(x^2+y^2)$, 且

$$\lim_{\substack{x\to 0\\y\to 0}}(x^2+y^2)\ln(x^2+y^2)\xlongequal{x^2+y^2=t}\lim_{t\to 0}t\ln t=\lim_{t\to 0}\frac{\ln t}{\frac{1}{t}}=\lim_{t\to 0}\frac{\frac{1}{t}}{-\frac{1}{t^2}}=-\lim_{t\to 0}t=0,$$

$\left|\dfrac{xy}{x^2+y^2}\right|\leqslant 2$ 有界, 故 $\lim\limits_{\substack{x\to 0\\y\to 0}}xy\cdot\ln(x^2+y^2)=0$.

抽象总结　将上述方法抽象可以形成求解多元函数多重极限的基本思路和方法：结构分析、类比已知 (一元函数极限的计算思想、方法和结论)、形式统一.

例 5　计算 $\lim\limits_{\substack{x\to 0\\y\to 0}}(x^2+y^2)^{x^2y^2}$.

结构分析　题型结构：幂指结构. 类比已知：一元函数极限计算理论中的对数方法.

解　记 $f(x,y)=(x^2+y^2)^{x^2y^2}$, 则由例 4

$$\begin{aligned}\lim_{\substack{x\to 0\\y\to 0}}\ln f(x,y)&=\lim_{\substack{x\to 0\\y\to 0}}x^2y^2\cdot\ln(x^2+y^2)\\&=\lim_{\substack{x\to 0\\y\to 0}}\frac{x^2y^2}{x^2+y^2}\cdot(x^2+y^2)\ln(x^2+y^2)=0,\end{aligned}$$

故 $\lim\limits_{\substack{x\to 0\\ y\to 0}}(x^2+y^2)^{x^2y^2}=1$.

通过上述例子, 我们基本构建了多元函数极限存在条件下的计算理论.

3. 多重极限的不存在性

初步掌握了函数极限的计算之后, 研究极限的不存在性也是必须掌握的内容之一. 一般地来说, 具体函数的极限计算比较简单, 而证明极限的不存在性较难. 类比已知, 现在已知的极限理论有数列极限理论和一元函数极限理论, 必须利用已知的这些理论研究多元函数极限的不存在性. 相对而言, 一元函数极限理论与多元函数极限联系更为紧密, 因此, 我们先简单分析一下多元函数和一元函数的关系, 为利用一元函数的极限理论研究多元函数的极限做准备.

从整体结构看, 多元是一元的推广, 体现简单与复杂的关系; 从元素构成看, 多元可以离散为一元, 体现整体与部分的关系. 对整体成立的性质, 对部分也成立, 反之, 若对部分不成立的性质, 对整体也不成立, 由此, 得到判断多元函数极限不存在性的初步的理论和方法.

我们以二元函数为例建立相关理论.

我们先建立二元函数极限和数列极限的关系, 得到一个类似于海涅定理的结论, 其证明思想也类似.

定理 6-1 $\lim\limits_{\substack{x\to x_0\\ y\to y_0}}f(x,y)=A$ 的充要条件是对任意以 $p_0(x_0,y_0)$ 为极限的点列 $p_k(x_k,y_k)$ 都有 $\lim\limits_{k\to+\infty}f(x_k,y_k)=A$.

证明 **必要性** 由于 $\lim\limits_{\substack{x\to x_0\\ y\to y_0}}f(x,y)=A$, 故对任意 $\varepsilon>0$, 存在 $\delta>0$, 当 $p(x,y)$ 满足 $0<d(p,p_0)<\delta$ 时, 有

$$|f(x,y)-A|<\varepsilon.$$

又 $\lim\limits_{k\to+\infty}p_k=p_0$, 故对上述 δ, 存在 k_0, 使得 $k>k_0$ 时有 $d(p_k,p_0)<\delta$, 因而

$$|f(p_k)-A|=|f(x_k,y_k)-A|<\varepsilon,$$

故 $\lim\limits_{k\to+\infty}f(x_k,y_k)=A$.

充分性 由于具有 “任意性条件” 结构, 我们采用反证法.

若 $\lim\limits_{\substack{x\to x_0\\ y\to y_0}}f(x,y)\neq A$, 则存在 $\varepsilon_0>0$, 对任意 $\delta>0$, 存在点 $p(x,y)\in\mathring{U}(p_0,\delta),(p_0=(x_0,y_0))$, 使得

$$|f(x,y)-A|>\varepsilon_0.$$

下面的证明过程是通过 δ 的任意性, 构造一个以 $p_0(x_0,y_0)$ 为极限的点列 $\{p_k(x_k,y_k)\}$, 制造矛盾.

取 $\delta_1=1$, 存在 $p_1(x_1,y_1)$ 满足, $0<d(p_1,p_0)<1$, $|f(p_1)-A|>\varepsilon_0$;

取 $\delta_2=\min\{1/2,d(p_1,p_0)\}$, 得到 $p_2(x_2,y_2)\neq p_1$, 满足 $0<d(p_2,p_0)<\delta_2<1/2$, 且 $|f(p_2)-A|>\varepsilon_0$.

如此下去, 可构造点列 $\{p_k\}$ 满足, $0<d(p_k,p_0)<1/k$, 且 $|f(p_k)-A|>\varepsilon_0$, 即 $p_k\to p_0$, 但 $f(p_k)\not\to A$, 故, 得到矛盾, 充分性得证.

正如一元函数的海涅定理, 定理 6-1 的主要作用用于证明极限的不存在性, 但是, 上述定理并非最简, 因为, 二元函数与一元函数联系更紧密, 所以, 我们给出一个更好用的结论.

定理 6-2　若 $\lim\limits_{\substack{x\to x_0\\ y\to y_0}} f(x,y)=A$, 则对任意过点 $p_0(x_0,y_0)$ 的连续曲线 $l:y=y(x)$(即 $y(x)$ 是连续函数), 沿曲线 l 都成立：$\lim\limits_{x\to x_0} f(x,y(x))=A$.

抽象总结　定理 6-2 给出了将二元函数离散为一元函数的方法：沿特殊路径 (曲线) 可以将二元函数降维为一元函数, 把这种方法称为**特殊路径法或降维方法**.

此定理的作用和海涅定理相同, 通常用于处理二元函数的二重极限的不存在性, 体现为如下的推论.

推论 6-1　若存在定理 6-2 中的曲线 l, 使得极限 $\lim\limits_{\substack{(x,y)\to(x_0,y_0)\\ (x,y)\in l}} f(x,y)$ 不存在, 则 $\lim\limits_{\substack{x\to x_0\\ y\to y_0}} f(x,y)$ 不存在.

推论 6-2　若存在定理 6-2 中的曲线 l_1,l_2, 使得 $\lim\limits_{\substack{(x,y)\to(x_0,y_0)\\ (x,y)\in l_i}} f(x,y), i=1,2$ 存在但不相等, 则 $\lim\limits_{\substack{x\to x_0\\ y\to y_0}} f(x,y)$ 不存在.

由上述推论可知, 要证明函数的极限不存在, 只需找到满足推论的曲线即可, 这是解决这类问题的关键. 一般来讲, 我们尽可能寻找简单的曲线, 如直线、抛物线等, 当然, 必须根据题型结构, 具体问题具体分析. 但是, 有一个原则需要遵循的是：**选择这样的曲线, 使得沿曲线, 函数结构尽可能简单; 将研究对象结构简单化是解决问题的重要思路, 结构越简单越容易处理.**

当然, 定理 6-2 中曲线方程可以为其他形式. 条件中的沿曲线 l 的极限形式也表示为 $\lim\limits_{\substack{(x,y)\to(x_0,y_0)\\ (x,y)\in l}} f(x,y)$ 或 $\lim\limits_{\substack{x\to x_0\\ y=y(x)}} f(x,y)$.

下面, 通过例子说明结论的应用.

例 6　证明函数 $f(x,y)=\dfrac{xy}{x^2+y^2}$ 在 $(0,0)$ 的二重极限不存在.

结构分析 从函数结构看, 难点出现在分母上, 分母为两个不同变量的和, 处理问题的出发点是能否选择满足定理 6-2 的曲线, 使得沿此曲线, 不同的部分能够合并, 以简化结构. 具体地, 对函数 $f(x,y)=\dfrac{xy}{x^2+y^2}$ 进行结构分析: 函数是有理式结构. 从形式上看, 分子和分母是等幂的二元多项式结构, 且 x 和 y 的幂次相等, 对具有这样结构特点的函数沿直线 $y=kx$ 可以对函数进行简化.

解 沿直线 $y=kx$ 考虑对应的极限, 由于

$$\lim_{\substack{x\to 0\\ y=kx}} f(x,y)=\lim_{x\to 0}\frac{x\cdot kx}{x^2+k^2x^2}=\frac{k}{1+k^2},$$

显然, k 取不同值时, 上述极限有不同的结果, 故, 相应的二重极限不存在.

类似地, 思考如果要求证明 $\lim\limits_{\substack{x\to 0\\ y\to 0}}\dfrac{x^3y}{x^6+y^2}$ 极限不存在, 选择何种路径?

例 7 证明极限 $\lim\limits_{(x,y)\to(0,0)}\dfrac{x^2y^2}{x^2y^2+(x-y)^2}$ 不存在.

结构分析 题型: 对二元函数极限不存在结论的验证. 类比已知: 验证多元函数极限 $\lim\limits_{P(x,y)\to P_0(x_0,y_0)} f(P)$ 不存在常用的方法是让 $P(x,y)$ 以不同的方式趋于 $P(x_0,y_0)$. 确立思路: 寻找特殊曲线 l(含任意常数 k), 使得沿 l 的极限与 k 有关 (即极限不存在), 寻找有效的特殊路径的很难. 方法: 利用形式统一法. 观察函数的结构, 分子和分母中相同的项为 x^2y^2, 不同的一项为 $(x-y)^2$, 我们将 $(x-y)^2$ 的结构统一成 x^2y^2 的形式, 只需令 $x-y=kxy$, 即取 $y=\dfrac{x}{1+kx}$(当 $x\to 0$ 时, 显然 $y\to 0$), 将分子和分母统一成一样的形式.

证明 取 $y=\dfrac{x}{1+kx}$, $x\to 0$, 则

$$\lim_{(x,y)\to(0,0)}\frac{x^2y^2}{x^2y^2+(x-y)^2}=\lim_{\substack{y=\frac{x}{1+kx}\\ x\to 0}}\frac{x^4}{x^4+k^2x^4}=\frac{1}{1+k^2}.$$

该极限随 k 的不同而不同, 故极限 $\lim\limits_{(x,y)\to(0,0)}\dfrac{x^2y^2}{x^2y^2+(x-y)^2}$ 不存在.

例 8 考察 $f(x,y)=\begin{cases}1, & 0<y<x^2,\\ 0, & \text{其他}\end{cases}$ 在点 $p_0(0,0)$ 处的极限的存在性.

结构分析 从函数结构看, 类似于一元函数的分段函数结构, 从函数的 "分段定义" 的结构看, 应在表达式对应的不同区域内分别选择曲线.

解 取抛物线 $y=kx^2$, 其中 $0<k<1$, 则此抛物线完全落在区域 $\{(x,y):0<y<x^2\}$, 因而 $\lim\limits_{\substack{x\to 0\\ y=kx^2}} f(x,y)=\lim\limits_{x\to 0}1=1$; 另外, 取半直线 $y=kx$, 则不论 k

取何值, 当 x 充分小时, 直线总落在使 $f(x,y)=0$ 的区域, 因而, $\lim\limits_{\substack{x\to0\\y=kx}}f(x,y)=\lim\limits_{x\to0}0=0$, 故, $\lim\limits_{\substack{x\to0\\y\to0}}f(x,y)$ 不存在.

抽象总结　我们把上述讨论多重极限不存在的方法称为**特殊路径法**, 这是证明多重极限不存在的主要方法.

在处理多元函数的极限时, 通常有两类题目：计算多重极限和讨论多重极限的存在性. 对多重极限的计算问题, 目的明确, 只需利用各种计算方法和技术进行计算即可. 对讨论多重极限存在性的题目, 难度相对大, 因为答案不确定, 极限可能存在, 也可能不存在, 当然, 就这类题目的提法而言, 一般向不存在方向考虑, 处理的技术方法通常有

(1) 先通过简单特殊的路径确定可能的极限值, 然后验证这个值是否就是极限.

(2) 当确定极限不存在后, 通过选择不同的路径, 利用沿不同的路径对应的极限值不同, 证明多重极限的不存在性.

(3) 当题目较复杂时, 要求选择的特殊路径也复杂, 此时, 选择路径的出发点是尽可能使题目中复杂的因子 (特别是分母) 简单化, 多个因子通过特殊的路径能够合并, 如, 例 6 通过路径 $y=kx$ 将分母的两项和 x^2+y^2 合并为一项; 例 7 通过路径 $x-y=kxy$, 将 $(x-y)^2$ 统一成 x^2y^2 的形式, 实现结构统一, 从而达到简化函数的目的.

(4) 当给出的函数是“分段”函数 (对二元函数实际是分片函数), 尽可能通过不同的定义区域选择相应的路径, 得到不同的极限, 如例 8.

(5) 常用的特殊路径有直线 (坐标轴)、抛物线等.

例 9　考察 $f(x,y)=\dfrac{xy}{x+y}$ 在点 $p_0(0,0)$ 处的极限.

结构分析　函数结构：有理式结构, 从形式上看, 分子是二阶 (次) 项, 分母是一阶 (次) 项, 从一元函数的极限看, 应有 $\dfrac{xy}{x+y}\to0$. 但事实并非如此, 此函数具有特殊的结构, 即在直线 $x+y=0$ 上函数没有定义, 或者说函数在此直线上产生奇性, 即函数具有奇异线, 这种函数结构更复杂, 一方面, 我们前述关于函数多重极限的定义不适于此类型的函数, 需要推广函数多重极限的定义; 另一方面, 函数在奇异线附近具有复杂的性质, 需要新的技术方法进行处理.

首先, 我们推广多重极限的定义.

定义 6-11　设函数 $f(p)$ 的定义域为 D, P_0 是 D 的聚点, 若存在实数 A, 使得对任意 $\varepsilon>0$, 存在 $\delta>0$, 对任意的 $p\in D$ 且 $0<d(p,p_0)<\delta$, 都成立

$$|f(p)-A|<\varepsilon,$$

称 $f(p)$ 在 p_0 点存在极限, 称 A 是 $f(p)$ 在 p_0 点的极限, 记作 $\lim\limits_{p\to p_0}f(p)=A$.

此定义将函数多重极限的定义推广到具有奇异线的函数上.

对具有奇异线结构的函数, 处理的主要方法是扰动法, 即沿奇异线附近选择曲线 (在奇异线附近进行扰动), 使奇异项结构简化, 从而简化函数结构.

方法 例 9 选取的特殊路径为 $x+y=x^k, k>0$, 将此路径与奇异线 $x+y=0$ 进行对比, 相当于将右端的 0 变为扰动项 x^k, 这种方法称为扰动法.

解 对 $k>0$, 连续曲线 $y=-x+x^k$ 过点 $p_0(0,0)$, 而且

$$\lim_{\substack{x\to 0\\ y=x^k-x}} f(x,y)=\lim_{x\to 0}\frac{x(x^k-x)}{x^k}=\lim_{x\to 0}(x-x^{2-k})=\begin{cases}0, & 0<k<2,\\ 1, & k=2,\end{cases}$$

故, $\lim\limits_{(x,y)\to(0,0)} f(x,y)$ 不存在.

此例表明多元函数的极限要比一元函数极限复杂得多, 不能从形式上简单下结论, 形式上的阶并不是真正的阶, 换句话说, 沿不同的曲线会改变形式上的阶, 体现了一元函数和多元函数的差异. 同时, 扰动法是处理具有奇异线结构的函数极限的重要方法, 要深刻理解和把握, 但是, 选择扰动曲线时一定要注意, 曲线要有意义, 一定要过点 p_0.

总结 通过例 6、例 7、例 8 和例 9 可知, 研究多重极限不存在的方法为特殊路径法和扰动法.

*6.1.6 累次极限

我们将一元函数的极限推广到多元函数, 引入了多重极限的概念, 体现了一元函数和多元函数在极限中的共性. 另一方面, 可以设想, 随着变量个数的增加, 也必然带来极限方面的区别.

我们知道: 多元函数可以通过适当地限制变元的取值范围 (限制定义域) 降元为低元函数. 通过这种方式可以利用低元函数的性质讨论高元函数的某些性质. 如给定一个二元函数 $f(x,y)$, 给定一条曲线 $l:y=y(x)$, 则沿曲线 l, 二元函数降元为一元函数, 即 $f(x,y)|_l=f(x,y(x))$. 因此, 可以利用一元函数 $f(x,y(x))$ 的某些性质研究二元函数 $f(x,y)$ 的某些性质, 实现化未知为已知的目的. 特殊地, 若固定其中的一个变元, 如取 $x=x_0$, 相对于取直线 $l:x=x_0$, 此时 $f(x,y)$ 退化为一元函数 $f(x_0,y)$; 同样, 如果固定 $y=y_0$, $f(x,y)$ 退化为另一一元函数 $f(x,y_0)$. 类似, 由于空间直线的参数方程一般形式为 $x=x(t),y=y(t),z=z(t)$, 因而, 三元函数 $f(x,y,z)$ 沿空间直线化为一元函数 $f(x(t),y(t),z(t))$. 我们把这种转化称为函数的降元. 前述的定理 6-2 和推论 6-1、推论 6-2 都是利用这种降元思想, 将二元函数的二重极限与降元后的一元函数的极限相关联, 从而, 利用一元函数的极限理论研究二元函数的二重极限问题, 这也正是化未知为已知的研究思想的应

用与体现. 利用上述思想和方法, 对多元函数, 还可以通过对变量依次求极限的方法, 得到新的极限, 以二元函数 $f(x,y)$ 为例, 介绍这种极限.

首先, 固定某个变量, 比如 y, 相当于沿直线 $y=$ 常数, 此时二元函数 $f(x,y)$ 降元为变元 x 的一元函数 $f(x,y)$, 对此一元函数, 考虑如下的一元函数的极限: $\lim\limits_{x\to x_0} f(x,y)$, 若此极限存在, 这个极限与 y 有关, 记 $\lim\limits_{x\to x_0} f(x,y)=\varphi(y)$, $\varphi(y)$ 也是一元函数, 再次考虑一元函数的极限 $\lim\limits_{y\to y_0}\varphi(y)$, 如果此极限存在, 由此确定一个极限值. 这个过程相当于对二元函数 $f(x,y)$ 分别依次求两个不同的一元函数极限的过程, 这样的极限显然不同于多重极限, 称为累次极限. 二元函数的累次极限也称为二次极限.

定义 6-12　设函数 $f(x,y)$ 在点 $p_0(x_0,y_0)$ 的某空心邻域 $\mathring{U}(p_0)$ 内有定义, 先将 y 视为常量, 令 $x\to x_0$, 对 $f(x,y)$ 取极限: $\lim\limits_{x\to x_0} f(x,y)$, 然后再对 $\lim\limits_{x\to x_0} f(x,y)$, 令 $y\to y_0$, 取极限. 若此极限存在, 则称此极限值为函数 $f(x,y)$ 在 $p_0(x_0,y_0)$ 点处先对 x 后对 y 的累次极限或二次极限, 记作 $\lim\limits_{y\to y_0}\lim\limits_{x\to x_0} f(x,y)$.

类似地可以定义 $f(x,y)$ 在 $p_0(x_0,y_0)$ 点处先对 y 后对 x 的累次极限或二次极限, 记作 $\lim\limits_{x\to x_0}\lim\limits_{y\to y_0} f(x,y)$.

注　(1) 累次极限的实质是一元函数的极限, 其计算相对容易;

(2) 累次极限不一定都存在, 即使都存在也不一定相等.

例 10　求 $f(x,y)=\dfrac{x+y+xy+x^2+y^2}{x+y}$ 在 $(0,0)$ 点的两个二次极限.

解　视 y 为常量 (注意 $y\neq 0$), 则

$$\lim_{x\to 0} f(x,y)=\lim_{x\to 0}\frac{x+y+xy+x^2+y^2}{x+y}=\frac{y+y^2}{y}=1+y,$$

因而, $\lim\limits_{y\to 0}\lim\limits_{x\to 0} f(x,y)=1$.

同样, $\lim\limits_{x\to 0}\lim\limits_{y\to 0} f(x,y)=1$.

这样, 对多元函数, 我们就引入了两种极限: 多重极限和累次极限. 因此, 很自然地要考虑的问题是: 多重极限和累次极限二者的关系如何? 累次极限间的关系如何? 先看几个例子.

例 11　考察 $f(x,y)=\dfrac{xy}{x^2+y^2}$ 在 $(0,0)$ 的二次极限和二重极限.

解　(1) 计算二次极限: $\lim\limits_{y\to 0}\lim\limits_{x\to 0} f(x,y)=\lim\limits_{x\to 0}\lim\limits_{y\to 0} f(x,y)=0$;

(2) 计算二重极限：取特殊路径 $y=kx$, 由于

$$\lim_{\substack{x\to 0\\ y=kx}} f(x,y)=\lim_{x\to 0}\frac{x\cdot kx}{x^2+k^2x^2}=\frac{k}{1+k^2},$$

极限值与 k 有关, 故二重极限不存在.

例 12 考察 $f(x,y)=\begin{cases} x\sin\dfrac{1}{y}+y\sin\dfrac{1}{x}, & (x,y)\neq(0,0),\\ 0, & (x,y)=(0,0)\end{cases}$ 在 $(0,0)$ 的二重极限和二次极限.

解 (1) 计算二重极限, 由于 $|f(x,y)|\leqslant|x|+|y|$, 故 $\lim\limits_{(x,y)\to(0,0)} f(x,y)=0$.

(2) 计算二次极限, 先视 x 为常量 (注意 $x\neq 0$), 则 $\lim\limits_{y\to 0} y\sin\dfrac{1}{x}=0$, 但 $\lim\limits_{y\to 0} x\sin\dfrac{1}{y}$ 不存在, 故 $\lim\limits_{y\to 0} f(x,y)$ 不存在, 因而, $\lim\limits_{x\to 0}\lim\limits_{y\to 0} f(x,y)$ 不存在; 同样, $\lim\limits_{y\to 0}\lim\limits_{x\to 0} f(x,y)$ 也不存在.

以上例子表明, 二重极限存在, 两个累次极限可能不存在; 若两个累次极限都存在, 二重极限也可能不存在. 这揭示了二者之间的区别, 但从另一角度考虑, 二重极限和二次极限是对同一函数的极限行为, 二者应该有联系, 事实上, 成立如下结论.

定理 6-3 若二次极限 $\lim\limits_{x\to x_0}\lim\limits_{y\to y_0} f(x,y)$, $\lim\limits_{y\to y_0}\lim\limits_{x\to x_0} f(x,y)$ 和二重极限 $\lim\limits_{(x,y)\to(x_0,y_0)} f(x,y)$ 都存在, 则三者必相等.

证明略.

定理 6-3 给出了两类极限之间的联系, 容易得到下面推论.

推论 6-3 若二元函数的两个二次极限存在但不相等, 则二重极限必不存在.

例 13 考察 $f(x,y)=\dfrac{x^2-y^2+x^3+y^3}{x^2+y^2}$ 在 $(0,0)$ 的二重极限和二次极限.

解 易计算 $\lim\limits_{y\to 0}\lim\limits_{x\to 0} f(x,y)=-1$, $\lim\limits_{x\to 0}\lim\limits_{y\to 0} f(x,y)=1$, 二者存在, 但不相等, 故二重极限不存在.

例 13 也可以利用特殊路径法证明二重极限不存在, 只需考察函数沿路径 $y=kx$ 的极限即可.

总结 至此, 我们已经得到判断多重极限不存在的方法有特殊路径法——适应于简单结构的函数; 扰动法——适用于具有奇异线的复杂函数; 累次极限法——适用于两个累次极限都存在的较为简单的函数.

6.1.7 多元函数的连续性

将一元函数连续性进行推广, 就得到多元函数的连续性.

定义 6-13 设多元函数 $f(p)$ 的定义域为 D, p_0 为 D 的聚点, 且 $p_0 \in D$, 如果

$$\lim_{\substack{x \to x_0 \\ y \to y_0}} f(p) = f(p_0),$$

则称 $f(p)$ 在点 p_0 连续, 并称 p_0 为 $f(p)$ 的连续点.

显然, 连续性是由多重极限来定义的, 与累次极限无关.

上面关于连续性的定义也可以使用增量的说法来表达, 以二元函数$z = f(x, y)$为例. 记 $\Delta x = x - x_0$, $\Delta y = y - y_0$, 则 Δx 与 Δy 分别称为 x, y 在 x_0 与 y_0 处的增量, 相应地, 称 $\Delta z = f(x, y) - f(x_0, y_0)$ 为函数 $z = f(x, y)$ 在点 $p_0(x_0, y_0)$ 的全增量. 于是

$$\Delta z = f(x_0 + \Delta x, y_0 + \Delta y) - f(x_0, y_0),$$

与一元函数一样, 可用增量的形式来描述连续, 则有

$$\lim_{\substack{x \to x_0 \\ y \to y_0}} \Delta z = 0.$$

连续性是局部概念, 通过点定义很容易将定义推广到区域连续性. 如果函数 $f(p)$ 在 D 的每一点都连续, 那么称函数 $f(p)$ 在 D 上连续, 或称 $f(p)$ 是 D 上的连续函数, 记为 $f(p) \in C(D)$. 特殊地, 二元连续函数的图形是一个无洞无缝的连续曲面.

设多元函数 $f(p)$ 的定义域为 D, p_0 为 D 的聚点, 如果 $f(p)$ 在点 p_0 不连续, 则称 p_0 为 $f(p)$ 的间断点. 与一元函数不同, 多元函数的间断点不分类型, 且多元函数的间断点不一定是孤立的点的集合, 可能是一条或几条曲线. 特殊地, 间断点的集合若形成一段曲线, 则称间断线.

例如函数 $f(x, y) = \dfrac{1}{\sqrt{x^2 + y^2 - 1}}$, 其定义域为 $\{(x, y)\,|\, x^2 + y^2 > 1\}$, 间断点为 $\{(x, y)\,|\, x^2 + y^2 \leqslant 1\}$, 其中: $x^2 + y^2 = 1$ 是该函数的间断线.

多元连续函数的性质与一元连续函数性质完全类似, 证明也大体相同. 可以证明多元连续函数的和、差、积仍为连续函数; 连续函数的商在分母不为零处仍连续; 多元连续函数的复合函数也是连续函数. 进一步可以得出如下结论: 一切多元初等函数在其定义区域内是连续的. 所谓定义区域, 是指包含在定义域内的开区域或闭区域.

例 14 讨论函数 $f(x, y) = \tan(x^2 + y^2)$ 的连续性.

结构分析 类似一元函数, 此函数为初等函数, 只需讨论其在定义域上的连

续性.

解 由于其定义域为$\left\{(x,y):x^2+y^2\neq k\pi+\dfrac{\pi}{2}\right\}$, 因而, 函数的不连续点为$\left\{(x,y):x^2+y^2=k\pi+\dfrac{\pi}{2}\right\}$ (系列同心圆), 即此函数在定义域内连续.

由于多元函数的连续性讨论本质上是函数多重极限的讨论, 对一般的例子我们不再进行讨论.

我们知道, 对 n 元函数, 固定其中的一个变元就得到一个新的 n-1 元函数, 二者连续性的关系如何? 用定义很容易证明如下结论, 我们以二元函数为例说明.

定理 6-4 设 $f(x,y)$ 在 (x_0,y_0) 连续, 则固定 $y=y_0$ 时, 一元函数 $f(x,y_0)$ 在 x_0 点连续; 固定 $x=x_0$ 时, 一元函数 $f(x_0,y)$ 在 y_0 点连续.

注 定理 6-4 的逆不成立, 见下例.

例 15 讨论 $f(x,y)=\begin{cases}0, & xy=0,\\ 1, & xy\neq 0\end{cases}$ 在 (0,0) 点的连续性.

解 显然, $\lim\limits_{(x,y)\to(0,0)} f(x,y)$ 不存在, 故函数在 (0,0) 点不连续.

但若固定 $y=0$, 此时, $f(x,0)=0$, 显然在 $x=0$ 点连续; 同样, 固定 $x=0$, 此时, $f(0,y)=0$, 显然, $f(0,y)$ 在 $y=0$ 点连续, 这种连续性称为一元连续性, 因此, 一元连续不能保证二元连续性.

6.1.8 有界闭区域上多元连续函数的性质

一元连续函数在闭区间上具有一系列很好的性质: 有界性定理、最值定理、介值定理等. 能否将这些结论推广至多元函数? 本节仍以二元函数为例进行研究, 相应的结论可平行推广至任意的多元函数.

设 $D\subset\mathbf{R}^2$ 是有界闭域, $f(x,y)$ 为定义在 D 上的二元函数.

定理 6-5 (有界性定理) 设 $f(x,y)$ 在 D 上连续, 则 $f(x,y)$ 在 D 上有界.

定理 6-6 (最值定理) 设 $f(x,y)$ 在 D 上连续, 则 $f(x,y)$ 在 D 上达到最大值与最小值.

定理 6-7 (介值定理) 设 $f(x,y)$ 在 D 上连续, 若有 $p_i(x_i,y_i)\in D, i=1,2$, 使得 $f(p_1)<f(p_2)$, 则对 $\forall k: f(p_1)<k<f(p_2)$, 存在 $p_0\in D$, 使 $f(p_0)=k$.

至此, 我们建立了多元函数在有界闭域上的性质.

习 题 6-1

1. 记 $E=(0,1)\times(-1,2]=\{(x,y):x\in(0,1),y\in(-1,2]\}$, 求 $E^0,\partial E$ 和 E'.
2. 设 $E=\{(x,y):x>0,y>0,x\neq y\}$, 求 $E^0,\partial E$ 和 E'.
3. 求下列各函数的定义域:

(1)$z=\ln(y^2-2x)$;　　(2)$u=\arcsin\dfrac{z}{\sqrt{x^2+y^2}}$;

(3)$z=\sqrt{x-\sqrt{y}}$;　　(4)$z=\ln(y-x)+\dfrac{\sqrt{x}}{\sqrt{1-x^2-y^2}}$.

4. 若 $f\left(x+y,\dfrac{y}{x}\right)=x^2-y^2$, 试求 $f(x,y)$.

5. 计算下列极限:

(1) $\lim\limits_{(x,y)\to(0,0)}\dfrac{xy}{\sqrt{xy+1}-1}$;　　(2) $\lim\limits_{(x,y)\to(0,0)}\dfrac{\ln(1+x^2+y^2)}{\sqrt{1+x^2+y^2}-1}$;

(3) $\lim\limits_{(x,y)\to(+\infty,+\infty)}\dfrac{(1+x^2y^2)}{\mathrm{e}^{xy}}$;　　(4) $\lim\limits_{(x,y)\to(0,0)}\dfrac{\arctan(x^2+y^2)}{\ln(1+x^2+y^2)}$;

(5) $\lim\limits_{(x,y)\to(0,0)}xy\ln(x^2+y^2)$;　　(6) $\lim\limits_{(x,y)\to(0,0)}(x^2+y^2)^{|xy|}$;

(7) $\lim\limits_{(x,y)\to(0,0)}\dfrac{1-\cos\left(x^2+y^2\right)}{(x^2+y^2)\mathrm{e}^{x^2y^2}}$;　　(8) $\lim\limits_{(x,y)\to(0,0)}\dfrac{x^2y}{x^2+|y|}$.

6. 讨论下列函数在 (0, 0) 点二重极限的存在性:

(1)$f(x,y)=\dfrac{x^2y}{x^3+y^3}$;　　(2)$f(x,y)=\dfrac{x^4+y^3}{x^4-y^3}$;　　(3)$f(x,y)=\dfrac{x^4y^2}{x^5+y^{10}}$.

7. 讨论下列二重极限 $I=\lim\limits_{\substack{x\to x_0\\y\to y_0}}f(x,y)$, 累次极限 $I_1=\lim\limits_{y\to y_0}\lim\limits_{x\to x_0}f(x,y)$ 和 $I_2=\lim\limits_{x\to x_0}\lim\limits_{y\to y_0}f(x,y)$ 的存在性:

(1) $\lim\limits_{\substack{x\to0\\y\to0}}(x^2-y^2)\sin\dfrac{1}{x^2}\sin\dfrac{1}{y^2}$;　　(2) $\lim\limits_{\substack{x\to0\\y\to0}}\dfrac{\ln(\mathrm{e}+x^2+y^2)}{1+x^2+y^2}$.

8. 讨论下列函数的连续性:

(1)$f(x,y)=\begin{cases}\dfrac{xy}{\sqrt{x^2+y^2}}, & (x,y)\neq(0,0),\\ 0, & (x,y)=(0,0);\end{cases}$

(2)$f(x,y)=\begin{cases}\dfrac{xy^2}{x^2+y^4}, & (x,y)\neq(0,0),\\ 0, & (x,y)=(0,0).\end{cases}$

6.2节课件

6.2　偏导数和全微分

我们已经知道, 一元函数的导数刻画了函数对于自变量的变化率, 在研究函数性态中具有极为重要的作用. 对于多元函数同样需要讨论它的变化率, 由于多元函数的自变量不止一个, 因此因变量与自变量的关系要比一元函数复杂得多, 我们首先挖掘二者的共性以将概念进行推广, 然后, 考虑二者间的差异以引入新概念.

6.2.1　偏导数

首先将一元函数的导数的概念推广到多元函数. 考虑到导数引入的背景问题是为了研究函数的相对变化率——函数的增量相对于自变量的改变量的比率, 这是导数问题的本质, 将这种研究问题的思想引入多元函数, 即考虑共性问题. 注意到多元函数与一元函数存在自变量个数的差异, 这种差异也必然引起相应问题研究方法的差异. 由此, 采用从简单到复杂, 从特殊到一般的研究思想, 引入由单个自变量的改变所引起函数改变的相对变化率, 即偏导数. 先以简单的二元函数为例引入相应的概念.

1. 偏导数的定义

在区域 D 上给定二元函数 $z=f(x,y)$, 任取点 $p_0(x_0,y_0)$, 考察在此点自变量的改变所引起的函数的变化. 先考虑一种最简单的情形: 单个变量的变化所引起的函数的改变. 不妨仅考虑自变量仅在 x 方向上发生改变, 设改变量为 Δx, 即变量由点 $p_0(x_0,y_0)$ 变到点 $p\ (x_0+\Delta x,y_0)$, 引起的函数的改变量则为

$$\Delta_x z(x_0,y_0)=f(x_0+\Delta x,y_0)-f(x_0,y_0),$$

由于这一改变量是仅由一个变量 x 而不是所有变量的变化所引起的, 因而称为函数 $z=f(x,y)$ 在 p_0 点关于 x 的偏增量. 类似, 可以定义 $z=f(x,y)$ 在 p_0 关于 y 的偏增量

$$\Delta_y z(x_0,y_0)=f(x_0,y_0+\Delta y)-f(x_0,y_0).$$

考虑这些偏增量关于相应变量的变化率, 引入多元函数的偏导数.

定义 6-14 若极限

$$\lim_{\Delta x\to 0}\frac{\Delta_x z(x_0,y_0)}{\Delta x}\quad \lim_{\Delta x\to 0}\frac{f(x_0+\Delta x,y_0)-f(x_0,y_0)}{\Delta x}$$

存在, 则称此极限为函数 $z=f(x,y)$ 在 $p_0(x_0,y_0)$ 点处对 x 的偏导数, 记为 $\left.\dfrac{\partial f}{\partial x}\right|_{(x_0,y_0)}$, $\left.\dfrac{\partial z}{\partial x}\right|_{(x_0,y_0)}$, 或 $f_x(x_0,y_0)$, $f'_x(x_0,y_0)$ 等.

类似地, 可以定义 $z=f(x,y)$ 在 $p_0(x_0,y_0)$ 点处对 y 的偏导数:

$$\lim_{\Delta y\to 0}\frac{\Delta_y z(x_0,y_0)}{\Delta y}=\lim_{\Delta y\to 0}\frac{f(x_0,y_0+\Delta y)-f(x_0,y_0)}{\Delta y}.$$

记为 $\left.\dfrac{\partial f}{\partial y}\right|_{(x_0,y_0)}$, $\left.\dfrac{\partial z}{\partial y}\right|_{(x_0,y_0)}$, 或 $f_y(x_0,y_0)$, $f'_y(x_0,y_0)$ 等.

信息挖掘 (1) 我们利用定义来讨论偏导数的本质.

对二元函数 $f(x,y)$, 固定变量 $y=y_0$, 得到一元函数 $h(x)=f(x,y_0)$, 假设 $h(x)$ 在 x_0 点可导, 则

$$h'(x_0)=\lim_{\Delta x\to 0}\frac{h(x_0+\Delta x)-h(x_0)}{\Delta x}=\lim_{\Delta x\to 0}\frac{f(x_0+\Delta x,y_0)-f(x_0,y_0)}{\Delta x}=f_x(p_0),$$

因而, 二元函数 $f(x,y)$ 在 $p_0(x_0,y_0)$ 关于 x 的偏导数实际就是固定变量 $y=y_0$ 后, 函数 $f(x,y_0)$ 在 x_0 点对 x 的导数, 因而, 偏导数的本质还是导数.

(2) 由于偏导数是通过极限定义的, 因而, 偏导数是局部概念.

当函数 $z=f(x,y)$ 在点 (x_0,y_0) 处同时存在对 x 及对 y 的偏导数时, 可简称 $f(x,y)$ 在点 (x_0,y_0) 处可偏导. 如果函数 $z=f(x,y)$ 在区域 D 内每一点 (x,y) 处都存在偏导数, 那么这些偏导数就是 (x,y) 的函数, 我们称之为 $z=f(x,y)$ 的偏导函数.

定义 6-15　若函数 $z=f(x,y)$ 在 D 上每一点 $p(x,y)$ 处都存在关于 x 的偏导数 $f_x(x,y)$, 此时偏导数 $f_x(x,y)$ 是变量 x,y 的二元函数, 称为 $f(x,y)$ 的关于 x 的偏导函数, 简称偏导数, 记为 $\dfrac{\partial z}{\partial x},\dfrac{\partial f}{\partial x},f_x(x,y),f'_x(x,y)$ 或简写为 z_x,f_x. 类似可以定义 $f(x,y)$ 关于 y 的偏导函数 $\dfrac{\partial z}{\partial y},\dfrac{\partial f}{\partial y},f_y(x,y),f'_y(x,y)$, 简写为 z_y,f_y.

由于 $f_x(x,y),f_y(x,y)$ 是对变量求一次偏导数, 二者也称为 $f(x,y)$ 的一阶偏导数.

信息挖掘　在偏导数存在的情况下, 函数在一点处的偏导数也是偏导函数在此点处的函数值, 如 $f_x(p_0)=f_x(x,y)|_{p_0}$.

偏导数的定义可以推广到任意的多元函数, 如对三元函数 $u=f(x,y,z)$, 可以定义三个偏导数, 即

$$u_x(x,y,z)=\lim_{\Delta x\to 0}\frac{u(x+\Delta x,y,z)-u(x,y,z)}{\Delta x},$$
$$u_y(x,y,z)=\lim_{\Delta y\to 0}\frac{u(x,y+\Delta y,z)-u(x,y,z)}{\Delta y},$$
$$u_z(x,y,z)=\lim_{\Delta z\to 0}\frac{u(x,y,z+\Delta z)-u(x,y,z)}{\Delta z}.$$

类似, 可以推广至任意 n 元函数的偏导数.

2. 偏导数的计算

由于偏导数本质上还是导数, 因此, 一元函数导数的计算法则、思想、方法和技术都可以推广并运用到偏导数的计算.

具体的计算思想通常有三种：①若求偏导函数, 直接套用一元函数的求导方法, 视非求导变量为常数, 仅对求导变量求导即可, 如计算关于 x 的偏导数时, 其余变量相对于 x 可以视为常量, 函数视为 x 的一元函数, 只需对 x 求导; ②若求给定点 (非间断点) 的偏导数值, 可将 (1) 所得的偏导函数在给定点取值, 或按定义的思想, 先将非求导变量的值代入函数关系式, 将函数转化成仅含求导变量和

常数的一元函数, 再求导; ③若求特殊点 (间断点) 的偏导数值, 用定义方法, 如对 "分片" 函数, 在分界线上的点处用定义计算偏导数.

例 16 设 $u(x,y)=xy+x^2+y^3$, 求 $u_x(x,y)$, $u_y(x,y)$ 及 $u_x(0,1), u_y(0,2)$.

结构分析 题型: 既求偏导函数, 又求给定点 (非间断点) 的偏导数值; 方法: 视非求导变量为常数, 直接一元函数的求导方法求得偏导函数, 然后将给定点代入取值即可.

解 将 y 视为常量, 关于变量 x 求导, 即得 u 关于 x 的偏导数, 即 $u_x(x,y)=y+2x$, 因而, $u_x(0,1)=1$.

类似地, $u_y(x,y)=x+3y^2$, 因而 $u_y(0,2)=12$.

例 17 给定 $u(x,y,z)=\ln(x+y^2+z^3)$, 求 $u_x(x,y,z)$, $u_y(x,y,z)$, $u_z(x,y,z)$.

结构分析 对一个变量求导时, 视其他变量为常数, 利用一元复合函数的求导法则即可.

解
$$u_x(x,y,z)=\frac{1}{x+y^2+z^3},$$
$$u_y(x,y,z)=\frac{2y}{x+y^2+z^3},$$
$$u_z(x,y,z)=\frac{3z^2}{x+y^2+z^3}.$$

例 18 给定 $u=(x+y)^y$, 求 $u_x(x,y)$ 和 $u_y(x,y)$.

结构分析 当 y 视为常数时, $u=(x+y)^y$ 为 x 的幂函数; 当 x 视为常数时, $u=(x+y)^y$ 为 y 的幂指函数.

解 计算得 $u_x=y(x+y)^{y-1}$,

$$u_y=\frac{\partial}{\partial y}(\mathrm{e}^{y\ln(x+y)})=\mathrm{e}^{y\ln(x+y)}\left[\ln(x+y)+\frac{y}{x+y}\right]=(x+y)^y\left[\ln(x+y)+\frac{y}{x+y}\right].$$

注 上述的计算在相应的定义域内都成立.

例 19 设 $z=f(x,y)=\arctan\dfrac{y^2-1}{x^2+y^2}+y^2\ln(x+\sqrt{1+x^2})$, 求 $f_x'(0,1)$ 和 $f_y'(0,1)$.

结构分析 题型: 只求给定点 (非间断点) 的偏导数值. 方法: 可先求偏导函数, 然后将给定点代入取值, 这种方法一般计算量较大, 我们按定义的思想, 先固定非求导变量的值, 如求 $f_x'(0,1)$, 是对 x 求偏导, 可先将非求导变量 y 的值 $(y=1)$ 代入函数关系式, 将函数转化成仅含 x 的一元函数, 再求导.

解 **法一** (先求偏导函数, 再代值)

先视 y 为常量, 对 x 求导, 得

$$f'_x(x,y)=-\frac{\dfrac{(y^2-1)2x}{(x^2+y^2)^2}}{1+\left(\dfrac{y^2-1}{x^2+y^2}\right)^2}+\frac{y^2}{\sqrt{1+x^2}},$$

故 $f'_x(0,1)=0+1=1$.

类似先 x 视为常量, 对 y 求导得 $f'_y(x,y)$, 但更难、更繁!

法二 (先将非求导变量的值代入函数关系式, 再求导)

求 $f'_x(0,1)$ 时, 先将 $y=1$ 代入函数关系式, 得

$$f(x,1)=\ln(x+\sqrt{1+x^2}),$$

再对 x 求导, 得

$$f'_x(x,1)=\frac{1}{\sqrt{1+x^2}},$$

最后, 将 $x=0$ 代入, 得

$$f'_x(0,1)=0+1=1.$$

类似先将 $x=0$ 代入函数, 得 $f(0,y)=\arctan\left(1-\dfrac{1}{y^2}\right)$, 再对 y 求导,

$$f'_y(0,y)=\frac{2/y^3}{1+\left(\dfrac{y^2-1}{y^2}\right)^2},$$

最后, 将 $y=1$ 代入, 得 $f'_y(0,1)=\dfrac{2}{1}=2$.

例 20　求函数 $f(x,y)=\begin{cases}\dfrac{xy}{x^2+y^2}, & x^2+y^2\neq 0,\\ 0, & x^2+y^2=0\end{cases}$ 在 (0,0) 点处的偏导数.

结构分析　题型: 求“分片”函数在间断点处的偏导数. 方法: 用定义方法. 另外, 从元素结构看, 函数具有**对称性**, 即函数表达式关于变量 x 和 y 是对称的, 由此决定在计算中可以通过对某个变量的表达式对称得到对另一个变量的表达式, 简化计算和讨论, 这是讨论多元函数问题时应该特别注意的技术手段.

解　用定义计算, 得

$$f_x(0,0)=\lim_{\Delta x\to 0}\frac{f(0+\Delta x,0)-f(0,0)}{\Delta x}=\lim_{\Delta x\to 0}\frac{0-0}{\Delta x}=0,$$

根据对称性, 易得 $f_y(0,0)=0$.

3. 偏导数与连续

掌握了偏导函数的计算后，继续利用偏导函数研究函数的分析性质．对一元函数，可导必连续．对多元函数是否仍有此结论？我们先看下面的例子．

例 21 求函数 $f(x,y)=\begin{cases}\dfrac{xy}{x^2+y^2}, & x^2+y^2\neq 0,\\ 0, & x^2+y^2=0\end{cases}$ 和函数$g(x,y)=\sqrt{x^2+y^2}$ 在 (0,0) 点处的连续性和偏导数存在性．

结构分析 题型：求“分片”函数在间断点处的偏导数．方法：用定义方法．另外，从元素结构看，两个函数具有**对称性**，即函数表达式关于变量 x 和 y 是对称的，由此决定在计算中可以通过对某个变量的表达式对称得到对另一个变量的表达式，简化计算和讨论，这是讨论多元函数问题时应该特别注意的技术手段．

解 由例 20 知该函数在点 (0,0) 处可偏导，且 $f_x(0,0)=0$, $f_y(0,0)=0$.

其在点 (0,0) 处的连续性，由于

$$\lim_{(x,y)\to(0,0)} f(x,y)=\lim_{(x,y)\to(0,0)}\frac{xy}{x^2+y^2}\xlongequal{y=kx}\lim_{\substack{x\to 0\\ y=kx}}\frac{kx^2}{x^2+k^2x^2}=\frac{k}{1+k^2},$$

极限不存在，因而，$f(x,y)$ 在点 (0,0) 处不连续．

再讨论 $g(x,y)$．由于

$$\lim_{\substack{x\to 0\\ y\to 0}} g(x,y)=0=g(0,0),$$

故 $g(x,y)$ 在点 (0,0) 处连续．但是

$$g_x(0,0)=\lim_{x\to 0}\frac{g(x,0)-g(0,0)}{x-0}=\lim_{x\to 0}\frac{|x|}{x}\text{不存在},$$

同理 $g_y(0,0)$ 也不存在，故 $g(x,y)$ 在点 (0,0) 处偏导数不存在．

抽象总结 例 21 表明，二元函数的偏导与连续没有任何关系，即偏导数的存在不能保证函数的连续性，函数的连续也不能保证偏导数存在．

实际上，若 $f(x,y)$ 关于 x 的偏导数存在，由定义，是指将 y 视为常量时关于 x 可导，因而能保证关于 x 连续，同样，若 $f(x,y)$ 关于 y 的偏导数存在，能保证 $f(x,y)$ 关于 y 的连续性，我们还知道，关于两个变量分别连续的函数并不一定是二元连续函数 (例 15)，即偏导数存在，不能保证二元函数的连续性．

4. 偏导数的几何意义

一元函数导数的几何意义是, 在某点处的导数是函数对应的曲线的在该点处的切线斜率. 由于多元函数的偏导数本质上是导数, 因而, 应该具有同样的几何意义.

以二元函数为例, 在 $z=f(x,y)$ 中, 固定 $y=y_0$, $z=f(x,y_0)$ 就是仅含一个变量 x 的一元函数, 其偏导数 $f_x(x_0,y_0)$ 就是一元函数 $z=f(x,y_0)$ 在 $x=x_0$ 处的导数, 所以几何上偏导数 $f_x(x_0,y_0)$ 就是曲面 $z=f(x,y)$ 与平面 $y=y_0$ 的交线在点 $M_0(x_0,y_0)$ 处的切线 M_0T_x 对 x 轴的斜率 (图 6-1). 同样, 偏导数 $f_y(x_0,y_0)$ 就是曲面 $z=f(x,y)$ 与平面 $x=x_0$ 的交线在点 $M_0(x_0,y_0)$ 处的切线 M_0T_y 对 y 轴的斜率 (图 6-2).

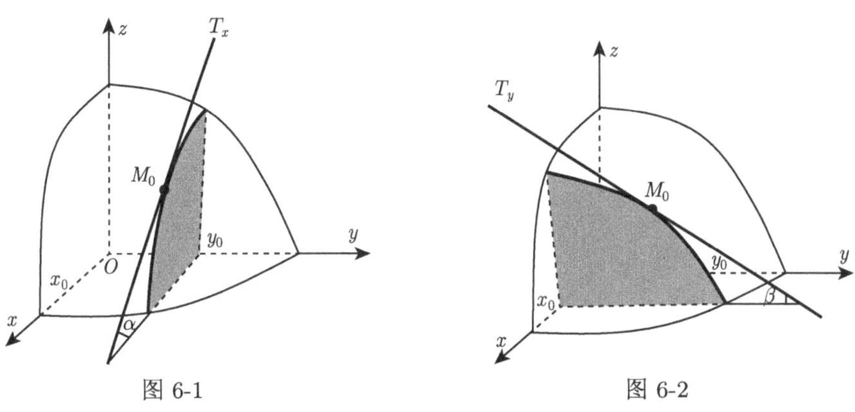

图 6-1　　图 6-2

5. 高阶偏导数

仍以二元函数为例, 引入多元函数的高阶偏导函数, 简称高阶偏导数.

设函数 $z=f(x,y)$, 若两个一阶偏导数 $z_x(x,y),z_y(x,y)$ 都存在, 它们仍是变量 x 和 y 的二元函数, 因而, 可以继续对 z_x,z_y 求偏导, 对一阶偏导数继续求一次偏导数, 就是 $f(x,y)$ 的二阶偏导数, 类似可以引入更高阶的偏导数, 但是, 随着变量个数的增加, 高阶偏导数的类型更多更复杂, 这里我们仅给出各种二阶偏导数的定义.

定义 6-16　若 $z_x(x,y)$ 关于 x 的偏导数存在, 称此偏导数为 $z=f(x,y)$ 对 x 的二阶偏导数, 记为 $\dfrac{\partial}{\partial x}\left(\dfrac{\partial z}{\partial x}\right),\dfrac{\partial^2 z}{\partial x^2},f_{xx}(x,y)$ 或 z_{xx}; 若 $z_x(x,y)$ 关于 y 的偏导存在, 称此偏导数为 $z=f(x,y)$ 先对 x, 再对 y 的二阶混合偏导数, 记为 $\dfrac{\partial}{\partial y}\left(\dfrac{\partial z}{\partial x}\right),\dfrac{\partial^2 z}{\partial x\partial y},f_{xy}(x,y)$ 或 z_{xy}.

类似可定义其他形式的偏导数 z_{yx} 和 z_{yy}, 上述几个偏导函数, 是函数对变量依次计算两次偏导数, 因此, 都称为 $z=f(x,y)$ 的二阶偏导数, z_{xy} 和 z_{yx} 称为二阶混合偏导数.

类似可定义三阶偏导数：$z_{xxx}, z_{xxy}, z_{xyx}, z_{yxx}, z_{xyy}, z_{yxy}, z_{yyx}, z_{yyy}$ 等.

类似还可定义 n 元函数的高阶导数, 如对函数 $u=f(x,y,z)$, 其二阶导数有如下 9 种形式 $u_{x^2}, u_{xy}, u_{xz}, u_{y^2}, u_{yx}, u_{yz}, u_{z^2}, u_{zx}, u_{zy}$.

高阶混合偏导数与求偏导的顺序有关. 如：z_{xy}, z_{yx} 是两个不同的函数, 不一定有相等关系.

高阶偏导数的计算是通过低阶偏导数依次计算得到的, 正如一阶偏导数的计算, 在对某阶偏导数继续计算对某个变量的高一阶的偏导数时, 仍是将其余变量视为常量, 对这个变量求导, 当然, 对“分段点”处的高阶偏导数的计算, 必须从低阶偏导数, 依次用**定义**进行计算.

例 22 计算 $u(x,y)=x^2+x\sin y+\mathrm{e}^{x^2}y^2$ 的二阶偏导数.

解 由于

$$u_x(x,y)=2x+\sin y+2x\mathrm{e}^{x^2}y^2, \quad u_y(x,y)=x\cos y+2\mathrm{e}^{x^2}y,$$

故

$$\begin{aligned} u_{xx}(x,y)&=2+2\mathrm{e}^{x^2}y^2+4x^2\mathrm{e}^{x^2}y^2,\\ u_{xy}(x,y)&=\cos y+4xy\mathrm{e}^{x^2},\\ u_{yx}(x,y)&=\cos y+4xy\mathrm{e}^{x^2},\\ u_{yy}(x,y)&=-x\sin y+2\mathrm{e}^{x^2}. \end{aligned}$$

例 23 设 $f(x,y)=\begin{cases} xy\dfrac{x^2-y^2}{x^2+y^2}, & x^2+y^2\neq 0,\\ 0, & x^2+y^2=0, \end{cases}$ 计算 $f_{xy}(0,0), f_{yx}(0,0)$.

结构分析 题型：“分片”函数在间断点处的二阶偏导数值的求解. 思路：先求出一阶偏导函数, 注意处理的对象是“分片”函数, 间断点处偏导数一定要用定义来求, 如果得到的一阶偏导函数仍然是“分片”函数, 再求导时, 间断点处二阶偏导数仍要用定义来求.

解 先计算一阶偏导数, 易得

当 $(x,y)\neq(0,0)$ 时, $f_x(x,y)=\dfrac{x^4+4x^2y^2-y^4}{(x^2+y^2)^2}y$,

当 $(x,y)=(0,0)$ 时, $f_x(0,0)=\lim\limits_{x\to 0}\dfrac{f(x,0)-f(0,0)}{x-0}=0$,

故

$$f_x(x,y)=\begin{cases}\dfrac{x^4+4x^2y^2-y^4}{(x^2+y^2)^2}y, & (x,y)\neq(0,0),\\ 0, & (x,y)=(0,0),\end{cases}$$

同理可得

$$f_y(x,y)=\begin{cases}\dfrac{x^4-4x^2y^2-y^4}{(x^2+y^2)^2}x, & (x,y)\neq(0,0),\\ 0, & (x,y)=(0,0),\end{cases}$$

由于一阶偏导函数是“分片”函数, 因此用定义计算其在分界点处的二阶偏导数, 故

$$f_{xy}(0,0)=\lim_{y\to0}\frac{f_x(0,y)-f_x(0,0)}{y}=-1,\quad f_{yx}(0,0)=\lim_{x\to0}\frac{f_y(x,0)-f_y(0,0)}{x}=1.$$

从例 22、例 23 可知, 两个二阶混合偏导数 f_{xy},f_{yx} 可能相等, 也可能不相等. 那么, 什么条件下二者相等? 这实际是求混合偏导数的换序问题.

定理 6-8　若函数 $z=f(x,y)$ 的二阶混合偏导数 f_{xy},f_{yx} 都在点 $p_0(x_0,y_0)$ 存在且连续, 则 $f_{xy}(x_0,y_0)=f_{yx}(x_0,y_0)$.

* **结构分析**　思路：用定义证明. 由定义：

$$\begin{aligned}f_{xy}(x_0,y_0)&=\lim_{\Delta y\to0}\frac{f_x(x_0,y_0+\Delta y)-f_x(x_0,y_0)}{\Delta y}\\&=\lim_{\Delta y\to0}\frac{1}{\Delta y}\left\{\lim_{\Delta x\to0}\left[\frac{f(x_0+\Delta x,y_0+\Delta y)-f(x_0,y_0+\Delta y)}{\Delta x}\right.\right.\\&\quad\left.\left.-\frac{f(x_0+\Delta x,y_0)-f(x_0,y_0)}{\Delta x}\right]\right\}\\&=\lim_{\Delta y\to0}\lim_{\Delta x\to0}\frac{1}{\Delta x\Delta y}\cdot W,\end{aligned}$$

其中 $W(\Delta x,\Delta y)=f(x_0+\Delta x,y_0+\Delta y)-f(x_0,y_0+\Delta y)-f(x_0+\Delta x,y_0)+f(x_0,y_0)$, 类似,

$$f_{xy}(x_0,y_0)=\lim_{\Delta x\to0}\lim_{\Delta y\to0}\frac{1}{\Delta x\Delta y}\cdot W,$$

因而, 要证明结论的实质是关于 $\dfrac{1}{\Delta x\Delta y}\cdot W$ 的两个累次极限可换序的问题, 将 W 视为 $\Delta x,\Delta y$ 的二元函数 $W(\Delta x,\Delta y)$, 什么条件可保证累次极限可换序? 利用前面已知的结论, 问题转化为二重极限的存在性. 注意到 W 的增量结构, 将增量与

导数联系起来的有效工具就是中值定理, 但是, 直接利用中值定理对 W 进行处理, 会产生问题, 如

$$\begin{aligned}W =& f(x_0+\Delta x, y_0+\Delta y) - f(x_0, y_0+\Delta y) - f(x_0+\Delta x, y_0) + f(x_0, y_0)\\ =& f_x(x_0+\theta_1\Delta x, y_0+\Delta y)\Delta x - f_x(x_0+\theta_2\Delta x, y_0)\Delta x\\ =& [f_x(x_0+\theta_1\Delta x, y_0+\Delta y) - f_x(x_0+\theta_1\Delta x, y_0)]\Delta x\\ &+ [f_x(x_0+\theta_1\Delta x, y_0) - f_x(x_0+\theta_2\Delta x, y_0)]\Delta x\\ =& f_{xy}(x_0+\theta_1\Delta x, y_0+\theta_3\Delta y)\Delta x\Delta y + [f_x(x_0+\theta_1\Delta x, y_0)\\ &- f_x(x_0+\theta_2\Delta x, y_0)]\Delta x,\end{aligned}$$

由于 $\theta_1 \neq \theta_2$, 第二项不易处理.

分析 θ_1, θ_2 产生的原因, 是将 W 分解为两个不同的函数, 分别对这两个函数使用了中值定理, 因此, 为了解决 $\theta_1 \neq \theta_2$ 的问题, 关键是能否将 W 视为一个函数的增量结构, 应用一次中值定理. 进一步仔细分析 W 的结构, 分别考虑 $\Delta x, \Delta y$, 就可以将其视为一个方向上的增量, 即将 W 视为一个函数的增量结构. 注意到 W 在两个方向 x, y 上的对称性结构, 它实际上可以视为两个不同函数的增量结构, 这也正是解决问题的关键线索.

* **证明** 记

$$W = f(x_0+\Delta x, y_0+\Delta y) - f(x_0, y_0+\Delta y) - f(x_0+\Delta x, y_0) + f(x_0, y_0),$$

$$\phi(y) = f(x_0+\Delta x, y) - f(x_0, y),$$

则 $W = \phi(y_0+\Delta y) - \phi(y_0)$, 即将 W 表示为 $\phi(y)$ 的增量结构. 利用中值定理, 存在常数 $\theta_1 \in (0,1)$, 使得

$$\begin{aligned}W &= \phi'(y_0+\theta_1\Delta y)\Delta y\\ &= [f_y(x_0+\Delta x, y_0+\theta_1\Delta y) - f_y(x_0, y_0+\theta_1\Delta y)]\Delta y,\end{aligned}$$

再次利用中值定理, 存在 $\theta_2 \in (0,1)$, 使得

$$W = f_{yx}(x_0+\theta_2\Delta x, y_0+\theta_1\Delta y)\Delta x\Delta y,$$

故 $\lim\limits_{(\Delta x,\Delta y)\to(0,0)} \dfrac{1}{\Delta x\Delta y}\cdot W = f_{xy}(x_0, y_0)$.

利用对称性, 或记 $\varphi(x) = f(x, y_0+\Delta_y) - f(x, y_0)$, 则 $W = \varphi(x_0+\Delta x) - \varphi(x_0)$, 即将 W 表示为 $\varphi(x)$ 的增量结构, 类似可得

$$W = f_{xy}(x_0+\theta_3\Delta x, y_0+\theta_4\Delta y)\Delta x\Delta y,$$

其中 θ_3,θ_4 为类似的常数, 因而,

$$\lim_{\Delta x\to 0,\Delta y\to 0}\frac{1}{\Delta x\Delta y}\cdot W=f_{yx}(x_0,y_0),$$

故 $f_{xy}(x_0,y_0)=f_{yx}(x_0,y_0)$.

这个定理的结论对 n 元函数的混合偏导数也成立, 如三元函数 $u=f(x,y,z)$, 若下述六个三阶混合偏导数 $f_{xyz},f_{yzx},f_{zxy},f_{xzy},f_{zyx},f_{yxz}$ 在某一点都存在且连续, 则该点这六个不同顺序的混合偏导数都相等. 同样地, 对在一点存在直到 m 阶连续偏导数的 n 元函数, 在该点的 $k(\leqslant m)$ 阶混合偏导数与求偏导数的顺序无关.

6.2.2 全微分

1. 全微分的定义

利用类似的思想和方法, 引入多元函数的微分理论, 以二元函数为例.

给定二元函数 $z=f(x,y)$, 考虑 x,y 同时变化对 Δz 的影响. 设变量由点 $p(x,y)$ 变化至点 $q(x+\Delta x,y+\Delta y)$, 则函数的改变量为

$$\Delta z=f(x+\Delta x,y+\Delta y)-f(x,y),$$

由于这个改变量是由全部的两个变量同时改变所引起的, 因而, 也称其为函数 $f(x,y)$ 在点 $p(x,y)$ 处的全增量. 类似一元函数可微的定义, 考虑全增量和两个自变量增量之间是否存在主线性关系, 从而引入二元函数可微的定义.

定义 6-17　若存在 A,B(仅与 (x,y) 有关, 与 $\Delta x,\Delta y$ 无关), 使

$$\Delta z=A\Delta x+B\Delta y+o(\rho),$$

其中 $\rho=\sqrt{\Delta x^2+\Delta y^2}$, 称 $z=f(x,y)$ 在点 $p(x,y)$ 可微, 称 $A\Delta x+B\Delta y$ 为 $f(x,y)$ 在点 $p(x,y)$ 的全微分, 记为 $\mathrm{d}z$ 或 $\mathrm{d}f$, 即 $\mathrm{d}z=A\Delta x+B\Delta y$.

注　这里 $\Delta x,\Delta y$ 是两个独立的变量, 与 x,y 无关, 故 $\mathrm{d}z$ 仅与 $\Delta x,\Delta y,x,y$ 有关.

由定义 6-17 可知, 二元函数的可微和一元函数的可微, 其实质都是考察函数增量和自变量增量是否存在线性关系. 但要注意, 由一元函数的可微性定义推广到二元函数的可微性的定义时, 定义式中无穷小量形式的变化和区别, 由此, 可微性的定义可以类似推广到任意的 n 元函数, 如对三元函数 $u=f(x,y,z)$, 其可微性是指存在 A,B,C, 使得

$$\Delta u=f(x+\Delta x,y+\Delta y,z+\Delta z)-f(x,y,z)=A\Delta x+B\Delta y+\Delta z+o(\rho),$$

其中 $\rho=\sqrt{(\Delta x)^2+(\Delta y)^2+(\Delta z)^2}$.

2. 可微的必要条件

根据二元函数可微的定义, 不难得出下面结论.

定理 6-9 若函数 $z=f(x,y)$ 在点 $p_0(x_0,y_0)$ 可微, 则有

(1) $f(x,y)$ 在点 $p_0(x_0,y_0)$ 处连续;

(2) $f(x,y)$ 在点 $p_0(x_0,y_0)$ 处可偏导, 且有 $A=f_x(x_0,y_0), B=f_y(x_0,y_0)$, 即 $z=f(x,y)$ 在点 $p_0(x_0,y_0)$ 的可微为

$$\mathrm{d}z=f_x(x_0,y_0)\Delta x+f_y(x_0,y_0)\Delta y.$$

结构分析 与一元函数相关的结论的证明类似, 借助可微的定义, 建立全增量与偏增量的关系, 从而建立全微分和偏导数的关系.

证明 (1) 由于函数 $f(x,y)$ 在 p_0 点可微, 则存在实数 A,B, 使得

$$\Delta z(x_0,y_0)=A\Delta x+B\Delta y+o(\rho),$$

其中 $\rho=\sqrt{\Delta x^2+\Delta y^2}$, 因而,

$$\lim_{\substack{\Delta x\to 0\\ \Delta y\to 0}}\Delta z=\lim_{\substack{\Delta x\to 0\\ \Delta y\to 0}}(A\Delta x+B\Delta y+o(\rho))=0,$$

所以,

$$\lim_{\substack{\Delta x\to 0\\ \Delta y\to 0}}f(x+\Delta x,y+\Delta y)=\lim_{\rho\to 0}[f(x,y)+\Delta z]=f(x,y),$$

故, $f(x,y)$ 在点 p_0 连续.

(2) 由于函数 $f(x,y)$ 在 p_0 点可微, 则存在实数 A,B, 使得

$$\Delta z(x_0,y_0)=A\Delta x+B\Delta y+o(\rho),$$

其中 $\rho=\sqrt{\Delta x^2+\Delta y^2}$, 取 $\Delta y=0$, 得到对 x 的偏增量, 则

$$\Delta_x z=f(x+\Delta x,y)-f(x,y)=A\Delta x+o\left(|\Delta x|\right),$$

因而,

$$f_x\left(x_0,y_0\right)=\lim_{\Delta x\to 0}\frac{f\left(x_0+\Delta x,y_0\right)-f\left(x_0,y_0\right)}{\Delta x}=\lim_{\Delta x\to 0}\frac{A\Delta x+o(\Delta x)}{\Delta x}=A,$$

类似可得 $f_y(x_0,y_0)=B$.

抽象总结 由定理 6-9 知, 可微的要求高于偏导数, 可微可以保证连续性, 但偏导数存在不一定保证连续性.

3. 可微性的判断

判断可微性的主要方法是定义法——既可以判断可微性, 也可以判断不可微性; 可微的必要条件 (定理 6-9) 只能用于判断不可微性.

用定义判断 $f(x,y)$ 在 (x_0,y_0) 点是否可微, 其方法和步骤为: 先判断偏导数的存在性, 若在 (x_0,y_0) 点偏导数不存在, 则必不可微, 在偏导数存在的条件下计算此点的偏导数 $f_x(x_0,y_0), f_y(x_0,y_0)$, 然后考察极限

$$\lim_{(\Delta x,\Delta y)\to(0,0)}\frac{[f(x_0+\Delta x,y_0+\Delta y)-f(x_0,y_0)]-(f_x(x_0,y_0)\Delta x+f_y(x_0,y_0)\Delta y)}{\sqrt{\Delta x^2+\Delta y^2}},$$

若此极限存在且为 0, 则 $f(x,y)$ 在 (x_0,y_0) 点可微, 否则, $f(x,y)$ 在 (x_0,y_0) 点不可微.

也可以用可微的必要条件来判断不可微性, 如, 若 $f(x,y)$ 在此点不连续或偏导数不存在, 则 $f(x,y)$ 在此点必不可微.

例 24　考察函数 $f(x,y)=\begin{cases}\dfrac{xy}{x^2+y^2}, & x^2+y^2\neq 0,\\ 0\ \ , & x^2+y^2=0\end{cases}$ 在 (0,0) 点处的可微性.

结构分析　题型: 求 “分片” 函数在间断点处的偏导数. 方法: 用定义方法. 另外, 从元素结构看, 函数具有**对称性**, 即函数表达式关于变量 x 和 y 是对称的, 由此决定在计算中可以通过对某个变量的表达式对称得到对另一个变量的表达式, 简化计算和讨论, 这是讨论多元函数问题时应该特别注意的技术手段.

解　法一　用定义计算, 得

$$f_x(0,0)=\lim_{\Delta x\to 0}\frac{f(0+\Delta x,0)-f(0,0)}{\Delta x}=\lim_{\Delta x\to 0}\frac{0-0}{\Delta x}=0,$$

根据对称性, 易得 $f_y(0,0)=0$.

因而,

$$\frac{\Delta z-[f_x(0,0)\Delta x+f_y(0,0)\Delta y]}{\sqrt{(\Delta x)^2+(\Delta y)^2}}=\frac{\Delta x\Delta y}{(\Delta x^2+\Delta y^2)^{3/2}},$$

由于

$$\lim_{\substack{x\to 0^+\\ y=k\sqrt{x}}}\frac{xy}{(x^2+y^2)^{3/2}}=\lim_{x\to 0}\frac{kx^{3/2}}{(x^2+k^2x)^{3/2}}=\frac{1}{k^2},\quad k\neq 0,$$

因而, $\lim\limits_{(\Delta x,\Delta y)\to(0,0)}\dfrac{xy}{(x^2+y^2)^{3/2}}$ 不存在, 故

$$\lim_{(\Delta x,\Delta y)\to(0,0)}\frac{\Delta z-[f_x(0,\ 0)\Delta x+f_y(0,\ 0)\Delta y]}{\sqrt{(\Delta x)^2+(\Delta y)^2}}$$

不存在, 因而, $f(x,y)$ 在 $(0,0)$ 点不可微.

法二 利用可微的必要条件证明. 由例 21 知, $f(x,y)$ 在 (0,0) 点不连续, 故, $f(x,y)$ 在 (0,0) 点不可微.

抽象总结 例 24 表明, 定理 6-9 的逆不成立, 即多元函数偏导数的存在性并不一定保证函数的可微性, 从光滑性角度看, 可微性高于偏导数的存在性, 这与一元函数可导与可微的等价性不同, 这是由一元与多元函数的差异性造成的, 那么, 在偏导存在的条件下增加什么条件才能保证可微性呢? 定理 6-10 给出了可微的充分条件.

定理 6-10 (可微的充分条件) 如果函数 $z=f(x,y)$ 的偏导数 $f_x(x,y), f_y(x,y)$ 在点 $p_0(x_0,y_0)$ 连续, 则 $z=f(x,y)$ 在 (x_0,y_0) 点可微.

结构分析 要证明的结论为函数的可微性; 类比已知, 只有定义可用; 确定思路, 用定义证明. 具体方法分析: 由定义可知, 函数的可微性研究的是全增量, 而本定理条件是与偏导数有关, 偏导数研究的是偏增量, 因此, 必须建立偏增量与全增量之关系, 更准确地说, 以偏增量表示全增量 (建立已知与未知的联系). 利用形式统一法, 通过插项技术将全增量表示为偏增量, 进一步将偏增量与偏导数联系起来, 建立 (偏) 导数和 (偏) 增量间关系的工具是中值定理, 由此确定了具体证明方法.

证明 考虑全增量 $\Delta z(x_0,y_0)$, 则

$$\begin{aligned}\Delta z(x_0,y_0)=&f(x_0+\Delta x,y_0+\Delta y)-f(x_0,y_0)\\=&f(x_0+\Delta x,y_0+\Delta y)-f(x_0,y_0+\Delta y)\\&+f(x_0,y_0+\Delta y)-f(x_0,y_0),\end{aligned}$$

利用一元函数的中值定理, 存在 $\theta_i\in(0,1), i=1,2$, 使得

$$\Delta z(x_0,y_0)=f_x(x_0+\theta_1\Delta x,\ y_0+\Delta y)\Delta x+f_y(x_0,\ y_0+\theta_2\Delta y)\Delta y,$$

由于 $f_x(x,y), f_y(x,y)$ 在 $p_0(x_0,y_0)$ 点连续, 则存在 α,β, 使得

$$f_x(x_0+\theta_1\Delta x,y_0+\Delta y)=f_x(p_0)+\alpha;$$

$$f_y(x_0,y_0+\theta_2\Delta y)=f_y(p_0)+\beta,$$

其中 $\lim\limits_{\substack{\Delta x\to0\\\Delta y\to0}}\alpha=0$, $\lim\limits_{\substack{\Delta x\to0\\\Delta y\to0}}\beta=0$, 故 $\Delta z=f_x(p_0)\Delta x+f_y(p_0)\Delta y+\alpha\Delta x+\beta\Delta y$, 由于

$$\left|\frac{\alpha\Delta x}{\sqrt{\Delta x^2+\Delta y^2}}\right|\leqslant|\alpha|\to0,\quad\left|\frac{\beta\Delta y}{\sqrt{\Delta x^2+\Delta y^2}}\right|\leqslant|\beta|\to0,$$

因而 $\alpha\Delta x+\beta\Delta y=o\left(\sqrt{\Delta x^2+\Delta y^2}\right)$, 故, $f(x,y)$ 在 $p_0(x_0,y_0)$ 可微.

以上关于二元函数全微分的定义及可微的必要条件和充分条件, 可以完全类似地推广到二元以上的多元函数.

习惯上, 我们将自变量的增量 $\Delta x,\Delta y$ 分别记作 $\mathrm{d}x,\mathrm{d}y$, 并分别称为自变量 x,y 的微分. 这样, 函数 $z=f(x,y)$ 的全微分就可写为

$$\mathrm{d}z=\frac{\partial z}{\partial x}\mathrm{d}x+\frac{\partial z}{\partial y}\mathrm{d}y.$$

可见, 函数 $z=f(x,y)$ 在处的全微分等于它的两个偏微分 $\dfrac{\partial z}{\partial x}\mathrm{d}x$ 与 $\dfrac{\partial z}{\partial y}\mathrm{d}y$ 之和, 这一事实称为二元函数全微分的叠加原理.

叠加原理也适用于二元以上函数的情形. 例如, 如果三元函数 $u=f(x,y,z)$ 可微, 那么它的全微分就等于它的三个偏微分与之和, 即

$$\mathrm{d}u=\frac{\partial u}{\partial x}\mathrm{d}x+\frac{\partial u}{\partial y}\mathrm{d}y+\frac{\partial u}{\partial z}\mathrm{d}z.$$

综上可知, 多元函数在一点连续与偏导数存在都是函数在该点可微的必要条件. 函数在一点连续与偏导数存在彼此没有蕴含关系. 偏导数在一点连续是函数在该点可微的充分条件. 将这些关系图示如下, 其中 “$\longrightarrow$” 表示可推得, “$\not\longrightarrow$” 表示不可推得.

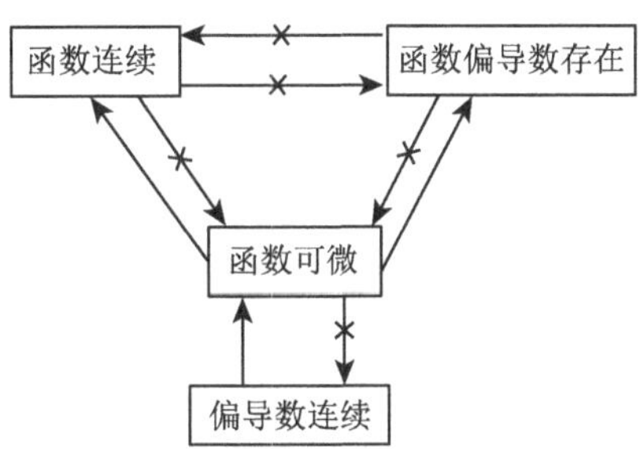

4. 全微分的计算

由定理 6-9 可知, 若函数 $z=f(x,y)$ 是可微的, 全微分 $\mathrm{d}z=\dfrac{\partial z}{\partial x}\mathrm{d}x+\dfrac{\partial z}{\partial y}\mathrm{d}y$, 因此计算全微分的关键是计算偏导数.

例 25　求 $z=\mathrm{e}^{xy}$ 在 $(0,1)$ 处的全微分.

解　因为

$$z_x=y\mathrm{e}^{xy},\quad z_y=x\mathrm{e}^{xy},$$

因而

$$z_x(0,1)=1\cdot \mathrm{e}^{0\cdot 1}=1,\quad z_y(0,1)=0\cdot \mathrm{e}^{0\cdot 1}=0,$$

所以

$$\mathrm{d}z|_{(0,1)}=z_x(0,1)\mathrm{d}x+z_y(0,1)\mathrm{d}y=1\mathrm{d}x+0\mathrm{d}y=\mathrm{d}x.$$

例 26 计算 $u=x-\cos y+\ln(x+z)$ 的全微分.

解 因为

$$u_x=1+\frac{1}{x+z},\quad u_y=\sin y,\quad u_z=\frac{1}{x+z},$$

所以

$$\mathrm{d}u=u_x\mathrm{d}x+u_y\mathrm{d}y+u_z\mathrm{d}z=\left(1+\frac{1}{x+z}\right)\mathrm{d}x+\sin y\mathrm{d}y+\frac{1}{x+z}\mathrm{d}z.$$

与一元函数微分学中微分的四则运算法则类似, 我们不加证明地给出 n 元函数四则运算法则:

设 $u=u(x_1,x_2,\cdots,x_n)$ 和 $v=v(x_1,x_2,\cdots,x_n)$ 均为可微函数, 则有

(1) $\mathrm{d}(u\pm v)=\mathrm{d}u\pm \mathrm{d}v$;

(2) $\mathrm{d}(uv)=u\mathrm{d}v+v\mathrm{d}u$;

(3) $\mathrm{d}\left(\frac{u}{v}\right)=\frac{v\mathrm{d}u-u\mathrm{d}v}{v^2},v\neq 0$.

例 27 求下列函数的全微分:

(1) $z=(\sin x^2)(\cos y^2)$; (1) $z=\dfrac{xy}{x+y}$.

解 (1) 由微分运算法则, 得

$$\begin{aligned}\mathrm{d}z=\mathrm{d}[(\sin x^2)(\cos y^2)]&=\cos y^2\mathrm{d}(\sin x^2)+\sin x^2\mathrm{d}(\cos y^2)\\&=\cos y^2\cos x^2(2x)\mathrm{d}x-\sin x^2\sin y^2(2y)\mathrm{d}y.\end{aligned}$$

(2) 由微分运算法则, 得

$$\mathrm{d}z=\mathrm{d}\left(\frac{xy}{x+y}\right)=\frac{(x+y)\mathrm{d}(xy)-xy\mathrm{d}(x+y)}{(x+y)^2}=\frac{y^2\mathrm{d}x+x^2\mathrm{d}y}{(x+y)^2}.$$

*5. 全微分在近似计算和误差估计中的应用

由全微分定义, 当 $|\Delta x|$, $|\Delta y|$ 很小时, 有

$$\Delta z\approx \mathrm{d}z=f_x\left(x_0,y_0\right)\Delta x+f_y\left(x_0,y_0\right)\Delta y, \tag{6-2-1}$$

而

$$\Delta z=f(x_0+\Delta x,y_0+\Delta y)-f(x_0,y_0),$$

于是

$$f(x_0+\Delta x,y_0+\Delta y)\approx f(x_0,y_0)+f_x(x_0,y_0)\Delta x+f_y(x_0,y_0)\Delta y. \tag{6-2-2}$$

式 (6-2-1) 可以计算 Δz 的近似值, 式 (6-2-2) 可以计算 $f(x_0+\Delta x,y_0+\Delta y)$ 的近似值.

设函数 $z=f(x,y)$, 易知 x 的近似值为 x_0, y 的近似值为 y_0. 若用近似值 x_0, y_0 分别代替 x, y 来计算函数值 z, 就会引起**绝对误差**

$$\begin{aligned}|\Delta z|=|f(x,y)-f(x_0,y_0)|\approx|\mathrm{d}z|&=|f_x(x_0,y_0)\Delta x+f_y(x_0,y_0)\Delta y|\\&\leqslant|f_x(x_0,y_0)|\cdot|\Delta x|+|f_y(x_0,y_0)|\cdot|\Delta y|\\&\leqslant|f_x(x_0,y_0)|\,\delta_1+|f_y(x_0,y_0)|\,\delta_2,\end{aligned}$$

其中 $|x-x_0|\leqslant\delta_1$, $|y-y_0|\leqslant\delta_2$, 即用 $f(x_0,y_0)$ 代替 $f(x,y)$ 所产生的**最大绝对误差**为

$$|f_x(x_0,y_0)|\,\delta_1+|f_y(x_0,y_0)|\,\delta_2.$$

而

$$\left|\frac{\Delta z}{z_0}\right|\approx\left|\frac{\mathrm{d}z}{z_0}\right|\leqslant\left|\frac{f_x(x_0,y_0)}{f(x_0,y_0)}\right|\delta_1+\left|\frac{f_y(x_0,y_0)}{f(x_0,y_0)}\right|\delta_2,$$

故, 用 $f(x_0,y_0)$ 代替 $f(x,y)$ 所产生的**最大绝对误差**为

$$\left|\frac{f_x(x_0,y_0)}{f(x_0,y_0)}\right|\delta_1+\left|\frac{f_y(x_0,y_0)}{f(x_0,y_0)}\right|\delta_2.$$

例 28　计算 $1.04^{2.02}$ 的近似值.

解　设 $f(x,y)=x^y$, 于是取 $x=1,y=2,\Delta x=0.04,\Delta y=0.02$, $f(1,2)=1$. 由于

$$f_x(x,y)=yx^{y-1},\quad f_y(x,y)=x^y\ln x,\quad f_x(1,2)=2,\quad f_y(1,2)=0,$$

故有

$$\begin{aligned}1.04^{2.02}&\approx f(1,2)+f_x(1,2)\times0.04+f_y(1,2)\times0.02\\&\approx1+2\times0.04+0\times0.02=1.08.\end{aligned}$$

习 题 6-2

1. 用定义计算 $u=xy\mathrm{e}^{xy}+\ln(1+xy)$ 在 (0,0) 点的偏导数 $u_x(0,0),u_y(0,0)$.

2. 给定函数 $u=\begin{cases}\dfrac{xy}{x+y}, & x+y\neq 0,\\ 0, & x+y=0,\end{cases}$ 讨论 $u_x(p_0)$ 的存在性, 若存在, 计算其值; 若不存在, 说明理由. 其中 (1) $p_0(0,0)$; (2) $p_0(1,-1)$.

3. 计算下列函数在给定点处的偏导数 $u_x(p_0),u_y(p_0)$:

(1) $u=x^2+y\ln(1+\sin x)$, $p_0(0,0)$;

(2) $u=\dfrac{\mathrm{e}^{xy}}{x+xy}$, $p_0(1,0)$;

(3) $u=2^{\frac{x}{y}}+\arctan\dfrac{x+y}{x-y}$, $p_0(0,1)$;

(4) $u=\begin{cases}xy\sin\dfrac{1}{x^2+y^2}, & x^2+y^2\neq 0,\\ 0, & x^2+y^2=0,\end{cases}$ $p_0(1,0)$;

(5) $u=\begin{cases}(x^2+y^2)\ln(x^2+y^2), & x^2+y^2\neq 0,\\ 0, & x^2+y^2=0,\end{cases}$ $p_0(0,0)$.

4. 计算下列函数的偏导数:

(1) $u=x^2y+y^2z$; (2) $u=\dfrac{xy+yz+zx}{\sqrt{x^2+y^2+z^2}}$.

5. 设 $f(x,y,z)=\sqrt{x^2+y^2+z^2}$, 证明: $f_x^2+f_y^2+f_z^2=1$.

6. 求下列函数的二阶偏导数:

(1) $u=\dfrac{xyz}{\sqrt{x^2+y^2+z^2}}$; (2) $u=x\sin\dfrac{1}{x+y}$.

7. 对下列函数计算 $\dfrac{\partial^3 u}{\partial x\partial y^2}$ 和 $\dfrac{\partial^3 u}{\partial x^2\partial y}$:

(1) $u=x\mathrm{e}^{y^2}+x^2y$; (2) $u=\arctan(x^2+y)$.

8. 设 $f(x,y)=\begin{cases}\dfrac{xy^2}{x^2+y^4}, & (x,y)\neq(0,0),\\ 0, & (x,y)=(0,0),\end{cases}$ 讨论 $f_{xy}(x,y)$ 和 $f_{yx}(x,y)$ 在点 (0,0) 的存在性.

9. 计算下列函数的全微分:

(1) $u=\dfrac{1}{1+x+y^2+z^3}$; (2) $u=x\sec(x+y)$.

10. 讨论函数 $f(x,y,z)=\sqrt{x^2+y^2+z^2}$ 在 (0,0,0) 点的连续性、偏导数的存在性、可微性.

11. 讨论函数 $f(x,y)=\begin{cases}xy\sin\dfrac{1}{x^2+y^2}, & x^2+y^2\neq 0,\\ 0, & x^2+y^2=0\end{cases}$ 在 (0,0) 点的连续性、偏导数的存在性、可微性.

12. 设 $f(x,y)=\begin{cases}(x^2+y^2)\sin\dfrac{1}{x^2+y^2}, & x^2+y^2\neq 0,\\ 0, & x^2+y^2=0,\end{cases}$ 计算并证明：

(1) 讨论 $f(x,y)$ 在 (0,0) 点的连续性;

(2) 计算 $f_x(x,y)$ 和 $f_y(x,y)$(注意：$f_x(0,0),f_y(0,0)$ 的特殊性);

(3) 判断 $f(x,y)$ 在 (0,0) 点的可微性;

(4) 判断 $f_x(x,y)$ 和 $f_y(x,y)$ 在 (0,0) 点的连续性.

13. 利用全微分近似计算下列量：

(1) $\sqrt{1.02^3+1.97^3}$; (2) $0.97^{1.05}$.

6.3 复合函数的求导法则

仍以二元函数为例讨论多元复合函数的偏导数的计算, 由于多元复合函数的多样性, 我们以一种最基本的情形为例, 导出最基本的求导法则, 然后推广至其他情形.

6.3.1 基本型复合函数的偏导计算

若二元函数 $z=f(u,v)$, 而 $u=\varphi(x,y),v=\psi(x,y)$, 于是 z 是 x,y 的复合函数

$$z=f(\varphi(x,y),\psi(x,y)),$$

称 u,v 为中间自变量, 称 x,y 为 (最终) 自变量.

复合函数的偏导数和微分的计算, 就是计算函数关于最终自变量的偏导数和微分.

定理 6-11 如果函数 $u=\varphi(x,y),v=\psi(x,y)$ 在点 (x,y) 处对 x 及 y 的偏导数都存在, 函数 $z=f(u,v)$ 在对应点 (u,v) 处可微, 则复合函数 $z=f(\varphi(x,y),\psi(x,y))$ 在点 (x,y) 的两个偏导数存在, 且有

$$\frac{\partial z}{\partial x}=\frac{\partial z}{\partial u}\frac{\partial u}{\partial x}+\frac{\partial z}{\partial v}\frac{\partial v}{\partial x},\quad \frac{\partial z}{\partial y}=\frac{\partial z}{\partial u}\frac{\partial u}{\partial y}+\frac{\partial z}{\partial v}\frac{\partial v}{\partial y}. \tag{6-3-1}$$

结构分析 要证明偏导数的关系, 须研究自变量的改变量和函数的偏增量之间的关系, 分析清楚自变量的改变如何通过改变中间变量, 最终影响函数的偏增量. 如要计算 $\dfrac{\partial z}{\partial x}$, 是将 z 视为 (x,y) 的复合函数 $z=z(x,y)$, 考察 z 关于 x 的偏增量 $\Delta_x z$ 对自变量 x 的增量 Δx 的变化率的极限 $\lim\limits_{\Delta x\to 0}\dfrac{\Delta_x z}{\Delta x}$. 而 x 的改变 Δx 直接使中间变量 u,v 发生改变, 进而使 z 发生改变 $\Delta_x z$, 下述的变化链反映了它们之间的关系:

$$\Delta x \to \left\{ \begin{array}{l} \Delta_x u, \\ \Delta_x v \end{array} \right. \to \Delta_x z = \Delta_{u,v} z,$$

因而, $\Delta_x z$ 对于 x 的改变 Δx 而言是函数 $z(x,y)$ 的偏增量, 但对于 u,v 而言, 函数是全增量, 由此, 建立相互间的关系.

证明 设 $\Delta y=0,\Delta x\neq 0$, 由于 $u=\varphi(x,y),v=\psi(x,y)$, 因此, u,v 对 x 的偏增量 $\Delta_x u=\varphi(x+\Delta x,y)-\varphi(x,y)$, $\Delta_x v=\psi(x+\Delta x,y)-\psi(x,y)$.

由于 $z=f(u,v)$ 在点 (u,v) 处可微, 所以由全增量公式, 有

$$\Delta z=\frac{\partial z}{\partial u}\Delta u+\frac{\partial z}{\partial v}\Delta v+\varepsilon_1\Delta u+\varepsilon_2\Delta v,$$

其中 $\lim\limits_{\substack{\Delta u\to 0\\ \Delta v\to 0}}\varepsilon_1=0$, $\lim\limits_{\substack{\Delta u\to 0\\ \Delta v\to 0}}\varepsilon_2=0$, 把 $\Delta_x u$, $\Delta_x v$ 代入上式, 得到 z 对于 x 的偏增量, 有

$$\Delta_x z=\frac{\partial z}{\partial u}\Delta_x u+\frac{\partial z}{\partial v}\Delta_x v+\varepsilon_1\Delta_x u+\varepsilon_2\Delta_x v,$$

等式两边同除以 $\Delta x(\neq 0)$, 得

$$\frac{\Delta_x z}{\Delta x}=\frac{\partial z}{\partial u}\frac{\Delta_x u}{\Delta x}+\frac{\partial z}{\partial v}\frac{\Delta_x v}{\Delta x}+\varepsilon_1\frac{\Delta_x u}{\Delta x}+\varepsilon_2\frac{\Delta_x v}{\Delta x},$$

由 $\dfrac{\partial u}{\partial x},\dfrac{\partial v}{\partial x}$ 存在, 知

$$\lim_{\Delta x\to 0}\frac{\Delta_x u}{\Delta x}=\frac{\partial u}{\partial x},\qquad \lim_{\Delta x\to 0}\frac{\Delta_x v}{\Delta x}=\frac{\partial v}{\partial x},$$

所以, 当 $\Delta x\to 0$ 时, 有 $\Delta_x u\to 0$, $\Delta_x v\to 0$, 从而 $\varepsilon_1\to 0$, $\varepsilon_2\to 0$. 于是

$$\lim_{\Delta x\to 0}\frac{\Delta_x z}{\Delta x}=\frac{\partial z}{\partial x}=\frac{\partial z}{\partial u}\frac{\partial u}{\partial x}+\frac{\partial z}{\partial v}\frac{\partial v}{\partial x}.$$

同理可得

$$\frac{\partial z}{\partial y}=\frac{\partial z}{\partial u}\frac{\partial u}{\partial y}+\frac{\partial z}{\partial v}\frac{\partial v}{\partial y}.$$

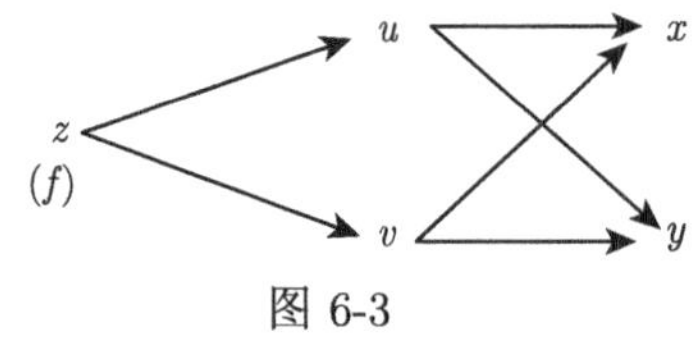

图 6-3

抽象总结 (1) 这个定理的作用对象是含有两个中间变量和两个自变量情形的复合函数, 函数的复合结构可用图 6-3 形象表示 (函数的复合结构图可根据具体问题绘制). 求导法则是对每一个中间变量施行链式求导法则, 再相加, 简称链式求导法则. 复合函数的结构图可以帮助我们理解链式求导法则.

(2) 链式求导法则还可以推广到函数的中间变量多于两个以及自变量的个数多于两个或者仅有一个的情形. 链式求导法则可以抽象表述为

$$\begin{array}{c}\text{复合函数对最终}\\\text{自变量的偏导数}\end{array}=\sum_{\text{所有中间变量}}\begin{array}{c}\text{函数对中间}\\\text{变量的偏导数}\end{array}\cdot\begin{array}{c}\text{此中间变量}\\\text{对此自变量的偏导数}\end{array},$$

掌握了上述公式的含义, 不管复合函数形式和结构如何变化, 复合函数的偏导计算变得非常简单, 只需搞清函数的复合结构, 哪些是中间变量, 哪些是自变量, 代入链式求导法则即可, 但是, 要特别注意, 必须准确确定所有中间变量.

例 29　计算由 $z=f(u,v)$ 与 $u=\varphi(t),v=\psi(t)$ 的复合函数 $z=f(\varphi(t),\psi(t))$ 的导函数 $\dfrac{\mathrm{d}z}{\mathrm{d}t}$.

结构分析　题型为复合函数的求导问题. 难点是确定变量的身份：函数为 z, 自变量为 t, 中间变量是 u,v, 复合函数成一元函数 $z=f(\varphi(t),\psi(t))$, 其复合结构图如图 6-4 所示, 最终计算的是一元函数的导数, 也称全导数.

解　由链式求导法则得

$$\frac{\mathrm{d}z}{\mathrm{d}t}=\frac{\partial z}{\partial u}\frac{\mathrm{d}u}{\mathrm{d}t}+\frac{\partial z}{\partial v}\frac{\mathrm{d}v}{\mathrm{d}t}=z_u\varphi'(t)+z_v\psi'(t).$$

例 30　计算 $z=f(u,v,w)$ 与 $u=\varphi(x,y),v=\psi(x),w=w(y)$ 的复合函数的一阶偏导数.

结构分析　函数为 z, 自变量为 x,y, 中间变量是 u,v,w, 得到的复合函数 $z(x,y)$ 为 x,y 的二元函数, 其复合结构图如图 6-5 所示, 可以计算 z 对 x,y 的偏导数.

解　由链式求导法则, 得

$$\begin{aligned}\frac{\partial z}{\partial x}&=\frac{\partial z}{\partial u}\cdot\frac{\partial u}{\partial x}+\frac{\partial z}{\partial v}\cdot\frac{\partial v}{\partial x}+\frac{\partial z}{\partial w}\cdot\frac{\partial w}{\partial x}=\frac{\partial z}{\partial u}\cdot\frac{\partial \varphi}{\partial x}+\frac{\partial z}{\partial v}\cdot\frac{\mathrm{d}\psi}{\mathrm{d}x}+\frac{\partial z}{\partial w}\cdot 0\\&=z_u\cdot\varphi_x+z_v\cdot\psi'(x),\\\frac{\partial z}{\partial y}&=\frac{\partial z}{\partial u}\cdot\frac{\partial u}{\partial y}+\frac{\partial z}{\partial v}\cdot\frac{\partial v}{\partial y}+\frac{\partial z}{\partial w}\cdot\frac{\partial w}{\partial y}=\frac{\partial z}{\partial u}\cdot\frac{\partial \varphi}{\partial y}+\frac{\partial z}{\partial v}\cdot 0+\frac{\partial z}{\partial w}\cdot\frac{\mathrm{d}w}{\mathrm{d}y}\\&=z_u\cdot\varphi_y+z_w\cdot w'(y).\end{aligned}$$

定理 6-11、例 29 和例 30 所研究的对象是典型的常规型复合函数, 其特点是中间变量与自变量相对独立, 即中间变量与最终自变量不同时作为变量出现在一个函数关系中, 或在函数与中间变量的关系式中不含最终自变量, 由图 6-3、图 6-4、图 6-5 也很容易观察出这个特点.

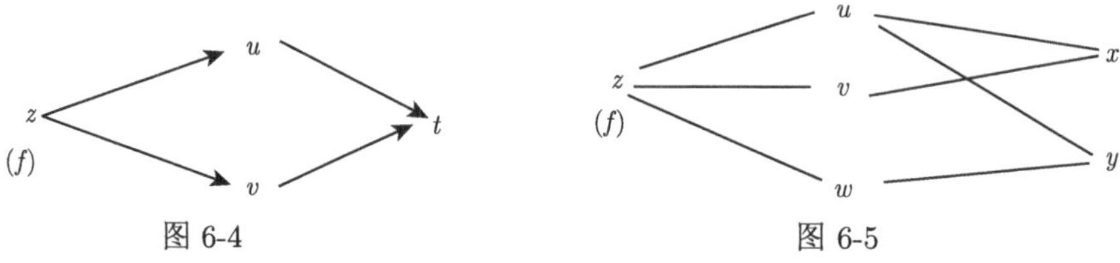

图 6-4　　　　图 6-5

6.3.2 其他类型复合函数偏导的计算

对其他类型的复合函数的偏导数的计算, 其基本思想是, 通过引入新的中间变量转化为基本型.

我们以例子的形式进行说明, 下面例子中假设出现的各阶 (偏) 导数都存在且混合偏导数可以换序.

例 31 计算由 $z=f(u,v,y)$ 与 $u=\varphi(x,y),v=\psi(x,y)$ 的复合函数 $z=f(\varphi(x,y),\psi(x,y),y)$ 的偏导数.

结构分析 本例的特点是中间变量 u,v 与自变量 y 一同出现在函数关系 $z=f(u,v,y)$ 中, 即 y 既是最终自变量又是中间变量. 处理方法是: 引入新的中间变量, 化为基本型.

解 引入函数 $w=y$, 则复合函数 $z=f(\varphi(x,y),\psi(x,y),y)$ 也可视为 $z=f(u,v,w)$ 与 $u=\varphi(x,y),v=\psi(x,y)$, $w=y$ 复合而成, 由链式求导法则及 $\dfrac{\partial w}{\partial y}=w'(y)=1$, 得

$$
\begin{aligned}
\frac{\partial z}{\partial x}=\frac{\partial z}{\partial u}\cdot\frac{\partial u}{\partial x}+\frac{\partial z}{\partial v}\cdot\frac{\partial v}{\partial x}+\frac{\partial z}{\partial w}\cdot\frac{\partial w}{\partial x}&=\frac{\partial z}{\partial u}\cdot\frac{\partial \varphi}{\partial x}+\frac{\partial z}{\partial v}\cdot\frac{\partial \psi}{\partial x}+\frac{\partial z}{\partial w}\cdot 0\\
&=\frac{\partial z}{\partial u}\cdot\frac{\partial \varphi}{\partial x}+\frac{\partial z}{\partial v}\cdot\frac{\partial \psi}{\partial x},\\
\frac{\partial z}{\partial y}=\frac{\partial z}{\partial u}\cdot\frac{\partial u}{\partial y}+\frac{\partial z}{\partial v}\cdot\frac{\partial v}{\partial y}+\frac{\partial z}{\partial w}\cdot\frac{\partial w}{\partial y}&=\frac{\partial z}{\partial u}\cdot\frac{\partial \varphi}{\partial y}+\frac{\partial z}{\partial v}\cdot\frac{\partial v}{\partial y}+\frac{\partial z}{\partial w}.
\end{aligned}
$$

注 这个复合函数中, 如果不引入中间变量 w, 直接利用链式求导法则求偏导数, 根据 y 既是最终自变量又是中间变量这一特性, 我们将 z 对自变量 y 的偏导数记为 $\dfrac{\partial z}{\partial y}$, 而将 z 对中间变量 y 的偏导数记为 $\dfrac{\partial f}{\partial y}$, 结合复合结构图 (图 6-6), 由链式求导法则

$$
\frac{\partial z}{\partial y}=\frac{\partial z}{\partial u}\cdot\frac{\partial u}{\partial y}+\frac{\partial z}{\partial v}\cdot\frac{\partial v}{\partial y}+\frac{\partial f}{\partial y}\cdot\frac{\mathrm{d}y}{\mathrm{d}y}=\frac{\partial z}{\partial u}\cdot\frac{\partial \varphi}{\partial y}+\frac{\partial z}{\partial v}\cdot\frac{\partial v}{\partial y}+\frac{\partial f}{\partial y}.
$$

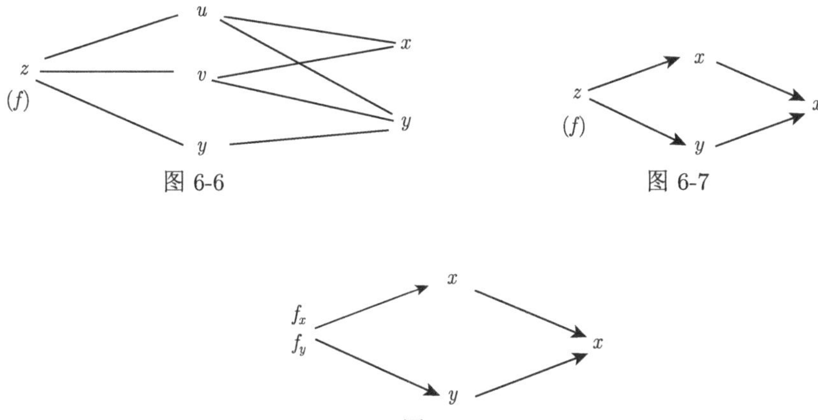

图 6-6　　图 6-7

图 6-8

例 32　计算由 $z=f(x,y)$ 与 $y=\varphi(x)$ 的复合函数 $z=f(x,\varphi(x))$ 关于 x 的一阶和二阶导函数, 其中具有连续的二阶偏导数.

结构分析　题型为复合函数的求高阶导问题. 函数的结构特点: x 既是最终自变量又是中间变量. 解决办法一: 引入新的中间变量, 化为基本型, 利用链式求导法则求解.

解　法一　引入新的中间变量, 化为基本型.

记 $u=x$, 则 $z(x)=f(x,\varphi(x))$ 可以视为由 $z=f(u,y)$ 与 $u=x$, $y=\varphi(x)$ 复合而成, 由链式求导法则, 得

$$\frac{\mathrm{d}z}{\mathrm{d}x}=\frac{\partial z}{\partial u}\cdot\frac{\partial u}{\partial x}+\frac{\partial z}{\partial y}\cdot\frac{\partial y}{\partial x}=\frac{\partial z}{\partial u}\cdot 1+\frac{\partial z}{\partial y}\cdot\varphi'(x)=z_u(u,y)+z_y(u,y)\cdot\varphi'(x),$$

再对 x 求偏导数, 有

$$\begin{aligned}\frac{\mathrm{d}^2z}{\mathrm{d}x^2}=&\frac{\mathrm{d}}{\mathrm{d}x}[z_u(u,y)]+\frac{\mathrm{d}}{\mathrm{d}x}[z_y(u,y)\cdot\varphi'(x)]\\=&\frac{\mathrm{d}}{\mathrm{d}x}[z_u(u,y)]+\frac{\mathrm{d}}{\mathrm{d}x}[z_y(u,y)]\cdot\varphi'(x)+z_y(u,y)\cdot\frac{\mathrm{d}\varphi'(x)}{\mathrm{d}x}.\end{aligned}$$

这里遇到一阶偏导数 z_u,z_y 对自变量 x 再求导问题, 注意到 $z_u(u,y)$ 和 $z_y(u,y)$ 仍然是以 u,y 为中间变量, x 为自变量的复合函数, 或者说 z_u,z_y 与原来的函数 z 的复合结构相同, 复合结构图如图 6-8 所示 (待熟练以后, 结构图就不必画出来了). 那么应用复合函数求导法则, 便可求出二阶导数.

$$\frac{\mathrm{d}}{\mathrm{d}x}[z_u(u,y)]=\frac{\partial z_u}{\partial u}\cdot\frac{\partial u}{\partial x}+\frac{\partial z_u}{\partial y}\cdot\frac{\partial y}{\partial x}=\frac{\partial^2 z}{\partial u^2}\cdot 1+\frac{\partial^2 z}{\partial u\partial y}\cdot\varphi'(x)$$

$$
\begin{aligned}
&= z_{uu}(u,y) + z_{uy}(u,y)\cdot\varphi'(x),\\
\frac{\mathrm{d}}{\mathrm{d}x}[z_y(u,y)] &= \frac{\partial z_y}{\partial u}\cdot\frac{\partial u}{\partial x} + \frac{\partial z_y}{\partial y}\cdot\frac{\partial y}{\partial x} = \frac{\partial^2 z}{\partial u\partial y}\cdot 1 + \frac{\partial^2 z}{\partial y^2}\cdot\varphi'(x)\\
&= z_{uy}(u,y) + z_{yy}(u,y)\cdot\varphi'(x),
\end{aligned}
$$

把它们代入上式, 便得

$$
\begin{aligned}
\frac{\mathrm{d}^2 z}{\mathrm{d}x^2} =& z_{uu}(u,y) + z_{uy}(u,y)\cdot\varphi'(x)\\
&+ [z_{uy}(u,y) + z_{yy}(u,y)\cdot\varphi'(x))]\cdot\varphi'(x) + z_y(u,y)\cdot\varphi''(x)\\
=& z_{uu}(u,y) + 2z_{uy}(u,y)\cdot\varphi'(x) + z_{yy}(u,y)\cdot{\varphi'}^2(x) + z_y(u,y)\cdot\varphi''(x),
\end{aligned}
\tag{6-3-2}
$$

由于 $u=x$, 上式也可以表示为

$$
\frac{\mathrm{d}^2 z}{\mathrm{d}x^2} = f_{xx}(x,y) + 2f_{xy}(x,y)\cdot\varphi'(x) + f_{yy}(x,y)\cdot{\varphi'}^2(x) + f_y(x,y)\cdot\varphi''(x).
\tag{6-3-3}
$$

注 将 $u=x$ 代入式 (6-3-2), 换成式 (6-3-3) 时, 右端 $z_{uu}(u,y)$ 的本质是对中间变量 x 求的二阶偏导数, 因此, 为避免与最终自变量 x 的二阶导数混淆, 写出 $f_{xx}(x,y)$ 的形式.

这种写法显得很繁琐, 当我们熟悉了多元函数的求导法则之后, 为简便起见, 就不再引入中间变量的记号, 并约定 f_1' 表示对第一个中间变量的偏导数; f_2' 表示对第二个中间变量的偏导数, 而 f_{12}'' 表示先对第一个后对第二个中间变量的偏导数等等. 这样一来, 上式我们就可以改写为

法二 由链式求导法则, 得

$$
\frac{\mathrm{d}z}{\mathrm{d}x} = \frac{\partial f}{\partial x}\cdot\frac{\mathrm{d}x}{\mathrm{d}x} + \frac{\partial f}{\partial y}\cdot\frac{\mathrm{d}y}{\mathrm{d}x} \xlongequal{\text{简记}} f_1' + f_2'\cdot\varphi'(x),
$$

$$
\frac{\mathrm{d}^2 z}{\mathrm{d}x^2} = \frac{\mathrm{d}f_1'}{\mathrm{d}x} + \frac{\mathrm{d}}{\mathrm{d}x}[f_2'\cdot\varphi'(x)] = \frac{\mathrm{d}f_1'}{\mathrm{d}x} + \frac{\mathrm{d}f_2'}{\mathrm{d}x}\cdot\varphi'(x) + f_2'\cdot\frac{\mathrm{d}\varphi'(x)}{\mathrm{d}x},
$$

其中 $\dfrac{\mathrm{d}f_1'}{\mathrm{d}x} = f_{11}'' + f_{12}''\cdot\varphi'(x)$, $\dfrac{\mathrm{d}f_2'}{\mathrm{d}x} = f_{21}'' + f_{22}''\cdot\varphi'(x)$, 因此, 有

$$
\frac{\mathrm{d}^2 z}{\mathrm{d}x^2} = f_{11}'' + 2f_{12}''\cdot\varphi'(x) + f_{22}''(x,y)\cdot\varphi'^2(x) + f_2'\cdot\varphi''(x).
$$

例 33　设 $z=f\left(x^2y,\dfrac{y}{x}\right)$, 其中 f 具有连续的二阶偏导数, 求 $\dfrac{\partial z}{\partial x},\dfrac{\partial^2 z}{\partial x^2}$.

解　法一　引入中间变量 $u=x^2y,v=\dfrac{y}{x}$, 则 $z=f\left(x^2y,\dfrac{y}{x}\right)$ 可视为 $z=f(u,v)$ 与 $u=x^2y,v=\dfrac{y}{x}$ 复合而成, 故

$$
\begin{aligned}
\frac{\partial z}{\partial x}=&\frac{\partial z}{\partial u}\cdot\frac{\partial u}{\partial x}+\frac{\partial z}{\partial v}\cdot\frac{\partial v}{\partial x}=2xy\frac{\partial z}{\partial u}-\frac{y}{x^2}\frac{\partial z}{\partial v},\\
\frac{\partial^2 z}{\partial x^2}=&\frac{\partial}{\partial x}\left(2xy\frac{\partial z}{\partial u}-\frac{y}{x^2}\frac{\partial z}{\partial v}\right)\\
=&\frac{\partial}{\partial x}(2xy)\frac{\partial z}{\partial u}+2xy\frac{\partial}{\partial x}\left(\frac{\partial z}{\partial u}\right)-\frac{\partial}{\partial x}\left(\frac{y}{x^2}\right)\frac{\partial z}{\partial v}-\frac{y}{x^2}\frac{\partial}{\partial x}\left(\frac{\partial z}{\partial v}\right)\\
=&2y\frac{\partial z}{\partial u}+2xy\left(2xy\frac{\partial^2 z}{\partial u^2}-\frac{y}{x^2}\frac{\partial^2 z}{\partial v\partial u}\right)+\frac{2y}{x^3}\frac{\partial z}{\partial v}-\frac{y}{x^2}\left(2xy\frac{\partial^2 z}{\partial v\partial u}-\frac{y}{x^2}\frac{\partial^2 z}{\partial v^2}\right)\\
=&4x^2y^2\frac{\partial^2 z}{\partial u^2}-4\frac{y^2}{x}\frac{\partial^2 z}{\partial u\partial v}+\frac{y^2}{x^4}\frac{\partial^2 z}{\partial v^2}+2y\frac{\partial z}{\partial u}+\frac{2y}{x^3}\frac{\partial z}{\partial v}.
\end{aligned}
$$

类似例 32, 不引入中间变量的记号, 直接用链式求导法则, 有

法二　由链式求导法则, 得

$$
\begin{aligned}
\frac{\partial z}{\partial x}=&f_1'\cdot 2xy+f_2'\cdot\left(-\frac{y}{x^2}\right),\\
\frac{\partial^2 z}{\partial x^2}=&\frac{\partial}{\partial x}\left[f_1'\cdot 2xy+f_2'\cdot\left(-\frac{y}{x^2}\right)\right]\\
=&2yf_1'+2xy\left[f_{11}''\cdot 2xy+f_{12}''\cdot\left(-\frac{y}{x^2}\right)\right]+\frac{2y}{x^3}f_2'-\frac{y}{x^2}\left[f_{21}''\cdot 2xy+f_{22}''\left(-\frac{y}{x^2}\right)\right]\\
=&4x^2y^2f_{11}''-4\frac{y^2}{x}f_{12}''+\frac{y^2}{x^4}f_{22}''+2yf_1'+\frac{2y}{x^3}f_2'.
\end{aligned}
$$

例 34　设 $u=u(x,y)$, 证明在极坐标变换 $\begin{cases}x=r\cos\theta,\\ y=r\sin\theta\end{cases}$ 下成立:

$$
\left(\frac{\partial u}{\partial r}\right)^2+\frac{1}{r^2}\left(\frac{\partial u}{\partial \theta}\right)^2=\left(\frac{\partial u}{\partial x}\right)^2+\left(\frac{\partial u}{\partial y}\right)^2.
$$

结构分析　要证明的结论分析: 结论的右边表明, 函数 u 为变量 x,y 的函数, 左边函数 u 为变量 r,θ 的函数. 条件分析: 由所给的变量关系式知, 函数 u 应视为通过中间变量 x,y 复合为 r,θ 的复合函数, 因此, 结论的证明实际是复合函数偏导数的计算. 重点是等式证明的方向, 由所给的变量关系式和复合函数偏导的

计算公式可知, 将 x,y 视为中间变量时, 计算导数较为方便, 因此, 计算左边比较简单.

证明 由于

$$\frac{\partial u}{\partial r}=\frac{\partial u}{\partial x}\cdot\frac{\partial x}{\partial r}+\frac{\partial u}{\partial y}\cdot\frac{\partial y}{\partial r}=\frac{\partial u}{\partial x}\cdot\cos\theta+\frac{\partial u}{\partial y}\cdot\sin\theta,$$

$$\frac{\partial u}{\partial \theta}=\frac{\partial u}{\partial x}\cdot\frac{\partial x}{\partial \theta}+\frac{\partial u}{\partial y}\cdot\frac{\partial y}{\partial \theta}=\frac{\partial u}{\partial x}\cdot(-r\sin\theta)+\frac{\partial u}{\partial y}\cdot r\cos\theta,$$

代入, 得

$$\begin{aligned}\left(\frac{\partial u}{\partial r}\right)^2+\frac{1}{r^2}\left(\frac{\partial u}{\partial \theta}\right)^2&=\left(\frac{\partial u}{\partial x}\cdot\cos x+\frac{\partial u}{\partial y}\cdot\sin x\right)^2\\&\quad+\frac{1}{r^2}\left(-r\frac{\partial u}{\partial x}\cdot\sin x+\frac{\partial u}{\partial y}r\cdot\cos x\right)^2\\&=\left(\frac{\partial u}{\partial x}\right)^2+\left(\frac{\partial u}{\partial y}\right)^2.\end{aligned}$$

6.3.3 一阶微分形式的不变性

设函数 $z=f(u,v)$ 与 $u=\varphi(x,y),v=\psi(x,y)$ 复合成函数 $z=f(\varphi(x,y),\psi(x,y))$, 考察将 z 视为 u,v 的函数的全微分形式, 以及将 z 视为 x,v 的复合函数的全微分形式.

$z=f(u,v)$ 作为 u,v 的函数, 则

$$\mathrm{d}z=\frac{\partial z}{\partial u}\mathrm{d}u+\frac{\partial z}{\partial v}\mathrm{d}v,$$

$z=f(\varphi(x,y),\psi(x,y))$ 作为 x,y 的函数, 则

$$\mathrm{d}z=\frac{\partial z}{\partial x}\mathrm{d}x+\frac{\partial z}{\partial y}\mathrm{d}y.$$

考察二者关系. 由于

$$\frac{\partial z}{\partial x}=\frac{\partial z}{\partial u}\cdot\frac{\partial u}{\partial x}+\frac{\partial z}{\partial v}\cdot\frac{\partial v}{\partial x},\quad \frac{\partial z}{\partial y}=\frac{\partial z}{\partial u}\cdot\frac{\partial u}{\partial y}+\frac{\partial z}{\partial v}\cdot\frac{\partial v}{\partial y},$$

且 $\mathrm{d}u=\frac{\partial u}{\partial x}\mathrm{d}x+\frac{\partial u}{\partial y}\mathrm{d}y$, $\mathrm{d}v=\frac{\partial v}{\partial x}\mathrm{d}x+\frac{\partial v}{\partial y}\mathrm{d}y$, 代入可得

$$\mathrm{d}z=\frac{\partial z}{\partial x}\mathrm{d}x+\frac{\partial z}{\partial y}\mathrm{d}y=\left(\frac{\partial z}{\partial u}\cdot\frac{\partial u}{\partial x}+\frac{\partial z}{\partial v}\cdot\frac{\partial v}{\partial x}\right)\mathrm{d}x+\left(\frac{\partial z}{\partial u}\cdot\frac{\partial u}{\partial y}+\frac{\partial z}{\partial v}\cdot\frac{\partial v}{\partial y}\right)\mathrm{d}y$$

$$=\frac{\partial z}{\partial u}\left(\frac{\partial u}{\partial x}\mathrm{d}x+\frac{\partial u}{\partial y}\mathrm{d}y\right)+\frac{\partial z}{\partial v}\left(\frac{\partial v}{\partial x}\mathrm{d}x+\frac{\partial v}{\partial y}\mathrm{d}y\right)$$
$$=\frac{\partial z}{\partial u}\mathrm{d}u+\frac{\partial z}{\partial v}\mathrm{d}v.$$

由此可知, 不论将函数 z 视为 u,v 函数还是视为 x,y 的复合函数, 函数的一阶全微分形式一样, 称为一阶微分形式的不变性.

类似一元函数, 多元函数不具有高阶微分形式不变性.

利用全微分形式不变性和全微分的四则运算法则, 能更有条理地计算较复杂函数的全微分与偏导数.

例 35　设 $z=f(x^2-y^2)$, 其中 f 具有连续的偏导数, 求 $\mathrm{d}z$, 并由此求 $\frac{\partial z}{\partial x},\frac{\partial z}{\partial y}$.

解　$\mathrm{d}z=f'(x^2-y^2)\mathrm{d}(x^2-y^2)=2xf'(x^2-y^2)\mathrm{d}x-2yf'(x^2-y^2)\mathrm{d}y$, 由此得到

$$\frac{\partial z}{\partial x}=2xf'(x^2-y^2),\quad \frac{\partial z}{\partial y}=-2yf'(x^2-y^2).$$

习　题　6-3

1. 设 $f(u,v)$ 为二元可微函数,$z=f(x^y,y^x)$, 求 $\frac{\partial z}{\partial x}$.

2. 设 f,g 为连续可微函数 $u=f(x,xy),v=g(x+xy)$, 求 $\frac{\partial u}{\partial x},\frac{\partial v}{\partial x}$.

3. 设函数 $f(u)$ 可导, $z=f(\sin y-\sin x)+xy$, 求 $\frac{1}{\cos x}\cdot\frac{\partial z}{\partial x}+\frac{1}{\cos y}\cdot\frac{\partial z}{\partial y}$.

4. 设 $u=yf\left(\frac{x}{y}\right)+xg\left(\frac{y}{x}\right)$ 其中函数 f,g 具有二阶连续导数, 求 $x\frac{\partial^2 u}{\partial x^2}+y\frac{\partial^2 u}{\partial x\partial y}$.

5. 设 $z=f(2x-y,y\sin x)$ 其中 $z=f(u,v)$ 具有连续的二阶偏导数, 求 $\frac{\partial^2 z}{\partial x\partial y}$.

6. 设 $z=f(2x-y)+g(x,xy)$ 其中函数 $f(t)$ 二阶可导 $g(u,v)$ 具有连续二阶偏导数, 求 $\frac{\partial^2 z}{\partial x\partial y}$.

7. 设 $\phi(t),\varphi(t)$ 具有二阶导数, 验证 $u=x\phi(x+y)+y\varphi(x+y)$ 满足方程

$$\frac{\partial^2 u}{\partial x^2}-2\frac{\partial^2 u}{\partial x\partial y}+\frac{\partial^2 u}{\partial y^2}=0.$$

8. 设 $u=f(x,y)$ 可微, 满足 $x\frac{\partial f}{\partial x}=-y\frac{\partial f}{\partial y}$, 作极坐标变换 $\begin{cases}x=\rho\cos\theta,\\ y=\rho\sin\theta,\end{cases}$ 证明: $\frac{\partial u}{\partial \rho}=0$.

9. 设 $u=x,v=\mathrm{e}^x+y$, 变换方程 $\frac{\partial z}{\partial x}-\mathrm{e}^x\frac{\partial z}{\partial y}=0$.

10. 设变换 $\begin{cases} u = x - 2y, \\ u = x + ay, \end{cases}$ 可把方程 $6\dfrac{\partial^2 z}{\partial x^2} + \dfrac{\partial^2 z}{\partial x \partial y} - \dfrac{\partial^2 z}{\partial y^2} = 0$ 化简为 $\dfrac{\partial^2 z}{\partial u \partial v} = 0$, 求常数 a, 其中 $z = z(x, y)$ 有二阶连续的偏导数.

11. 设函数 $f(u)$ 具有二阶连续导数, 而 $z = f(\mathrm{e}^x \sin y)$ 满足方程 $\dfrac{\partial^2 z}{\partial x^2} + \dfrac{\partial^2 z}{\partial y^2} = \mathrm{e}^{2x} z$, 求 $f(u)$.

6.4节课件

6.4 隐函数的偏导数

我们所遇到的多元函数都是显函数, 其表达式都是以自变量表示的函数表达式, 即 $z = f(x, y)$ 或更一般的 n 元显函数 $z = f(x_1, \cdots, x_n)$. 与一元函数类似, 我们也会经常遇到自变量与因变量之间对应法则由方程或方程组确定. 这些函数关系有时能通过求解方程 (组) 而得到, 有时候不能求出其解. 如由方程 $z(x^2 + y^2 + 1) = x$ 直接求解可以确定函数 $z(x, y) = \dfrac{x}{x^2 + y^2 + 1}$, 而由方程 $x + yu - k \sin u = 0$ 所确定的隐函数 $u = u(x, y)$, 由于方程的不可解性, 不能由此方程给出 u 的显示表达式, 像这样的例子还有很多. 然而, 在实际问题的研究中, 通常需要我们去了解这些隐函数的分析性质, 如连续性、可微性等. 如何在不必知道函数具体表达式的前提下, 了解函数更多的分析性质, 是本节的主要任务.

6.4.1 单个方程所确定的隐函数的求导

设给定 $n+1$ 元单个方程 $F(z, x_1, \cdots, x_n) = 0$, 在某些条件下, 可设想: 这 $n+1$ 个变元只有 n 个独立, 如果可以从中解出一个量比如 z, 将 z 用剩下的 n 个独立的变量 $x_1, \cdots, x_n$ 表示, 即, 对任意一组给定的量 $x_1, \cdots, x_n$, 以 z 为未知量的方程有唯一解 $z = z(x_1, \cdots, x_n)$, 变量 z 完全由这 n 个独立的变量所确定. 由此就确定了一个函数关系 $z = z(x_1, \cdots, x_n)$.

我们的目的是在仅知道方程、不必解出函数关系的前提下, 计算 $z = z(x_1, \cdots, x_n)$ 的各阶偏导数, 问题可以抽象为

设由方程 $F(z, x_1, \cdots, x_n) = 0$ 确定了隐函数 $z = z(x_1, \cdots, x_n)$, 试计算 z_{x_i}, $i = 1, \cdots, n$ 及其高阶偏导.

结构分析 由题意知, 题目的条件有两个: 方程 $F(z, x_1, \cdots, x_n) = 0$ 和确定的隐函数 $z = z(x_1, \cdots, x_n)$, 因此, 必须从方程 $F(z, x_1, \cdots, x_n) = 0$ 出发计算隐函数的偏导数, 将两个条件结合起来, 就确定了解决问题的思路: 将 z 视为函数 $z(x_1, \cdots, x_n)$ 代入方程, 从而得到一个以 $x_1, \cdots, x_n$ 为变量的复合函数方程

$$F(z(x_1, \cdots, x_n), x_1, \cdots, x_n) = 0,$$

通过两端求导, 就可以由此计算 z_{x_i}.

具体过程如下：

由题意, 方程可视为如下复合形式的方程：

$$F(z(x_1,\cdots,x_n),x_1,\cdots,x_n)=0,$$

其自变量为 $x_1,\cdots,x_n$, 中间变量为 z.

由复合函数的偏导计算, 对方程两端关于变量 x_i 求导, 则

$$F_z\cdot\frac{\partial z}{\partial x_i}+F_{x_i}=0,\quad i=1,\cdots,n,$$

故

$$\frac{\partial z}{\partial x_i}=-\frac{F_{x_i}}{F_z},\quad i=1,\cdots,n.$$

从公式可知, 若表达式 $F(z,x_1,\cdots,x_n)$ 是已知的, 就可以计算隐函数 $z=z(x_1,\cdots,x_n)$ 的偏导数. 当然, 必须满足条件 $F_z\neq 0$, 事实上, 这个条件正是由方程 $F(z,x_1,\cdots,x_n)=0$ 确定隐函数 $z=z(x_1,\cdots,x_n)$ 的条件.

上述过程是典型的隐函数的求导过程, 此过程先确定隐函数, 将方程视为复合函数的方程, 对方程求导, 利用求导法则得到隐函数的偏导数. 这种求导的思想应该熟练掌握, 不必记住公式. 同时也可以发现, 隐函数求导的基本思想是将确定的隐函数代入方程, 将方程视为方程和隐函数复合而成的复合方程, 对复合方程两端求相应的偏导数即可, 因此, 隐函数偏导数的计算核心技术还是复合函数的偏导数的计算.

由方程确定的隐函数具有局部性, 如上述问题中, 对给定的定点 $(z_0,x_1^0,\cdots,x_n^0)$, 若 $F_z(z_0,x_1^0,\cdots,x_n^0)\neq 0$, 则在 $(z_0,x_1^0,\cdots,x_n^0)$ 附近能确定隐函数 $z=z(x_1,\cdots,x_n)$, 因此, 隐函数的求导也是局部的.

例 36　求由方程 $x^2+y^2+z^2=1$ 所确定的隐函数 $z=z(x,y)$ 的偏导数.

结构分析　隐函数求导的关键是区分清楚谁是因变量？谁是自变量？从题目中提到的 $z=z(x,y)$ 的结构中可以发现, z 是因变量, x, y 是自变量.

解　法一　假设 $F(x,y,z)=x^2+y^2+z^2-1$, 利用上述推导结论

$$z_x=-\frac{F_x}{F_z}=-\frac{2x}{2z}=-\frac{x}{z};\quad z_y=-\frac{F_y}{F_z}=-\frac{2y}{2z}=-\frac{y}{z}.$$

法二　由于 $z=z(x,y)$ 是 x, y 的函数, 对方程 $x^2+y^2+z^2=1$ 两端分别关于 x 求导得

$$2x+2zz_x=0,$$

解方程可得 $z_x=-\dfrac{x}{z}$. 同理, $z_y=-\dfrac{y}{z}$.

注 对任意给定的一组变量 (x, y), 方程 $x^2+y^2+z^2=1$ 的解并不唯一, 有两个解 $z=\pm\sqrt{x^2+y^2}$, 那么, 可以说方程能确定隐函数吗? 事实上, 当 $z_0>0$ 时, 通过求解方程可知, 在此点附近确定的隐函数为 $z=\sqrt{x^2+y^2}$, 当 $z_0<0$ 时, 在此点附近确定的隐函数为 $z=-\sqrt{x^2+y^2}$, 但是, 可以验证, 不论何种形式的隐函数都成立上例的结论, 这正是隐函数存在性的局部性质.

例 37 设 $x+yu-k\sin u=0$, 求 u_x, u_y 和 u_{xx}.

解 由题意, 由方程确定隐函数 $u=u(x, y)$, 对方程两端关于 x 求导得

$$1+yu_x-ku_x\cos u=0,$$

因此, $u_x=\dfrac{1}{k\cos u-y}$. 两端关于 y 求导, 则 $u+yu_y-ku_y\cos u=0$, 因而, $u_y=\dfrac{u}{k\cos u-y}$. 为计算 u_{xx}, 对第一个方程关于 x 再求导, 则

$$yu_{xx}-ku_{xx}\cos u+k(u_x)^2\sin u=0,$$

故 $u_{xx}=\dfrac{k\sin u}{(k\cos u-y)^3}$.

例 38 设 $F(xy, x+y+z)=0$, 求 $\dfrac{\partial z}{\partial x}$ 和 $\dfrac{\partial z}{\partial y}$.

解 由题意, 由方程确定的隐函数为 $z=z(x, y)$, 记 $u=xy$, $v=x+y+z$, 则方程可以视为由 $F(u, v)=0$ 与 $u=xy, v=x+y+z$ 复合而成, 对 $F(u, v)=0$ 关于 x 求导, 则

$$yF_1'+(1+z_x)F_2'=0,$$

因此, $\dfrac{\partial z}{\partial x}=-\dfrac{yF_1'+F_2'}{F_2'}$. 利用对称性, 则 $\dfrac{\partial z}{\partial y}=-\dfrac{xF_1'+F_2'}{F_2'}$.

6.4.2 由方程组所确定的隐函数的导数

由线性代数的方程组理论可知: 在一定条件下, 一般由 m 个方程可确定出 m 个未知量. 因此, 假设给定如下 m 个方程的方程组:

$$\begin{cases} F_1(u_1, \cdots, u_m, x_1, \cdots, x_n)=0, \\ \qquad\qquad\cdots\cdots \\ F_m(u_1, \cdots, u_m, x_1, \cdots, x_n)=0, \end{cases}$$

则任给一组数 $x_1, \cdots, x_n$, 上述方程组是以 $u_1, \cdots, u_m$ 为未知量的方程组, 设其有唯一解 $u_1, \cdots, u_m$, 于是, 对任意的 $(x_1, \cdots, x_n)$, 由此确定唯一一组数 $u_1, \cdots, u_m$ 与之对应, 由此, 进而确定一组隐函数

$$\begin{cases} u_1 = u_1(x_1, \cdots, x_n), \\ \cdots\cdots \\ u_m = u_m(x_1, \cdots, x_n), \end{cases}$$

我们的目的是在不必计算出上述隐函数的情况下, 计算偏导数 $\dfrac{\partial u_i}{\partial x_j}$, $i = 1, \cdots, m$, $j = 1, \cdots, n$ 及其高阶偏导数.

与单个方程确定的隐函数的求导类似, 将每个方程都视为复合函数方程, 利用复合函数的求导法则可以计算偏导数, 以对 x_1 的偏导数的计算为例, 对方程组的每个方程两端关于 x_1 求偏导, 则

$$\begin{cases} \dfrac{\partial F_1}{\partial u_1} \cdot \dfrac{\partial u_1}{\partial x_1} + \cdots + \dfrac{\partial F_1}{\partial u_m} \cdot \dfrac{\partial u_m}{\partial x_1} + \dfrac{\partial F_1}{\partial x_1} = 0, \\ \cdots\cdots \\ \dfrac{\partial F_m}{\partial u_1} \cdot \dfrac{\partial u_1}{\partial x_1} + \cdots + \dfrac{\partial F_m}{\partial u_m} \cdot \dfrac{\partial u_m}{\partial x_1} + \dfrac{\partial F_m}{\partial x_1} = 0, \end{cases}$$

由此可得关于 $\dfrac{\partial u_1}{\partial x_1}, \cdots, \dfrac{\partial u_m}{\partial x_1}$ 的线性方程组, 则

$$\frac{\partial u_1}{\partial x_1} = -\frac{\dfrac{\partial(F_1, \cdots, F_m)}{\partial(x_1, u_2 \cdots, u_m)}}{\dfrac{\partial(F_1, \cdots, F_m)}{\partial(u_1, \cdots, u_m)}},$$

$$\cdots$$

$$\frac{\partial u_m}{\partial x_1} = -\frac{\dfrac{\partial(F_1, \cdots, F_m)}{\partial(u_1, \cdots, u_{m-1}, x_1)}}{\dfrac{\partial(F_1, \cdots, F_m)}{\partial(u_1, \cdots, u_m)}},$$

其中函数行列式

$$\frac{\partial(F_1, \cdots, F_m)}{\partial(u_1, \cdots, u_m)} = \begin{vmatrix} \dfrac{\partial F_1}{\partial u_1} & \cdots & \dfrac{\partial F_1}{\partial u_m} \\ \cdots & \cdots & \cdots \\ \dfrac{\partial F_m}{\partial u_1} & \cdots & \dfrac{\partial F_m}{\partial u_m} \end{vmatrix}.$$

类似可以计算其他的偏导数.

例 39 计算由 $\begin{cases} F(x, y, z) = 0, \\ G(x, y, z) = 0 \end{cases}$ 所确定的隐函数 $y = y(x), z = z(x)$ 的偏导数 $\dfrac{\partial z}{\partial x}, \dfrac{\partial y}{\partial x}$.

解 由题意得, 由方程组确定两个隐函数 $y=y(x), z=z(x)$, 将方程组视为由此复合而成的复合函数方程组, 对 x 求导, 则

$$\begin{cases} F_1'+F_2'\dfrac{\partial y}{\partial x}+F_3'\dfrac{\partial z}{\partial x}=0, \\ G_1'+G_2'\dfrac{\partial y}{\partial x}+G_3'\dfrac{\partial z}{\partial x}=0, \end{cases}$$

解之得

$$y'(x)=-\frac{\dfrac{\partial(F,G)}{\partial(x,z)}}{\dfrac{\partial(F,G)}{\partial(y,z)}},\quad z'(x)=-\frac{\dfrac{\partial(F,G)}{\partial(y,x)}}{\dfrac{\partial(F,G)}{\partial(y,z)}},$$

其中, F_1' 表示函数 F 对第一个变量的偏导数, F_2' 表示函数 F 对第二个变量的偏导数, 如若 $F=F(u,v,w)$, 则 $F_2'=F_v(u,v,w)$.

从上述两种情形看, 隐函数的求导相当简单, 但要注意掌握方法实质, 注意从题目中分析清楚确定的隐函数. 也注意不必记公式, 要做到灵活运用.

例 40 设 $x=r\cos\theta, y=r\sin\theta$, 求 $\dfrac{\partial r}{\partial x},\dfrac{\partial \theta}{\partial x},\dfrac{\partial r}{\partial y},\dfrac{\partial \theta}{\partial y}$.

结构分析 从题型可知, 确定两个隐函数 $r=r(x,y), \theta=\theta(x,y)$.

解 法一 对两式关于 x 求导, 则

$$\begin{cases} 1=\cos\theta\cdot\dfrac{\partial r}{\partial x}-r\sin\theta\cdot\dfrac{\partial \theta}{\partial x}, \\ 0=\sin\theta\cdot\dfrac{\partial r}{\partial x}-r\cos\theta\cdot\dfrac{\partial \theta}{\partial x}, \end{cases}$$

解之得 $\begin{cases} \dfrac{\partial r}{\partial x}=\cos\theta, \\ \dfrac{\partial \theta}{\partial x}=-\dfrac{\sin\theta}{r}; \end{cases}$ 类似可得 $\begin{cases} \dfrac{\partial r}{\partial y}=\sin\theta, \\ \dfrac{\partial \theta}{\partial y}=\dfrac{\cos\theta}{r}. \end{cases}$

注 还可用微分法, 利用复合函数一阶微分的不变性计算隐函数的偏导数.

法二 两端分别求微分可得

$$\begin{cases} \mathrm{d}x=\cos\theta\cdot\mathrm{d}r-r\sin\theta\cdot\mathrm{d}\theta, \\ \mathrm{d}y=\sin\theta\cdot\mathrm{d}r-r\cos\theta\cdot\mathrm{d}\theta, \end{cases}$$

解方程得

$$\begin{cases} \mathrm{d}r=\cos\theta\cdot\mathrm{d}x+\sin\theta\cdot\mathrm{d}y, \\ \mathrm{d}\theta=-\dfrac{\sin\theta}{r}\cdot\mathrm{d}x+\dfrac{\cos\theta}{r}\cdot\mathrm{d}y, \end{cases}$$

由微分定义得

$$\frac{\partial r}{\partial x}=\cos\theta,\quad \frac{\partial r}{\partial y}=\sin\theta,\quad \frac{\partial \theta}{\partial x}=-\frac{\sin\theta}{r},\quad \frac{\partial \theta}{\partial y}=\frac{\cos\theta}{r}.$$

例 41 从方程组 $\begin{cases} x+y+z+u+v=1, \\ x^2+y^2+z^2+u^2+v^2=2 \end{cases}$ 中求出 u_x, v_x, u_{xx}, v_{xx}.

结构分析 这是 5 个变元、两个方程的方程组, 由方程组理论, 两个方程的方程组至多可以确定两个变量, 因此, 上述 5 个变量, 至少有 3 个是独立的, 而从题目中可分析出：变元 x, y, z 独立, 确定两个隐函数 $u=u(x,y,z), v=v(x,y,z)$.

解 由题意, 方程组可以确定隐函数 $u=u(x,y,z), v=v(x,y,z)$, 因此, 利用复合函数求导法则, 对方程组的方程两端关于 x 求偏导, 则

$$\begin{cases} 1+u_x+v_x=0, \\ 2x+2uu_x+2vv_x=0, \end{cases} \tag{$*$}$$

解之得 $u_x=\dfrac{x-v}{v-u}, v_x=\dfrac{u-x}{v-u}$.

再对 $(*)$ 两端关于 x 求偏导：

$$\begin{cases} u_{xx}+v_{xx}=0, \\ 1+u_x^2+uu_{xx}+v_x^2+vv_{xx}=0, \end{cases}$$

求解得 $u_{xx}=-v_{xx}=\dfrac{1+\left(\dfrac{x-v}{v-u}\right)^2+\left(\dfrac{u-x}{v-u}\right)^2}{v-u}$.

例 42 设 $\begin{cases} x+y=u+v, \\ \dfrac{x}{y}=\dfrac{u^2}{v}, \end{cases}$ 计算 $\mathrm{d}u, \mathrm{d}v$.

结构分析 由题意, 通过方程组确定隐函数为 $u=u(x,y), v=v(x,y)$, 利用微分法对方程组两端求微分就可以计算出 $\mathrm{d}u$, $\mathrm{d}v$, 但是, 注意到方程组的结构, 直接对方程微分, 需要利用除法的微分法则计算两个商式的微分, 我们知道, 在四则运算法则中, 除法的微分法则最复杂, 因此, 我们尽可能化简结构, 避开复杂的计算, 为此, 我们对第二个方程进行变形, 将商的形式转化为乘积形式.

解 由题意, 方程组确定隐函数 $u=u(x,y), v=v(x,y)$, 将方程组变形

$$\begin{cases} x+y=u+v, \\ xv=yu^2, \end{cases}$$

两端微分, 则

$$\begin{cases} dx + dy = du + dv, \\ vdx + xdv = u^2dy + 2ydu, \end{cases}$$

求解得 $du = \dfrac{x+v}{x+2y}dx + \dfrac{x-u^2}{x+2y}dy$, $dv = \dfrac{2y-v}{x+2y}dx + \dfrac{2y+u^2}{x+2y}dy$.

在掌握了基本的运算法则后, 一定要掌握利用结构特点确定最简洁的解决问题的技术路线.

习 题 6-4

1. 计算由下列方程所确定的隐函数的一阶偏导数 u_x, u_y.

(1) $y^2 + xe^{yu} + y^2u = 0$;　　(2) $\ln(x^2+y^2+u^2) = xyu$.

2. 设 $z = z(x,y)$ 由隐函数方程 $\dfrac{x}{z} = \ln\dfrac{z}{y}$ 确定, 求 $\dfrac{\partial z}{\partial x}, \dfrac{\partial z}{\partial y}$.

3. 设 $f(x,y,z) = x^2yz^3$, 其中 $z = z(x,y)$ 是由方程 $x^2+y^2+z^2-3xyz=0$ 所确定的隐函数, 求 $f_x(1,1,1)$.

4. 设函数 $z = z(x,y)$ 由方程 $f(xy, z-2x) = 0$ 所确定, 其中 f 具有一阶连续偏导数, 求 $x\dfrac{\partial z}{\partial x} - y\dfrac{\partial z}{\partial y}$.

5. 设 $x = x(y,z), y = y(x,z), z = z(x,y)$ 都是由方程 $F(x,y,z) = 0$ 所确定的具有连续偏导数的函数, 证明 $\dfrac{\partial x}{\partial y}\cdot\dfrac{\partial y}{\partial z}\cdot\dfrac{\partial z}{\partial x} = -1$.

6. 设函数 $y = y(x), z = z(x)$ 由方程组 $\begin{cases} z = x^2+y^2, \\ x^2+2y^2+3z^2 = 20 \end{cases}$ 所确定, 求 $\dfrac{dy}{dx}, \dfrac{dz}{dx}$.

7. 按要求, 求解下列题目:

(1) $\begin{cases} x^2+y^2+z^2 = 1, \\ x = y, \end{cases}$ 求 dy, dz;　　(2) $\begin{cases} x+y = \dfrac{u}{1+v^2}, \\ \dfrac{x}{y^2+1} = \dfrac{yu^2}{v}, \end{cases}$ 求 u_x, u_y, v_x, v_y;

(3) $\begin{cases} u = f(x,y), \\ g(x,y,z) = 0, \\ h(x,y,z) = 0, \end{cases}$ 求 u_x;　　(4) $\begin{cases} x = e^u\cos v, \\ y = e^u\sin v, \\ z = uv, \end{cases}$ 求 z_x, z_y.

6.5 方向导数与梯度

6.5节课件

前面几节, 我们学习了多元函数的偏导数, 从其定义看, 其研究的是多元函数沿坐标轴方向函数的变化率. 但是, 在许多实际问题中, 还需要知道多元函数在某点、沿某个指定方向上的变化率. 对一般的区域而言, 其边界不一定平行于坐标轴, 法向也不一定平行于坐标轴, 这就需要研究任意方向上的变化率——多元函数的方向导数.

6.5.1　方向导数的定义

以二元函数 $z=f(x,y)$ 为例, 设 $z=f(x,y)$ 在点 $p_0(x_0,y_0)$ 的某邻域有定义, l 是从 p_0 点出发的射线 (以 p_0 为始点), $\boldsymbol{l}=(\cos\alpha,\cos\beta)$ 为其方向向量, 即射线的参数方程为

$$\begin{cases} x=x_0+t\cos\alpha, \\ y=y_0+t\cos\beta \end{cases} \quad (t\geqslant 0).$$

考察 $u=f(p)$ 在 p_0 点沿 $\boldsymbol{l}$ 方向的瞬时变化率.

极限是处理瞬时变化率的基本方法, 一点处的瞬时变化率可视为平均变化率的极限, 而平均变化率就是函数的改变量与引起函数改变的变量的改变量的比值. 任取 $p(x,y)\in l$, 则当点从 p_0 变到 p 时, 函数的改变量

$$\Delta f(p_0)=f(p)-f(p_0)=f(x,y)-f(x_0,y_0)=f(x_0+t\cos\alpha,y_0+t\cos\beta)-f(x_0,y_0),$$

此时, 自变量从 p_0 变到 p, 因此, 在射线上, 引起函数变化的自变量的改变量可取为线段 $\overline{p_0p}$ 的长度

$$|\overline{p_0p}|=\sqrt{(x-x_0)^2+(y-y_0)^2}=\sqrt{(t\cos\alpha)^2+(t\cos\beta)^2}=t \quad (t\geqslant 0).$$

在线段 $\overline{p_0p}$ 上, 函数 $z=f(x,y)$ 的平均变化率为 $\dfrac{\Delta f(p_0)}{|\overline{p_0p}|}$, 而在 p_0 点的瞬时变化率可通过极限形式来定义.

定义 6-18　若 $\lim\limits_{\substack{p\to p_0\\ p\in l}}\dfrac{\Delta f(p_0)}{|\overline{p_0p}|}=\lim\limits_{t\to 0^+}\dfrac{f(x_0+t\cos\alpha,y_0+t\cos\beta)-f(x_0,y_0)}{t}$ 存在, 称其为 $z=f(x,y)$ 在 p_0 点沿 $\boldsymbol{l}$ 方向的方向导数 (值), 记为 $\dfrac{\partial f}{\partial \boldsymbol{l}}(p_0)$, $\left.\dfrac{\partial f}{\partial \boldsymbol{l}}\right|_{p_0}$ 或 $\left.\dfrac{\partial f}{\partial \boldsymbol{l}}\right|_{(x_0,y_0)}$.

我们需要思考如下问题:

(1) 方向导数如何计算; (2) 它与偏导数的关系.

定理 6-12　设 $z=f(x,y)$ 在 $p_0(x_0,y_0)$ 可微, 则 $f(x,y)$ 在 p_0 点沿任何方向 $\boldsymbol{l}$ 的方向导数都存在, 且 $\left.\dfrac{\partial f}{\partial \boldsymbol{l}}\right|_{p_0}=f_x(p_0)\cos\alpha+f_y(p_0)\cos\beta$, 其中 $\boldsymbol{l}=(\cos\alpha,\cos\beta)$ 为射线 $\boldsymbol{l}$ 的方向向量.

结构分析 用定义建立方向导数和偏导数的关系. 因此, 须分析 $\Delta f(p_0)$ 与 $|\overline{p_0p}|$ 之关系, 联系二者之桥梁便是方向向量.

证明 记 l 为以 p_0 为端点, 以 $\boldsymbol{l}$ 为方向的射线, 任取 $p(x,y)\in l$, 记 $\Delta x = x-x_0, \Delta y = y-y_0$, 由于 $f(p)$ 在 p_0 点可微, 故

$$\Delta f(p_0)=f_x(p_0)\Delta x+f_y(p_0)\Delta y+o(\sqrt{\Delta x^2+\Delta y^2}),$$

由于 $p\in l$, 而 $\boldsymbol{l}=(\cos\alpha,\cos\beta)$, 故

$$\cos\alpha=\frac{\Delta x}{|\overline{p_0p}|},\quad \cos\beta=\frac{\Delta y}{|\overline{p_0p}|},$$

因而, $\left.\dfrac{\partial f}{\partial \boldsymbol{l}}\right|_{p_0}=\lim\limits_{\substack{p\to p_0\\ p\in l}}\dfrac{\Delta f}{|\overline{p_0p}|}=f_x(p_0)\cos\alpha+f_y(p_0)\cos\beta.$

上述公式给出了可微条件下, 方向导数的计算公式, 故, 在此条件下, 利用偏导数和方向向量即可计算方向导数. 有了偏导数便可计算方向导数, 但一定要注意可微条件下才成立. 换句话说, 没有可微性, 只有偏导数的存在性不一定能保证方向导数存在, 我们将通过例子说明, 二者之间不存在条件和结论的关系.

例 43 讨论 $f(x,y)=\begin{cases} x+y, & x=0\text{或}y=0,\\ 1, & \text{其他}\end{cases}$ 在 $p_0(0,0)$ 点偏导数以及沿任一方向 $\boldsymbol{l}=(\cos\alpha,\cos\beta)$ 的方向导数的存在性.

解 容易计算 $f_x(0,0)=1$, $f_y(0,0)=1$. 对任意方向 $\boldsymbol{l}=(\cos\alpha,\cos\beta)=(\cos\alpha,\sin\alpha)$, l 是从 p_0 点出发, 以 $\boldsymbol{l}$ 为方向的射线, 当 $\alpha\neq 0,\dfrac{\pi}{2},\pi,\dfrac{3\pi}{2},2\pi$ 时, 对任意的 $p(x,y)\in l$, 此时 p 不在坐标轴上, 故, $f(p)=1$, 因而 $\lim\limits_{\substack{p\to(0,0)\\ p\in l}}\dfrac{f(p)-f(0,0)}{\sqrt{x^2+y^2}}=\lim\limits_{\substack{(x,y)\to(0,0)\\ (x,y)\in l}}\dfrac{1}{\sqrt{x^2+y^2}}$, 不存在, 因此, 沿上述方向 $\boldsymbol{l}$ 的方向导数都不存在.

当 $\alpha=0$ 时, $\left.\dfrac{\partial f}{\partial \boldsymbol{l}}\right|_{p_0}=\lim\limits_{\substack{p\to p_0\\ p\in l}}\dfrac{\Delta f(p_0)}{|\overline{p_0p}|}=\lim\limits_{\substack{p\to p_0\\ p\in l}}\dfrac{f(x,0)-f(0,0)}{x}=1.$

当 $\alpha=\pi$ 时, $\left.\dfrac{\partial f}{\partial \boldsymbol{l}}\right|_{p_0}=\lim\limits_{\substack{p\to p_0\\ p\in l}}\dfrac{\Delta f}{|\overline{p_0p}|}=\lim\limits_{\substack{p\to p_0\\ p\in l}}\dfrac{f(x,0)-f(0,0)}{-x}=-1.$

类似, 当 $\alpha=\dfrac{\pi}{2}$ 时, $\left.\dfrac{\partial f}{\partial \boldsymbol{l}}\right|_{p_0}=1$. 当 $\alpha=\dfrac{3\pi}{2}$ 时, $\left.\dfrac{\partial f}{\partial \boldsymbol{l}}\right|_{p_0}=-1$.

上例也说明: 偏导数的存在性不是方向导数存在的条件, 反过来, 某个方向导数的存在性也不能保证偏导数的存在性.

例 44　讨论函数 $f(x,y)=\begin{cases}1, & y=x,\\ 0, & y\neq x\end{cases}$ 在 $p_0(0,0)$ 点沿射线 l: $y=x, x>0(\alpha=\dfrac{\pi}{4})$ 的方向导数和偏导数的存在性.

解　由定义, 则

$$\left.\frac{\partial f}{\partial \boldsymbol{l}}\right|_{(0,0)}=\lim_{\substack{(x,y)\to(0,0)\\(x,y)\in l}}\frac{\Delta f(0,0)}{\sqrt{x^2+y^2}}=0,$$

由于 $\lim\limits_{x\to 0}\dfrac{f(x,0)-f(0,0)}{x}=\lim\limits_{x\to 0}\dfrac{-1}{x}$ 不存在, 故, $\left.\dfrac{\partial f}{\partial x}\right|_{(0,0)}$ 不存在. 类似, $\left.\dfrac{\partial f}{\partial y}\right|_{(0,0)}$ 也不存在.

更进一步还有例子表明：即使函数在任何方向上的方向导数都存在, 也不一定能保证函数的偏导数存在, 甚至不能保证函数在此点的连续性.

例 45　讨论 $f(x,y)=\sqrt{x^2+y^2}$ 在 $p_0(0,0)$ 的连续性、偏导数存在性、可微性和沿任意方向的方向导数的存在性.

解　容易证明 $f(x,y)$ 在 $p_0(0,0)$ 点连续, 由于 $\lim\limits_{x\to 0}\dfrac{f(x,0)-f(0,0)}{x}=\lim\limits_{x\to 0}\dfrac{\sqrt{x^2}}{x}$ 不存在, 故 $\left.\dfrac{\partial f}{\partial x}\right|_{(0,0)}$ 不存在; 类似, $\left.\dfrac{\partial f}{\partial y}\right|_{(0,0)}$ 也不存在, 因而, $f(x,y)$ 在 $p_0(0,0)$ 点不可微. 但对任何方向 $\boldsymbol{l}=(\cos\alpha,\sin\alpha)$, 容易计算都有 $\left.\dfrac{\partial f}{\partial \boldsymbol{l}}\right|_{(0,0)}=1$, 因而, $f(x,y)$ 在 $p_0(0,0)$ 点沿任意方向的方向导数都存在.

还有例子表明：即使函数在任何方向上的方向导数都存在, 甚至不能保证函数在此点的连续性, 如 $f(x,y)=\begin{cases}1, & 0<y<x^2,\\ 0, & \text{其他}.\end{cases}$ 显然, $f(x,y)$ 在 $p_0(0,0)$ 点不连续, 但是, 可以计算, 对任意方向 $\boldsymbol{l}=(\cos\alpha,\sin\alpha)$, 都有 $\left.\dfrac{\partial f}{\partial \boldsymbol{l}}\right|_{(0,0)}=0$. 事实上, 若 l 落在第一象限时, 设所在的直线方程：$y=kx$, 其中 $k=\tan\alpha>0$, 当 x 充分小时, 直线 $y=kx$ 总落在 $f=0$ 的区域内, 故

$$\left.\frac{\partial f}{\partial \boldsymbol{l}}\right|_{(0,0)}=\lim_{\substack{p(x,y)\to(0,0)\\p\in l}}\frac{f(p)-f(0,0)}{\sqrt{x^2+y^2}}=0,$$

当射线落在其他位置时, 成立同样的结论.

6.5.2 偏导数与特殊的方向导数

尽管上述的例子表明, 不加任何条件, 偏导数的存在性和方向导数的存在性没有确定的关系, 但是, 由于坐标轴上有两个相反的方向, 因而, 可以借助这两个方向上的方向导数来研究相应的偏导数.

记 $\boldsymbol{l}_1=(1,0)$ 为 x 轴正向, $\boldsymbol{l}_2=(-1,0)$ 为 x 轴负向, 设 $f(x,y)$ 在 $p_0(0,0)$ 点沿 $\boldsymbol{l}_1,\boldsymbol{l}_2$ 的方向导数存在, 且 $f_x(p_0)$ 也存在, 则

$$\left.\frac{\partial f}{\partial \boldsymbol{l}_1}\right|_{p_0}=\lim_{x\to0^+}\frac{f(x,0)-f(0,0)}{x},$$

$$\left.\frac{\partial f}{\partial \boldsymbol{l}_2}\right|_{p_0}=\lim_{x\to0^-}\frac{f(x,0)-f(0,0)}{|x|}=-\lim_{x\to0^-}\frac{f(x,0)-f(0,0)}{x},$$

$$f_x(p_0)=\lim_{x\to0}\frac{f(x,0)-f(0,0)}{x},$$

利用极限性质, 得到下面的结论.

定理 6-13 多元函数 $z=f(x,y)$ 在点 p_0 处偏导数 $f_x(p_0)$ 存在的充分必要条件是 $\left.\frac{\partial f}{\partial \boldsymbol{l}_1}\right|_{p_0}$, $\left.\frac{\partial f}{\partial \boldsymbol{l}_2}\right|_{p_0}$ 存在且有 $\left.\frac{\partial f}{\partial \boldsymbol{l}_1}\right|_{p_0}=-\left.\frac{\partial f}{\partial \boldsymbol{l}_2}\right|_{p_0}$, 在存在的条件下, 有关系:

$$\left.\frac{\partial f}{\partial \boldsymbol{l}_1}\right|_{p_0}=-\left.\frac{\partial f}{\partial \boldsymbol{l}_2}\right|_{p_0}=f_x(p_0).$$

类似, 在 y 轴方向成立同样的关系. 这个结论提供了在已知方向导数的情况下, 判断偏导数存在的一种方法. 若先计算出对任何方向 $\boldsymbol{l}=(\cos\alpha,\sin\alpha)$, 都有 $\left.\frac{\partial f}{\partial \boldsymbol{l}}\right|_{(0,0)}=1$, 则 $\left.\frac{\partial f}{\partial \boldsymbol{l}_1}\right|_{(0,0)}=\left.\frac{\partial f}{\partial \boldsymbol{l}_2}\right|_{(0,0)}$, 故 $f_x(0,0)$ 不存在.

作为定理的应用, 同时也给出结构复杂的函数利用直线的参数方程形式计算方向导数的方法, 再给出一个例子.

例 46 假设 $f(x,y)=\begin{cases}\dfrac{xy}{\sqrt{x^2+y^2}}, & (x,y)\neq(0,0),\\ 0, & (x,y)=(0,0).\end{cases}$ 证明: $f(x,y)$ 在 $p_0(0,0)$ 点沿任意方向的方向导数都存在, 但不可微.

证明 对任意方向 $\boldsymbol{l}=(\cos\alpha,\sin\alpha)$, 对应的射线的参数方程为

$$l:\begin{cases}x=t\cos\alpha,\\ y=t\sin\alpha,\end{cases}\quad t\geqslant0,$$

故

$$\left.\frac{\partial f}{\partial \boldsymbol{l}}\right|_{(0,0)} = \lim_{\substack{p(x,y)\to(0,0)\\ p\in l}} \frac{f(p)-f(0,0)}{\sqrt{x^2+y^2}} = \lim_{t\to 0^+} \frac{f(t\cos\alpha, t\sin\alpha)-f(0,0)}{t}$$

$$= \cos\alpha\sin\alpha,$$

因此, $f(x,y)$ 在 $p_0(0,0)$ 点沿任意方向的方向导数均存在.

记 $\boldsymbol{l}_1=(1,0)$ 为 x 轴正向, $\boldsymbol{l}_2=(-1,0)$ 为 x 轴负向, 由于

$$\left.\frac{\partial f}{\partial \boldsymbol{l}_1}\right|_{(0,0)} = \cos\alpha\sin\alpha|_{\alpha=0}=0, \quad \left.\frac{\partial f}{\partial \boldsymbol{l}_2}\right|_{(0,0)} = \cos\alpha\sin\alpha|_{\alpha=\pi}=0,$$

因而, $\left.\frac{\partial f}{\partial \boldsymbol{l}_1}\right|_{p_0} = -\left.\frac{\partial f}{\partial \boldsymbol{l}_2}\right|_{p_0} = 0$, 故 $f_x(0,0)=0$, 类似, $f_y(0,0)=0$, 由于

$$\lim_{(x,y)\to(0,0)} \frac{f(x,y)-f(0,0)-[f_x(0,0)x-f_y(0,0)y]}{\sqrt{x^2+y^2}} = \lim_{(x,y)\to(0,0)} \frac{xy}{x^2+y^2}$$

不存在, 故 $f(x,y)$ 在 $p_0(0,0)$ 点不可微.

6.5.3 梯度

在实际问题中, 还经常考虑函数在哪个方向上变化最快的问题, 这类问题通常涉及物理量——场. 如某个区域的温度分布就形成温度场, 一座山的高度形成高度场等. 在研究某点处的温度沿什么方向变化最快、山上某点处的雪水沿什么方向向下流动最快时, 这些问题抽象为数学问题就是本小节要研究的函数在哪个方向上变化速度最快的问题——梯度问题. 类比已知理论, 由于函数在某个方向上的变化率就是方向导数, 因此, 我们从方向导数出发进行研究.

设 $z=f(x,y)$ 在 $p_0(x_0,y_0)$ 点可微, 则在任意方向 $\boldsymbol{e}_l=(\cos\alpha,\cos\beta)$ 的方向导数 $\left.\frac{\partial f}{\partial \boldsymbol{l}}\right|_{p_0}$ 存在, 且 $\left.\frac{\partial f}{\partial \boldsymbol{l}}\right|_{p_0} = f_x(p_0)\cos\alpha + f_y(p_0)\cos\beta = (f_x(p_0), f_y(p_0))\cdot(\cos\alpha,\cos\beta)$.

记 $\mathrm{grad} f(p_0) \triangleq \{f_x(p_0), f_y(p_0)\}$, 则

$$\left.\frac{\partial f}{\partial \boldsymbol{l}}\right|_{p_0} = |\mathrm{grad} f(p_0)|\cdot|\boldsymbol{e}_l|\cdot\cos\theta,$$

θ 为向量 $\mathrm{grad} f(p_0)$ 和向量 $\boldsymbol{e}_l$ 的夹角.

当 $\theta=0$ 时, 即 $\mathrm{grad}f(p_0)$ 的方向与 $\boldsymbol{e}_l$ 的方向相同时, 方向导数达到最大, 最大值就是 $|\mathrm{grad}f(x_0,y_0)|$, 为了研究方便, 人们将 $\mathrm{grad}f(x_0,y_0)$ 为函数 $z=f(x,y)$ 在 p_0 点的**梯度**, 又记作:

$$\mathrm{grad}f(x_0,y_0)=\nabla f(x_0,y_0)\triangleq(f_x(x_0,y_0),f_y(x_0,y_0))\triangleq f_x(x_0,y_0)\boldsymbol{i}+f_y(x_0,y_0)\boldsymbol{j},$$

其中 $\nabla\triangleq\dfrac{\partial}{\partial x}\boldsymbol{i}+\dfrac{\partial}{\partial y}\boldsymbol{j}$ 称为 (二维的) 向量微分算子或 Nabla 算子, $\nabla f=\dfrac{\partial f}{\partial x}\boldsymbol{i}+\dfrac{\partial f}{\partial y}\boldsymbol{j}$.

注 (1) 在梯度方向, 方向导数 $\left.\dfrac{\partial f}{\partial \boldsymbol{l}}\right|_{p_0}$ 大于零, 即函数 $z=f(x,y)$ 在 $p_0(x_0,y_0)$ 点的变化率大于零. 在梯度方向, 方向导数 $\left.\dfrac{\partial f}{\partial \boldsymbol{l}}\right|_{p_0}$ 最大, 即函数 $z=f(x,y)$ 在 $p_0(x_0,y_0)$ 点处沿着梯度方向函数值增加最快;

(2) 当 $\theta=\pi$ 时, 即 $\mathrm{grad}f(p_0)$ 的方向与 $\boldsymbol{e}_l$ 的方向相反时, 方向导数达到最小, 最小值就是 $-|\mathrm{grad}f(x_0,y_0)|\leqslant 0$ 的相反数, 此时函数 $z=f(x,y)$ 减少最快;

(3) 当 $\theta=\dfrac{\pi}{2}$ 时, 即 $\mathrm{grad}f(p_0)$ 的方向与 $\boldsymbol{e}_l$ 的方向正交 (垂直) 时, 函数的方向导数 (变化率) 为零, 即 $\left.\dfrac{\partial f}{\partial \boldsymbol{l}}\right|_{p_0}=|\mathrm{grad}f(p_0)|\cdot|\boldsymbol{e}_l|\cdot\cos\theta=0$.

注 (1) 多元函数在某一点的梯度是一个非常特殊的向量, 它由多元函数对每个变量的偏导数来计算;

(2) 梯度的方向是函数在该点增加最快的方向, 大小为函数在该点的最大变化率 (方向导数);

(3) 梯度的方向是函数在该点减少最快的方向, 大小为函数在该点的最大变化率的相反数.

一般来说, 二元函数 $z=f(x,y)$ 的图像是一个曲面, 这个曲面配平面截取的曲线方程为

$$L:\begin{cases} z=f(x,y), \\ z=c, \end{cases}$$

这里 c 为常数. 曲线 L 在 xOy 面上的投影 L^* 称为函数 $z=f(x,y)$ 的等值线. 等值线在不同的应用场景有不同的名字, 如等温线、等高线、等势线等等.

当 $z=f(x,y)$ 的偏导数不同时为零时, 等值线 $f(x,y)=c$ 上任一点 $p_0(x_0,y_0)$

处的一个单位法向量为

$$\boldsymbol{n}=\frac{1}{\sqrt{f_x^2(x_0,y_0)+f_y^2(x_0,y_0)}}(f_x(x_0,y_0),f_y(x_0,y_0))=\frac{\nabla f(x_0,y_0)}{|\nabla f(x_0,y_0)|}.$$

这表明, 函数在某个点的梯度方向就是对应等值线在该点的法线方向, 并且梯度的模就是沿这个法向量的方向导数 $\dfrac{\partial f}{\partial \boldsymbol{n}}$, 即

$$\left.\frac{\partial f}{\partial \boldsymbol{n}}\right|_{(x_0,y_0)}=|\mathrm{grad}f(x_0,y_0)|.$$

上面讨论过的梯度的概念都可以推广到多元函数的情形, 以三元函数为例, 假设函数 $u=f(x,y,z)$ 在其定义区域内具有一阶连续偏导数, 则对于每一个点 $p_0(x_0,y_0,z_0)$, 称向量

$$f_x(x_0,y_0,z_0)\boldsymbol{i}+f_y(x_0,y_0,z_0)\boldsymbol{j}+f_y(x_0,y_0,z_0)\boldsymbol{k}$$

为三元函数 $u=f(x,y,z)$ 在点 $p_0(x_0,y_0,z_0)$ 处的梯度, 记作 $\mathrm{grad}f(x_0,y_0,z_0)$ 或 $\nabla f(x_0,y_0,z_0)$. 其中 $\nabla=\dfrac{\partial}{\partial x}\boldsymbol{i}+\dfrac{\partial}{\partial y}\boldsymbol{j}+\dfrac{\partial}{\partial z}\boldsymbol{k}$ 称为三维向量微分算子或 Nabla 算子, $\nabla f=\dfrac{\partial f}{\partial x}\boldsymbol{i}+\dfrac{\partial f}{\partial y}\boldsymbol{j}+\dfrac{\partial f}{\partial z}\boldsymbol{k}$.

注 (1) 三元函数的梯度是一个特殊的向量, 它的方向是函数在该点增加最快的方向, 也就是方向导数取得最大的方向, 它的模等于方向导数的最大值.

(2) 若称 $f(x,y,z)=c$(c 为常数) 为三元函数 $u=f(x,y,z)$ 的等值面, 则梯度 $\nabla f(x_0,y_0,z_0)$ 的方向就是等值面在该点 (x_0,y_0,z_0) 的法线方向.

(3) 梯度是向量函数, 可以验证梯度的运算满足

$$\mathrm{grad}(\alpha f+\beta g)=\alpha\mathrm{grad}f+\beta\mathrm{grad}g;$$

$$\mathrm{grad}(f\cdot g)=g\cdot\mathrm{grad}f+f\cdot\mathrm{grad}g;$$

$$\mathrm{grad}\frac{f}{g}=\frac{g\cdot\mathrm{grad}f-f\cdot\mathrm{grad}g}{g^2}.$$

例 47 求 $\mathrm{grad}\dfrac{1}{x^2+y^2}$.

解 假设 $f(x,y)=\dfrac{1}{x^2+y^2}$, 则 $\dfrac{\partial f}{\partial x}=-\dfrac{2x}{(x^2+y^2)^2}$, $\dfrac{\partial f}{\partial y}=-\dfrac{2y}{(x^2+y^2)^2}$, 所以

$$\mathrm{grad}\frac{1}{x^2+y^2}=-\frac{2x}{(x^2+y^2)^2}\boldsymbol{i}-\frac{2y}{(x^2+y^2)^2}\boldsymbol{j}.$$

例 48 函数 $u=3x^2y-2yz+z^3, v=4xy-z^3, P(1,-1,1)$, 求 u 在点 P 处沿该处 $\mathrm{grad}v$ 方向的方向导数.

解 令 $\boldsymbol{l}=\mathrm{grad}v\,\big|_P=(4y,4x,-3z^2)\big|_P=(-4,4,-3)$, 则 $\boldsymbol{l}^0=\dfrac{1}{\sqrt{41}}(-4,4,-3)$.

又

$$\mathrm{grad}u\,\big|_P=(6xy,3x^2-2z,-2y+3z^2)\big|_P=(-6,1,5),$$

故 $\left.\dfrac{\partial u}{\partial \boldsymbol{l}}\right|_P=\mathrm{grad}u|_P\cdot\boldsymbol{l}^0=\dfrac{13}{\sqrt{41}}$.

例 49 求函数 $u=x^2+2y^2+3z^2+3x-2y$ 在点 $(1,1,2)$ 处的梯度, 并问在哪些点处梯度为零?

解 由梯度计算公式得

$$\mathrm{grad}u(x,y,z)=\frac{\partial u}{\partial x}\boldsymbol{i}+\frac{\partial u}{\partial y}\boldsymbol{j}+\frac{\partial u}{\partial z}\boldsymbol{k}=(2x+3)\boldsymbol{i}+(4y-2)\boldsymbol{j}+6z\boldsymbol{k},$$

故 $\mathrm{grad}u(1,1,2)=5\boldsymbol{i}+2\boldsymbol{j}+12\boldsymbol{k}$. 在 $P_0\left(-\dfrac{3}{2},\dfrac{1}{2},0\right)$ 处梯度为 $\mathbf{0}$.

习 题 6-5

1. 用定义计算下列函数在 (0,0) 点沿方向 $\boldsymbol{l}=\left(\dfrac{\sqrt{2}}{2},\dfrac{\sqrt{2}}{2}\right)$ 的方向导数:

(1) $u=\mathrm{e}^{x+y}$; (2) $u=\sin(xy)$.

2. 计算下列函数在给定点 p_0 沿给定方向 $\boldsymbol{l}$ 的方向导数:

(1) $u=x^2y+\ln(x^2+\sin y+1)$, $p_0(1,0)$, $\boldsymbol{l}=\left(\dfrac{1}{2},\dfrac{\sqrt{3}}{2}\right)$;

(2) $u=x^y$, $p_0(1,1)$, $\boldsymbol{l}=\left(-\dfrac{1}{2},\dfrac{\sqrt{3}}{2}\right)$.

3. 假设 $f(x,y)$ 在 $p_0(0,0)$ 可微, $f(x,y)$ 在 $p_0(0,0)$ 点沿指向 $p_1(1,1)$ 方向的方向导数为 1, 沿指向 $p_2(-1,0)$ 的方向导数为 2, 计算 $f(x,y)$ 在 $p_0(0,0)$ 点沿指向 $p_3(-1,-1)$ 方向的方向导数.

4. 设 $f(x,y)=\begin{cases}\dfrac{(x+y)\sin(xy)}{x^2+y^2}, & (x,y)\neq(0,0),\\ 0, & (x,y)=(0,0).\end{cases}$ 证明: $f(x,y)$ 在 $(0,0)$ 连续, 沿任意方向的方向导数存在, 但不可微.

5. 求函数 $u=xy^2+z^3-xyz$ 在点 $P_0(1,1,1)$ 处沿哪个方向的方向导数最大? 最大值是多少.

6. 设 $f(r)$ 为可微函数,$r=|\boldsymbol{r}|$, $\boldsymbol{r}=x\boldsymbol{i}+y\boldsymbol{j}+z\boldsymbol{k}$. 求 $\mathrm{grad}f(r)$,

7．设某区域的温度为 $f(x,y)=60-(x^2+y^2)$, 确定温度在点 $(1,1)$ 处上升和下降最快的方向.

8．设函数都可微, 验证：$\mathrm{grad}(f\cdot g)=g\cdot\mathrm{grad}\,(f)+f\cdot\mathrm{grad}\,(g)$.

6.6节课件

6.6　向量值函数的导数与微分

我们已经学习了一元函数和多元函数的相关知识, 这些函数都是实数到实数的映射. 本节介绍一种实数到向量的映射——向量值函数. 与数量值函数一样, 向量值函数微积分及其性质在很多应用领域具有独到的应用价值.

6.6.1　向量值函数的定义

在平面解析几何中, 平面上的点 M, 向量 $\boldsymbol{r}$ 与两个有序数 x,y 之间有一一对应的关系：

$$M\leftrightarrow\boldsymbol{r}=x\boldsymbol{i}+y\boldsymbol{j}\leftrightarrow(x,y).$$

在空间解析几何中, 空间上的点 M, 向量 $\boldsymbol{r}$ 与三个有序数 x,y,z 之间也有一一对应的关系：

$$M\leftrightarrow\boldsymbol{r}=x\boldsymbol{i}+y\boldsymbol{j}+z\boldsymbol{k}\leftrightarrow(x,y,z).$$

这种向量与实数之间的一一对应的关系可以用函数的形式来表示, 即向量值函数.

定义 6-19　设数集 $D\subset\mathbf{R}$, 则称实数到向量的映射 $\boldsymbol{f}:D\to\mathbf{R}^n$ 为一元向量值函数, 记为

$$\boldsymbol{r}=\boldsymbol{f}(t),\quad t\in D,$$

其中数集 D 称为函数的定义域, t 称为自变量, $\boldsymbol{r}$ 称为因变量.

例如：$\boldsymbol{r}=\sin t\boldsymbol{i}+t^2\boldsymbol{j}=(\sin t,t^2)$, $\boldsymbol{r}=t\boldsymbol{i}+\mathrm{e}^t\boldsymbol{j}=(t,\mathrm{e}^t)$.

如果向量值函数的系数 n 元函数, 称为 n 元向量值函数.

结构分析　一元向量值函数的自变量是实数, 因变量是 n 维向量, 它与一元函数和多元函数的区别就是因变量由数量变成了向量.

向量值函数各分量的系数是一个数量值函数, 称为分量函数.

除此以外, 还存在其他更复杂的多元多维向量值函数, 例如

二元二维向量值函数：$\boldsymbol{r}=(t+s)\boldsymbol{i}+(ts)\boldsymbol{j}=(t+s,ts)$;

二元三维向量值函数：$\boldsymbol{r}=(ts)\boldsymbol{i}+t\boldsymbol{j}+\cos(t+s)\boldsymbol{k}=(ts,t,\cos(t+s))$.

空间曲线 $\varGamma$ 上的点 M 与原点构成向量 $\boldsymbol{r}=\overrightarrow{OM}$(如下图所示), 当 t 变化时, 向量 $\boldsymbol{r}$ 跟着变化, 终点 M 也随之变化. 终点 M 的轨迹称为向量值函数 $\boldsymbol{r}=\boldsymbol{f}(t),t\in D$ 的图形. 向量值函数 $\boldsymbol{r}=\boldsymbol{f}(t),t\in D$ 与点 M 所描绘的曲线一一对应, 因此

$$\boldsymbol{r}=\boldsymbol{f}(t)=(x(t),y(t),x(t)),\quad t\in D$$

称为空间曲线 Γ 的向量方程.

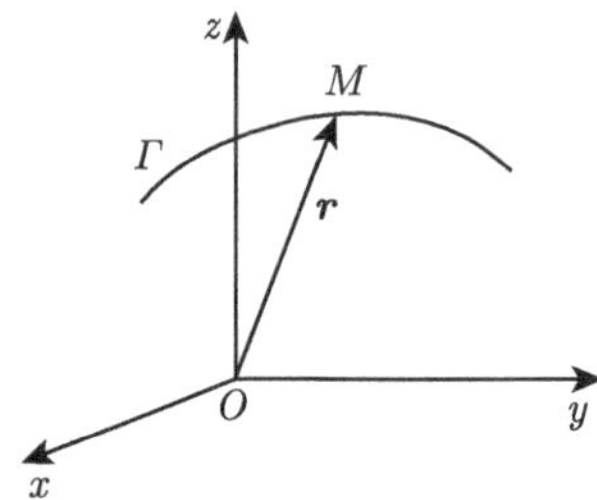

空间曲线 Γ 的参数方程定义为

$$\begin{cases} x = x(t), \\ y = y(t), \quad t \in [\alpha, \beta], \\ z = z(t), \end{cases}$$

其向量形式方程为

$$\boldsymbol{r} = x(t)\boldsymbol{i} + y(t)\boldsymbol{j} + z(t)\boldsymbol{k} = (x(t), y(t), z(t)).$$

向量值函数作为一种映射, 同样具有连续性、可导性和可微性.

6.6.2 向量值函数的极限与连续性

仿照 $\lim\limits_{x\to x_0} f(x) = A$ 的精确定义, 向量值函数极限的精确定义如下.

定义 6-20 假设向量值函数 $\boldsymbol{f}(t)$ 在点 t_0 的某去心邻域内有定义, 如果存在一个常向量 r_0, 对 $\forall \varepsilon > 0, \exists \delta > 0$, 当 $0 < |t - t_0| < \delta$ 时, 对应的向量函数值 $\boldsymbol{f}(t)$ 满足

$$|\boldsymbol{f}(t) - \boldsymbol{r}_0| < \varepsilon,$$

那么, 称 $\boldsymbol{r}_0$ 为向量值函数 $\boldsymbol{f}(t)$ 当 $t \to t_0$ 时的极限, 记作:

$$\lim_{t\to t_0} \boldsymbol{f}(t) = r_0 \text{ 或 } \boldsymbol{f}(t) \to r_0 (t \to t_0).$$

结构分析 从定义的形式和极限结构上分析, 向量值函数的极限精确定义与数量值函数极限的精确定义是一致的, 都是用距离 (向量值函数称之为模) 来控制不等式的.

定理 6-14 假设三维向量值函数 $\boldsymbol{f}(t) = (x(t), y(t), z(t)), t \in D$ 则 $\lim\limits_{t\to t_0} \boldsymbol{f}(t) = \boldsymbol{r}_0 = (x_0, y_0, z_0)$ 的充分必要条件是 $\lim\limits_{t\to t_0} x(t) = x_0, \lim\limits_{t\to t_0} y(t) = y_0, \lim\limits_{t\to t_0} z(t) = z_0$.

证明　略.

定义 6-21　假设向量值函数 $\boldsymbol{f}(t)$ 在点 t_0 的某去心邻域内 $\mathring{U}(t_0)\in D_{\boldsymbol{f}}$ 有定义, 如果

$$\lim_{t\to t_0}\boldsymbol{f}(t)=\boldsymbol{f}(t_0),$$

则称向量值函数 $\boldsymbol{f}(t)$ 在点 t_0 处连续. 若对任意 $t_0\in D_{\boldsymbol{f}},\boldsymbol{f}(t)$ 都连续, 则称 $\boldsymbol{f}(t)$ 是 $D_{\boldsymbol{f}}$ 上的连续函数.

结构分析　从定义的形式和极限结构上分析, 向量值函数的连续性定义与数量值函数连续性定义是一致的, 都是表达了 "连续就是极限值等于函数值" 的定性描述.

定理 6-15　假设三维向量值函数 $\boldsymbol{f}(t)=x(t)\boldsymbol{i}+y(t)\boldsymbol{j}+z(t)\boldsymbol{k},t\in D,\boldsymbol{f}(t)$ 在点 t_0 的某去心邻域内有定义, 则 $\boldsymbol{f}(t)$ 在点 t_0 处连续的充分必要条件是分量函数 $x(t),y(t),z(t)$ 在点 t_0 处连续.

证明　略.

例 50　设 $\boldsymbol{f}(t)=(\cos t)\boldsymbol{i}+(\sin t)\boldsymbol{j}+t\boldsymbol{k}$, 求 $\lim\limits_{t\to\pi}\boldsymbol{f}(t)$.

解

$$\begin{aligned}\lim_{t\to\pi}\boldsymbol{f}(t)&=\lim_{t\to\pi}(\cos t)\boldsymbol{i}+(\sin t)\boldsymbol{j}+t\boldsymbol{k}\\&=\left(\lim_{t\to\pi}\cos t\right)\boldsymbol{i}+\left(\lim_{t\to\pi}\sin t\right)\boldsymbol{j}+\left(\lim_{t\to\pi}t\right)\boldsymbol{k}\\&=-\boldsymbol{i}+0\boldsymbol{j}+\pi\boldsymbol{k}=-\boldsymbol{i}+\pi\boldsymbol{k}.\end{aligned}$$

6.6.3　向量值函数的导数与微分

定义 6-22　假设向量值函数 $\boldsymbol{f}(t)$ 在点 t_0 的某去心邻域内 $\mathring{U}(t_0)\in D_{\boldsymbol{f}}$ 有定义, 如果

$$\lim_{\Delta t\to 0}\frac{\Delta r}{\Delta t}-\lim_{t\to t_0}\frac{\boldsymbol{f}\left(t_0+\Delta t\right)-\boldsymbol{f}\left(t_0\right)}{\Delta t}$$

存在, 称这个极限向量为向量函数 $\boldsymbol{f}(t)$ 在点 t_0 处的导数或导向量, 记作 $\boldsymbol{f}'(t)$ 或 $\left.\dfrac{\mathrm{d}\boldsymbol{r}}{\mathrm{d}t}\right|_{t=t_0}$. 如果向量值函数 $\boldsymbol{f}(t)$ 在定义域的每一点 t 都存在导向量 $\boldsymbol{f}'(t)$ 或 $\dfrac{\mathrm{d}\boldsymbol{r}}{\mathrm{d}t}$, 则称 $\boldsymbol{f}(t)$ 在指定定义域上是可导的.

定理 6-16　假设三维向量值函数 $\boldsymbol{f}(t)=x(t)\boldsymbol{i}+y(t)\boldsymbol{j}+z(t)\boldsymbol{k},t\in D$, 分量函数 $x(t),y(t),z(t)$ 在点 t 处可导, 则 $\boldsymbol{f}(t)$ 在点 t 处可导, 且

$$\boldsymbol{f}(t)=x'(t)\boldsymbol{i}+y'(t)\boldsymbol{j}+z'(t)\boldsymbol{k}.$$

证明　略.

同理, 对于二维向量值函数 $\boldsymbol{f}(t)=x(t)\boldsymbol{i}+y(t)\boldsymbol{j}$, 其导数 $\boldsymbol{f}'(t)=x'(t)\boldsymbol{i}+y'(t)\boldsymbol{j}$, 二阶导数 $\boldsymbol{f}(t)=x''(t)\boldsymbol{i}+y''(t)\boldsymbol{j}$.

注 向量值函数求导数转化为分量 (数量值) 函数求导数.

例 51 计算下列向量值函数 $\boldsymbol{r}(t)=\mathrm{e}^{t^2}\boldsymbol{i}+\ln(1-3t)\boldsymbol{j}$ 的一阶及二阶导数.

解 因为 $\mathrm{e}^{t^2},\ln(1-3t)$ 都是可导函数, 所以

$$\boldsymbol{r}'(t)=\left(\mathrm{e}^{t^2}\right)'\boldsymbol{i}+(\ln(1-3t))'\boldsymbol{j}=2t\mathrm{e}^{t^2}\boldsymbol{i}-\frac{3}{1-3t}\boldsymbol{j},$$

$$\boldsymbol{r}''(t)=(\boldsymbol{r}'(t))'=\left(2t\mathrm{e}^{t^2}\right)'\boldsymbol{i}+\left(-\frac{3}{1-3t}\right)'\boldsymbol{j}=\left(2\mathrm{e}^{t^2}+4t^2\mathrm{e}^{t^2}\right)\boldsymbol{i}-\frac{9}{(1-3t)^2}\boldsymbol{j}.$$

参照数量值函数导数与微分的关系, 可导的向量值函数 $\boldsymbol{f}(t)$ 的微分定义为

$$\mathrm{d}\boldsymbol{f}(t)=\boldsymbol{f}'(t)\mathrm{d}t.$$

对于可导的一元二维向量值函数 $\boldsymbol{f}(t)=x(t)\boldsymbol{i}+y(t)\boldsymbol{j}$, 其微分为

$$\mathrm{d}\boldsymbol{f}(t)=(x'(t)\boldsymbol{i}+y'(t)\boldsymbol{j})\mathrm{d}t.$$

对于可导的一元三维向量值函数 $\boldsymbol{f}(t)=x(t)\boldsymbol{i}+y(t)\boldsymbol{j}+z(t)\boldsymbol{k}$, 其微分为

$$\mathrm{d}\boldsymbol{f}(t)=(x'(t)\boldsymbol{i}+y'(t)\boldsymbol{j}+z'(t)\boldsymbol{k})\mathrm{d}t.$$

习 题 6-6

1. 求向量值函数 $\boldsymbol{r}(t)=\left(\mathrm{e}^{-t},2,\sqrt{\tan t}\right)$ 的一阶及二阶导数.

2. 设 $\boldsymbol{f}(t)=f_1(t)\boldsymbol{i}+f_2(t)\boldsymbol{j}+f_3(t)\boldsymbol{k},\boldsymbol{g}(t)=g_1(t)\boldsymbol{i}+g_2(t)\boldsymbol{j}+g_3(t)\boldsymbol{k},\lim\limits_{t\to t_0}\boldsymbol{f}(t)=\boldsymbol{u},\lim\limits_{t\to t_0}\boldsymbol{g}(t)=\boldsymbol{v}$, 证明

$$\lim_{t\to t_0}[\boldsymbol{f}(t)\times\boldsymbol{g}(t)]=\boldsymbol{u}\times\boldsymbol{v}.$$

3. 假设 $\boldsymbol{u}(t),\boldsymbol{v}(t)$ 都是可导的向量值函数, 证明:

(1) $\dfrac{\mathrm{d}}{\mathrm{d}t}[\boldsymbol{u}(t)\pm\boldsymbol{v}(t)]=\boldsymbol{u}'(t)\pm\boldsymbol{v}'(t)$;

(2) $\dfrac{\mathrm{d}}{\mathrm{d}t}[\boldsymbol{u}(t)\cdot\boldsymbol{v}(t)]=\boldsymbol{u}'(t)\cdot\boldsymbol{v}(t)+\boldsymbol{u}(t)\cdot\boldsymbol{v}'(t)$;

(3) $\dfrac{\mathrm{d}}{\mathrm{d}t}[\boldsymbol{u}(t)\times\boldsymbol{v}(t)]=\boldsymbol{u}'(t)\times\boldsymbol{v}(t)+\boldsymbol{u}(t)\times\boldsymbol{v}'(t)$.

6.7 极值和条件极值

在工程技术领域, 经常会遇到诸如用料最省、收益最大、效率最高等问题, 尽管这些问题具体背景不同, 但其实质都是函数的极值问题, 在单变元微积分学中,

我们已经建立了一元函数的极值理论, 本章, 我们在一元函数极值理论的基础上, 采用与一元函数极值理论相同的框架和类似的思想, 以二元函数为例, 建立多元函数的极值理论.

6.7.1　无条件极值

1. 基本概念

定义 6-23　设 $u=f(x,y)$ 定义在区域 D 上, 内点 $M_0(x_0,y_0)\in D$. 若在 M_0 的某邻域 $U(M_0)$ 内成立 $f(x,y)\leqslant f(x_0,y_0)$, $\forall(x,y)\in U(M_0)$, 称 $f(x,y)$ 在 M_0 点达到极大值 $f(x_0,y_0)$, 点 $M_0(x_0,y_0)$ 称为 $f(x,y)$ 的极大值点.

类似可定义函数的极小值 (点).

函数的极值是一个局部概念, 且只有区域的内点才有可能成为函数的极值点. 由于函数的这类极值没有附加任意的条件, 也称为函数的无条件极值.

下面, 我们类比一元函数的极值理论框架结构, 建立二元函数的极值理论, 由于仍是已知理论的推广, 因此, 建立二元函数极值理论的过程中, 优先考虑使用直接转化法, 其次考虑使用化用法.

2. 极值点的必要条件

设 $M_0(x_0,y_0)$ 为 $f(x,y)$ 的极值点, $f(x,y)$ 在 $M_0(x_0,y_0)$ 点的偏导数存在. 为利用一元函数的极值理论, 我们期望将多元函数的极值问题转化为相应的一元函数的极值问题, 为此, 利用基于特殊路径的降维方法, 考虑一元函数 $f(x,y_0)$, 则 $f(x,y_0)$ 在 x_0 点取得极值, 因而

$$\left.\frac{\mathrm{d}f(x,y_0)}{\mathrm{d}x}\right|_{x_0}=0,$$

由多元函数偏导数的定义, 则

$$\left.\frac{\partial f(x,y)}{\partial x}\right|_{M_0}=0.$$

类似还有,

$$\left.\frac{\partial f(x,y)}{\partial y}\right|_{M_0}=0.$$

因而, 若 M_0 是极值点, 则必有

$$\left.\frac{\partial f(x,y)}{\partial x}\right|_{M_0}=0,\quad \left.\frac{\partial f(x,y)}{\partial y}\right|_{M_0}=0,$$

由此发现, 满足上述条件的点在极值理论中有重要的作用, 我们为这类点进行定义.

定义 6-24 设 $u = f(x,y)$ 定义在区域 D 上, 内点 $M_0(x_0,y_0) \in D$. 若 $f(x,y)$ 在 $M_0(x_0,y_0)$ 点的偏导数存在, 且满足

$$\left.\frac{\partial f(x,y)}{\partial x}\right|_{M_0} = 0, \quad \left.\frac{\partial f(x,y)}{\partial y}\right|_{M_0} = 0,$$

称 M_0 为函数 $f(x,y)$ 的驻点.

定理 6-17 设 $u = f(x,y)$ 定义在区域 D 上, 内点 $M_0(x_0,y_0) \in D$. 若 $f(x,y)$ 在 $M_0(x_0,y_0)$ 点的偏导数存在, 则点 M_0 是 $f(x,y)$ 的极值点的必要条件是: M_0 是 $f(x,y)$ 的驻点.

定理 6-17 给出了偏导数存在的条件下, 点 $M_0(x_0,y_0)$ 成为极值点的必要条件. 有例子表明: 上述的条件是不充分的. 如 $f(x,y) = xy$, 则 $M_0(0,0)$ 点为其驻点, 但 M_0 不是极值点.

还有例子表明: 偏导数不存在的点, 也有可能是极值点, 如 $f(x,y) = |x|$, y 轴上的任一点 $M_0(0,y)$ 都是其极小值点. 事实上, $\forall M(x,y) \in U(M_0)$, $f(M) = |x| \geqslant 0 = f(M_0)$, 但可验证: $f(x,y) = |x|$ 在 M_0 点的偏导数不存在.

因此, 极值点要么属于驻点, 要么属于偏导数不存在的点, 也就是说, 我们必须在这两类点中寻找极值点, 因此, 如果我们把可能成为极值点的点称为**可疑极值点**, 则可疑极值点由函数的驻点和偏导数不存在的点组成, 至于具体的可疑极值点中哪个点是极值点, 必须进一步验证. 由此可见, 这与一元函数的极值理论完全统一.

因此, 类比一元函数的极值理论, 可疑极值点处极值性质判断的常用方法仍是: 对可疑的偏导数不存在的点, 需要用定义验证此点的极值性质; 对可疑的驻点, 可以用定义验证, 还可以用更高级的方法——二阶导数法去验证, 这就是驻点成为极值点的二阶导数判别法.

3. 极值点判别法

设有二元函数 $z = f(x,y)$, $(x,y) \in D$ 具有连续的二阶偏导数, 内点 M_0 为其驻点, 记

$$\Delta z(x_0,y_0) \triangleq f(x_0+\Delta x, y_0+\Delta y) - f(x_0,y_0),$$

由于增量的差值结构, 利用泰勒展开式研究 $\Delta u(x_0,y_0)$, 注意到 M_0 为驻点, 则

$$\Delta z(x_0,y_0) = \frac{1}{2}[f_{x^2}(x_0+\theta\Delta x, y_0+\theta\Delta y)\Delta x^2 + 2f_{xy}(x_0+\theta\Delta x, y_0+\theta\Delta y)\Delta x\Delta y$$

$$+ f_{y^2}(x_0+\theta\Delta x, y_0+\theta\Delta y)\Delta y^2],$$

记 $A=f_{x^2}(M_0), B=f_{xy}(M_0)$, $C=f_{y^2}(M_0)$, 由二阶偏导数的连续性, 利用化不定为确定的思想, 则

$$f_{x^2}(x_0+\theta\Delta x, y_0+\theta\Delta y)=A+\alpha,$$

$$f_{xy}(x_0+\theta\Delta x, y_0+\theta\Delta y)=B+\beta,$$

$$f_{y^2}(x_0+\theta\Delta x, y_0+\theta\Delta y)=C+\gamma,$$

其中 $\lim\limits_{(\Delta x,\Delta y)\to(0,0)}\begin{pmatrix}\alpha\\ \beta\\ \gamma\end{pmatrix}=\mathbf{0}$, 故

$$\begin{aligned}\Delta z(x_0,y_0)&=\frac{1}{2}[A\Delta x^2+2B\Delta x\Delta y+C\Delta y^2]+\frac{1}{2}[\alpha\Delta x^2+2\beta\Delta x\Delta y+\gamma\Delta y^2]\\&=\frac{1}{2}\rho^2[(A\xi^2+2B\xi\eta+C\eta^2)+(\alpha\xi^2+2\beta\xi\eta+\gamma\eta^2)],\end{aligned}$$

其中 $\rho=\sqrt{\Delta x^2+\Delta y^2}, \xi=\dfrac{\Delta x}{\rho}, \eta=\dfrac{\Delta y}{\rho}$, $\xi^2+\eta^2=1$.

记 $kf=A\xi^2+2B\xi\eta+C\eta^2$, 则 $f(M_0)$ 是否为极值就转化为 kf 在单位圆 S:$\{(\xi,\eta):\xi^2+\eta^2=1\}$ 上是否保号, 我们作进一步讨论.

若 kf 是正定的, 即对任意的 $(\xi,\eta):\xi^2+\eta^2\neq 0$, 有 $kf(\xi,\eta)>0$, 利用闭区域上连续函数的性质, $kf(\xi,\eta)$ 作为 ξ, η 的二元连续函数必在闭区域单位圆 S 上某一点 (ζ_1,η_1) 取得正的最小值, 即 $f(\zeta_1,\eta_1)=\min\limits_{(\xi,\eta)\in S}kf(\xi,\eta)=m>0$, 又, $\lim\limits_{\rho\to 0}(\alpha\xi^2+2\beta\xi\eta+\gamma\eta^2)=0$, 故存在 $\delta>0$, 当 $\rho<\delta$ 时, $\left|\alpha\xi^2+2\beta\xi\eta+\gamma\eta^2\right|<\dfrac{m}{2}$, 因而, $0<\rho<\delta$ 时,

$$\Delta u=\frac{1}{2}\rho^2[kf(\xi,\eta)+(\alpha\xi^2+2\beta\xi\eta+\gamma\eta^2)]\geqslant\frac{1}{2}\rho^2[m+(\alpha\xi^2+2\beta\xi\eta+\gamma\eta^2)]>0,$$

故, M_0 为 $f(x,y)$ 的极小值点. 类似, 若 kf 为负定的, 则 M_0 为 $f(x,y)$ 的极大值点.

而当 kf 即非正定又非负定时, 则 M_0 不是极值点. 我们用反证法说明这一事实, 不妨设 $f(M_0)$ 为极大值, 构造一元函数

$$\varphi(t)=f(x_0+t\Delta x, y_0+t\Delta y),$$

则对任意适当小的 $\Delta x, \Delta y$, $\varphi(t)$ 在 $t=0$ 点取得极大值, 由一元函数极值的理论: $\varphi''(0)\leqslant 0$. 由于

$$\begin{aligned}\varphi''(t)=&f_{xx}(x_0+t\Delta x, y_0+t\Delta y)\Delta x^2+2f_{xy}(x_0+t\Delta x, y_0+t\Delta y)\Delta x\Delta y\\&+f_{yy}(x_0+t\Delta x, y_0+t\Delta y)\Delta y^2,\end{aligned}$$

故 $0\geqslant\varphi''(0)=A\Delta x^2+2B\Delta x\Delta y+C\Delta y^2$,

因而, kf 是负定的, 这与 kf 的条件矛盾. 综上所述, 若记 $H=\begin{pmatrix}A & B\\ B & C\end{pmatrix}$, 则有如下二阶偏导数判别法.

定理 6-18 设 M_0 为 $f(M)$ 的驻点, $f(M)$ 在 M_0 附近具有二阶连续偏导数, 则

(1) 若 $|H|>0$ 且 $A>0$ 时, 即 H 是正定矩阵, 则 M_0 为极小值点;

(2) 若 $|H|>0$ 且 $A<0$ 时, 即 H 是负定矩阵, 则 M_0 为极大值点;

(3) 当 $|H|<0$ 时, M_0 一定不是极值点.

注意, 当 $|H|=0$ 时, 没有任何确定的结论.

由于 $\mathrm{d}^2f(M_0)=A\mathrm{d}x^2+2B\mathrm{d}x\mathrm{d}y+C\mathrm{d}y^2$, 定理 6-18 也可以用微分形式表示.

定理 6-19 设 M_0 为 $f(M)$ 的驻点, $f(M)$ 在 M_0 附近具有二阶连续偏导数, 则对任意的非零向量 $\{\mathrm{d}x, \mathrm{d}y\}$, 若 $\mathrm{d}^2f(M_0)>0$, 则 M_0 为极小值点; 若 $\mathrm{d}^2f(M_0)<0$, 则 M_0 为极大值点.

定理 6-18 可以推广到任意的 n 元函数, 这就是下面的定理.

定理 6-20 设 $f(M)$ 为 n 元函数, $M_0(x_1^0, x_2^0, \cdots, x_n^0)$ 为 f 的驻点, 二次型 $kf=\sum\limits_{i,j=1}^{n}f_{x_ix_j}(M_0)\xi_i\xi_j$, 则当 kf 正定时, M_0 为极小值点; 当 kf 负定时, M_0 为极大值点; 当 kf 不定时, M_0 不是极值点.

有了极值理论, 最值的计算相对简单.

定义 6-25 设 $u=f(x,y)$ 在区域 D 上有定义, $M_0\in D$, 若 $f(M)\leqslant f(M_0)$, $\forall M\in D$, 称 M_0 为 $f(x,y)$ 在 D 上的最大值点, $f(M_0)$ 为最大值.

类似定义最小值和最小值点. 和一元函数类似, 最值是整体性概念, 内部最值点必是极值点.

我们知道, 有界闭区域 D 上的连续函数 $f(x,y)$ 必在 D 上取得最大 (小) 值, 此结论解决了最值的存在性问题. 对多元函数最值的计算, 采用类似一元函数求最值的思想方法, 先求极值, 然后将极值与边界上函数最值作比较, 找出最大和最小的值即为函数在区域上的最大值和最小值. 与一元函数不同的是: 一元函数定义域的边界是两个点 (无界区域的无穷远处也视为一个点), 边界值最多是两个函

数值; 对二元函数, 函数在边界上化为一元函数, 其边界最值的计算是一元函数最值的计算; 对三元函数, 定义域是空间三维区域, 边界通常为曲面, 由于曲面可以用二元函数来表示 (如参数方程形式), 则三元函数在边界上化为二元函数, 其边界最值的计算仍是多元函数 (二元函数) 最值的计算. 对任意的 $n(n>3)$ 元函数, 最值的计算更复杂, 边界最值的计算只能通过依次降元进行. 所以, 对多元函数, 在将内部极值与边界函数值作比较时, 应先将边界函数最值计算出来后, 用边界上函数最值与内部极值作比较, 进一步确定函数在整个区域上的最值.

4. 简单应用

1) 具体函数的极值计算

利用上述理论, 我们抽象总结计算具体函数极值的程序:

(1) 求可疑极值点, 即驻点和偏导数不存在的点;

(2) 利用定义或判别定理进行验证和判断.

例 52　讨论 $f(x,y)=\dfrac{x^2}{2p}+\dfrac{y^2}{2q}(p>0,q>0)$ 的极值.

解　由于 $f(x,y)$ 具有连续的二阶偏导数且 $f_x(x,y)=\dfrac{x}{p}, f_y(x,y)=\dfrac{y}{q}$, 由此求得唯一驻点 $(0,0)$. 进一步计算得 $A=\dfrac{1}{p}, B=0, C=\dfrac{1}{q}$, 因而, $|H|>0$, $A>0$, 故, $(0,0)$ 为唯一的极小值点, 极小值为 $f(0,0)=0$.

例 53　讨论 $f(x,y)=x^2-2xy^2+y^4-y^5$ 的极值.

解　函数 $f(x,y)$ 具有连续的二阶偏导数, 且

$$f_x(x,y)=2x-2y^2,\quad f_y(x,y)=-4xy+4y^3-5y^4,$$

解得唯一驻点 $p(0,0)$. 由于 $H=0$, 不能用定理 6-19 来判定.

我们用定义来判断, 由于

$$\Delta f(0,0)=f(x,y)-f(0,0)=(x-y^2)^2-y^5,$$

故, 在曲线 $x=y^2$ 且 $y>0$ 上成立 $\Delta f<0$; 在曲线 $x=y^2$ 且 $y<0$ 上, 成立 $\Delta f>0$, 因而, $p(0,0)$ 不是极值点.

例 54　记 D 是由 x 轴, y 轴与直线 $x+y=2\pi$ 所围成的闭区域, 求

$$f(x,y)=\sin x+\sin y-\sin(x+y),$$

在 D 上的最大值和最小值.

解　由于 $f(x,y)$ 在闭区域 D 上连续, 则 $f(x,y)$ 在 D 上存在最大值和最小值.

计算得

$$f_x(x,y)=\cos x-\cos(x+y),\quad f_y(x,y)=\cos y-\cos(x+y),$$

因而, 在 D 内部有唯一驻点 $M_0\left(\dfrac{2\pi}{3},\dfrac{2\pi}{3}\right)$, 且 $f(M_0)=\dfrac{3\sqrt{3}}{2}$. 在边界 $x=0$ 上, $f|_{x=0}=\sin y-\sin y=0$; 在边界 $y=0$ 上 $f|_{y=0}=0$; 而在边界 $x+y=2\pi$ 上, $f|_{x+y=2\pi}=\sin x+\sin y=0$, 故, $f(x,y)$ 在区域 D 上的最小值为 0, 最大值为 $\dfrac{3\sqrt{3}}{2}$.

2) 多元不等式的证明

例 55 证明：$yx^y(1-x)\leqslant \mathrm{e}^{-1}$, $(x,y)\in D=\{(x,y):0\leqslant x\leqslant 1,y\geqslant 0\}$.

结构分析 题型为二元不等式的证明. 类比已知：和一元不等式的证明类似, 可以利用相应的二元函数极值理论来处理. 方法：转化为二元函数最值的计算.

证明 记 $f(x,y)=yx^y(1-x)$, 讨论 $f(x,y)$ 在区域 D 上的最值由于区域是无界区域, 最值不一定存在, 为此, 采用逼近思想.

对任意的 $M>0$, 记 $D_M=\{(x,y):0\leqslant x\leqslant 1,0\leqslant y\leqslant M\}$, 在有界闭区域 D_M 上研究函数 $f(x,y)$ 的最值. 先计算 $f(x,y)$ 在 D_M 上的内部极值点. 记 $D_M^0=\{(x,y):0<x<1,0<y<M\}$, 需要计算 $f(x,y)$ 在 D_M^0 内的极值点.

由于 $f_x(x,y)=yx^{y-1}(y-(y+1)x)$, $f_y(x,y)=(1-x)x^y(1+y\ln x)$, 求解驻点方程组

$$\begin{cases} yx^{y-1}(y-(y+1)x)=0,\\ (1-x)x^y(1+y\ln x)=0,\end{cases}$$

在 D_M^0 内, 上述方程组化简为

$$\begin{cases} y-(y+1)x=0,\\ 1+y\ln x=0,\end{cases}$$

由此可得 $1-x+x\ln x=0$.

记 $g(x)=1-x+x\ln x$, 则 $g'(x)=\ln x<0, 0<x<1$, 由于 $\lim\limits_{x\to 0+}g(x)=1$, $g(1)=0$, 故 $g(x)>0, 0<x<1$, 因而, $g(x)$ 在 $0<x<1$ 内没有零点.

由此可得, 上述方程组在 D_M^0 内无解, 故, $f(x,y)$ 在 D_M^0 内没有驻点, $f(x,y)$ 在 D_M^0 内没有极值点.

考察函数 $f(x,y)$ 在边界处的行为. 显然, $f(x,y)|_{x=1}=0$, $f(x,y)|_{x=0}=0$, $f(x,y)|_{y=0}=0$. 记 $\varphi(x)=f(x,y)|_{y=M}=Mx^M(1-x)$, 容易判断 $\varphi(x)$ 在 $x_0=$

$\dfrac{M}{M+1}$ 点达到最大值, 因而, $\max\limits_{0<x<1}\varphi(x)=\varphi\left(\dfrac{M}{M+1}\right)=\left(\dfrac{M}{M+1}\right)^{M+1}$, 此数值仍是 M 的一元函数.

再记 $h(t)=\left(\dfrac{t}{t+1}\right)^{t+1}$, $w(s)=s-\ln(1+s)$, 则 $w'(s)=\dfrac{s}{s+1}>0, s>0$, 故 $w(s)$ 在 $(0,+\infty)$ 内单调递增, 因而, $w(s)>w(0)=0$. 利用对数法求导, 则

$$h'(t)=h(t)\left[\ln t-\ln(t+1)+\frac{1}{t}\right]=h(t)\left[\frac{1}{t}-\ln(1+\frac{1}{t})\right]=h(t)w\left(\frac{1}{t}\right)>0,\ t>0,$$

因而, $h(t)$ 在 $(0,+\infty)$ 内单调递增, 又由于 $h(0)=0, h(+\infty)=\lim\limits_{t\to+\infty}h(t)=\mathrm{e}^{-1}$, 故 $0<h(t)<\mathrm{e}^{-1}, t>0$, 因此, $\max\limits_{0<x<1}g(x)<\mathrm{e}^{-1}$.

综上所述, $f(x,y)\leqslant \mathrm{e}^{-1}$, $(x,y)\in D_M$, 由 M 的任意选, 则

$$yx^y(1-x)\leqslant \mathrm{e}^{-1},\quad (x,y)\in D=\{(x,y):0\leqslant x\leqslant 1, y\geqslant 0\}.$$

注　试抽象总结上述证明不等式的思想和方法.

3) 其他应用

在工程和技术领域及其他学科领域中, 一些问题的求解都可以转化为极值问题.

例 56　炼钢是一个氧化降碳的过程, 为确定钢水含碳量与冶炼时间的关系, 通常需要做一系列实验, 测量出相应的实验数据, 由此确定出二者的理论关系, 常用的方法是最小二乘法. 下表是测量得到的含碳量 x 与冶炼时间 t 的数据:

$x(0.01\%)$	104	180	190	177	147	134	150	191	204	121
t/min	100	200	210	185	155	135	170	205	235	125

通过此数据, 确定线性函数关系: $t=f(x)$.

结构分析　这是一个工程应用问题, 抽象为数学问题就是拟合问题, 可以转化为最值问题. 以变量 x 为横轴、变量 t 为纵轴建立坐标系, 将测量的 “数据对” 以坐标点的形式描绘在坐标系内, 可以发现这些点近似分布于一条直线附近, 因此, 需要确定一条直线使得此直线尽可能接近数据关系, 或者说这些点与直线的 “误差” 最小, 这就是函数的最值问题.

解　设函数关系为 $t=ax+b$, 记点 (x_1,t_1) 与直线的误差为 $\varepsilon_1=t_1-(ax_1+b_1)$, 一组数据点 $(x_1,t_1),(x_2,t_2),\cdots,(x_n,t_n)$ 与直线的误差分别为 $\varepsilon_1,\varepsilon_2,\cdots,\varepsilon_n$,

记 $\varepsilon=\sum\limits_{i=1}^{n}\varepsilon_i^2$, 称其为总误差, 现在确定 a,b, 使得总误差 ε 最小, 由于 ε 是变量 a,b 的函数, 问题的本质就是二元函数的最值的计算. 先计算驻点, 由于

$$\frac{\partial\varepsilon}{\partial a}=-2\sum_{i=1}^{n}x_it_i+2a\sum_{i=1}^{n}x_i^2+2b\sum_{i=1}^{n}x_i,$$

$$\frac{\partial\varepsilon}{\partial b}=-2\sum_{i=1}^{n}t_i+2a\sum_{i=1}^{n}x_i+2nb,$$

求解得

$$a=\frac{n\sum\limits_{i=1}^{n}x_it_i-\sum\limits_{i=1}^{n}t_i\cdot\sum\limits_{i=1}^{n}x_i}{n\sum\limits_{i=1}^{n}x_i^2-\left(\sum\limits_{i=1}^{n}x_i\right)^2},\quad b=\frac{\sum\limits_{i=1}^{n}t_i\cdot\sum\limits_{i=1}^{n}x_i^2-\sum\limits_{i=1}^{n}x_it_i\cdot\sum\limits_{i=1}^{n}x_i}{n\sum\limits_{i=1}^{n}x_i^2-\left(\sum\limits_{i=1}^{n}x_i\right)^2},$$

代入上述数据, 得 $a=1.267, b=-30.51$, 因此, 函数关系为 $t=1.267x-30.51$, 这个公式就是经验公式.

上述得到经验公式的方法称为最小二乘法, 是工程技术领域常用的方法.

6.7.2 条件极值

1. 问题的一般形式

在工程技术领域, 经常需要求解在某些约束条件下的函数极值问题, 如下面的一个实际问题.

背景问题 要制造一个容积为 $4\mathrm{m}^3$ 的无盖长方体水箱, 问水箱的长、宽、高各为多少时, 用料最省?

结构分析 通过简单的数学建模将其转换为数学问题. 所谓用料最省, 即指水箱的表面积为最小, 因而, 问题的实质是寻求表面积函数的最小值. 设水箱的长、宽、高分别为 x,y,z(单位为米), 则水箱的表面积: $S=f(x,y,z)=xy+2yz+2xz$, 由于水箱容积为 $4\mathrm{m}^3$, 因此, $xyz=4$, 于是, 将此实际问题抽象为数学问题为

例 57 当 x,y,z 为何值时, 在约束条件 $xyz=4$ 下, 可使 $S=f(x,y,z)$ 取得最小值.

像这类计算在某些约束条件下的多元函数极值问题, 就是多元函数的条件极值. 在工程技术领域, 众多的实际问题都可归结为多元函数的条件极值. 我们将给出条件极值的一般表述方式, 并给出条件极值的计算方法.

问题的一般形式：计算 n 元函数 $u=f(x_1,x_2,\cdots,x_n)$ 在约束条件

$$\begin{cases}\varphi_1(x_1,\cdots,x_n)=0,\\ \qquad\cdots\cdots\\ \varphi_k(x_1,\cdots,x_n)=0\end{cases}$$

下的极值, 其中 $0<k<n$. 那么, 如何求解条件极值问题?

2. 条件极值的求解

由于现有的已知理论是函数的无条件极值, 因此, 条件极值的求解思路有两个, 其一是直接转化为无条件极值, 此方法只能处理简单情形; 其二利用无条件极值的思想, 构建条件极值的理论.

1) 简单情形

我们首先指出, 对简单的条件极值可转化为无条件极值, 即求解约束条件方程组, 假设求得到的解为

$$\begin{cases}x_1=\psi_1(x_{k+1},\cdots,x_n),\\ \qquad\cdots\cdots\\ x_k=\psi_k(x_{k+1},\cdots,x_n),\end{cases}$$

将其代入 $u=f(x_1,x_2,\cdots,x_n)$, 可将上述条件极值转化为函数

$$u=f(\psi_1(x_{k+1},\cdots,x_n),\cdots,\psi_k(x_{k+1},\cdots,x_n),x_{k+1},\cdots,x_n)$$

关于变元 $x_{k+1},\cdots,x_n$ 的无条件极值.

例 57 的求解　由条件得 $z=\dfrac{4}{xy}$, 因而,

$$S=xy+8\left(\frac{1}{x}+\frac{1}{y}\right),$$

求解驻点方程组

$$S_x=y-\frac{8}{x^2}=0,\quad S_y=x-\frac{8}{y^2}=0,$$

得唯一驻点 $(2,2)$, 此时 $z=1$. 由驻点的唯一性, 当长、宽、高分别为 2, 2, 1 时, 用料最少, 用料为 $12\mathrm{m}^2$.

但是, 对更一般的情形来说, 从约束条件中求解是很困难的, 甚至是不可能的. 因而, 上述方法只能处理极为简单的条件极值问题, 不具推广价值. 那么, 一般情形下, 条件极值如何求解?

2) 一般情形

我们将利用类似于无条件极值理论的框架结构和研究思路, 并借助于上例中的思想, 从寻求条件极值的必要条件出发, 进一步构建条件极值理论.

我们仅以 $n=4, k=2$ 的情形为例进行讨论, 所建立的理论可以进行任意的推广. 此时, 问题表述为: 研究函数 $z=f(x,y,u,v)$ 在约束条件

$$\begin{cases} g(x,y,u,v)=0, \\ h(x,y,u,v)=0 \end{cases} \tag{6-7-1}$$

下的极值问题.

以下总假设涉及的函数满足相应计算所需要的定性条件.

首先讨论点 $M_0(x_0,y_0,u_0,v_0)$ 成为上述条件极值问题的极值点的必要条件. 设 M_0 为其极值点. 先从理论上将其转化为无条件极值, 类似例 51 的求解思想, 需要从条件中求出两个变量, 相当于确定隐函数, 为此, 作相应的假设.

设 $\left.\dfrac{D(g,h)}{D(u,v)}\right|_{M_0} \neq 0.$

由隐函数存在定理, 方程组 $\begin{cases} g(x,y,u,v)=0, \\ h(x,y,u,v)=0 \end{cases}$ 存在隐函数 $u=u(x,y), v=v(x,y)$, 则 $z=f(x,y,u(x,y),v(x,y))$ 作为 x,y 的二元函数在 (x_0,y_0) 点取得极值, 因而 $\left.\dfrac{\partial z}{\partial x}\right|_{(x_0,y_0)}=0$, $\left.\dfrac{\partial z}{\partial y}\right|_{(x_0,y_0)}=0$, 即 (x_0,y_0) 满足方程组

$$\begin{cases} f_x+f_u\cdot\dfrac{\partial u}{\partial x}+f_v\cdot\dfrac{\partial v}{\partial x}=0, \\ f_y+f_u\cdot\dfrac{\partial u}{\partial y}+f_v\cdot\dfrac{\partial v}{\partial y}=0, \end{cases} \tag{6-7-2}$$

注意到极值点有四个分量, 而 (6-7-2) 只能确定两个量, 因而, 还必须通过约束条件确定另两个量; 换句话说: $M_0(x_0,y_0,u_0,v_0)$ 是条件极值点, 则 M_0 必满足:

$$\begin{cases} f_x+f_u\cdot\dfrac{\partial u}{\partial x}+f_v\cdot\dfrac{\partial v}{\partial x}=0, \\ f_y+f_u\cdot\dfrac{\partial u}{\partial y}+f_v\cdot\dfrac{\partial v}{\partial y}=0, \\ g(x,y,u,v)=0, \\ h(x,y,u,v)=0, \end{cases} \tag{6-7-3}$$

这就是条件极值点的必要条件的第一种形式.

上述的必要条件形式并不是一个很好的形式, 原因在于：条件方程组中包含有未知的函数 $\frac{\partial u}{\partial x},\frac{\partial u}{\partial y},\frac{\partial v}{\partial x}$ 和 $\frac{\partial v}{\partial y}$, 虽说可从约束条件 (6-7-1) 中将它们求出 (理论上), 但仍不具备实用性和理论的完美性, 为此, 我们将上述条件形式进行改进, 消去导数项, 给出一个更好的、完全由已知的函数表示的形式. 为消去导数项, 必须通过条件 (6-7-1) 来完成, 因此, 利用隐函数导数得

$$\begin{cases} g_x + g_u \cdot \frac{\partial u}{\partial x} + g_v \cdot \frac{\partial v}{\partial x} = 0, \\ g_y + g_u \cdot \frac{\partial u}{\partial y} + g_v \cdot \frac{\partial v}{\partial y} = 0, \end{cases} \tag{6-7-4}$$

$$\begin{cases} h_x + h_u \cdot \frac{\partial u}{\partial x} + h_v \cdot \frac{\partial v}{\partial x} = 0, \\ h_y + g_u \cdot \frac{\partial u}{\partial y} + h_v \cdot \frac{\partial v}{\partial y} = 0, \end{cases} \tag{6-7-5}$$

从 (6-7-4)、(6-7-5) 中解出 $\frac{\partial u}{\partial x},\frac{\partial u}{\partial y},\frac{\partial v}{\partial x},\frac{\partial v}{\partial y}$, 代入 (6-7-3), 可以得到必要条件的第二形式, 但这个形式比较复杂, 不再给出具体形式, 我们将继续改进.

引入参数 λ, u: (6-7-3) 的第一个方程 $+\lambda\times$(6-7-4) 的第一个方程 $+\mu\times$(6-7-5) 的第一个方程, 则在 M_0 点成立:

$$f_x + \lambda g_x + \mu h_x + (f_u + \lambda g_u + \mu h_u)u_x + (f_v + \lambda g_v + \mu h_v)v_x = 0, \tag{6-7-6}$$

类似还成立

$$f_y + \lambda g_y + \mu h_y + (f_u + \lambda g_u + \mu h_u)u_y + (f_v + \lambda g_v + \mu h_v)v_y = 0, \tag{6-7-7}$$

因此, 若 (6-7-3) 成立, 则对任意 λ, u, (6-7-6)、(6-7-7) 都成立. 注意到, 我们的目的是消去导数项 u_x, u_y, v_x, v_y, 为此, 通过适当的选择 λ, μ, 使 (6-7-6)、(6-7-7) 中关于导数项 u_x, u_y, v_x, v_y 的系数为 0 , 为此, 只需求解关于 λ, u 的方程组:

$$\begin{cases} f_u(M_0) + \lambda g_u(M_0) + \mu h_u(M_0) = 0, \\ f_v(M_0) + \lambda g_v(M_0) + \mu h_v(M_0) = 0, \end{cases} \tag{6-7-8}$$

由 $\left.\frac{D(g,h)}{D(u,v)}\right|_{M_0} \neq 0$, (6-7-8). 有唯一解 λ_0, μ_0, 选择这样的 λ_0, μ_0, (6-7-6)、(6-7-7) 就简化为

$$\begin{cases} f_x(M_0) + \lambda_0 g_x(M_0) + \mu_0 h_x(M_0) = 0, \\ f_y(M_0) + \lambda_0 g_y(M_0) + \mu_0 h_y(M_0) = 0, \end{cases} \tag{6-7-9}$$

至此, 我们得到了不含隐函数导数的条件形式. 因此, M_0 为极值点, 则有对应的 λ_0, u_0, 使 (6-7-1)、(6-7-8)、(6-7-9) 成立, 即 $(x_0, y_0, u_0, v_0, \lambda_0, \mu_0)$ 必满足:

$$\begin{cases} f_x + \lambda g_x + \mu h_x = 0, \\ f_y + \lambda g_y + \mu h_y = 0, \\ f_u + \lambda g_u + \mu h_u = 0, \\ f_v + \lambda g_v + \mu h_v = 0, \\ g = 0, \\ h = 0, \end{cases} \tag{6-7-10}$$

这就是我们所寻求的条件极值的必要条件, 这样的必要条件形式, 虽然从形式上看, 仍是一个较大方程组的求解, 但这个方程组从形式上只与给定的已知函数有关, 不再涉及隐函数的导数, 不仅如此, 这个形式还与无条件极值的形式具有结构上的统一性, 为了看到这种统一性, 引入拉格朗日函数:

$$L(x, y, u, v, \lambda, \mu) = f + \lambda g + \mu h,$$

则对应的条件 (6-7-10) 正好是拉格朗日函数的对各变元的一阶偏导数等于 0 的方程组, 因此, 条件极值点正好对应于拉格朗日函数的驻点, 这就是下述定理.

定理 6-21 M_0 为条件极值点的必要条件是:存在 λ_0, μ_0, 使 $(x_0, y_0, u_0, v_0, \lambda_0, \mu_0)$ 是拉格朗日函数的驻点.

定理 6-21 就是 M_0 为条件极值点的必要条件. 这样的结论形式就与无条件极值的条件形式统一了. 至此, 已完成了条件极值点确定的第一步: 引入了拉格朗日函数, 计算其驻点, 这些驻点对应于自变量的部分就是可疑的极值点, 那么, 如何进一步确定驻点处的极值性质呢?

继续讨论驻点成为极值点的二阶微分判别法 (充分条件).

设 $(x_0, y_0, u_0, v_0, \lambda_0, u_0)$ 为对应的拉格朗日函数的驻点, 记 $M_0(x_0, y_0, u_0, v_0)$, 设从 $\begin{cases} g(x, y, u, v) = 0, \\ h(x, y, u, v) = 0 \end{cases}$ 中唯一确定隐函数 $\begin{cases} u = u(x, y), \\ v = v(x, y), \end{cases}$ 考察下述对应的函数

$$\overline{L}(x, y, u, v) = L(x, y, u, v, \lambda_0, u_0),$$

由于 $\begin{cases} u = u(x, y), \\ v = v(x, y) \end{cases}$ 满足 $\begin{cases} g(x, y, u, v) = 0, \\ h(x, y, u, v) = 0, \end{cases}$ 则

$$\begin{aligned} \overline{L}(x, y, u, v) &= L(x, y, u(x, y), v(x, y), \lambda_0, u_0), \\ &= f(x, y, u(x, y), v(x, y)) \triangleq F(x, y), \end{aligned}$$

即: $\overline{L}(x,y,u,v)=f(x,y,u(x,y),v(x,y))=F(x,y)$, 由此将条件极值转化为 $F(x,y)$ 的无条件极值, 因此, 对 M_0 点极值性质的判断, 只需判断 $F(x,y)$ 在 (x_0,y_0) 是否取得极值. 上述方程左端视为独立变量 x,y,u,v 的函数, 右端是复合之后的函数, 即 $f(x,y,u,v)$ 中之 u,v 视为中间变量, 利用复合函数一阶微分形式的不变性, 则

$$\mathrm{d}F=\mathrm{d}\overline{L}=\frac{\partial\overline{L}}{\partial x}\mathrm{d}x+\frac{\partial\overline{L}}{\partial y}\mathrm{d}y+\frac{\partial\overline{L}}{\partial u}\mathrm{d}u+\frac{\partial\overline{L}}{\partial v}\mathrm{d}v,$$

两端关于 x,y 继续微分,

$$\begin{aligned}\mathrm{d}^2F&=\mathrm{d}(\mathrm{d}\overline{L})\\&=\left(\mathrm{d}\frac{\partial\overline{L}}{\partial x}\right)\mathrm{d}x+\left(\mathrm{d}\frac{\partial\overline{L}}{\partial y}\right)\mathrm{d}y+\left(\mathrm{d}\frac{\partial\overline{L}}{\partial u}\right)\mathrm{d}u+\left(\mathrm{d}\frac{\partial\overline{L}}{\partial v}\right)\mathrm{d}v+\frac{\partial\overline{L}}{\partial u}\mathrm{d}^2u+\frac{\partial\overline{L}}{\partial v}\mathrm{d}^2v,\end{aligned}$$

由于 $\dfrac{\partial\overline{L}}{\partial u}=f_u+\lambda_0g_u+\mu_0h_u$, 故

$$\frac{\partial\overline{L}}{\partial u}(M_0)=f_u+\lambda_0g_u+\mu_0h_u|_{(x_0,y_0,u_0,v_0,\lambda_0,\mu_0)}=0,$$

同样有 $\dfrac{\partial\overline{L}}{\partial v}(M_0)=0$, 因而,

$$\begin{aligned}\mathrm{d}^2F|_{(x_0,y_0)}&=\left[\left(\mathrm{d}\frac{\partial\overline{L}}{\partial x}\right)\mathrm{d}x+\left(\mathrm{d}\frac{\partial\overline{L}}{\partial y}\right)\mathrm{d}y+\left(\mathrm{d}\frac{\partial\overline{L}}{\partial u}\right)\mathrm{d}u+\left(\mathrm{d}\frac{\partial\overline{L}}{\partial v}\right)\mathrm{d}v\right]\Bigg|_{M_0}\\&=\mathrm{d}^2\overline{L}|_{M_0},\end{aligned}$$

右端 $\overline{L}$ 以 x,y,u,v 为变量的二阶全微分, 利用无条件极值的结论, 则若 $\mathrm{d}^2F|_{(x_0,y_0)}>0$, 则 (x_0,y_0) 为 F 极小值点, 对应的 M_0 为条件极小值点; 若 $\mathrm{d}^2F|_{(x_0,y_0)}<0$, 则 (x_0,y_0) 为 F 的极大值点, 对应的 M_0 为条件极大值点.

这样, 可利用 $\mathrm{d}^2\overline{L}(M_0)$ 的符号, 判断 M_0 是否为条件极值点.

定理 6-22　若 $\mathrm{d}^2\overline{L}(M_0)>0$, 则 M_0 为条件极小值点; 若 $\mathrm{d}^2\overline{L}(M_0)<0$, 则 M_0 为条件极大值点.

至此, 条件极值问题得以基本解决, 且这种解决问题的思想可以推广到任意情形.

根据上述理论, 将条件极值的计算总结如下：简单情形, 可直接转化为无条件极值.

一般情形下的拉格朗日函数法. 步骤如下：

(1) 构造拉格朗日函数 (简称 L-函数);

(2) 计算拉格朗日函数的驻点, 得到函数可疑极值点;

(3) 判断：驻点处的二阶微分判别法.

例 57 的拉格朗日函数求解法.

解 设水箱之长、宽、高各为 x, y, z, 则其表面积为

$$S = f(x, y, z) = xy + 2yz + 2xz,$$

约束条件为 $xyz = 4$, 构造拉格朗日函数

$$L(x, y, z, \lambda) = xy + 2yz + 2xz + \lambda(xyz - 4),$$

求解方程组：

$$\begin{cases} L_x = y + 2z + \lambda yz = 0, & (1) \\ L_y = x + 2z + \lambda xz = 0, & (2) \\ L_z = 2y + 2x + \lambda xy = 0, & (3) \\ L_\lambda = xyz - 4 = 0, & (4) \end{cases}$$

得唯一驻点 $x_0 = y_0 = 2, z_0 = 1, \lambda_0 = -2$. 事实上, 由 (2) 式减去 (1) 式, 得

$$(x - y)(1 + \lambda z) = 0,$$

若 $\lambda z = -1$, 代入 (1) 得 $z = 0$, 这是不可能的, 故必有 $x = y$, 代入 (2)、(3)、(4) 得

$$\begin{cases} x + 2z + \lambda xz = 0, \\ 4x + \lambda x^2 = 0, \\ x^2 z = 4, \end{cases}$$

求解得 $x = y = 2$, $z = 1$, $\lambda = -2$, 由于驻点唯一, 且由实际问题最小值必存在, 这唯一的驻点即是其最小值点, 因而, 当 $x = y = 2, z = 1$ 时, 用料最省.

例 58 计算 $f(x, y, z, t) = x + y + z + t$ 在限制条件 $xyzt = c^4 (c > 0)$ 下的极值.

解 作拉格朗日函数 $L(x, y, z, t, \lambda) = x + y + z + t + \lambda(xyzt - c^4)$, 求解方程组：

$$\begin{cases} L_x = 1 + \lambda yzt = 0, \\ L_y = 1 + \lambda xzt = 0, \\ L_z = 1 + \lambda xyt = 0, \\ L_t = 1 + \lambda xyz = 0, \\ L_\lambda = xyzt - c^4 = 0, \end{cases}$$

故 $\lambda yzt=\lambda xzt=\lambda xyt=\lambda xyz$, 显然 $\lambda\neq 0, x\neq 0, y\neq 0, z\neq 0$(约束条件), 得唯一驻点 $x_0=y_0=z_0=t_0=c, \lambda_0=-\dfrac{1}{c^3}$, 故

$$\bar{L}(x,y,z,t)=x+y+z+t+\lambda_0(xyzt-c^4),$$

记 $M_0(c,c,c,c)$, 则,

$$\mathrm{d}^2\bar{L}(M_0)=-\frac{2}{c}[\mathrm{d}x\mathrm{d}y+\mathrm{d}y\mathrm{d}z+\mathrm{d}x\mathrm{d}z+\mathrm{d}t(\mathrm{d}x+\mathrm{d}y+\mathrm{d}z)],$$

又 $xyzt=c^4$, 微分得 $xyz\mathrm{d}t+xyt\mathrm{d}z+xtz\mathrm{d}y+yzt\mathrm{d}x=0$, 故在 M_0 成立

$$\mathrm{d}x+\mathrm{d}y+\mathrm{d}z+\mathrm{d}t=0,$$

因而,

$$\mathrm{d}^2\bar{L}(M_0)=\frac{1}{c}[(\mathrm{d}x+\mathrm{d}y+\mathrm{d}z)^2+\mathrm{d}x^2+\mathrm{d}y^2+\mathrm{d}z^2]>0,$$

故 M_0 为其极小值点, 极小值为 $4c$.

注　计算出驻点后, 也可以转化为无条件极值情形来判断驻点的极值性质. 如上例, 从条件中解得 $t=\dfrac{c}{xyz}$, 代入得

$$\overline{f}(x,y,z)=f\left(x,y,z,\frac{c}{xyz}\right)=x+y+z+\frac{c}{xyz},$$

因而,

$$\begin{aligned}\mathrm{d}^2\overline{f}|_{(x_0,y_0,z_0)}=&\left(\frac{2c}{x^3yz}\mathrm{d}x^2+\frac{c}{x^2y^2z}\mathrm{d}x\mathrm{d}y+\frac{c}{x^2yz^2}\mathrm{d}x\mathrm{d}z+\frac{c}{x^2y^2z}\mathrm{d}x\mathrm{d}y+\frac{2c}{xy^3z}\mathrm{d}y^2\right.\\&\left.+\frac{c}{xy^2z^2}\mathrm{d}y\mathrm{d}z+\frac{c}{x^2yz^2}\mathrm{d}x\mathrm{d}z+\frac{c}{xy^2z^2}\mathrm{d}y\mathrm{d}z+\frac{2c}{xyz^3}\mathrm{d}z^2\right)\Bigg|_{(x_0,y_0,z_0)}\\=&\frac{1}{c}[\mathrm{d}x^2+\mathrm{d}y^2+\mathrm{d}z^2+(\mathrm{d}x+\mathrm{d}y+\mathrm{d}z)^2]>0,\end{aligned}$$

利用无条件极值理论也可以判断出结果.

例 59　计算 $f(x_1,x_2,\cdots,x_n)=\sum\limits_{i=1}^{n}a_ix_i^2(a_i>0)$ 在条件 $x_1+\cdots+x_n=c(x_i>0)$ 下的最小值.

解 构造拉格朗日函数 $L(x_1,x_2,\cdots,x_n,\lambda)=\sum\limits_{i=1}^{n}a_ix_i^2+\lambda\left(\sum\limits_{i=1}^{n}x_i-c\right)$, 计算得唯一驻点:

$$x_i^0=-\frac{\lambda_0}{2a_i},\quad i=1,\cdots,n,\quad \lambda_0=-\frac{2c}{\sum\limits_{i=1}^{n}\dfrac{1}{a_i}}.$$

由于驻点唯一, 由题意知这唯一的驻点就是其最小值点, 因而, 最小值为 $\dfrac{c^2}{\sum\limits_{i=1}^{n}1/a_i}$.

特别, 当 $a_i=1$ 时, $f(x_1,x_2,\cdots,x_n)=\sum\limits_{i=1}^{n}x_i^2$ 在条件 $\sum\limits_{i=1}^{n}x_i=c$ 下在点 $\left(\dfrac{c}{n},\dfrac{c}{n},\cdots,\dfrac{c}{n}\right)$ 处达到最小值 c^2/n, 故 $x_1^2+\cdots+x_n^2\geqslant\dfrac{c^2}{n}=\dfrac{(x_1+\cdots+x_n)^2}{n}$.

本题也可以用定理 6-22 验证: $\mathrm{d}^2\bar{L}(M_0)=2\sum a_i\mathrm{d}x_i^2>0$, M_0 为最小值点.

注意, 如上例, 可以利用条件极值获得一些不等式, 总结证明的思想方法.

例 60 设 $a>0,a_i>0$, 计算 $f=x_1^{a_1}x_2^{a_2}\cdots x_n^{a_n}$ 在条件 $x_1+\cdots+x_n=a(x_i>0)$ 下的极值.

解 令 $g(x_1,x_2,\cdots,x_n)=\ln f=\sum\limits_{i=1}^{n}a_i\ln x_i$, 因为 $\ln u$ 严格单调, 故 g 的极值点就对应于 f 的极值点. 构造 g 的 L-函数 $L=\sum\limits_{i=1}^{n}a_i\ln x_i-\lambda(\sum\limits_{i=1}^{n}x_i-a)$, 计算得唯一驻点

$$M_0\left(\frac{aa_1}{\sum\limits_{i=1}^{n}a_i},\frac{aa_2}{\sum\limits_{i=1}^{n}a_i},\cdots,\frac{aa_n}{\sum\limits_{i=1}^{n}a_i}\right),\quad \lambda_0=\frac{\sum\limits_{i=1}^{n}a_i}{a},$$

由于

$$\mathrm{d}^2\overline{L}(M_0)=-\sum_{i=1}^{n}\frac{a_i}{x_i^2}\mathrm{d}x_i^2<0,$$

故, 驻点为极大值点, 极大值为 $f(M_0)$.

注 $f=x_1^{a_1}x_2^{a_2}\cdots x_n^{a_n}$ 在 $0<x_i<a$ 条件下无最小值点. 因为 $f>0$ 且 $\lim\limits_{x_i\to 0}f=0$.

例 61 计算抛物面 $x^2+y^2=z$ 被平面 $x+y+z=1$ 所截的椭圆上的点到原点的最长和最短距离.

解 设 (x,y,z) 为所截得的椭圆上的点, 则必满足约束条件

$$\begin{cases} x^2+y^2=z, \\ x+y+z=1, \end{cases}$$

而此点到原点的距离平方为 $f(x,y,z)=x^2+y^2+z^2$, 为此, 计算 f 在约束条件下的极值. 构造 L-函数

$$L(x,y,z,\lambda,\mu)=x^2+y^2+z^2+\lambda(x^2+y^2-z)+\mu(x+y+z-1),$$

求解得到驻点 $p\left(\dfrac{-1\pm\sqrt{3}}{2},\dfrac{-1\pm\sqrt{3}}{2},2\mp\sqrt{3},-3\pm\dfrac{5}{3}\sqrt{3},-7\pm\dfrac{11}{3}\sqrt{3}\right)$, 由于 f 在有界闭集 $\{(x,y,z):x^2+y^2=z,x+y+z=1\}$ 上连续, 故必存在最大值和最小值. 故上述两个驻点一个对应于最大值点, 一个对应于最小值点. 计算得: 最大值点为 $\left(\dfrac{-1-\sqrt{3}}{2},\dfrac{-1-\sqrt{3}}{2},\dfrac{2+\sqrt{3}}{2}\right)$, 最大值为 $9+5\sqrt{3}$; 最小值点为 $\left(\dfrac{-1+\sqrt{3}}{2},\dfrac{-1+\sqrt{3}}{2},\dfrac{2-\sqrt{3}}{2}\right)$, 最小值为 $9-5\sqrt{3}$.

习 题 6-7

1. 计算下列函数的极值:

(1) $f(x,y)=x^2-y^2-4x+2y+3$;

(2) $f(x,y)=3x-x^3+y^2$.

2. 计算下列函数在给定区域上的最值:

(1) $f(x,y)=x^2-2y^2+xy-3x+3y$, $D=\{(x,y):0\leqslant x\leqslant 2,0\leqslant y\leqslant 2\}$,

(2) $f(x,y)=2x^2+2y^2+5xy$, $D=\{(x,y):x^2+y^2\leqslant 1\}$.

3. 证明: $\sin x\sin y\sin(x+y)\leqslant\dfrac{3\sqrt{3}}{8}$, $(x,y)\in D=\{(x,y):0\leqslant x\leqslant\pi,0\leqslant y\leqslant\pi\}$.

4. 证明: $\mathrm{e}^y+x\ln x-x-xy\geqslant 0,x\geqslant 1,y\geqslant 0$.

5. 计算下列条件极值:

(1) $f(x,y,z)=x^2+4y^2+z^2+2xy+4yz$, $x+y+z=0$;

(2) $f(x,y,z)=x^2+y^2+z^2$, $x^2+2y^2+4z^2=4$.

6. 利用条件极值理论计算 $f(x,y)=x^2+6xy+2y^2$ 在区域 $D=\{(x,y):x^2+y^2\leqslant 1\}$ 上的最值. 根据结果的结构, 能否将上述结果进行抽象形成一个结论?

7. 设 a 是给定的正数, 将其分解为 n 个非负数的和, 使得这 n 个非负数的积为最大. 由此证明不等式: $(x_1x_2\cdots x_n)^{\frac{1}{n}}\leqslant\dfrac{x_1+x_2+\cdots+x_n}{n}$, 其中 $x_i\geqslant 0,1=1,2,\cdots,n$.

8. 计算曲面 $z=xy-1$ 上的点到坐标原点的最小距离.

6.8节课件

6.8 多元函数微分学的几何应用

本节, 我们利用多元复合函数的求导技术, 计算一些几何量, 由此解决相应的几何问题, 包括空间曲线的切线和法平面、空间曲面的切平面和法线.

6.8.1 空间曲线的切线与法平面

给定空间曲线 l 及 l 上一点 p_0, 计算此点的切线与法平面.

1. 已知 l 的参数方程形式

设给定的光滑曲线 l: $\begin{cases} x = x(t), \\ y = y(t), \\ z = z(t) \end{cases}$ 及 l 上一点 $p_0(x(t_0), y(t_0), z(t_0)) = p_0(x_0, y_0, z_0)$, 假设 $x(t), y(t), z(t)$ 都是可微的, 先计算此点的切线.

结构分析 类比已知, 所给的信息较少, 从切线的定义出发为研究思路. 切线就是割线的极限位置, 这是计算切线的常用方法, 为此, 我们先计算割线. 任取 $p(x(t), y(t), z(t)) \in l$ 且 $t \neq t_0$, 则割线 $\overline{pp_0}$ 的方程为

$$\frac{x - x_0}{x(t) - x_0} = \frac{y - y_0}{y(t) - y_0} = \frac{z - z_0}{z(t) - z_0},$$

我们希望通过割线方程的极限计算切线, 那么, 如何对方程计算极限? 要计算什么量? 从割线方程知道: 方程中, 点 $(x,\ y,\ z)$ 是表示直线 (割线) 上动态的点, 点 $p(x(t), y(t), z(t))$ 是割线与曲线的交点, 因此, 要计算的量是当点 p 沿曲线 l 趋向于 p_0 时, 即 $p \to p_0 (\Leftrightarrow t \to t_0)$ 时, 点 (x, y, z) 所满足的方程. 观察割线的方程, 为保证分母在极限过程中有意义, 作恒等变换, 则

$$\frac{x - x_0}{\frac{x(t) - x_0}{t - t_0}} = \frac{y - y_0}{\frac{y(t) - y_0}{t - t_0}} = \frac{z - z_0}{\frac{z(t) - z_0}{t - t_0}},$$

注意到 $x_0 = x(t_0), y_0 = y(t_0), z_0 = z(t_0)$, 则令 $t \to t_0$, 得

$$\frac{x - x_0}{x'(t_0)} = \frac{y - y_0}{y'(t_0)} = \frac{z - z_0}{z'(t_0)},$$

这就是 p_0 的切线方程, 其方向向量为 $\{x'(t_0), y'(t_0), z'(t_0)\}$.

当然, 上述过程也可以避开对方程的极限, 直接利用割线的方向的极限为切线的方向, 也可以得到切线方程.

由几何理论可知：切线方程的参数形式为

$$\begin{cases} x = x_0 + x'(t_0)t, \\ y = y_0 + y'(t_0)t, \\ z = z_0 + z'(t_0)t, \end{cases}$$

这种表示不论方向向量 $\{x'(t_0), y'(t_0), z'(t_0)\}$ 中是否有零分量都成立.

再计算 p_0 的法平面：由法平面的定义, 切线就是法平面的法线, 因而, 利用点法式, 得到法平面方程：

$$x'(t_0)(x - x_0) + y'(t_0)(y - y_0) + z'(t_0)(z - z_0) = 0.$$

下面, 我们以例题的形式给出不同方程形式下的曲线切线的计算.

例 62　设光滑曲线 l: $\begin{cases} y = f(x), \\ z = g(x), \end{cases}$ 求 $p_0(x_0, y_0, z_0) \in l$ 处的切线和法平面.

结构分析　解决问题的思路是:将 l 转化为参数方程形式, 实现化未知为已知.

解　通过引入新参数, 将 l 改写为如下参数形式：

$$l: \begin{cases} x = t, \\ y = y(t), \\ z = z(t), \end{cases}$$

则由公式, 在 p_0 处切线为

$$\frac{x - x_0}{1} = \frac{y - y_0}{y'(x_0)} = \frac{z - z_0}{z'(x_0)},$$

法平面为

$$(x - x_0) + y'(x_0)(y - y_0) + z'(x_0)(z - z_0) = 0.$$

2. 已知曲线的一般方程

给定光滑曲线 l: $\begin{cases} F(x, y, z) = 0, \\ G(x, y, z) = 0 \end{cases}$ 及其上一点 $p_0(x_0, y_0, z_0) \in l$, 假设 $F(x, y, z)$, $G(x, y, z)$ 是可微的, 且 $\left.\frac{D(F, G)}{D(y, z)}\right|_{p_0} \neq 0$, 计算曲线 l 在 $p_0(x_0, y_0, z_0) \in l$ 处的切线和法平面.

结构分析　类比已知, 将其转化为已知情形：参数形式或例 61 的形式. 要将曲线的一般方程形式转化为参数形式, 需要从给定由两个方程组成的方程组中求出三个函数. 要将曲线的一般方程形式转化例 61 的形式需要从上述方程组中求出两个函数. 由隐函数理论, 从上述方程组能够确定两个函数, 即可以转化为例 61 的形式. 由例 61 的结论知, 要计算切线和法平面, 只需计算两个隐函数的导数.

解 由条件 $\left.\dfrac{D(F,G)}{D(y,z)}\right|_{p_0} \neq 0$, 则在 p_0 附近, 由方程组可确定隐函数 $y = y(x), z = z(x)$, 故曲线 l 为 $\begin{cases} y = y(x), \\ z = z(x), \end{cases}$ 利用隐函数求导, 则

$$\left.\frac{\mathrm{d}y}{\mathrm{d}x}\right|_{p_0} = -\left.\frac{\dfrac{D(F,G)}{D(x,z)}}{\dfrac{D(F,G)}{D(y,z)}}\right|_{p_0} \triangleq A_1, \quad \left.\frac{\mathrm{d}z}{\mathrm{d}x}\right|_{p_0} = -\left.\frac{\dfrac{D(F,G)}{D(y,x)}}{\dfrac{D(F,G)}{D(y,z)}}\right|_{p_0} \triangleq B_1,$$

故, 所求切线为

$$\frac{x-x_0}{1} = \frac{y-y_0}{A_1} = \frac{z-z_0}{B_1};$$

所求法平面为

$$(x-x_0) + A_1(y-y_0) + B_1(z-z_0) = 0.$$

观察 A_1, B_1 的结构, 还可以将上述结论改写为对称结构. 记 $A = \left.\dfrac{D(F,G)}{D(y,z)}\right|_{p_0}$, $B = \left.\dfrac{D(F,G)}{D(z,x)}\right|_{p_0}, C = \left.\dfrac{D(F,G)}{D(x,y)}\right|_{p_0}$, 则所求为

切线: $\dfrac{x-x_0}{A} = \dfrac{y-y_0}{B} = \dfrac{z-z_0}{C}$;

法平面: $A(x-x_0) + B(y-y_0) + C(z-z_0) = 0$.

例 63 求两柱面的交线 $\begin{cases} x^2+y^2=R^2, \\ x^2+z^2=R^2 \end{cases}$ 在点 $\left(\dfrac{R}{\sqrt{2}}, \dfrac{R}{\sqrt{2}}, \dfrac{R}{\sqrt{2}}\right)$ 处的切线.

解 记 $F(x,y,z) = x^2+y^2-R^2, G(x,y,z) = x^2+z^2-R^2$, 利用公式, 则,

$$A = 2R^2, \quad B = -2R^2, \quad C = -2R^2,$$

故, 所求切线为

$$x - \frac{R}{\sqrt{2}} = -\left(y - \frac{R}{\sqrt{2}}\right) = -\left(z - \frac{R}{\sqrt{2}}\right).$$

6.8.2 曲面的切平面与法线

给定光滑曲面 $\Sigma: F(x,y,z)=0$ 及 $M_0(x_0,y_0,z_0)\in\Sigma$, 求点 M_0 的切平面 Σ_0 与法线.

结构分析 总体思路和切线的求解思路相同, 都是根据定义确定思路. 另一方面, 根据解决问题的一般思想, 总希望将待解决的问题转化为已知的情形来解决. 在上一小节中, 我们掌握了曲线的切线的计算, 能否将切平面问题转化为切线问题来讨论? 这就需要了解切线和切平面的关系. 从几何理论可知, 过 M_0 任作曲线 $l\subset\Sigma$, 则对应此曲线 l, 在 M_0 点就有切线 l_{M_0}, 显然, $l_{M_0}\subset\Sigma_0$, 不仅如此, 还有 $\bigcup\limits_{l\subset M} l_{M_0}=\Sigma_0$, 即正是切线束组成了切平面, 这也是切平面的定义. 由此, 利用化未知为已知的研究思想, 通过考察任一条曲线的切线的性质, 确定切平面.

设 l 为 Σ 内过 M_0 的任一条曲线, 设其方程为 $x=x(t),y=y(t),z=z(t)$, 且 $x_0=x(t_0),y_0=y(t_0),z_0=z(t_0)$, 则在 M_0 点处 l 的切线方向为 $\{x'(t_0),y'(t_0),z'(t_0)\}$, 现在挖掘 $\{x'(t_0),y'(t_0),z'(t_0)\}$ 的信息. 由于 $l\subset\Sigma$, 故 $F(x(t),y(t),z(t))=0$, 为产生 $\{x'(t_0),y'(t_0),z'(t_0)\}$, 对方程求导, 则

$$x'(t)F_x+y'(t)F_y+z'(t)F_z=0,$$

特别有

$$x'(t_0)F_x(M_0)+y'(t_0)F_y(M_0)+z'(t_0)F_z(M_0)=0,$$

因而,

$$\{x'(t_0),y'(t_0),z'(t_0)\}\cdot\{F_x(M_0),F_y(M_0),F_z(M_0)\}=0,$$

故, 向量 $\{x'(t_0),y'(t_0),z'(t_0)\}$ 与 $\{F_x(M_0),F_y(M_0),F_z(M_0)\}$ 垂直.

这一结论的含义是什么?

进一步分析: 记 $\boldsymbol{n}=\{F_x(M_0),F_y(M_0),F_z(M_0)\}$, 它只与 M_0 有关, 为固定的方向, 而 $\{x'(t_0),y'(t_0),z'(t_0)\}$ 是任一切线方向. 故, 上述结论表明: $\boldsymbol{n}$ 与任一切线都垂直, 而所有这样的切线组成了切平面, 因此, $\boldsymbol{n}$ 与切平面垂直, 故, $\boldsymbol{n}$ 是切平面的法向量. 由点法式, 切平面 Σ_0 为

$$F_x(M_0)(x-x_0)+F_y(M_0)(y-y_0)+F_z(M_0)(z-z_0)=0,$$

相应的法线为

$$\frac{x-x_0}{F_x(M_0)}=\frac{y-y_0}{F_y(M_0)}=\frac{z-z_0}{F_z(M_0)}.$$

由于曲面方程有不同的形式, 作为上述结论的应用, 进行分别讨论.

情形 1 设 $\Sigma: z=f(x,y)$, 此时取 $F=z-f(x,y)$ 即可.

情形 2 若已知曲面参数方程:

$$\begin{cases} x = f(u,v), \\ y = g(u,v), \\ z = h(u,v), \end{cases}$$

将其转化为情形 1, 即若从 $\begin{cases} x = f(u,v), \\ y = g(u,v) \end{cases}$ 中确定隐函数 $\begin{cases} u = u(x,y), \\ v = v(x,y), \end{cases}$ 则曲面为

$$\Sigma : z = h(u,v) = h(u(x,y), v(x,y)),$$

即转化为情形 1, 此时,

$$F(x,y,z) = z - h(u(x,y), v(x,y)).$$

下面计算 F_x, F_y, F_z, 利用复合函数求导理论, 则

$$F_z = 1, \quad F_x = -\frac{\partial h}{\partial u}\cdot\frac{\partial u}{\partial x} - \frac{\partial h}{\partial v}\cdot\frac{\partial v}{\partial x}, \quad F_y = -\frac{\partial h}{\partial u}\cdot\frac{\partial u}{\partial y} - \frac{\partial h}{\partial v}\cdot\frac{\partial v}{\partial y},$$

为计算 $\frac{\partial u}{\partial x}, \frac{\partial u}{\partial y}, \frac{\partial v}{\partial x}, \frac{\partial v}{\partial y}$, 由方程组 $\begin{cases} x = f(u,v), \\ y = g(u,v) \end{cases}$ 对 x 求导, 则

$$\begin{cases} 1 = \dfrac{\partial f}{\partial u}\cdot\dfrac{\partial u}{\partial x} + \dfrac{\partial f}{\partial v}\dfrac{\partial v}{\partial x}, \\ 0 = \dfrac{\partial g}{\partial u}\cdot\dfrac{\partial u}{\partial x} + \dfrac{\partial g}{\partial v}\dfrac{\partial v}{\partial x}, \end{cases}$$

解之可得

$$\frac{\partial u}{\partial x} = \frac{\dfrac{\partial g}{\partial v}}{\dfrac{D(f,g)}{D(u,v)}}, \quad \frac{\partial v}{\partial x} = -\frac{\dfrac{\partial g}{\partial u}}{\dfrac{D(f,g)}{D(u,v)}}.$$

其中, 函数行列式定义为 $\frac{D(f,g)}{D(u,v)} = \begin{vmatrix} f_u & f_v \\ g_u & g_v \end{vmatrix}$, 对 y 求导, 则

$$\begin{cases} 1 = \dfrac{\partial f}{\partial u}\cdot\dfrac{\partial u}{\partial y} + \dfrac{\partial f}{\partial v}\dfrac{\partial v}{\partial y}, \\ 0 = \dfrac{\partial g}{\partial u}\cdot\dfrac{\partial u}{\partial y} + \dfrac{\partial g}{\partial v}\dfrac{\partial v}{\partial y}, \end{cases}$$

解之可得

$$\frac{\partial u}{\partial x}=-\frac{\dfrac{\partial f}{\partial v}}{\dfrac{D(f,g)}{D(u,v)}},\quad \frac{\partial v}{\partial x}=\frac{\dfrac{\partial f}{\partial u}}{\dfrac{D(f,g)}{D(u,v)}},$$

故

$$F_x=\frac{-\dfrac{\partial h}{\partial u}\cdot\dfrac{\partial g}{\partial v}-\dfrac{\partial h}{\partial v}\cdot\dfrac{\partial g}{\partial u}}{\dfrac{D(f,g)}{D(u,v)}}=\frac{\dfrac{D(g,h)}{D(u,v)}}{\dfrac{D(f,g)}{D(u,v)}},$$

$$F_y=\frac{\dfrac{\partial h}{\partial u}\cdot\dfrac{\partial f}{\partial v}-\dfrac{\partial h}{\partial v}\cdot\dfrac{\partial f}{\partial u}}{\dfrac{D(f,g)}{D(u,v)}}=\frac{\dfrac{D(h,f)}{D(u,v)}}{\dfrac{D(f,g)}{D(u,v)}},$$

代入得所求的切平面 Σ_0 为

$$\left.\frac{D(g,h)}{D(u,v)}\right|_{M_0}(x-x_0)+\left.\frac{D(h,f)}{D(u,v)}\right|_{M_0}(y-y_0)+\left.\frac{D(f,g)}{D(u,v)}\right|_{M_0}(z-z_0)=0,$$

所求的法线方程为

$$\frac{x-x_0}{\left.\dfrac{D(g,h)}{D(u,v)}\right|_{M_0}}=\frac{y-y_0}{\left.\dfrac{D(h,f)}{D(u,v)}\right|_{M_0}}=\frac{z-z_0}{\left.\dfrac{D(f,g)}{D(u,v)}\right|_{M_0}}.$$

习　题　6-8

1. 在计算空间曲线的切线时, 能否通过计算方向向量计算切线?

2. 为什么说空间曲线上一点能确定一条切线和相应的法平面, 而空间曲面上一点能确定切面和相应的法线? 简述建立空间曲面上一点切平面的思路.

3. 计算下列曲线在给定点 p_0 处的切线与法平面方程:

(1) $\begin{cases} x^2+y^2=1, \\ x+z=1, \end{cases}$ $p_0(0,1,1)$;　　(2) $\begin{cases} x^2+y^2=1, \\ x^2+z^2=1, \end{cases}$ $p_0(0,1,1)$;

(3) $\begin{cases} x=\cos t, \\ y=\sin t, \\ z=t, \end{cases}$ $p_0\left(t=\dfrac{\pi}{4}\right)$;　　(4) $\begin{cases} x=z^2+2z-1, \\ y=z^3+z, \end{cases}$ $p_0(2,2,1)$.

4. 计算下列曲面在给定点 p_0 处的切平面和法线方程:

(1) $x^2+y^2+xy+z^2=1$, $p_0(0,0,1)$;　　(2) $\begin{cases} x=u^2+v, \\ y=uv+1, \\ z=2v^2-u, \end{cases}$ $p_0(u=1,v=0)$.

*6.9 多元函数泰勒公式

以二元函数为例给出泰勒公式的形式和证明.

定理 6-23 设 $u=f(x,y)$ 在 $p_0(x_0,y_0)$ 对 x,y 有直到 $n+1$ 阶的连续导数, 则

$$\begin{aligned}f(x_0+h,y_0+k)=&f(x_0,y_0)+\left(h\frac{\partial}{\partial x}+k\frac{\partial}{\partial y}\right)f(x_0,y_0)\\&+\frac{1}{2!}\left(h\frac{\partial}{\partial x}+k\frac{\partial}{\partial y}\right)^2 f(x_0,y_0)\\&+\cdots+\frac{1}{n!}\left(h\frac{\partial}{\partial x}+k\frac{\partial}{\partial y}\right)^n f(x_0,y_0)\\&+\frac{1}{(n+1)!}\left(h\frac{\partial}{\partial x}+k\frac{\partial}{\partial y}\right)^{n+1} f(x_0+\theta h,y_0+\theta k),\end{aligned}$$

其中 $0<\theta<1$, $\left(h\frac{\partial}{\partial x}+k\frac{\partial}{\partial y}\right)^m f(x,y)=\sum\limits_{r=0}^{m}\mathrm{C}_m^r h^{m-r}k^r\frac{\partial^m f}{\partial x^{m-r}\partial y^r}$.

结构分析 证明思路是转化为一元函数的泰勒公式, 为此, 需要构造相应的一元函数, 通过引入一个参量, 构造参量的一元函数形式.

证明 记 $g(t)=f(x_0+th,y_0+tk)$, 则

$$g(0)=f(p_0),\quad g(1)=f(x_0+h,y_0+k),$$

由一元函数展开:

$$g(1)=g(0)+g'(0)+\cdots+\frac{1}{n!}g^{(n)}(0)+\frac{1}{(n+1)!}g^{(n+1)}(\theta),$$

计算 $g'(t)$, 利用微分公式,

$$g'(t)=\frac{\mathrm{d}g(t)}{\mathrm{d}t}=\left(h\frac{\partial f}{\partial x}+k\frac{\partial f}{\partial y}\right)=\left(h\frac{\partial}{\partial x}+k\frac{\partial}{\partial y}\right)f,$$

一般地,

$$\frac{\mathrm{d}^m g(t)}{\mathrm{d}t}=\left(h\frac{\partial}{\partial x}+k\frac{\partial}{\partial y}\right)^m f(x,y)=\sum_{r=0}^{m}\mathrm{C}_m^r h^{m-r}k^r\frac{\partial^m f}{\partial x^{m-r}\partial y^r},$$

代入即可.

特别取 $n=0$, 有中值公式:

$$f(x_0+h,y_0+k)-f(x_0,y_0)=f_x(x_0+\theta h,y_0+\theta k)h+f_y(x_0+\theta h,y_0+\theta k)k.$$

用类似的方法可以将公式推广到任意的 n 元函数.

例 64 将计算 $f(x,y)=\mathrm{e}^{x+y}$ 在 (0, 0) 的直到 4 次幂的泰勒展开式.

解 由于

$$f(0,0)=1,\quad \frac{\partial^m f}{\partial x^{m-r}\partial y^r}(0,0)=1,\quad \forall m,$$

代入公式, 则

$$\begin{aligned}\mathrm{e}^{x+y}=&1+(x+y)+\frac{1}{2}(x^2+2xy+y^2)+\frac{1}{6}(x^3+3x^2y+3xy^2+y^3)\\&+\frac{1}{24}(x^4+4x^3y+6x^2y^2+4xy^3+y^4)+o((x^2+y^2)^2),\end{aligned}$$

这里, 我们采用了佩亚诺型余项 $R_m(p,p_0)=o(|pp_0|^{m+1})$.

利用泰勒公式对多元函数进行展开, 思路简单, 但是计算量大, 过程复杂, 而用泰勒展开研究多元函数更高级的分析性质也并不常用, 因此, 我们不再举例说明泰勒公式的运用.

习 题 6-9

1. 求函数 $f(x,y)=2x^2-xy-y^2-6x-3y+5$ 在点 $(1,-2)$ 的泰勒公式.
2. 求函数 $f(x,y)=\mathrm{e}^x\ln(1+y)$ 的三阶泰勒公式.
3. 求函数 $f(x,y)=\mathrm{e}^{x+y}$ 的 n 阶泰勒公式.

第 7 章　多元数量值函数积分学

7.1　多元数量值函数积分的概念与性质

正如定积分源于平面几何图形的面积和非均匀细棒的质量的计算一样, 多元函数的积分学产生背景也是人类在认识和改造自然的活动过程中, 对所遇到的一些几何问题 (如曲面所围的体积) 或物理问题 (如非均匀分布的几何形体的质量) 的探索与求解. 在这个过程中, 形成了对各种问题具体的求解思想和方法, 数学家对这些思想方法进行了抽象, 形成了数学概念和理论, 这就是多元数量值函数积分学.

7.1.1　非均匀分布的几何形体的质量问题

在一元函数定积分中, 我们通过 "分割、近似代替、求和、取极限" 四个步骤, 把区间 $[a,b]$ 上线密度为 $f(x)$ 的非均匀细棒的质量 m 归结为下述和式的极限, 即定积分.

$$m=\lim_{\lambda\to 0}\sum_{i=1}^{n}f(\xi_i)\Delta x_i.$$

对于平面或空间中质量非均匀分布的物体, 也可以用这种思想方法求其质量.

引例 1 (平面薄板的质量问题)　设平面区域 D 上分布有非均匀的薄板, 其密度函数 $f(x,y),(x,y)\in D$, 求其质量 m.

结构分析　类比质量问题, 已知的理论是特殊简单情形下的计算公式, 即均匀密度的质量分布, 此时 $f(x,y)\equiv\rho$, 相应的质量计算公式为 $m=\rho\cdot S_D(S_D$ 为 D 之面积). 类比已知与未知, 二者的差别在于密度函数的线性 (密度为常数) 和非线性 (密度为函数) 之间的差别, 一般来说, 非线性问题不能直接转化为线性问题, 需要利用近似逼近的思想, 用线性问题进行逼近, 借助极限理论实现线性到非线性的过渡, 实现对非线性问题的研究. 就具体方法而言, 常用的方法就是局部线性化, 即将整体量分割成若干部分, 在每一个小部分上近似为线性问题进行线性求解, 通过累加, 得到非线性问题的近似解, 利用极限, 得到准确解. 这就是积分的思想和方法, 由此确定了研究的思路和方法.

研究过程简析　我们利用积分思想方法给出具体的研究求解过程.

(1) 分割：对区域 D 作 n 分割 $\Delta\sigma_1, \Delta\sigma_2, \cdots, \Delta\sigma_n$.

(2) 局部线性近似计算：当分割很细时, 可以在 $\Delta\sigma_i (i=1,2,\cdots,n)$ 上进行近似计算. 任取 $(\xi_i, \eta_i) \in \Delta\sigma_i$, 在 $\Delta\sigma_i$ 上可以近似为以 $f(\xi_i,\eta_i)$ 为常密度的均匀物质, 因此, 对应的质量块可以利用已知公式近似计算, 即

$$\Delta m_i \approx f(\xi_i, \eta_i)\Delta\sigma_i,$$

其中 $\Delta\sigma_i$ 也表示 $\Delta\sigma_i$ 的面积, 这就是局部线性化处理.

(3) 累加求和：将局部近似量进行累加求和得到整体近似量, 故

$$m = \sum_{i=1}^{n} \Delta m_i \approx \sum_{i=1}^{n} f(\xi_i, \eta_i)\Delta\sigma_i.$$

至此, 已经完成了对所求量的近似研究. 给出不同的分割得到不同的近似量. 当然, 分割越细, 近似精度越高.

在近似研究的基础上得到准确结果是数学研究的目标, 为此, 必须利用极限工具.

(4) 取极限：利用极限可以得到准确结果

$$m = \lim_{\lambda \to 0} \sum_{i=1}^{n} f(\xi_i,\ \eta_i)\Delta\sigma_i,$$

其中 $\lambda = \max\limits_{1\leqslant i\leqslant n}\{d_i\}$, 这里 $d_i = d(\Delta G_i) = \max\{\,|P_1P_2|\,|\ P_1, P_2 \in \Delta G_i\}$ 表示 $\Delta\sigma_i$ 的直径, 指的是 $\Delta\sigma_i$ 上任意两点间距离的最大值.

由完全类似的方法, 我们可以讨论质量非均匀分布的一般几何形体的质量问题. 这里的几何形体是直线段、平面或空间的曲线弧、平面或空间区域、空间曲面的统称, 并将长度、面积、体积统称为相应几何形体的度量, 将几何形体上任意两点间距离的最大值称为该几何体的直径.

设有一个几何形体为 G 形状的物体, 其质量分布是非均匀的, 即密度 $\mu = \mu(p)$ 是 G 上点 p 的函数, 并假设 $\mu(p)$ 在 G 上连续, 下面来求其质量.

将 G 用任意的方法分割成 n 个小几何形体 $\Delta G_i (i=1,2,\cdots,n)$, ΔG_i 同时表示其度量. 在 ΔG_i 上任意取一点 p_i, 则 ΔG_i 的质量 $\Delta m_i \approx \mu(p_i)\Delta G_i$, 于是 G 的质量 $m \approx \sum\limits_{i=1}^{n} \mu(p_i)\Delta G_i$, 显然, 把 G 分得越细密, 近似程度越好, 记 $\lambda = \max\limits_{1\leqslant i\leqslant n}\{d_i\}$, $d_i = d(\Delta G_i) = \max\{\,|P_1P_2|\,|\ P_1, P_2 \in \Delta G_i\}$, 于是所求质量为

$$m = \lim_{\lambda \to 0} \sum_{i=1}^{n} \mu(p_i)\Delta G_i.$$

当 G 分别为区间 $[a,b]$、平面区域 D、空间区域 Ω、平面曲线 L、空间曲线 Γ 及空间曲面 Σ 时, 则相应的非均匀分布的直线型物体、平面薄片、空间物体、平面曲线型物体、空间曲线型物体及空间曲面型物体的质量分别为

$$m=\lim_{\lambda\to 0}\sum_{i=1}^{n}\mu(\xi_i)\Delta x_i;$$

$$m=\lim_{\lambda\to 0}\sum_{i=1}^{n}\mu(\xi_i,\eta_i)\Delta\sigma_i;$$

$$m=\lim_{\lambda\to 0}\sum_{i=1}^{n}\mu(\xi_i,\eta_i,\zeta_i)\Delta V_i;$$

$$m=\lim_{\lambda\to 0}\sum_{i=1}^{n}\mu(\xi_i,\eta_i)\Delta s_i;$$

$$m=\lim_{\lambda\to 0}\sum_{i=1}^{n}\mu(\xi_i,\eta_i,\zeta_i)\Delta s_i;$$

$$m=\lim_{\lambda\to 0}\sum_{i=1}^{n}\mu(\xi_i,\eta_i,\zeta_i)\Delta S_i.$$

这里 Δx_i, $\Delta\sigma_i$, ΔV_i, Δs_i, ΔS_i 分别表示小区间的长度、小平面区域的面积、小空间区域的体积、小弧段的长度及小曲面片的面积.

从以上过程可以看出, 尽管质量分布的几何形体不尽相同, 但求质量问题都可归结为同一形式的和的极限, 在科学技术中还有大量类似的问题都可归结为此种类型的极限. 抽象出其数学结构的特征, 便得出了几何形体上数量值函数积分的概念. 这里所谓的数量值函数, 就是指前面定义过的一元函数和多元函数, 该积分之所以冠以 "数量值", 是为了区别下一章出现的向量值函数的积分.

7.1.2 多元数量值函数积分的概念

定义 7-1 设 G 是可度量 (即可求长度、面积或体积) 的有界闭几何形体,$f(p)$ 为定义在 G 上的数量值函数. 将 G 任意分割成 n 个小几何形体 $\Delta G_i(i=1,2,\cdots,n)$, ΔG_i 同时表示其度量. 在 ΔG_i 上任意取一点 p_i, 作乘积 $f(p_i)\Delta G_i$, 并作和式 $\sum\limits_{i=1}^{n}f(p_i)\Delta G_i$, 记 $\lambda=\max\limits_{1\leqslant i\leqslant n}\{d_i\}$, $d_i=d(\Delta G_i)=\max\{\,|P_1P_2|\,|\,P_1,P_2\in$

$\Delta G_i\}$. 若存在实数 I, 使得不论对 G 怎样分割, 也不论点 p_i 在 ΔG_i 上怎样选取, 都有

$$I=\lim_{\lambda\to 0}\sum_{i=1}^{n} f(p_i)\Delta G_i,$$

称 $f(x)$ 在 G 上可积, 极限值 I 称为 $f(x)$ 在 G 上的积分, 记为 $\int_G f(p)\mathrm{d}G$, 即

$$\int_G f(p)\mathrm{d}G=\lim_{\lambda\to 0}\sum_{i=1}^{n} f(p_i)\Delta G_i,$$

其中, $f(x)$ 称为被积函数, G 称为积分区域, $\mathrm{d}G$ 称为积分元素, $f(p)\mathrm{d}G$ 为积分表达式, $\int$ 为积分号, $\sum_{i=1}^{n} f(p_i)\Delta G_i$ 为积分和.

信息挖掘　(1) 定义中 G 是可度量 (即可求长度、面积或体积) 的有界闭几何形体, G 可以是区间 $[a,b]$、有界平面区域 D、有界空间区域 $\varOmega$、有限平面曲线 L、有限空间曲线 $\varGamma$ 及有限空间曲面 $\varSigma$ 等几何形体, 相应地分割后的小几何形体 ΔG_i 分别表示的度量为：小区间的长度、小平面区域的面积、小空间区域的体积、小弧段的长度及小曲面片的面积.

(2) 从定义式看各个量的对应关系及意义：

$$\int_G \to \lim\sum;\quad f(p)\to f(p_i);\quad \mathrm{d}G\to\Delta G_i.$$

(3) 物理意义：设 $f(p)\geqslant 0$, 则 $\int_G f(p)\mathrm{d}G$ 表示密度为 $f(p)$、分布在 G 上的物体的质量.

关于的可积性问题, 与定积分有着类似的结果.

定理 7-1 (可积的必要条件)　若函数 $f(p)$ 在有界闭几何形体 G 上可积, 则 $f(p)$ 在 G 上必有界.

定理 7-2 (可积的充分条件)　若函数 $f(p)$ 在有界闭几何形体 G 上连续, 则 $f(p)$ 在 G 上必可积.

7.1.3　多元数量值函数积分的性质

以下假设涉及的积分区域 G 是有界闭几何形体, 涉及的函数都是可积的. 由多元数量值函数积分的定义和极限的运算法则, 不难得出它与定积分类似的性质, 相应的证明也类似定积分, 证明略.

性质 7-1 若在 G 上 $f(p)\equiv 1$, 则它在 G 上的积分等于 G 的度量 (用 G 表示), 即

$$\int_G 1\mathrm{d}G=\int_G \mathrm{d}G=G.$$

性质 7-2 (线性性质) 设 k_1,k_2 是实数, 则

$$\int_G [k_1f(p)+k_2g(p)]\mathrm{d}G=k_1\int_G f(p)\mathrm{d}G+k_2\int_G g(p)\mathrm{d}G.$$

性质 7-3 (区域可加性) 若 $G=G_1\cup G_2$, 则

$$\int_G f(p)\mathrm{d}G=\int_{G_1} f(p)\mathrm{d}G+\int_{G_2} f(p)\mathrm{d}G.$$

性质 7-4 (保序性) 若在 G 上满足 $f(p)\leqslant g(p)$, 则

$$\int_G f(p)\mathrm{d}G=\int_G g(p)\mathrm{d}G.$$

利用保序性, 很容易得到下列推论.

推论 7-1 若 $f(p)$ 可积, 则 $|f(p)|$ 也可积, 且

$$\left|\int_G f(p)\mathrm{d}G\right|\leqslant\int_G |f(p)|\,\mathrm{d}G.$$

性质 7-5 (估值性质) 设 $M=\max\limits_{p\in G} f(p), m=\min\limits_{p\in G} f(p)$, 则 $mG\leqslant\int_G f(p)\mathrm{d}G\leqslant MG$.

性质 7-6 (积分中值定理) 若 $f(p)$ 在区域 G 上连续, 则存在点 $P_0\in G$, 使

$$\int_G f(p)\mathrm{d}G=f(p_0)G.$$

7.1.4 多元数量值函数积分的分类

按照几何形体 G 的类型, 我们将多元数量值函数积分分为以下四类.

1. 二重积分

当几何形体 G 为 xOy 平面上的区域 D 时, 则 $f(p)$ 就是定义在上的二元函数 $f(x,y)$, ΔG_i 就是小平面区域的面积 $\Delta\sigma_i$, 这时称 $\int_G f(p)\mathrm{d}G$ 为函数 $f(x,y)$ 在平面区域 D 上的**二重积分**, 记作 $\iint\limits_D f(x,y)\,\mathrm{d}\sigma$, 即

$$\iint_D f(x,y)\,\mathrm{d}\sigma=\lim_{\lambda\to 0}\sum_{i=1}^{n} f(\xi_i,\ \eta_i)\Delta\sigma_i,$$

这里 $\mathrm{d}\sigma$ 是面积微元.

2. 三重积分

当几何形体 G 为空间区域 Ω 时, 则 $f(p)$ 就是定义在 Ω 上的三元函数 $f(x,y,z)$, ΔG_i 就是小立体区域的体积 ΔV_i, 这时称 $\int_G f(p)\mathrm{d}G$ 为函数 $f(x,y,z)$ 在空间区域 Ω 上的**三重积分**, 记作 $\iiint\limits_{\Omega} f(x,y,z)\mathrm{d}V$, 即

$$\iiint_{\Omega} f(x,y,z)\mathrm{d}V=\lim_{\lambda\to 0}\sum_{i=1}^{n} f(\xi_i,\eta_i,\zeta_i)\Delta V_i,$$

这里 $\mathrm{d}V$ 是体积微元.

3. 对弧长的曲线积分

当几何形体 G 为平面或空间的曲线弧段 L 时, 则 $f(p)$ 是定义在 L 上的二元函数 $f(x,y)$ 或三元函数 $f(x,y,z)$, ΔG_i 是小弧段的弧长 Δs_i, 这时称 $\int_G f(p)\mathrm{d}G$ 为函数 $f(x,y)$ 或 $f(x,y,z)$ 在曲线 L 上对**弧长的曲线积分**, 或称**第一类曲线积分**, 记作 $\int_L f(x,y)\,\mathrm{d}s$ 或 $\int_L f(x,y,z)\,\mathrm{d}s$, 即

$$\int_L f(x,y)\,\mathrm{d}s=\lim_{\lambda\to 0}\sum_{i=1}^{n} f(\xi_i,\eta_i)\Delta s_i,$$

或

$$\int_L f(x,y,z)\,\mathrm{d}s=\lim_{\lambda\to 0}\sum_{i=1}^{n} f(\xi_i,\eta_i,\zeta_i)\Delta s_i,$$

这里 $\mathrm{d}s$ 是弧长微元.

4. 对面积的曲面积分

当几何形体 G 为空间曲面 Σ 时, 则 $f(p)$ 就是定义在 Σ 上的三元函数 $f(x,y,z)$, ΔG_i 就是小曲面块的面积 ΔS_i, 这时称 $\int_G f(p)\mathrm{d}G$ 为函数 $f(x,y,z)$ 在

空间曲面 Σ 上的**对面积的曲面积分**, 或称**第一类曲面积分**, 记作 $\iint\limits_{\Sigma} f(x,y,z)\mathrm{d}S$, 即

$$\iint\limits_{\Sigma} f(x,y,z)\mathrm{d}S=\lim_{\lambda\to 0}\sum_{i=1}^{n} f(\xi_i,\eta_i,\zeta_i)\Delta S_i,$$

这里 $\mathrm{d}S$ 是曲面的面积微元.

习 题 7-1

1. 多元数量值函数积分的定义中 $\lambda=\max\limits_{1\leqslant i\leqslant n}\{d_i\}$, $d_i=d(\Delta G_i)=\max\{\,|P_1P_2|\,|\,P_1,P_2\in\Delta G_i\}$, 可否将极限条件 "$\lambda\to 0$" 更改为 "各小几何形体 ΔG_i 的度量的最大值趋于零"? 说明理由.

2. 不作计算, 估计 $I=\iint\limits_{D}\mathrm{e}^{(x^2+y^2)}\mathrm{d}\sigma$ 的值, 其中 D 是椭圆闭区域: $\dfrac{x^2}{a^2}+\dfrac{y^2}{b^2}\leqslant 1(0<b<a)$.

3. 估计二重积分 $I=\iint\limits_{D}\dfrac{\mathrm{d}\sigma}{\sqrt{x^2+y^2+2xy+16}}$ 的值, 其中积分区域 D 为矩形闭区域 $\{(x,y)|0\leqslant x\leqslant 1,0\leqslant y\leqslant 2\}$.

4. 判断 $\iint\limits_{r\leqslant|x|+|y|\leqslant 1}\ln(x^2+y^2)\mathrm{d}x\mathrm{d}y$ 的符号.

5. 比较积分 $\iint\limits_{D}\ln(x+y)\mathrm{d}\sigma$ 与 $\iint\limits_{D}[\ln(x+y)]^2\mathrm{d}\sigma$ 的大小, 其中区域 D 是三角形闭区域, 三顶点各为 (1,0),(1,1),(2,0).

6. 试用二重积分表示极限 $\lim\limits_{n\to+\infty}\dfrac{1}{n^2}\sum\limits_{i=1}^{n}\sum\limits_{j=1}^{n}\mathrm{e}^{\frac{i^2+j^2}{n^2}}$.

7.2 二重积分的计算

本节研究的重点是二重积分的计算. 根据解决问题的一般性方法, 将未知的、待求解的东西转化为已知的东西. 类比已知：与此关联最紧密的已知理论是定积分, 因而, 二重积分计算的主要思想是将其转化为定积分来计算, 即将二重积分转化为两个定积分——累次积分. 具体方法：我们从计算有界空间区域 Ω 的体积出发, 给出二重积分的计算公式.

引例 2 给定有界空间区域 Ω, 计算其体积.

针对问题, 我们进行分析.

(1) 问题简化: 为解决此问题, 先对问题进行简化. 类似平面任意有界几何图形的简化思想, 可以将任意有界空间区域 Ω 转化为特殊的空间区域——曲顶柱体.

所谓曲顶柱体是指由曲面 $\Sigma: z=f(x,y),(x,y)\in D$, 其中 $f(x,y)>0$, 平面 $z=0,(x,y)\in D$ 及以 D 的边界 ∂D 为准线、以平行于 z 轴的直线为母线的柱面所围成的空间区域, 把这样的区域称为相对于 z 轴的曲顶平底直柱体, 简称曲顶柱体 (如图 7-1), 其中曲面为顶, 平底为底, 柱面为围. 此处定义的曲顶直柱体的围平行于 z 轴, 底落在 xOy 坐标面内, 底为平面区域 D,D 也是整个曲顶柱体在 xOy 面的投影区域. 类似也可以定义其他形式的曲顶柱体.

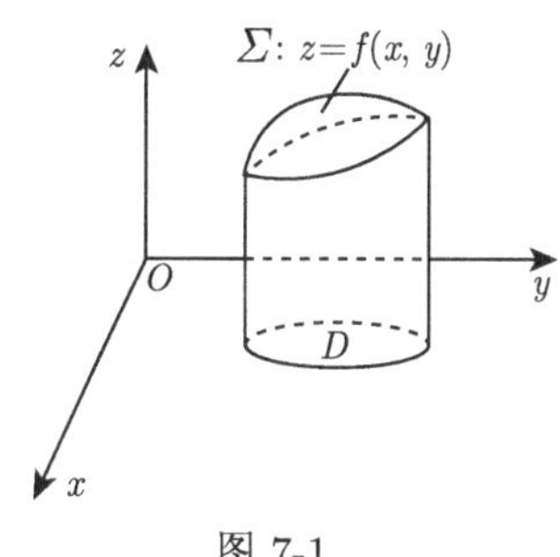

图 7-1

(2) 曲顶柱体体积的计算.

由此, 抽象的描述性问题：有界空间区域 Ω 的体积问题, 转化为以曲面 Σ: $z=f(x,y)\geqslant 0$ 为顶, 以曲顶在 xOy 坐标平面的投影区域为底的曲顶柱体的体积 V 问题, 这是具体的可以定量计算的体积问题.

结构分析　类比已知, 已知平顶柱体体积的计算公式, 其体积为底面积与高的乘积. 类比已知与未知的差别, 仍是线性 (平顶或平面) 与非线性 (曲顶或曲面) 的差别, 采用类似的处理思想和方法.

初步分析　按照二重积分的定义, 对 D 作 n 分割：$\Delta\sigma_1,\Delta\sigma_2,\cdots,\Delta\sigma_n$. 对应曲面 Σ 有一个分割：$\Delta\Sigma_1,\Delta\Sigma_2,\cdots,\Delta\Sigma_n$, 满足对应关系：$\Delta\Sigma_i$ 的投影区域为对应的 $\Delta\sigma_i(i=1,2,\cdots,n)$. 此时, 整个曲顶柱体分割为 n 个以 $\Delta\Sigma_i$ 为曲顶、以 $\Delta\sigma_i$ 为平底的曲顶柱体, 对应的体积可用平顶平底的柱体的体积 $f(\xi_i,\eta_i)\Delta\sigma_i$ 来近似,$\Delta\sigma_i$ 也表示 $\Delta\sigma_i$ 的面积, 故所求的曲顶柱体的体积可以近似为 $V\approx\sum\limits_{i=1}^{n}f(\xi_i,\eta_i)$ $\Delta\sigma_i$, 由此得到近似计算的公式. 当然, 为得到准确的计算结论, 必须利用极限工具, 则

$$V=\lim_{\lambda\to 0}\sum_{i=1}^{n}f(\xi_i,\ \eta_i)\Delta\sigma_i\triangleq\iint\limits_{D}f(x,y)\,\mathrm{d}\sigma,$$

其中 $\lambda=\max\limits_{1\leqslant i\leqslant n}\{d_i\}$, $d_i=d(\Delta\sigma_i)=\max\{\,|P_1P_2|\,|\,P_1,P_2\in\Delta\sigma_i\}$, 至此, 得到了曲顶柱体体积的积分表达形式 $V=\iint\limits_{D}f(x,y)\,\mathrm{d}\sigma$, 即二重积分等于曲顶柱体的体积. 这就是**二重积分的几何意义**. 如果 $f(x,y)\leqslant 0$, 则曲顶柱体就在 xOy 平面的下方, 二重积分的值是负的, 此时曲顶柱体的体积就是二重积分的负值. 如果 $f(x,y)$ 在 D 的某些区域上为正, 在某些区域上为负, 则二重积分就等于这些区域上曲顶柱体的体积的代数和.

为了计算出曲顶柱体的体积. 我们进一步分析.

进一步分析 在二重积分 $\iint\limits_{D} f(x,y)\,\mathrm{d}\sigma$ 中, 面积元素 $\mathrm{d}\sigma$ 对应着积分和中的 $\Delta\sigma_i$, 根据二重积分的定义, 对平面区域 D 的分割是任意的, 我们常用的分割为平行于坐标轴的分割方法, 此时 $\Delta\sigma_i = \Delta x_i \Delta y_i$, 相应地 $\mathrm{d}\sigma = \mathrm{d}x\mathrm{d}y$, 因此, 二重积分也常记为 $\iint\limits_{D} f(x,y)\,\mathrm{d}x\mathrm{d}y$. 为方便起见, 不妨假设被积函数 $f(x,y) \geqslant 0$. 应用第 3 章中"平行截面为已知的立体"体积计算办法, 来计算曲顶柱体的体积, 从而寻找二重积分的计算方法.

7.2.1 直角坐标系下二重积分的计算公式

1. X-型区域上二重积分的计算公式

基于投影技术, 将曲顶柱体的底面区域投影到坐标轴, 由此对区域进行分类. 首先, 如果边界曲线相对于 y 轴为简单曲线 (即用平行于 y 轴的直线穿过区域 D 时, 直线与之只有一个交点), 将区域投影到 x 轴, 引入 X-型区域.

定义 7-2 设 D 有界的平面闭区域, 若 D 可表示为

$$D = \{(x,y) : y_1(x) \leqslant y \leqslant y_2(x), a \leqslant x \leqslant b\},$$

其中, $y_1(x), y_2(x)$ 为定义在 $[a,b]$ 上的函数, 则称 D 为 X-型区域 (图 7-2).

信息挖掘 (1) 定义借助于区域表示方法给出了区域的代数结构特征.

(2) X-型区域的几何特征：从几何上看, X-型区域有两条上、下的曲边边界和两条左、右的平行于 y 轴的直线边界 (有时, 直线边界可能退缩为一点). 因此, X-型区域的代数结构中, 各量对应的几何意义：$y = y_2(x)$, $y = y_1(x)$ 分别对应区域的上、下曲线边界, $x = a$, $x = b$ 分别对应区域的左、右直线边界. 同时, 由于 $y_1(x), y_2(x)$ 是定义在 $[a,b]$ 上的两个函数, 因此, 对应的两条上下曲边边界都是相对于 y 轴的简单曲线, 即用平行于 y 轴的直线穿过区域时, 直线与上、下两条边界曲线至多各有一个交点, 即排除从左右向内凹的区域. 因此, 为给出 X-型区域的代数表示, 必须确定相应的几何边界, 确定几何边界的方法为

① 先确定区域的左右直线边界——投影法. 将区域向 x 轴作投影, 投影区间为 $[a, b]$, 则直线 $x = a$, $x = b$ 即为所求.

② 确定上下曲线边界——穿线法. 用平行于 y 轴的直线从下向上穿过区域, 先交于某曲线进入区域, 则此曲线为下边界曲线, 后交于某曲线穿出区域, 则此曲线为上边界曲线 (图 7-2).

抽象总结 X-型区域特点是：任何平行于 y 轴且穿过区域 D 内部的直线与 D 的边界相交不多于两点.

在区间 $[a,b]$ 内, 用垂直于 x 轴的平面截图 7-3 的曲顶柱体, 对每一个 $x \in (a,b)$, 截面是一个曲边梯形, 其面积

$$S(x)=\int_{y_1(x)}^{y_2(x)} f(x,y)\,\mathrm{d}y,$$

故曲顶柱体的体积

$$V=\iint_D f(x,y)\mathrm{d}\sigma=\int_a^b S(x)\mathrm{d}x=\int_a^b\left[\int_{y_1(x)}^{y_2(x)} f(x,y)\,\mathrm{d}y\right]\mathrm{d}x.$$

为方便期间, 右端也可写成 $\displaystyle\int_a^b \mathrm{d}x\int_{y_1(x)}^{y_2(x)} f(x,y)\,\mathrm{d}y$.

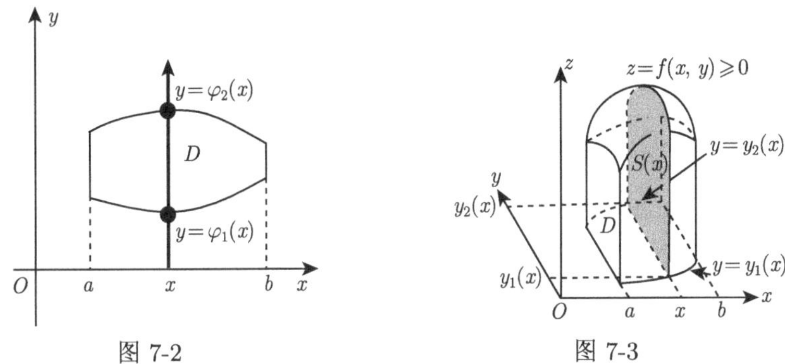

图 7-2　　图 7-3

抛开几何意义, 得出以下定理.

定理 7-3　设 $f(x,y)$ 在 X-型区域 D 上可积, 且 $y_1(x)$, $y_2(x)$ 在区间 $[a,\ b]$ 上连续, 则

$$\iint_D f(x,y)\mathrm{d}\sigma=\int_a^b \mathrm{d}x\int_{y_1(x)}^{y_2(x)} f(x,y)\,\mathrm{d}y.$$

从定理 7-3 可以看出, 计算二重积分需要计算两次定积分：先把 x 视为常数, 将函数 $f(x,y)$ 看作以 y 为变量的一元函数, 并在 $[y_1(x),y_2(x)]$ 上对 y 求定积分, 首次积分的结果与 x 有关, 记为 $S(x)$; 第二次积分是 $S(x)$ 在 $[a,b]$ 上求积分. 以上过程称为先对 y 后对 x 的累次积分或二次积分.

2. Y-型区域上二重积分的计算公式

类似, 将区域投影到 y 轴, 引入 Y-型区域.

定义 7-3　若有界闭区域 D 可以表示为

$$D=\{(x,y):x_1(y)\leqslant y\leqslant x_2(y),y\in[c,d]\},$$

其中 $x_1(y)$, $x_2(y)$ 为定义在 $[c,d]$ 上的函数, 称 D 为 Y-型区域 (图 7-4).

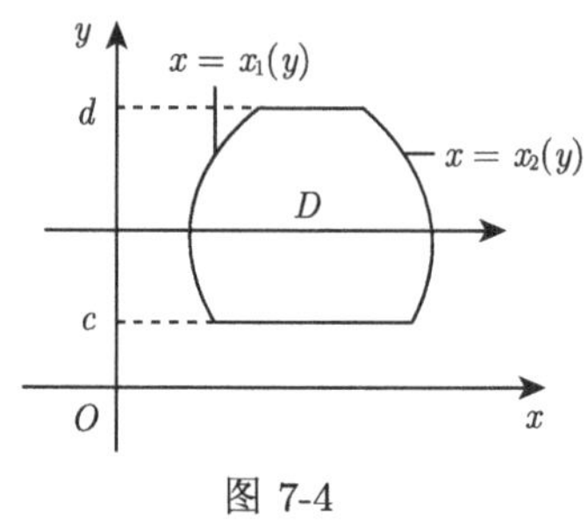

图 7-4

与 X-型区域类似, Y-型区域对应的几何特征是: 区域具有两条平行于 x 轴的上、下直线边界, 有两条左、右曲线边界, 因此, 要给出区域的代数表示, 只需确定相应的几何特征即可.

在 Y-型区域上, 成立类似的计算公式.

定理 7-4 设 $f(x,y)$ 在 Y-型区域 D 上可积, 且 $x_1(y)$, $x_2(y)$ 在 $[c,d]$ 上连续, 则

$$\iint\limits_D f(x,y)\mathrm{d}x\mathrm{d}y=\int_c^d \mathrm{d}y\int_{x_1(y)}^{x_2(y)} f(x,y)\mathrm{d}x.$$

3. 一般区域上的转化

将上述结论推广到一般情形. 关键问题是如何将一般区域转化为 X-型和 Y-型区域. 首先, 我们指出: 区域 D 可以分割为 k 个区域 D_1, D_2, $\cdots$, D_k 是指 $D=\bigcup\limits_{i=1}^{k} D_i$ 且任意两个 D_i, $D_j(i,j=1,2,\cdots,k)$ 都没有公共内点; 其次, 不加证明地给出一个区域分割的结论.

定理 7-5 任何有界闭的平面区域都可分割成若干个 X-型、Y-型区域.

利用积分可加性得到如下定理.

定理 7-6 设 D 可分割成 X-型域 D_x 和 Y-型域 D_y, 则

$$\iint\limits_D f(x,y)\mathrm{d}x\mathrm{d}y=\iint\limits_{D_x} f(x,y)\mathrm{d}x\mathrm{d}y+\iint\limits_{D_y} f(x,y)\mathrm{d}x\mathrm{d}y.$$

定理 7-6 可以推广到对区域的任意分割情形. 至此, 二重积分的计算问题从理论上得以解决. 从结论来看, 计算中的重点和难点是确定区域的结构类型.

将上述理论进行抽象, 可以总结计算二重积分的步骤:

(1) 画出图形, 找出交点;

(2) 判断区域类型, 给出相应的区域的代数表示, 必要时作分割;

(3) 代入公式计算.

当然, 有时区域既可以表示为 X-型区域, 也可以表示为 Y-区域, 此时, 对应有两种不同的计算方法, 选择一种合适的方法计算. 有时, 可能只有一种方法才能计算出结果.

例 1 计算 $I=\iint\limits_D (2+x+y)\mathrm{d}x\mathrm{d}y$, 其中 D 由 $y=x$ 和 $y=x^2$ 所围.

解　画出积分区域的草图 (图 7-5).

法一　将区域 D 视为 X-型区域, 则

$$D=\{(x,y):x^2\leqslant y\leqslant x,x\in[0,1]\},$$

由公式, 则

$$I=\int_0^1 \mathrm{d}x\int_{x^2}^{x}(2+x+y)\mathrm{d}y=\int_0^1\left[(2+x)(x-x^2)+\frac{1}{2}(x^2-x^4)\right]\mathrm{d}x=\frac{29}{60}.$$

法二　D 还可视为 Y-型区域, 此时

$$D=\{(x,y):y\leqslant x\leqslant\sqrt{y},y\in[0,1]\},$$

因而

$$I=\int_0^1 \mathrm{d}y\int_{y}^{\sqrt{y}}(2+x+y)\mathrm{d}x=\int_0^1\left[(2+y)(\sqrt{y}-y)+\frac{1}{2}(y-y^2)\right]\mathrm{d}y=\frac{29}{60}.$$

例 1 中将区域视为任何一种都可以计算, 且两种算法难度相差不大, 有些例子则不然, 此时要求正确选择区域类型.

例 2　计算 $I=\iint\limits_D x^2\mathrm{e}^{-y^2}\mathrm{d}x\mathrm{d}y$, 其中 D 由 $x=0,y=1,y=x$ 所围.

解　画出积分区域的草图 (图 7-6).

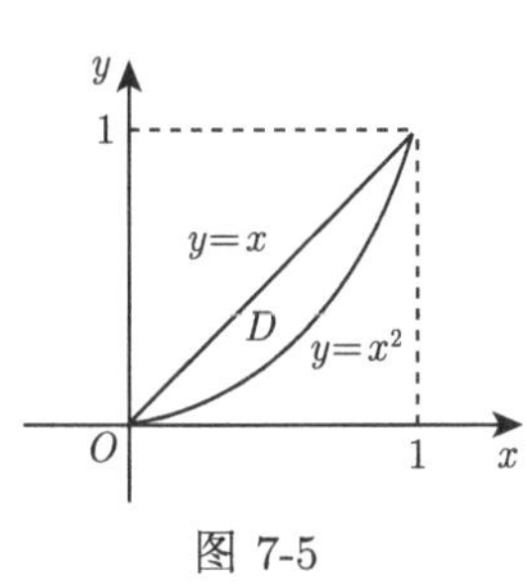

图 7-5

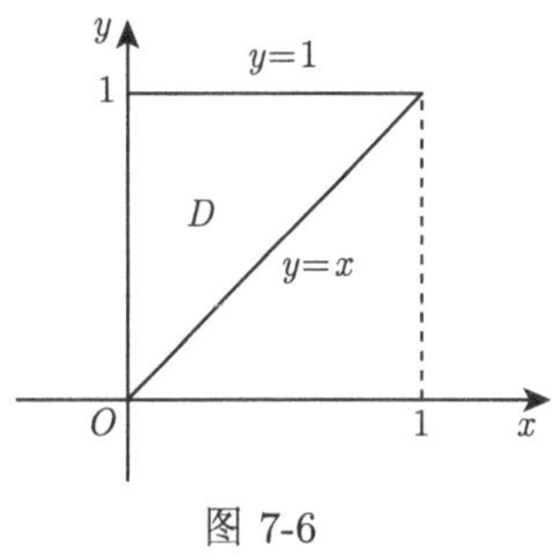

图 7-6

区域 D 既可视为 X-型区域, 又可视为 Y-型区域, 将其视为 Y-型区域, 则

$$D=\{(x,y):y\leqslant x\leqslant 1,y\in[0,1]\},$$

因而

$$I=\int_0^1 \mathrm{d}y\int_0^{y}x^2\mathrm{e}^{-y^2}\mathrm{d}x=\frac{1}{3}\int_0^1 y^3\mathrm{e}^{-y^2}\mathrm{d}y=\frac{1}{6}-\frac{1}{3\mathrm{e}}.$$

若将其视为 X-型区域, 则

$$D=\{(x,y): x\leqslant y\leqslant 1, x\in[0,1]\},$$

故

$$I=\int_0^1 \mathrm{d}x\int_x^1 x^2\mathrm{e}^{-y^2}\mathrm{d}y,$$

由于 e^{-y^2} 没有初等原函数, 因而无法计算 $\int_x^1 \mathrm{e}^{-y^2}\mathrm{d}y$.

例 3 计算 $I=\iint\limits_D \dfrac{\sin y}{y}\mathrm{d}x\mathrm{d}y$, 其中 D 由 $y=x$ 与 $x=y^2$ 所围.

解 画出积分区域的草图 (图 7-7). 视为 Y-型区域才能计算, 此时

$$I=\int_0^1 \mathrm{d}y\int_{y^2}^{y}\frac{\sin y}{y}\mathrm{d}x=\int_0^1 (1-y)\sin y\mathrm{d}y=1-\sin 1.$$

同样, 若视为 X-型区域, 无法计算.

例 4 计算 $I=\iint\limits_D xy\mathrm{d}x\mathrm{d}y$, D 由抛物线 $x=y^2$ 和直线 $y=x-2$ 所围.

解 画出积分区域的草图 (图 7-8).

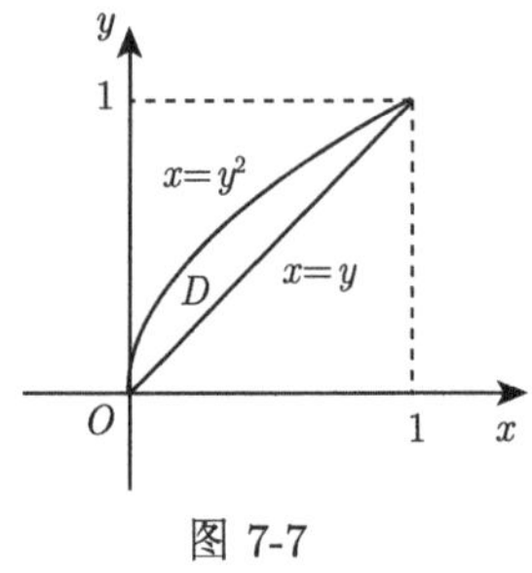

图 7-7

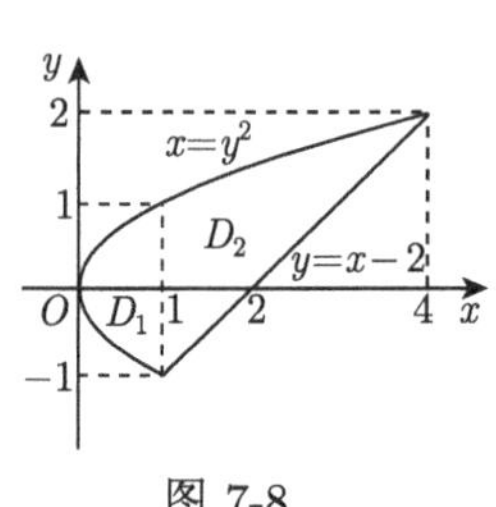

图 7-8

法一 D 不是 X-型区域, 将其分割成 D_1 和 D_2 两部分, 其中

$$D_1=\{(x,y): -\sqrt{x}\leqslant y\leqslant\sqrt{x}, 0\leqslant x\leqslant 1\},$$

$$D_2=\{(x,y): x-2\leqslant y\leqslant\sqrt{x}, 1\leqslant x\leqslant 4\},$$

则

$$I=\iint\limits_{D_1} xy\mathrm{d}x\mathrm{d}y+\iint\limits_{D_2} xy\mathrm{d}x\mathrm{d}y=\int_0^1 \mathrm{d}x\int_{-\sqrt{x}}^{\sqrt{x}} xy\mathrm{d}y+\int_1^4 \mathrm{d}x\int_{x-2}^{\sqrt{x}} xy\mathrm{d}y=\frac{45}{8}.$$

法二　将其视为 Y-型区域, 则

$$D=\{(x,y):y^2\leqslant x\leqslant y+2,-1\leqslant y\leqslant 2\},$$

因而,

$$I=\int_{-1}^{2}\mathrm{d}y\int_{y^2}^{y+2}xy\mathrm{d}x=\frac{45}{8}.$$

此例表明：对区域 D 的不同认识, 会导致不同的计算过程, 繁简程度上有差别.

4. 二重积分的几何应用——利用二重积分求空间有界闭区域的体积和平面闭区域的面积

根据二重积分的几何意义, 在计算曲顶直柱体的体积时, 关键在于确定曲顶的方程和柱体的投影区域, 即确定柱体的顶和底. 在计算任一空间区域的体积时, 需要将区域转化为曲顶直柱体, 进一步确定曲顶直柱体的上顶和下底的方程和相应的投影区域, 以便转化为曲顶直柱体体积的代数和.

值得注意的是, 在处理几何问题时, 利用对称性可以简化计算.

例 5　计算柱面 $x^2+z^2=R^2$ 与平面 $y=0,y=a>0$ 所围之体积 V.

解　画出积分区域的草图 (图 7-9). 由对称性, 只计算在第 I 卦限中的部分, 在第 I 卦限中, 可将其视为以柱面为顶的曲顶柱体, 故顶的方程为 $z=\sqrt{R^2-x^2}$, 其在 xOy 面的投影区域为 $D=[0,R]\times[0,a]$, 故

$$V=4\iint\limits_{D}z\mathrm{d}x\mathrm{d}y=4\int_0^R\mathrm{d}x\int_0^a\sqrt{R^2-x^2}\mathrm{d}y=a\pi R^2.$$

注　当然, 本题可以直接利用圆柱体的体积计算公式.

例 6　求由下列曲面 $z=x+y,z=xy,x+y=1,x=0,y=0$ 所围空间区域的体积.

简析　这是一个空间区域的体积, 可将其转化为两个曲顶柱体的体积之差计算, 必须确定上顶、下底和投影. 确定上顶、下底的方法仍是穿线方法. 用平行于 z 轴的直线, 沿 z 轴方向从下向上穿过区域, 先交曲面进入区域, 此曲面为下底, 后交曲面穿出区域, 此曲面为上顶. 由此确定, 上顶为平面 $z=x+y$; 下底为曲面 $z=xy$, 二者之间被平面 $x+y=1,x=0,y=0$ 所截之部分在 xOy 面上的投影区域 $D=\{(x,y):0\leqslant y\leqslant 1-x,0\leqslant x\leqslant 1\}$.

解 画出积分区域的草图 (图 7-10). 记 $D=\{(x,y):0\leqslant y\leqslant 1-x,0\leqslant x\leqslant 1\}$, 则

$$V=\iint_D (x+y-xy)\mathrm{d}x\mathrm{d}y=\int_0^1\mathrm{d}x\int_0^{1-x}(x+y-xy)\mathrm{d}y=\frac{7}{24}.$$

还可以利用二重积分求面积.

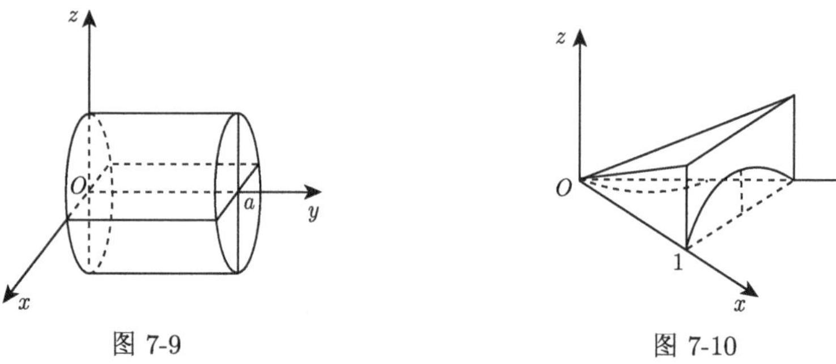

图 7-9　　图 7-10

例 7 求椭圆 $\dfrac{x^2}{a^2}+\dfrac{y^2}{b^2}=1$ 之面积.

解 记 $D=\left\{(x,y):\dfrac{x^2}{a^2}+\dfrac{y^2}{b^2}\leqslant 1\right\}, D_1=D\cap\{x\geqslant 0,y\geqslant 0\}$, 由对称性则

$$s=\iint_D 1\mathrm{d}x\mathrm{d}y=4\iint_{D_1}1\mathrm{d}x\mathrm{d}y=4\int_0^a\mathrm{d}x\int_0^{b\sqrt{1-x^2/a^2}}\mathrm{d}y=4b\int_0^a\sqrt{1-\frac{x^2}{a^2}}\mathrm{d}x$$

$$\xlongequal{x=a\cos\theta}4b\int_{\pi/2}^0\sqrt{1-\cos^2\theta}a(-\sin\theta)\mathrm{d}\theta=4ab\int_0^{\pi/2}\sin^2\theta\mathrm{d}\theta$$

$$=4ab\int_0^{\pi/2}\frac{1-\cos 2\theta}{2}\mathrm{d}\theta=\pi ab.$$

5. 改变积分次序

二重积分还有一种常见的题型是改变积分次序. 或通过改变积分次序使不可积的二重积分转化为可积的二重积分.

例 8 改变积分 $I=\displaystyle\int_0^2\mathrm{d}x\int_{\sqrt{2x-x^2}}^{\sqrt{2x}}f(x,y)\mathrm{d}y$ 的积分次序.

结构分析 为求解这类题目, 首先由给定次序的累次积分确定积分区域, 将累次积分还原为二重积分, 然后, 再转化为另一种次序的累次积分.

解 画出积分区域的草图 (图 7-11(a)).

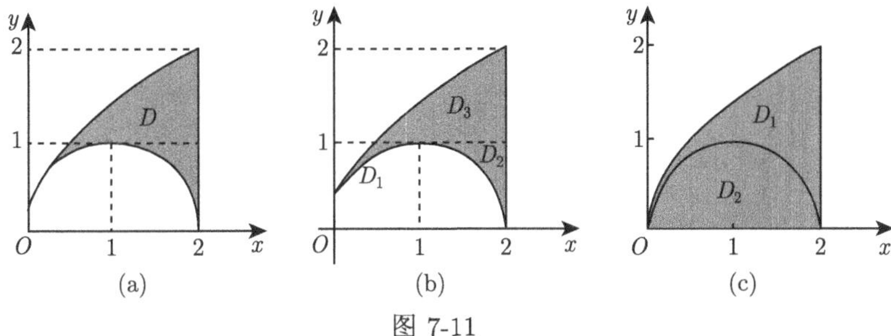

图 7-11

此积分的积分区域为 $D=\{(x,y):\sqrt{2x-x^2}\leqslant y\leqslant\sqrt{2x},0\leqslant x\leqslant 2\}$, 此区域由上半圆周曲线 $(x-1)^2+y^2=1$ 和抛物线 $y=\sqrt{2x}$ 及直线 x=2 所围成. 我们须将此区域上的二重积分转化为先对 x 再对 y 的累次积分, 须用直线 y=1 将区域 D 分成 D_1, D_2, D_3 3 部分 (图 7-11(b)), 其中,

$$D_1=\left\{(x,y):\frac{y^2}{2}\leqslant x\leqslant 1-\sqrt{1-y^2},0\leqslant y\leqslant 1\right\},$$

$$D_2=\left\{(x,y):1+\sqrt{1-y^2}\leqslant x\leqslant 2,0\leqslant y\leqslant 1\right\},$$

$$D_3=\left\{(x,y):\frac{y^2}{2}\leqslant x\leqslant 2,1\leqslant y\leqslant 2\right\}.$$

在相应的区域上转化为累次积分, 得

$$I=\int_0^1\mathrm{d}y\int_{\frac{y^2}{2}}^{1-\sqrt{1-y^2}}f(x,y)\mathrm{d}x+\int_0^1\mathrm{d}y\int_{1+\sqrt{1-y^2}}^2 f(x,y)\mathrm{d}x+\int_1^2\mathrm{d}y\int_{\frac{y^2}{2}}^2 f(x,y)\mathrm{d}x.$$

也可以利用区域差 (图 7-11(c)),

$$D_1=\left\{(x,y):\frac{y^2}{2}\leqslant x\leqslant 2,0\leqslant y\leqslant 2\right\},$$

$$D_2=\left\{(x,y):1-\sqrt{1-y^2}\leqslant x\leqslant 1+\sqrt{1-y^2},0\leqslant y\leqslant 1\right\},$$

则

$$I=\int_0^2\mathrm{d}y\int_{\frac{y^2}{2}}^2 f(x,y)\mathrm{d}x-\int_0^1\mathrm{d}y\int_{1-\sqrt{1-y^2}}^{1+\sqrt{1-y^2}}f(x,y)\mathrm{d}x.$$

7.2.2 二重积分的变量代换

一般来说, 对给定的二重积分 $I=\iint\limits_{D}f(x,y)\mathrm{d}\sigma$, 其计算的难易程度受制于积分结构的两个要素：一是积分区域 D 的结构; 二是被积函数 $f(x,y)$ 的结构.

前述定理和例子表明: 区域 D 越规则, 越简单, 如矩形域、三角形区域、X(或 Y)-型区域等, 就能很容易地将其转化为累次积分. 而当 $f(x,y)$ 具有简单的结构时, 转化为累次积分后的计算就更加容易, 因此, 对一个二重积分, 我们总希望 D 很规则, $f(x,y)$ 结构简单, 因此, 由定义导出的基本计算公式只能处理简单结构的二重积分的计算. 对复杂结构的二重积分必须经过相应的技术处理——变量代换, 将复杂结构的积分转化为简单结构的积分.

1. 变量代换的一般理论

讨论在一般变量代换下的二重积分 $I=\iint\limits_{D}f(x,y)\mathrm{d}\sigma$ 的计算. 给定变换:

$$T:\begin{cases}x=x(u,v),\\ y=y(u,v),\end{cases}\qquad (u,v)\in D_{uv},$$

设 T 是一一对应的, 即 $J=\dfrac{\partial(x,y)}{\partial(u,v)}\neq 0$, 记

$$D=\{(x,y)|\,x=x(u,v),y=y(u,v),(u,v)\in D_{uv}\},$$

则 T 建立了 uOv 平面闭区域 D_{uv} 与 xOy 平面内的闭区域 D 的一一对应关系, 即 $T:D_{uv}\to D$, 通过变换实现了积分区域结构的改变.

再考察变换下被积函数的结构改变. 由隐函数理论, 在条件 $J\neq 0$ 下, $\begin{cases}x=x(u,v),\\ y=y(u,v)\end{cases}$ 能确定隐函数 $\begin{cases}u=u(x,y),\\ v=v(x,y),\end{cases}$ 因而在变换 T 之下, $f(u,v)=f(u(x,y),v(x,y))$, 即实现函数结构的改变.

于是, 在变换 T 之下, 在 uOv 平面上关于 u, v 的二重积分转化为在 xOy 平面上关于 x, y 的二重积分. 那么, 在上述变换下, 二重积分的结构发生了怎样的变化? 如何实现积分结构的简单化? 这就是下面的定理.

定理 7-7 设 $f(x,y)$ 在平面上的闭区域 D 连续, 变换 $T:\begin{cases}x=x(u,v),\\ y=y(u,v)\end{cases}$ 将 uOv 平面上的闭区域 D_{uv} 变为 xOy 平面上的闭区域 D, 且

(1) 变换 $T:D_{uv}\to D$ 是一一对应的;

(2) $x(u,v), y(u,v)$ 在闭区域 D_{uv} 上存在一阶连续偏导数;

(3) 在 D_{uv} 上雅可比 (Jacobi) 式 $J(u,v)=\dfrac{\partial(x,y)}{\partial(u,v)}\neq 0$,

则有

$$\iint\limits_{D} f(x,y)\mathrm{d}x\mathrm{d}y=\iint\limits_{D_{uv}} f(x(u,v),y(u,v))\left|J(u,v)\right|\mathrm{d}u\mathrm{d}v.$$

结构分析　从最基本的定义出发, 由二重积分的定义, 则

$$\iint\limits_{D} f(x,y)\mathrm{d}x\mathrm{d}y=\lim_{\lambda\to 0}\sum_{i=1}^{n} f(\xi_i,\eta_i)\Delta\sigma_i,$$

$$\iint\limits_{D_{uv}} f(x(u,v),y(u,v))\left|J\right|\mathrm{d}u\mathrm{d}v=\lim_{\lambda'\to 0}\sum_{i=1}^{n} f(\xi_i',\eta_i')|J_i|\Delta\sigma_i',$$

从等式右端的结构可以发现, 要证明对应的积分相等, 定义中对应的项应该相等, 即 $\Delta\sigma_i=|J_i|\Delta\sigma_i'$, 或 $|J_i|=\dfrac{\Delta\sigma_i}{\Delta\sigma_i'}$, 即成立变换前后对应分块区域的面积关系, 这正是证明变换定理的关键.

证明　由于二重积分与积分区域的分割方式无关, 如图 7-12 所示, 我们利用方形网格分割 D_{uv}, 在 D_{uv} 内部任取一个小正方形 M_1',M_2',M_3',M_4', 其面积为 $\Delta\sigma'=h^2$, 并假设其四个顶点的坐标分别为: (u,v), $(u+h,v)$, $(u+h,v+h)$, $(u,v+h)$, 经过变换 T 后, 得到一个曲边四边形 $M_1M_2M_3M_4$, 其面积记为 $\Delta\sigma$, 它的四个顶点坐标为

$$\begin{aligned}
&M_1(x_1,y_1)=M_1(x(u,v),y(u,v));\\
&M_2(x_2,y_2)=M_2(x(u+h,v),y(u+h,v));\\
&M_3(x_3,y_3)=M_3(x(u+h,v+h),y(u+h,v+h));\\
&M_4(x_4,y_4)=M_4(x(u,v+h),y(u,v+h)),
\end{aligned}$$

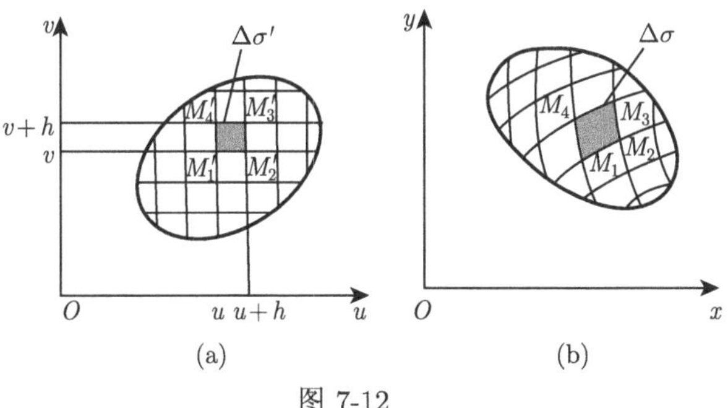

图 7-12

根据泰勒公式,

$$\begin{aligned}
x_2 &= x(u+h,v) = x(u,v) + x_u(u,v)h + o(h),\\
y_2 &= y(u+h,v) = y(u,v) + y_u(u,v)h + o(h),\\
x_3 &= x(u+h,v+h) = x(u,v) + x_u(u,v)h + x_v(u,v)h + o(h),\\
y_3 &= y(u+h,v+h) = y(u,v) + y_u(u,v)h + y_v(u,v)h + o(h),\\
x_4 &= x(u,v+h) = x(u,v) + x_v(u,v)h + o(h),\\
y_4 &= y(u,v+h) = y(u,v) + y_v(u,v)h + o(h),
\end{aligned}$$

则

$$\begin{aligned}
&x_2 - x_1 = x_u(u,v)h + o(h), \quad x_3 - x_2 = x_v(u,v)h + o(h),\\
&y_2 - y_1 = y_u(u,v)h + o(h), \quad y_3 - y_2 = y_v(u,v)h + o(h),
\end{aligned}$$

且

$$\begin{aligned}
\begin{vmatrix} x_2 - x_1 & x_3 - x_2 \\ y_2 - y_1 & y_3 - y_2 \end{vmatrix} &= \begin{vmatrix} x_u(u,v)h & x_v(u,v)h \\ y_u(u,v)h & y_v(u,v)h \end{vmatrix}\\
&= \begin{vmatrix} x_u(u,v) & x_v(u,v) \\ y_u(u,v) & y_v(u,v) \end{vmatrix} h^2 \triangleq \frac{\partial(x,y)}{\partial(u,v)}h^2 = \frac{\partial(x,y)}{\partial(u,v)}\Delta\sigma,
\end{aligned}$$

根据向量乘积的几何意义, 当分割越来越细的时候,

$$\lim_{\lambda\to 0}\frac{\Delta\sigma'}{\Delta\sigma} = \lim_{\lambda\to 0}\frac{h^2}{\Delta\sigma} = \frac{h^2}{\dfrac{\partial(x,y)}{\partial(u,v)}h^2} = \frac{1}{\dfrac{\partial(x,y)}{\partial(u,v)}} = \frac{1}{J(u,v)},$$

则由定义

$$\begin{aligned}
&\iint_D f(x,y)\mathrm{d}x\mathrm{d}y\\
=&\lim_{\lambda\to 0}\sum_{i=1}^{n} f(x_i,y_i)\Delta\sigma_i = \lim_{\lambda\to 0}\sum_{i=1}^{n} f(x(u_i,v_i),y(u_i,v_i))\left|J(u_i,v_i)\right|\Delta\sigma_i'\\
=&\iint_{D_{uv}} f(x(u,v),y(u,v))\left|J(u,v)\right|\mathrm{d}u\mathrm{d}v.
\end{aligned}$$

详细的证明也可以参考其他教材.

例 9 求由抛物线 $y^2 = px, y^2 = qx(0 < p < q)$ 及双曲线 $xy = a, xy = b(0 < a < b)$ 所围区域 D 之面积 S.

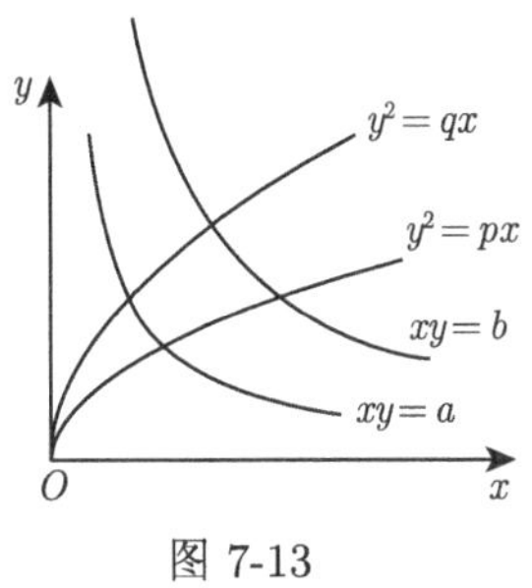

图 7-13

解　画出积分区域的草图 (图 7-13). 由二重积分的几何意义, 则 $S=\iint\limits_D 1\mathrm{d}x\mathrm{d}y$.

显然, 此二重积分重点处理的对象是区域: 积分区域不规则, 虽然也能利用分割将区域分割为 X 或 Y-型区域, 但是, 注意到边界曲线方程的两组对称结构, 选合适的变量代换, 将区域规则化, 使计算更加简单.

注意到边界曲线之特征, 边界曲线主要有两类因子 xy, $\dfrac{y^2}{x}$ 构成, 因此, 可以选择简化这两类因子为变量代换的依据, 故作变换 $T:\begin{cases} u=\dfrac{y^2}{x}, \\ v=xy, \end{cases}$ 则 T 将 D 映为最简单的规则型区域——矩形:

$$D_{uv}=\{(u,v):p\leqslant u\leqslant q,a\leqslant v\leqslant b\},$$

由于 $J=\dfrac{D(x,y)}{D(u,v)}=\dfrac{1}{\dfrac{D(u,v)}{D(x,y)}}=-\dfrac{1}{\dfrac{3y^2}{x}}=-\dfrac{1}{3u}$, 故

$$S=\iint\limits_D 1\mathrm{d}x\mathrm{d}y=\iint\limits_{D_{uv}}\frac{1}{|-3u|}\mathrm{d}u\mathrm{d}v=\int_a^b\mathrm{d}v\int_p^q\frac{1}{3u}\mathrm{d}u=\frac{1}{3}(b-a)\ln\frac{q}{p}.$$

例 10　计算 $I=\iint\limits_D \mathrm{e}^{\frac{x-y}{x+y}}\mathrm{d}x\mathrm{d}y$, D 由直线 $x=0,y=0,x+y=1$ 所围.

简析　此积分的积分区域简单, 被积函数看似简单, 实则并非如此, 由于 $\mathrm{e}^{\frac{x-y}{x+y}}$ 的指数是分式 $\dfrac{x-y}{x+y}$, 且其分母中同时依赖于两个变量, 从一元函数的模型看, $\mathrm{e}^{\frac{1}{x}}$ 没有原函数, 因此, $\iint\limits_D \mathrm{e}^{\frac{x-y}{x+y}}\mathrm{d}x\mathrm{d}y$ 不论转化为先对哪个变量的累次积分, 都无法计算, 这是直接计算的难点. 因此, 必须进行变量代换, 将指数 $\dfrac{x-y}{x+y}$ 转化为分离变量的形式, 即分子和分母只依赖于一个变量; 类比已知, 由于一元函数模型中, e^x 的原函数很容易计算, 因此, 代换后, 可以转化为先对指数中分子的变量积分的累次积分, 这样就可以计算了. 为了通过代换将指数转化为分子和分母分离变量的形式, 选择的变换很容易确定. 从另一个角度看, 积分结构中共同的因子有两类 $x+y$, $x-y$, 这也是选择变换的依据.

解 作变换 $T:\begin{cases} u=x-y, \\ v=x+y, \end{cases}$ 则 $T^{-1}:\begin{cases} x=\dfrac{1}{2}(u+v), \\ y=\dfrac{1}{2}(v-u), \end{cases}$ 故 D_{uv} 由 $u+v=0, v-u=0, v=1$ 所围, 由于 $J=\dfrac{\partial(x,y)}{\partial(u,v)}=\dfrac{1}{2}$, 故

$$I=\frac{1}{2}\iint\limits_{D_{uv}}\mathrm{e}^{\frac{u}{v}}\mathrm{d}u\mathrm{d}v=\frac{1}{2}\int_0^1\mathrm{d}v\int_{-v}^{v}\mathrm{e}^{\frac{u}{v}}\mathrm{d}u=\frac{1}{2}\int_0^1 v(\mathrm{e}-\mathrm{e}^{-1})\mathrm{d}v=\frac{1}{4}(\mathrm{e}-\mathrm{e}^{-1}).$$

对本题, 若对指数 $\dfrac{x-y}{x+y}$ 先进行变形, 如 $\dfrac{x-y}{x+y}=1-2\dfrac{y}{x+y}$, 此时, 也可以选择变换为 $H:\begin{cases} u=x, \\ v=x+y \end{cases}$ 或 $H:\begin{cases} u=y, \\ v=x+y, \end{cases}$ 可以达到同样的目的.

例 10 中, 转化为累次积分时, 一定要注意选择正确的积分顺序, 可以从一元函数的积分计算理论中, 寻找确定积分次序的依据.

2. 二重积分的极坐标变换

对特殊结构的积分必须选择对应的特殊的变量代换. 在二重积分中, 经常遇到圆域结构, 针对这样的特殊结构经常选择极坐标变换.

对给定的坐标系, 设与点 (x,y) 对应的极坐标为 (ρ,θ), 所谓的极坐标变换是指二者的关系式 $H^{-1}:\begin{cases} x=\rho\cos\theta, \\ y=\rho\sin\theta, \end{cases}$ 此时, 变换的雅可比行列式 $J=\dfrac{\partial(x,y)}{\partial(\rho,\theta)}=\rho$, 由此得到极坐标下二重积分的计算公式.

定理 7-8 设 $f(x,y)$ 积分区域 D 上的连续函数, 则

$$\iint\limits_{D}f(x,y)\mathrm{d}x\mathrm{d}y=\iint\limits_{D_{(\rho,\theta)}}f(\rho\cos\theta,\rho\sin\theta)\rho\mathrm{d}\rho\mathrm{d}\theta,$$

其中 $D_{(\rho,\theta)}$ 为区域 D 在极坐标系的表示.

特别注意, 在极坐标变换下, $D_{(\rho,\theta)}=D$, 即区域形状不变, 只是表达方式改变了, $D_{(\rho,\theta)}$ 是区域 D 在极坐标下的表达式.

那么, 在什么条件下用极坐标变换计算二重积分? 即极坐标变换处理的题型结构特点是什么? 要回答这个问题, 本质上是回答极坐标系下表示最简单的曲线 (平面区域的刻画是用边界曲线来刻画的) 是什么. 显然, 极坐标系下, 表示最简单的曲线为

$$\rho=C\text{——圆周曲线;}$$

$$\theta = C\text{——射线}.$$

由于射线在直角坐标系下也具有简单的代数结构, 而圆曲线在直角坐标系下的代数表示为双变量二次多项式结构, 相对复杂, 由此决定了当二重积分的结构——积分区域或被积函数具有圆域结构, 即 D 的边界的刻画和 $f(x,y)$ 中具有因子 x^2+y^2 时, 可用极坐标将二重积分简化.

当然, 使用极坐标变换计算二重积分时, 还必须解决化极坐标下的二重积分为二次积分的问题, 为此, 我们采用直角坐标系下的类似方法对区域在极坐标系下分类, 引入如下区域的概念.

定义 7-4 在极坐标下, 若 D 可表示为

$$D=\{(\rho,\theta):\rho_1(\theta)\leqslant\rho\leqslant\rho_2(\theta),\alpha\leqslant\theta\leqslant\beta\},$$

其中 $\rho_1(\theta)$, $\rho_2(\theta)$ 为 θ 的连续函数, 称 D 是 θ-型区域 (图 7-14).

若 D 可表示为

$$D=\{(\rho,\theta):\theta_1(\rho)\leqslant\theta\leqslant\theta_2(\rho),a\leqslant\rho\leqslant b\},$$

其中 $\theta_1(\rho),\theta_2(\rho)$ 为 ρ 的连续函数, 称 D 是 ρ-型区域 (图 7-15).

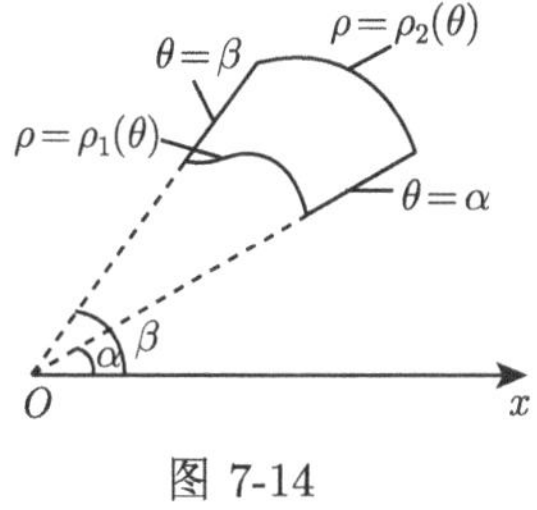

图 7-14

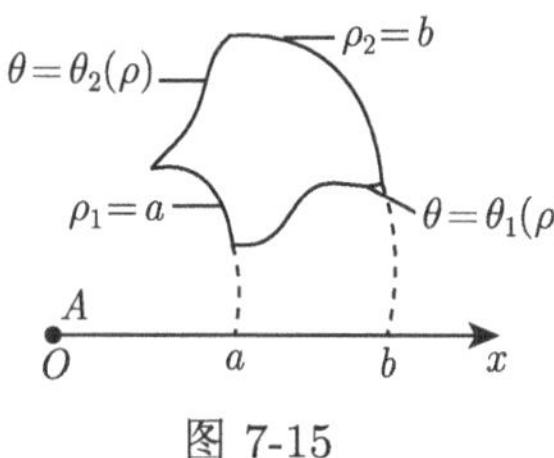

图 7-15

根据定义, 两种区域的几何特征为

θ- 型区域夹在两条过极点的射线之间;

ρ-型区域夹在以极点为圆心的两个同心圆环内.

对一些特殊的区域, 有特殊的规定. 若区域包含原点, 常将其视为 θ-型区域, 即

$$D=\{(\rho,\theta):0\leqslant\rho\leqslant\rho(\theta),0\leqslant\theta\leqslant 2\pi\};$$

若区域的边界过极点, 也将其视为 θ-型区域, 即

$$D=\{(\rho,\theta):0\leqslant\rho\leqslant\rho(\theta),\alpha\leqslant\theta\leqslant\beta\},$$

其中 α,β 使 $\rho(\alpha)=0,\rho(\beta)=0$.

当然, 对有些区域, 即可表示为 θ-型区域, 又可表示为 ρ-型区域. 两种区域下的转化公式如下:

若 D 是 θ-型区域, 则

$$\iint_D f(\rho\cos\theta,\rho\sin\theta)\rho\mathrm{d}\rho\mathrm{d}\theta=\int_\alpha^\beta \mathrm{d}\theta\int_{\rho_1(\theta)}^{\rho_2(\theta)} f(\rho\cos\theta,\rho\sin\theta)\rho\mathrm{d}\rho;$$

若 D 是 ρ-型区域, 则

$$\iint_D f(\rho\cos\theta,\rho\sin\theta)\rho\mathrm{d}\rho\mathrm{d}\theta=\int_a^b \rho\mathrm{d}\rho\int_{\theta_1(\rho)}^{\theta_2(\rho)} f(\rho\cos\theta,\rho\sin\theta)\mathrm{d}\theta.$$

下面通过例子说明二重积分在极坐标下的计算.

例 11 计算 $I=\iint\limits_D \mathrm{e}^{-x^2-y^2}\mathrm{d}x\mathrm{d}y$, 其中 $D: x^2+y^2\leqslant 1$.

简析 二重积分具有圆域结构, 用极坐标公式计算.

解 区域 D 是圆域, 包含极点, 故 D 为 θ-型区域:

$$D=\{(\rho,\theta): 0\leqslant\rho\leqslant 1, 0\leqslant\theta\leqslant 2\pi\},$$

故 $I=\iint\limits_D \mathrm{e}^{-\rho^2}\rho\mathrm{d}\rho\mathrm{d}\theta=\int_0^{2\pi}\mathrm{d}\theta\int_0^1 \rho\mathrm{e}^{-r^2}\mathrm{d}\rho=\pi(1-\mathrm{e}^{-1})$.

例 11 中的区域也是 ρ-型区域.

例 12 计算单位球 $x^2+y^2+z^2\leqslant 1$ 被柱面 $x^2+y^2=x$ 所割下的 (含在柱面内) 体积 V.

解 由对称性, 只需计算在第 I 卦限中的体积 V_1, 此时 V_1 为曲顶柱体之体积, V_1 的顶为球面 $z=\sqrt{1-x^2-y^2}$, 其在 xOy 平面的投影为 xOy 面上的半圆区域 $D=\{(x,y): x^2+y^2\leqslant x, x\geqslant 0, y\geqslant 0\}$, 在极坐标下为

$$D=\left\{(\rho,\theta): 0\leqslant\rho\leqslant\cos\theta, 0\leqslant\theta\leqslant\frac{\pi}{2}\right\},$$

故

$$\begin{aligned}V_1&=\iint_D\sqrt{1-x^2-y^2}\mathrm{d}x\mathrm{d}y=\iint_D\sqrt{1-\rho^2}\rho\mathrm{d}\rho\mathrm{d}\theta\\&=\int_0^{\frac{\pi}{2}}\mathrm{d}\theta\int_0^{\cos\theta}\rho\sqrt{1-\rho^2}\mathrm{d}\rho=\frac{1}{3}\int_0^{\frac{\pi}{2}}(1-\sin^3\theta)\mathrm{d}\theta=\frac{1}{3}\left(\frac{\pi}{2}-\frac{2}{3}\right),\end{aligned}$$

因而, $V=4V_1=\frac{4}{3}\left(\frac{\pi}{2}-\frac{2}{3}\right)$.

例 13　求椭球 $\frac{x^2}{a^2}+\frac{y^2}{b^2}+\frac{z^2}{c^2}\leqslant 1$ 之体积.

解　由对称性, 只需计算第 I 卦限之体积 V_1, 利用曲顶柱体体积公式,

$$V_1=c\iint\limits_D\sqrt{1-\frac{x^2}{a^2}-\frac{y^2}{b^2}}\mathrm{d}x\mathrm{d}y,$$

其中 $D:\frac{x^2}{a^2}+\frac{y^2}{b^2}\leqslant 1,x\geqslant 0,y\geqslant 0$.

作广义极坐标变换：$H^{-1}:\begin{cases}x=a\rho\cos\theta,\\ y=b\rho\sin\theta,\end{cases}$ 此时, 在极坐标下:

$$D=\left\{(\rho,\theta):0\leqslant\rho\leqslant 1,0\leqslant\theta\leqslant\frac{\pi}{2}\right\},$$

且 $J=\frac{D(x,y)}{D(\rho,\theta)}=ab\rho$, 故

$$V_1=c\int_0^{\pi/2}\mathrm{d}\theta\int_0^1\sqrt{1-\rho^2}ab\rho\mathrm{d}\rho=\frac{\pi}{6}abc,$$

因而 $V=\frac{4}{3}\pi abc$.

7.2.3　基于特殊结构的二重积分的计算

具有特殊结构的研究对象需要特殊的方法处理才更有效, 这是普遍性的法则. 在定积分计算理论中就有根据积分区间和被积函数的特点设计特殊的计算方法以简化计算. 二重积分的计算也有类似的简化计算方法.

定理 7-9　若积分区域 D 关于 x 轴对称, 被积函数 $f(x,y)$ 关于 y 有奇偶性, 则

$$\iint\limits_D f(x,y)\mathrm{d}x\mathrm{d}y=\begin{cases}0, & f(x,-y)=-f(x,y),\\ 2\iint\limits_{D_1}f(x,y)\mathrm{d}x\mathrm{d}y, & f(x,-y)=f(x,y),\end{cases}$$

其中 D_1 是 D 在 x 轴上边部分.

证明　根据多重积分性质知

$$\iint\limits_D f(x,y)\mathrm{d}x\mathrm{d}y=\iint\limits_{D_1}f(x,y)\mathrm{d}x\mathrm{d}y+\iint\limits_{D_2}f(x,y)\mathrm{d}x\mathrm{d}y,\tag{7-2-1}$$

若积分区域 D 关于 x 轴对称, 对任意 $P(x,y)\in D_1$, 其对称点 $P'(x,-y)\in D_2$, 其中 $D_1=\left\{(x,y)\middle|0\leqslant y\leqslant\varphi(x),a\leqslant x\leqslant b\right\}$, $D_2=\left\{(x,y)\middle|-\varphi(x)\leqslant y\leqslant 0,\right.$ $\left.a\leqslant x\leqslant b\right\}$, $D=D_1\cup D_2$. 令 $\begin{cases}x=x,\\y=-t,\end{cases}$ 则 D_2 变化为 xOt 坐标面上的 $D_1=\{(x,t)|\,0\leqslant t\leqslant\varphi(x),a\leqslant x\leqslant b\}$, 且雅可比行列式

$$\frac{\partial(x,y)}{\partial(x,t)}=\begin{vmatrix}1&0\\0&-1\end{vmatrix}=-1,$$

故 $\displaystyle\iint\limits_{D_2}f(x,y)\mathrm{d}x\mathrm{d}y=\iint\limits_{D_1}f(x,-t)\,|-1|\,\mathrm{d}x\mathrm{d}t=\iint\limits_{D_1}f(x,-y)\mathrm{d}x\mathrm{d}y$

$$=\begin{cases}-\displaystyle\iint\limits_{D_1}f(x,y)\mathrm{d}x\mathrm{d}y, & f(x,-y)=-f(x,y),\\ \displaystyle\iint\limits_{D_1}f(x,y)\mathrm{d}x\mathrm{d}y, & f(x,-y)=f(x,y).\end{cases}$$

代入式 (7-2-1) 中, 可得

$$\iint\limits_{D}f(x,y)\mathrm{d}x\mathrm{d}y=\begin{cases}0, & f(x,-y)=-f(x,y),\\ 2\displaystyle\iint\limits_{D_1}f(x,y)\mathrm{d}x\mathrm{d}y, & f(x,-y)=f(x,y).\end{cases}$$

类似可得如下定理.

定理 7-10 若积分区域 D 关于 y 轴对称, 被积函数 $f(x,y)$ 关于 x 有奇偶性, 则

$$\iint\limits_{D}f(x,y)\mathrm{d}x\mathrm{d}y=\begin{cases}0, & f(-x,y)=-f(x,y),\\ 2\displaystyle\iint\limits_{D_1}f(x,y)\mathrm{d}x\mathrm{d}y, & f(-x,y)=f(x,y).\end{cases}$$

其中 D_1 是 D 在 y 轴右边部分.

证明与定理 7-9 类似, 略.

抽象总结 从定理 7-9 和定理 7-10 可知, 当二重积分具有特殊结构的研究对象, 即积分区域具有对称性、被积函数具有奇偶性时, 可以优先考虑利用定理 7-9 和定理 7-10.

例 14　给定 $I=\iint\limits_{D}\left[\dfrac{x^3\mathrm{e}^y}{1+\ln(x^2+y^2)}+x^2\right]\mathrm{d}x\mathrm{d}y$, 其中区域 D 由 x 轴和曲线 $y=1-x^2$ 所围. 试分析积分的结构特点, 并完成计算.

结构分析　二重积分的结构特点：积分区域关于 y 轴对称. 被积函数由两部分组成, $\dfrac{x^3\mathrm{e}^y}{1+\ln(x^2+y^2)}$ 关于变量 x 为奇函数, x^2 为变量 x,y 的偶函数. 具备定理 7-9 和定理 7-10 作用对象的特点.

解　记 $D_1=\{(x,y)\in D:x\geqslant 0\}$, $D_2=\{(x,y)\in D:x\leqslant 0\}$, $D=D_1\cup D_2$,

$$I_1=\iint\limits_{D}\frac{x^3\mathrm{e}^y}{1+\ln(x^2+y^2)}\mathrm{d}x\mathrm{d}y,\quad I_2=\iint\limits_{D}x^2\mathrm{d}x\mathrm{d}y,$$

则

$$I=\iint\limits_{D}\left[\frac{x^3\mathrm{e}^y}{1+\ln(x^2+y^2)}+x^2\right]\mathrm{d}x\mathrm{d}y=I_1+I_2,$$

由于积分区域关于 y 轴对称, 被积函数为 x 的奇函数, 因而 $I_1=0$. 由于积分区域关于 y 轴对称, 被积函数为 x 的偶函数, 因而

$$I_2=2\iint\limits_{D_1}x^2\mathrm{d}x\mathrm{d}y=2\int_0^1x^2\mathrm{d}x\int_0^{1-x^2}\mathrm{d}y=\frac{4}{15},$$

故 $I=\dfrac{4}{15}$.

习　题　7-2

1. 计算下列二重积分：

(1) $\iint\limits_{D}(x+y+2)\mathrm{d}x\mathrm{d}y$, D 由直线 $x=1,x=2$ 和 $y=0,y=x$ 所围;

(2) $\iint\limits_{D}(3x^2+4xy+5)\mathrm{d}x\mathrm{d}y$, D 由直线 $x=-1,y=1$ 和 $y=x$ 所围;

(3) $\iint\limits_{D}x^3\mathrm{e}^y\mathrm{d}x\mathrm{d}y$, D 由直线 $y=1$ 和 $y=x^2$ 所围;

(4) $\iint\limits_{D}(x+y)\mathrm{d}x\mathrm{d}y$, D 由直线 $x=0,x=\pi$, $y=0$ 和 $y=\sin x$ 所围;

(5) $\iint\limits_{D}\dfrac{\sin x}{\sqrt{x}}\mathrm{d}x\mathrm{d}y$, D 由直线 $x=1$ 和 $x=y^2$ 所围;

(6) $\iint\limits_D e^{x+y}\mathrm{d}x\mathrm{d}y, D$ 是由不等式 $|x|+|y|\leqslant 1$ 所确定的区域.

2. 试用二重积分理论计算柱面 $x^2+z^2=R^2$ 与平面 $y=0$, $y=2$ 所围的区域的体积.

3. 计算单位球 $x^2+y^2+z^2\leqslant 1$ 被柱面 $x^2+y^2=x$ 所割下的包含在柱面内的部分的体积.

4. 交换二次积分的积分次序:

(1) $\int_0^1\mathrm{d}x\int_0^{1-x}f(x,y)\mathrm{d}y$; (2) $\int_{-1}^0\mathrm{d}y\int_2^{1-y}f(x,y)\mathrm{d}x$;

(3) $\int_0^1\mathrm{d}x\int_{\sqrt{x}}^{1+\sqrt{1-x^2}}f(x,y)\mathrm{d}y$; (4) $\int_0^1\mathrm{d}y\int_0^{2y}f(x,y)\mathrm{d}x+\int_1^3\mathrm{d}y\int_0^{3-y}f(x,y)\mathrm{d}x$.

5. 计算下列二重积分:

(1) $\int_0^2\mathrm{d}x\int_x^2 e^{-y^2}\mathrm{d}y$; (2) $\int_0^1\mathrm{d}x\int_{x^2}^1\dfrac{xy}{\sqrt{1+y^2}}\mathrm{d}y$;

(3) $\int_0^1\mathrm{d}y\int_{\arcsin y}^{\frac{\pi}{2}}\cos x\sqrt{1+\cos^2 x}\mathrm{d}x$; (4) $\int_1^2\mathrm{d}x\int_{\sqrt{x}}^x\sin\dfrac{\pi x}{2y}\mathrm{d}y+\int_2^4\mathrm{d}x\int_{\sqrt{x}}^2\sin\dfrac{\pi x}{2y}\mathrm{d}y$.

6. 利用极坐标计算下列二重积分:

(1) $\iint\limits_D(x^2+y^2)\mathrm{d}x\mathrm{d}y,\ D=\left\{(x,y):x^2+y^2\leqslant a^2\right\}$;

(2) $\iint\limits_D(x^2+y^2)\mathrm{d}x\mathrm{d}y, D=\{(x,y):x^2+y^2\leqslant 2x\}$;

(3) $\iint\limits_D\sqrt{x^2+y^2}\mathrm{d}x\mathrm{d}y, D=\{(x,y):x^2+y^2\leqslant x+y\}$;

(4) $\iint\limits_D(x^2-2x+3y+2)\mathrm{d}x\mathrm{d}y, D=\{(x,y):x^2+y^2\leqslant 1\}$;

(5) $\iint\limits_D\arctan\dfrac{y}{x}\mathrm{d}\sigma$, 其中 D 是由直线 $y=0$ 及圆周 $x^2+y^2=4, x^2+y^2=1, y=x$ 所围成的在第一象限内的闭区域.

7. 计算二重积分 $\iint\limits_D e^{\max\left(x^2,y^2\right)}\mathrm{d}x\mathrm{d}y$, 其中 $D=\{(x,y)\mid 0\leqslant x\leqslant 1, 0\leqslant y\leqslant 1\}$.

8. 分析并指出积分的结构特点, 根据特点选择合适的变量代换计算:

(1) $\iint\limits_D(x^2-y^2)\sin^2(x+y)\mathrm{d}x\mathrm{d}y, D$ 由直线 $x+y=\pm\pi$ 和 $y-x=\pm\pi$ 所围;

(2) $\iint\limits_D\dfrac{x}{1+x^2y^2}\mathrm{d}x\mathrm{d}y, D$ 由直线 $x=1, x=2$ 和曲线 $xy=1, xy=2$ 所围.

9. 分析并指出积分的结构特点, 根据特点选择计算方法, 给出计算:

(1) $\iint\limits_D x^2(\sin y+y^3)\mathrm{d}x\mathrm{d}y, D$ 由直线 $x=0$ 和曲线 $x=2-y^2$ 所围;

(2) $\iint\limits_D e^{x^2+y^2}\sin(xy)\mathrm{d}x\mathrm{d}y$, D 由直线 $x=1, x=-1$ 和 $y=1, y=x$ 所围;

(3) $\iint\limits_D \frac{1+xy}{1+x^2+y^2}\mathrm{d}x\mathrm{d}y$, D 由圆周 $x^2+y^2\leqslant 1$ 和 $x\geqslant 0$ 所围;

10. 设 $f(t)>0$ 连续, $D=\{(x,y): x^2+y^2\leqslant 1\}$, a, b 为常数, 给定二重积分 $\iint\limits_D \frac{af(x)+bf(y)}{f(x)+f(y)}\mathrm{d}x\mathrm{d}y$, 回答如下问题:

(1) 积分区域 D 的结构特点是什么?

(2) a, b 取何值时, 二重积分最容易计算? 此时, 计算结果是什么?

(3) 当 a, b 不满足上述条件时, 能否根据积分的结构特点设计计算方法? 给出计算过程和结果.

7.3　三重积分的计算

7.3节课件

采用类似二重积分计算的思路来研究三重积分的计算. 此时, 我们已经掌握的积分计算的基础有定积分和二重积分, 因而, 三重积分计算的思路自然是将三重积分转换为 (一重) 定积分和二重积分、最终转化为累次 (三次) 积分来计算.

7.3.1　直角坐标系下三重积分的计算

由 7.1.4 节知, 三重积分定义 $\iiint\limits_\Omega f(x,y,z)\mathrm{d}V=\lim\limits_{\lambda\to 0}\sum\limits_{i=1}^{n}f(\xi_i,\eta_i,\zeta_i)\Delta V_i$ 中 $\mathrm{d}V$ 是体积微元, 对应着积分和中的 ΔV_i, 由于对区域的分割是任意的, 在直角坐标系下, 如果采用平行于坐标平面的分割方法, 此时 $\Delta V_i=\Delta x_i\Delta y_i\Delta z_i$, 相应地 $\mathrm{d}V=\mathrm{d}x\mathrm{d}y\mathrm{d}z$, 这时, 三重积分也记为

$$\iiint\limits_\Omega f(x,y,z)\mathrm{d}V=\iiint\limits_\Omega f(x,y,z)\mathrm{d}x\mathrm{d}y\mathrm{d}z.$$

类似二重积分将平面区域投影到平面坐标系的坐标轴上得到 X-型区域或 Y-型区域, 我们将空间区域投影到空间坐标系的坐标平面或坐标轴上, 利用投影给出区域的代数表示, 从而引入一些相应的特殊的空间区域概念, 得到相应的计算公式, 这种方法也称为三重积分计算的投影方法.

首先将区域投影到坐标面, 得到将三重积分化为先计算一个定积分, 再计算一个二重积分的先一后二法.

1. 先一后二法

1) XY-型区域上的先一后二法

我们将空间区域 Ω 向 xOy 坐标面作投影, 引入如下类型区域的定义.

定义 7-5 若存在定义在 D_{xy} 上的函数 $z_i(x,y)$, $i=1,2$, 使空间区域 Ω 可表示为

$$\Omega=\{(x,y,z)\in\mathbf{R}^3: z_1(x,y)\leqslant z\leqslant z_2(x,y),(x,y)\in D_{xy}\},$$

其中 D_{xy} 为 xOy 坐标面中有界的闭区域, 称区域 Ω 是 XY-型区域 (图 7-16).

信息挖掘 (1) 区域的几何特征: XY-型区域 Ω 是将其向 xOy 平面作投影, 利用投影区域刻画其特征. 其代数表达式中各量都有对应的几何意义, 对应的关系是:

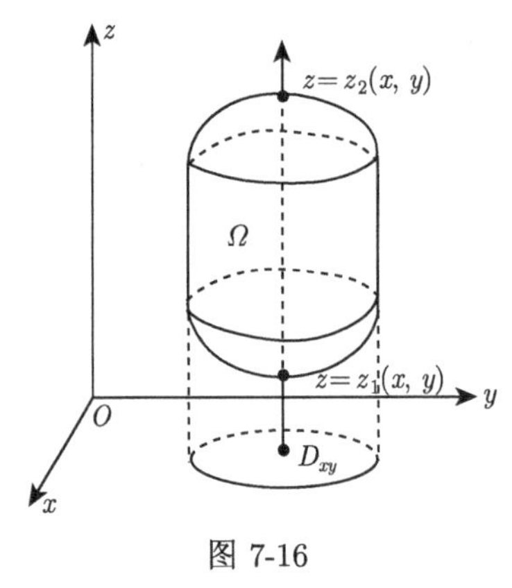

图 7-16

曲面 $z=z_2(x,y),(x,y)\in D_{xy}$ 为 Ω 的上顶, 曲面 $z=z_1(x,y),(x,y)\in D_{xy}$ 为 Ω 的下底, D_{xy} 正是 Ω 在 xOy 面的投影区域.

除了上述刻画 XY-型区域的三个主要元素——顶、底和投影区域外, 几何上, 这种类型的区域还涉及一个概念——围, 即夹在顶、底之间的柱面, 其准线为 $l=\partial D_{xy}$, 母线平行于 z 轴, 即围是由 D_{xy} 决定的柱面, 因此, 刻画 XY-型区域代数特征的各量 $z_2(x,y)$, $z_1(x,y)$ 和 D_{xy} 都有对应的几何意义.

(2) 几何形状: 从几何图形上看, XY-型区域是相对于 z 轴的直柱体, 其顶和底都是曲面.

(3) 当顶和底相交时, 围退化为一条曲线段或直线段 l, 此时 l 是顶和底的交线 (图 7-17), 即

$$l:\begin{cases} z=z_1(x,y),\\ z=z_2(x,y),\end{cases}$$

l 在 xOy 平面上的投影正是 ∂D_{xy}.

(4) 由函数的定义, 区域的顶和底相对于 z 轴都是简单曲面, 即用平行于 z 轴的直线穿过区域, 直线与顶和底面至多有一个交点.

上述分析表明, 确定一个空间区域为 XY-型域, 只需确定其顶、底、围 (交线, 投影), 这些量可以通过图形直观上来确定 (仍可用穿线法确定顶和底), 因此, 画

出 Ω 的几何图形在计算三重积分时非常重要.

下面以三重积分的物理意义推出空间区域为 XY-型域的三重积分的计算方法.

在 D_{xy} 内任取一点 (x,y), 将 $f(x,y,z)$ 在 $[z_1(x,y),z_2(x,y)]$ 上作定积分, 得

$$F(x,y)=\int_{z_1(x,y)}^{z_2(x,y)}f(x,y,z)\mathrm{d}z.$$

视 $f(x,y,z)$ 是 Ω 的密度函数, 则当 (x,y) 固定时, $f(x,y,z)$ 只是 z 的函数, 此时 $F(x,y)$ 表示 Ω 内 $z_1(x,y)$ 由 $z_2(x,y)$ 到 "有质量的线段" 分布的质量, 从而 Ω 的总质量为

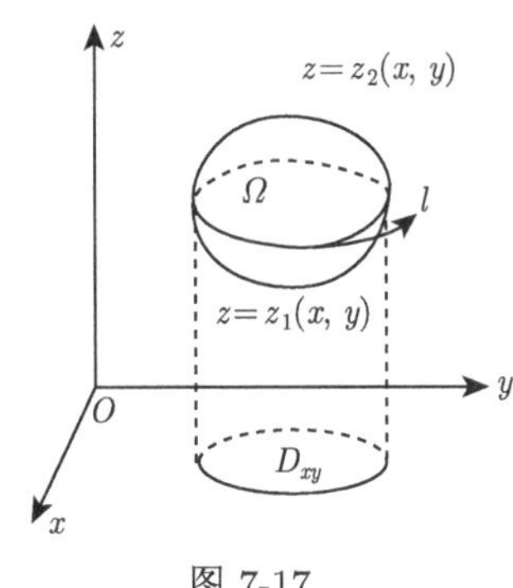

图 7-17

$$\iint\limits_{D_{xy}}F(x,y)\mathrm{d}x\mathrm{d}y.$$

于是得到

$$\iiint\limits_{\Omega}f(x,y,z)\mathrm{d}x\mathrm{d}y\mathrm{d}z=\iint\limits_{D_{xy}}F(x,y)\mathrm{d}x\mathrm{d}y=\iint\limits_{D_{xy}}\left[\int_{z_1(x,y)}^{z_2(x,y)}f(x,y,z)\mathrm{d}z\right]\mathrm{d}x\mathrm{d}y.$$

上式右端常记作 $\iint\limits_{D_{xy}}\mathrm{d}x\mathrm{d}y\int_{z_1(x,y)}^{z_2(x,y)}f(x,y,z)\mathrm{d}z$. 所以, 在 XY-型区域上成立如下的三重积分的计算公式.

定理 7-11　设 Ω 是 XY-型区域, $f(x,y,z)$ 为 Ω 上的连续函数, 则

$$\iiint\limits_{\Omega}f(x,y,z)\mathrm{d}x\mathrm{d}y\mathrm{d}z=\iint\limits_{D_{xy}}\mathrm{d}x\mathrm{d}y\int_{z_1(x,y)}^{z_2(x,y)}f(x,y,z)\mathrm{d}z.$$

由于定理 7-11 是将三重积分转化为先计算一个定积分, 再计算一个二重积分, 因此, 称其为 "先一后二法".

抽象总结　"先一后二法" 是计算三重积分的主要方法, Ω 是 XY-型区域时, 计算的主要步骤:

(1) 作积分区域 Ω 的图, 确定类型和上下曲面函数, 得 z 积分限;

(2) 把积分区域 Ω 向 xOy 面投影, 并画出投影区域 D_{xy} 的平面图, 确定 D_{xy} 类型, 确定 x, y 的积分限;

(3) 写出累次积分, 逐次计算定积分得到结果.

计算过程中的关键是确定区域 Ω 的顶和底, 给出相应的代数表示, 当然, 计算过程中充分挖掘尽可能多的信息如对称性、轮换对称性 (见 7.3.3 节) 等, 可以简化计算.

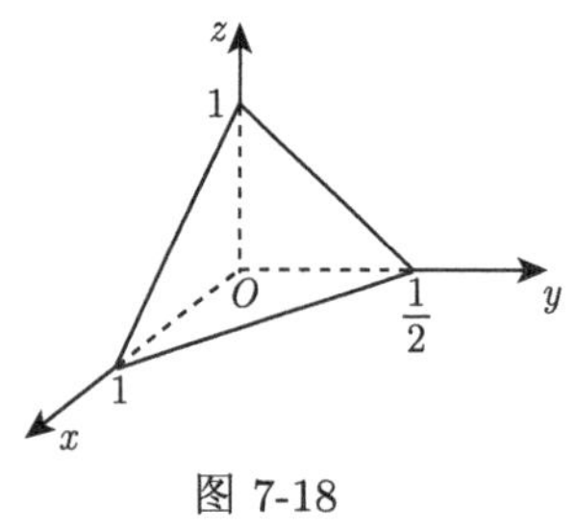

图 7-18

例 15 计算 $I=\iiint\limits_{\Omega} x\mathrm{d}x\mathrm{d}y\mathrm{d}z$, 其中 Ω 由三个坐标面和平面 $x+2y+z=1$ 所围.

解 Ω 如图 7-18 所示, 将 Ω 视为 XY-型, 则从几何上看, 区域的上顶为平面 $z=1-x-2y$; 下底为平面 $z=0$; 投影区域为 D_{xy} 由 xOy 坐标系内坐标轴和直线 $x+2y=1$ 所围, 故可以表述为如下的 XY-型区域

$$\Omega=\{(x,y,z):0\leqslant z\leqslant 1-x-2y,(x,y)\in D_{xy}\},$$

故

$$\begin{aligned}
I&=\iint\limits_{D_{xy}}\mathrm{d}x\mathrm{d}y\int_0^{1-x-2y}x\mathrm{d}z=\iint\limits_{D_{xy}}x(1-x-2y)\mathrm{d}x\mathrm{d}y\\
&=\int_0^1\mathrm{d}x\int_0^{\frac{1-x}{2}}x(1-x-2y)\mathrm{d}y\quad(\text{视}D_{xy}\text{为}X\text{-型区域})\\
&\left(=\int_0^{\frac{1}{2}}\mathrm{d}y\int_0^{1-2y}x(1-x-2y)\mathrm{d}x\right)\quad(\text{视}D_{xy}\text{为}Y\text{-型区域})\\
&=\frac{1}{48}.
\end{aligned}$$

例 16 计算 $I=\iiint\limits_{\Omega}(x+2y+3z)\mathrm{d}x\mathrm{d}y\mathrm{d}z$, 其中 Ω 由三个坐标面和平面 $x+y+z=1$ 所围.

简析 与例 15 类似, 可以采用类似的方法, 但是, 挖掘更多的信息可以发现, 区域具有轮换对称性, 利用此性质简化计算.

解 由于区域具有轮换对称性, 故 $\iiint\limits_{\Omega}x\mathrm{d}x\mathrm{d}y\mathrm{d}z=\iiint\limits_{\Omega}y\mathrm{d}x\mathrm{d}y\mathrm{d}z=\iiint\limits_{\Omega}z\mathrm{d}x\mathrm{d}y\mathrm{d}z$, 所以, $I=6\iiint\limits_{\Omega}x\mathrm{d}x\mathrm{d}y\mathrm{d}z$.

将 Ω 视为 XY-型区域, 则

$$\Omega=\{(x,y,z):0\leqslant z\leqslant 1-x-y,(x,y)\in D_{xy}\},$$

$$D_{xy}=\{(x,y):0\leqslant y\leqslant 1-x,0\leqslant x\leqslant 1\},$$

故

$$I=6\iint\limits_{D_{xy}}\mathrm{d}x\mathrm{d}y\int_0^{1-x-y}x\mathrm{d}z=6\int_0^1\mathrm{d}x\int_0^{1-x}\mathrm{d}y\int_0^{1-x-y}x\mathrm{d}z=\frac{1}{4}.$$

例 17　计算 $I=\iiint\limits_{\Omega}y\cos(x+z)\mathrm{d}x\mathrm{d}y\mathrm{d}z$, 其中 Ω 由抛物柱面 $y=\sqrt{x}$ 及平面 $y=0,z=0,x+z=\dfrac{\pi}{2}$ 所围.

解　积分区域 Ω 如图 7-19 所示, 可视为 XY-型区域, 其顶为 $z=\dfrac{\pi}{2}-x$; 底为 $z=0$; 投影区域 $D_{xy}=\left\{(x,y):0\leqslant y\leqslant\sqrt{x},0\leqslant x\leqslant\dfrac{\pi}{2}\right\}$, 故

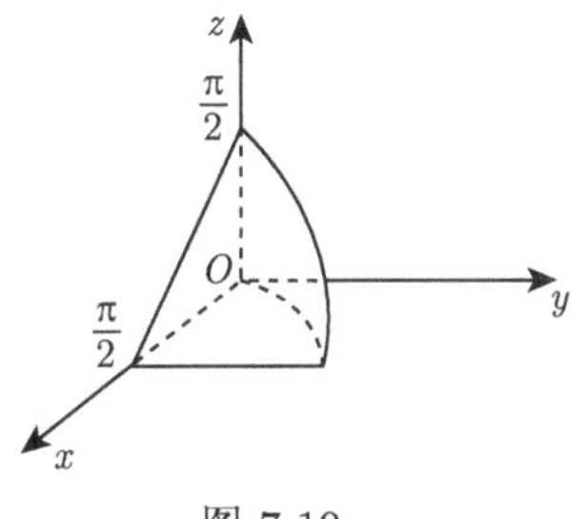

图 7-19

$$I=\iint\limits_{D_{xy}}\mathrm{d}x\mathrm{d}y\int_0^{\frac{\pi}{2}-x}y\cos(z+x)\mathrm{d}z$$

$$=\int_0^{\frac{\pi}{2}}\mathrm{d}x\int_0^{\sqrt{x}}\mathrm{d}y\int_0^{\frac{\pi}{2}-x}y\cos(z+x)\mathrm{d}z=\frac{\pi^2}{16}-\frac{1}{2}.$$

观察例 15~ 例 17, 区域的围很明显, 有的是柱面, 有的退化为线段.

进一步分析上述例子, 思考问题：求解的方法唯一吗？能否转化为其他形式的先一后二类型？分析定理 7-11 建立的基础, 可以设想, 若将区域投影到其他坐标面, 由此给出 YZ-型或 ZX-型区域, 就可以建立相应的计算公式.

2)　YZ-型或 XZ-型区域上的先一后二法

类似, 将 Ω 投影到另外两个坐标面, 得到不同的先二后一法.

定义 7-6　(1) 若 Ω 可表示为

$$\Omega=\{(x,y,z)\in\mathbf{R}^3:y_1(x,z)\leqslant y\leqslant y_2(x,z),(x,z)\in D_{xz}\},$$

其中 D_{xz} 是 zOx 坐标面内的有界闭区域, 称 Ω 为 XZ-型区域.

(2) 若 Ω 可表示为

$$\Omega=\{(x,y,z)\in\mathbf{R}^3:x_1(y,z)\leqslant x\leqslant x_2(y,z),(y,z)\in D_{yz}\},$$

其中 D_{yz} 为 yOz 坐标面内的有界闭区域, 称 Ω 为 YZ-型区域.

可以和 XY-型区域一样确定 XZ-型、YZ-型区域的几何特征和代数表示间的关系, 当然, 也成立类似的对应三重积分的计算公式.

定理 7-12 设 $f(x,y,z)$ 为定义在 Ω 上的连续函数,

(1) 若 Ω 为 XZ-型区域, 则

$$\iiint\limits_{\Omega} f(x,y,z)\mathrm{d}x\mathrm{d}y\mathrm{d}z = \iint\limits_{D_{xz}} \mathrm{d}z\mathrm{d}x \int_{y_1(x,z)}^{y_2(x,z)} f(x,y,z)\mathrm{d}y;$$

(2) 若 Ω 为 YZ -型区域, 则

$$\iiint\limits_{\Omega} f(x,y,z)\mathrm{d}x\mathrm{d}y\mathrm{d}z = \iint\limits_{D_{yz}} \mathrm{d}y\mathrm{d}z \int_{x_1(y,z)}^{x_2(y,z)} f(x,y,z)\mathrm{d}x.$$

如例 15, 也可以将区域其他两种类型, 如将 Ω 视为 XZ -型, 则区域的顶为平面 $y=\dfrac{1-x-z}{2}$; 底为平面 $y=0$; 投影区域为 D_{zx} 由 zOx 坐标系内坐标轴和直线 $x+z=1$ 所围, 故

$$\Omega = \left\{(x,y,z): 0 \leqslant y \leqslant \frac{1-x-z}{2}, (x,y) \in D_{zx}\right\},$$

因而,

$$I = \iint\limits_{D_{zx}} \mathrm{d}x\mathrm{d}z \int_0^{\frac{1-x-z}{2}} x\mathrm{d}y = \frac{1}{48};$$

若将 Ω 视为 YZ-型区域时, 其顶为平面 $x=1-z-2y$; 底为平面 $x=0$; 投影区域为 D_{yz} 由 yOz 坐标系内坐标轴和直线 $2y+z=1$ 所围, 故 $\Omega=\{(x,y,z): 0 \leqslant x \leqslant 1-z-2y, (x,y) \in D_{yz}\}$, 因而

$$I = \iint\limits_{D_{yz}} \mathrm{d}y\mathrm{d}z \int_0^{1-z-2y} x\mathrm{d}x = \frac{1}{48}.$$

类似地, 对例 16、例 17, 自己动手给出其他类型的计算.

例 18 计算 $I = \iiint\limits_{\Omega} y\sqrt{1-x^2}\mathrm{d}x\mathrm{d}y\mathrm{d}z$, Ω 由球面 $y=-\sqrt{1-x^2-z^2}$, 柱面 $x^2+z^2=1$, 平面 $y=1$ 所围.

解　Ω 如图 7-20, 将 Ω 视为 XZ-型区域更方便, 此时, 其顶为平面 $y=1$; 底为球面: $y=-\sqrt{1-x^2-z^2}$; 投影区域为 $D_{xz}=\{(x,z):x^2+z^2\leqslant 1\}$, 故

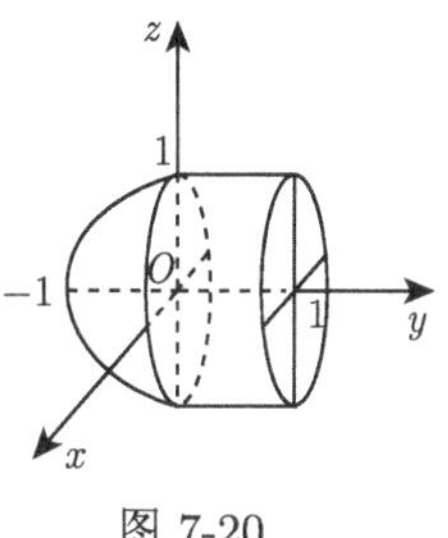

图 7-20

$$I=\iint\limits_{D_{xz}}\mathrm{d}x\mathrm{d}z\int_{-\sqrt{1-x^2-z^2}}^{1}y\sqrt{1-x^2}\mathrm{d}y=\frac{28}{45}.$$

2. 先二后一法

在先一后二法中, 我们是将空间区域投影到各个坐标面上, 由此将三重积分化为先计算一个重定积分, 再计算一个二重积分. 我们再换一种角度, 考虑将空间区域 "投影" 到各坐标轴上, 由此得到三重积分的先二后一法, 即将三重积分转化为先计算一个二重积分, 再计算一个定积分的形式.

同理, 根据投影轴的不同将区域 Ω 分类.

1) Z-型区域上的先二后一法

将空间区域 Ω 向 z 轴作投影, 引入如下类型区域的定义.

定义 7-7　设 Ω 夹在平面 $z=a, z=b$ 之间 (即 Ω 在 z 轴上的 "投影区间" 为 $[a,b]$), 又设对任意 $z\in[a,b]$, 过点 $(0,0,z)$ 作平行于 xOy 坐标面的平面 π, 其与 Ω 的交为平面区域 D_z, 此时区域可以表示为

$$\Omega=\{(x,y,z):(x,y)\in D_z, z\in[a,b]\},$$

称 Ω 为 Z-型区域 (如图 7-21).

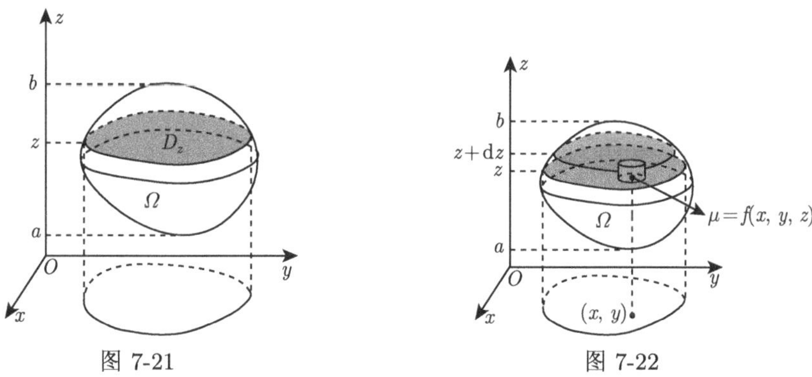

图 7-21　　图 7-22

仍以三重积分的物理意义推出空间区域为 Z-型域的三重积分的计算方法. 视 $f(x,y,z)$ 为 Ω 的密度函数, 当 $z\in[a,b]$ 固定时, $f(x,y,z)$ 是 x,y 的函数, 由二重

积分的物理意义知, $\iint\limits_{D_z} f(x,y,z)\mathrm{d}x\mathrm{d}y$ 表示平面薄片 D_z 的质量, 那么 $\left[\iint\limits_{D_z} f(x,y,z)\mathrm{d}x\mathrm{d}y\right]\cdot \mathrm{d}z$ 就表示区间 $[z,z+\mathrm{d}z]$ 所对应的薄片的质量 (图 7-22), 将这些小块薄片的质量从 a 到 b 叠加, 便得到立体 Ω 的总质量

$$\iiint\limits_{\Omega} f(x,y,z)\mathrm{d}x\mathrm{d}y\mathrm{d}z=\int_a^b\left[\iint\limits_{D_z} f(x,y,z)\mathrm{d}x\mathrm{d}y\right]\mathrm{d}z.$$

上式右端常记作 $\int_a^b \mathrm{d}z\iint\limits_{D_z} f(x,y,z)\mathrm{d}x\mathrm{d}y$. 所以, 在 Z-型区域上成立如下的三重积分的计算公式.

定理 7-13 设 Ω 为 Z-型区域, $f(x,y,z)$ 为 Ω 上的连续函数, 则

$$\iiint\limits_{\Omega} f(x,y,z)\mathrm{d}x\mathrm{d}y\mathrm{d}z=\int_a^b \mathrm{d}z\iint\limits_{D_z} f(x,y,z)\mathrm{d}x\mathrm{d}y.$$

在上述的计算过程中, 由于需要知道截面 D_z, 或需要通过截面给出区域的代数表示, 因此, 上述将三重积分化为先二后一法的计算方法也称为截面法.

2) Y-型区域和 X-型区域上的先二后一法

类似, 可将区域投影到 y 轴和 x 轴上, 引入 Y-型和 X-型空间区域及相应的计算公式, 我们略去. 下面给出几个例子, 说明先二后一法的应用.

首先以 Z-型域为例, 给出用先二后一法计算三重积分的步骤:

(1) 画图, 注意分析对称性, 轮换对称性;

(2) 把积分区域 Ω 向 z 轴投影, 计算在 z 轴上的投影区间 $[a,b]$;

(3) 对任意 $z\in[a,b]$, 计算 D_z, 即将 z 视为暂时固定的参量, 求 Ω 与平面 $z=z$ 的交 (通常是将 Ω 的边界面方程中的 z 视为参量, 得到关于 x, y 的平面区域);

(4) 画出以 z 为参量的平面区域 D_z;

(5) 代入公式.

例 19 计算 $I=\iiint\limits_{\Omega} z\mathrm{d}x\mathrm{d}y\mathrm{d}z$, 其中 Ω: $x^2+y^2+z^2\leqslant 1, x\geqslant 0, y\geqslant 0, z\geqslant 0$.

解 可用先一后二, 这里采用先二后一. Ω 在 z 轴上 “投影区间” 为 $[0,1]$, 对任意 $z\in[0,1]$, 过 $(0,0,z)$ 作截面得

$$D(z)=\{(x,y):x^2+y^2\leqslant 1-z^2,x\geqslant 0,y\geqslant 0\},$$

即将 Ω 的边界方程 $x^2+y^2+z^2\leqslant 1$, $x\geqslant 0,y\geqslant 0,z\geqslant 0$ 中的 z 视为常参量. 故

$$I=\iiint\limits_{\Omega} z\mathrm{d}x\mathrm{d}y\mathrm{d}z=\int_0^1 z\mathrm{d}z\iint\limits_{D_z}\mathrm{d}x\mathrm{d}y=\frac{1}{4}\int_0^1 z\pi(1-z^2)\mathrm{d}z=\frac{1}{16}\pi.$$

例 20 用先二后一法计算例 15.

解 法一 将 Ω 向 z 轴投影, 投影区间为 [0,1], 且对任意的 $z\in[0,1]$, 对应的截面为 $D(z):x+2y\leqslant 1-z,x\geqslant 0,y\geqslant 0$, 如图 7-23(a). 故

$$I=\int_0^1\mathrm{d}z\iint\limits_{D_z}x\mathrm{d}x\mathrm{d}y=\int_0^1\mathrm{d}z\int_0^{1-z}x\mathrm{d}x\int_0^{\frac{1-x-z}{2}}\mathrm{d}y=\frac{1}{48}.$$

法二 将 Ω 向 x 轴投影. 投影区间为 [0,1], 且对任意的 $x\in[0,1]$, 对应的截面为 $D(x):2y+z\leqslant 1-x,y\geqslant 0,z\geqslant 0$, 如图 7-23(b). 故

$$I=\int_0^1 x\mathrm{d}x\iint\limits_{D_x}\mathrm{d}y\mathrm{d}z=\int_0^1 x\mathrm{d}x\cdot S_{D_z}=\int_0^1 x\cdot\frac{1}{2}(1-x)\cdot\frac{1}{2}(1-x)\mathrm{d}x=\frac{1}{48}.$$

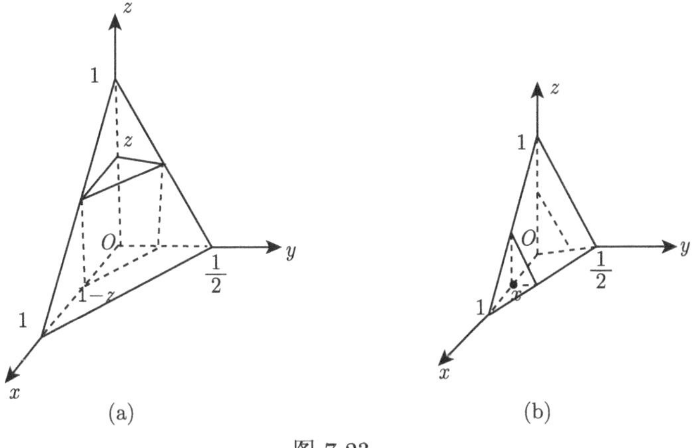

图 7-23

抽象总结 被积函数为单变量函数, 如被积函数为 $f(z)$, 则常考虑用平行于 xOy 坐标面的平面去截 Ω(例 19), 被积函数为 $f(x)$, 则用平行于 yOz 坐标面的平面去截 Ω(例 20), 这时先计算的二重积分即为所截得的平面的面积, 方便计算.

7.3.2 三重积分计算中的变量代换法

三重积分的先一后二法或先二后一法, 对结构简单的三重积分是非常有效的计算方法, 但对结构复杂的三重积分, 直接进行上述计算是非常困难的. 因此, 有

必要对复杂结构的三重积分先进行结构简化, 再利用上述算法进行计算. 简化结构的有效方法就是变量代换.

1. 一般理论

定理 7-14 设 $f(x,y,z)$ 为定义在有界闭区域上的连续函数, 变量代换 T : $\begin{cases} x = x(u,v,w), \\ y = y(u,v,w), \\ z = z(u,v,w) \end{cases}$ 满足

(1) $x(u,v,w), y(u,v,w), z(u,v,w)$ 在 Ω 上具有一阶连续的偏导数;

(2) $T:(u,v,w)\in\Omega'\to(x,y,z)\in\Omega$ 是一一对应的;

(3) $J=\dfrac{\partial(x,y,z)}{\partial(u,v,w)}=\begin{vmatrix} \dfrac{\partial x}{\partial u} & \dfrac{\partial x}{\partial v} & \dfrac{\partial x}{\partial w} \\ \dfrac{\partial y}{\partial u} & \dfrac{\partial y}{\partial v} & \dfrac{\partial y}{\partial w} \\ \dfrac{\partial z}{\partial u} & \dfrac{\partial z}{\partial v} & \dfrac{\partial z}{\partial w} \end{vmatrix}\neq 0$, 则

$$\iiint\limits_{\Omega} f(x,y,z)\mathrm{d}x\mathrm{d}y\mathrm{d}z = \iiint\limits_{\Omega'} f(x(u,v,w),y(u,v,w),z(u,v,w))\,|J|\,\mathrm{d}u\mathrm{d}v\mathrm{d}w.$$

我们略去定理的证明, 重点解决定理的应用问题.

变换的目的是将积分结构简单化, 如何选择合适的变换达到上述目的? 必须根据具体问题进行具体的分析. 下面, 针对一些特殊的区域结构, 给出几种常用的变换.

2. 柱面坐标变换

首先引入柱面坐标. 给定空间点 $M(x,y,z)$, 其在 xOy 坐标面上的投影点为 $P(x,y,0)$, 记 $P'(x,y)$, 则 $P'(x,y)$ 在平面直角坐标系下有对应的极坐标 $P'(\rho,\theta)$, 称 (ρ,θ,z) 为 M 点的柱面坐标, 也记为 $M(\rho,\theta,z)$. 如图 7-24 所示.

柱面坐标的几何意义: $\rho=C$ 时, 表示圆柱面 (称为柱面坐标的原因); $\theta=C$ 时, 表示半平面; $z=C$ 时, 表示平面, 其中 C 表示常数. 上述三族曲面, 两两正交, 因而是正交坐标系.

作柱坐标变换 $T:\begin{cases} x=\rho\cos\theta, \\ y=\rho\sin\theta, \\ z=z, \end{cases}$ 则 $|J|=\rho$, 由代换定理, 可得

$$\iiint\limits_{\Omega} f(x,y,z)\mathrm{d}x\mathrm{d}y\mathrm{d}z = \iiint\limits_{\Omega} f(\rho\cos\theta,\rho\sin\theta,z)\rho\mathrm{d}\rho\mathrm{d}\theta\mathrm{d}z.$$

与平面区域的极坐标变换一样, 在柱坐标变换下, 区域形状没有改变, 只是表达方式变了. 由柱面坐标的几何意义, 对圆柱面, 在柱面坐标下很简单地表示为 $\rho = C$, 在直角坐标系下的表示为 $x^2 + y^2 = C^2$, 代数结构较为复杂, 因此, 柱面结构在柱面坐标下表示简单, 因而, 柱坐标变换处理对象的特点是区域具有圆柱结构, 即积分结构中包含因子 $x^2 + y^2$.

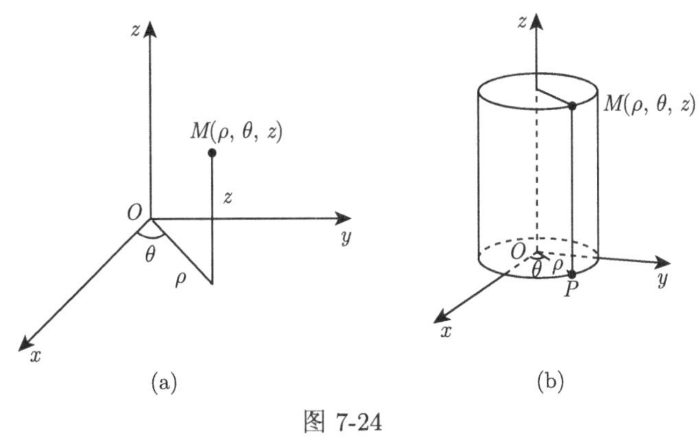

图 7-24

如何将柱面坐标下的三重积分 $\iiint\limits_{\Omega} f(\rho\cos\theta, \rho\sin\theta, z)\rho \mathrm{d}\rho\mathrm{d}\theta\mathrm{d}z$ 化为累次积分.

事实上, 由于柱坐标下, z 的含义没变, 只是将坐标分量 x, y 用相应的极坐标表示, 因而, 柱坐标下三重积分的计算实际上是将三重积分转化为先一后二或先二后一计算时, 对二重积分的计算采用相应的极坐标. 我们以个别区域类型为例简要说明.

1) "先一后二" 法

以 XY-型区域为例, 此时, Ω 在 xOy 平面上的投影转化为极坐标, 表示为 $D_{\rho\theta}$, 而顶和底也分别是 ρ, θ 的函数, 即, 顶为 $z = z_2(\rho\cos\theta, \rho\sin\theta)$, 底为 $z = z_1(\rho\cos\theta, \rho\sin\theta)$, 故

$$\begin{aligned}&\iiint\limits_{\Omega} f(\rho\cos\theta, \rho\sin\theta, z)\rho \mathrm{d}\rho\mathrm{d}\theta\mathrm{d}z \\ =&\iint\limits_{D_{\rho\theta}} \rho \mathrm{d}\rho\mathrm{d}\theta \int_{z_1(\rho\cos\theta, \rho\sin\theta)}^{z_2(\rho\cos\theta, \rho\sin\theta)} f(\rho\cos\theta, \rho\sin\theta, z)\mathrm{d}z.\end{aligned}$$

2) 先二后一法

以 Z-型区域为例, 设其在 z 轴上的投影区间为 $[z_1, z_2]$, 且对 $z \in [z_1, z_2]$, 求得截面为 $D(z) = D_z(\rho, \theta)$, 则

$$\iiint\limits_{\Omega} f(\rho\cos\theta,\rho\sin\theta,z)\rho\mathrm{d}\rho\mathrm{d}\theta\mathrm{d}z=\int_{z_1}^{z_2}\mathrm{d}z\iint\limits_{D_z(\rho,\theta)} f(\rho\cos\theta,\rho\sin\theta,z)\rho\mathrm{d}\rho\mathrm{d}\theta.$$

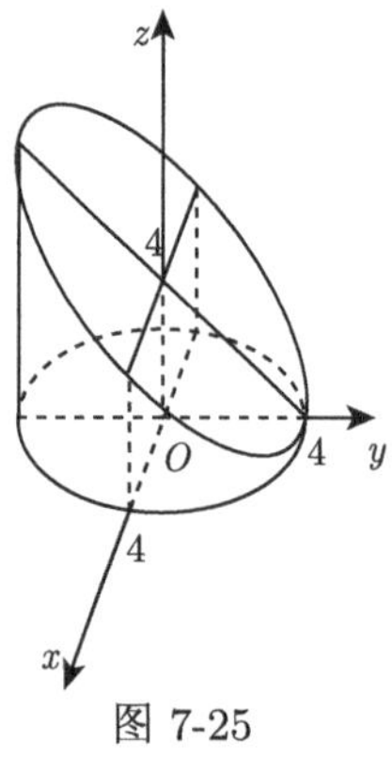

图 7-25

上述两种方法, 我们选择将 Ω 投影到 xOy 平面和 z 轴上, 主要基于视觉上便于观察, 投影到其他的坐标面和坐标轴上, 处理方法类似, 此时引入柱坐标下的方式相应改变.

例 21 计算 $I=\iiint\limits_{\Omega}\sqrt{x^2+y^2}\mathrm{d}x\mathrm{d}y\mathrm{d}z$, 其中 Ω 由柱面 $x^2+y^2=16$, 平面 $y+z=4, z=0$ 所围.

解 积分区域具有圆柱结构 (如图 7-25), 用柱坐标变换计算, 采用先一后二法. 此时, 区域 Ω 的顶为 $z=4-y=4-\rho\sin\theta$; 底为 $z=0$; 投影为圆域为 $D_{\rho\theta}=\{(r,\theta):\rho\leqslant 4, 0\leqslant\theta\leqslant 2\pi\}$, 故

$$\begin{aligned}I&=\iiint\limits_{\Omega}\rho^2\mathrm{d}\rho\mathrm{d}\theta\mathrm{d}z=\iint\limits_{D_{\rho\theta}}\rho^2\mathrm{d}\rho\mathrm{d}\theta\int_0^{4-\rho\sin\theta}\mathrm{d}z=\iint\limits_{D_{\rho\theta}}\rho^2(4-\rho\sin\theta)\mathrm{d}\rho\mathrm{d}\theta\\&=\int_0^{2\pi}\mathrm{d}\theta\int_0^4\rho^2(4-\rho\sin\theta)\mathrm{d}\rho=\frac{512}{3}\pi.\end{aligned}$$

3. 球面坐标及球变换

首先引入球面坐标. 给定空间点 $M(x,y,z)$, 其 xOy 坐标面上的投影点为 $P(x,y,0)$, 引入 xOy 坐标面的极坐标 (ρ,θ), 作有向线段 $\overrightarrow{OM}$, 记 $r=\left|\overrightarrow{OM}\right|$, φ 为 $\overrightarrow{OM}$ 与 z 轴正向的夹角, 称 (r,θ,φ) 为 M 点的球面坐标, 记为 $M(r,\theta,\varphi)$. 如图 7-26 所示.

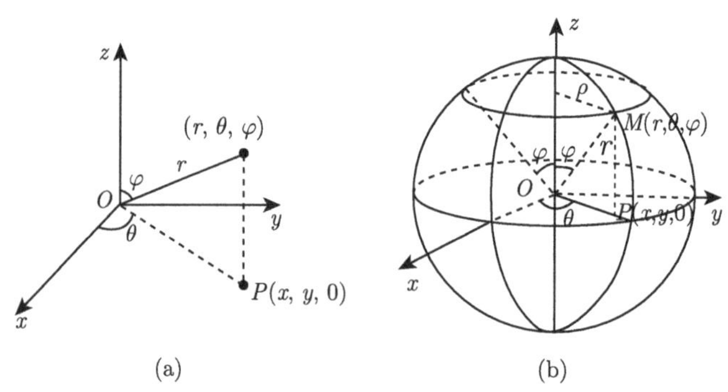

图 7-26

球面坐标的几何意义：$r=C$ 时, 表示球面 (称为球面坐标的原因); $\theta=C$ 时, 表示半平面; $\varphi=C$ 时, 表示圆锥面. 由定义, 则 $r\geqslant 0, 0\leqslant\varphi\leqslant\pi$, 且成立关系 $\rho=r\sin\varphi$, 因而, 成立直角坐标和球面坐标的关系：

$$\begin{cases} x=r\cos\theta\sin\varphi, & r\geqslant 0, \\ y=r\sin\theta\sin\varphi, & 0\leqslant\theta\leqslant 2\pi, \\ z=r\cos\varphi, & 0\leqslant\varphi\leqslant\pi, \end{cases}$$

这样, 直角坐标通过上述公式建立了与球面坐标的一一对应. 上述关系式也称球坐标变换, 易计算 $|J|=\rho^2\sin\varphi$. 球坐标下, 区域大小、形状不变, 只是表达方式变了.

由球坐标变换, 下式成立：

$$\iiint\limits_{\Omega} f(x,y,z)\mathrm{d}x\mathrm{d}y\mathrm{d}z=\iiint\limits_{\Omega} f(r\cos\theta\sin\varphi, r\sin\theta\sin\varphi, r\cos\varphi)r^2\sin\varphi\mathrm{d}r\mathrm{d}\theta\mathrm{d}\varphi.$$

球面坐标还有另外一种表示形式. 若记 $\varphi'=\left(\widehat{\overrightarrow{OM},\overrightarrow{OP}}\right)$, 则 M 在 xOy 坐标面上方时, $\varphi+\varphi'=\dfrac{\pi}{2}$, 即 $\varphi=\dfrac{\pi}{2}-\varphi'$; M 在 xOy 坐标面下方时, $\varphi'+\dfrac{\pi}{2}=\varphi$, 即 $\varphi=\dfrac{\pi}{2}+\varphi'$, 因而, (x,y,z) 与 (r,θ,φ') 也是一一对应的, 故有时, 也称 (r,θ,φ') 为球面坐标, 此时球变换为

$$\begin{cases} x=r\cos\theta\cos\varphi', & r\geqslant 0, \\ y=r\sin\theta\cos\varphi', & 0\leqslant\theta\leqslant 2\pi, \\ z=r\sin\varphi', & -\dfrac{\pi}{2}\leqslant\varphi'\leqslant\dfrac{\pi}{2}, \end{cases}$$

且 $|J|=r^2\cos\varphi'$, 当然, 成立对应的计算公式.

同样, 球坐标变换下处理的三重积分的结构具有球结构特点, 即积分结构中含因子 $x^2+y^2+z^2$, 此时, 复杂的方程 $x^2+y^2+z^2=C^2$ 在球坐标下变为非常简单的形式 $r=C$. 如何在球坐标下计算三重积分, 即如何将球坐标的三重积分转化为三次积分. 这就必须确定球坐标的变化范围, 这是难点. 为说明这一问题的困难性, 作一比较：

直角坐标系	三个固定的坐标轴	三个固定的坐标面
柱面坐标系	一个固定的坐标轴	一个固定的坐标面
球坐标系	没有固定的坐标轴	没有固定的坐标面

因此, 在直角坐标系下, 可以向各个坐标面和各个坐标轴作投影, 形成各种不同形式的“先一后二法”和“先二后一法”, 在柱坐标系, 可以向固定 z 轴和固定的 $\rho\theta$ 面做投影, 得到相应的计算方法. 但是, 球坐标系下, 由于没有固定的轴和坐标面, 故上述的投影方法不可行. 因此, 球坐标系下三重积分的计算, 只能通过区域的几何特征, 直接确定各个球坐标分量的变化范围, 根据各个量的变化范围及其相互的关系, 将其转化为累次积分来计算. 球坐标系下各个坐标分量的范围的确定方法如下.

(1) θ 范围的确定. 由于 θ 是对应于 xOy 坐标面的极坐标的极角, 因此, θ 范围的确定方法和平面区域极角范围的确定方法相同, 即若 Ω 的投影域夹在两条射线 $\theta=\alpha,\theta=\beta$ 间, 或 Ω 夹在两个半平面 $\theta=\alpha,\theta=\beta$ 间, 则 $\alpha\leqslant\theta\leqslant\beta$.

(2) φ 的范围的确定. 锥面法: 若区域夹在两个半顶角分别为 $\phi,\gamma(\phi<\gamma)$ 的锥面之中, 则 $\phi\leqslant\varphi\leqslant\gamma$. 特别地, 若 z 轴的上半轴含在区域中, 此时, 对应半顶角为 ϕ 的锥面退化为 z 轴, 因此, 取 $\phi=0$, 则 $0\leqslant\varphi\leqslant\gamma$.

(3) r 的范围的确定. 穿线法: 用从原点出发的射线穿过区域 Ω, 若射线从曲面 $r=r_1(\theta,\varphi)$ 进入区域 Ω, 而从曲面 $r=r_2(\theta,\varphi)$ 穿出区域 Ω, 则 $r_1(\theta,\varphi)\leqslant r\leqslant r_2(\theta,\varphi)$. 特别地, 若原点在区域的内部或界面上, 取 $r_1(\theta,\varphi)=0$.

特别地, Ω 包含原点时, $0\leqslant\theta\leqslant 2\pi,0\leqslant\varphi\leqslant\pi,r_2(\theta,\varphi)\geqslant\rho\geqslant 0$.

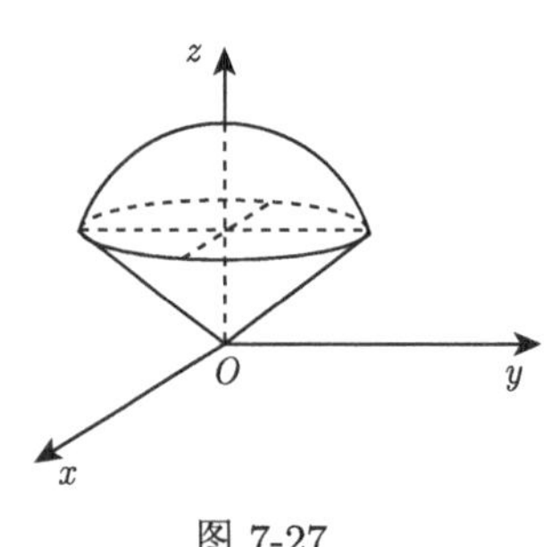

图 7-27

例 22 设 Ω 为由球面 $x^2+y^2+z^2=2Rz(R>0)$ 和锥面 $x^2+y^2=z^2\tan\alpha$ 所围的区域, 求 Ω 体积 V.

解 已知 $V=\iiint\limits_{\Omega}1\mathrm{d}x\mathrm{d}y\mathrm{d}z$, 由于 Ω 具有球结构 (图 7-27), 利用球坐标变换, 在球坐标下, 则 Ω: $0\leqslant\theta\leqslant 2\pi,0\leqslant r\leqslant 2R\cos\varphi,0\leqslant\varphi\leqslant\alpha$, 故

$$V=\iiint\limits_{\Omega}r^2\sin\varphi\mathrm{d}r\mathrm{d}\theta\mathrm{d}\varphi=\int_0^{2\pi}\mathrm{d}\theta\int_0^{\alpha}\sin\varphi\mathrm{d}\varphi\int_0^{2R\cos\varphi}r^2\mathrm{d}r=\frac{4\pi R^3}{3}(1-\cos^4\alpha).$$

例 22 中关于 r 的下界的确定: 锥面并不是 r 的下界, 而是 φ 的界, 即锥面在积分中的作用与影响体现在 $\varphi=\alpha$ 上.

例 23 将 $I=\iiint\limits_{\Omega}f(x,y,z)\mathrm{d}x\mathrm{d}y\mathrm{d}z$ 化为三次积分, 其中 Ω 为高为 h, 顶角为 $2\alpha_0$ 的圆锥 (设 z 轴垂直于锥的底面).

简析 区域边界过原点, 因而, r 的下界为 0, 上界为平面 $z=h$, 代入球坐标

即为 $r\cos\varphi=h$, 即 $r=h\sec\varphi$.

解　在球坐标下, Ω：$0\leqslant\theta\leqslant 2\pi, 0\leqslant r\leqslant h\sec\varphi, 0\leqslant\varphi\leqslant\alpha_0$, 则

$$\begin{aligned}I&=\iiint\limits_{\Omega} f(r\cos\theta\sin\varphi, r\sin\theta\sin\varphi, r\cos\varphi)r^2\sin\varphi\mathrm{d}r\mathrm{d}\theta\mathrm{d}\varphi\\&=\int_0^{2\pi}\mathrm{d}\theta\int_0^{\alpha_0}\mathrm{d}\varphi\int_0^{h\sec\varphi} f(r\cos\theta\sin\varphi, r\sin\theta\sin\varphi, r\cos\varphi)r^2\sin\varphi\mathrm{d}r.\end{aligned}$$

例 24　求曲面 π：$\left(\dfrac{x^2}{a^2}+\dfrac{y^2}{b^2}+\dfrac{z^2}{c^2}\right)^2=cz$ 所围区域之体积.

解　区域是以 z 轴为旋转轴的椭球体, 关于 x, y 都是对称的且 $z\geqslant 0$, 原点在区域的界面上, 做广义球坐标变换

$$x=ar\cos\theta\sin\varphi,\quad y=br\sin\theta\sin\varphi,\quad z=cr\cos\varphi,$$

则 $|J|=abcr^2\sin\varphi$, 且

$$\Omega: 0\leqslant\theta\leqslant 2\pi, 0\leqslant\varphi\leqslant\frac{\pi}{2}, 0\leqslant r\leqslant\left(c^2\cos\varphi\right)^{1/3},$$

故

$$\begin{aligned}V&=\iiint\limits_{\Omega}\mathrm{d}x\mathrm{d}y\mathrm{d}z\\&=\iiint\limits_{\Omega} abcr^2\sin\varphi\mathrm{d}r\mathrm{d}\theta\mathrm{d}\varphi\\&=abc\int_0^{2\pi}\mathrm{d}\theta\int_0^{\frac{\pi}{2}}\mathrm{d}\varphi\int_0^{(c^2\cos\varphi)^{1/3}} r^2\sin\varphi\mathrm{d}r=\frac{\pi}{3}abc^3.\end{aligned}$$

7.3.3　基于特殊结构的三重积分的计算方法

与二重积分的计算类似, 对三重积分, 也可以利用特殊的结构特点简化计算, 以具体的例子说明处理的思想方法.

例 25　设 $\Omega=\{(x,y,z): x^2+y^2+z^2\leqslant 4, x^2+y^2\leqslant 3z\}$, 计算三重积分

$$I=\iiint\limits_{\Omega}(x^2y+xy^2+z)\mathrm{d}x\mathrm{d}y\mathrm{d}z.$$

结构分析　积分区域 Ω 关于 zOx 坐标面和 yOz 坐标面对称, 函数 x^2y 是变量 y 的奇函数, xy^2 是变量 x 的奇函数.

解 记 $\Omega_1=\{(x,y,z)\in\Omega:y\geqslant 0\},\Omega_2=\Omega/\Omega_1,\ I_1=\iiint\limits_{\Omega}x^2y\mathrm{d}x\mathrm{d}y\mathrm{d}z$, 则

$$I_1=\iiint\limits_{\Omega_1}x^2y\mathrm{d}x\mathrm{d}y\mathrm{d}z+\iiint\limits_{\Omega_2}x^2y\mathrm{d}x\mathrm{d}y\mathrm{d}z,$$

利用变量代换 $\begin{cases}x=x,\\y=-y,\\z=z,\end{cases}$ 则 $\iiint\limits_{\Omega_1}x^2y\mathrm{d}x\mathrm{d}y\mathrm{d}z=-\iiint\limits_{\Omega_2}x^2y\mathrm{d}x\mathrm{d}y\mathrm{d}z$, 故 $I_1=0$;

同样,

$$I_2=\iiint\limits_{\Omega}xy^2\mathrm{d}x\mathrm{d}y\mathrm{d}z=0,$$

因此, $I=\iiint\limits_{\Omega}z\mathrm{d}x\mathrm{d}y\mathrm{d}z=\int_0^{2\pi}\mathrm{d}\theta\int_0^{\sqrt{3}}\rho\mathrm{d}\rho\int_{\frac{\rho^2}{3}}^{\sqrt{4-\rho^2}}z\mathrm{d}z=\dfrac{13}{4}\pi.$

例 26 设 $\Omega=\{(x,y,z):x^2+y^2+z^2\leqslant 1,x\geqslant 0,y\geqslant 0,z\geqslant 0\}$, 计算三重积分 $I=\iiint\limits_{\Omega}(x+2y-3z)\mathrm{d}x\mathrm{d}y\mathrm{d}z$.

解 积分区域具有轮换对称性, 因而, $\iiint\limits_{\Omega}x\mathrm{d}x\mathrm{d}y\mathrm{d}z=\iiint\limits_{\Omega}y\mathrm{d}x\mathrm{d}y\mathrm{d}z=\iiint\limits_{\Omega}z\mathrm{d}x\mathrm{d}y\mathrm{d}z$, 故 $I=0$.

其他情形的对称性和奇偶性的结论可以自行总结.

习 题 7-3

1. 计算下列三重积分:

(1) $I=\iiint\limits_{\Omega}(x+y+2z)\mathrm{d}x\mathrm{d}y\mathrm{d}z$, 其中 Ω 由平面 x=0, y=0, z=0 和 $x+y$+2z=2 所围成的闭区域;

(2) $I=\iiint\limits_{\Omega}\dfrac{1}{x^2+y^2}\mathrm{d}x\mathrm{d}y\mathrm{d}z$, 其中 Ω 由平面 x=1, x=2, $y=x$, z=0 和 $z=y$ 所围成的闭区域;

(3) $I=\iiint\limits_{\Omega}z\mathrm{d}x\mathrm{d}y\mathrm{d}z$, 其中 Ω 由抛物面 $z=x^2+y^2$ 和平面 z=1 所围成的闭区域;

(4) $I=\iiint\limits_{\Omega} x\mathrm{d}x\mathrm{d}y\mathrm{d}z$, 其中 Ω 由锥面 $x=\sqrt{y^2+z^2}$ 和平面 x=1 所围成的闭区域;

(5) $I=\iiint\limits_{\Omega} z\mathrm{d}x\mathrm{d}y\mathrm{d}z$, 其中 Ω 为三个坐标面及平面 $x+y+z=1$ 所围成的闭区域;

(6) $I=\iiint\limits_{\Omega} z^2\mathrm{d}x\mathrm{d}y\mathrm{d}z$, 其中 Ω 是由球面 $x^2+y^2+z^2=1$ 所围成的闭区域;

(7) $I=\iiint\limits_{\Omega} z^2\mathrm{d}x\mathrm{d}y\mathrm{d}z$, 其中 Ω 是由椭球面 $\dfrac{x^2}{a^2}+\dfrac{y^2}{b^2}+\dfrac{z^2}{c^2}=1$ 所围成的闭区域.

2. 计算下列三重积分:

(1) $I=\iiint\limits_{\Omega}(x^2+y^2)\mathrm{d}x\mathrm{d}y\mathrm{d}z$, 其中 Ω 由曲面 $x^2+y^2=2z$ 和平面 $z=2$ 所围成的闭区域;

(2) $I=\iiint\limits_{\Omega}\sqrt{x^2+y^2}\mathrm{d}x\mathrm{d}y\mathrm{d}z$, 其中 Ω 由曲面 $x^2+y^2=z^2$ 和平面 $z=1$ 所围成的闭区域;

(3) $I=\iiint\limits_{\Omega}\sqrt{x^2+y^2+z^2}\mathrm{d}x\mathrm{d}y\mathrm{d}z$, 其中 Ω 由曲面 $x^2+y^2+z^2=z$ 所围;

(4) $I=\iiint\limits_{\Omega} x\mathrm{d}x\mathrm{d}y\mathrm{d}z$, 其中 Ω 由球面 $x^2+y^2+z^2=r^2$ 和球面 $x^2+y^2+z^2=2rz$ 所围成的闭区域;

(5) $I=\iiint\limits_{\Omega} z\mathrm{d}x\mathrm{d}y\mathrm{d}z$, 其中 Ω 由曲面 $z=\sqrt{2-x^2-y^2}$ 和 $z=x^2+y^2$ 所围成的闭区域;

(6) $I=\iiint\limits_{\Omega}\dfrac{1}{\sqrt{x^2+y^2+z^2}}\mathrm{d}x\mathrm{d}y\mathrm{d}z$, 其中 Ω 由锥面 $z=\sqrt{x^2+y^2}$ 和平面 $z=1$ 所围成的闭区域;

(7) $I=\iiint\limits_{\Omega}(x+z)\mathrm{d}x\mathrm{d}y\mathrm{d}z$, 其中 Ω 由曲面 $x^2+y^2=z^2$ 和 $z=\sqrt{1-x^2-y^2}$ 所围成的闭区域.

3. 计算空间区域 $\Omega=\{(x,y,z):x^2+y^2+z^2\leqslant 1,x\geqslant y^2+z^2\}$ 的体积 (注意分析结构特征).

4. $\iiint\limits_{\Omega}\left(x^2+y^2+z\right)\mathrm{d}V$, 其中 Ω 是由曲线 $\begin{cases} y^2=2z, \\ x=0 \end{cases}$ 绕 z 轴旋转一周而成的曲面与平面 $z=4$ 所围成的立体.

5. 利用对称性化简三重积分计算:

(1) 计算 $\iiint\limits_{\Omega}(x+z)\mathrm{d}v$, 其中 Ω 是锥面 $z=\sqrt{x^2+y^2}$ 和平面 $z=1$ 所围空间区域.

(2) 计算 $\iiint\limits_{\Omega} xyz\mathrm{d}v$ 其中 Ω 是由曲面 $x^2+y^2+z^2=1$ 所围成的立体区域.

6. 分析并给出下列题目的结构特点, 针对结构特点设计算法:

(1) $I=\iiint\limits_{\Omega}\dfrac{z\ln(1+x^2+y^2+z^2)}{1+x^2+y^2+z^2}\mathrm{d}x\mathrm{d}y\mathrm{d}z$, 其中 Ω 为单位球 $x^2+y^2+z^2\leqslant 1$;

(2) $I=\iiint\limits_{\Omega} z^2\mathrm{d}x\mathrm{d}y\mathrm{d}z$, 其中 Ω 为单位球 $x^2+y^2+z^2\leqslant 1$;

(3) $I=\iiint\limits_{\Omega}(kx^2+my^2+nz^2)\mathrm{d}x\mathrm{d}y\mathrm{d}z$, 其中 Ω 为单位球 $x^2+y^2+z^2\leqslant 1$;

(4) $I=\iiint\limits_{\Omega}(kx+my+nz)^2\mathrm{d}x\mathrm{d}y\mathrm{d}z$, 其中 Ω 为单位球 $x^2+y^2+z^2\leqslant 1$.

7.4 数量值函数的曲线积分与曲面积分的计算

7.4.1 第一类曲线积分的计算

由 7.1.4 节知, 当几何形体为平面或空间的曲线弧段 L, f 为定义在 L 上的二元函数 $f(x,y)$ 或三元函数 $f(x,y,z)$ 时, 相应的数量值函数的积分为**对弧长的曲线积分 (第一类曲线积分)**. 它们分别为

$$\int_L f(x,y)\,\mathrm{d}s=\lim_{\lambda\to 0}\sum_{i=1}^{n}f(\xi_i,\eta_i)\Delta s_i$$

与

$$\int_L f(x,y,z)\,\mathrm{d}s=\lim_{\lambda\to 0}\sum_{i=1}^{n}f(\xi_i,\eta_i,\zeta_i)\Delta s_i.$$

信息挖掘 根据定义, 挖掘对弧长的曲线积分的简单特性.

(1) 在定义中, Δs_i 表示弧长, $\mathrm{d}s$ 对应的是弧长微元, 因此, 第一类曲线积分是对弧长的积分.

(2) 被积函数 f 是定义在 L 上的二元函数 $f(x,y)$ 或三元函数 $f(x,y,z)$, 因此 $f(x,y)$ 或 $f(x,y,z)$ 中的点 (x,y) 或 (x,y,z) 满足曲线 L 的方程.

(3)$f(x,y)=1$ 时, $I=\displaystyle\int_l f(x,y)\mathrm{d}s=s_l$ 为 l 的弧长, 这也是第一类曲线积分的几何意义.

(4) 还可以从另一角度挖掘第一类曲线积分的特殊性质. 假如曲线段 l 落在 x

轴上, 取 $l=[a,b]$, 由定义, 此时

$$I=\int_l f(x,y)\mathrm{d}s=\int_a^b f(x,0)\mathrm{d}x,$$

即第一类曲线积分为定积分, 这种特性为第一类曲线积分的计算提供了线索, 即将其转化为定积分计算.

1. 基于基本公式的简单题型的计算

从第一类曲线积分的定义式可知, 计算的本质问题在于对弧微分 $\mathrm{d}s$ 的处理, 结合前述挖掘到的特殊性质, 可以猜测, 第一类曲线积分应该转化为定积分来计算, 启发我们从弧微分中分离出定积分的积分变量, 实现将第一类曲线积分转化为定积分进行计算. 先给出参数方程下的计算公式.

设给定平面曲线段 l: $\begin{cases} x=x(t), \\ y=y(t), \end{cases}$ $\alpha\leqslant t\leqslant\beta$, 假设其是光滑的, 即 $x(t),y(t)\in C[\alpha,\beta]$. 根据前述分析, 第一类曲线积分应该转化为对参数 t 的定积分, 因此, 需要从定义中的 $\mathrm{d}s$, 分离出对应的 $\mathrm{d}t$, 进一步转化为关于变量 t 的定积分.

类比已知, 由定积分理论 3.5.3 节中弧微分知识可知, 任意小区间 $[t,t+\mathrm{d}t]\subset[\alpha,\beta]$ 上的弧微分

$$\mathrm{d}S=\sqrt{(\mathrm{d}x)^2+(\mathrm{d}y)^2}=\sqrt{[x'(t)\mathrm{d}t]^2+[y'(t)\mathrm{d}t]^2}=\sqrt{x'^2(t)+y'^2(t)}\mathrm{d}t,$$

由此可以得到如下定理.

定理 7-15　设 $f(x,y)$ 在平面曲线 l 上连续, 若平面曲线 l 的参数方程为 $l:\begin{cases} x=x(t), \\ y=y(t), \end{cases}$ $x\leqslant t\leqslant\beta$, 则 $\int_l f(x,y)\mathrm{d}s$ 存在且

$$\int_l f(x,y)\mathrm{d}s=\int_\alpha^\beta f(x(t),y(t))\sqrt{x'^2(t)+y'^2(t)}\mathrm{d}t.$$

结构分析　由于仅有定义, 必须利用第一类曲线积分的定义证明. 根据定义的逻辑要求, 要证明可积性和验证积分结论, 必须先给出任意的分割, 任意的中值点的选择, 相应和的极限存在且等于相应的结论, 这就是证明的思路. 具体的方法就是利用弧长公式计算弧长微元, 从中利用积分中值定理分离出参数微元, 由此转化为关于参数的定积分, 证明略.

定理 7-15 给出了第一类曲线积分计算的**基本公式: 直接将平面曲线 l 的参数方程代入被积函数和弧微分, 化曲线积分为定积分计算, 称这种计算方法为直**

接法. 由于一般的曲线方程都可以转化为参数方程形式, 因此, 利用此公式, 就完全解决了第一类曲线积分的计算问题. 如

(1) 对平面曲线 l：$y=\varphi(x), a \leqslant x \leqslant b$, 则 $\int_l f(x,y)\mathrm{d}s=\int_a^b f(x,\varphi(x)) \cdot \sqrt{1+\varphi'^2(x)}\mathrm{d}x$;

(2) 对平面曲线 l：$\rho=\rho(\theta), \theta_1 \leqslant \theta \leqslant \theta_2$, 则

$$\int_l f(x,y)\mathrm{d}s=\int_{\theta_1}^{\theta_2} f(\rho(\theta)\cos\theta, \rho(\theta)\sin\theta)\sqrt{\rho^2(\theta)+\rho'^2(\theta)}\mathrm{d}\theta.$$

下面利用直接法计算简单结构的第一类曲线积分.

从计算公式知, 第一类曲线积分的计算, 关键是给出曲线的 (参数) 方程, 然后直接代入公式即可, 因此, 也把直接法称为**定线代入法**, 所谓定线就是确定曲线的 (参数) 方程, 代入就是代入计算公式.

例 27 计算 $I=\int_l |y|\,\mathrm{d}s$, 其中 l：$x^2+y^2=1, x \geqslant 0$.

解 采用极坐标形式, 则

$$l:\begin{cases} x=\cos\theta, \\ y=\sin\theta, \end{cases} \quad -\frac{\pi}{2} \leqslant \theta \leqslant \frac{\pi}{2},$$

故 $I=\int_{-\frac{\pi}{2}}^{\frac{\pi}{2}} |\sin\theta|\mathrm{d}\theta=2\int_0^{\frac{\pi}{2}} \sin\theta\mathrm{d}\theta=2$.

例 28 计算 $I=\int_l (x+y)\mathrm{d}s$, 其中 l 由折线段 OA, AB, BO 组成且 $O(0,0)$, $A(1,0)$, $B(1,1)$.

解 利用积分可加性, 则 $I=\left(\int_{\overline{OA}}+\int_{\overline{AB}}+\int_{\overline{BO}}\right)(x+y)\mathrm{d}s$, 其中各段方程如下：

$$OA: y=0, \quad 0 \leqslant x \leqslant 1; \quad AB: x=1, 0 \leqslant y \leqslant 1; \quad BO: y=x, 0 \leqslant x \leqslant 1,$$

故 $I=\int_0^1 (x+0)\mathrm{d}x+\int_0^1 (1+y)\mathrm{d}y+\int_0^1 (x+x)\sqrt{2}\mathrm{d}x=2+\sqrt{2}$.

2. 基于特殊结构的第一类曲线积分的计算

充分利用积分的结构特点, 如奇偶性、对称性等可以设计更简单的计算方法, 这也是要掌握的计算技巧.

例 29　计算 $I=\int_{\Gamma}x^2\mathrm{d}s$, 其中 $\Gamma:\begin{cases}x^2+y^2+z^2=a^2,\\ x+y+z=0.\end{cases}$

解　由于曲线 Γ 关于 x,y,z 对称, 具有轮换对称性, 因此,

$$\int_{\Gamma}x^2\mathrm{d}s=\int_{\Gamma}y^2\mathrm{d}s=\int_{\Gamma}z^2\mathrm{d}s,$$

故 $3I=\int_{\Gamma}\left(x^2+y^2+z^2\right)\mathrm{d}s=a^2\int_{l}\mathrm{d}s=2\pi a^3$, 所以, $I=\dfrac{2}{3}\pi a^3$.

上述计算过程中用到了第一类曲线积分的几何意义.

例 30　计算 $I=\oint_{l}(x\sin y+y^3\mathrm{e}^x)\mathrm{d}s$, 其中 $l:x^2+y^2=1$, $\oint_{l}f(x,y,z)\mathrm{d}s$ 表示沿封闭曲线 l 上的第一类曲线积分.

解　由于 l 关于 x 轴对称, $f(x,y,z)=x\sin y+y^3\mathrm{e}^x$ 是 y 的奇函数, 故

$$\oint_{l}\left(x\sin y+y^3\mathrm{e}^x\right)\mathrm{d}s=0.$$

事实上, l 分为两部分: $l_1:y_1=\sqrt{1-x^2},-1\leqslant x\leqslant 1$ 和 $l_2:y_2=-\sqrt{1-x^2},-1\leqslant x\leqslant 1$, 则

$$\begin{aligned}I&=\int_{l_1}\left(x\sin y+y^3\mathrm{e}^x\right)\mathrm{d}s+\int_{l_2}\left(x\sin y+y^3\mathrm{e}^x\right)\mathrm{d}s\\&=\int_{-1}^{1}\left(x\sin y_1+y_1^3\mathrm{e}^x\right)\sqrt{1+y_1'^2(x)}\mathrm{d}x\\&\quad+\int_{-1}^{1}\left(x\sin y_2+y_2^3\mathrm{e}^x\right)\sqrt{1+y_2'^2(x)}\mathrm{d}x=0.\end{aligned}$$

例 30 的求解过程可以提炼出利用函数的奇偶性和积分路径的对称性简化第一类曲线积分的计算方法, 请自行总结给出结论.

7.4.2　第一类曲面积分的计算

由 7.1.4 节知, 当几何形体为空间曲面 Σ, f 为定义在曲面 Σ 上的三元函数 $f(x,y,z)$ 时, 相应的数量值函数的积分为**对面积的曲面积分 (第一类曲面积分)**

$$\iint_{\Sigma}f(x,y,z)\mathrm{d}S=\lim_{\lambda\to 0}\sum_{i=1}^{n}f\left(\xi_i,\eta_i,\zeta_i\right)\Delta S_i,$$

这里 $\mathrm{d}S$ 是曲面的面积微元.

信息挖掘 根据定义, 挖掘对面积的曲面积分的简单特性和特殊的意义.

(1) 在定义中, ΔS_i 表示面积, $\mathrm{d}S$ 对应的是面积微元, 因此, 第一类曲面积分是对面积的积分.

(2) 被积函数 f 是定义在曲面 Σ 上的三元函数 $f(x,y)$, 因此 $f(x,y,z)$ 中的点 (x,y,z) 满足曲面 Σ 的方程.

(3) 几何意义：$f(x,y,z)\equiv 1$ 时, $\iint\limits_{\Sigma} f(x,y,z)\mathrm{d}S = S_{\Sigma}$ 为曲面 Σ 的面积.

(4) 由定义, 还可以得到特殊的性质：设 Σ 落在 xOy 坐标面内, 则

$$\iint\limits_{\Sigma} f(x,y,z)\mathrm{d}S = \iint\limits_{\Sigma} f(x,y,0)\mathrm{d}x\mathrm{d}y,$$

此时, 第一类曲面积分为二重积分. 这个特殊性为我们提供了第一类曲面积分计算的思路：化第一类曲面积分为二重积分.

与第一类曲线积分的计算公式建立过程类似, 第一类曲面积分计算公式建立的关键仍然是微元曲面 Σ_i 的面积 ΔS_i 的计算. 对曲线来说, 我们在定积分中已经建立了其弧长的计算公式, 在第一类曲线积分计算公式导出过程中直接利用了已知的弧长计算公式, 空间曲面面积的计算公式还是未知的, 因此, 我们首先建立空间曲面的面积计算公式.

1. 空间曲面面积的计算方法

我们用积分思想、近似研究的思想和“从简到繁”的研究方法建立曲面面积的计算公式. Σ_i 是分割后的小曲面块, 当分割很细时, 曲面块可近似为平面块, 故, 从分析平面块面积的计算入手. 那么, 如何计算平面块的面积？我们仅知道：当平面块落在坐标平面内时, 可以利用二重积分计算其面积, 此时, 问题解决. 而当平面块不落在坐标平面时, 可以利用投影技术转化为坐标平面内平面块面积的计算. 下面给出具体的过程.

情形 1 特殊情形——斜平面块面积的计算

若 Σ 为平面, 设该平面与坐标面 xOy 面的夹角为 α(锐角), Σ 在 xOy 面的投影区域为 D_{xy}, 相应的面积分别记为 $S_{\Sigma}, S_{D_{xy}}$, 则 $\cos\alpha = \dfrac{S_{D_{xy}}}{S_{\Sigma}}$, 故 $S_{\Sigma} = \dfrac{S_{D_{xy}}}{\cos\alpha}$.

当选取相对应的钝角为夹角时, 有 $S_{\Sigma} = -\dfrac{S_{D_{xy}}}{\cos\alpha}$, 因而, 总有 $S_{\Sigma} = \dfrac{S_{D_{xy}}}{|\cos\alpha|}$.

这里仅给出 α 为锐角时的证明思路：先假设 Σ 为一边落在 x 轴上的矩形平面区域 $ABCD$, 如图 7-28 所示. 不妨设 $A(x_1,0,0)$, $B(x_1,y_1,z_1)$, $C(x_2,y_1,z_1)$, $D(x_2,0,0)$, 则其在 xOy 坐标面的投影区域为矩形区域$AB'C'D$, 即 $D_{xy}=AB'C'D$,

其中 $B'(x_1,y_1,0)$, $C'(x_2,y_1,0)$, 因而, $\alpha=\angle BAB'$, 故 $|AB'|=|AB|\cos\alpha$, 所以 $S_\Sigma=\dfrac{S_{D_{xy}}}{\cos\alpha}$.

情形 2　一般情形——任意曲面块面积的计算

若 Σ 为曲面, 其方程为 $z=f(x,y),(x,y)\in D_{xy}$, D_{xy} 是 Σ 在 xOy 面的投影区域, $f(x,y)$ 在 D_{xy} 上有连续偏导数, 即 Σ 是光滑曲面, 求 Σ 的面积.

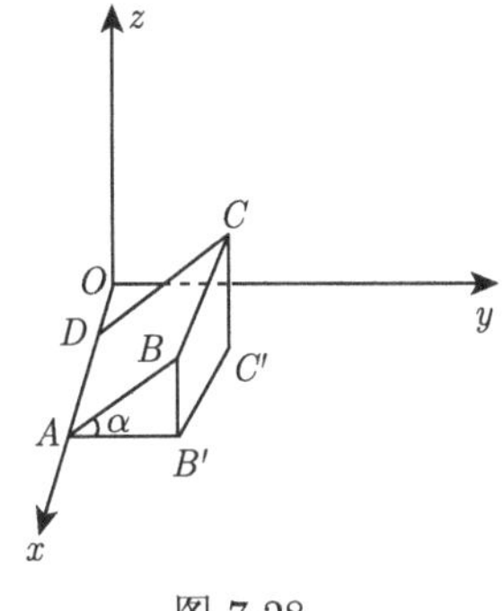

图 7-28

为了利用情形 1 来处理, 我们利用积分思想进行研究.

对曲面 Σ 进行分割 T：$\Sigma_1,\Sigma_2,\cdots,\Sigma_n$, 分割细度为 $\lambda(T)$; 对应于分割 T, 形成投影区域 D 的一个分割 T'：$D_1,D_2,\cdots,D_n$, 分割细度记为 $\lambda(T')$. 当分割 T 很细时, 我们希望用某种平面块近似代替曲面块 Σ_i. 在曲面 Σ_i 上, 选择一个什么样的平面块来近似代替曲面块? 换一种角度, 对给定的曲面, 我们能得到的、能计算出来的平面是什么平面? 从学过的空间解析几何理论知道, 当曲面已知时, 可以计算曲面上任意点处的切平面, 由此, 可以设想用对应的切平面块近似代替曲面块. 由此, 确定了处理问题的思想.

任取 $M_i(x_i,y_i,z_i)\in\Sigma_i$, 由于 Σ 是光滑曲面, 故, 在曲面 Σ 上的任一点都有切平面, 过 M_i 作切平面 π_i, 在 π_i 上取出一小平面块 σ_i, 使 σ_i 与 Σ_i 具有相同的投影 D_i, 当 T 很细时, 可以取如下近似：$\Delta S_{\Sigma_i}\approx\Delta S_{\sigma_i}$, 其中, ΔS_{Σ_i}, ΔS_{σ_i} 分别表示曲面块 Σ_i 和平面块 σ_i 的面积. 如图 7-29 所示. 下面计算 S_{σ_i}.

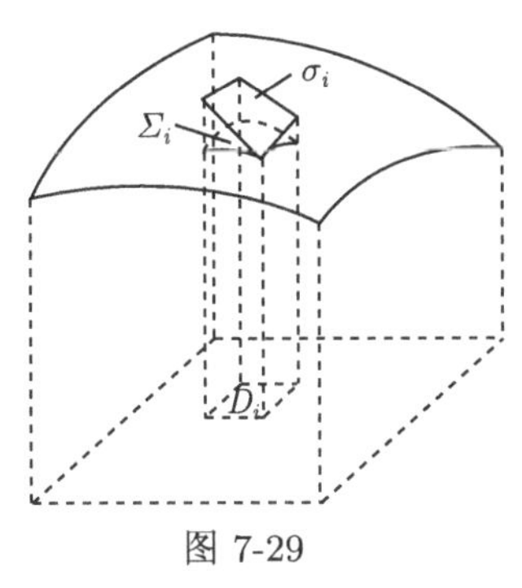

图 7-29

由情形 1, 只需计算切平面 π_i 与坐标面 xOy 的夹角 α_i 的余弦. 这使我们联想到切平面法线的方向余弦, 记 γ_i 为 π_i 的法线方向与 z 轴正向的夹角, 则 $|\cos\gamma_i|=|\cos\alpha_i|$.

由解析几何理论知道, 曲面Σ上$M_i(x_i,y_i,z_i)$点的法线方向为 $n=\pm(f_x(p_i),f_y(p_i),-1)$, 其中 $p_i(x_i,y_i)$, $z_i=f(x_i,y_i)$. 故

$$|\cos\gamma_i|=\frac{1}{\sqrt{1+f_x^2(p_i)+f_y^2(p_i)}},$$

又 $|\cos\alpha_i|=\dfrac{\Delta S_{D_i}}{\Delta S_{\sigma_i}}$, 因而, $\dfrac{\Delta S_{D_i}}{\Delta S_{\sigma_i}}=\dfrac{1}{\sqrt{1+f_x^2(p_i)+f_y^2(p_i)}}$,

故 $\Delta S_{\sigma_i}=\sqrt{1+f_x^2(p_i)+f_y^2(p_i)}\Delta S_{D_i}$, 因而, 利用积分思想, 则

$$\begin{aligned}S_\Sigma&=\sum_{i=1}^{n}\Delta S_{\Sigma_i}=\lim_{\lambda(T)\to 0}\sum_{i=1}^{n}\Delta S_{\sigma_i}\\&=\lim_{\lambda(T')\to 0}\sum_{i=1}^{n}\sqrt{1+f_x^2(p_i)+f_y^2(p_i)}\Delta S_{D_i}\\&=\iint_D\sqrt{1+f_x^2(x,y)+f_y^2(x,y)}\mathrm{d}S=\iint_D\sqrt{1+f_x^2(x,y)+f_y^2(x,y)}\mathrm{d}x\mathrm{d}y,\end{aligned}$$

这就是曲面面积计算公式.

当 Σ 落在 xOy 坐标面内时, 此时 $\Sigma=D:z=0$, 故 $S_\Sigma=S_D=\iint\limits_D\mathrm{d}x\mathrm{d}y$, 这与二重积分的几何意义是一致的.

从上述推导过程可知, 还成立下述另一种形式的计算公式:

$$S_\Sigma=\iint_D\frac{\mathrm{d}x\mathrm{d}y}{|\cos\gamma|}=\iint_D\frac{\mathrm{d}x\mathrm{d}y}{|\cos(\boldsymbol{n},\boldsymbol{k})|},$$

其中 $\boldsymbol{n}$ 为曲面上点 (x,y) 处的切平面的法线向量, $\boldsymbol{k}=(0,0,1)$.

上述的面积计算公式, 计算的关键是建立曲面的方程, 然后带入计算公式. 下面给出简单的应用.

例 31 求球面 $x^2+y^2+z^2=a^2$ 含在柱面 $x^2+y^2=ax(a>0)$ 内部的面积 S.

解 由对称性, 只需计算其在第 I 卦限中的部分, 此时, 曲面 (图 7-30)

$$\Sigma:z=\sqrt{a^2-(x^2+y^2)},\quad (x,y)\in D,$$

其中 D: $x^2+y^2\leqslant ax,x\geqslant 0,y\geqslant 0$. 由于 $\frac{\partial z}{\partial x}=-\frac{x}{z},\frac{\partial z}{\partial y}=-\frac{y}{z}$, 故

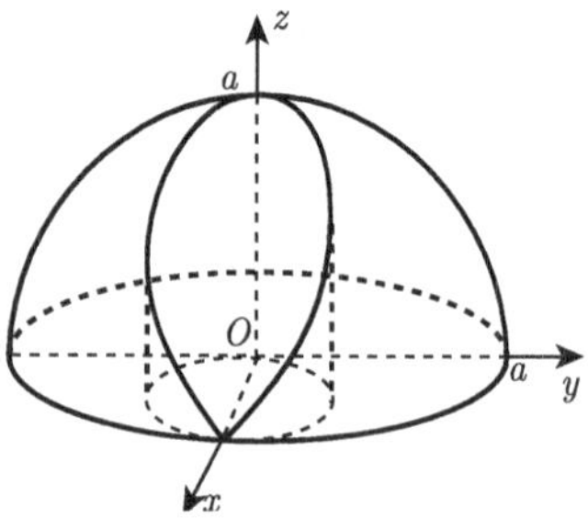

图 7-30

$$\begin{aligned}S_\Sigma&=4\iint_D\sqrt{1+z_x^2+z_y^2}\mathrm{d}x\mathrm{d}y\\&=4\iint_D\frac{a}{\sqrt{a^2-(x^2+y^2)}}\mathrm{d}x\mathrm{d}y\\&=4\int_0^{\frac{\pi}{2}}\mathrm{d}\theta\int_0^{a\cos\theta}\frac{a}{\sqrt{a^2-\rho^2}}\rho\mathrm{d}\rho=4a^2\left(\frac{\pi}{2}-1\right).\end{aligned}$$

例 32　计算下列曲面面积 $(a>0)$:

(1) 曲面 $z=axy(x>0,y>0)$ 包含在圆柱 $x^2+y^2=a^2$ 内的部分 Σ 的面积(图 7-31);

(2) 记锥面 $x^2+y^2=\dfrac{1}{3}z^2$ 与平面 $x+y+z=2a$ 的交线在 xOy 面上的投影曲线所围面积为 A. 求锥面 $x^2+y^2=\dfrac{1}{3}z^2$ 与平面 $x+y+z=2a$ 所围部分的表面 S(图 7-32).

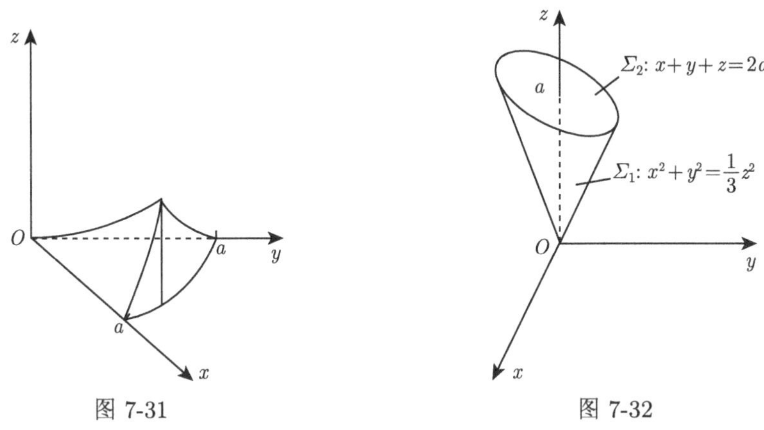

图 7-31　　　　图 7-32

解　(1) 由于曲面块 Σ 在 xOy 平面内的投影区域为

$$D_{xy}: x^2+y^2\leqslant a^2,\quad x\geqslant 0, y\geqslant 0,$$

由公式, 得

$$S=\iint\limits_{\Sigma}1\mathrm{d}S=\iint\limits_{D_{xy}}\sqrt{1+z_x^2+z_y^2}\mathrm{d}x\mathrm{d}y=\int_0^{\frac{\pi}{2}}\mathrm{d}\theta\int_0^a\sqrt{1+a^2\rho^2}\rho\mathrm{d}\rho$$

$$=\frac{\pi}{3a^2}[(1+a^4)^{\frac{3}{2}}-1].$$

(2) 所界的表面分为两部分: 落在锥面上的部分记为 Σ_1, 落在平面上的部分记为 Σ_2, 这两部分在 xOy 平面有共同的投影, 记为 D, 它是由交线 $l:\begin{cases}x^2+y^2=\dfrac{1}{3}z^2,\\ x+y+z=2a\end{cases}$ 的投影所围的区域, 即区域 D 由曲线 $x^2+y^2=\dfrac{1}{3}[2a-(x+y)]^2$ 所围. 对 Σ_1, 由其方程可以计算 $z_x=\dfrac{3x}{z}, z_y=\dfrac{3y}{z}$, 故 $\sqrt{1+z_x^2+z_y^2}=2$; 对 Σ_2 则 $z_x=z_y=-1$,

故 $\sqrt{1+z_x^2+z_y^2}=\sqrt{3}$, 由公式, 则

$$S=\iint\limits_{\Sigma_1} 1\mathrm{d}S+\iint\limits_{\Sigma_2} 1\mathrm{d}S=\iint\limits_{D}(2+\sqrt{3})\mathrm{d}x\mathrm{d}y=(2+\sqrt{3})A.$$

其中, A 为投影区域 D 的面积.

思考 投影区域的面积 A 如何求得?

提示 利用积分交换. 设 $u=x+y$, $v=x+y$, 将投影区域 D 转化为椭圆区域 $\dfrac{(u-4a)^2}{24a^2}+\dfrac{v^2}{8a^2}\leqslant 1$.

2. 第一类曲面积分的计算方法

1) 基于基本公式的简单题型的计算

利用曲面面积的计算公式, 很容易建立第一类曲面积分的计算公式, 公式推导的过程和方法类似于第一类曲线积分公式的推导.

定理 7-16 设 $f(x,y,z)$ 为定义在光滑曲面 $\Sigma: z=z(x,y)$, $(x,y)\in D$ 上的函数, 则

$$\iint\limits_{\Sigma} f(x,y,z)\mathrm{d}S=\iint\limits_{D_{xy}} f(x,y,z(x,y))\sqrt{1+z_x^2+z_y^2}\mathrm{d}x\mathrm{d}y.$$

证明 任意给定曲面 Σ 的一个分割 T: $\Sigma_1,\Sigma_2,\cdots,\Sigma_n$, 对应区域 D 的一个分割 $T': D_1,D_2,\cdots,D_n$, 对任意的中值点 $(\xi_i,\eta_i,\zeta_i)\in\Sigma_i$ 的选择, 则 $(\xi_i,\eta_i)\in D_i$ 且 $\zeta_i=z(\xi_i,\eta_i)$. 利用面积计算公式, 则曲面块 Σ_i 的面积为

$$\Delta S_{\Sigma_i}=\iint\limits_{D_i}\sqrt{1+z_x^2(x,y)+z_y^2(x,y)}\mathrm{d}x\mathrm{d}y,$$

利用中值定理, 则存在 $(\xi_i',\eta_i')\in D_i$, 使得

$$\Delta S_{\Sigma_i}=\sqrt{1+z_x^2(\xi_i',\eta_i')+z_y^2(\xi_i',\eta_i')}\Delta S_{D_i},$$

其中, ΔS_{Σ_i}, ΔS_{D_i} 分别表示曲面块 Σ_i, 平面块 D_i 的面积, 因此,

$$\begin{aligned}&\lim_{\lambda(T)\to 0}\sum_{i=1}^{n} f(\xi_i,\eta_i,\zeta_i)\Delta S_{\Sigma_i}\\ =&\lim_{\lambda(T')\to 0}\sum_{i=1}^{n} f(\xi_i,\eta_i,z(\xi_i,\eta_i))\sqrt{1+z_x^2(\xi_i',\eta_i')+z_y^2(\xi_i',\eta_i')}\Delta S_{D_i}\end{aligned}$$

$$= \iint_{D_{xy}} f(x,y,z(x,y))\sqrt{1+f_x^2+f_y^2}\mathrm{d}x\mathrm{d}y,$$

由定义, 则结论成立.

上述定理给出了第一类曲面积分计算的基本公式, 由此可知, 计算第一类曲面积分需要知道曲面方程和曲面的投影区域, 然后代入公式, 转化为二重积分计算, 因此, 也可以把这种方法抽象为定面代入法, 定面是指确定曲面, 包括曲面方程和对应的投影区域, 代入就是代入相应的基本计算公式.

例 33　计算 $I = \iint_{\Sigma} (x^2+y^2)\mathrm{d}S$, 其中 Σ 是抛物面 $z = 2 - \frac{1}{2}(x^2+y^2)$ 位于 xOy 平面上方的部分.

解　如图 7-33 所示, Σ 在 xOy 平面上的投影是 $D: x^2+y^2 \leqslant 4$, $\mathrm{d}s = \sqrt{1+z_x^2+z_y^2}\mathrm{d}x\mathrm{d}y = \sqrt{1+(-x)^2+(-y)^2}\mathrm{d}x\mathrm{d}y = \sqrt{1+(x^2+y^2)}\mathrm{d}x\mathrm{d}y$ 故

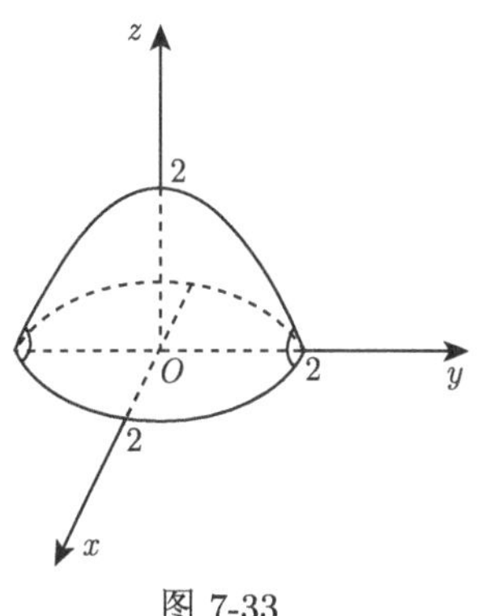

图 7-33

$$\begin{aligned} I &= \iint_D (x^2+y^2)\sqrt{1+(x^2+y^2)}\mathrm{d}x\mathrm{d}y \\ &= \int_0^{2\pi}\mathrm{d}\theta\int_0^2 \rho^2\sqrt{1+\rho^2}\rho\mathrm{d}\rho \\ &\xlongequal{t=\rho^2} \pi\int_0^4 t\sqrt{1+t}\mathrm{d}t \\ &= \pi\int_0^4 [(1+t)^{\frac{3}{2}} - (1+t)^{\frac{1}{2}}]\mathrm{d}t = \frac{4}{3}\pi\left(5\sqrt{5}-\frac{1}{5}\right). \end{aligned}$$

2) 基于特殊结构的第一类曲面积分的计算

下面利用题目的结构特点进行计算. 注意观察题目的结构特点, 根据特点设计特殊的计算方法.

例 34　给定第一类曲面积分: $I = \iint_{\Sigma} (x+y+z)\mathrm{d}s$, 其中 $\Sigma: x^2+y^2+z^2 = 1, z \geqslant 0$.

结构分析　积分结构由两部分组成：积分区域和被积函数, 因此, 必须从这两方面进行结构分析. 本题, 积分区域为积分曲面 Σ, 其结构特点为：Σ 关于坐标面 zOx 面和 yOz 面对称; 被积函数为线性结构, 分项讨论, 函数 x 的结构关于变量 x 是奇函数, 关于另外两个变量 y, z 为偶函数.

解 由于 x 为奇函数, 曲面 Σ 关于 yOz 坐标面对称, 则 $\iint\limits_{\Sigma} x\mathrm{d}s=0$. 事实上, 由于 Σ: $z=\sqrt{1-x^2-y^2}$, $(x,y)\in D=\{(x,y):x^2+y^2\leqslant 1\}$, 则

$$z_x=-\frac{x}{z},\quad z_y=-\frac{y}{z},$$

记 $D_1=\{(x,y)\in D:x\geqslant 0\}$, $D_2=\{(x,y)\in D:x\leqslant 0\}$, 则

$$\begin{aligned}\iint\limits_{\Sigma} x\mathrm{d}s&=\iint\limits_{D} x\sqrt{1+z_x^2+z_y^2}\mathrm{d}x\mathrm{d}y=\iint\limits_{D}\frac{x}{\sqrt{1-x^2-y^2}}\mathrm{d}x\mathrm{d}y\\&=\iint\limits_{D_1}\frac{x}{\sqrt{1-x^2-y^2}}\mathrm{d}x\mathrm{d}y+\iint\limits_{D_2}\frac{x}{\sqrt{1-x^2-y^2}}\mathrm{d}x\mathrm{d}y,\end{aligned}$$

由于

$$\iint\limits_{D_2}\frac{x}{\sqrt{1-x^2-y^2}}\mathrm{d}x\mathrm{d}y\xlongequal[y=y]{x=-x}\iint\limits_{D_1}\frac{-x}{\sqrt{1-x^2-y^2}}\mathrm{d}x\mathrm{d}y,$$

故 $\iint\limits_{\Sigma} x\mathrm{d}s=0$. 同样, $\iint\limits_{\Sigma} y\mathrm{d}s=0$. 因而,

$$\begin{aligned}I&=\iint\limits_{D} z\sqrt{1+z_x^2+z_y^2}\mathrm{d}x\mathrm{d}y=\iint\limits_{D}\sqrt{1-x^2-y^2}\frac{1}{\sqrt{1-x^2-y^2}}\mathrm{d}x\mathrm{d}y\\&=\iint\limits_{D}\mathrm{d}x\mathrm{d}y=\pi.\end{aligned}$$

抽象总结 解题过程中用到了区域对称性和函数的奇偶性在第一类曲面积分计算中的应用, 这个性质具有一般性, 请总结并给出相应的结论. 当然, 不必记忆这样的结论, 但是, 需要掌握具有对称性结构的题型的分割处理方法, 即按区域对称性, 对积分区域进行分割, 利用积分可加性, 利用变量代换, 转化为同一积分区域上的积分, 进行合并运算, 得到计算结果.

习 题 7-4

1. 计算下列曲线积分:

(1) $I=\int_l (x+2y)\mathrm{d}s$, 其中曲线 l: $y=1-|1-x|, 0\leqslant x\leqslant 2$;

(2) $I=\int_l x\mathrm{d}s$, 其中 l 为抛物线 l: $y=x^2$ 上从点 $(-1,1)$ 到点 $(1,1)$ 的一段;

(3) $I=\int_l (x+z^2)\mathrm{d}s$, 其中螺旋形 l：$x=\cos t, y=\sin t, z=t, 0\leqslant t\leqslant 2\pi$;

(4) $I=\int_l (x+yz+z^2)\mathrm{d}s$, 其中 l 为平面 $x+y+z=1$ 与平面 $x=y$ 的交线位于第 I 卦限中的部分.

2. 分析下列第一类曲线积分的结构, 给出结构特点并计算:

(1) $I=\int_l x\sqrt{x^2+y^2}\mathrm{d}s$, 其中 l 为抛物线 l：$x^2+y^2=-2y$;

(2) $I=\int_l x^2\mathrm{d}s$, 其中 l: $\begin{cases} x^2+y^2+z^2=a^2, \\ x+y+z=0; \end{cases}$

(3) $I=\int_l (x+y^2+z^2)\mathrm{d}s$, 其中 l：$\begin{cases} x^2+y^2+z^2=1, \\ x+y+z=0; \end{cases}$

(4) $I=\int_l (x+2y+3z)\mathrm{d}s$, 其中 l 为平面 $x+y+z=1$ 与三个坐标面的交线.

3. 有一段铁丝成半圆形 $y=\sqrt{a^2-x^2}$, 其上任一点处的线密度的大小等于该点的纵坐标, 求其质量.

4. 计算下列数量值函数的曲面积分：

(1) $I=\iint\limits_{\Sigma}(x^2+xy+z)\mathrm{d}S, \Sigma$ 为平面 $x+y+z=1$ 位于第 I 卦限中的部分;

(2) $I=\iint\limits_{\Sigma}(x^2+y^2)\mathrm{d}S$, Σ 为区域 $\sqrt{x^2+y^2}\leqslant z\leqslant 1$ 的界面;

(3) $I=\iint\limits_{\Sigma}(x^2+y^2)\mathrm{d}S$, Σ 为球面 $x^2+y^2+z^2=2z$ 夹在锥面 $x^2+y^2=z^2$ 内的部分.

5. 计算 $\oiint\limits_{\Sigma} xyz\mathrm{d}S$ 其中 Σ 是由平面 $x=0, y=0, z=0$ 及 $x+y+z=1$ 所围四面体的整个边界曲面.

6. 计算 $\iint\limits_{\Sigma}(x^2+y^2)\mathrm{d}S$, 其中 Σ 为锥面 $z^2=3(x^2+y^2)$ 被平面 $z=0$ 和 $z=3$ 所截得的部分.

7. 求半径为 a 的球的表面积.

8. 分析下列积分的结构特点并给出计算：

(1) $I=\iint\limits_{\Sigma}(x^2+2y^2+3z^2)\mathrm{d}S$, 其中 Σ 为球面 $x^2+y^2+z^2=R^2$;

(2) $I=\iint\limits_{\Sigma}(x+y+z)\mathrm{d}S$, 其中 $\Sigma: x^2+y^2+z^2=1, y\leqslant 0$.

7.5 数量值函数积分在几何、物理中的典型应用

有许多求总量的问题可以用定积分的元素法来处理. 这种元素法也可推广到重积分的应用中. 以二重积分为例, 如果所要计算的某个量 U 对于闭区域 D 具有可加性 (就是说, 当闭区域 D 分成许多小闭区域时, 所求量 U 相应地分成许多部分量, 且 U 等于部分量之和), 并且在闭区域 D 内任取一个直径很小的闭区域 $\mathrm{d}\sigma$ 时, 相应的部分量可近似地表示为 $f(x, y)\mathrm{d}\sigma$ 的形式, 其中 (x, y) 在 $\mathrm{d}\sigma$ 内, 则称 $f(x, y)\mathrm{d}\sigma$ 为所求量 U 的元素, 记为 $\mathrm{d}U$, 以它为被积表达式, 在闭区域 D 上积分:

$$U = \iint_D f(x, y)\mathrm{d}\sigma,$$

这就是所求量的积分表达式.

7.5.1 曲面的面积

设曲面 S 由方程 $z = f(x, y)$ 给出, D 为曲面 S 在 xOy 面上的投影区域, 函数 $f(x, y)$ 在 D 上具有连续偏导数 $f_x(x, y)$ 和 $f_y(x, y)$. 现求曲面的面积 A.

在区域 D 内任取一点 $P(x, y)$, 并在区域 D 内取一包含点 $P(x, y)$ 的小闭区域 $\mathrm{d}\sigma$, 其面积也记为 $\mathrm{d}\sigma$. 在曲面 S 上点 $M(x, y, f(x, y))$ 处做曲面 S 的切平面 π, 再做以小区域 $\mathrm{d}\sigma$ 的边界曲线为准线、母线平行于 z 轴的柱面. 将含于柱面内的小块切平面的面积作为含于柱面内的小块曲面面积的近似值, 记为 $\mathrm{d}A$. 又设切平面 π 的法向量与 z 轴所成的角为 γ , 由 7.4.2 节知,

$$\mathrm{d}A = \frac{\mathrm{d}\sigma}{\cos\gamma} = \sqrt{1 + f_x^2(x, y) + f_y^2(x, y)}\mathrm{d}\sigma,$$

这就是曲面 S 的面积元素.

于是曲面 S 的面积为

$$A = \iint_D \sqrt{1 + f_x^2(x, y) + f_y^2(x, y)}\mathrm{d}\sigma,$$

或 $A = \iint\limits_D \sqrt{1 + \left(\frac{\partial z}{\partial x}\right)^2 + \left(\frac{\partial z}{\partial y}\right)^2}\mathrm{d}x\mathrm{d}y.$

思考 若曲面方程为 $x = g(y, z)$ 或 $y = h(z, x)$, 曲面的面积如何求?

$$A = \iint_{D_{yz}} \sqrt{1 + \left(\frac{\partial x}{\partial y}\right)^2 + \left(\frac{\partial x}{\partial z}\right)^2}\mathrm{d}y\mathrm{d}z,$$

或

$$A=\iint\limits_{D_{zx}}\sqrt{1+\left(\frac{\partial y}{\partial z}\right)^2+\left(\frac{\partial y}{\partial x}\right)^2}\mathrm{d}z\mathrm{d}x,$$

其中 D_{yz} 是曲面在 yOz 面上的投影区域, D_{zx} 是曲面在 zOx 面上的投影区域.

例 35　求半径为 R 的球的表面积.

解　球面的面积 A 为上半球面面积的两倍.

上半球面的方程为 $z=\sqrt{R^2-x^2-y^2}$, 而

$$\frac{\partial z}{\partial x}=\frac{-x}{\sqrt{R^2-x^2-y^2}},\quad \frac{\partial z}{\partial y}=\frac{-y}{\sqrt{R^2-x^2-y^2}},$$

所以

$$\begin{aligned}A&=2\iint\limits_{D_{xy}}\sqrt{1+\left(\frac{\partial z}{\partial x}\right)^2+\left(\frac{\partial z}{\partial y}\right)^2}\mathrm{d}x\mathrm{d}y=2\iint\limits_{x^2+y^2\leqslant R^2}\frac{R}{\sqrt{R^2-x^2-y^2}}\mathrm{d}x\mathrm{d}y\\&=2R\int_0^{2\pi}\mathrm{d}\theta\int_0^R\frac{\rho\mathrm{d}\rho}{\sqrt{R^2-\rho^2}}=-4\pi R\sqrt{R^2-\rho^2}\Big|_0^R=4\pi R^2.\end{aligned}$$

例 36　设有一颗地球同步轨道通信卫星, 距地面的高度为 h=36000km, 运行的角速度与地球自转的角速度相同. 试计算该通信卫星的覆盖面积与地球表面积的比值 (地球半径 R 取 6400km).

解　取地心为坐标原点, 地心到通信卫星中心的连线为 z 轴, 建立坐标系如图 7-34 所示.

通信卫星覆盖的曲面 Σ 是上半球面被半顶角为 α 的圆锥面所截得的部分. Σ 的方程为

$$z=\sqrt{R^2-x^2-y^2},\quad x^2+y^2\leqslant R^2\sin^2\alpha.$$

于是通信卫星的覆盖面积为

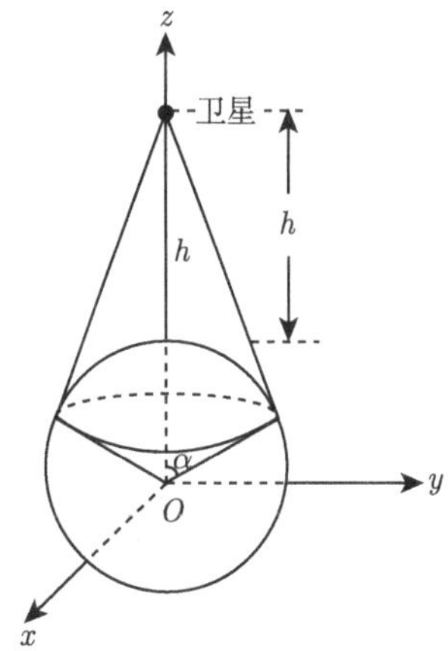

图 7-34

$$A=\iint\limits_{D_{xy}}\sqrt{1+\left(\frac{\partial z}{\partial x}\right)^2+\left(\frac{\partial z}{\partial y}\right)^2}\mathrm{d}x\mathrm{d}y=\iint\limits_{D_{xy}}\frac{R}{\sqrt{R^2-x^2-y^2}}\mathrm{d}x\mathrm{d}y.$$

其中 $D_{xy}=\{(x,y)|x^2+y^2\leqslant R^2\sin^2\alpha\}$ 是曲面 Σ 在 xOy 面上的投影区域.

利用极坐标, 得

$$A=\int_0^{2\pi}\mathrm{d}\theta\int_0^{R\sin\alpha}\frac{R}{\sqrt{R^2-\rho^2}}\rho\mathrm{d}\rho=2\pi R\int_0^{R\sin\alpha}\frac{\rho}{\sqrt{R^2-\rho^2}}\mathrm{d}\rho$$

$$= 2\pi R^2(1-\cos\alpha).$$

由于 $\cos\alpha = \dfrac{R}{R+h}$, 代入上式得 $A = 2\pi R^2\left(1-\dfrac{R}{R+h}\right) = 2\pi R^2 \dfrac{h}{R+h}$. 由此得这颗通信卫星的覆盖面积与地球表面积之比为

$$\frac{A}{4\pi R^2} = \frac{h}{2(R+h)} = \frac{36\cdot 10^6}{2(36+6.4)\cdot 10^6} \approx 42.5\%.$$

由以上结果可知, 卫星覆盖了全球三分之一以上的面积, 故使用三颗相隔 $\dfrac{2}{3}\pi$ 角度的通信卫星就可以覆盖几乎地球全部表面.

7.5.2 质心

设有一平面薄片, 占有 xOy 面上的闭区域 D, 在点 $P(x, y)$ 处的面密度为 $\rho(x, y)$, 假定 $\mu(x,y)$ 在 D 上连续. 现在要求该薄片的质心坐标.

在闭区域 D 上任取一点 $P(x,y)$ 及包含点 $P(x,y)$ 的一直径很小的闭区域 $\mathrm{d}\sigma$(其面积也记为 $\mathrm{d}\sigma$), 则平面薄片对 x 轴和对 y 轴的力矩 (仅考虑大小) 元素分别为

$$\mathrm{d}M_x = y\mu(x,y)\mathrm{d}\sigma, \quad \mathrm{d}M_y = x\mu(x,y)\mathrm{d}\sigma.$$

平面薄片对 x 轴和对 y 轴的力矩分别为

$$M_x = \iint\limits_D y\mu(x,y)\mathrm{d}\sigma, \quad M_y = \iint\limits_D x\mu(x,y)\mathrm{d}\sigma.$$

设平面薄片的质心坐标为 $(\bar{x},\bar{y})$, 平面薄片的质量为 M, 则有

$$\bar{x}\cdot M = M_y, \quad \bar{y}\cdot M = M_x.$$

于是, $\bar{x} = \dfrac{M_y}{M} = \dfrac{\iint\limits_D x\mu(x,y)\mathrm{d}\sigma}{\iint\limits_D \mu(x,y)\mathrm{d}\sigma}$, $\bar{y} = \dfrac{M_x}{M} = \dfrac{\iint\limits_D y\mu(x,y)\mathrm{d}\sigma}{\iint\limits_D \mu(x,y)\mathrm{d}\sigma}$.

思考 如果平面薄片是均匀的, 即面密度是常数, 平面薄片的质心 (称为形心) 如何求?

求平面图形的形心公式为

$$\bar{x}=\frac{\iint\limits_{D} x\mathrm{d}\sigma}{\iint\limits_{D} \mathrm{d}\sigma},\quad \bar{y}=\frac{\iint\limits_{D} y\mathrm{d}\sigma}{\iint\limits_{D} \mathrm{d}\sigma}.$$

例 37　求位于两圆 $\rho=2\sin\theta$ 和 $\rho=4\sin\theta$ 之间的均匀薄片的质心.

解　因为闭区域 D 对称于 y 轴, 所以质心 $C(\bar{x},\bar{y})$ 必位于 y 轴上, 于是 $\bar{x}=0$. 因为

$$\iint\limits_{D} y\mathrm{d}\sigma=\iint\limits_{D} \rho^2\sin\theta\mathrm{d}\rho\mathrm{d}\theta=\int_0^{\pi}\sin\theta\mathrm{d}\theta\int_{2\sin\theta}^{4\sin\theta}\rho^2\mathrm{d}\rho=7\pi,$$

$$\iint\limits_{D} \mathrm{d}\sigma=\pi\cdot 2^2-\pi\cdot 1^2=3\pi,$$

所以 $\bar{y}=\frac{\iint\limits_{D} y\mathrm{d}\sigma}{\iint\limits_{D} \mathrm{d}\sigma}=\frac{7\pi}{3\pi}=\frac{7}{3}$. 所求形心是 $C\left(0,\frac{7}{3}\right)$.

类似地, 占有空间闭区域 Ω, 在点 (x,y,z) 处的密度为 $\rho(x,y,z)$(假设 $\rho(x,y,z)$ 在 Ω 上连续) 的物体的质心坐标是

$$\bar{x}=\frac{1}{M}\iiint\limits_{\Omega} x\rho(x,y,z)\mathrm{d}v,\quad \bar{y}=\frac{1}{M}\iiint\limits_{\Omega} y\rho(x,y,z)\mathrm{d}v,$$

$$\bar{z}=\frac{1}{M}\iiint\limits_{\Omega} z\rho(x,y,z)\mathrm{d}v,$$

其中 $M=\iiint\limits_{\Omega} \rho(x,y,z)\mathrm{d}v$.

例 38　求均匀半球体的质心.

解　取半球体的对称轴为 z 轴, 原点取在球心上, 又设球半径为 a, 则半球体所占空间闭区可表示为

$$\Omega=\{(x,y,z)|x^2+y^2+z^2\leqslant a^2,z\geqslant 0\}.$$

显然, 质心在 z 轴上, 故 $\bar{x}=\bar{y}=0$.

$$\bar{z}=\frac{\iiint\limits_{\Omega} z\rho \mathrm{d}v}{\iiint\limits_{\Omega} \rho \mathrm{d}v}=\frac{\iiint\limits_{\Omega} z \mathrm{d}v}{\iiint\limits_{\Omega} \mathrm{d}v}=\frac{3a}{8}.$$

故质心为 $\left(0,0,\dfrac{3a}{8}\right)$.

提示 $\Omega: 0 \leqslant r \leqslant a, 0 \leqslant \varphi \leqslant \dfrac{\pi}{2}, 0 \leqslant \theta \leqslant 2\pi$.

$$\iiint\limits_{\Omega} \mathrm{d}v=\int_{0}^{\frac{\pi}{2}} \mathrm{d}\varphi \int_{0}^{2\pi} \mathrm{d}\theta \int_{0}^{a} r^{2} \sin \varphi \mathrm{d}r=\int_{0}^{\frac{\pi}{2}} \sin \varphi \mathrm{d}\varphi \int_{0}^{2\pi} \mathrm{d}\theta \int_{0}^{a} r^{2} \mathrm{d}r=\frac{2\pi a^{3}}{3},$$

$$\begin{aligned}\iiint\limits_{\Omega} z \mathrm{d}v&=\int_{0}^{\frac{\pi}{2}} \mathrm{d}\varphi \int_{0}^{2\pi} \mathrm{d}\theta \int_{0}^{a} r \cos \varphi \cdot r^{2} \sin \varphi \mathrm{d}r \\ &=\frac{1}{2} \int_{0}^{\frac{\pi}{2}} \sin 2\varphi \mathrm{d}\varphi \int_{0}^{2\pi} \mathrm{d}\theta \int_{0}^{a} r^{3} \mathrm{d}r=\frac{1}{2} \cdot 2\pi \cdot \frac{a^{4}}{4}.\end{aligned}$$

7.5.3 转动惯量

设有一平面薄片, 占有 xOy 面上的闭区域 D, 在点 $P(x,y)$ 处的面密度为 $\mu(x,y)$, 假定 $\rho(x,y)$ 在 D 上连续. 现在要求该薄片对于 x 轴的转动惯量和 y 轴的转动惯量.

在闭区域 D 上任取一点 $P(x,y)$, 及包含点 $P(x,y)$ 的一直径很小的闭区域 $\mathrm{d}\sigma$(其面积也记为 $\mathrm{d}\sigma$), 则平面薄片对于 x 轴的转动惯量和 y 轴的转动惯量的元素分别为

$$\mathrm{d}I_{x}=y^{2}\mu(x,y)\mathrm{d}\sigma, \quad \mathrm{d}I_{y}=x^{2}\mu(x,y)\mathrm{d}\sigma.$$

整片平面薄片对于 x 轴的转动惯量和 y 轴的转动惯量分别为

$$I_{x}=\iint\limits_{D} y^{2}\mu(x,y)\mathrm{d}\sigma, \quad I_{y}=\iint\limits_{D} x^{2}\mu(x,y)\mathrm{d}\sigma.$$

例 39 求半径为 a 的均匀半圆薄片 (面密度为常量 μ) 对于其直径边的转动惯量.

解 取坐标系如图 7-35 所示, 则薄片所占闭区域 D 可表示为

$$D=\{(x,y) | x^{2}+y^{2} \leqslant a^{2}, y \geqslant 0\},$$

而所求转动惯量即半圆薄片对于 x 轴的转动惯量 I_x,

$$
\begin{aligned}
I_x &= \iint\limits_D \mu y^2 \mathrm{d}\sigma = \mu \iint\limits_D \rho^2 \sin^2\theta \cdot \rho \mathrm{d}\rho \mathrm{d}\theta \\
&= \mu \int_0^{\pi} \sin^2\theta \mathrm{d}\theta \int_0^a \rho^3 \mathrm{d}\rho = \mu \cdot \frac{a^4}{4} \int_0^{\pi} \sin^2\theta \mathrm{d}\theta \\
&= \frac{1}{4}\mu a^4 \cdot \frac{\pi}{2} = \frac{1}{4} M a^2,
\end{aligned}
$$

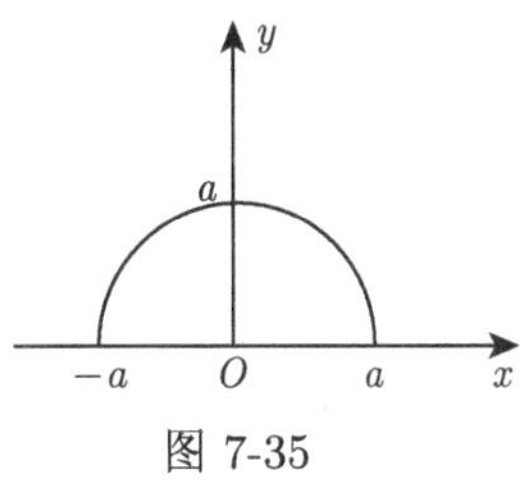

图 7-35

其中 $M = \dfrac{1}{2}\pi a^2 \mu$ 为半圆薄片的质量.

类似地, 占有空间有界闭区域 Ω, 在点 (x,y,z) 处的密度为 $\rho(x,y,z)$ 的物体对于 x,y,z 轴的转动惯量为

$$
I_x = \iiint\limits_\Omega (y^2+z^2)\rho(x,y,z)\mathrm{d}v, \quad I_y = \iiint\limits_\Omega (z^2+x^2)\rho(x,y,z)\mathrm{d}v,
$$

$$
I_z = \iiint\limits_\Omega (x^2+y^2)\rho(x,y,z)\mathrm{d}v.
$$

例 40 求密度为 ρ 的均匀球体对于过球心的一条轴 l 的转动惯量.

解 取球心为坐标原点, z 轴与轴 l 重合, 又设球的半径为 a, 则球体所占空间闭区域

$$
\Omega = \{(x,y,z) | x^2+y^2+z^2 \leqslant a^2\}.
$$

所求转动惯量, 即球体对于 z 轴的转动惯量 I_z.

$$
\begin{aligned}
I_z &= \iiint\limits_\Omega (x^2+y^2)\rho \mathrm{d}v = \rho \iiint\limits_\Omega (r^2\sin^2\varphi\cos^2\theta + r^2\sin^2\varphi\sin^2\theta) r^2 \sin\varphi \mathrm{d}r\mathrm{d}\varphi\mathrm{d}\theta \\
&= \rho \iiint\limits_\Omega r^4 \sin^3\varphi \mathrm{d}r\mathrm{d}\varphi\mathrm{d}\theta = \rho \int_0^{2\pi} \mathrm{d}\theta \int_0^{\pi} \sin^3\varphi \mathrm{d}\varphi \int_0^a r^4 \mathrm{d}r \\
&= \frac{8}{15}\pi a^5 \rho = \frac{2}{5} a^2 M,
\end{aligned}
$$

其中 $M = \dfrac{4}{3}\pi a^3 \rho$ 为球体的质量.

7.5.4 引力

我们讨论空间一物体对于物体外一点 $P_0(x_0,\ y_0,\ z_0)$ 处的单位质量的质点的引力问题.

设物体占有空间有界闭区域 Ω, 它在点 (x, y, z) 处的密度为 $\rho(x,y,z)$, 并假定 $\rho(x,y,z)$ 在 Ω 上连续.

在物体内任取一点 (x,y,z) 及包含该点的一直径很小的闭区域 $\mathrm{d}v$(其体积也记为 $\mathrm{d}v$). 把这一小块物体的质量 $\rho\mathrm{d}v$ 近似地看作集中在点 (x,y,z) 处. 这一小块物体对位于 $P_0(x_0, y_0, z_0)$ 处的单位质量的质点的引力近似地为

$$\begin{aligned}\mathrm{d}\boldsymbol{F} &= (\mathrm{d}F_x, \mathrm{d}F_y, \mathrm{d}F_z)\\ &= \left(G\frac{\rho(x,y,z)(x-x_0)}{r^3}\mathrm{d}v, G\frac{\rho(x,y,z)(y-y_0)}{r^3}\mathrm{d}v, G\frac{\rho(x,y,z)(z-z_0)}{r^3}\mathrm{d}v\right),\end{aligned}$$

其中 $\mathrm{d}F_x, \mathrm{d}F_y, \mathrm{d}F_z$ 为引力元素 $\mathrm{d}\boldsymbol{F}$ 在三个坐标轴上的分量,

$$r = \sqrt{(x-x_0)^2+(y-y_0)^2+(z-z_0)^2},$$

G 为引力常数. 将 $\mathrm{d}F_x, \mathrm{d}F_y, \mathrm{d}F_z$ 在 Ω 上分别积分, 即可得 F_x, F_y, F_z, 从而得 $\boldsymbol{F} = (F_x, F_y, F_z)$.

例 41 设半径为 R 的匀质球占有空间闭区域 $\Omega = \{(x,y,z)|x^2+y^2+z^2 \leqslant R^2\}$. 求它对于位于点 $M_0(0,0,a)(a>R)$ 处的单位质量的质点的引力.

解 设球的密度为 ρ_0, 由球体的对称性及质量分布的均匀性知 $F_x = F_y = 0$, 所求引力沿 z 轴的分量为

$$\begin{aligned}F_z &= \iiint\limits_{\Omega} G\rho_0\frac{z-a}{[x^2+y^2+(z-a)^2]^{3/2}}\mathrm{d}v\\ &= G\rho_0\int_{-R}^{R}(z-a)\mathrm{d}z\iint\limits_{x^2+y^2\leqslant R^2-z^2}\frac{\mathrm{d}x\mathrm{d}y}{[x^2+y^2+(z-a)^2]^{3/2}}\\ &= G\rho_0\int_{-R}^{R}(z-a)\mathrm{d}z\int_0^{2\pi}\mathrm{d}\theta\int_0^{\sqrt{R^2-z^2}}\frac{\rho\mathrm{d}\rho}{[\rho^2+(z-a)^2]^{3/2}}\\ &= 2\pi G\rho_0\int_{-R}^{R}(z-a)\left(\frac{1}{a-z}-\frac{1}{\sqrt{R^2-2az+a^2}}\right)\mathrm{d}z\\ &= 2\pi G\rho_0\left[-2R+\frac{1}{a}\int_{-R}^{R}(z-a)\mathrm{d}\sqrt{R^2-2az+a^2}\right]\\ &= 2G\pi\rho_0\left(-2R+2R-\frac{2R^3}{3a^2}\right)\\ &= -G\cdot\frac{4\pi R^3}{3}\rho_0\cdot\frac{1}{a^2} = -G\frac{M}{a^2},\end{aligned}$$

其中 $M=\dfrac{4\pi R^3}{3}\rho_0$ 为球的质量.

抽象总结　匀质球对球外一质点的引力如同球的质量集中于球心时两质点间的引力.

习　题　7-5

1. 求曲线 $xy=a^2, xy=2a^2, y=x, y=2x(x>0,y>0)$ 所围平面图形的面积.

2. 求球面 $x^2+y^2+z^2=a^2$ 含在圆柱体 $x^2+y^2=ax$ 内部的那部分面积.

3. 求半径为 r, 中心角为 2θ 的均匀圆弧 (线密度为 1) 的质心.

4. 设一均匀的直角三角形薄板 (面密度为常量 ρ), 两直角边长分别为 a,b, 求这三角形对其中任一直角边的转动惯量.

5. 已知均匀矩形板 (面密度为常数 ρ) 的长和宽分别为 b 和 h, 计算此矩形板对于通过其形心且分别与一边平行的两轴的转动惯量.

6. 设半径为 1 的半圆形薄片上各点处的面密度等于该点到圆心的距离, 求此半圆的重心坐标及关于 x 轴 (直径边) 的转动惯量.

7. 计算半径为 R, 中心角为 2α 的圆弧 L 对于它的对称轴的转动惯量 I (设线密度 $\rho=1$).

8. 求面密度为常量、半径为 R 的均匀圆形薄片：$x^2+y^2\leqslant R^2,\quad z=0$ 对位于 z 轴上的点 $M_0(0,0,a)$ 处的单位质点的引力 $(a>0)$.

第 8 章　向量值函数积分学

上一章讨论的多元数量值函数积分包括重积分、第一类曲线积分与曲面积分, 是定积分在不同几何形体上的直接推广. 它们在概念上没有本质的差别, 都是某种“数量乘积的和”的极限. 第一类 (对弧长的) 曲线积分和第一类 (对面积的) 曲面积分对曲线和曲面没有方向性的要求. 但是, 人类在研究变力沿曲线做功和流体流过曲面一侧的流量的问题时, 对曲线和曲面的方向有要求, 本章借助这两个问题, 引出与曲线的走向有关的第二类曲线积分和与曲面的侧向有关的第二类曲面积分, 这两种积分是某种“向量的数量积的和”的极限, 因此, 也称为向量值函数的曲线积分与曲面积分.

8.1　向量值函数的曲线积分——第二类曲线积分

8.1.1　变力沿曲线做功问题

8.1节课件

引例 1　设变力 $\boldsymbol{F}(x,y)=(P(x,y),Q(x,y))$ 作用在质点 M 上, 使质点沿平面曲线 l 从 A 点移至 B 点, 求 $\boldsymbol{F}(x,y)$ 对质点所做的功.

类比已知　常力 $\boldsymbol{F}$ 作用在质点上使质点沿直线从 A 点移动到 B 点, 则其所做的功为 $W=\boldsymbol{F}\cdot\overrightarrow{AB}$.

研究过程简析　为了利用常力做功的计算公式来计算变力做功, 仍采用积分思想在局部的微元上将变力做功近似为常力做功, 这就是变力做功的求解思想, 具体方法如下.

沿曲线 l 从 A 点至 B 点进行分割

$$T: A=A_0<A_1<\cdots<A_n=B,$$

这里, “$<$” 表示顺序. 分割 T 将曲线 AB 分成 n 个小弧段, 第 i 个小弧段 $\overset{\frown}{A_{i-1}A_i}$, 记 $A_{i-1}=(x_{i-1},y_{i-1})$, $A_i=(x_i,y_i)$, $\Delta x_i=x_i-x_{i-1}$, $\Delta y_i=y_i-y_{i-1}$, Δx_i, Δy_i 可正可负, 利用微元法, 在 $\overset{\frown}{A_{i-1}A_i}$ 上将其近似为常力做功, 利用极限实现近似到准确的过渡, 因此, 任取中值点 $(\xi_i,\eta_i)\in\overset{\frown}{A_{i-1}A_i}$, 在微元段 $\overset{\frown}{A_{i-1}A_i}$ 上将变力近似为常力 $\boldsymbol{F}(\xi_i,\eta_i)$, 将弧段 $\overset{\frown}{A_{i-1}A_i}$ 近似看作直线 $\overline{A_{i-1}A_i}$, 则常力 $\boldsymbol{F}(\xi_i,\eta_i)$ 沿直线 $\overline{A_{i-1}A_i}$ 所做的功为

$$W_i \approx \boldsymbol{F}(\xi_i, \eta_i) \cdot \overrightarrow{A_{i-1}A_i} = P(\xi_i, \eta_i)\Delta x_i + Q(\xi_i, \eta_i)\Delta y_i,$$

故, 整个过程所做的功可以近似求解为

$$W \approx \sum_{i=1}^{n} [P(\xi_i, \eta_i)\Delta x_i + Q(\xi_i, \eta_i)\Delta y_i],$$

这样, 从近似角度, 变力做功问题得到解决.

同样, 为得到准确解, 必须借助极限工具来完成, 因此, 有了极限理论后, 变力做功可以表示为

$$W = \lim_{\lambda(T)\to 0} \sum_{i=1}^{n} [P(\xi_i, \eta_i)\Delta x_i + Q(\xi_i, \eta_i)\Delta y_i],$$

其中, $\lambda(T)$ 仍为分割细度. 至此, 变力做功问题得到解决.

抽象总结　从最后的结论看, 这又是一种特殊和的极限, 实践表明, 工程技术领域中有大量的实际问题都可以表示为这类特殊和的极限, 在数学上, 对这类有限和的极限进行高度抽象, 就形成第二类曲线积分的定义.

8.1.2　向量值函数曲线积分的定义

给定光滑有向曲线段 $\boldsymbol{l}: \overset{\frown}{AB}$(我们用这个符号强调了弧段的方向性, 即以始点为 A, 终点为 B 的有向弧段), $P(x, y)$ 为定义在 $\boldsymbol{l}$ 上的有界函数, 沿有向曲线 $\boldsymbol{l}$ 的方向对其进行分割, 即将 $\boldsymbol{l}$ 从始点 A 至终点 B 的方向分割:

$$T: A = A_0 < A_1 < \cdots < A_n = B,$$

记 $A_i(x_i, y_i), \Delta x_i = x_i - x_{i-1},\ i = 1, 2, \cdots, n$, 这里 Δx_i 为向量 $\overrightarrow{A_{i-1}A_i}$ 在 x 轴上的投影. 曲线上从点 A_{i-1} 到点 A_i 的有向弧段记为 $\overset{\frown}{A_{i-1}A_i}$, 弧段的长度为 $|\overset{\frown}{A_{i-1}A_i}|$, 分割细度记为 $\lambda(T) = \max\limits_i \left\{\left|\overset{\frown}{A_{i-1}A_i}\right|\right\}$.

定义 8-1　若存在实数 I, 使对任意分割 T 及任意中值点的选择 $M_i(\xi_i, \eta_i) \in \overset{\frown}{A_{i-1}A_i}$, 都成立

$$\lim_{\lambda(T)\to 0} \sum_{i=1}^{n} P(\xi_i, \eta_i)\Delta x_i = I,$$

称 I 为 $P(x, y)$ 沿有向曲线 $\boldsymbol{l}$ 从 A 点至 B 点的**对坐标变量 x 的曲线积分**, 也称**第二类曲线积分**, 记为

$$\int_{\boldsymbol{l}} P(x, y)\mathrm{d}x \text{或者} \int_{\overset{\frown}{AB}} P(x, y)\mathrm{d}x.$$

类似可定义 $Q(x,y)$ 沿有向曲线 l 从 A 点到 B 点的坐标变量 y 的第二类曲线积分:$\int_l Q(x,y)\mathrm{d}y$.

上述两个第二类曲线积分通常同时出现, 通常合写为 $\int_l P(x,y)\mathrm{d}x+Q(x,y)\mathrm{d}y$.

结合物理背景问题给出第二类曲线积分的向量形式的定义: 给定向量值函数

$$\boldsymbol{F}(x,y)=(P(x,y),Q(x,y)),$$

对上述分割和分点 $M_i(\xi_i,\eta_i)\in\widehat{A_{i-1}A_i}$ 的选择, 若极限

$$\lim_{\lambda(T)\to 0}\sum_{i=1}^{n}\boldsymbol{F}(M_i)\cdot\overrightarrow{A_{i-1}A_i}$$

存在且与分割和中值点的选择无关, 则称此极限值为向量值函数 $\boldsymbol{F}(x,y)$ 沿有向曲线段 $\boldsymbol{l}$: 从 A 点到 B 点的曲线积分, 记为 $\int_l \boldsymbol{F}(x,y)\cdot\mathrm{d}\boldsymbol{l}$, 其中 $\mathrm{d}\boldsymbol{l}=(\mathrm{d}x,\mathrm{d}y)$, 因而,

$$\int_l \boldsymbol{F}(x,y)\cdot\mathrm{d}\boldsymbol{l}=\int_l P\mathrm{d}x+Q\mathrm{d}y.$$

特别注意, 在涉及第二类曲线积分时, 一定要指明曲线的方向.

信息挖掘 (1) 从定义可知: 第二类曲线积分与 $\boldsymbol{l}$ 的方向有关. 事实上, 利用定义, 易得

$$\int_{\overset{\frown}{AB}} f(x,y)\mathrm{d}x=-\int_{\overset{\frown}{BA}} f(x,y)\mathrm{d}x.$$

(2) 若 $\boldsymbol{l}$ 为落在 x 轴上的区间 $[a,b]$ 上的一段, 始点 $A(a,0)$, 终点 $B(b,0)$, 则

$$\int_{\overset{\frown}{AB}} f(x,y)\mathrm{d}x=\int_a^b f(x,0)\mathrm{d}x,$$

这个性质为我们研究第二类曲线积分的计算提供了思路, 即化第二类曲线积分为定积分进行计算.

(3) 当 $\boldsymbol{l}=\overset{\frown}{AB}$ 为空间曲线时, 向量值函数在有向曲线上的积分 (第二类曲线积分) 为

$$\int_{\overset{\frown}{AB}} P(x,y,z)\mathrm{d}x+Q(x,y,z)\mathrm{d}y+R(x,y,z)\mathrm{d}z.$$

(4) 当 $\boldsymbol{l}$ 是平面上的封闭曲线时, $\boldsymbol{l}$ 上的任一点可视为始点, 同时也是终点, 规定 $\boldsymbol{l}$ 的正方向为: 沿 $\boldsymbol{l}$ 行走时, $\boldsymbol{l}$ 所围的区域总在左侧, 即常说的逆时针方向.

(5) 变力所做的功正是对应的第二类曲线积分, 因此, 有了第二类曲线积分理论, 变力做功及其相应的实际问题就可以得以解决.

第二类曲线积分具有与定积分相似的大部分性质, 但是, 由于第二类曲线积分具有方向性, 因此, 有序性不成立, 由此带来的中值定理也不成立.

8.1.3　向量值函数曲线积分的计算

1. 基于基本公式的简单计算

思路的确立　从前述信息中可知, 应化第二类曲线积分为定积分计算. 进一步分析, 由于曲线的参数方程更直接地表示出各变元与参数的关系, 曲线的参数方程形式在应用时更方便, 由于曲线的参数方程是单参量的, 因而可以猜想, 第二类曲线积分应该转化为对参量的定积分来计算, 和前面几类积分类似, 计算公式导出的关键仍是从定义的和式中分离参量的微元, 转化为对参量的定积分. 利用这种处理思想, 我们导出第二类曲线积分的计算公式.

给定有向平面曲线 $\boldsymbol{l}=\overset{\frown}{AB}$: $\begin{cases} x=x(t), \\ y=y(t), \end{cases}$ $\alpha\leqslant t\leqslant\beta$, 设

(1) $\boldsymbol{l}$ 是光滑的: $x(t)$, $y(t)$ 在 $[\alpha,\beta]$ 上连续;

(2) $\boldsymbol{l}$ 不自交: t 和曲线上的点一一对应;

(3) $A(x(\alpha),y(\alpha)),B(x(\beta),y(\beta))$, 且当 t 由 α 单调递增到 β 时, 对应点沿 $\boldsymbol{l}$ 给定的方向从 A 移至 B;

(4) $P(x,y),Q(x,y)$ 为定义在曲线 l 上的连续函数.

定理 8-1　在条件 (1)~(4) 下成立

$$\int_{\boldsymbol{l}}P(x,y)\mathrm{d}x=\int_{\alpha}^{\beta}P(x(t),y(t))x'(t)\mathrm{d}t,$$

$$\int_{\boldsymbol{l}}Q(x,y)\mathrm{d}y=\int_{\alpha}^{\beta}Q(x(t),y(t))y'(t)\mathrm{d}t.$$

证明　对任意的沿 $\boldsymbol{l}$ 给定的方向从点 A 到点 B 方向的分割

$$T:A=A_0<A_1<\cdots<A_n=B,$$

其中, “ $<$” 表示顺序.

仍记 $A_i(x_i,y_i)$, $\Delta x_i=x_i-x_{i-1}$, 则由点与参数的对应关系: 对任意的 A_i, 存在 $t_i\in[\alpha,\beta]$, 使 $x_i=x(t_i)$, $y_i=y(t_i)$, 因而得分割

$$T':\alpha=t_0<t_1<\cdots<t_n=\beta,$$

由条件 (3), 此处 “$<$” 表示大小.

对任意选择的中值点 $(\xi_i,\eta_i)\in\widehat{A_{i-1}A_i}$, 存在 $\tau_i\in[t_{i-1},t_i]$, 使

$$\xi_i=x(\tau_i),\quad \eta_i=y(\tau_i).$$

利用微分中值定理, 存在 $\tau_i'\in[t_{i-1},t_i]$ 使得 $x(t_i)-x(t_{i-1})=x(\tau_i')\Delta t_i$, 其中 $\Delta t_i=t_i-t_{i-1}$, 故

$$\begin{aligned}\sum_{i=1}^{n}P(\xi_i,\eta_i)\Delta x_i&=\sum_{i=1}^{n}P(x(\tau_i),y(\tau_i))(x(t_i)-x(t_{i-1}))\\&=\sum_{i=1}^{n}P(x(\tau_i),y(\tau_i))x'(\tau_i')\Delta t_i,\end{aligned}$$

类似前面几节的处理方法, 则

$$\begin{aligned}\lim_{\lambda(T)\to0}\sum_{i=1}^{n}P(\xi_i,\eta_i)\Delta x_i&=\lim_{\lambda(T')\to0}\sum_{i=1}^{n}P(x(\tau_i),y(\tau_i))x'(\tau_i')\Delta t_i\\&=\int_{\alpha}^{\beta}P(x(t),y(t))x'(t)\mathrm{d}t.\end{aligned}$$

同理可证 $\int_{l}Q(x,y)\mathrm{d}y=\int_{\beta}^{\alpha}Q(x(t),y(t))y'(t)\mathrm{d}t.$

把上面两式相加, 得

$$\int_{l}P(x,y)\mathrm{d}x+Q(x,y)\mathrm{d}y=\int_{\beta}^{\alpha}[P(x(t),y(t))x'(t)+Q(x(t),y(t))y'(t)]\mathrm{d}t.$$

抽象总结 上述结论将第二类曲线积分转化为定积分计算, 定积分的结构由被积函数和积分限组成, 分析上述定理中的定积分的结构, 被积函数相当于将曲线的参数方程代入第二类曲线积分中的被积函数和积分变元. 积分下限为曲线始点对应的参数, 上限为曲线终点对应的参数, 因此, 可以把这种基本的计算方法抽象总结为 **“定线定向代入法”** 或 **“三定一代法”**. 三定指的是确定曲线的参数方程, 确定曲线的方向, 确定参数与始点、终点的对应关系. 然后将对应的参数方程和积分限代入对应的定积分即可, 特别注意:

$$\begin{aligned}&\boldsymbol{l}\text{ 的始点 }A\leftrightarrow\text{对应参数}\leftrightarrow\text{定积分下限};\\&\boldsymbol{l}\text{ 的终点 }B\leftrightarrow\text{对应参数}\leftrightarrow\text{定积分上限}.\end{aligned}$$

因此, 第二类线积分的计算关键在于确定曲线 $\boldsymbol{l}$ 的方向、参数方程, 并注意对应关系 (包含曲线上点与参数的一一对应关系, 参数与积分限的对应关系).

对其他形式的第二类曲线积分成立相应的计算公式.

例 1 计算 $I=\int_{l}(x^2+y^2)\mathrm{d}x+(x^2-y^2)\mathrm{d}y$, 其中

(1) $\boldsymbol{l}$ 为折线 $y=1-|1-x|$, 方向由 $O(0,\ 0)$ 到 $P(1,\ 1)$, 再由 $P(1,\ 1)$ 到 $B(2,\ 0)$;

(2) $\boldsymbol{l}$ 沿 x 轴由 O 到 B: $\boldsymbol{l}=\overrightarrow{OB}$.

解 (1) 将 $\boldsymbol{l}$ 分段, 记 $\boldsymbol{l}_1=\overrightarrow{OP}: y=x$, x 从 0 单调递增到 1, 对应的点由 O 点沿直线到 P 点; $\boldsymbol{l}_2=\overrightarrow{PB}: y=2-x, x$ 从 1 单调递增到 2, 对应的点由 P 点沿直线到 B 点. 如图 8-1.

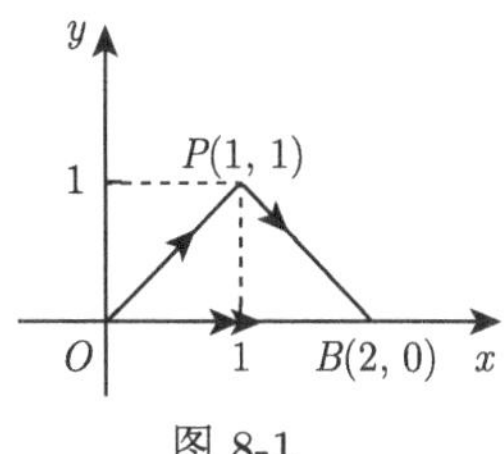

图 8-1

由公式, 则

$$
\begin{aligned}
I&=\int_{l_1}(x^2+y^2)\mathrm{d}x+(x^2-y^2)\mathrm{d}y+\int_{l_2}(x^2+y^2)\mathrm{d}x+(x^2-y^2)\mathrm{d}y\\
&=\int_0^1(x^2+x^2)\mathrm{d}x+\int_0^1(x^2-x^2)\mathrm{d}x+\int_1^2(x^2+(2-x)^2)\mathrm{d}x\\
&\quad+\int_1^2(x^2-(2-x)^2)(-1)\mathrm{d}x\\
&=2\int_0^1x^2\mathrm{d}x+\int_1^2(2-x)^2\mathrm{d}x=\frac{4}{3}.
\end{aligned}
$$

(2) 由于 $\boldsymbol{l}=\overrightarrow{OB}$: $y=0, x$ 从 0 单调递增到 2, 故 $I=\int_0^2(x^2+0)\mathrm{d}x+0=\frac{8}{3}$.

总结 例 1 表明: 在具有相同的始点和终点的不同路径上的第二类曲线积分可能具有不同的值, 即第二类曲线积分一般与曲线的始点和终点及路径有关.

注意解题过程中有向曲线参数方程的表达方式, 我们没有简单地用参数区间来表示, 而是用单调性表明曲线的方向和对应的参数关系, 当然, 在具有唯一确定的单调性时, 也可以简单表示:“x 从 0 单调递增到 1” 简单表示为 “$x:0\to1$”; “x 从 1 单调递减到 -1” 简单表示为 “$x:1\to-1$”.

例 2 计算 $I=\int_{l}(x^2-2xy)\mathrm{d}x+(y^2-2xy)\mathrm{d}y$, 其中 $\boldsymbol{l}$ 为沿直线从 $A(1,-1)$ 到 $B(1,1)$, 再到 $C(-1,1)$, 再到 $D(-1,-1)$, 再到 A 的闭路.

解 如图 8-2, 分段处理, 记

$$\boldsymbol{l}_1=\overrightarrow{AB}: x=1, y: -1\to1;$$

$$\boldsymbol{l}_2=\overrightarrow{BC}: y=1, x: 1\to-1;$$

$$\boldsymbol{l}_3=\overrightarrow{CD}: x=-1, y: 1 \to -1;$$

$$\boldsymbol{l}_4=\overrightarrow{DA}: y=-1, x: -1 \to 1,$$

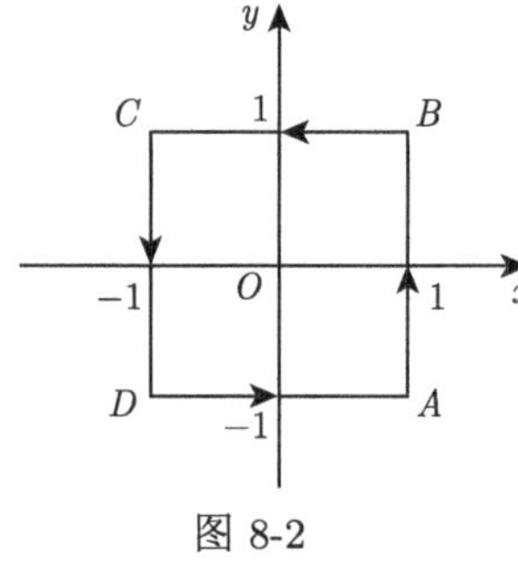

图 8-2

故

$$I_1=\int_{\boldsymbol{l}_1}(x^2-2xy)\mathrm{d}x+(y^2-2xy)\mathrm{d}y$$

$$=\int_{-1}^{1}(y^2-2y)\mathrm{d}y=\frac{2}{3};$$

$$I_2=\int_{1}^{-1}(x^2-2x)\mathrm{d}x=-\frac{2}{3};$$

$$I_3=\int_{1}^{-1}(y^2+2y)\mathrm{d}y=-\frac{2}{3};$$

$$I_4=\int_{-1}^{1}(x^2+2x)\mathrm{d}x=\frac{2}{3};$$

因此, $I=I_1+I_2+I_3+I_4=0$.

例 3 计算 $I=\oint_{\boldsymbol{l}}\frac{(x+y)\mathrm{d}x-(x-y)\mathrm{d}y}{x^2+y^2}$, $\boldsymbol{l}$ 为正向圆周曲线 $x^2+y^2=a^2$.

解 法一 取 $A(a,0)$ 为始点, 则 A 同时也为终点, 方向为逆时针方向, 与此对应, 有向曲线的参数方程为

$$\boldsymbol{l}:\begin{cases} x=a\cos\theta, \\ y=a\sin\theta, \end{cases} \quad 0\leqslant\theta\leqslant 2\pi,$$

故

$$I=\int_0^{2\pi}\frac{1}{a^2}[-a(\cos\theta+\sin\theta)a\sin\theta-a(\cos\theta-\sin\theta)a\cos\theta]\mathrm{d}\theta$$

$$=\int_0^{2\pi}[-\cos\theta\sin\theta-\sin^2\theta-\cos^2\theta+\sin\theta\cos\theta]\mathrm{d}\theta=-2\pi.$$

注 例 3 中, 在积分路径上成立 $x^2+y^2=a^2$, 因而, 积分可以直接简化为

$$I=\frac{1}{a^2}\oint_{\boldsymbol{l}}(x+y)\mathrm{d}x-(x-y)\mathrm{d}y.$$

*2. 基于结构特征的计算方法

考虑问题: 能用轮换对称性简化例 3 的计算吗? 若能, 如何正确使用轮换对称性? 利用轮换对称性后的结果是什么? 如下的轮换对称性的应用是否正确? 显然,

曲线 $\boldsymbol{l}$: $x^2+y^2=a^2$ 具有轮换对称性, 即将 x 轮换为 y, y 轮换为 x, 曲线方程不变, 因此, 利用轮换对称性, 则 $\oint_{l}(x+y)\mathrm{d}x=\oint_{l}(y+x)\mathrm{d}y$, 因而,

$$I=\frac{1}{a^2}\oint_{l}(x+y)\mathrm{d}x-(x-y)\mathrm{d}y=\frac{1}{a^2}\oint_{l}(y+x)\mathrm{d}y-(x-y)\mathrm{d}y=\frac{2}{a^2}\oint_{l}y\mathrm{d}y=0,$$

显然, 这个结果是错误的. 那么, 问题出在什么地方? 画出坐标系图, 从图上能直接看出问题所在: 即进行上述轮换之后, 虽然曲线方程不变, 但是, (x, y) 不再是右手系, 因此, 在轮换之后的坐标系中, 曲线的参数方程会发生形式上的变化. 事实上, 轮换之前的原坐标系下, 曲线的参数方程为

$$\boldsymbol{l}:\begin{cases}x=a\cos\theta,\\ y=a\sin\theta,\end{cases}\quad 0\leqslant\theta\leqslant 2\pi;$$

轮换之后的坐标系下, 曲线的参数方程为

$$\boldsymbol{l}:\begin{cases}y=a\cos\theta,\\ x=a\sin\theta,\end{cases}\quad 0\leqslant\theta\leqslant 2\pi,$$

这是发生问题的根本原因. 当然, 如果改变轮换形式, 将 x 轮换为 y, y 轮换为 $-x$, 则此时 (x, y) 仍是右手系, 在此坐标系下, 曲线参数方程形式不变, 因此, 在此轮换下, 有

$$\oint_{l}(x+y)\mathrm{d}x=\oint_{l}(y-x)\mathrm{d}y,$$

故, 例 3 有另一种解法.

法二　$$I=\frac{1}{a^2}\oint_{l}(x+y)\mathrm{d}x-(x-y)\mathrm{d}y=\frac{1}{a^2}\oint_{l}(y-x)\mathrm{d}y-(x-y)\mathrm{d}y$$
$$=\frac{2}{a^2}\oint_{l}(y-x)\mathrm{d}y=-2\pi.$$

抽象总结　与数量值函数积分的轮换对称性不同. 第二类曲线积分由于积分与方向有关, 故要谨慎使用.

例 4　计算 $I=\int_{l}(y^2-z^2)\mathrm{d}x+(z^2-x^2)\mathrm{d}y+(x^2-y^2)\mathrm{d}z$, 其中有向曲线 $\boldsymbol{l}$ 为单位球面 $x^2+y^2+z^2=1$ 在第 I 卦限中的闭路边界, 其方向为顺时针方向, 即从 $A(0, 0, 1)$ 到 $B(0, 1, 0)$, 再到 $C(1, 0, 0)$, 再到 A.

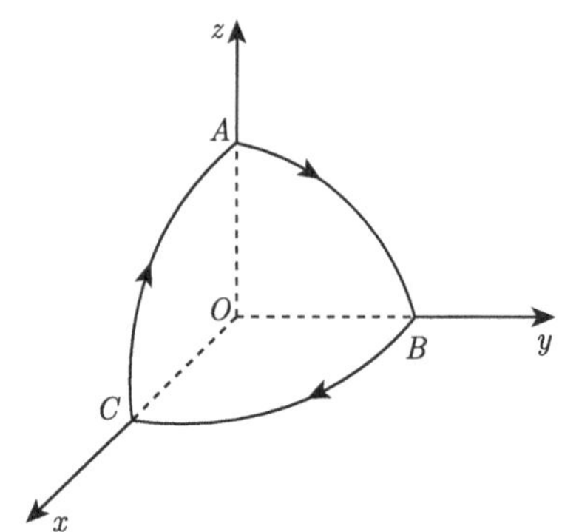

图 8-3

解 如图 8-3, 记 $\boldsymbol{l}_1=\overset{\frown}{AB}$ 为曲线上从 A 到 B 的这一段, 按给定的方向和始点和终点的位置, 参数方程为

$$\boldsymbol{l}_1=\overset{\frown}{AB}:\begin{cases} y=\cos\theta, \\ z=\sin\theta, \quad \theta:\dfrac{\pi}{2}\to 0, \\ x=0, \end{cases}$$

故

$$\begin{aligned} I_1&=\int_{\boldsymbol{l}_1}(y^2-z^2)\mathrm{d}x+(z^2-x^2)\mathrm{d}y+(x^2-y^2)\mathrm{d}z \\ &=0+\int_{\frac{\pi}{2}}^{0}\sin^2\theta(-\sin\theta)\mathrm{d}\theta+\int_{\frac{\pi}{2}}^{0}(0-\cos^2\theta)\cos\theta\mathrm{d}\theta \\ &=\int_0^{\frac{\pi}{2}}(\sin^3\theta+\cos^3\theta)\mathrm{d}\theta=\frac{4}{3}, \end{aligned}$$

利用轮换对称性 $I=3I_1=4$.

试分析为何此例可以利用轮换对称性.

例 5 计算下列第二类曲线积分:

(1) $I_1=\int_{\boldsymbol{l}}x\mathrm{d}x$; (2) $I_2=\int_{\boldsymbol{l}}x^2\mathrm{d}x$; (3) $I_3=\int_{\boldsymbol{l}}x\mathrm{d}y$; (4) $I_1=\int_{\boldsymbol{l}}x^2\mathrm{d}y$,

其中有向曲线 $\boldsymbol{l}$ 为沿抛物线 $y=x^2$ 从点 $B(1,1)$ 到点 $A(-1,1)$.

结构分析 从结构看, 被积函数具有奇、偶函数特征, 积分路径具有对称性, 可以考虑利用这两个特性处理.

解 将有向曲线分为左右对称的两段, 记有向曲线 $\boldsymbol{l}_1$: $y=x^2$, $x:1\to 0$, 有向曲线 $\boldsymbol{l}_2$: $y=x^2$, $x:0\to -1$, 代入公式, 则

$$(1)\ I_1=\int_{\boldsymbol{l}_1}x\mathrm{d}x+\int_{\boldsymbol{l}_2}x\mathrm{d}x=\int_1^0 x\mathrm{d}x+\int_0^{-1}x\mathrm{d}x=-\frac{1}{2}+\frac{1}{2}=0;$$

$$(2) I_2=\int_{\boldsymbol{l}_1}x^2\mathrm{d}x+\int_{\boldsymbol{l}_2}x^2\mathrm{d}x=\int_1^0 x^2\mathrm{d}x+\int_0^{-1}x^2\mathrm{d}x=-\frac{1}{3}-\frac{1}{3}=-\frac{2}{3};$$

$$(3) I_3=\int_{\boldsymbol{l}_1}x\mathrm{d}y+\int_{\boldsymbol{l}_2}x\mathrm{d}y=\int_1^0 2x^2\mathrm{d}x+\int_0^{-1}2x^2\mathrm{d}x=-\frac{2}{3}-\frac{2}{3}=-\frac{4}{3};$$

$$(4) I_4=\int_{\boldsymbol{l}_1}x^2\mathrm{d}y+\int_{\boldsymbol{l}_2}x^2\mathrm{d}y=\int_1^0 2x^3\mathrm{d}x+\int_0^{-1}2x^3\mathrm{d}x=-\frac{1}{2}+\frac{1}{2}=0.$$

抽象总结 被积函数的奇偶性和积分路径的对称性在第二类曲线积分计算中

的应用, 由于涉及有方向性的积分的计算比较复杂, 一般和被积函数、积分变量、不同的对称性 (不同的对称轴) 都有关系, 因此, 要谨慎使用.

8.1.4　两类曲线积分间的联系

给定有向曲线段 $\boldsymbol{l}=\overset{\frown}{AB}$ 和定义在曲线段上的函数 $P(x,y)$, 则可以定义如下两类曲线积分:

第一类曲线积分 $\int_{\boldsymbol{l}}P(x,y)\mathrm{d}s$; 第二类曲线积分, 如 $\int_{\boldsymbol{l}}P(x,y)\mathrm{d}x$.

首先指出的是: 两类曲线积分是在 $\boldsymbol{l}$ 上定义的两类不同的积分, 二者有明显的区别, 这些区别从定义和计算公式中都可以反映出来. 但如上所示的两类曲线积分又是同一函数在同一曲线上的积分, 应该有联系. 下面, 我们来寻找二者的联系.

从计算公式可知, 二者都可以转化为对参数的定积分来计算, 由此, 确定解决问题的一个思路是: 将二者转化为对同一个参数的定积分, 由此建立二者的联系.

设曲线为

$$\boldsymbol{l}:\begin{cases}x=x(t),\\ y=y(t),\end{cases}\quad \alpha\leqslant t\leqslant\beta,$$

且设 $A(x(\alpha),y(\alpha))$, $B(x(\beta),y(\beta))$, 当 t 从 α 递增到 β 时, 动点 $M(x(t),y(t))$ 从 A 点沿曲线 $\boldsymbol{l}$ 移动到 B 点, 由计算公式, 则

$$\int_{\boldsymbol{l}}P(x,y)\mathrm{d}s=\int_{\alpha}^{\beta}P(x(t),y(t))\sqrt{x'^2(t)+y'^2(t)}\mathrm{d}t,$$

$$\int_{\boldsymbol{l}}P(x,y)\mathrm{d}x=\int_{\alpha}^{\beta}P(x(t),y(t))x'(t)\mathrm{d}t,$$

其中, 第二类曲线积分的曲线方向取为从 A 到 B 方向. 分析上述公式可知, 要建立二者的联系, 必须建立 $x'(t)$ 与 $\sqrt{x'^2(t)+y'^2(t)}$ 的联系. 至此, 问题转化为: 这两个因子间有何联系？或者, 是否有一个量能将二者联系在一起？这个量是什么？换一个角度, 对给定的空间曲线, 已知的量中哪个量与 $(x'(t),y'(t))$ 有关？显然, 这个量就是曲线的切向量. 下面, 利用曲线的切向量建立联系.

由空间解析几何理论可知, 曲线上任意一点 $M_0(x(t_0),y(t_0))$ 的单位切向量为

$$\boldsymbol{\tau}_{M_0}^0=\pm\frac{1}{\sqrt{x'^2(t_0)+y'^2(t_0)}}(x'(t_0),y'(t_0)),$$

由此, 形式 $x'(t)$ 与 $\sqrt{x'^2(t)+y'^2(t)}$ 的量都统一到上述单位切向量中, 切向量中的 “±” 表示两个相反的切线方向.

由于第二类曲线积分与曲线的方向有关, 因此, 必须确定与曲线方向对应的切线方向.

假设曲线方向为参量 t 增加时的曲线方向, 下面, 我们计算在点 $M_0(x(t_0), y(t_0))$ 处与曲线方向对应的切线方向.

根据切线的定义, 取点 $M(x(t),y(t))(t>t_0)$, 与曲线方向一致的割线方向为

$$\overrightarrow{M_0M}=\{x(t)-x(t_0),y(t)-y(t_0)\},$$

因此, 若假设 M_0 点对应的切线方向的方向余弦为 $\boldsymbol{\tau}_{M_0}=(\cos\alpha(t_0),\cos\beta(t_0))$, 则

$$\begin{aligned}\cos\alpha(t_0)&=\lim_{t\to t_0^+}\cos\left(\widehat{\overrightarrow{M_0M},\boldsymbol{i}}\right)=\lim_{t\to t_0^+}\frac{\overrightarrow{M_0M}\cdot\boldsymbol{i}}{|\overrightarrow{M_0M}|\times|\boldsymbol{i}|}\\&=\lim_{t\to t_0^+}\frac{x(t)-x(t_0)}{\sqrt{(x(t)-x(t_0))^2+(y(t)-y(t_0))^2}}=\frac{x'(t_0)}{\sqrt{x'^2(t_0)+y'^2(t_0)}},\end{aligned}$$

类似地, $\cos\beta(t_0)=\dfrac{y'(t_0)}{\sqrt{x'^2(t_0)+y'^2(t_0)}}$.

显然, 若曲线方向为参量减少的方向, 对应此曲线方向的切向量为

$$\boldsymbol{\tau}_{M_0}^0=-\frac{1}{\sqrt{x'^2(t_0)+y'^2(t_0)}}(x'(t_0),y'(t_0)).$$

因此, 若设曲线方向为参量 t 增加的方向, 动点 $M(x(t),y(t))$ 处对应于曲线方向的切线方向为

$$\boldsymbol{\tau}_M^0=(\cos\alpha(t),\cos\beta(t)),$$

则 $\cos\alpha(t)\sqrt{x'^2(t)+y'^2(t)}=x'(t)$, $\cos\beta(t)\sqrt{x'^2(t)+y'^2(t)}=y'(t)$, 由线积分的计算公式, 则

$$\begin{aligned}\int_l P(x,y)\cos\alpha(t)\mathrm{d}s&=\int_\alpha^\beta P(x(t),y(t))\cos\alpha(t)\sqrt{x'^2(t)+y'^2(t)}\mathrm{d}t\\&=\int_\alpha^\beta P(x(t),y(t))x'(t)\mathrm{d}t,\end{aligned}$$

同时, 若曲线方向为参量 t 增加的方向, 则

$$\int_l P(x,y)\mathrm{d}x=\int_\alpha^\beta P(x(t),y(t))x'(t)\mathrm{d}t,$$

故 $\displaystyle\int_{\boldsymbol{l}} P(x,y)\cos\alpha(t)\mathrm{d}s=\int_{\boldsymbol{l}} P(x,y)\mathrm{d}x$.

类似地, $\int_l Q(x,y)\cos\beta(t)\mathrm{d}s=\int_l Q(x,y)\mathrm{d}y$, 因而也有

$$\int_l P\mathrm{d}x+Q\mathrm{d}y=\int_l[P\cos\alpha(t)+Q\cos\beta(t)]\mathrm{d}s,$$

其中, $\boldsymbol{l}$ 的方向为参数增加的方向, 这就是两类曲线积分之间关系式.

例 6　将积分 $\int_l P(x,y)\mathrm{d}x+Q(x,y)\mathrm{d}y$ 化为对弧长的曲线积分, 其中 $\boldsymbol{l}$ 为沿上半圆周 $x^2+y^2=2x$ 从 $O(0,0)$ 到 $A(2,0)$ 的一段弧 (图 8-4).

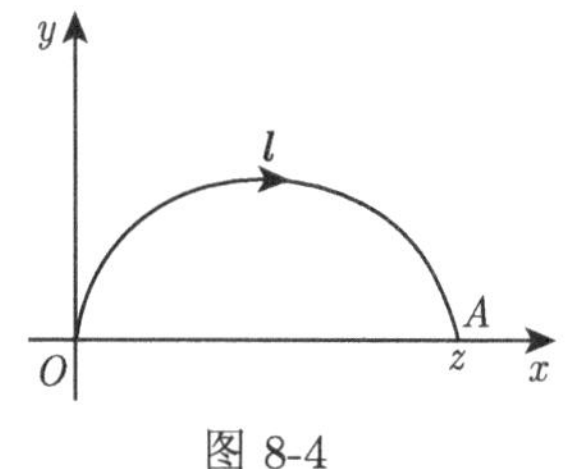

图 8-4

解　视曲线以 x 为参数, 则曲线 $\boldsymbol{l}$ 的方程为 $y=\sqrt{2x-x^2}, y'=\dfrac{1-x}{\sqrt{2x-x^2}}$, 曲线上任一点 $m(x,y)$ 处的切线方向为 $\boldsymbol{T}_m=(1,y')=\left(1,\dfrac{1-x}{\sqrt{2x-x^2}}\right)$, 由于 $\sqrt{1+\left(\dfrac{1-x}{\sqrt{2x-x^2}}\right)^2}=\dfrac{1}{\sqrt{2x-x^2}}$, 切向量单位化, 得

$$\boldsymbol{T}_m^0=\sqrt{2x-x^2}\left(1,\frac{1-x}{\sqrt{2x-x^2}}\right)=(\sqrt{2x-x^2},1-x)=(\cos\alpha,\cos\beta),$$

故

$$\begin{aligned}\int_l P(x,y)\mathrm{d}x+Q(x,y)\mathrm{d}y&=\int_l[P(x,y)\cos\alpha+Q(x,y)\cos\beta]\mathrm{d}s\\&=\int_l[P(x,y)\sqrt{2x-x^2}+Q(x,y)(1-x)]\mathrm{d}s.\end{aligned}$$

习　题　8-1

1. 计算下列第二类曲线积分:

(1) $I=\int_l(x+y)\mathrm{d}x+(x-y)\mathrm{d}y$, $\boldsymbol{l}$ 为沿抛物线 $y=x^2$ 从点 $A(1,1)$ 到点 $B(-1,1)$.

(2) $I=\int_l y^2\mathrm{d}x+x^2\mathrm{d}y$, $\boldsymbol{l}$ 为沿折线从点 $A(1,1)$ 到点 $B(-1,1)$ 再到 $O(0,0)$.

(3) $I=\int_l\cos x\mathrm{d}x+\sin x\mathrm{d}y$, ① $\boldsymbol{l}$ 为沿曲线 $y=\sin x$ 从点 $O(0,0)$ 到点 $B(\pi,0)$; ② $\boldsymbol{l}$ 为沿 x 轴从点 $O(0,0)$ 到点 $B(\pi,0)$.

(4) $I=\oint_l x^2\mathrm{d}x+y^2\mathrm{d}y$, $\boldsymbol{l}$ 为沿闭曲线 $x^2+y^2=1$ 的逆时针方向.

(5) $I=\oint_l(x^2+4y^2-3)\mathrm{d}x+(x-1)\mathrm{d}y$, $\boldsymbol{l}$ 为沿闭曲线 $\dfrac{x^2}{4}+y^2=1$ 的逆时针方向.

(6) $I=\int_l x\mathrm{d}y-y\mathrm{d}x$, ① $\boldsymbol{l}$ 为沿上半圆周曲线 $x^2+y^2=a$ 从点 $A(-a,0)$ 到点 $B(a,0)$; ② $\boldsymbol{l}$ 为沿 x 轴从点 $A(-a,0)$ 到点 $B(a,0)$.

(7) $I=\int_l y\mathrm{d}x+z\mathrm{d}y+x\mathrm{d}z$, $\boldsymbol{l}$ 为交线 $\begin{cases} x^2+y^2=1, \\ x+z=1, \end{cases}$ 从 x 轴方向看为逆时针方向.

(8) $I=\int_l (y-x)\mathrm{d}x+(z^2-xy)\mathrm{d}y+(x^3+xy^2)\mathrm{d}z$, $\boldsymbol{l}$ 为交线 $\begin{cases} x^2+y^2+z^2=2, \\ z^2=x^2+y^2, \end{cases}$ 从 x 轴方向看为逆时针方向.

2. 计算第二类曲线积分 $I=\int_l P(x,y)\mathrm{d}x+Q(x,y)\mathrm{d}y$, 其中 $\boldsymbol{l}$ 为

(1) 沿上半圆周曲线 $x^2+y^2=a$ 从点 $A(-a,0)$ 到点 $B(a,0)$;

(2) 沿 x 轴从点 $A(-a,0)$ 到点 $B(a,0)$;

(3) 沿折线从点 $A(-a,0)$ 到点 $C(b,c)$ 再到点 $B(a,0)$;

(4) 沿抛物线 $y=k(x-a)(x+a)$ 点 $A(-a,0)$ 到点 $B(a,0)$,

(a) $P(x,y)=y$, $Q(x,y)=x$, (b) $P(x,y)=k_1y$, $Q(x,y)=k_2x$,

能否根据计算结果进行猜测, 抽象出计算结果和函数 $P(x,y)$, $Q(x,y)$ 关系的相关性的一个结论？

3. 利用两类曲线积分的联系进行计算 $I=\int_l x\mathrm{d}y-y\mathrm{d}x$, 其中 $\boldsymbol{l}$ 为沿上半圆周曲线 $x^2+y^2=1$ 从点 $A(-1,0)$ 到点 $B(1,0)$.

4. 利用 (轮换) 对称性进行计算:

(1) $I=\int_l x\mathrm{d}y+y\mathrm{d}x+z\mathrm{d}x$, 其中 $\boldsymbol{l}$ 为平面 $x+y+z=1$ 与三个坐标面的交线, 取逆时针方向.

(2) $I=\int_l (x^2+y^2)\mathrm{d}z+(y^2+z^2)\mathrm{d}x+(z^2+x^2)\mathrm{d}y$, 其中 $\boldsymbol{l}$ 为平面 $x^2+y^2+z^2=1$ 与三个坐标面的交线, 取逆时针方向.

8.2 向量值函数的曲面积分——第二类曲面积分

类比向量值函数的曲线积分, 向量值函数的曲面积分也应该和方向有关, 因此, 我们先引入曲面侧 (方向) 的概念.

8.2节课件

8.2.1 曲面的侧

曲面是日常生活中常见的几何图形, 从对曲面的直接的认识看, 曲面应有两个侧面, 常说的正面和背面, 这类曲面为双侧曲面. 如一张白纸就是一个简单的双侧平面, 这种曲面具有这样的性质: 假设一只蚂蚁在曲面上沿闭路爬行, 不经过边界, 回到原位仍在同一侧. 但是, 确实存在只有一个侧的曲面——单侧曲面, 如默比乌斯带 (图 8-5)——将矩形的纸条的一端反转 180°, 再与另一端对接. 它具有这样的性质: 从曲面上任一点不经过边界可达到曲面上任一点; 或者曲面上任意两点都可以用不经过边界的曲线连接.

我们本节要介绍的积分, 就与曲面的侧有关. 那么, 如何从数学上给出曲面侧的严格定义? 设 Σ 是非闭的光滑曲面, 因而, 曲面上每一点都有切平面和两个相反的法线方向, 动点 M 从定点 M_0 出发, 沿 Σ 上一个不过 Σ 的边界的闭路 Γ 从 M_0 出发再回到 M_0 点, 取定 M_0 的一个法线方向为出发时的方向, 当 M 从 M_0 点连续运动时, 法线方向也连续变化 (如图 8-6 所示).

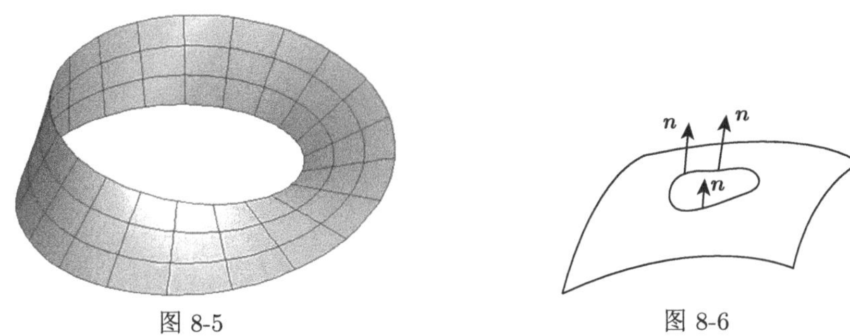

图 8-5　　　　图 8-6

定义 8-2　若动点 M 沿任意的闭路 Γ 从 M_0 出发又回到 M_0 时, 指定的法线方向不变, 称 Σ 为双侧曲面; 若存在一个闭路 Γ, 使得动点 M 沿 Γ 从 M_0 出发又回到 M_0 时, 指定的法线方向与原指定的法线方向相反, 称 Σ 为单侧曲面.

常见的都是双侧曲面, 因而, 今后我们只讨论双侧曲面. 既然是双侧曲面, 曲面必有两个侧, 因而须指明曲面的侧, 用于表明曲面的方向.

8.2.2　双侧曲面的方向

首先给出双侧曲面的两个侧的描述, 用于规定曲面侧的方向. 设 Σ 是双侧曲面, 任取 $M_0 \in \Sigma$, 选定 M_0 的切平面法线的其中的一个方向, 则 Σ 上其他任何一点切平面的法线的方向也确定: 当 M_0 不越过边界移至此点时对应的法线的方向既是此点的法向, 由此就确定了曲面的一个侧, 改变选定的法向, 即得另一侧.

下面给出侧的定量描述. 假设双侧曲面 Σ 相对于 z 轴是简单的光滑曲面 (即用平行于 z 轴的直线穿过曲面, 与曲面只有一个交点), 则曲面可以表示为 Σ: $z = z(x, y)$, 其中, $z(x, y)$ 具连续偏导数, 因而, Σ 上任一点 (x, y, z) 都存在切平面, 点 (x, y, z) 处的法线的方向余弦为

$$\cos\alpha = \pm\frac{-z_x}{\sqrt{1+z_x^2+z_y^2}}, \quad \cos\beta = \pm\frac{-z_y}{\sqrt{1+z_x^2+z_y^2}}, \quad \cos\gamma = \pm\frac{1}{\sqrt{1+z_x^2+z_y^2}},$$

其中 $+, -$ 对应于两个相反的法向, 因而, 选定一个符号, 确定一个对应的法向, 进而确定曲面的一个侧.

为了后面计算方便, 我们给出各种侧的规定. 设曲面相对于 z 轴方向为简单曲面, 规定:

若 $\cos\gamma > 0$, 即 $(\widehat{\boldsymbol{n},\boldsymbol{k}}) = \gamma$ 为锐角, 对应的侧称为上侧;

若 $\cos\gamma < 0$, 即 $(\widehat{\boldsymbol{n},\boldsymbol{k}}) = \gamma$ 为钝角, 对应的侧称为下侧, 如图 8-7 所示;

当 $\cos\gamma = 0$ 时, 曲面与 z 轴平行, 此时, 曲面相对 z 轴为非简单曲面, 因而, 相对于 z 轴没有侧, 可以从其他坐标轴的方向研究曲面. 设曲面相对于 y 轴方向为简单曲面, 规定:

若 $\cos\beta > 0$, 对应的侧称为右侧;

若 $\cos\beta < 0$, 对应的侧称为左侧, 如图 8-8 所示.

设曲面相对于 x 轴方向为简单曲面, 规定:

若 $\cos\alpha > 0$, 对应的侧称为前侧;

若 $\cos\alpha < 0$, 对应的侧称为后侧, 如图 8-9 所示.

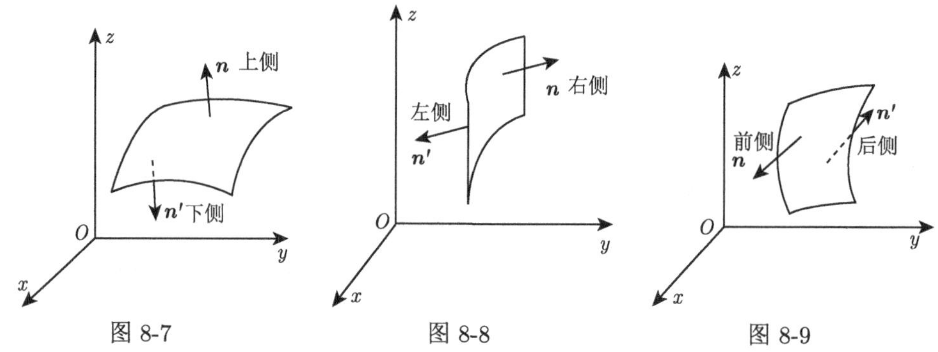

图 8-7　　图 8-8　　图 8-9

上述规定的侧只是为了后面计算不同类型的第二类曲面积分的方便, 因此, 对同一个曲面 Σ, 从不同的方向观察, 它可以视为具上、下侧的曲面, 又可视为具右、左侧或前、后侧的曲面. 若曲面为封闭曲面, 规定: 向着所围立体的一侧称为内侧; 背着所围立体的一侧称为外侧.

为讨论上的简便, 我们引入无重点曲面 (也是一种简单曲面).

设 $\Sigma:\begin{cases} x = x(u,v), \\ y = y(u,v), \\ z = z(u,v), \end{cases}$ $(u,v)\in D$, 若 D 中点 (u,v) 和 Σ 上的点 (x,y,z) 是一一对应的, 即一对参数 (u,v) 只能确定唯一的点, 称 Σ 为无重点曲面.

存在有重点曲面, 如闭球面, 对有重点曲面可通过分割化为无重点曲面, 因此, 我们以无重点曲面为例引入第二类曲面积分的定义.

8.2.3 流速场中流过曲面一侧的流量问题

引例 2　设不可压缩的流体 (密度为 1) 流经曲面块 Σ, 从曲面块的一侧流向另一侧, 假设其流速为 $\boldsymbol{v} = (P(x,y,z), Q(x,y,z), R(x,y,z))$, 计算单位时间内流

过曲面 Σ 的流量.

类比已知　类比引例 1, 可以合理假设此时我们应该已知常速流量的计算公式: 假设流速为常向量 $\boldsymbol{v}=(P,Q,R)$, 流经的曲面为平面 Σ, 其流向对应于平面的法线方向 $\boldsymbol{n}$, 平面的面积为 S, 则流量为 $\boldsymbol{v}\cdot\boldsymbol{n}S$.

简析　我们仍然利用积分的思想和方法来处理. 即通过对曲面的分割, 将其分割成 n 个小曲面块, 在每一个小曲面块 (微元) 上, 利用已知理论对其近似计算, 即小曲面块近似为平面, 任取曲面块上一点, 其对应的流速和法线方向视为整个小曲面块近似为平面块时的流速和流向, 利用已知公式就可以得到小曲面块上的近似计算. 然后通过求和, 就得到整个曲面上的近似计算结果. 当然, 极限理论产生后, 利用极限就可以进行准确计算. 具体地,

对曲面的任意分割 $T:\Sigma_1,\Sigma_2,\cdots,\Sigma_n$, 对任意选择的中值点 $M_i(\xi_i,\eta_i,\zeta_i)\in\Sigma_i$, $i=1,2,\cdots,n$, 则流经曲面块 Σ_i 的流量近似为

$$\boldsymbol{v}(M_i)\cdot\boldsymbol{n}(M_i)\cdot\Delta S_i=[P(M_i)\cos\alpha_i+Q(M_i)\cos\beta_i+R(M_i)\cos\gamma_i]\Delta S_i,$$

其中, $\boldsymbol{n}(M_i)=(\cos\alpha_i,\cos\beta_i,\cos\gamma_i)$ 对应于流向方向的单位法线方向, ΔS_i 为曲面块 Σ_i 的面积, 故, 所求的总流量近似为

$$\sum_{i=1}^{n}[P(M_i)\cos\alpha_i+Q(M_i)\cos\beta_i+R(M_i)\cos\gamma_i]\Delta S_i,$$

至此, 完成了流量的近似计算.

利用极限理论, 流量计算可以转化为下述和式的极限:

$$\begin{aligned}
&\lim_{\lambda(T)\to0}\sum_{i=1}^{n}\boldsymbol{v}(M_i)\cdot\boldsymbol{n}(M_i)\cdot\Delta S_i\\
&\quad=\lim_{\lambda(T)\to0}\sum_{i=1}^{n}[P(M_i)\cos\alpha_i+Q(M_i)\cos\beta_i+R(M_i)\cos\gamma_i]\Delta S_i\\
&\quad=\lim_{\lambda(T)\to0}\left[\sum_{i=1}^{n}P(M_i)\cos\alpha_i\Delta S_i+\sum_{i=1}^{n}Q(M_i)\cos\beta_i\Delta S_i+\sum_{i=1}^{n}R(M_i)\cos\gamma_i\Delta S_i\right]\\
&\quad=\lim_{\lambda(T)\to0}\sum_{i=1}^{n}P(M_i)\cos\alpha_i\Delta S_i+\lim_{\lambda(T)\to0}\sum_{i=1}^{n}Q(M_i)\cos\beta_i\Delta S_i\\
&\qquad+\lim_{\lambda(T)\to0}\sum_{i=1}^{n}R(M_i)\cos\gamma_i\Delta S_i,
\end{aligned}$$

其中 $\lambda(T)$ 为曲面的分割细度, 表示各小块曲面直径的最大值.

抽象总结 上述结果还是一种特殊和的极限, 很自然地要引入对应的积分, 显然, 这种积分就是本节将要介绍的向量值函数的曲面积分, 也称为第二类曲面积分. 当然, 第二类曲面积分的背景不仅是流量的计算问题, 工程技术中, 很多问题的解决都会产生上述有限和的极限.

上述结果中, 三个和式极限即可以作为整体引入对应的定义, 也可以独立地对分项形式, 从不同的角度引入不同形式的第二类曲面积分. 我们将从三个分项形式出发引入第二类曲面积分.

特别注意, 最后的结果中, 还包含有面积要素. 事实上, 利用面积计算公式, $|\cos\gamma_i\Delta S_i|$ 正是第 i 个小曲面块 Σ_i 在 xOy 坐标面上投影区域的面积, 类似, $|\cos\alpha_i\Delta S_i|$, $|\cos\beta_i\Delta S_i|$ 是 Σ_i 在 yOz 坐标面、zOx 坐标面上投影区域的面积, 这种面积与选定曲面的侧对应, 为此先引入区域的有向投影及有向面积的概念.

首先从不同的坐标轴为观察方向, 分类引入相关概念.

情形 1 Σ 为具有上、下侧的双侧曲面.

定义 8-3 设 D 是 xOy 坐标面内具有上、下侧的双侧平面区域, 如果实数 $\boldsymbol{S}_D$ 满足

$$\boldsymbol{S}_D=\begin{cases} S_D, & \text{取}D\text{为上侧时},\\ -S_D, & \text{取}D\text{为下侧时},\end{cases}$$

其中 S_D 为区域 D 的面积, 称 $\boldsymbol{S}_D$ 为双侧平面区域 D 的对应侧的有侧 (向) 面积.

有侧面积是相对几何量, 可正也可以负.

设 Σ 是具上、下侧的双侧曲面, D 是 Σ 在 xOy 坐标面内的投影区域, 则 D 是具上、下侧的双侧平面区域.

定义 8-4 若 Σ 是取上侧的曲面时, D 也取上侧; 若 Σ 是取下侧的曲面时, D 也取下侧, 称双侧平面区域 D 为双侧曲面 Σ 在 xOy 平面内的有侧 (向) 投影 (区域).

当 D 为双侧曲面的有侧投影时, 就可定义 D 的有侧面积.

情形 2 Σ 为具有左、右侧的双侧曲面.

可类似定义其在 zOx 平面内的有侧投影区域及其有侧面积.

情形 3 Σ 为具有前、后侧的双侧曲面.

可类似定义其在 yOz 平面内的有侧投影区域及其有侧面积.

由于双侧曲面的有向性, 为表示这种有向性, 我们今后用指定侧的 $\boldsymbol{\Sigma}$ 表示有侧曲面 (有向曲面).

8.2.4 向量值函数的曲面积分的定义

下面从不同角度引入双侧曲面的第二类曲面积分的定义.

设 $\boldsymbol{\Sigma}$ 是非闭的具有上、下侧的光滑的简单曲面 (相当于 z 轴), 作 $\boldsymbol{\Sigma}$ 的分割 $T:\boldsymbol{\Sigma}_1,\boldsymbol{\Sigma}_2,\cdots,\boldsymbol{\Sigma}_n$, 则对应于 xOy 平面内的有侧投影区域 $\boldsymbol{D}$, 形成对应的分割 $T':\boldsymbol{D}_1,\boldsymbol{D}_2,\cdots,\boldsymbol{D}_n$, 设 $R(x,y,z)$ 定义在 Σ 上, 仍记 $\lambda(T)$ 为分割细度.

定义 8-5　若存在实数 I, 使对任意分割 T 及任意点 $(\xi_i,\eta_i,\zeta_i)\in\Sigma_i$ 的选择, 都成立

$$\lim_{\lambda(T)\to 0}\sum_{i=1}^{n}R\left(\xi_i,\eta_i,\zeta_i\right)\Delta\boldsymbol{S}_{D_i}=I,$$

其中 $\Delta\boldsymbol{S}_{D_i}$ 为有侧投影区域 $\boldsymbol{D}_i$ 的有侧面积, 称 I 为函数 $R(x,y,z)$ 在 $\boldsymbol{\Sigma}$ 上沿取定一侧对坐标 x,y 的曲面积分, 记为 $\displaystyle\iint_{\boldsymbol{\Sigma}}R(x,y,z)\mathrm{d}x\mathrm{d}y$, 称为对坐标的曲面积分, 也称为第二类曲面积分.

由定义 8-5 知: 向量值函数在有向曲面上的积分与曲面的侧有关, 因此, 提到该类曲面积分时, 必须指明曲面的侧.

取定的侧在定义 8-5 中的作用是用来确定有侧投影区域的有侧面积.

信息挖掘　从定义中, 还能得到:

(1) 若 $R(x,y,z)\equiv 1$, 则 $\displaystyle\iint_{\boldsymbol{\Sigma}}R(x,y,z)\mathrm{d}x\mathrm{d}y=\boldsymbol{S}_D$;

(2) 若 $\boldsymbol{\Sigma}$ 平行于 z 轴, 即 Σ 是母线平行于 z 轴的柱面, 则 $\boldsymbol{\Sigma}$ 在 xOy 平面的投影为一条曲线, 此时 $\boldsymbol{S}_{D_i}=0$, 故 $\displaystyle\iint_{\boldsymbol{\Sigma}}R(x,y,z)\mathrm{d}x\mathrm{d}y=0$;

(3) 若用 $-\boldsymbol{\Sigma}$ 表示指定一侧的双侧曲面的另一侧, 则

$$\iint_{\boldsymbol{\Sigma}}R(x,y,z)\mathrm{d}x\mathrm{d}y=-\iint_{-\boldsymbol{\Sigma}}R(x,y,z)\mathrm{d}x\mathrm{d}y.$$

事实上, 由定义 8-5, 当取定 $\boldsymbol{\Sigma}$ 的上侧时, 由于 $\boldsymbol{S}_{D_i}=S_{D_i}$, 此时

$$\iint_{\boldsymbol{\Sigma}}R(x,y,z)\mathrm{d}x\mathrm{d}y=\lim_{x(T)\to 0}\sum_{i=1}^{n}R\left(\xi_i,\eta_i,\zeta_i\right)S_{D_i};$$

当取定 $\boldsymbol{\Sigma}$ 的下侧时, 由于 $\boldsymbol{S}_{D_i}=-S_{D_i}$, 故

$$\iint_{\boldsymbol{\Sigma}}R(x,y,z)\mathrm{d}x\mathrm{d}y=-\lim_{\lambda(T)\to 0}\sum_{i=1}^{n}R\left(\xi_i,\eta_i,\zeta_i\right)S_{D_i},$$

因而, 成立 $\displaystyle\iint_{\boldsymbol{\Sigma}}R(x,y,z)\mathrm{d}x\mathrm{d}y=-\iint_{-\boldsymbol{\Sigma}}R(x,y,z)\mathrm{d}x\mathrm{d}y$.

(4) 当 $\boldsymbol{\Sigma}$ 为落在 xOy 坐标面内的平面区域 $\boldsymbol{D}$ 时, 若积分沿其上侧进行时, 此时在曲面上 $z=0$, 故

$$\iint_{\boldsymbol{\Sigma}} R(x,y,0)\mathrm{d}x\mathrm{d}y = \lim_{\lambda(T)\to 0}\sum_{i=1}^{n} R\left(\xi_i,\eta_i,0\right) S_{D_i} = \iint_{D} R(x,y,0)\mathrm{d}x\mathrm{d}y,$$

左端为第二类曲面积分, 右端是二重积分, 此种情形下, 第二类曲面积分可以转化为二重积分计算, 这为我们研究第二类曲面积分的计算提供了有益的线索.

类似可以定义下述两类曲面积分. 对具有前、后两侧的、相对于 x 轴为简单的光滑曲面 $\boldsymbol{\Sigma}$, 可以定义 $P(x,y,z)$ 在曲面 $\boldsymbol{\Sigma}$ 上沿给定一侧的对坐标 y, z 的第二类曲面积分 $\iint\limits_{\boldsymbol{\Sigma}} P(x,y,z)\mathrm{d}y\mathrm{d}z$.

对具有左、右两侧的、相对于 y 轴为简单的光滑曲面 $\boldsymbol{\Sigma}$, 可以定义 $Q(x,y,z)$ 在曲面 $\boldsymbol{\Sigma}$ 上沿给定一侧的对坐标 z, x 的第二类曲面积分 $\iint\limits_{\boldsymbol{\Sigma}} Q(x,y,z)\mathrm{d}z\mathrm{d}x$. 特别注意, 三个第二类曲面积分的积分变量的顺序 $\mathrm{d}y\mathrm{d}z, \mathrm{d}z\mathrm{d}x, \mathrm{d}x\mathrm{d}y$, 这是按 x, y, z 为右手系的习惯写法.

一般地, 对双侧曲面 $\boldsymbol{\Sigma}$, 从 x 轴方向看, 有前后两侧, 从 y 轴方向看有右、左两侧, 从 z 轴方向看去, 它有上、下两侧, 因而, 在同一个双侧曲面 $\boldsymbol{\Sigma}$ 上, 可同时定义三种第二类曲面积分, 简记为

$$\iint_{\boldsymbol{\Sigma}} P\mathrm{d}y\mathrm{d}z + Q\mathrm{d}z\mathrm{d}x + R\mathrm{d}x\mathrm{d}y,$$

其中, 积分沿 $\boldsymbol{\Sigma}$ 给定的一侧.

此时, 对 $\boldsymbol{\Sigma}$ 给定的一侧 (通常并不以前后、左右、上下侧指明), 当从 x 轴方向看时, 它或为前侧、或为后侧, 故可计算 $\iint\limits_{\boldsymbol{\Sigma}} P(x,y,z)\mathrm{d}y\mathrm{d}z$, 而当从 y 轴方向看时, 它或为右侧、或为左侧, 故可计算 $\iint\limits_{\boldsymbol{\Sigma}} Q(x,y,z)\mathrm{d}z\mathrm{d}x$, 而当从 z 轴方向看时, 它或为上侧、或为下侧, 因而可计算 $\iint\limits_{\boldsymbol{\Sigma}} R(x,y,z)\mathrm{d}x\mathrm{d}y$.

背景中的流量问题正是流速在曲面上对应于流向一侧的第二类曲面积分.

8.2.5 向量值函数曲面积分的计算

1. 基于基本公式的计算

我们首先对不同类型的第二类曲面积分, 建立由定义导出的基本计算方法和

公式.

(1) 积分 $\iint\limits_{\boldsymbol{\Sigma}} R(x,y,z)\mathrm{d}x\mathrm{d}y$ 的计算, 沿 $\boldsymbol{\Sigma}$ 取定的一侧.

设定 $\boldsymbol{\Sigma}$ 为具有上、下两侧的相对于 z 轴的简单的光滑双侧曲面, 因而可表示为

$$\Sigma: z=z(x,y),\quad (x,y)\in D_{xy},$$

其中 D_{xy} 是 Σ 在 xOy 平面内的投影区域, 又设 $R(x,y,z)$ 为 Σ 上的连续函数.

由定义 8-5, 当 $\boldsymbol{\Sigma}$ 取上侧时, 则

$$\begin{aligned}\iint\limits_{\boldsymbol{\Sigma}} R(x,y,z)\mathrm{d}x\mathrm{d}y &= \lim_{\lambda(T)\to 0}\sum_{i=1}^{n} R(\xi_i,\eta_i,\zeta_i)\boldsymbol{S}_{D_i} = \lim_{z(T)\to 0}\sum_{i=1}^{n} R(\xi_i,\eta_i,z(\xi_i,\eta_i))S_{D_i}\\ &= \iint\limits_{D_{xy}} R(x,y,z(x,y))\mathrm{d}x\mathrm{d}y;\end{aligned}$$

当 $\boldsymbol{\Sigma}$ 取下侧时, 则

$$\iint\limits_{\boldsymbol{\Sigma}} R(x,y,z)\mathrm{d}x\mathrm{d}y = -\iint\limits_{D_{xy}} R(x,y,z(x,y))\mathrm{d}x\mathrm{d}y.$$

上述公式是计算此类型的第二类曲面积分的基本计算公式.

(2) 积分 $\iint\limits_{\boldsymbol{\Sigma}} P(x,y,z)\mathrm{d}y\mathrm{d}z$ 的计算, 沿 Σ 取定的一侧.

设定 $\boldsymbol{\Sigma}$ 为具前、后两侧的相对于 x 轴的简单光滑的双侧曲面, 故可表示为

$$\Sigma: x=x(y,z),\quad (y,z)\in D_{yz},$$

其中 D_{yz} 为 Σ 在 yOz 平面内的投影区域, 因而, 取 $\boldsymbol{\Sigma}$ 的前侧时,

$$\iint\limits_{\boldsymbol{\Sigma}} P(x,y,z)\mathrm{d}y\mathrm{d}z = \iint\limits_{D_{yz}} P(x(y,z),y,z)\mathrm{d}y\mathrm{d}z;$$

取 $\boldsymbol{\Sigma}$ 的后侧时,

$$\iint\limits_{\boldsymbol{\Sigma}} P(x,y,z)\mathrm{d}y\mathrm{d}z = -\iint\limits_{D_{yz}} P(x(y,z),y,z)\mathrm{d}y\mathrm{d}z.$$

这是计算此类型的第二类曲面积分的基本公式.

(3) 积分 $\iint\limits_{\boldsymbol{\Sigma}} Q(x,y,z)\mathrm{d}z\mathrm{d}x$ 的计算, 沿 $\boldsymbol{\Sigma}$ 取定的一侧.

设定 $\boldsymbol{\Sigma}$ 为具右、左两侧的相对于 y 轴为简单光滑的双侧曲面, 故可表示为 $\Sigma: y=y(x,z),(x,z)\in D_{zx}$, 其中 D_{zx} 为 Σ 在 zOx 平面内的投影区域, 因而, 取 $\boldsymbol{\Sigma}$ 的右侧时,

$$\iint\limits_{\boldsymbol{\Sigma}} R(x,y,z)\mathrm{d}z\mathrm{d}x=\iint\limits_{D_{zx}} R(x,y(x,z),z)\mathrm{d}z\mathrm{d}x;$$

取 $\boldsymbol{\Sigma}$ 的左侧时,

$$\iint\limits_{\boldsymbol{\Sigma}} R(x,y,z)\mathrm{d}z\mathrm{d}x=-\iint\limits_{D_{zx}} R(x,y(x,z),z)\mathrm{d}z\mathrm{d}x.$$

这是计算此类型的第二类曲面积分的基本公式.

特别强调, 沿空间曲面的第二类曲面积分有三种类型, 对每一种类型的第二类曲面积分的计算, 都需要将曲面视为相应的类型才能计算.

抽象总结 通过上述分析, 第二类曲面积分计算公式和方法可以总结为定型定面定侧代入计算法 (或三定一代方法), 计算步骤为

(1) 定型: 明确要计算的第二类曲面积分的类型;

(2) 定面: 确定相应的曲面, 包括根据曲面积分的类型给出曲面相应的方程, 对应的投影区域 (曲面方程中变量的变化范围);

(3) 定侧: 确定曲面的侧;

(4) 代入公式计算.

计算过程中, 经常利用积分可加性, 将曲面按计算对象的不同进行分割.

例 7 计算 $I=\iint\limits_{\boldsymbol{\Sigma}}(x+1)\mathrm{d}y\mathrm{d}z+y\mathrm{d}z\mathrm{d}x+\mathrm{d}x\mathrm{d}y$, 其中 $\boldsymbol{\Sigma}$ 是由平面 $x+y+z=1$ 与坐标面所围区域的外侧表面, 即四面体 $OABC$ 的表面, 积分沿处侧进行, 其中 $O(0,0,0),A(1,0,0),B(0,1,0),C(0,0,1)$.

解 先计算 $I_1=\iint\limits_{\boldsymbol{\Sigma}}\mathrm{d}x\mathrm{d}y$(定型). 由于 $\boldsymbol{\Sigma}=\boldsymbol{\Sigma}_{OAB}+\boldsymbol{\Sigma}_{OBC}+\boldsymbol{\Sigma}_{OCA}+\boldsymbol{\Sigma}_{ABC}$, 显然, 表面 OAC、表面 OBC 在坐标面 xOy 内的投影为直线段, 故

$$\iint\limits_{\boldsymbol{\Sigma}_{OBC}}\mathrm{d}x\mathrm{d}y=\iint\limits_{\boldsymbol{\Sigma}_{OAC}}\mathrm{d}x\mathrm{d}y=0.$$

对 $\boldsymbol{\Sigma}_{OAB}: z=0,(x,y)\in\triangle OAB=D_{xy}$, 由于 $\boldsymbol{\Sigma}_{OAB}$ 的外侧从 z 轴方向看为下侧 (定面、定侧), 代入公式有

$$\iint\limits_{\boldsymbol{\Sigma}_{OAB}} \mathrm{d}x\mathrm{d}y = -\iint\limits_{D_{xy}} \mathrm{d}x\mathrm{d}y = -\int_0^1 \mathrm{d}x \int_0^{1-x} \mathrm{d}y = -\frac{1}{2}.$$

对 $\boldsymbol{\Sigma}_{ABC}: z = 1 - x - y, (x, y) \in \triangle OAB = D_{xy}$, 由于 $\boldsymbol{\Sigma}_{ABC}$ 的外侧从 z 轴方向看为上侧,

$$\iint\limits_{\boldsymbol{\Sigma}_{ABC}} \mathrm{d}x\mathrm{d}y = \iint\limits_{D_{xy}} \mathrm{d}x\mathrm{d}y = \frac{1}{2},$$

故 $I_1 = 0$.

再计算 $I_2 = \iint\limits_{\boldsymbol{\Sigma}} (x+1)\mathrm{d}y\mathrm{d}z$, 由于 $\boldsymbol{\Sigma}_{OAB}$, $\boldsymbol{\Sigma}_{OCA}$ 在 yOz 平面的投影为直线段, 故

$$\iint\limits_{\boldsymbol{\Sigma}_{OAB}} (x+1)\mathrm{d}y\mathrm{d}z = \iint\limits_{\boldsymbol{\Sigma}_{OCA}} (x+1)\mathrm{d}y\mathrm{d}z = 0.$$

对 $\boldsymbol{\Sigma}_{OBC}: x = 0, (y, z) \in \triangle OBC = D_{yz}$, 此时, 外侧从 x 轴看为后侧, 故

$$\iint\limits_{\boldsymbol{\Sigma}_{OBC}} (x+1)\mathrm{d}y\mathrm{d}z = -\iint\limits_{D_{yz}} \mathrm{d}y\mathrm{d}z = -\frac{1}{2}.$$

对 $\boldsymbol{\Sigma}_{ABC}: x = 1 - y - z, (y, z) \in \triangle OBC = D_{yz}$, 外侧从 x 轴看为前侧, 故

$$\iint\limits_{\boldsymbol{\Sigma}_{ABC}} (x+1)\mathrm{d}y\mathrm{d}z = \iint\limits_{D_{yz}} (1 - y - z + 1)\mathrm{d}y\mathrm{d}z = \frac{2}{3},\ \text{即} I_2 = -\frac{1}{2} + \frac{2}{3} = \frac{1}{6}.$$

最后计算 $I_3 = \iint\limits_{\boldsymbol{\Sigma}} y\mathrm{d}z\mathrm{d}x$, 显然 $\iint\limits_{\boldsymbol{\Sigma}_{OBC}} y\mathrm{d}z\mathrm{d}x = \iint\limits_{\boldsymbol{\Sigma}_{OAB}} y\mathrm{d}z\mathrm{d}x = 0$.

对于 $\boldsymbol{\Sigma}_{OAC}: y = 0, (x, z) \in \triangle OAC = D_{zx}$, 外侧为左侧, 故

$$\iint\limits_{\boldsymbol{\Sigma}_{OAC}} y\mathrm{d}z\mathrm{d}x = -\iint\limits_{D} 0\mathrm{d}z\mathrm{d}x = 0,$$

对于 $\boldsymbol{\Sigma}_{ABC}: y = 1 - z - x, (x, z) \in \triangle OAC = D_{zx}$, 外侧为右侧, 故

$$\iint\limits_{\boldsymbol{\Sigma}_{ABC}} y\mathrm{d}z\mathrm{d}x = \iint\limits_{D_{zx}} (1 - z - x)\mathrm{d}z\mathrm{d}x = \frac{1}{6},$$

故 $I_3 = \frac{1}{6}$. 因而, $I = I_1 + I_2 + I_3 = \frac{1}{6} + \frac{1}{6} = \frac{1}{3}$.

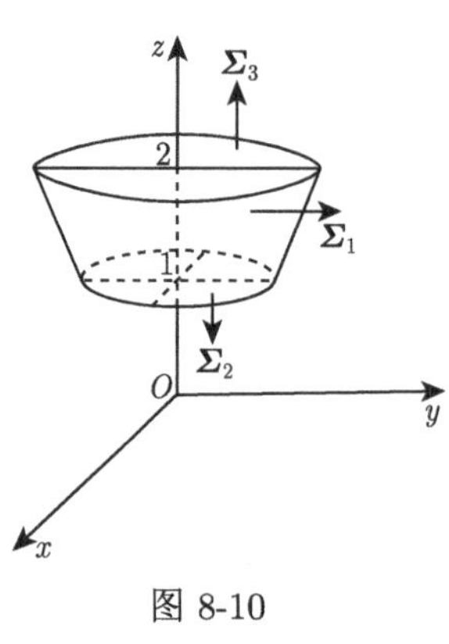

图 8-10

例 8 计算 $I=\oiint\limits_{\Sigma}\dfrac{\mathrm{e}^z}{\sqrt{x^2+y^2}}\mathrm{d}x\mathrm{d}y$, 其中 $\boldsymbol{\Sigma}$ 为曲面 $z=\sqrt{x^2+y^2}$ 与平面 $z=1,z=2$ 所围的外侧表面.

解 分割曲面, 令 $\boldsymbol{\Sigma}=\boldsymbol{\Sigma}_1+\boldsymbol{\Sigma}_2+\boldsymbol{\Sigma}_3$, 如图 8-10, 其中: $\boldsymbol{\Sigma}_1: z=\sqrt{x^2+y^2},(x,y)\in D_1$, $\boldsymbol{\Sigma}_1$ 在坐标面 xOy 内的投影区域为 $D_1=\{(x,y):1\leqslant x^2+y^2\leqslant 4\}$;

$$\boldsymbol{\Sigma}_2: z=1,(x,y)\in D_2=\left\{(x,y):x^2+y^2\leqslant 1\right\};$$

$$\boldsymbol{\Sigma}_3: z=2,(x,y)\in D_3=\left\{(x,y):x^2+y^2\leqslant 4\right\}.$$

而 $\boldsymbol{\Sigma}_1$, $\boldsymbol{\Sigma}_2$ 的外侧对应于下侧, $\boldsymbol{\Sigma}_3$ 的外侧对应于上侧, 故

$$I_1=\iint\limits_{\Sigma_1}\frac{\mathrm{e}^z}{\sqrt{x^2+y^2}}\mathrm{d}x\mathrm{d}y=-\iint\limits_{D_1}\frac{\mathrm{e}^{\sqrt{x^2+y^2}}}{\sqrt{x^2+y^2}}\mathrm{d}x\mathrm{d}y=-\int_0^{2\pi}\mathrm{d}\theta\int_1^2\frac{\mathrm{e}^\rho}{\rho}\cdot\rho\mathrm{d}\rho$$

$$=-2\pi\left(\mathrm{e}^2-\mathrm{e}\right),$$

$$I_2=\iint\limits_{\Sigma_2}\frac{\mathrm{e}^z}{\sqrt{x^2+y^2}}\mathrm{d}x\mathrm{d}y=-\iint\limits_{D_2}\frac{\mathrm{e}^1}{\sqrt{x^2+y^2}}\mathrm{d}x\mathrm{d}y=-\int_0^{2\pi}\mathrm{d}\theta\int_0^1\frac{\mathrm{e}}{\rho}\cdot\rho\mathrm{d}\rho=-2\pi\mathrm{e},$$

$$I_3=\iint\limits_{\Sigma_3}\frac{\mathrm{e}^z}{\sqrt{x^2+y^2}}\mathrm{d}x\mathrm{d}y=\iint\limits_{D_3}\frac{\mathrm{e}^2}{\sqrt{x^2+y^2}}\mathrm{d}x\mathrm{d}y=\int_0^{2\pi}\mathrm{d}\theta\int_0^2\frac{\mathrm{e}^2}{\rho}\cdot\rho\mathrm{d}\rho=4\pi\mathrm{e}^2,$$

故 $I=2\pi\mathrm{e}^2$.

*2. 基于结构特征的计算方法

同样可以利用第二类曲面积分的结构特点确定特殊的计算方法.

例 9 计算 $I=\iint\limits_{\Sigma}x^2\mathrm{d}y\mathrm{d}z+y^2\mathrm{d}z\mathrm{d}x+z^2\mathrm{d}x\mathrm{d}y$, $\boldsymbol{\Sigma}$ 为球面 $(x-a)^2+(y-b)^2+(z-c)^2=R^2$ 的外侧球面.

结构分析 分析积分结构, 可以挖掘出其两个结构特点, 其一为被积函数为单一变量, 且正好与积分变量形成标准的右手系 (轮换):

$$(x,y,z)\to(y,z,x)\to(z,x,y);$$

其二为积分区域的球面具有带对应球心坐标的轮换对称性 (对等性):

$$(x,a)\to(y,b)\to(z,c),$$

因此, 可以利用上述特性简化计算.

解　利用轮换对称性, 只需计算 $I_1=\iint\limits_{\boldsymbol{\Sigma}} z^2\mathrm{d}x\mathrm{d}y$.

由于球面为有重点的封闭曲面, 计算时须分割为无重点曲面. 此时须将球面分割为上半球面

$$\Sigma_1: z=c+\sqrt{R^2-(x-a)^2-(y-b)^2}$$

和下半球面

$$\Sigma_2: z=c-\sqrt{R^2-(x-a)^2-(y-b)^2},$$

Σ_1,Σ_2 在 xOy 平面的投影区域为

$$D_{xy}=\left\{(x,y):(x-a)^2+(y-b)^2\leqslant R^2\right\}.$$

显然, $\boldsymbol{\Sigma}_1$ 的外侧相对于 z 轴为上侧; 而 $\boldsymbol{\Sigma}_2$ 的外侧相对于 z 轴为下侧 (可以通过 z 轴上的球面的两个顶点的法向确定侧的方向), 故

$$\begin{aligned}
I_1&=\iint\limits_{\boldsymbol{\Sigma}_1} z^2\mathrm{d}x\mathrm{d}y+\iint\limits_{\boldsymbol{\Sigma}_2} z^2\mathrm{d}x\mathrm{d}y\\
&=\iint\limits_{D_{xy}}\left[c+\sqrt{R^2-(x-a)^2-(y-b)^2}\right]^2\mathrm{d}x\mathrm{d}y\\
&\quad-\iint\limits_{D_{xy}}\left[c-\sqrt{R^2-(x-a)^2-(y-b)^2}\right]^2\mathrm{d}x\mathrm{d}y\\
&=4c\iint\limits_{D_{xy}}\sqrt{R^2-(x-a)^2-(y-b)^2}\mathrm{d}x\mathrm{d}y\\
&\xlongequal[y=b+r\sin\theta]{x=a+r\cos\theta}4c\int_0^{2\pi}\mathrm{d}\theta\int_0^R\sqrt{R^2-r^2}r\mathrm{d}r=\frac{8}{3}\pi cR^3,
\end{aligned}$$

利用轮换对称性, $I_2=\iint\limits_{\boldsymbol{\Sigma}} y^2\mathrm{d}z\mathrm{d}x=\frac{8}{3}\pi bR^3, I_3=\iint\limits_{\boldsymbol{\Sigma}} x^2\mathrm{d}y\mathrm{d}z=\frac{8}{3}\pi aR^3$, 故 $I=\frac{8}{3}\pi R^3(a+b+c)$.

注　还可以利用积分曲面关于平面 $z=c$ 的对称性, 被积函数关于变量 z 的奇偶性, 进行如下计算:

$$I_1=\iint\limits_{\boldsymbol{\Sigma}}(z-c+c)^2\mathrm{d}x\mathrm{d}y=\iint\limits_{\boldsymbol{\Sigma}}\left[(z-c)^2+2c(z-c)+c^2\right]\mathrm{d}x\mathrm{d}y$$

$$= 0 + 2 \iint\limits_{\boldsymbol{\Sigma}} c(z-c)\mathrm{d}x\mathrm{d}y + 0 = 4c \iint\limits_{\boldsymbol{\Sigma}_1} (z-c)\mathrm{d}x\mathrm{d}y = \frac{8}{3}\pi c R^3.$$

只是由于第二类曲面 (曲线) 积分在涉及积分结构的这种性质时, 结论较为复杂, 要谨慎使用, 可以利用积分可加性, 将积分区域分为对称的两部分, 利用变量代换合二为一, 再进行计算.

8.2.6 两类曲面积分之间的关系

设相对于 z 轴的简单曲面为 $\Sigma: z = z(x,y), (x,y) \in D_{xy}$, 在第一类曲面积分的导出过程中, 曾给出曲面 Σ 面积的计算公式

$$S_{\Sigma} = \iint\limits_{D_{xy}} \frac{\mathrm{d}x\mathrm{d}y}{|\cos(\widehat{\boldsymbol{n},\boldsymbol{k}})|},$$

其中 D_{xy} 为 Σ 在 xOy 平面内的投影, $(\widehat{\boldsymbol{n},\boldsymbol{k}})$ 表示曲面法向与 z 轴正向的夹角, 由于采用绝对值, 因此, 对法向的选择没有要求. 利用积分中值定理, 则存在 $(\xi,\eta) \in D_{xy}$, 使得

$$S_{\Sigma} = \frac{S_{D_{xy}}}{\left|\cos(\widehat{\boldsymbol{n}_M,\boldsymbol{k}})\right|},$$

其中 $M(\xi,\eta,z(\xi,\eta))$, $\boldsymbol{n}_M$ 为点 $M(\xi,\eta,z(\xi,\eta))$ 处的法线方向. 因此, 当曲面很小时, 可以得到近似公式:

$$\left|\cos(\widehat{\boldsymbol{n},\boldsymbol{k}})\right| \approx \frac{S_{D_{xy}}}{S_{\Sigma}},$$

其中 $\boldsymbol{n}$ 为曲面上任一点的法向.

现考虑第二类曲面积分 $I = \iint\limits_{\boldsymbol{\Sigma}} R(x,y,z)\mathrm{d}x\mathrm{d}y$, $\boldsymbol{\Sigma}$ 为取定一侧的曲面, 记 γ 为 $\boldsymbol{\Sigma}$ 对应于取定侧的法向与 z 轴正向的夹角. 当 $\boldsymbol{\Sigma}$ 取定 Σ 的上侧时, 此时 γ 为锐角, 由定义 8-5, 则

$$\begin{aligned}
I &= \lim_{\lambda(T)\to 0} \sum_{i=1}^{n} R(\xi_i,\eta_i,\zeta_i) \cdot \Delta \boldsymbol{S}_{D_i} \\
&= \lim_{\lambda(T)\to 0} \sum_{i=1}^{n} R(\xi_i,\eta_i,\zeta_i) \cdot \Delta S_{D_i} \\
&= \lim_{\lambda(T)\to 0} \sum_{i=1}^{n} R(\xi_i,\eta_i,\zeta_i) \cos\gamma_i^* \cdot \Delta S_{D_i} \\
&= \iint\limits_{\Sigma} R(x,y,z)\cos\gamma \mathrm{d}S,
\end{aligned}$$

其中 γ_i^* 为曲面块 $\boldsymbol{\Sigma}_i$ 上某一点的法向量.

当 $\boldsymbol{\Sigma}$ 取定 Σ 的下侧时, 此时 γ 为钝角, 故

$$\begin{aligned}I &= \lim_{\lambda(T)\to 0}\sum_{i=1}^{n} R(\xi_i,\eta_i,\zeta_i)\cdot \Delta \boldsymbol{S}_{D_i} = \lim_{\lambda(T)\to 0}\sum_{i=1}^{n} R(\xi_i,\eta_i,\zeta_i)\cdot(-\Delta S_{D_i})\\ &= \lim_{\lambda(T)\to 0}\sum_{i=1}^{n} R(\xi_i,\eta_i,\zeta_i)\cos\gamma_i^*\cdot\Delta S_{D_i}\\ &= \iint_{\Sigma} R(x,y,z)\cos\gamma \mathrm{d}S,\end{aligned}$$

故, 不论 $\boldsymbol{\Sigma}$ 取 Σ 的上侧还是下侧, 总有

$$\iint_{\boldsymbol{\Sigma}} R(x,y,z)\mathrm{d}x\mathrm{d}y = \iint_{\Sigma} R(x,y,z)\cos\gamma \mathrm{d}S.$$

类似地, 若记 β 为对应于 $\boldsymbol{\Sigma}$ 取定 Σ 的左或右侧的法向与 y 轴正向的夹角, 则

$$\iint_{\boldsymbol{\Sigma}} Q(x,y,z)\mathrm{d}z\mathrm{d}x = \iint_{\Sigma} Q(x,y,z)\cos\beta \mathrm{d}S;$$

同理, 若记 α 为对应于 $\boldsymbol{\Sigma}$ 取定 Σ 的前或后侧的法向与 x 轴正向的夹角, 则

$$\iint_{\boldsymbol{\Sigma}} P(x,y,z)\mathrm{d}y\mathrm{d}z = \iint_{\Sigma} P(x,y,z)\cos\alpha \mathrm{d}S,$$

因而

$$\iint_{\boldsymbol{\Sigma}} P\mathrm{d}y\mathrm{d}z + Q\mathrm{d}z\mathrm{d}x + R\mathrm{d}x\mathrm{d}y = \iint_{\Sigma}[P\cos\alpha + Q\cos\beta + R\cos\gamma]\mathrm{d}S,$$

其中 $(\cos\alpha,\cos\beta,\cos\gamma)$ 是有侧曲面 $\boldsymbol{\Sigma}$ 上点 (x,y,z) 的对应取定侧的单位法向量, 这就是两类积分之间的联系.

从背景问题中流量计算问题的最后三个有限和的极限式中可以观察到, $\displaystyle\iint_{\Sigma}[P\cos\alpha + Q\cos\beta + R\cos\gamma]\mathrm{d}S$ 正是从第一个和式得到的第二类曲面积分, 有些教材是以此式为第二类曲面积分的定义.

上述联系公式表明, 每一种类型的第二类曲面积分都可以转化为同一曲面上的第一类曲面积分, 由此, 我们可以从两个方面挖掘这一关系式的应用. 其一, 由于第二类曲面积分的计算比较复杂, 因而, 可以借助于两类曲面积分间的联系公式, 化第二类曲面积分为第一类曲面积分进行计算; 其二, 借助于第一类曲面积分

还可以在不同类型的第二类曲面积分间进行转换, 或者化不同类型的第二类曲面积分为同一种类型的第二类曲面积分, 从而简化计算.

例 10 证明:

$$\begin{aligned}&\iint\limits_{\Sigma} P(x,y,z)\mathrm{d}y\mathrm{d}z+Q(x,y,z)\mathrm{d}z\mathrm{d}x+R(x,y,z)\mathrm{d}x\mathrm{d}y\\=&\iint\limits_{D_{xy}}\left[\frac{xP(x,y,z(x,y))}{\sqrt{x^2+y^2}}+\frac{yQ(x,y,z(x,y))}{\sqrt{x^2+y^2}}-R(x,y,z(x,y))\right]\mathrm{d}x\mathrm{d}y,\end{aligned}$$

其中 $\Sigma: z=\sqrt{x^2+y^2},(x,y)\in D_{xy}=\left\{(x,y): x^2+y^2\leqslant 1\right\}$, 取外侧, $P(x,y,z)$, $Q(x,y,z)$, $R(x,y,z)$ 都是连续函数.

结构分析 题目要求将三种不同类型的第二类曲面积分都转化为关于变量 x, y 的二重积分, 根据第二类曲面积分的计算公式, 对坐标 x, y 的第二类曲面积分可以转化为此种二重积分, 因此, 证明的关键在于将其他类型的第二类曲面积分转化为对坐标 x, y 的第二类曲面积分, 这正是两类曲面积分间联系的第二种应用, 因此, 证明的思路是将其他类型的第二类曲面积分转化为第一类曲面积分, 然后再转化为所要求的第二类曲面积分, 利用计算公式化为二重积分, 即思路可以表示为

各种类型的第二类曲面积分 $\Rightarrow$ 第一类曲面积分 $\Rightarrow$ 对坐标 x, y 的第二类曲面积分 $\Rightarrow$ 关于变量 x, y 的二重积分.

证明 记 $(\cos\alpha,\cos\beta,\cos\gamma)$ 为曲面上的点所对应的外侧的法线方向, 由两类曲面积分的联系, 则

$$\begin{aligned}&\iint\limits_{\Sigma} P(x,y,z)\mathrm{d}y\mathrm{d}z+Q(x,y,z)\mathrm{d}z\mathrm{d}x+R(x,y,z)\mathrm{d}x\mathrm{d}y\\=&\iint\limits_{\Sigma}[P(x,y,z)\cos\alpha+Q(x,y,z)\cos\beta+R(x,y,z)\cos\gamma]\mathrm{d}S\\=&\iint\limits_{\Sigma}[P(x,y,z)\cos\alpha+Q(x,y,z)\cos\beta+R(x,y,z)\cos\gamma]\frac{1}{\cos\gamma}\cos\gamma\mathrm{d}S\\=&\iint\limits_{\Sigma}\left[P(x,y,z)\frac{\cos\alpha}{\cos\gamma}+Q(x,y,z)\frac{\cos\beta}{\cos\gamma}+R(x,y,z)\right]\mathrm{d}x\mathrm{d}y,\end{aligned}$$

利用曲面方程可以计算

$$(\cos\alpha,\cos\beta,\cos\gamma)=\left\{\frac{x}{\sqrt{2\left(x^2+y^2\right)}},\frac{y}{\sqrt{2\left(x^2+y^2\right)}},\frac{-1}{\sqrt{2}}\right\},$$

故

$$\iint_{\boldsymbol{\Sigma}} P(x,y,z)\mathrm{d}y\mathrm{d}z + Q(x,y,z)\mathrm{d}z\mathrm{d}x + R(x,y,z)\mathrm{d}x\mathrm{d}y$$

$$= -\iint_{\boldsymbol{\Sigma}} \left[P(x,y,z)\frac{x}{\sqrt{x^2+y^2}} + Q(x,y,z)\frac{y}{\sqrt{x^2+y^2}} - R(x,y,z)\right]\mathrm{d}x\mathrm{d}y$$

$$= \iint_{D} \left[\frac{xP(x,y,z(x,y))}{\sqrt{x^2+y^2}} + \frac{yQ(x,y,z(x,y))}{\sqrt{x^2+y^2}} - R(x,y,z(x,y))\right]\mathrm{d}x\mathrm{d}y.$$

例 11 计算 $I = \iint\limits_{\boldsymbol{\Sigma}} \left(z^2+x\right)\mathrm{d}y\mathrm{d}z - z\mathrm{d}x\mathrm{d}y$, 其中曲面 Σ 为抛物面 $z = \frac{1}{2}\left(x^2+y^2\right)$ 介于平面 $z=0$, $z=2$ 之间的部分, 取下侧.

结构分析 题目要求计算两种类型的第二类曲面积分, 可以利用基本计算公式进行计算, 计算量可能较大, 可以利用例 10 的思路将两种不同类型的第二类曲面积分化为一种, 然后再用基本公式计算.

解 利用两类曲面积分的联系, 则

$$\iint_{\boldsymbol{\Sigma}} \left(z^2+x\right)\mathrm{d}y\mathrm{d}z = \iint_{\Sigma} \left(z^2+x\right)\cos\alpha\mathrm{d}S = \iint_{\boldsymbol{\Sigma}} \left(z^2+x\right)\frac{\cos\alpha}{\cos\gamma}\mathrm{d}x\mathrm{d}y,$$

由于 $\boldsymbol{\Sigma}$ 取下侧, 因而

$$\cos\alpha = \frac{x}{\sqrt{1+x^2+y^2}}, \quad \cos\gamma = \frac{-1}{\sqrt{1+x^2+y^2}},$$

记 $D_{xy} = \left\{(x,y) : x^2+y^2 \leqslant 4\right\}$, 故

$$I = \iint_{\boldsymbol{\Sigma}} \left[\left(z^2+x\right)(-x) - z\right]\mathrm{d}x\mathrm{d}y$$

$$= -\iint_{D_{xy}} \left\{\left[\frac{1}{4}\left(x^2+y^2\right)^2 + x\right](-x) - \frac{1}{2}\left(x^2+y^2\right)\right\}\mathrm{d}x\mathrm{d}y$$

$$= \iint_{D_{xy}} \left[x^2 + \frac{1}{2}\left(x^2+y^2\right)\right]\mathrm{d}x\mathrm{d}y = 8\pi.$$

例 11 中, 由于曲面积分是沿下侧进行的, 因而, 利用两类积分间的联系, 将不同类型的积分都转化为对坐标 x, y 的积分, 避免了在计算其他类型积分时需将曲面进行分割, 将曲面的下侧转化为其他类型的侧, 从而简化了计算.

习 题 8-2

1. 计算下列曲面积分:

(1) $I=\iint\limits_{\Sigma}(y-z)\mathrm{d}y\mathrm{d}z+(z-x)\mathrm{d}z\mathrm{d}x+(x-y)\mathrm{d}x\mathrm{d}y$, 其中 Σ 为锥面 $z=\sqrt{x^2+y^2}$ 被平面 $z=1$ 所截下的部分, $\boldsymbol{\Sigma}$ 取其外侧.

(2) $I=\iint\limits_{\Sigma}\frac{1}{x}\mathrm{d}y\mathrm{d}z+\frac{1}{y}\mathrm{d}z\mathrm{d}x+\frac{1}{z}\mathrm{d}x\mathrm{d}y$, 其中 $\Sigma: x^2+y^2+z^2=1, \boldsymbol{\Sigma}$ 取其外侧.

(3) $I=\iint\limits_{\Sigma}x\mathrm{d}y\mathrm{d}z+y\mathrm{d}z\mathrm{d}x+z\mathrm{d}x\mathrm{d}y$, 其中 Σ 为平面 $x+y+z=1$ 位于第 I 卦限中的部分, $\boldsymbol{\Sigma}$ 取其上侧.

(4) $I=\iint\limits_{\Sigma}x\mathrm{d}y\mathrm{d}z+y\mathrm{d}z\mathrm{d}x+z\mathrm{d}x\mathrm{d}y$, 其中曲面 Σ 为柱面 $\Sigma: x^2+y^2=1$, 位于 $0\leqslant z\leqslant 3$ 中的部分, $\boldsymbol{\Sigma}$ 取其外侧.

(5) $I=\iint\limits_{\Sigma}x^3\mathrm{d}y\mathrm{d}z+y^3\mathrm{d}z\mathrm{d}x+z^3\mathrm{d}x\mathrm{d}y$, 其中曲面 $\Sigma: x^2+y^2+z^2=1$, $\boldsymbol{\Sigma}$ 取其外侧.

(6) $I=\iint\limits_{\Sigma}xy\mathrm{d}y\mathrm{d}z+yz\mathrm{d}z\mathrm{d}x+zx\mathrm{d}x\mathrm{d}y$, 其中曲面 $\Sigma: \frac{x^2}{a^2}+\frac{y^2}{b^2}+\frac{z^2}{c^2}=1, z\geqslant 0$, $\boldsymbol{\Sigma}$ 取其上侧.

(7) $I=\iint\limits_{\Sigma}(x+y)\mathrm{d}y\mathrm{d}z+(y+z)\mathrm{d}z\mathrm{d}x+(z+x)\mathrm{d}x\mathrm{d}y$, 其中 Σ 为以原点为中心、边长为 2 的正方体的表面, $\boldsymbol{\Sigma}$ 取其外侧.

2. 分析题目的结构特点, 设计对应的计算方法:

(1) $I_1=\iint\limits_{\Sigma}x\mathrm{d}y\mathrm{d}z+y\mathrm{d}z\mathrm{d}x+z\mathrm{d}x\mathrm{d}y$;　　(2) $I_2=\iint\limits_{\Sigma}x^2\mathrm{d}y\mathrm{d}z+y^2\mathrm{d}z\mathrm{d}x+z^2\mathrm{d}x\mathrm{d}y$,

其中, $\Sigma: x^2+y^2+z^2=1$, $\boldsymbol{\Sigma}$ 取其外侧.

3. 利用两类曲面积分间的联系计算:

$$I=\iint\limits_{\Sigma}\left(x+xy^2z^3\right)\mathrm{d}y\mathrm{d}z+\left(y+xy^2z^3\right)\mathrm{d}z\mathrm{d}x+\left(z+xy^2z^3\right)\mathrm{d}x\mathrm{d}y,$$

其中 $\Sigma: x-y+z=1$ 在第 IV 卦限中的部分, $\boldsymbol{\Sigma}$ 取其上侧.

4. 利用两类曲面积分间的联系计算 $I=\iint\limits_{\Sigma}z^3\mathrm{d}S$, 其中曲面为上半球面 $\Sigma: x^2+y^2+z^2=1(z>0)$, $\boldsymbol{\Sigma}$ 取其外侧.

5. 给定光滑曲面 $\Sigma: z=z(x,y),(x,y)\in D$, 证明:

$$\iint\limits_{\Sigma}P(x,y,z)\mathrm{d}y\mathrm{d}z+Q(x,y,z)\mathrm{d}z\mathrm{d}x+R(x,y,z)\mathrm{d}x\mathrm{d}y$$

$$= \iint_{\boldsymbol{\Sigma}} [-P(x,y,z)z_x - Q(x,y,z)z_y + R(x,y,z)]\,\mathrm{d}x\mathrm{d}y,$$

其中 $\boldsymbol{\Sigma}$ 为曲面沿取定的一侧.

6. 试用至少三种不同的方法计算 $\iint_{\boldsymbol{\Sigma}} (y-z)\mathrm{d}y\mathrm{d}z + (z-x)\mathrm{d}z\mathrm{d}x + (x-y)\mathrm{d}x\mathrm{d}y$, 其中 $\Sigma: x^2+y^2+z^2=1$, $\boldsymbol{\Sigma}$ 取其外侧.

8.3节课件

8.3　重要积分公式

前面几节, 我们介绍了多元函数的各种积分理论, 包括多元数量值函数的重积分、第一类线积分、第一类面积分和向量值函数的第二类曲线积分、第二类曲面积分. 本节探讨各种积分间的联系以及重要的积分公式.

8.3.1　格林公式

1. 格林公式

本节我们先讨论平面上第二类曲线积分与二重积分之关系. 在一元函数积分学中, 牛顿-莱布尼茨公式

$$\int_a^b F'(x)\mathrm{d}x = F(b) - F(a)$$

表示: 定积分的积分值等于被积函数的原函数在积分边界的差值. 那么, 二重积分值是否与被积函数的原函数在积分边界的某种取值有关呢? 为此, 先引入区域的概念.

定义 8-6　设 D 是平面区域, 如果 D 内任意一条封闭曲线所围的区域仍含于 D 内, 则称 D 是平面单连通区域 (如图 8-11 所示). 不是单连通区域的平面区域称为平面复连通区域 (如图 8-12 所示).

平面单连通区域的几何特征　所谓平面单连通区域是指 “实心” 或 “无洞” 的平面区域, 可以有界也可以无界.

对于平面区域 D 的边界曲线 L, 根据实际应用规定 L 的正向如下: 当观察者沿着 L 的这个方向行走时, 平面区域 D 总在观察者的左边, 如图 8-13 所示.

定理 8-2 (格林公式)　设 D 是平面单连通的有界闭区域, $L=\partial D$ 为的边界曲线, 如果

(1) L 是光滑封闭曲线,

(2) L 取正向,

(3) $P(x,y), Q(x,y)$ 在 D 上具有一阶连续偏导数,

则 $\iint\limits_D \left(\frac{\partial Q}{\partial x}-\frac{\partial P}{\partial y}\right)\mathrm{d}x\mathrm{d}y=\oint_L P\mathrm{d}x+Q\mathrm{d}y.$

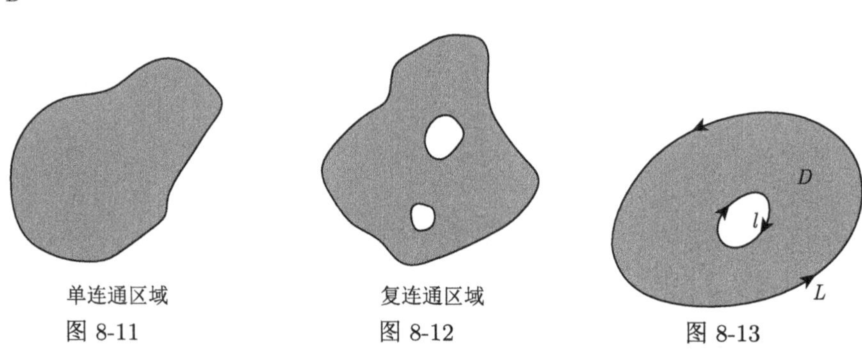

单连通区域 图 8-11　　复连通区域 图 8-12　　图 8-13

结构分析　要证明等式的结构特征: 二重积分的积分值等于被积函数的原函数在其积分区域边界上的曲线积分值. 两端关于函数 $P(x,y)$, $Q(x,y)$ 具有分离结构, 因此, 证明的思路之一就是证明两端对应的项相等. 更进一步, 要证明的等式左端是第二类曲线积分, 右端是二重积分, 是两类不同的积分, 因此, 必须借助一个共同的对象在二者之间建立联系. 类比已知, 我们知道, 第二类曲线积分可以转化为定积分计算, 二重积分先转化为累次积分, 再转化为定积分计算, 因此, 二者的联系桥梁是定积分, 这又是证明定理的思路之一. 继续比较两端对应项, 左端的第二类曲线积分可以转化为对应函数的定积分, 而右端的二重积分如 $\iint\limits_D \frac{\partial Q}{\partial x}\mathrm{d}x\mathrm{d}y$, 要化为以 $Q(x,y)$ 为被积函数的定积分, 需要利用区域 D 的特定类型 (X-型或 Y-型) 化为特定次序的累次积分, 去掉偏导数, 再化为以 $Q(x,y)$ 为被积函数的定积分, 注意到右端两项涉及两个不同变量的偏导数, 因此, 区域的选择能以同时去掉两个偏导数为出发点. 因此, 利用从简单到复杂、从特殊到一般的方法, 我们从最简单的既是 X-型, 又是 Y-型的区域入手, 在最简单的区域上完成证明, 再逐步推广到一般区域.

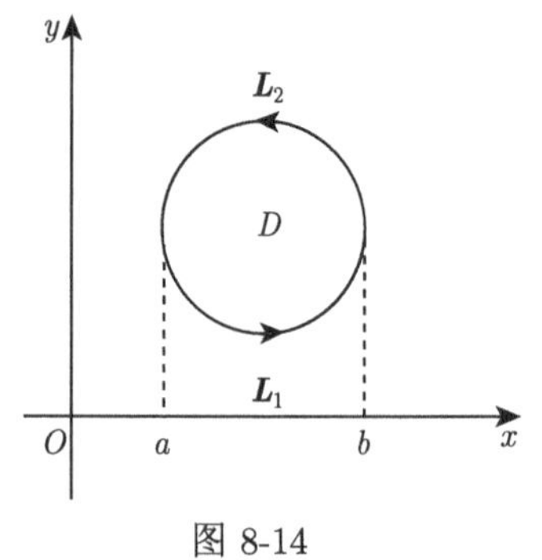

图 8-14

证明　**情形 1**　先设 D 是 X-型, 如图 8-14 此时区域可以表示为

$$D=\{(x,y): y_1(x)\leqslant y\leqslant y_2(x), a\leqslant x\leqslant b\},$$

其正向边界可以分为两部分 $\boldsymbol{L}=\boldsymbol{L}_1+\boldsymbol{L}_2$, 其中

$$\boldsymbol{L}_1: y=y_1(x), x \text{ 从} a \text{ 变到} b;$$

$$\boldsymbol{L}_2: y=y_2(x), x \text{ 从 } b \text{ 变到} a;$$

由二重积分的计算公式, 则

$$\iint\limits_{D} \frac{\partial P}{\partial y}\mathrm{d}x\mathrm{d}y = \int_a^b \mathrm{d}x \int_{y_1(x)}^{y_2(x)} \frac{\partial P}{\partial y}\mathrm{d}y = \int_a^b \left[P\left(x, y_2(x)\right) - P\left(x, y_1(x)\right)\right]\mathrm{d}x.$$

再利用第二类曲线积分的计算公式, 则

$$\begin{aligned}\oint_{\boldsymbol{L}} P(x,y)\mathrm{d}x &= \int_{\boldsymbol{L}_1} P(x,y)\mathrm{d}x + \int_{\boldsymbol{L}_2} P(x,y)\mathrm{d}x \\ &= \int_a^b P\left(x, y_1(x)\right)\mathrm{d}x + \int_b^a P\left(x, y_2(x)\right)\mathrm{d}x \\ &= \int_a^b \left[P\left(x, y_1(x)\right) - P\left(x, y_2(x)\right)\right]\mathrm{d}x = -\iint\limits_{D} \frac{\partial p}{\partial y}\mathrm{d}x\mathrm{d}y.\end{aligned}$$

类似, 将 D 视为 Y-型区域, 有 $\oint_{\boldsymbol{L}} Q\mathrm{d}x = \iint\limits_{D} \frac{\partial Q}{\partial x}\mathrm{d}x\mathrm{d}y$, 故, 此时格林公式成立.

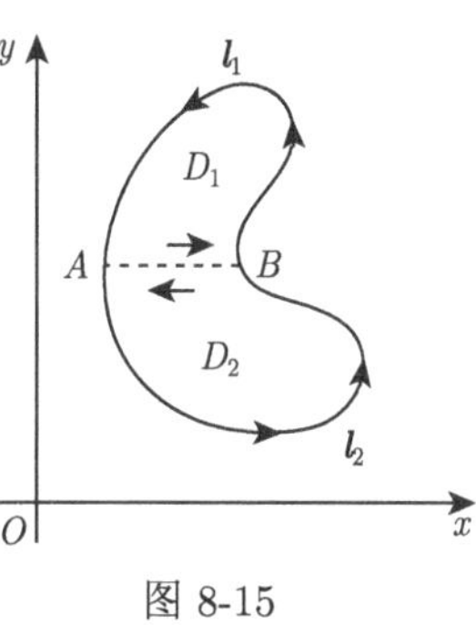

图 8-15

情形 2　一般区域, 先设 D 是这样的单连通区域: 通过一条曲线 L' 将其分割成两个区域 D_1, D_2, 如图 8-15, 其中 D_1, D_2 既是 X-型, 又是 Y-型. 记 $\boldsymbol{l}' = \widehat{AB}$, 按正向通过 A, B 两点将边界 L 分为两部分, $\overrightarrow{\partial D}_1 = \boldsymbol{l}_1 + \boldsymbol{l}'$ 为区域 D_1 的正向边界, $\overrightarrow{\partial D}_2 = \boldsymbol{l}_2 - \boldsymbol{l}'$ 为 D_2 的正向边界, 由情形 1,

$$\begin{aligned}\iint\limits_{D} \left(\frac{\partial Q}{\partial x} - \frac{\partial P}{\partial y}\right)\mathrm{d}x\mathrm{d}y &= \iint\limits_{D_1} \left(\frac{\partial Q}{\partial x} - \frac{\partial P}{\partial y}\right)\mathrm{d}x\mathrm{d}y + \iint\limits_{D_2} \left(\frac{\partial Q}{\partial x} - \frac{\partial P}{\partial y}\right)\mathrm{d}x\mathrm{d}y \\ &= \left(\oint_{\overrightarrow{\partial D_1}} + \oint_{\overrightarrow{\partial D_2}}\right)(P\mathrm{d}x + Q\mathrm{d}y) \\ &= \int_{\boldsymbol{l}_1} P\mathrm{d}x + Q\mathrm{d}y + \int_{\boldsymbol{l}'} P\mathrm{d}x \\ &\quad + Q\mathrm{d}y + \int_{\boldsymbol{l}_2} P\mathrm{d}x + Q\mathrm{d}y - \int_{\boldsymbol{l}'} P\mathrm{d}x + Q\mathrm{d}y \\ &= \int_{\boldsymbol{l}_1 \cup \boldsymbol{l}_2} P\mathrm{d}x + Q\mathrm{d}y = \oint_{\boldsymbol{l}} P\mathrm{d}x + Q\mathrm{d}y,\end{aligned}$$

因而, 此时格林公式仍成立.

情形 3　再设 D 是更一般的单连通区域, 可通过分割将其分割成若干个既是 X-型, 又是 Y-型的区域, 类似可归纳证明格林公式仍成立.

注意, 格林公式对复连通区域同样成立, 这里只考虑一种特殊的复连通区域, 即区域 D 的内部只含有一个洞, 如图 8-16, 此时, 边界曲线 ∂D 有内外两条 l, L, 按边界曲线正向的确定, 外边界 L 的正向外边界 $\boldsymbol{L}$ 为逆时针方向, 内边界 l 的正向内边界 $\boldsymbol{l}$ 为顺时针方向, 为证明格林公式, 按常用的处理方法, 须将这种情形转化为定理 8-2 的单连通区域处理, 为此, 在内边界曲线上选择一点 A, 在外边界曲线上选择一点 B, 连接 A 与 B, 将 D 沿直线 AB 剪开, 则 D 变为单连通区域, 其正向边界为 $\boldsymbol{L}+\overrightarrow{BA}+\boldsymbol{l}+\overrightarrow{AB}$, 则由定理 8-2,

$$\iint\limits_D\left(\frac{\partial Q}{\partial x}-\frac{\partial P}{\partial y}\right)\mathrm{d}x\mathrm{d}y=\left(\int_{\boldsymbol{L}}+\int_{\overrightarrow{BA}}+\int_{\boldsymbol{l}}+\int_{\overrightarrow{AB}}\right)(P\mathrm{d}x+Q\mathrm{d}y)$$

$$=\left(\int_{\boldsymbol{L}}+\int_{\boldsymbol{l}}\right)(P\mathrm{d}x+Q\mathrm{d}y)=\oint_{\boldsymbol{L}+\boldsymbol{l}}P\mathrm{d}x+Q\mathrm{d}y.$$

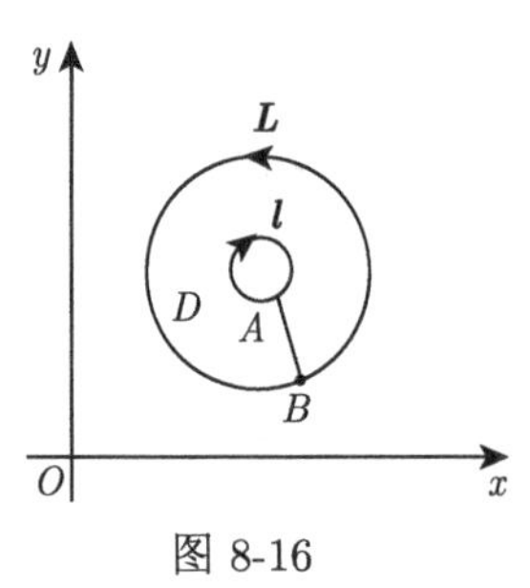

图 8-16

抽象总结 ①定理建立了第二类曲线积分和二重积分的联系, 或者, 从等式的结构看, 实现了化第二类曲线积分为二重积分, 这也体现了格林公式的重要作用. ②分析格林公式两端的积分区域, 曲线 l 正是区域 D 的边界, 因此, 格林公式建立了区域上的积分与边界积分的关系, 这种关系在已经学过的积分理论中遇到过, 这就是定积分中的牛顿–莱布尼茨公式, 事实上, 这两个公式和后面的斯托克斯 (Stokes) 公式、高斯 (Gauss) 公式本质上是相同的.

2. 格林公式的应用

1) 平面面积的计算

作为格林公式的另一应用, 很容易得到了平面面积的又一计算公式.

定理 8-3 假设平面有界区域 D 的正向边界为 $\boldsymbol{l}$, 则其面积为

$$S_D=\iint\limits_D\mathrm{d}x\mathrm{d}y=\frac{1}{2}\oint_{\boldsymbol{l}}x\mathrm{d}y-y\mathrm{d}x,$$

其中, 右端的第二类曲线积分沿 $\boldsymbol{l}$ 的正向进行.

例 12 计算由椭圆曲线 $\dfrac{x^2}{a^2}+\dfrac{y^2}{b^2}=1$ 所围的椭圆区域 D 的面积.

解 由定理 8-3, 其面积为 $S_D=\dfrac{1}{2}\oint_{\boldsymbol{l}}x\mathrm{d}y-y\mathrm{d}x$, 其中 $\boldsymbol{l}$ 取为正向边界, 其参数方程为

$$\boldsymbol{l}:\begin{cases}x=a\cos\theta,\\ y=b\sin\theta,\end{cases}\ \theta \text{ 中 } 0 \text{ 变至 } 2\pi,$$

利用第二类曲线积分的计算, 则

$$S_D = \frac{1}{2}\int_0^{2\pi}(a\cos\theta\cdot b\cos\theta + b\sin\theta\cdot a\sin\theta)\,\mathrm{d}\theta = \pi ab.$$

可以看到, 这个计算方法比用二重积分计算面积简单.

2) 复杂结构的第二类曲线积分的计算

第二类曲线积分的计算取决于其结构, 基本计算公式只能处理简单结构的第二类曲线积分的计算, 复杂结构的第二类曲线积分需要利用格林公式进行计算, 因此, 后续遇到第二类曲线积分的计算一般优先考虑利用格林公式.

为此, 我们对格林公式进行进一步的分析. 假设区域 D 的正向边界为 $\boldsymbol{l}$, 且由两部分组成 $\boldsymbol{l} = \boldsymbol{l}_1 + \boldsymbol{l}_2$, 进一步假设在区域 D 上满足 $\dfrac{\partial Q}{\partial x} - \dfrac{\partial P}{\partial y} = c$, c 为某个常数, 由格林公式, 则

$$\oint_{\boldsymbol{l}} P\mathrm{d}x + Q\mathrm{d}y = \iint_D \left[\frac{\partial Q}{\partial x} - \frac{\partial P}{\partial y}\right]\mathrm{d}x\mathrm{d}y = cS,$$

S 为区域 D 的面积, 因而

$$\int_{\boldsymbol{l}_1} P\mathrm{d}x + Q\mathrm{d}y = -\int_{\boldsymbol{l}_2} P\mathrm{d}x + Q\mathrm{d}y + cS,$$

特别, 当 c=0 时, $\displaystyle\int_{\boldsymbol{l}_1} P\mathrm{d}x + Q\mathrm{d}y = -\int_{\boldsymbol{l}_2} P\mathrm{d}x + Q\mathrm{d}y.$

结构分析　上述结论表明, 在一定条件下, 可以将一条曲线上的第二类曲线积分转化为另一条曲线上的第二类曲线积分. 我们知道, 第二类曲线积分计算的难易程度由被积函数和曲线的复杂程度来决定 (由积分结构的复杂度决定), 因此, 假如对给定的第二类曲线积分, 被积函数在给定的曲线上结构较为复杂, 则此时直接计算就很困难, 但是, 若存在另外一条特殊的曲线, 使得在此曲线上, 被积函数结构比较简单, 则在满足上述条件下, 可以将沿复杂曲线上的第二类曲线积分转化为特殊曲线上简单的第二类曲线积分, 这正是格林公式的应用机理. 将上述分析总结为如下定理.

定理 8-4　假设给定方向的曲线 $\boldsymbol{l}_1$ 和 $\boldsymbol{l}_2$ 围成封闭区域 D, 且 $\boldsymbol{l} = \boldsymbol{l}_1 + \boldsymbol{l}_2$ 为 D 的正向边界, 又设在区域 D 上满足条件: $\dfrac{\partial Q}{\partial x} - \dfrac{\partial P}{\partial y} = 0$, 则 $\displaystyle\int_{\boldsymbol{l}_1} P\mathrm{d}x + Q\mathrm{d}y = -\int_{\boldsymbol{l}_2} P\mathrm{d}x + Q\mathrm{d}y.$

定理中的条件可以称为格林公式作用对象的特征, 因此, 将来遇到第二类曲线积分的计算, 可以先验证是否具有此特征.

例 13 计算 $I=\int_{l}\frac{x-y}{x^2+y^2}\mathrm{d}x+\frac{x+y}{x^2+y^2}\mathrm{d}y$, 其中 $\boldsymbol{l}$ 沿 $y=-2x^2+8$ 从 $A(-2,0)$ 到 $B(2,0)$.

结构分析 分析给定的第二类曲线积分, 在给定的曲线上, 被积函数的结构复杂, 若直接按曲线积分计算, 非常困难, 其难点在于因子 $\frac{1}{x^2+y^2}$ 不易处理, 那么, 在什么样的曲线上 $\frac{1}{x^2+y^2}$ 很易于处理? 显然: 沿曲线 $x^2+y^2=a^2$ 可以将困难的因子简单化, 因为此时有 $\frac{1}{x^2+y^2}=\frac{1}{a^2}$, 因而, 问题的关键在于如何将在 $\boldsymbol{l}$ 上的曲线积分转化为沿圆周曲线上的曲线积分. 由定理 8-4, 关键在于能否找到满足定理的特殊的曲线.

解 取上半圆周曲线 $\boldsymbol{l}_1: x^2+y^2=4$, 方向为逆时针方向, 如图 8-17, 则 $\boldsymbol{l}_1$ 与 $\boldsymbol{l}$ 形成封闭曲线, 所围区域记为 D, 记 $P=\frac{x-y}{x^2+y^2}, Q=\frac{x+y}{x^2+y^2}$, 则在区域 D 上, 格林公式的条件满足, 进一步计算得 $\frac{\partial P}{\partial y}=\frac{\partial Q}{\partial y}=\frac{y^2-2xy-x^2}{(x^2+y^2)^2}$, 注意到区域 D 的正向边界 $\overrightarrow{\partial D}=-\boldsymbol{l}+(-\boldsymbol{l}_1)$, 由定理 8-4,

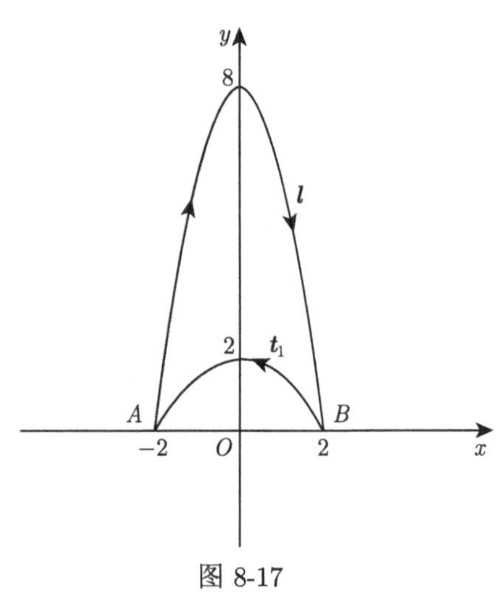

图 8-17

$$
\begin{aligned}
I&=\int_{l}P\mathrm{d}x+Q\mathrm{d}y=\int_{-l_1}P\mathrm{d}x+Q\mathrm{d}y\\
&=-\frac{1}{4}\int_{l_1}(x-y)\mathrm{d}x+(x+y)\mathrm{d}y\\
&=-\frac{1}{4}\int_{0}^{\pi}[(2\cos t-\sin t)(-2\sin t)\\
&\quad+2(\cos t+\sin t)2\cos t]\mathrm{d}t\\
&=-\pi.
\end{aligned}
$$

总结 通过构造辅助曲线, 借助格林公式将沿某曲线上的第二类线积分转化为特殊曲线上的线积分, 是格林公式的重要应用, 可以把这种第二类曲线积分的计算方法称为基于格林公式的闭化方法: 通过添加一条曲线, 使其成为封闭曲线, 然后使用格林公式进行简化计算.

思考问题: 例 13 中辅助曲线的构造方法唯一吗?

构造辅助曲线的方法有多种, 构造的原则是: 既要使得积分结构更加简单, 又要满足格林公式的条件: 所围区域不能有奇点. 如例 13 中, 若选择 x 轴上的直线

段 AB, 也可闭化, 但是, 此时有奇点 $O(0,0)$(函数 $P(x,y)$, $Q(x,y)$ 的偏导不存在的点) 落在直线 AB 上, 转化为 AB 上的定积分时, 出现奇异积分, 因而, 不能选取这样的直线, 但是, 可以在 $O(0,0)$ 附近, 用小圆周曲线 $x^2+y^2=\varepsilon^2(y\geqslant 0)$ 过渡一下.

对含有奇点的区域, 经常利用下面的 "挖洞法".

例 14　计算 $I=\oint_{\boldsymbol{l}}\frac{-y}{x^2+y^2}\mathrm{d}x+\frac{x}{x^2+y^2}\mathrm{d}y$, 其中 $\boldsymbol{l}$ 由抛物线 $y^2=x+2$ 及 $x=2$ 所围区域的顺时针边界.

结构分析　难点同例 13. 解决问题的关键如何将其转化为圆周曲线上的线积分. 但是, 本题还有一个特点: 给定的曲线是闭曲线, 所围区域内部有奇点. 这类问题的处理方法是如下的 "挖洞方法".

解　记 $l_1: x^2+y^2=\varepsilon^2$, $\boldsymbol{l}_1$ 为 l_1 的逆时针方向, ε 充分小, 则 $-\boldsymbol{l}$ 和 $-\boldsymbol{l}_1$ 形成复连通区域 D_1 的正向边界, 如图 8-18, 且在 D_1 满足格林公式的条件, 记 $P=\frac{-y}{x^2+y^2}, Q=\frac{x}{x^2+y^2}$, 则在 D_1 上成立 $\frac{\partial P}{\partial y}=\frac{\partial Q}{\partial x}$, 由格林公式, 则

$$\left(\int_{-\boldsymbol{l}}+\int_{-\boldsymbol{l}_1}\right)P\mathrm{d}x+Q\mathrm{d}y=\iint\limits_{D_1}\left(\frac{\partial Q}{\partial x}-\frac{\partial P}{\partial y}\right)\mathrm{d}x\mathrm{d}y=0,$$

故 $I=\int_{-\boldsymbol{l}_1}P\mathrm{d}x+Q\mathrm{d}y=-\frac{1}{\varepsilon^2}\int_0^{2\pi}[-\varepsilon\sin t\cdot(-\varepsilon\sin t)+\varepsilon\cos t\cdot\varepsilon\cos t]\mathrm{d}t=-2\pi.$

例 13 和例 14 反映格林公式两种重要的作用, 从中可看出其处理对象 $\int_{\boldsymbol{l}}P\mathrm{d}x+Q\mathrm{d}y$ 通常具有结构特点: $\frac{\partial P}{\partial y}-\frac{\partial Q}{\partial y}=$ 常数 (特别为 0), 常用的处理方法如下.

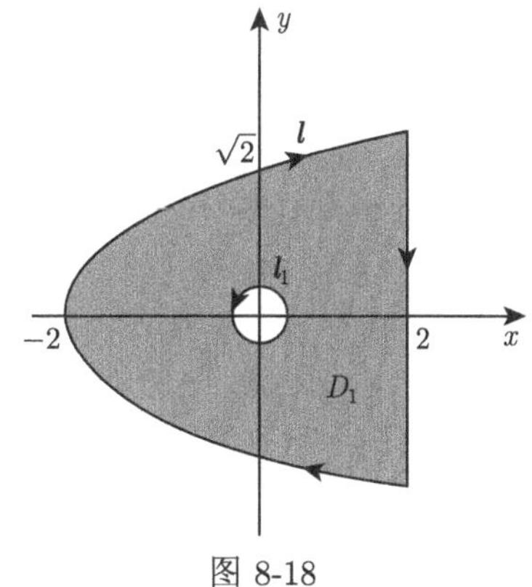

图 8-18

(1) 闭化法: $\boldsymbol{l}$ 不封闭, 通过添加一条特殊曲线, 将沿 $\boldsymbol{l}$ 的结构复杂的线积分转化为沿特殊曲线的简单线积分.

(2) 挖洞法: $\boldsymbol{l}$ 封闭, 但所围区域含奇点, 通过挖洞去掉奇性. 因而, 在涉及复杂结构第二类曲线积分计算时, 优先考虑用格林公式.

例 15　计算 $I=\oint_{\boldsymbol{l}}\frac{x\mathrm{d}y-y\mathrm{d}x}{4x^2+y^2}$, 其中 $\boldsymbol{l}$ 为圆周曲线 $(x-1)^2+y^2=R^2$ 的正向边界, $R\neq 1$.

解 记 $P=\dfrac{-y}{4x^2+y^2},Q=\dfrac{x}{4x^2+y^2}$, 则 $\dfrac{\partial P}{\partial y}=\dfrac{y^2-4x^2}{(4x^2+y^2)^2}=\dfrac{\partial Q}{\partial x},(x,y)\neq(0,0)$,

(1) 当 $R<1$ 时, 满足格林公式的条件, 故 $I=0$.

(2) 当 $R>1$ 时, 内部含有奇点, 用挖洞法解决.

作椭圆曲线 $l_1:4x^2+y^2=\varepsilon^2$, $\boldsymbol{l}_1$ 取其顺时针方向, 取 ε 充分小, 使得 $\boldsymbol{l}_1$ 包含在 $\boldsymbol{l}$ 内, 二者所围的区域上满足格林公式的条件, 则 $\displaystyle\oint_{\boldsymbol{l}+\boldsymbol{l}_1}\frac{x\mathrm{d}y-y\mathrm{d}x}{4x^2+y^2}=0$, 故

$$I=-\int_{\boldsymbol{l}_1}\frac{x\mathrm{d}y-y\mathrm{d}x}{4x^2+y^2}=\frac{1}{\varepsilon^2}\oint_{-\boldsymbol{l}_1}x\mathrm{d}y-y\mathrm{d}x=\pi.$$

8.3.2 高斯公式

本小节讨论第二类曲面积分和三重积分的关系.

1. 高斯公式

先引入几个空间区域的概念. 给定空间区域 Ω.

定义 8-7 若空间区域 Ω 内任何两点都可以用全属于此区域的曲线连接起来, 称区域 Ω 为连通区域. 空间连通区域允许区域内部有空洞, 但不允许区域内的不同部分相互隔离, 因此, 从几何上看, 所谓连通区域是指空间连在一起的区域. 这与平面连通区域有很大的区别.

定义 8-8 空间区域 Ω 内任何闭曲面都可不经过区域外的点而连续收缩为区域内的一点, 称空间区域 Ω 为二维单连通区域.

定义 8-8 等价于区域内的任何闭曲面所围的区域仍包含在此区域内, 因而, 二维单连通空间区域不允许内部有洞, 因而强于空间区域的连通性.

定义 8-9 空间区域内任何闭曲线都可不经过区域外的点而连续收缩为区域内的一点, 则称此区域为一维单连通区域.

如球的内部是二维单连通区域, 两个同心球之间的区域是一维单连通区域.

定理 8-5(高斯公式) 设 Ω 是空间二维单连通有界闭区域, 边界曲面 $\Sigma=\partial\Omega$ 是光滑的, $P(x,y,z)$, $Q(x,y,z)$ 和 $R(x,y,z)$ 在 Ω 上具有连续的偏导数, 则

$$\iiint\limits_{\Omega}\left(\frac{\partial P}{\partial x}+\frac{\partial Q}{\partial y}+\frac{\partial R}{\partial z}\right)\mathrm{d}x\mathrm{d}y\mathrm{d}z=\oiint\limits_{\boldsymbol{\Sigma}}P\mathrm{d}y\mathrm{d}z+Q\mathrm{d}z\mathrm{d}x+R\mathrm{d}x\mathrm{d}y,$$

其中, $\boldsymbol{\Sigma}$ 是指对应于有向曲面 Σ 的外侧.

分析 证明思路与格林公式完全类似, 从最特殊、最简单的区域结构入手.

证明 假设 Ω 既是 XY-型区域, 又是 YZ-型, 又是 ZX-型区域, 如图 8-19 所示. 若视 Ω 为 XY-型区域, 则可以表示为

$$\Omega=\{(x,y,z)|\,z_1(x,y)\leqslant z\leqslant z_2(x,y),(x,y)\in D_{xy}\},$$

记 $\Sigma_1: z=z_1(x,y)$, $\Sigma_2: z=z_2(x,y)$, $(x,y)\in D_{xy}$, Σ_3 为以 $l=\partial D_{xy}$ 为准线, 母线平行于 z 轴, 夹在 Σ_1 和 Σ_2 间的柱面, 则 Ω 可以视为这样的一个封闭区域: 其顶为曲面 Σ_2, 底为曲面 Σ_1, 围为柱面 Σ_3, 因而, $\Sigma=\partial\Omega=\Sigma_1\cup\Sigma_2\cup\Sigma_3$, 故

$$\begin{aligned}\iiint\limits_{\Omega}\frac{\partial R}{\partial z}\mathrm{d}x\mathrm{d}y\mathrm{d}z&=\iint\limits_{D_{xy}}\left(\int_{z_1(x,y)}^{z_2(x,y)}\frac{\partial R}{\partial z}\mathrm{d}z\right)\mathrm{d}x\mathrm{d}y\\&=\iint\limits_{D_{xy}}\left[R\left(x,y,z_2(x,y)\right)-R\left(x,y,z_1(x,y)\right]\mathrm{d}x\mathrm{d}y.\end{aligned}$$

记 $\boldsymbol{\Sigma}_i(i=1,2,3)$ 为对应于有向曲面 $\Sigma_i(i=1,2,3)$ 的外侧, 利用第二类曲面积分的计算, 则

$$\begin{aligned}\oiint\limits_{\boldsymbol{\Sigma}}R(x,y,z)\mathrm{d}x\mathrm{d}y&=\iint\limits_{\boldsymbol{\Sigma}_1}R(x,y,z)\mathrm{d}x\mathrm{d}y+\iint\limits_{\boldsymbol{\Sigma}_2}R(x,y,z)\mathrm{d}x\mathrm{d}y\\&\quad+\iint\limits_{\boldsymbol{\Sigma}_3}R(x,y,z)\mathrm{d}x\mathrm{d}y\\&=\iint\limits_{D_{xy}}\left[R\left(x,y,z_2(x,y)\right)-R\left(x,y,z_1(x,y)\right)\right]\mathrm{d}x\mathrm{d}y,\end{aligned}$$

故 $\displaystyle\iiint\limits_{\Omega}\frac{\partial R}{\partial z}\mathrm{d}x\mathrm{d}y\mathrm{d}z=\oiint\limits_{\boldsymbol{\Sigma}}R(x,y,z)\mathrm{d}x\mathrm{d}y.$

类似地, 若 Ω 是 YZ-型, 则 $\displaystyle\iiint\limits_{\Omega}\frac{\partial P}{\partial x}\mathrm{d}x\mathrm{d}y\mathrm{d}z=\oiint\limits_{\boldsymbol{\Sigma}}P(x,y,z)\mathrm{d}y\mathrm{d}z$; 若 Ω 是 ZX-型, 则 $\displaystyle\iiint\limits_{\Omega}\frac{\partial Q}{\partial y}\mathrm{d}z\mathrm{d}x=\oiint\limits_{\boldsymbol{\Sigma}}Q(x,y,z)\mathrm{d}z\mathrm{d}x$, 因而, 当 Ω 既是 XY-型, 又是 YZ-型, 又是 ZX-型区域时, 高斯公式成立.

上述证明中, 对闭区域 Ω 是有限制的, 即穿过 Ω 内部且平行于坐标轴的直线与 Ω 的边界曲面的交点恰好是两点. 如果不满足条件, 可以通过添加辅助面的方法将 Ω 分割为若干的有限闭区域, 使得每一个闭区域满足简单区域的条件. 由于沿辅助面相反两侧的两个曲面积分的绝对值相等而符号相反, 相加后为零, 因此高斯公式对于复杂的空间闭区域也是成立的.

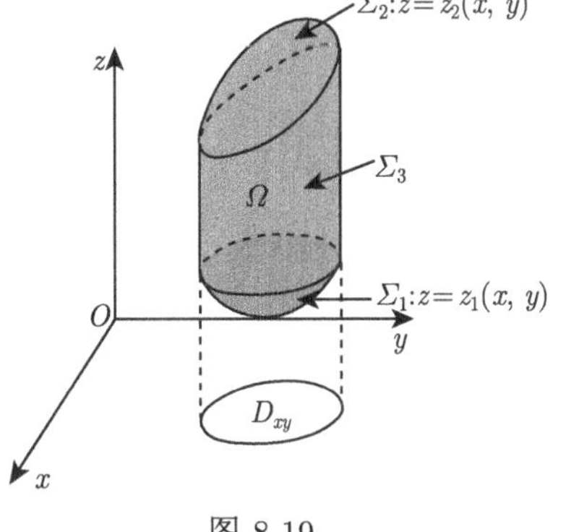

图 8-19

抽象总结 (1) 从公式的表示形式看, 它实现了将第二类曲面积分化为三重积分的计算, 给出了第二类曲面积分计算的又一新方法;

(2) 从应用层面看, 和格林公式的应用机理相似, 它实现了将复杂曲面上的第二类曲面积分转化为简单曲面上的第二类曲面积分以进行计算, 即实现了简化结构以简化计算的目的;

(3) 注意到三重积分的几何意义, 利用高斯公式还可以实现有界的空间区域的体积的计算;

(4) 三重积分等于被积函数的原函数在其积分区域边界上的曲面积分值.

2. 高斯公式的应用

根据上述结构分析, 建立高斯公式的应用.

1) 有界空间区域的体积计算

作为高斯公式的应用, 可得体积计算公式.

定理 8-6 设封闭的光滑曲面 Σ 所围的有界空间区域为 Ω, 则其体积为

$$\iiint\limits_{\Omega} \mathrm{d}x\mathrm{d}y\mathrm{d}z = \oiint\limits_{\boldsymbol{\Sigma}} x\mathrm{d}y\mathrm{d}z = \oiint\limits_{\boldsymbol{\Sigma}} y\mathrm{d}z\mathrm{d}x = \oiint\limits_{\boldsymbol{\Sigma}} z\mathrm{d}x\mathrm{d}y$$

$$= \frac{1}{3}\oiint\limits_{\boldsymbol{\Sigma}} x\mathrm{d}y\mathrm{d}z + y\mathrm{d}z\mathrm{d}x + z\mathrm{d}x\mathrm{d}y,$$

其中, $\boldsymbol{\Sigma}$ 为有向曲面 Σ 的外侧.

例 16 计算由椭圆曲面 $\Sigma : \frac{x^2}{a^2} + \frac{y^2}{b^2} + \frac{z^2}{c^2} = 1$ 所围的椭球体的体积.

分析 计算空间区域体积的方法不唯一, 此处我们采用定理 8-6 进行计算, 此时, 还有不同的计算途径, 从应用习惯上, 我们采用下述求解方法.

解 由定理 8-6, 则所求的体积为 $V = \iint\limits_{\boldsymbol{\Sigma}} z\mathrm{d}x\mathrm{d}y$, 由第二类曲面积分的计算公式, 注意到曲面 Σ 的对称性和被积函数的奇偶性, 若记 $\boldsymbol{\Sigma}_+$ 为 $\boldsymbol{\Sigma}$ 的上半部分, 即 $\boldsymbol{\Sigma}_+$ 为对应于 $\Sigma_+ : z = c\sqrt{1 - \frac{x^2}{a^2} - \frac{y^2}{b^2}}, (x, y) \in D$ 的上侧曲面, 其中 $D = \left\{(x, y) : \frac{x^2}{a^2} + \frac{y^2}{b^2} \leqslant 1\right\}$, 则

$$V = 2\iint\limits_{\boldsymbol{\Sigma}_+} z\mathrm{d}x\mathrm{d}y = 2c\iint\limits_{D} \sqrt{1 - \frac{x^2}{a^2} - \frac{y^2}{b^2}}\mathrm{d}x\mathrm{d}y$$

$$= 2abc\int_0^{2\pi} \mathrm{d}\theta \int_0^1 \rho\sqrt{1 - \rho^2}\mathrm{d}\rho = \frac{4}{3}\pi abc.$$

2) 复杂结构的第二类曲面积分的计算

高斯公式的主要作用还是用于第二类曲面积分的计算. 从形式上看, 高斯公式将三种类型的第二类曲面积分统一转化为一个三重积分, 一个三重积分的计算比三个第二类曲面积分的计算要简单, 因此, 学过高斯公式后, 对第二类曲面积分的计算要优先考虑用此公式. 高斯公式的更重要作用还是实现第二类曲面积分的计算转换, 其利用的思想完全等同于格林公式, 我们作类似的进一步的分析.

设封闭的光滑曲面 Σ 由两部分和 Σ_1 和 Σ_2 构成, 所围的空间区域 Ω, $\boldsymbol{\Sigma}_1$, $\boldsymbol{\Sigma}_2$ 表示对应的外侧曲面, 且在所围的空间区域 Ω 上成立

$$\frac{\partial P}{\partial x}+\frac{\partial Q}{\partial y}+\frac{\partial R}{\partial z}=0, \quad (x,y,z)\in\Omega,$$

则由高斯公式,

$$\begin{aligned}0&=\iiint\limits_{\Omega}\left(\frac{\partial P}{\partial x}+\frac{\partial Q}{\partial y}+\frac{\partial R}{\partial z}\right)\mathrm{d}x\mathrm{d}y\mathrm{d}z=\iint\limits_{\boldsymbol{\Sigma}}P\mathrm{d}y\mathrm{d}z+Q\mathrm{d}z\mathrm{d}x+R\mathrm{d}x\mathrm{d}y\\&=\iint\limits_{\boldsymbol{\Sigma}_1+\boldsymbol{\Sigma}_2}P\mathrm{d}y\mathrm{d}z+Q\mathrm{d}z\mathrm{d}x+R\mathrm{d}x\mathrm{d}y,\end{aligned}$$

故

$$\iint\limits_{\boldsymbol{\Sigma}_1}P\mathrm{d}y\mathrm{d}z+Q\mathrm{d}z\mathrm{d}x+R\mathrm{d}x\mathrm{d}y=-\iint\limits_{\boldsymbol{\Sigma}_2}P\mathrm{d}y\mathrm{d}z+Q\mathrm{d}z\mathrm{d}x+R\mathrm{d}x\mathrm{d}y,$$

因而, 利用高斯公式, 可以将有侧曲面 $\boldsymbol{\Sigma}_1$ 上的第二类曲面积分转化为有侧曲面 $\boldsymbol{\Sigma}_2$ 上的第二类曲面积分.

因而, 对给定的沿某个非封闭有侧曲面 $\boldsymbol{\Sigma}$ 上的第二类曲面积分, 若被积函数和曲面 Σ 都比较复杂, 而又能找到一个特殊的简单的曲面 Σ', 使得 Σ 和 Σ' 组成封闭曲面, 在所围的空间区域 Ω 上成立 $\dfrac{\partial P}{\partial x}+\dfrac{\partial Q}{\partial y}+\dfrac{\partial R}{\partial z}=0$, 且在特殊的曲面 Σ' 上, 相应的第二类曲面积分结构简单, 则通过上述闭化方法, 借助高斯公式, 就可以将有侧曲面 $\boldsymbol{\Sigma}$ 上的复杂结构的第二类曲面积分转化为沿特殊有侧曲面 $\boldsymbol{\Sigma}'$ 上的简单第二类曲面积分. 这种计算第二类曲面积分的方法也称为闭化方法, 作用对象通常具有结构特点 $\dfrac{\partial P}{\partial x}+\dfrac{\partial Q}{\partial y}+\dfrac{\partial R}{\partial z}=0$.

例 17 计算 $I=\oiint\limits_{\boldsymbol{\Sigma}}\sqrt{x^2+y^2+z^2}(x\mathrm{d}y\mathrm{d}z+y\mathrm{d}z\mathrm{d}x+z\mathrm{d}x\mathrm{d}y)$, 其中曲面为球面 $\Sigma: x^2+y^2+z^2=1$, $\boldsymbol{\Sigma}$ 为取其外侧.

结构分析 题型是第二类曲面积分的计算, 虽然积分结构并不复杂, 但是, 若直接计算, 计算量较大. 进一步分析被积函数结构, 具备高斯公式作用对象的特征,

由此, 确定利用高斯公式, 将其合并为一个三重积分计算的思路. 当然, 简化结构是解决问题的第一步.

解 由于在曲面上成立 $x^2+y^2+z^2=1$, 故 $I=\oiint\limits_{\boldsymbol{\Sigma}}(x\mathrm{d}y\mathrm{d}z+y\mathrm{d}z\mathrm{d}x+z\mathrm{d}x\mathrm{d}y)$, 记空间区域

$$\Omega=\left\{(x,y,z)\middle|\, x^2+y^2+z^2\leqslant 1\right\},$$

由高斯公式, $I=\iiint\limits_{\Omega}3\mathrm{d}x\mathrm{d}y\mathrm{d}z=4\pi$.

例 18 计算 $I=\iint\limits_{\boldsymbol{\Sigma}}\left(y^2-z\right)\mathrm{d}y\mathrm{d}z+\left(z^2-x\right)\mathrm{d}z\mathrm{d}x+\left(x^2-y\right)\mathrm{d}x\mathrm{d}y$, 其中曲面为锥面 $\Sigma: z=\sqrt{x^2+y^2}, 0\leqslant z\leqslant 1$, $\boldsymbol{\Sigma}$ 为对应于 Σ 的下侧曲面.

结构分析 题型是第二类曲面积分的计算, 被积函数满足高斯公式作用对象的特征, 确定用高斯公式进行计算. 由于曲面是非封闭的, 因而, 需要采用闭化方法. 当然, 由于积分结构并不复杂, 也可以利用第二类曲面积分的基本计算公式或利用两类曲面积分间的联系进行计算, 但是这些方法的计算量较大.

解 记平面 $\Sigma_1: z=1, (x,y)\in D=\left\{(x,y): x^2+y^2\leqslant 1\right\}$, $\boldsymbol{\Sigma}_1$ 为对应于 Σ_1 的上侧的有侧曲面, 则 Σ_1 和 Σ 围成封闭区域 Ω, 图 8-20. 用 $\Sigma_1+\Sigma$ 表示 Ω 的外侧边界曲面, 由高斯公式, 则

$$\begin{aligned}
I=&\iint\limits_{\Omega}\left(y^2-z\right)\mathrm{d}y\mathrm{d}z+\left(z^2-x\right)\mathrm{d}z\mathrm{d}x+\left(x^2-y\right)\mathrm{d}x\mathrm{d}y\\
&-\iint\limits_{\boldsymbol{\Sigma}_1}\left(y^2-z\right)\mathrm{d}y\mathrm{d}z+\left(z^2-x\right)\mathrm{d}z\mathrm{d}x+\left(x^2-y\right)\mathrm{d}x\mathrm{d}y\\
=&0-\iint\limits_{\boldsymbol{\Sigma}_1}\left(x^2-y\right)\mathrm{d}x\mathrm{d}y=-\iint\limits_{D}\left(x^2-y\right)\mathrm{d}x\mathrm{d}y\\
=&-\iint\limits_{D}\left(x^2-y\right)\mathrm{d}x\mathrm{d}y=-\iint\limits_{D}x^2\mathrm{d}x\mathrm{d}y\\
=&-\frac{1}{2}\iint\limits_{D}\left(x^2+y^2\right)\mathrm{d}x\mathrm{d}y=-\frac{\pi}{4}.
\end{aligned}$$

上述计算过程中, 二重积分的计算用到了对称性和奇偶性. 对积分 I 的计算不能用轮换对称性 (思考为什么？).

例 19　计算 $I=\iint\limits_{\boldsymbol{\Sigma}} 2\left(1-x^{2}\right) \mathrm{d} y \mathrm{d} z+8 x y \mathrm{d} z \mathrm{d} x-4 x z \mathrm{d} x \mathrm{d} y$, 其中 $\boldsymbol{\Sigma}$ 为由曲线 $x=\mathrm{e}^{y}(0 \leqslant y \leqslant a)$ 绕 x 轴旋转而成的旋转曲面 Σ 的外侧 (图 8-21).

解　记 $P=2\left(1-x^{2}\right), Q=8 x y, R=-4 x z$, 则 $\dfrac{\partial P}{\partial x}+\dfrac{\partial Q}{\partial y}+\dfrac{\partial R}{\partial z}=0$. 在平面 $x=\mathrm{e}^{a}$ 上, 取一块 $\Sigma_{1}: x=\mathrm{e}^{a},(y, z) \in D, D=\left\{(y, z) \mid y^{2}+z^{2} \leqslant a^{2}\right\}$, $\boldsymbol{\Sigma}_{1}$ 取前侧, Σ_{1} 与 Σ 构成闭曲面, 所围区域记为 Ω, 则由高斯公式得

$$\oiint\limits_{\boldsymbol{\Sigma}+\boldsymbol{\Sigma}_{1}} P \mathrm{d} y \mathrm{d} z+Q \mathrm{d} z \mathrm{d} x+R \mathrm{d} x \mathrm{d} y=0,$$

其中 $\boldsymbol{\Sigma}_{1}$ 为曲面 Σ_{1} 的前侧, 故

$$\begin{aligned}
I & =-\iint\limits_{\boldsymbol{\Sigma}_{1}} 2\left(1-x^{2}\right) \mathrm{d} y \mathrm{d} z+8 x y \mathrm{d} z \mathrm{d} x-4 x z \mathrm{d} x \mathrm{d} y=-\iint\limits_{D} 2\left(1-\mathrm{e}^{2 a}\right) \mathrm{d} y \mathrm{d} z \\
& =2\left(\mathrm{e}^{2 a}-1\right) \pi a^{2} .
\end{aligned}$$

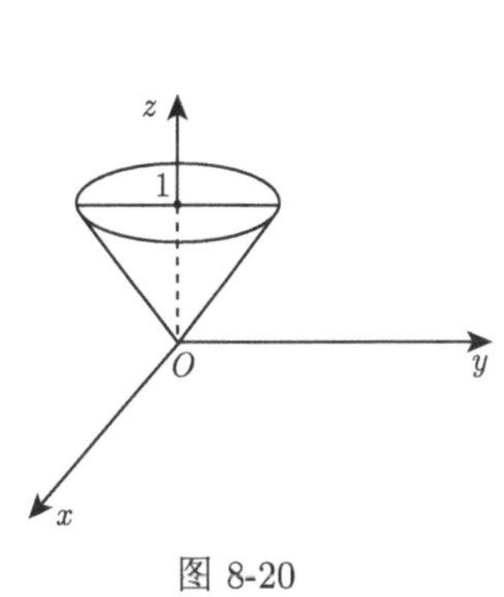

图 8-20

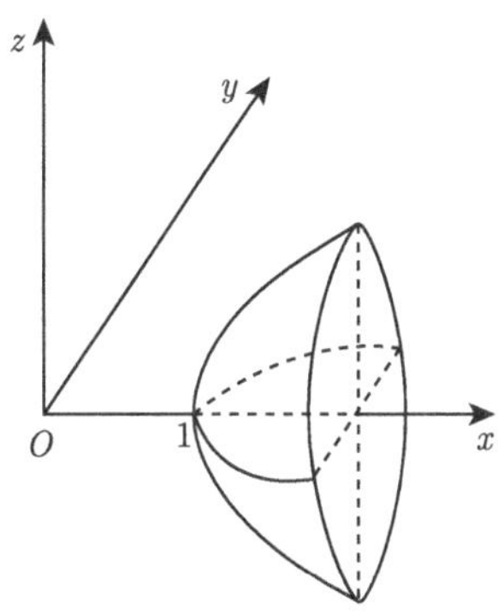

图 8-21

例 20　设 Ω 是有界二维单连通区域, $\Delta u=\dfrac{\partial^{2} u}{\partial x^{2}}+\dfrac{\partial^{2} u}{\partial y^{2}}+\dfrac{\partial^{2} u}{\partial z^{2}}$, 证明:

$$\iint\limits_{\Sigma} u \frac{\partial u}{\partial \boldsymbol{n}} \mathrm{d} S=\iiint\limits_{\Omega} u \Delta u \mathrm{d} x \mathrm{d} y \mathrm{d} z+\iiint\limits_{\Omega}\left[\left(\frac{\partial u}{\partial x}\right)^{2}+\left(\frac{\partial u}{\partial y}\right)^{2}+\left(\frac{\partial u}{\partial z}\right)^{2}\right] \mathrm{d} x \mathrm{d} y \mathrm{d} z,$$

其中 $\Sigma=\partial \Omega$ 为光滑边界曲面, $\boldsymbol{n}$ 为曲面 Σ 的单位外法向量.

结构分析　要证明的等式是第一类曲面积分和三重积分的关系, 类比已知, 能够建立曲面积分和三重积分关系的已知工具是高斯公式——化第二类曲面积分为三重积分, 因此, 证明的思路是: 先利用两类曲面积分间的联系, 将第一类曲面积

分化为第二类曲面积分, 再利用高斯公式, 化为三重积分. 难点是如何将左端的第一类曲面积分化为第二类曲面积分, 为此, 必须处理方向导数, 类比已知, 可以利用已知的方向导数的计算公式进行处理, 由此, 确定了问题解决的思路和方法.

证明 设 $\boldsymbol{n}=(\cos\alpha,\cos\beta,\cos\gamma)$, 则 $\dfrac{\partial u}{\partial \boldsymbol{n}}=\dfrac{\partial u}{\partial x}\cos\alpha+\dfrac{\partial u}{\partial y}\cos\beta+\dfrac{\partial u}{\partial z}\cos\gamma$, 记 $\boldsymbol{\Sigma}$ 为 Σ 的对应于 $\boldsymbol{n}$ 的外侧曲面, 利用两类曲面积分的联系和高斯公式, 则

$$
\begin{aligned}
\iint\limits_{\Sigma} u\frac{\partial u}{\partial \boldsymbol{n}}\mathrm{d}S &= \iint\limits_{\boldsymbol{\Sigma}} u\cdot\frac{\partial u}{\partial x}\mathrm{d}y\mathrm{d}z+u\cdot\frac{\partial u}{\partial y}\mathrm{d}z\mathrm{d}x+u\cdot\frac{\partial u}{\partial z}\mathrm{d}x\mathrm{d}y\\
&=\iiint\limits_{\Omega}\left[\frac{\partial}{\partial x}\left(u\frac{\partial u}{\partial x}\right)+\frac{\partial}{\partial y}\left(u\frac{\partial u}{\partial y}\right)+\frac{\partial}{\partial z}\left(u\frac{\partial u}{\partial z}\right)\right]\mathrm{d}x\mathrm{d}y\mathrm{d}z\\
&=\iiint\limits_{\Omega} u\Delta u\mathrm{d}x\mathrm{d}y\mathrm{d}z+\iiint\limits_{\Omega}\left[\left(\frac{\partial u}{\partial x}\right)^2+\left(\frac{\partial u}{\partial y}\right)^2+\left(\frac{\partial u}{\partial z}\right)^2\right]\mathrm{d}x\mathrm{d}y\mathrm{d}z.
\end{aligned}
$$

与格林公式类似, 当 Ω 内部含有奇点时, 可用挖洞方法, 将闭曲面 $\partial\Omega$ 上的第二类曲面积分转化为特殊曲面 (如球面) 上的第二类曲面积分.

8.3.3 斯托克斯公式

继续研究线、面积分间的联系, 给出第二类曲线积分与第二类曲面积分之联系, 也是格林公式从平面推广到空间, 建立空间曲面与边界曲线间的积分关系, 这就是斯托克斯公式.

1. 斯托克斯公式

定理 8-7(斯托克斯公式) 设 Γ 为分段光滑空间有向闭曲线, Σ 是以 Γ 为边界的分片光滑的有向曲面, $P(x,y,z)$, $Q(x,y,z)$, $R(x,y,z)$ 在 Σ 上 (含边界 Γ) 具有一阶连续偏导数, 则

$$
\begin{aligned}
&\iint\limits_{\boldsymbol{\Sigma}}\left(\frac{\partial R}{\partial y}-\frac{\partial Q}{\partial z}\right)\mathrm{d}y\mathrm{d}z+\left(\frac{\partial P}{\partial z}-\frac{\partial R}{\partial x}\right)\mathrm{d}z\mathrm{d}x+\left(\frac{\partial Q}{\partial x}-\frac{\partial P}{\partial y}\right)\mathrm{d}x\mathrm{d}y\\
&=\iint\limits_{\boldsymbol{\Sigma}}\begin{vmatrix}\mathrm{d}y\mathrm{d}z & \mathrm{d}z\mathrm{d}x & \mathrm{d}x\mathrm{d}y\\ \dfrac{\partial}{\partial x} & \dfrac{\partial}{\partial y} & \dfrac{\partial}{\partial z}\\ P & Q & R\end{vmatrix}=\iint\limits_{\Sigma}\begin{vmatrix}\cos\beta & \cos\beta & \cos\gamma\\ \dfrac{\partial}{\partial x} & \dfrac{\partial}{\partial y} & \dfrac{\partial}{\partial z}\\ P & Q & R\end{vmatrix}\mathrm{d}S\\
&=\oint_{\boldsymbol{\Gamma}}P\mathrm{d}x+Q\mathrm{d}y+R\mathrm{d}z,
\end{aligned}
$$

其中, 有向曲线 Γ 的方向和有侧曲面 Σ 的侧满足右手法则. 即右手握拳, 拇指与四指垂直, 四指指向 Γ 的方向, 则拇指指向有侧曲面 Σ 选定侧的方向, 如图 8-22

所示. $\boldsymbol{n}^0=(\cos\alpha,\cos\beta,\cos\gamma)$ 为曲面 Σ 上任意点 (x,y,z) 对应于有侧曲面 Σ 的单位法向量方向余弦.

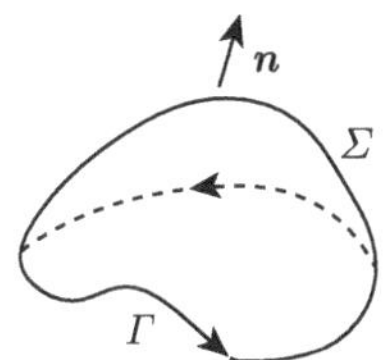

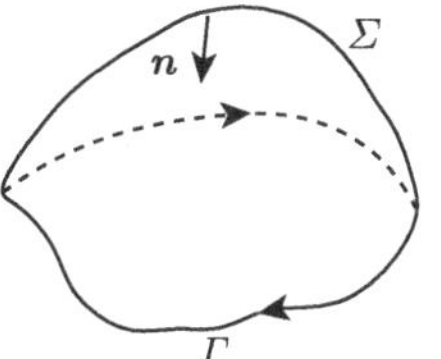

图 8-22　右手法则

结构分析　类似于格林公式、高斯公式的证明思路, 即从右端三个第二类曲面积分能同时计算的最简情形入手, 逐步推广.

进一步结构分析, 从要证明的等式看, 要建立线面积分的联系, 类比已知, 已知结论为格林公式——建立了平面上线面积分的联系, 因此, 格林公式可以视为斯托克斯公式的特例, 这有助于证明思路的形成: 将空间曲面积分利用计算公式转化为投影区域上的二重积分, 利用格林公式将二重积分化为投影面上的曲线积分, 最后, 通过空间曲线积分和投影曲线积分的关系完成证明, 由此确定证明方法.

证明　先建立两端对应 $P(x,y,z)$ 项的关系式. 设 Σ 相对于 z 轴方向是简单曲面, 即曲面可以表示为 $\Sigma: z=z(x,y),(x,y)\in D_{xy}$, 其中 D_{xy} 为 Σ 在 xOy 平面上的投影. 此时, 过区域 D_{xy} 且平行于 z 轴的直线与 Σ 只有一个交点, 若记 $l=\partial D_{xy}$, 则 l 正是 Γ 在 xOy 平面的投影, 不妨取定 $\boldsymbol{\Sigma}$ 为 Σ 的上侧, 则 $\boldsymbol{\Gamma}$, $\boldsymbol{l}$ 的方向皆为逆时针方向, 利用第二类曲线积分的计算公式和格林公式, 则

$$\begin{aligned}\oint_{\boldsymbol{\Gamma}} P(x,y,z)\mathrm{d}x&=\oint_{\boldsymbol{l}} P(x,y,z(x,y))\mathrm{d}x=-\iint_{D_{xy}}\frac{\partial}{\partial y}P(x,y,z(x,y))\mathrm{d}x\mathrm{d}y\\&=-\iint_{D_{xy}}\left[\frac{\partial}{\partial y}P(x,y,z(x,y))+\frac{\partial}{\partial z}P(x,y,z(x,y))\frac{\partial z}{\partial y}\right]\mathrm{d}x\mathrm{d}y,\end{aligned}$$

由于曲面 $\Sigma: z=z(x,y)$, 其单位法向的方向余弦为

$$(\cos\alpha,\cos\beta,\cos\gamma)=\pm\frac{1}{\sqrt{1+z_x^2+z_y^2}}(-z_x,-z_y,1),$$

$\boldsymbol{\Sigma}$ 为 Σ 的上侧, 对应于 $\boldsymbol{\Sigma}$, 由于 $\cos\gamma>0$, 故, 对应于 $\boldsymbol{\Sigma}$ 的法向的方向余弦为

$$(\cos\alpha,\cos\beta,\cos\gamma)=\frac{1}{\sqrt{1+{z_x}^2+{z_y}^2}}(-z_x,-z_y,1),$$

利用两类曲面积分之联系, 则

$$
\begin{aligned}
&\iint_{\boldsymbol{\Sigma}}\left(\frac{\partial P}{\partial y}\mathrm{d}x\mathrm{d}y-\frac{\partial P}{\partial z}\mathrm{d}z\mathrm{d}x\right)\\
=&\iint_{\Sigma}\left[\frac{\partial P}{\partial y}\cos\gamma-\frac{\partial P}{\partial z}\cos\beta\right]\mathrm{d}S\\
=&\iint_{D_{xy}}\left[\frac{\partial}{\partial y}P(x,y,z(x,y))\cos\gamma-\frac{\partial}{\partial z}P(x,y,z(x,y))\cos\beta\right]\frac{1}{\cos\gamma}\mathrm{d}x\mathrm{d}y\\
=&\iint_{D_{xy}}\left[\frac{\partial}{\partial y}P(x,y,z(x,y))-\frac{\partial}{\partial z}P(x,y,z(x,y))\frac{\cos\beta}{\cos\gamma}\right]\mathrm{d}x\mathrm{d}y\\
=&\iint_{D_{xy}}\left[\frac{\partial}{\partial y}P(x,y,z(x,y))-\frac{\partial}{\partial z}P(x,y,z(x,y))(-z_y)\right]\mathrm{d}x\mathrm{d}y\\
=&\iint_{D_{xy}}\left[\frac{\partial}{\partial y}P(x,y,z(x,y))+\frac{\partial}{\partial z}P(x,y,z(x,y))\frac{\partial z}{\partial y}\right]\mathrm{d}x\mathrm{d}y\\
=&-\oint_{\boldsymbol{\Gamma}}P\mathrm{d}x,
\end{aligned}
$$

故 $\oint_{\boldsymbol{\Gamma}}P(x,y,z)\mathrm{d}x=\iint_{\boldsymbol{\Sigma}}\left(\frac{\partial P}{\partial z}\mathrm{d}z\mathrm{d}x-\frac{\partial P}{\partial y}\mathrm{d}x\mathrm{d}y\right)$, 即两端对应于 $P(x,y,z)$ 有关的项相等. 类似地, 若 Σ 相对于 x 轴方向是简单曲面, 类似可证,

$$
\oint_{\boldsymbol{\Gamma}}Q(x,y,z)\mathrm{d}y=\iint_{\boldsymbol{\Sigma}}\left(\frac{\partial Q}{\partial x}\mathrm{d}x\mathrm{d}y-\frac{\partial Q}{\partial z}\mathrm{d}y\mathrm{d}z\right).
$$

同样, 若 Σ 相对于 y 轴是简单光滑曲面时, 同样成立

$$
\oint_{\boldsymbol{\Gamma}}R(x,y,z)\mathrm{d}z=\iint_{\boldsymbol{\Sigma}}\left(\frac{\partial R}{\partial y}\mathrm{d}y\mathrm{d}z-\frac{\partial R}{\partial x}\mathrm{d}x\mathrm{d}z\right).
$$

综合上述情形可知: 当 Σ 相对于三个坐标轴都是简单光滑曲面时, 斯托克斯公式成立.

对一般曲面, 可通过分割成若干个上述曲面, 验证斯托克斯公式仍成立.

结构总结 (1) 从公式的形式看, 公式建立了空间曲面上的第二类曲面积分与沿边界 (空间曲线) 的第二类曲线积分间的联系;

(2) 从被积函数结构看, 两端被积函数的关系是函数和其偏导函数的关系, 由于给定函数, 容易计算其偏导函数, 逆向过程不容易, 这也隐藏了公式应用的方向——将空间曲线的第二类曲线积分转化为空间曲面的第二类曲面积分计算;

(3) 从积分区域结构看, 一旦给定空间曲面块, 其边界曲线也确定了, 而给定空间曲线, 可以选择不同的曲面块使空间曲线为对应曲面块的边界, 因而, 可以选择简单的曲面, 把复杂的空间曲线的第二类曲线积分化为简单曲面上的简单结构的第二类曲面积分, 实现第二类曲线积分计算的简化;

(4) 特别当被积函数具有特殊结构时, 如满足 $\frac{\partial R}{\partial y}=\frac{\partial Q}{\partial z}, \frac{\partial Q}{\partial x}=\frac{\partial P}{\partial y}, \frac{\partial P}{\partial z}=\frac{\partial R}{\partial x}$, 这些关系式也可以视为斯托克斯公式作用对象的特征.

2. 斯托克斯公式的应用

例 21　计算 $I=\oint_{\boldsymbol{\Gamma}}(y-z)\mathrm{d}x+(z-x)\mathrm{d}y+(x-y)\mathrm{d}z$, 从 x 轴的正向看, $\boldsymbol{\Gamma}$ 为柱面 $x^2+y^2=a^2$ 和平面 $\frac{x}{a}+\frac{z}{h}=1(a>0,h>0)$ 的逆时针方向的交线 (图 8-23).

简析　题型为空间曲线上第二类曲线积分的计算. 结构特征: 空间曲线位于斜平面内, 其所围的区域为平面, 结构简单. 思路确立: 斯托克斯公式.

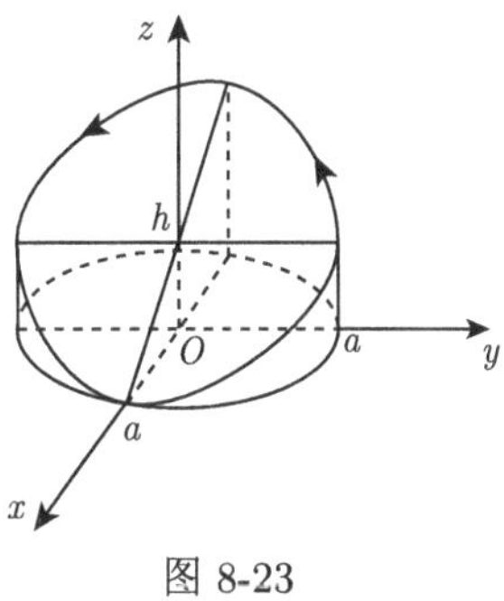

图 8-23

解　记 Γ 在平面 $\frac{x}{a}+\frac{z}{h}=1$ 内所围的区域为 Σ, 且 $\boldsymbol{\Sigma}$ 为其上侧, 由斯托克斯公式, 则

$$I=-2\iint_{\boldsymbol{\Sigma}}\mathrm{d}y\mathrm{d}z+\mathrm{d}z\mathrm{d}x+\mathrm{d}x\mathrm{d}y$$

$$=-2\iint_{\Sigma}(\cos\alpha+\cos\beta+\cos\gamma)\,\mathrm{d}S,$$

又 $\Sigma: z=h\left(1-\frac{x}{a}\right)$, 且 Σ 取上侧, 故

$$(\cos\alpha,\cos\beta,\cos\gamma)=\frac{1}{\sqrt{1+\frac{h^2}{a^2}}}\left(\frac{h}{a},0,1\right)=\frac{1}{\sqrt{a^2+h^2}}(h,0,a),$$

记 $D=\left\{(x,y):x^2+y^2\leqslant a^2\right\}$ 为 Σ 在 xOy 面的投影区域, 则

$$I=-2\iint_{\Sigma}\left(\frac{h}{\sqrt{a^2+h^2}}+0+\frac{a}{\sqrt{a^2+h^2}}\right)\mathrm{d}S=-2\frac{a+h}{\sqrt{a^2+h^2}}\iint_{\Sigma}\mathrm{d}S$$

$$= -2\frac{a+h}{\sqrt{a^2+h^2}}\iint\limits_D \sqrt{1+\frac{h^2}{a^2}}\mathrm{d}x\mathrm{d}y = -2\pi a(a+h).$$

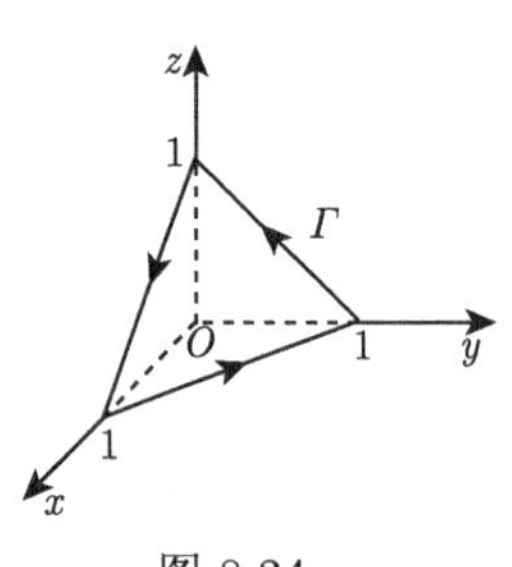

图 8-24

例 22 计算 $I=\oint_{\boldsymbol{\Gamma}}(y^2-z^2)\mathrm{d}x+(z^2-x^2)\mathrm{d}y+(x^2-y^2)\mathrm{d}z$, 其中: $\boldsymbol{\Gamma}$ 为 $x+y+z=1$ 被三个坐标面平面所截的三角形区域 Σ 的正向边界 (图 8-24).

解 由斯托克斯公式, 则

$$I=-2\iint\limits_{\Sigma}[(y+z)\cos\alpha+(x+z)\cos\beta+(x+y)\cos\gamma]\mathrm{d}S,$$

又 $(\cos\alpha,\cos\beta,\cos\gamma)=\frac{1}{\sqrt{3}}(1,1,1)$, 故

$$I=-\frac{4}{\sqrt{3}}\iint\limits_{\Sigma}(x+y+z)\mathrm{d}S=-\frac{4}{\sqrt{3}}\iint\limits_{\Sigma}\mathrm{d}S=-\frac{4}{\sqrt{3}}\iint\limits_{D}\sqrt{3}\mathrm{d}x\mathrm{d}y=-2,$$

其中 $D=\{(x,y):0\leqslant y\leqslant 1-x,0\leqslant x\leqslant 1\}$ 为 Σ 在 xOy 面的投影区域.

习 题 8-3

1. 计算下列第二类曲线积分:

(1) $I=\int_{\boldsymbol{l}}\left(\mathrm{e}^x\sin y-y+x^3\right)\mathrm{d}x+\left(\mathrm{e}^x\cos y+y^4-1\right)\mathrm{d}y$, 其中 $\boldsymbol{l}$ 为逆时针方向的上半圆周曲线 $(x-1)^2+y^2=1(y\geqslant 0)$;

(2) $I=\int_{\boldsymbol{l}}\left(2y+\mathrm{e}^x\sin x-x^3\right)\mathrm{d}x+\left(2x+y^3\cos y\right)\mathrm{d}y$, 其中 $\boldsymbol{l}$ 为顺时针的正弦曲线 $y=\sin x$ 在 $0\leqslant x\leqslant\pi$ 中的部分;

(3) $I=\int_{\boldsymbol{l}}\left(2xy+2x\mathrm{e}^{x^2}\right)\mathrm{d}x+\left(x^2+6y^2\arctan y\right)\mathrm{d}y$, 其中 $\boldsymbol{l}$ 为曲线 $y=x^2$ 从点 $O(0,0)$ 到点 $A(1,1)$;

(4) $I=\int_{\boldsymbol{l}}x\ln\left(x^2+y^2+1\right)\mathrm{d}x+y\ln\left(x^2+y^2+1\right)\mathrm{d}y$, 其中 $\boldsymbol{l}$ 为沿曲线 $y=\sin x$ 从点 $O(0,0)$ 到点 $A(\pi,0)$;

(5) $I=\int_{\boldsymbol{l}}\frac{x+y}{x^2+2y^2}\mathrm{d}x+\frac{2y-x}{x^2+2y^2}\mathrm{d}y$, 其中 $\boldsymbol{l}$ 为取逆时针方向的单位圆周曲线 $x^2+y^2=1$.

2. 给定椭圆区域 $D=\left\{(x,y):\frac{x^2}{2}+\frac{y^2}{3}\leqslant 1\right\}$, 记 $\boldsymbol{l}$ 为区域 D 的正向边界, 挖掘区域 D 和其边界的结构特征, 并计算 $\oint_{\boldsymbol{l}}\left(x^3\sin y+\mathrm{e}^y\right)\mathrm{d}x+\left(xy^5+x\mathrm{e}^y\right)\mathrm{d}y$.

3. 计算 $I=\oint_{\boldsymbol{l}}(x\cos\alpha+y\cos\beta)\mathrm{d}\boldsymbol{S}$, 其中, $\boldsymbol{l}$ 为顺时针方向的单位圆周曲线, $(\cos\alpha,\cos\beta)$ 为单位圆周曲线上点 (x,y) 处对应于逆时针方向的切线的方向余弦.

4. 设 D 是平面单连通闭区域, $l=\partial D$ 为区域 D 的光滑边界, $u(x,y)$ 在区域 D 上具有连续的二阶偏导数, 则成立结论: $\oint_{l}\dfrac{\partial u}{\partial \boldsymbol{n}}\mathrm{d}\boldsymbol{S}=\iint\limits_{D}(u_{xx}+u_{yy})\,\mathrm{d}x\mathrm{d}y$, 其中, $\boldsymbol{n}$ 为曲线 l 上点 (x,y) 处对应的外法线方向向量.

5. 计算 $I=\int_{\boldsymbol{l}}\dfrac{x\mathrm{d}y-y\mathrm{d}x}{4x^2+y^2}$, 其中 $\boldsymbol{l}$ 为圆周曲线 $(x-1)^2+y^2=R^2(R\neq 1)$ 的正向边界.

6. 计算下列第二类曲面积分:

(1) $I=\iint\limits_{\boldsymbol{\Sigma}}x\mathrm{d}y\mathrm{d}z+2y\mathrm{d}z\mathrm{d}x+3z\mathrm{d}x\mathrm{d}y$, $\boldsymbol{\Sigma}$ 为区域 $\Omega=\{(x,y,z):|x|+|y|+|z|\leqslant 1\}$ 的表面 Σ 的外侧曲面;

(2) $I=\oiint\limits_{\boldsymbol{\Sigma}}x^3\mathrm{d}y\mathrm{d}z+2y^3\mathrm{d}z\mathrm{d}x+3z^3\mathrm{d}x\mathrm{d}y$, $\boldsymbol{\Sigma}$ 为单位球面 $\Sigma:x^2+y^2+z^2=1$ 外侧面;

(3) $I=\iint\limits_{\boldsymbol{\Sigma}}y^3\mathrm{e}^z\mathrm{d}y\mathrm{d}z+(y+xz)\mathrm{d}z\mathrm{d}x+(1-z)\mathrm{d}x\mathrm{d}y$, $\boldsymbol{\Sigma}$ 为抛物面 $\Sigma:z=x^2+y^2,0\leqslant z\leqslant 1$ 的下侧曲面.

7. 设 $r=\sqrt{x^2+y^2+z^2}$, $\boldsymbol{r}=\dfrac{1}{r}(x,y,z)$, S 封闭的光滑曲面, 原点在曲面 S 的外部, V 为 S 所围的区域, $\boldsymbol{n}=(\cos\alpha,\cos\beta,\cos\gamma)$ 为 S 的单位外法向, 证明

$$\iiint\limits_{V}\frac{\mathrm{d}x\mathrm{d}y\mathrm{d}z}{r}=\frac{1}{2}\oiint\limits_{S}\cos\left(\widehat{\boldsymbol{r},\boldsymbol{n}}\right)\mathrm{d}S,$$

并通过结构分析说明证明思路是如何形成的.

8. 计算下列第二类曲线积分:

(1) $I=\oint_{\boldsymbol{\Gamma}}(z-y^3)\mathrm{d}x+(x^3+y)\mathrm{d}y+(z^3+y)\mathrm{d}z$, 其中, $\boldsymbol{\Gamma}$ 为平面 $z=1$ 与抛物面 $z=x^2+y^2$ 的逆时针方向的交线;

(2) $I=\oint_{\boldsymbol{\Gamma}}(y+y^2+yz)\mathrm{d}x+(xz+2xy)\mathrm{d}y+(xy+y)\mathrm{d}z$, 其中从 z 轴正向看, $\boldsymbol{\Gamma}$ 为平面 $x+y+z=1$ 与球面 $x^2+y^2+z^2=1$ 的逆时针方向的交线.

8.4 积分与积分路径的无关性

8.4.1 平面曲线积分与积分路径的无关性

在讨论格林公式的应用时, 我们曾经讨论过, 在一定条件下, 能将复杂路径上的第二类曲线积分转化为简单路径上的第二类曲线积分, 这实际上就是第二类曲线积分与路径无关性, 本节我们系统讨论第二类曲线积分与路径的无关性.

定理 8-8 设 D 是平面单连通有界区域,$P(x,y)$, $Q(x,y)$ 在 $\bar{D}=D\diagdown\partial D$ 上具有连续的偏导数, 则以下结论等价:

(1) 对任意闭路 $l\subset D$, 成立 $\oint_{\boldsymbol{l}}P\mathrm{d}x+Q\mathrm{d}y=0$, 其中 $\boldsymbol{l}$ 为指定方向的闭路 l;

(2) 对任意有向曲线 $\boldsymbol{l}\subset D$, $\int_{\boldsymbol{l}}P\mathrm{d}x+Q\mathrm{d}y$ 与路径无关, 只与起始点、终点有关;

(3) 存在函数 $U(x,y)$, 使 $\mathrm{d}U=P\mathrm{d}x+Q\mathrm{d}y$, 即 $P\mathrm{d}x+Q\mathrm{d}y$ 是全微分形式;

(4) 在 D 内成立 $\dfrac{\partial P}{\partial y}=\dfrac{\partial Q}{\partial x}$.

证明 (1) $\Rightarrow$ (2): 设 $\boldsymbol{l}_1$, $\boldsymbol{l}_2$ 是任意两条都以 A 为始点, B 为终点的有向曲线段, 则 $\boldsymbol{l}=\boldsymbol{l}_1+(-\boldsymbol{l}_2)$ 为一有向闭路, 由 (1) 则, $\oint_{\boldsymbol{l}}P\mathrm{d}x+Q\mathrm{d}y=0$, 故 $\int_{\boldsymbol{l}_1}P\mathrm{d}x+Q\mathrm{d}y=\int_{\boldsymbol{l}_2}P\mathrm{d}x+Q\mathrm{d}y$.

(2) $\Rightarrow$ (3): 利用与路径无关性, 构造 $U(x,y)$, 构造方法是唯一的——通过积分完成. 任取 $A_0(x_0,y_0)\in D$, 则对任意 $A(x,y)\in D$, 由路径无关性, 以 A_0 为始点, A 为终点的积分 $\int_{A_0}^{A}P\mathrm{d}x+Q\mathrm{d}y$ 与路径无关, 唯一确定, 记为 $U(x,y)=\int_{A_0}^{A}P\mathrm{d}x+Q\mathrm{d}y$, 下证: $\mathrm{d}U=P\mathrm{d}x+Q\mathrm{d}y$, 即 $\dfrac{\partial U}{\partial x}=P,\dfrac{\partial U}{\partial y}=Q$.

充分利用与路径无关性条件, 选取沿平行于坐标轴的直线的特殊路径研究函数的微分性质, 则

$$\frac{U(x+\Delta x,y)-U(x,y)}{\Delta x}=\frac{\displaystyle\int_{(x,y)}^{(x+\Delta x,y)}P\mathrm{d}x+Q\mathrm{d}y}{\Delta x}=\frac{\displaystyle\int_{x}^{x+\Delta x}P(x,y)\mathrm{d}x}{\Delta x},$$

故 $\dfrac{\partial U}{\partial x}=\lim\limits_{\Delta x\to 0}\dfrac{U(x+\Delta x,y)-U(x,y)}{\Delta x}=P(x,y)$, 同理, $\dfrac{\partial U}{\partial y}=Q$.

(3) $\Rightarrow$ (4): 设存在 $U(x,y)$, 使 $\mathrm{d}U=P\mathrm{d}x+Q\mathrm{d}y$, 则

$$\frac{\partial U}{\partial x}=P,\quad \frac{\partial U}{\partial y}=Q,$$

故 $\dfrac{\partial P}{\partial y}=\dfrac{\partial^2 U}{\partial x\partial y}=\dfrac{\partial Q}{\partial x}$.

(4) $\Rightarrow$ (1): 这是格林公式的直接推论.

定理 8-8 中涉及函数 U, 给出相关的定义.

定义 8-10　若存在 $U(x,y)$, 使 $\mathrm{d}U = P\mathrm{d}x + Q\mathrm{d}y$, 称 $P\mathrm{d}x + Q\mathrm{d}y$ 为全微分形式, 也称 $U(x,y)$ 为 $P\mathrm{d}x + Q\mathrm{d}y$ 的原函数.

因此, 定理 8-9 给出了 $P\mathrm{d}x + Q\mathrm{d}y$ 为全微分形式的条件, 也给出了此时原函数的计算方法. 反之, 在已知原函数的情形下, 也可以用原函数计算第二类曲线积分. 这样, 我们利用格林公式引入了多元函数原函数的概念, 与一元函数的定积分基本概念相对应, 因此, 也可以设想关于原函数也有相类似的性质.

性质 8-1　若 $P\mathrm{d}x + Q\mathrm{d}y$ 为全微分形式, 则其原函数最多相差一个常数.

证明　设 $U_1(x,y), U_2(x,y)$ 为其两个原函数, 则

$$\frac{\partial U_1}{\partial x} = \frac{\partial U_2}{\partial x}, \quad \frac{\partial U_1}{\partial y} = \frac{\partial U_2}{\partial y},$$

故 $U_1 = U_2 + C(y), U_1 = U_2 + \bar{C}(x)$, 显然 $C(y) = \bar{C}(x) = C$, 因而: $U_1 = U_2 + C$.

性质 8-2　若 $U(x,y)$ 为 $P\mathrm{d}x + Q\mathrm{d}y$ 的原函数, 则对任意 $(x_0, y_0) \in D$,

$$U(x,y) = \int_{x_0}^{x} P(x, y_0)\,\mathrm{d}x + \int_{y_0}^{y} Q(x,y)\mathrm{d}y + C.$$

证明　由定理 8-9, $U_1(x,y) = \displaystyle\int_{(x_0,y_0)}^{(x,y)} P\mathrm{d}x + Q\mathrm{d}y$ 是其一个原函数, 由积分与路径的无关性, 沿平行于坐标轴的折线路径积分 (如图 8-25), 则

$$U_1(x,y) = \int_{x_0}^{x} P(x, y_0)\,\mathrm{d}x + \int_{y_0}^{y} Q(x,y)\mathrm{d}y,$$

再利用由性质 8-1, 可得证.

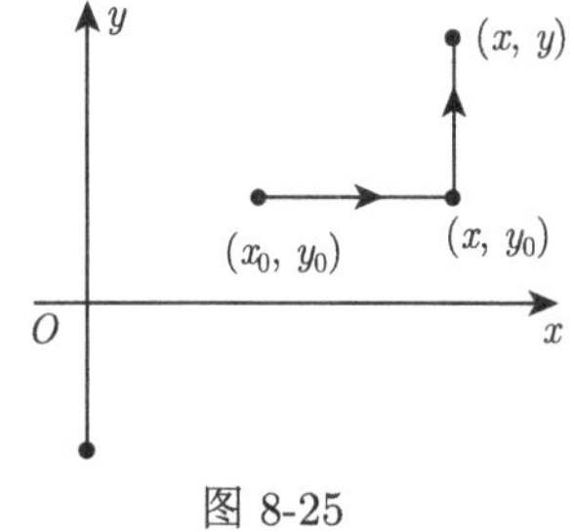

图 8-25

性质 8-2 给出了原函数的计算方法, 当然, 沿其他方式的折线积分, 可以得到不同的表达式.

性质 8-3　若 $U(x,y)$ 为 $P\mathrm{d}x + Q\mathrm{d}y$ 的原函数, A, B 是两个给定点, 则 $\displaystyle\int_A^B P\mathrm{d}x + Q\mathrm{d}y$ 与路径无关且 $\displaystyle\int_A^B P\mathrm{d}x + Q\mathrm{d}y = U(B) - U(A)$.

证明　任取 $A_0(x_0, y_0)$, 则 $U(x,y) = \displaystyle\int_{A_0}^{(x,y)} P\mathrm{d}x + Q\mathrm{d}y + C$, 由于 $\displaystyle\int_A^B P\mathrm{d}x + Q\mathrm{d}y$ 与路径无关, 则

$$\int_A^B P\mathrm{d}x + Q\mathrm{d}y = \int_A^{A_0} P\mathrm{d}x + Q\mathrm{d}y + \int_{A_0}^{B} P\mathrm{d}x + Q\mathrm{d}y = U(B) - U(A).$$

在上述积分与路径无关性的研究中, 必须满足条件在 D 上 $\dfrac{\partial P}{\partial y}=\dfrac{\partial Q}{\partial x}$, 此时 P, Q 在 D 中不会发生奇性, 当 P, Q 在 D 内有奇点时, 结论是否仍成立?

设 $M_0\in D$ 为 P, Q 的奇点, 此时不能直接用格林公式, 为此采用挖洞法.

设 $l\subset D$ 为包含奇点 M_0 的闭路, 以 M_0 为心, ε 为半径, 作圆周 l_ε, 取 $\boldsymbol{l}_\varepsilon$ 为顺时针方向, $\boldsymbol{l}$ 为逆时针方向, 则 l 与 l_ε 所围区域 D_ε 满足格林公式, 故

$$\oint_{\boldsymbol{l}+\boldsymbol{l}_\varepsilon} P\mathrm{d}x+Q\mathrm{d}y=\iint_{D_\varepsilon}\left(\frac{\partial Q}{\partial x}-\frac{\partial P}{\partial y}\right)\mathrm{d}x\mathrm{d}y=0,$$

因而,

$$\oint_{\boldsymbol{l}} P\mathrm{d}x+Q\mathrm{d}y=-\oint_{\boldsymbol{l}_\varepsilon} P\mathrm{d}x+Q\mathrm{d}y=\oint_{-\boldsymbol{l}_\varepsilon} P\mathrm{d}x+Q\mathrm{d}y,$$

即: 绕某一奇点的任意闭路沿同一方向的积分相等, 因此, 若记 $\boldsymbol{l}$ 为逆时针方向有 $\displaystyle\oint_{\boldsymbol{l}} P\mathrm{d}x+Q\mathrm{d}y=\omega$, 称 ω 为对应的循环常数.

可归纳证明: 若 $\boldsymbol{l}$ 沿闭路按逆时针方向绕 M_0 为 n 圈, 则 $\displaystyle\oint_{\boldsymbol{l}} P\mathrm{d}x+Q\mathrm{d}y=n\omega$.

类似地, 若 $\boldsymbol{l}$ 按逆时针绕 M_0 的圈数为 n_1, 按顺时针绕 M_0 的圈数为 n_2, 则 $\displaystyle\oint_{\boldsymbol{l}} P\mathrm{d}x+Q\mathrm{d}y=(n_1-n_2)\omega$. 更进一步, 若 D 中有 k 个奇点 $M_1, M_2, \cdots, M_k$, 则 $\displaystyle\oint_{\boldsymbol{l}} P\mathrm{d}x+Q\mathrm{d}y=\sum_{i=1}^{k} n_i\omega_i$, ω_i 为对应的循环常数, n_i 为对应的圈数.

例 23 计算 $I=\displaystyle\oint_{\boldsymbol{l}}\frac{x\mathrm{d}y-y\mathrm{d}x}{x^2+y^2}$, $\boldsymbol{l}$ 为包含 $(0,0)$ 点的逆时针方向的闭路.

解 记 $P(x,y)=-\dfrac{y}{x^2+y^2}, Q(x,y)=\dfrac{x}{x^2+y^2}$, 二者都以 $(0,0)$ 为奇点, 且 $\dfrac{\partial P}{\partial y}=\dfrac{\partial Q}{\partial x}, (x,y)\neq(0,0)$, 计算循环常数, $\omega=\displaystyle\oint_{x^2+y^2=1} P\mathrm{d}x+Q\mathrm{d}y=\int_0^{2\pi}(\cos^2 t+\sin^2 t)\mathrm{d}t=2\pi$, 故 $I=2\pi$.

例 24 计算 $I=\displaystyle\int_{(0,0)}^{(2,2)}(2x+\sin y)\mathrm{d}x+x\cos y\mathrm{d}y$.

解 记 $P(x,y)=2x+\sin y$, $Q(x,y)=x\cos y$, 则 $\dfrac{\partial P}{\partial y}=\dfrac{\partial Q}{\partial x}$, 因此, 积分与路径无关, 沿折线积分, 则 $I=\displaystyle\int_0^2 2x\mathrm{d}x+\int_0^2 2\cos y\mathrm{d}x=4+2\sin 2$.

例 25 验证 $\left(x^2+2xy-y^2\right)\mathrm{d}x+\left(x^2-2xy-y^2\right)\mathrm{d}y$ 是全微分形式, 并计算其一个原函数.

解 记 $P(x,y)=x^2+2xy-y^2$, $Q(x,y)=x^2-2xy-y^2$, 则 $\dfrac{\partial P}{\partial y}=\dfrac{\partial Q}{\partial x}$, 因此, 其为全微分形式, 其一个原函数为

$$\begin{aligned}U(x,y)&=\int_{(0,0)}^{(x,y)}\left(x^2+2xy-y^2\right)\mathrm{d}x+\left(x^2-2xy-y^2\right)\mathrm{d}y\\&=\int_0^x x^2\mathrm{d}x+\int_0^y\left(x^2-2xy-y^2\right)\mathrm{d}y=\frac{x^3}{3}+x^2y-xy^2-\frac{y^3}{3}.\end{aligned}$$

8.4.2 空间曲线积分与积分路径的无关性

根据斯托克斯公式, 很容易得到下列结论.

定理 8-9 设 l 为空间光滑闭曲线, 若存在非封闭的光滑曲面 Σ, 使得 $\Gamma=\partial\Sigma$ 为 Σ 的边界曲线, $P(x,y,z)$, $Q(x,y,z)$, $R(x,y,z)$ 在 $\bar{\Sigma}=\Sigma\cup\partial\Sigma$ 上具有连续的偏导数, 且满足 $\dfrac{\partial R}{\partial y}=\dfrac{\partial Q}{\partial z}$, $\dfrac{\partial Q}{\partial x}=\dfrac{\partial P}{\partial y}$, $\dfrac{\partial P}{\partial z}=\dfrac{\partial R}{\partial x}$, 则 $\oint_{\boldsymbol{\Gamma}}P\mathrm{d}x+Q\mathrm{d}y+R\mathrm{d}z=0$, 其中, 有向曲线 $\boldsymbol{\Gamma}$ 为选定方向的曲线 Γ.

推论 8-1 若 $P(x,y,z)$, $Q(x,y,z)$, $R(x,y,z)$ 在 $\mathbf{R}^3$ 内具有连续的偏导数, 且满足 $\dfrac{\partial R}{\partial y}=\dfrac{\partial Q}{\partial z}$, $\dfrac{\partial Q}{\partial x}=\dfrac{\partial P}{\partial y}$, $\dfrac{\partial P}{\partial z}=\dfrac{\partial R}{\partial x}$, A, B 是任意两点, 则对任意以 A 点为始点, 以 B 点为终点的有向曲线 $\boldsymbol{\Gamma}_1$, $\boldsymbol{\Gamma}_2$ 都成立 $\displaystyle\int_{\boldsymbol{\Gamma}_1}P\mathrm{d}x+Q\mathrm{d}y+R\mathrm{d}z=\int_{\boldsymbol{\Gamma}_2}P\mathrm{d}x+Q\mathrm{d}y+R\mathrm{d}z$,

此时, 第二类曲线积分与路径无关.

定义 8-11 给定 $P(x,y,z)$, $Q(x,y,z)$, $R(x,y,z)$, 若存在可微函数 $U(x,y,z)$, 使得

$$\mathrm{d}U=P(x,y,z)\mathrm{d}x+Q(x,y,z)\mathrm{d}y+R(x,y,z)\mathrm{d}z,$$

则称 $P(x,y,z)\mathrm{d}x+Q(x,y,z)\mathrm{d}y+R(x,y,z)\mathrm{d}z$ 为全微分形式, $U(x,y,z)$ 称为其一个原函数.

推论 8-2 若 $P(x,y,z)$, $Q(x,y,z)$, $R(x,y,z)$ 在 $\mathbf{R}^3$ 内具有连续的偏导数, 且满足 $\dfrac{\partial R}{\partial y}=\dfrac{\partial Q}{\partial z}$, $\dfrac{\partial Q}{\partial x}=\dfrac{\partial P}{\partial y}$, $\dfrac{\partial P}{\partial z}=\dfrac{\partial R}{\partial x}$, 则 $P(x,y,z)\mathrm{d}x+Q(x,y,z)\mathrm{d}y+R(x,y,z)\mathrm{d}z$ 为全微分形式. 若 A, B 是任意两点,$U(x,y,z)$ 为其一个原函数, 则对任意以 A 点为始点, 以 B 点为终点的有向曲线 $\boldsymbol{\Gamma}$ 都成立

$$\int_{\boldsymbol{\Gamma}}P\mathrm{d}x+Q\mathrm{d}y+R\mathrm{d}z=U(B)-U(A).$$

例 26 设 $P(x,y,z)=3x^2+3y+2z, Q(x,y,z)=3x+4y^3+z, R(x,y,z)=2x+y+\mathrm{e}^z$, (1) 验证 $P(x,y,z)\mathrm{d}x+Q(x,y,z)\mathrm{d}y+R(x,y,z)\mathrm{d}z$ 为全微分形式; (2) 计算其一个原函数; (3) 计算 $\int_{A(0,1,0)}^{B(1,0,3)} P(x,y,z)\mathrm{d}x+Q(x,y,z)\mathrm{d}y+R(x,y,z)\mathrm{d}z$.

解 (1) 容易验证 $\dfrac{\partial R}{\partial y}=\dfrac{\partial Q}{\partial z}, \dfrac{\partial Q}{\partial x}=\dfrac{\partial P}{\partial y}, \dfrac{\partial P}{\partial z}=\dfrac{\partial R}{\partial x}$, 因而, $P(x,y,z)\mathrm{d}x+Q(x,y,z)\mathrm{d}y+R(x,y,z)\mathrm{d}z$ 为全微分形式.

(2) 由于 $P(x,y,z)\mathrm{d}x+Q(x,y,z)\mathrm{d}y+R(x,y,z)\mathrm{d}z$ 为全微分形式, 因而, $\int_\Gamma P\mathrm{d}x+Q\mathrm{d}y+R\mathrm{d}z$ 与路径无关, 因而, 可以取

$$U(x,y,z)=\int_{(0,0,0)}^{(x,y,z)} P(x,y,z)\mathrm{d}x+Q(x,y,z)\mathrm{d}y+R(x,y,z)\mathrm{d}z,$$

由于与路径无关, 取折线 $(0,0,0)\to(x,0,0)\to(x,y,0)\to(x,y,z)$ 为积分路径, 则

$$\begin{aligned}U(x,y,z)&=\int_0^x P(x,0,0)\mathrm{d}x+\int_0^y Q(x,y,0)\mathrm{d}y+\int_0^z R(x,y,z)\mathrm{d}z\\&=x^3+y^4+3xy+2xz+yz+\mathrm{e}^z-1.\end{aligned}$$

(3) 根据与路径的无关性, 则

$$\int_{A(0,1,0)}^{B(1,0,3)} P(x,y,z)\mathrm{d}x+Q(x,y,z)\mathrm{d}y+R(x,y,z)\mathrm{d}z=U(1,0,3)-U(0,1,0)=5+\mathrm{e}^3.$$

习 题 8-4

1. 计算下列全微分的第二类线积分:

(1) $I=\int_{(0,0)}^{(1,2)}(2x+y)\mathrm{d}x+(x+\cos y)\mathrm{d}y$;

(2) $I=\int_{(0,0)}^{(1,1)}\left(4x^3\mathrm{e}^y\right)\mathrm{d}x+x\mathrm{e}^y\mathrm{d}y$;

(3) $I=\int_{(0,0)}^{(1,1)}\dfrac{x\mathrm{d}x+y\mathrm{d}y}{1+x^2+y^2}$;

(4) $I=\int_{(0,0)}^{(1,1)}\dfrac{y\mathrm{d}x+x\mathrm{d}y}{1+x^2y^2}$.

2. 分析下列题目并完成计算: 假设 $f(t)$ 具有连续的导数, $\boldsymbol{l}$ 是以 $A(2, 3)$ 为始点, 以 $B(3,2)$ 为终点的完全位于第一象限 (与坐标轴无交点) 有向曲线段, 计算

$$I=\int_l \frac{x^3yf(xy)-y^2}{x^3}\mathrm{d}x+\frac{x^3f(xy)+y}{x^2}\mathrm{d}y.$$

(1) 简化结构, 能否抽象出题目的一些结构特点?

(2) 由于题目涉及抽象函数, 对计算结果有何猜想?

(3) 关于 I 的计算, 预计有哪些计算方法? 分析对应方法的可行性 (难点及是否有解决方法);

(4) 给出题目的计算;

(5) 进一步分析, 能否选择其他的点 A, B, 使得能计算出确定的与 $f(t)$ 无关的 I 值.

3. 计算下列全微分的原函数:

(1) $xy(2+xy)\mathrm{e}^{xy}\mathrm{d}x+x^2(1+xy)\mathrm{e}^{xy}\mathrm{d}y$;

(2) $\dfrac{-2xy}{(1+x^2)^2+y^2}\mathrm{d}x+\dfrac{1+x^2}{(1+x^2)^2+y^2}\mathrm{d}y$.

4. 计算下列第二类曲线积分:

(1) $\displaystyle\int_{A(0,0,0)}^{B(1,2,3)}\left(z^2+y\right)\mathrm{d}x+(x+\mathrm{e}^z)\,\mathrm{d}y+(2xz+y\mathrm{e}^z)\,\mathrm{d}z$;

(2) $\displaystyle\int_{A(0,1,0)}^{B(1,0,1)}(1+z)\mathrm{e}^y\mathrm{d}x+x(1+z)\mathrm{e}^y\mathrm{d}y+\left(x\mathrm{e}^y+3z^2\right)\mathrm{d}z$.

8.5节课件

8.5　场论简介

在物理学中, 将发生物理现象的空间称为场. 它是物质存在的一种形态, 是现实世界中物理量与空间和时间关系的一种表现形式. 如果场中每一点对应的物理量是矢量, 我们就将它称为数量向量场或矢量场, 如果是数量就将它称为数量场或标量场. 如力场、流速场、磁场、静电场强等都是向量场; 温度、密度场、浓度场、电势场等是数量场. 场可以用函数来表示, 比如对平面直角坐标系 xOy, 平面场 G 中的任一点都可以用它的坐标 (x,y) 表示, 从而数量场可以用一个数量值函数 $z=f(x,y)$ 表示; 而定义在 G 上的二元向量值函数 $\boldsymbol{F}(x,y)=P(x,y)\boldsymbol{i}+Q(x,y)\boldsymbol{j}$, 就表示一个向量场, 其中 $P(x,y)$, $Q(x,y)$ 为向量 $\boldsymbol{F}(x,y)$ 的坐标. 类似地, 在空间直角坐标系中, 向量场可以用一个三元向量值函数表示: $\boldsymbol{A}(x,y,z)=P(x,y,z)\boldsymbol{i}+Q(x,y,z)\boldsymbol{j}+R(x,y,z)\boldsymbol{k}$.

本节将介绍描述向量场特征的两个基本概念——散度和旋度. 散度、旋度和 6.5 节中梯度的概念、计算方法和性质, 共同构成了场的基本理论, 简称场论. 场论在流体力学、电磁学和动力学等物理领域中有重要的应用背景和意义.

8.5.1　向量场的通量与散度

1. 通量

借助第二类曲面积分的物理意义, 很容易得到通量的定义.

定义 8-12　设 $\boldsymbol{A}(M)=\boldsymbol{A}(x,y,z)=P(x,y,z)\boldsymbol{i}+Q(x,y,z)\boldsymbol{j}+R(x,y,z)\boldsymbol{k}$ 是向量场, Σ 为该向量场内一个光滑 (或分片光滑) 的有向曲面, 并以 $\boldsymbol{n}^0$ 表示 Σ 上指定侧的单位法向量, 则向量场 $\boldsymbol{A}$ 沿曲面 Σ 的第二类曲面积分

$$\iint_{\Sigma} P\mathrm{d}y\mathrm{d}z + Q\mathrm{d}z\mathrm{d}x + R\mathrm{d}x\mathrm{d}y = \iint_{\Sigma} \boldsymbol{A} \cdot \boldsymbol{n}^0 \mathrm{d}S \triangleq \iint_{\Sigma} \boldsymbol{A} \cdot \mathrm{d}\boldsymbol{S} \tag{8-5-1}$$

称为向量场 $\boldsymbol{A}$ 通过曲面 Σ 指定侧的流量 (或通量).

例如, 当 $\boldsymbol{A} = \boldsymbol{v}$ 表示流体的流速时, 式 (8-5-1) 表示密度为 1 且稳定流动的流速为 $\boldsymbol{A}(x, y, z)$ 的流体, 在单位时间内通过曲面 Σ 流向指定侧的**流量**. 流体可以是液体、气体、原子核反应时放出或被吸收的中子流等; 当 $\boldsymbol{A} = \boldsymbol{E}$ 表示电场强度时, 式 (8-5-1) 表示电通量.

在式 (8-5-1) 中, 如果 Σ 是一个封闭曲面, 当 Σ 的单位法向量 $\boldsymbol{n}^0$ 是从 Σ 所围区域内部指向外部, 这时

$$\varPhi = \oiint_{\Sigma} \boldsymbol{A} \cdot \boldsymbol{n}^0 \mathrm{d}S = \oiint_{\Sigma} \boldsymbol{A} \cdot \mathrm{d}\boldsymbol{S}$$

表示单位时间内通过闭曲面 Σ 的流量, 它是从 Σ 流出流量与流入 Σ 内流量之差. 若 $\varPhi > 0$, 流出多于流入, 表示 Σ 内有 “源”, 或者说在 Σ 内有 “正源”; 若 $\varPhi < 0$, 流入多于流出, 表示 Σ 内有 “洞”, 或是说在 Σ 内有 “负源”, 将有正源或有负源的场, 统称为有源场. 当 $\varPhi = 0$ 时, 可能在 Σ 内无源, 也可能在 Σ 内同时存在着正源和负源, 它们产生的流量的代数和为零.

在式 (8-5-1) 中, 设 Σ 所围区域为 Ω, 其体积为 V, 则

$$\frac{\varPhi}{V} = \frac{\oiint\limits_{\Sigma} \boldsymbol{A} \cdot \mathrm{d}\boldsymbol{S}}{V}$$

是 Ω 区域内单位体积的平均流量 (通量), 它表示区域 Ω 内正源 (负源) 的平均发散 (吸收) 量, 称为平均散度. 由于 Ω 内各点处源的分布的强弱一般情况下是不均匀的, 因此下面引入中任一点 M 处散度的概念.

2. 散度

定义 8-13 设 $\boldsymbol{A}(M) = \boldsymbol{A}(x, y, z) = P(x, y, z)\boldsymbol{i} + Q(x, y, z)\boldsymbol{j} + R(x, y, z)\boldsymbol{k}$ 是一个向量场, M_0 是场内一点, Σ 是场中包围 M_0 的任意一个光滑封闭曲面, 它所围内部区域记为 Ω, 体积为 V, Σ 的外侧单位法向量为 $\boldsymbol{n}^0$, 当 Σ 所围区域 Ω 以任意方式收缩为点 M_0 时, Σ 所围区域的体积 $V \to 0$, 若极限

$$\lim_{\Sigma \to M_0} \frac{\oiint\limits_{\Sigma} \boldsymbol{A} \cdot \mathrm{d}\boldsymbol{S}}{V}$$

存在、有限, 则称此极限为向量场 $\boldsymbol{A} = \boldsymbol{A}(M)$ 在点 M_0 处的散度 (divergence), 记为 $\mathrm{div}\boldsymbol{A}(M_0)$. 即

$$\operatorname{div}\boldsymbol{A}(M_0)=\lim_{\Sigma\to M_0}\frac{\displaystyle\oiint_{\Sigma}\boldsymbol{A}\cdot\mathrm{d}\boldsymbol{S}}{V}. \tag{8-5-2}$$

它表示在点 M_0 处通量对体积的变化率, 也称为通量密度.

由定义 8-13 可知, 由向量场 $\boldsymbol{A}=\boldsymbol{A}(M)$ 导出的散度是一个数量, 如果对于向量场 $\boldsymbol{A}(M)$ 内的每一点 M 都存在散度 $\operatorname{div}\boldsymbol{A}(M)$, 便得到一个散度场, 显然, 散度场是一个数量场. 散度场描述了场中每一点 M 处源或负源的强弱程度.

设在空间直角坐标系中, 空间单连通区域 G 上的向量场为

$$\boldsymbol{A}(M)=\boldsymbol{A}(x,y,z)=P(x,y,z)\boldsymbol{i}+Q(x,y,z)\boldsymbol{j}+R(x,y,z)\boldsymbol{k},$$

其中 P,Q,R 在点 $M_0(x_0,y_0,z_0)\in G\subseteq\mathbf{R}^3$ 的某个邻域内有连续的一阶偏导数, 由高斯公式及积分中值定理得

$$\begin{aligned}\operatorname{div}\boldsymbol{A}(M_0)&=\lim_{\Sigma\to M_0}\frac{\displaystyle\oiint_{\Sigma}\boldsymbol{A}\cdot\mathrm{d}\boldsymbol{S}}{V}=\lim_{\Sigma\to M_0}\frac{\displaystyle\iiint_{\Omega}\left(\frac{\partial P}{\partial x}+\frac{\partial Q}{\partial y}+\frac{\partial R}{\partial z}\right)\mathrm{d}V}{V}\\&=\lim_{\Sigma\to M_0}\frac{\left.\left(\dfrac{\partial P}{\partial x}+\dfrac{\partial Q}{\partial y}+\dfrac{\partial R}{\partial z}\right)\right|_{M^*}\cdot V}{V}\quad(M^*\in G)\\&=\lim_{\Sigma\to M_0}\left.\left(\frac{\partial P}{\partial x}+\frac{\partial Q}{\partial y}+\frac{\partial R}{\partial z}\right)\right|_{M^*}=\left.\left(\frac{\partial P}{\partial x}+\frac{\partial Q}{\partial y}+\frac{\partial R}{\partial z}\right)\right|_{M_0}.\end{aligned}$$

其中 Σ 是 G 内取外侧的分片光滑的封闭曲面, Ω 是由 Σ 围成的闭区域.

若对任意点 $M(x,y,z)\in G$, 散度都存在, 则有

$$\operatorname{div}\boldsymbol{A}=\frac{\partial P}{\partial x}+\frac{\partial Q}{\partial y}+\frac{\partial R}{\partial z}. \tag{8-5-3}$$

这就是散度在直角坐标系下的计算公式.

由式 (8-5-3), 高斯公式 $\displaystyle\iiint_{\Omega}\left(\frac{\partial P}{\partial x}+\frac{\partial Q}{\partial y}+\frac{\partial R}{\partial z}\right)\mathrm{d}v=\oiint_{\Sigma}(P\cos\alpha+Q\cos\beta+R\cos\gamma)\mathrm{d}S$ 可表示成

$$\iiint_{\Omega}\operatorname{div}\boldsymbol{A}(M)\mathrm{d}V=\oiint_{\Sigma}\boldsymbol{A}\cdot\mathrm{d}\boldsymbol{S}, \tag{8-5-4}$$

其中 Σ 是向量场内取外侧的分片光滑的封闭曲面, Ω 是由 Σ 围成的闭区域.

如果 $\boldsymbol{A}=\boldsymbol{A}(M)$ 是密度为 1 的不可压缩的流体在空间有界闭区域 G 中稳定流动的流速场, 则式 (8-5-4) 的右端可解释为单位时间内流速场 $\boldsymbol{A}$ 向 Σ 外侧 "流

出” 的流体质量的总和, 左端可解释为分布在 Ω 内的源头在单位时间内所 “散发” 出的流体质量的总和. 这也是高斯公式的一种物理解释.

如果区域 G 中有向量场 $\boldsymbol{A}=\boldsymbol{A}(M)(M\in G)$, G 中任意一点的散度为 $\operatorname{div}\boldsymbol{A}\equiv 0$, 则称 $\boldsymbol{A}(M)$ 为无源场. 此时对于场内任一有向分片光滑的封闭曲面 Σ, 都有

$$\oiint_{\Sigma}\boldsymbol{A}\cdot\mathrm{d}\boldsymbol{S}=0.$$

3. 散度的运算法则

利用散度在直角坐标系下的计算公式易知, 散度具有如下的运算法则:

(1) 对于常数 C, 有 $\operatorname{div}(C\boldsymbol{A})=C\operatorname{div}\boldsymbol{A}$;

(2) $\operatorname{div}(\boldsymbol{A}\pm\boldsymbol{B})=\operatorname{div}\boldsymbol{A}\pm\operatorname{div}\boldsymbol{B}$;

(3) 对于数量函数 u, 有 $\operatorname{div}(u\boldsymbol{A})=u\operatorname{div}\boldsymbol{A}+\operatorname{grad}u\cdot\boldsymbol{A}$.

例 27 求向量场 $\boldsymbol{A}=xy^2\boldsymbol{i}+x\boldsymbol{j}+(x^2-y^2+z)\boldsymbol{k}$, 在点 $M(1,1,1)$ 处的散度.

解 由公式 (8-5-3), 得

$$\operatorname{div}\boldsymbol{A}=\frac{\partial}{\partial x}(xy^2)+\frac{\partial x}{\partial y}+\frac{\partial}{\partial z}(x^2-y^2+z)=y^2+1,$$

于是 $\operatorname{div}\boldsymbol{A}\big|_M=(y^2+1)\big|_M=1^2+1=2$.

例 28 求流速场 $\boldsymbol{A}=(x-y+z)\boldsymbol{i}+(x+y-z)\boldsymbol{j}+(z-x+y)\boldsymbol{k}$, 通过椭球面 $\dfrac{x^2}{a^2}+\dfrac{y^2}{b^2}+\dfrac{z^2}{c^2}=1$ 的流量.

解 由高斯公式, 所求流量为

$$\begin{aligned}&\oiint_{\Sigma}\boldsymbol{A}\cdot\mathrm{d}\boldsymbol{S}\\=&\iiint_{\Omega}\operatorname{div}\boldsymbol{A}\mathrm{d}V=\iiint_{\Omega}\left[\frac{\partial}{\partial x}(x-y+z)+\frac{\partial}{\partial y}(x+y-z)+\frac{\partial}{\partial z}(z-x+y)\right]\mathrm{d}V\\=&\iiint_{\Omega}3\mathrm{d}V=3\iiint_{\Omega}\mathrm{d}V=3\cdot\frac{4}{3}\pi abc=4\pi abc.\end{aligned}$$

8.5.2 向量场的环流量与旋度

1. 环流量

定义 8-14 设向量场 $\boldsymbol{A}(M)=\boldsymbol{A}(x,y,z)=P(x,y,z)\boldsymbol{i}+Q(x,y,z)\boldsymbol{j}+R(x,y,z)\boldsymbol{k}$, 其中 $M\in G\subseteq\mathbf{R}^3$, $\boldsymbol{l}$ 是 G 内分段光滑的有向闭曲线, 则向量 $\boldsymbol{A}(M)$ 沿有向闭曲线 $\boldsymbol{l}$ 的第二类曲线积分

$$\oint_{l} \boldsymbol{A} \cdot \mathrm{d}\boldsymbol{l} = \oint_{l} P\mathrm{d}x + Q\mathrm{d}y + R\mathrm{d}z \tag{8-5-5}$$

称为向量场 $\boldsymbol{A}$ 沿闭曲线 $\boldsymbol{l}$ 按所取方向的环流量 (或旋转量), 其中 $\mathrm{d}\boldsymbol{l} = \boldsymbol{T}^0\mathrm{d}l = \mathrm{d}x\boldsymbol{i} + \mathrm{d}y\boldsymbol{j} + \mathrm{d}z\boldsymbol{k}$, $\boldsymbol{T}^0$ 是曲线 $\boldsymbol{l}$ 上点 M 处沿 $\boldsymbol{l}$ 方向的单位切向量.

环流量是对向量场绕闭曲线 $\boldsymbol{l}$ 旋转趋势的整体性描述. 式 (8-5-5) 中, 设 $\boldsymbol{l}$ 所围曲面为 Σ, 其面积为 S, 且 $\boldsymbol{l}$ 的方向与曲面 $\boldsymbol{\Sigma}$ 的法向量 $\boldsymbol{n}$ 的方向符合右手法则, 则

$$\frac{\displaystyle\oint_{l} \boldsymbol{A} \cdot \mathrm{d}\boldsymbol{l}}{S}$$

称为向量场 $\boldsymbol{A}$ 沿闭曲线 $\boldsymbol{l}$ 绕法向量 $\boldsymbol{n}$ 的平均环流量 (或平均环流密度). 一般情况下, 由于 Σ 内各点 M 处的环流密度分布是不均匀的, 因此, 下面引出 Σ 内任一点 M 处的环流密度概念.

定义 8-15　设 $\boldsymbol{A} = \boldsymbol{A}(M)$ 是向量场, 以场中封闭光滑曲线 $\boldsymbol{l}$ 为边界的任意光滑曲面 Σ, $\boldsymbol{l}$ 的方向与 $\boldsymbol{\Sigma}$ 的指定侧的法向量 $\boldsymbol{n}$ 方向符合右手法则, 当曲面 $\boldsymbol{\Sigma}$ 按任意方式无限收缩于点 M 时, $\boldsymbol{\Sigma}$ 所围曲面的面积 $S \to 0$, 若极限

$$\lim_{\Sigma \to M} \frac{\displaystyle\oint_{l} \boldsymbol{A} \cdot \mathrm{d}\boldsymbol{l}}{S}$$

存在、有限, 则称此极限为向量场 $\boldsymbol{A} = \boldsymbol{A}(M)$ 在点 M 绕 $\boldsymbol{n}$ 的环流密度.

2. 旋度

环流密度是环流量关于面积的变化率. 为了考察环流密度在什么情况下取最大值, 最大值是多少, 我们先利用斯托克斯公式将环流量表示为曲面积分, 即

$$\begin{aligned}
\oint_{l} \boldsymbol{A} \cdot \mathrm{d}\boldsymbol{l} &= \oint_{l} P\mathrm{d}x + Q\mathrm{d}y + R\mathrm{d}z \\
&= \iint_{\boldsymbol{\Sigma}} \left(\frac{\partial R}{\partial y} - \frac{\partial Q}{\partial z}\right)\mathrm{d}y\mathrm{d}z + \left(\frac{\partial P}{\partial z} - \frac{\partial R}{\partial x}\right)\mathrm{d}z\mathrm{d}x + \left(\frac{\partial Q}{\partial x} - \frac{\partial P}{\partial y}\right)\mathrm{d}x\mathrm{d}y \\
&= \iint_{\boldsymbol{\Sigma}} \left[\left(\frac{\partial R}{\partial y} - \frac{\partial Q}{\partial z}\right)\boldsymbol{i} + \left(\frac{\partial P}{\partial z} - \frac{\partial R}{\partial x}\right)\boldsymbol{j}\right. \\
&\qquad \left. + \left(\frac{\partial Q}{\partial x} - \frac{\partial P}{\partial y}\right)\boldsymbol{k}\right] \cdot (\mathrm{d}y\mathrm{d}z\boldsymbol{i} + \mathrm{d}z\mathrm{d}x\boldsymbol{j} + \mathrm{d}x\mathrm{d}y\boldsymbol{k}) \\
&\triangleq \iint_{\boldsymbol{\Sigma}} \mathrm{rot}\,\boldsymbol{A} \cdot \mathrm{d}\boldsymbol{S} = \iint_{\boldsymbol{\Sigma}} \mathrm{rot}\,\boldsymbol{A} \cdot \boldsymbol{n}^0 \mathrm{d}S,
\end{aligned} \tag{8-5-6}$$

其中单位法向量 $\boldsymbol{n}^0$ 的方向与曲面 $\boldsymbol{\Sigma}$ 的边界曲线 $\boldsymbol{l}$ 的方向符合右手法则. 记

$$\mathrm{rot}\boldsymbol{A} \triangleq \left(\frac{\partial R}{\partial y}-\frac{\partial Q}{\partial z}\right)\boldsymbol{i}+\left(\frac{\partial P}{\partial z}-\frac{\partial R}{\partial x}\right)\boldsymbol{j}+\left(\frac{\partial Q}{\partial x}-\frac{\partial P}{\partial y}\right)\boldsymbol{k}=\begin{vmatrix} \boldsymbol{i} & \boldsymbol{j} & \boldsymbol{k} \\ \dfrac{\partial}{\partial x} & \dfrac{\partial}{\partial y} & \dfrac{\partial}{\partial z} \\ P & Q & R \end{vmatrix}, \tag{8-5-7}$$

则式 (8-5-6) 中, 前面的曲线积分表示向量场 $\boldsymbol{A}=\boldsymbol{A}(M)=P\boldsymbol{i}+Q\boldsymbol{j}+R\boldsymbol{k}$ 沿场内封闭曲线 $\boldsymbol{l}$ 在给定方向的环流量, 后面的曲面积分表示另一向量 $\mathrm{rot}\boldsymbol{A}$ 通过曲面 $\boldsymbol{\Sigma}$ 给定侧的通量. 我们称向量 $\mathrm{rot}\boldsymbol{A}$ 为向量场 $\boldsymbol{A}=\boldsymbol{A}(M)$ 在点 M 处的旋度 (rotation).

由式 (8-5-6) 及积分中值定理, 得环流密度

$$\begin{aligned}
\Gamma &= \lim_{\Sigma\to M}\frac{\oint_{\boldsymbol{l}}\boldsymbol{A}\cdot \mathrm{d}\boldsymbol{l}}{S}=\lim_{\Sigma\to M}\frac{\iint_{\boldsymbol{\Sigma}}\mathrm{rot}\,\boldsymbol{A}\cdot\boldsymbol{n}^0\mathrm{d}S}{S} \\
&= \lim_{\Sigma\to M}\frac{\iint_{\boldsymbol{\Sigma}}\begin{vmatrix} \cos\alpha & \cos\beta & \cos\gamma \\ \dfrac{\partial}{\partial x} & \dfrac{\partial}{\partial y} & \dfrac{\partial}{\partial z} \\ P & Q & R \end{vmatrix}\mathrm{d}S}{S} \\
&= \lim_{\Sigma\to M}\frac{\begin{vmatrix} \cos\alpha & \cos\beta & \cos\gamma \\ \dfrac{\partial}{\partial x} & \dfrac{\partial}{\partial y} & \dfrac{\partial}{\partial z} \\ P & Q & R \end{vmatrix}_{M^*}\cdot S}{S} \quad (M^*\in\Sigma) \\
&= \begin{vmatrix} \cos\alpha & \cos\beta & \cos\gamma \\ \dfrac{\partial}{\partial x} & \dfrac{\partial}{\partial y} & \dfrac{\partial}{\partial z} \\ P & Q & R \end{vmatrix}_{M} = \left(\mathrm{rot}\,\boldsymbol{A}\cdot\boldsymbol{n}^0\right)_M=(|\,\mathrm{rot}\,\boldsymbol{A}|\cos\theta)_M,
\end{aligned} \tag{8-5-8}$$

其中 $\boldsymbol{n}^0=\dfrac{\boldsymbol{n}}{|\boldsymbol{n}|}=\cos\alpha\boldsymbol{i}+\cos\beta\boldsymbol{j}+\cos\gamma\boldsymbol{k}$. 由此可见, 环流密度

$$\mathrm{rot}\,\boldsymbol{A}\cdot\boldsymbol{n}^0=|\,\mathrm{rot}\,\boldsymbol{A}|\cos\theta\triangleq\mathrm{rot}_{\boldsymbol{n}}\,\boldsymbol{A},$$

表示向量场 $\mathrm{rot}\boldsymbol{A}$ 在方向 $\boldsymbol{n}$ 上的投影. 当 $\mathrm{rot}\boldsymbol{A}$ 与 $\boldsymbol{n}^0$ 方向一致时 $\cos\theta=1$, 环流密度取最大值, 最大值为

$$|\mathrm{rot}\boldsymbol{A}|=\sqrt{\left(\frac{\partial R}{\partial y}-\frac{\partial Q}{\partial z}\right)^2+\left(\frac{\partial P}{\partial z}-\frac{\partial R}{\partial x}\right)^2+\left(\frac{\partial Q}{\partial x}-\frac{\partial P}{\partial y}\right)^2}.$$

如果向量场 $\boldsymbol{A}=\boldsymbol{A}(M)(M\in G)$ 在 G 内任意一点 $M(x,y,z)$ 处的旋度 $\mathrm{rot}\boldsymbol{A}$ 都存在, 则 $\mathrm{rot}\boldsymbol{A}(M)(M\in G)$ 成为一个向量场, 称为旋度场. 当 $\mathrm{rot}\boldsymbol{A}\equiv 0$ 时, 称向量场 $\boldsymbol{A}$ 为无旋场.

利用旋度, 斯托克斯公式可以写成如下形式:

$$\oint_{\boldsymbol{l}}\boldsymbol{A}\cdot\mathrm{d}\boldsymbol{l}=\iint_{\boldsymbol{\Sigma}}\mathrm{rot}\boldsymbol{A}\cdot\mathrm{d}\boldsymbol{S}.$$

3. 旋度的运算法则

利用旋度的计算公式 (8-5-6), 易知, 旋度具有如下的运算法则:

(1) 对于常数 C, 有 $\mathrm{rot}(C\boldsymbol{A})=C\mathrm{rot}\boldsymbol{A}$;

(2) $\mathrm{rot}(\boldsymbol{A}+\boldsymbol{B})=\mathrm{rot}\boldsymbol{A}+\mathrm{rot}\boldsymbol{B}$;

(3) 对于数量函数 u, 有 $\mathrm{rot}(u\boldsymbol{A})=u\mathrm{rot}\boldsymbol{A}+\mathrm{grad}u\times\boldsymbol{A}$;

(4) $\mathrm{div}(\mathrm{rot}\boldsymbol{A})=0$.

例 29 求向量场 $\boldsymbol{A}=x^2yz\boldsymbol{i}+xy^2z\boldsymbol{j}+xyz^2\boldsymbol{k}$ 的旋度场, 以及在点 $M(1,2,-3)$ 处的旋度和沿方向 $\boldsymbol{n}=(1,1,-1)$ 的环流密度.

解 对于场内任意一点 $M(x,y,z)$, 由式 (8-5-7) 得向量场 $\boldsymbol{A}$ 的旋度为

$$\mathrm{rot}\boldsymbol{A}=\begin{vmatrix}\boldsymbol{i} & \boldsymbol{j} & \boldsymbol{k}\\ \dfrac{\partial}{\partial x} & \dfrac{\partial}{\partial y} & \dfrac{\partial}{\partial z}\\ P & Q & R\end{vmatrix}=\left(\frac{\partial R}{\partial y}-\frac{\partial Q}{\partial z}\right)\boldsymbol{i}+\left(\frac{\partial P}{\partial z}-\frac{\partial R}{\partial x}\right)\boldsymbol{j}+\left(\frac{\partial Q}{\partial x}-\frac{\partial P}{\partial y}\right)\boldsymbol{k}$$

$$=(xz^2-xy^2)\boldsymbol{i}+(x^2y-yz^2)\boldsymbol{j}+(y^2z-x^2z)\boldsymbol{k},$$

这就是向量场 $\boldsymbol{A}$ 的旋度场.

向量场 $\boldsymbol{A}$ 在点 $M(1,2,-3)$ 处的旋度为

$$\mathrm{rot}\boldsymbol{A}\big|_M=(xz^2-xy^2)\boldsymbol{i}+(x^2y-yz^2)\boldsymbol{j}+(y^2z-x^2z)\boldsymbol{k}\big|_M=5\boldsymbol{i}-16\boldsymbol{j}-9\boldsymbol{k}.$$

向量场 $\boldsymbol{A}$ 沿方向 $\boldsymbol{n}=(1,1,-1)$ 的环流密度为

$$\mathrm{rot}\boldsymbol{A}\big|_M\cdot\boldsymbol{n}=(5,-16,-9)\cdot(1,1,-1)=-2.$$

习 题 8-5

1. 求向量场 $\boldsymbol{A}=x^2\boldsymbol{i}+y^2\boldsymbol{j}+z^2\boldsymbol{k}$ 通过球面 $x^2+y^2+z^2=a^2$ 流向外侧的通量.

2. 设曲线 $\boldsymbol{l}$ 为圆锥面 $z=2-\sqrt{x^2+y^2}$ 与平面 $z=1$ 的交线, 方向与轴正向符合右手法则, 求向量场 $\boldsymbol{A}=(x-z)\boldsymbol{i}+(x^2+yz)\boldsymbol{j}-3xy^2\boldsymbol{k}$ 沿曲线 $\boldsymbol{l}$ 按上述指定方向的环流量.

3. 求下列向量场的散度:

(1) $\boldsymbol{A}=(2x+y)\boldsymbol{i}+(x+2yz)\boldsymbol{j}-(2y^2-6z)\boldsymbol{k}$;

(2) $\boldsymbol{A}=\mathrm{e}^{xy}\boldsymbol{i}+\cos(xyz)\boldsymbol{j}-\sin(xy^2)\boldsymbol{k}$;

(3) $\boldsymbol{A}=xyz(x\boldsymbol{i}+y\boldsymbol{j}-z\boldsymbol{k})$.

4. 求下列向量场的旋度:

(1) $\boldsymbol{A}=z+\sin y\boldsymbol{i}+x\cos y\boldsymbol{j}$;

(2) $\boldsymbol{A}=(x^2-y^2)\boldsymbol{i}+2xy\boldsymbol{j}+2z\boldsymbol{k}$;

(3) $\boldsymbol{A}=4xyz\boldsymbol{i}-xy^2\boldsymbol{j}+x^2yz\boldsymbol{k}$.

5. 求向量场 $\boldsymbol{A}=(y^2+z^2)\boldsymbol{i}+(z^2+x^2)\boldsymbol{j}+(x^2+y^2)\boldsymbol{k}$ 在点 $M(2,3,1)$ 处沿方向 $\boldsymbol{l}=(x,y,z)$ 的环流密度, 并求在点 $M(2,3,1)$ 处的最大环流密度和方向.

第 9 章 无穷级数

本章研究的对象为无穷多项“相加”的情况, 形如 $\sum\limits_{n=1}^{\infty} u_n$, 其中 u_n 是一个确定的解析式, 当这个解析式是一个确定的实数时, 对应的就是常数项级数. 当这个解析式是函数时, 对应的就是函数项级数. 遵循从简单到复杂的研究方法, 首先研究常数项级数, 然后研究函数项级数.

9.1 常数项无穷级数的概念与性质

9.1节课件

常数项级数 $\sum\limits_{n=1}^{\infty} u_n$, 其中 u_n 为实数, 从结构看, 这是一个无限和的形式. 显然, 和以前处理的对象“有限和”不同, 因为有限和计算的最终的结果是一个确定的实数, 由于“无限”所具有的不确定性, 无限和的形式 $\sum\limits_{n=1}^{\infty} u_n$ 最终结果也具有不确定性, 由此决定了常数项级数的研究内容: 无限和的确定性, 即常数项级数是否有意义? 也即常数项级数的收敛性问题, 以及由此进一步研究无限和存在条件下的运算问题——级数的性质研究.

类比已知, 将有限过渡到无限正是极限处理的对象的特点, 由此决定了研究的思想方法——利用极限理论为工具, 将有限和推广到无限和, 形成级数的相关理论. 为此, 先做一些准备工作.

9.1.1 常数项无穷级数的概念

定义 9-1 设 $\{u_n\}$ 是给定的数列, 无限数的和式 $u_1+u_2+\cdots+u_n+\cdots$, 称为常数项无穷级数, 简称级数, 记为 $\sum\limits_{n=1}^{\infty} u_n$, 其中 u_n 称为级数 $\sum\limits_{n=1}^{\infty} u_n$ 的通项.

结构分析 从定义看, 常数项级数就是无限个实数的和, 类比已知, 我们已经学习和掌握了有限个实数和的运算性质, 因此, 从结构形式上, 常数项级数就是有限和运算的推广. 但是, “无限”具有不确定性 (比如级数 $\sum\limits_{n=1}^{\infty}(-1)^n$ 的和不存在), 因此无限和有限有着重要区别, 由此也决定了定义只是形式的.

由此决定了常数项级数的研究内容:

(1) 无限和有意义吗?——常数项级数的敛散性问题;

(2) 如何判断无限和是否有意义——收敛性的判别问题, 即判别法则, 也是常数项级数的核心理论.

那么, 如何建立常数项级数的相关理论? 从科学研究的角度, 先分析常数项级数——作为未知的、将要被研究的东西和已经掌握的知识的联系与区别. 从形式上看, 常数项级数是无穷多个数的和, 作为数的和, 我们已经掌握了有限个数的和的定义、运算和性质, 因此, 如何将有限个数的和的定义、运算和性质推广到无限个数的和, 由此得到关于级数的定义和性质. 因此, 解决问题的关键是如何将"有限"过渡到"无限"——这正是极限方法的思想, 由此决定本节所采用的研究思想: 通过有限和的极限引入无限和——收敛的级数, 利用极限的性质研究收敛级数的性质. 下面, 将按上述思想引入本节的概念和性质. 为此先引入一个有限和——级数的部分和.

定义 9-2 称级数的前 n 项和 $S_n=\sum\limits_{k=1}^{n}u_k=u_1+u_2+\cdots+u_n$ 为级数 $\sum\limits_{n=1}^{\infty}u_n$ 的部分和. 显然, 部分和是有限和, 当 n 依次取 1, 2, 3, $\cdots$ 时, 它们构成一个新的数列 (部分和数列)

$$\begin{aligned}
&s_1=u_1,\\
&s_2=u_1+u_2,\\
&s_3=u_1+u_2+u_3,\\
&\quad\cdots\cdots\\
&s_n=u_1+u_2+u_3+\cdots+u_n,\\
&\qquad\cdots\cdots.
\end{aligned}$$

下面, 通过部分和的极限过渡到无限和, 进而引入级数的收敛性.

定义 9-3 若部分和数列 $\{S_n\}$ 收敛 (于 S), 称级数 $\sum\limits_{n=1}^{\infty}u_n$ 收敛 (于 S), 此时, 记 $\sum\limits_{n=1}^{\infty}u_n=S$, S 也称为级数 $\sum\limits_{n=1}^{\infty}u_n$ 的和; 若部分和数列 $\{S_n\}$ 发散, 称级数 $\sum\limits_{n=1}^{\infty}u_n$ 发散.

信息挖掘 ①由此定义可知: 只有当 $\sum\limits_{n=1}^{\infty}u_n$ 收敛时, 无限和 $\sum\limits_{n=1}^{\infty}u_n$ 才有意义,

此时, $\sum_{n=1}^{\infty} u_n$ 就是一个确定的数, 即 $\sum_{n=1}^{\infty} u_n = \lim_{n\to\infty} S_n = S$; 而当级数 $\sum_{n=1}^{\infty} u_n$ 发散时, 级数 $\sum_{n=1}^{\infty} u_n$ 只是一个记号或形式; ② 定义既是定性的, 也是定量的.

定义作用对象特征分析 定义是最底层的工具, 只能处理简单结构, 因此, 通常用定义证明最简单的具体级数的敛散性. 但是, 涉及级数的定量分析 (求和) 时, 通常用定义处理. 注意到定义是通过部分和研究常数项级数的敛散性, 因此, 类比已知, 能计算部分和的结构通常具有等比、等差或特殊的结构, 这些结构是定量分析级数的基础.

作为应用, 可以利用定义研究简单结构的常数项级数的敛散性.

例 1 考察几何级数 $\sum_{n=1}^{\infty} q^n$ 的收敛性, 其中 $0 < |q| < 1$.

简析 通项具有等比结构, 可以利用对应的求和公式, 用定义考察其敛散性.

解 利用等比数列的求和公式可得 $S_n = \sum_{k=1}^{n} q^k = \frac{q(1-q^n)}{1-q}$, $0 < |q| < 1$, 故, $\{S_n\}$ 收敛于 $\frac{q}{1-q}$, 因此, 几何级数 $\sum_{n=1}^{\infty} q^n$ 收敛于 $\frac{q}{1-q}$, 故 $\sum_{n=1}^{\infty} q^n = \frac{q}{1-q}$.

例 2 判断下列级数的敛散性, 若收敛则求收敛级数的和.

(1) $\sum_{n=1}^{\infty} \frac{1}{n(n+1)}$; (2) $\sum_{n=2}^{\infty} \ln\frac{n+1}{n}$; (3) $\sum_{n=1}^{\infty} \frac{2n-1}{2^n}$.

简析 目前只学习了用部分和数列的极限判断级数的敛散性, 因此考虑用定义考察其敛散性. (1) 利用裂项相消的方法可以得到部分和数列的表达式; (2) 根据对数函数的性质可以将 $\ln\frac{n+1}{n}$ 拆成 $\ln(n+1) - \ln n$, 再求部分和数列的表达式; (3) 利用错位相减法可以得到部分和数列的表达式.

解 (1) 由于 $u_n = \frac{1}{n(n+1)} = \frac{1}{n} - \frac{1}{n+1}$, 所以

$$\begin{aligned} S_n &= \frac{1}{1\times 2} + \frac{1}{2\times 3} + \cdots + \frac{1}{n(n+1)} \\ &= \left(1-\frac{1}{2}\right) + \left(\frac{1}{2}-\frac{1}{3}\right) + \cdots + \left(\frac{1}{n}-\frac{1}{n+1}\right) = 1 - \frac{1}{n+1}, \end{aligned}$$

$$\lim_{n\to\infty} S_n = \lim_{n\to\infty}\left(1-\frac{1}{n+1}\right) = 1,$$

所以级数收敛, 且 $\sum\limits_{n=1}^{\infty}\dfrac{1}{n(n+1)}=1$.

(2) 由于 $u_n=\ln\dfrac{n+1}{n}=\ln(n+1)-\ln n$, 所以

$$\begin{aligned}S_n&=(\ln 3-\ln 2)+(\ln 4-\ln 3)+\cdots+[\ln n-\ln(n-1)]+[\ln(n+1)-\ln n]\\&=\ln(n+1)-\ln 2,\end{aligned}$$

$$\lim_{n\to\infty}S_n=\lim_{n\to\infty}[\ln(n+1)-\ln 2]=+\infty,$$

由级数收敛的定义知级数 $\sum\limits_{n=2}^{\infty}\ln\dfrac{n+1}{n}$ 发散.

(3) 已知 $S_n=\dfrac{1}{2}+\dfrac{3}{2^2}+\dfrac{5}{2^3}+\cdots+\dfrac{2n-1}{2^n}$, 因为

$$\begin{aligned}S_n-\frac{1}{2}S_n&=\left(\frac{1}{2}+\frac{3}{2^2}+\frac{5}{2^3}+\cdots+\frac{2n-1}{2^n}\right)-\left(\frac{1}{2^2}+\frac{3}{2^3}+\frac{5}{2^4}+=\cdots+\frac{2n-1}{2^{n+1}}\right)\\&=\frac{1}{2}+\left(\frac{1}{2}+\frac{1}{2^2}+\frac{1}{2^3}+\cdots+\frac{1}{2^{n-1}}\right)-\frac{2n-1}{2^{n+1}}\\&=\frac{1}{2}+\frac{1}{2}\cdot\frac{1-\dfrac{1}{2^{n-1}}}{1-\dfrac{1}{2}}-\frac{2n-1}{2^{n+1}}=\frac{3}{2}-\frac{1}{2^{n-1}}-\frac{2n-1}{2^{n+1}},\end{aligned}$$

所以 $S_n=3-\dfrac{1}{2^{n-2}}\cdot\dfrac{2n-1}{2^n}$, 故 $\lim\limits_{n\to\infty}S_n=3$. 因此 $\sum\limits_{n=1}^{\infty}\dfrac{2n-1}{2^n}$ 收敛, 其和为 3.

在考察级数的收敛性时, 还经常涉及另一个数列——余项和.

定义 9-4 称 $r_n=u_{n+1}+u_{n+2}+\cdots$ 为级数 $\sum\limits_{n=1}^{\infty}u_n$ 的余项和. 部分和与余项和的区别和联系.

(1) 部分和是有限和, 因此, 只要级数 $\sum\limits_{n=1}^{\infty}u_n$ 给定, 部分和就确定了. 余项和与级数一样, 仍是一个无限和, 因此, 在不知道其收敛的情形下, 余项和仍只是一个形式或记号.

(2) 若级数 $\sum\limits_{n=1}^{\infty}u_n$ 收敛于 S, 则

$r_n=S-S_n=u_{n+1}+u_{n+2}+\cdots$,

此时, 余项和是一个收敛于 0 的级数, 反之也成立, 这就是下面的定理.

定理 9-1　级数 $\sum\limits_{n=1}^{\infty} u_n$ 收敛等价于余项和收敛于 0.

证明*　考察部分和与余项和的关系. 显然, 对任意的 n, p,

$$|r_{n+p}-r_n|=|u_{n+1}+u_{n+2}+\cdots+u_{n+p}|=|S_{n+p}-S_n|,$$

因而, $\{S_n\}$ 和 $\{r_n\}$ 具有相同的收敛性. 因此, 由定义, $\sum\limits_{n=1}^{\infty} u_n$ 收敛等价于 $\{S_n\}$ 收敛于 S, 进一步等价于 $\{r_n\}$ 收敛于 0.

由此可以发现, 部分和及余项和都能刻画级数的敛散性.

9.1.2　收敛级数的性质

利用求部分和数列的极限来判断级数的敛散性虽然是最基本的方法, 但它常常是很困难的. 因此, 有必要研究级数的性质, 以便寻找简单易行的判别方法.

性质 9-1 (线性性质)　设 $\sum\limits_{n=1}^{\infty} u_n$, $\sum\limits_{n=1}^{\infty} v_n$ 是两个收敛的常数项级数, 则对任意的实数 a, b, 级数 $\sum\limits_{n=1}^{\infty}(au_n+bv_n)$ 也收敛且 $\sum\limits_{n=1}^{\infty}(au_n+bv_n)=a\sum\limits_{n=1}^{\infty}u_n+b\sum\limits_{n=1}^{\infty}v_n$.

利用定义和数列极限的运算性质即可证明性质 9-1.

信息挖掘　收敛级数的线性性质表明:

(1) 两个收敛级数可逐项相加或逐项相减.

(2) 若两级数 $\sum\limits_{n=1}^{\infty} u_n$, $\sum\limits_{n=1}^{\infty} v_n$ 中一个收敛一个发散, 则 $\sum\limits_{n=1}^{\infty}(u_n+v_n)$ 必发散.

证明　(2) 反证法　不妨设 $\sum\limits_{n=1}^{\infty} u_n$ 收敛, $\sum\limits_{n=1}^{\infty} v_n$ 发散, 假设 $\sum\limits_{n=1}^{\infty}(u_n+v_n)$ 收敛, 则 $\sum\limits_{n=1}^{\infty} v_n=\sum\limits_{n=1}^{\infty}[(u_n+v_n)-u_n]$ 也收敛, 矛盾.

性质 9-2 (结合性)　设 $\sum\limits_{n=1}^{\infty} u_n$ 收敛, 则对 $\sum\limits_{n=1}^{\infty} u_n$ 任意加括号后所成的级数

$$(u_1+u_2+\cdots+u_{i_1})+(u_{i_1+1}+\cdots+u_{i_2})+\cdots$$

也收敛且其和不变.

简析　到目前为止, 我们只学过级数的定义, 且要证明的结论还是定量的, 因此, 本性质的证明必须采用定义, 实质是考察二者的部分和关系.

证明 记 $S_n=\sum_{k=1}^{n}u_k$, $A_n=\sum_{k=1}^{n}(u_{i_{k-1}+1}+\cdots+u_{i_k})$ 为两个级数相应的部分和, 考察二者之间的关系, 则

$$A_1=u_1+\cdots+u_{i_1}=S_{i_1},$$

$$A_2=u_1+\cdots+u_{i_2}=S_{i_2},$$

$$\cdots\cdots$$

$$A_n=u_1+\cdots+u_{i_n}=S_{i_n},$$

因而, 数列 $\{A_n\}$ 是数列 $\{S_n\}$ 的子列, 由于 $\{S_n\}$ 收敛, 因而, $\{A_n\}$ 也收敛, 且 $\lim\limits_{n\to+\infty}A_n=\lim\limits_{n\to+\infty}S_n$.

抽象总结 ①从性质 9-2 的结构看, 此性质表明, 在收敛的条件下, 无限和的运算也满足结合律. ②由于子列收敛不一定保证原数列收敛, 因而, 性质 9-2 的逆不成立. 如 $\sum\limits_{n=1}^{\infty}(-1)^{n+1}$ 是发散的数项级数, 但若从第一项开始, 相邻两项加括号, 可得收敛于 0 的级数 $\sum\limits_{n=1}^{\infty}(1-1)=0$.

性质 9-3 若级数 $\sum\limits_{n=1}^{\infty}u_n$ 收敛, 则 $\sum\limits_{n=k+1}^{\infty}u_n$ 也收敛 $(k\geqslant 1)$. 且其逆亦真.

简析 利用级数收敛的定义证明, 本质上仍然是考察二者的部分和关系.

证明 $\sum\limits_{n=k+1}^{\infty}u_n=u_{k+1}+u_{k+2}+\cdots+u_{k+n}+\cdots$, 设 $\sigma_n=u_{k+1}+u_{k+2}+\cdots+u_{k+n}=S_{n+k}-S_k$, 则

$$\lim_{n\to\infty}\sigma_n=\lim_{n\to\infty}S_{n+k}-\lim_{n\to\infty}S_k=S-S_k.$$

所以 $\sum\limits_{n=k+1}^{\infty}u_n$ 也收敛.

类似地可以证明在级数前面加上有限项不影响级数的敛散性, 但对收敛级数, 虽然不改变收敛性, 但会改变收敛级数的和.

信息挖掘 性质 9-3 表明在级数中去掉、增加或者改变有限项后, 级数的收敛性不变.

性质 9-4 级数 $\sum\limits_{n=1}^{\infty}u_n$ 收敛的必要条件: $\lim\limits_{n\to+\infty}u_n=0$.

证明 设 $\sum_{n=1}^{\infty} u_n = S$, $u_n = S_n - S_{n-1}$ 则 $\lim_{n\to\infty} u_n = \lim_{n\to\infty}(S_n - S_{n-1}) = S - S = 0$.

信息挖掘 一般项趋于零只是级数收敛的必要条件, 而不是充分条件. 即若一般项 $u_n \to 0$, 并不能断定级数 $\sum_{n=1}^{\infty} u_n$ 收敛.

例如调和级数 $\sum_{n=1}^{\infty} \frac{1}{n} = 1 + \frac{1}{2} + \frac{1}{3} + \cdots + \frac{1}{n} + \cdots$, 它的一般项 $\frac{1}{n}$ 当 $n \to \infty$ 时趋于零, 但此级数发散. 因为其余项的部分和

$$\frac{1}{n+1} + \frac{1}{n+2} + \cdots + \frac{1}{2n} > \frac{1}{2n} \times n = \frac{1}{2}$$

是发散的, 所以调和级数 $\sum_{n=1}^{\infty} \frac{1}{n}$ 是发散级数.

进一步信息挖掘 此必要条件常用于判断级数的发散性, 即如果某一个级数的一般项不趋于零, 那么此级数一定发散.

例 3 判断 $\sum_{n=1}^{\infty} n\ln\left(1+\frac{1}{n}\right)$ 的敛散性.

解 由于 $\lim_{n\to+\infty} n\ln\left(1+\frac{1}{n}\right) = 1 \neq 0$, 因而, $\sum_{n=1}^{\infty} n\ln\left(1+\frac{1}{n}\right)$ 发散.

因此, 在判断级数的敛散性时, 首先考察通项的极限, 若 $\{u_n\}$ 不存在极限或存在极限但不为 0, 级数肯定发散. 在 $\{u_n\}$ 收敛于 0 的条件下, 再进一步判断其敛散性, 这是判断级数敛散性的一般程序.

进一步信息挖掘 性质 9-4 的另一个应用是用于研究数列收敛于 0 的性质, 即要证明 $\lim_{n\to+\infty} u_n = 0$, 只需证明 $\sum_{n=1}^{\infty} u_n$ 收敛. 而在有些时候, 证明 $\sum_{n=1}^{\infty} u_n$ 的收敛性比证明数列 $\{u_n\}$ 的收敛性更简单, 如利用后面我们给出的判别法很容易判断 $\sum_{n=1}^{\infty} \frac{(2n)!}{2^{n(n+1)}}$ 收敛, 因而, $\lim_{n\to+\infty} \frac{(2n)!}{2^{n(n+1)}} = 0$ (具体的例子将在后面给出).

例 4 设 $\sum_{n=1}^{\infty} (u_{2n-1} + u_{2n})$ 收敛, 且 $\lim_{n\to+\infty} u_n = 0$, 证明: $\sum_{n=1}^{\infty} u_n$ 收敛.

分析 证明思路仍然是考察部分和的关系.

证明 记 $A_n = \sum_{k=1}^{n} (u_{2k-1} + u_{2k})$, $S_n = \sum_{k=1}^{n} u_k$, 则

$$S_{2n}=A_n,\quad S_{2n+1}=A_n+u_{2n+1},$$

因为 $\sum\limits_{n=1}^{\infty}(u_{2n-1}+u_{2n})$ 收敛, 故 $\lim\limits_{n\to+\infty}A_n=A$ 存在, 因而,

$$\lim_{n\to+\infty}S_{2n}=\lim_{n\to+\infty}S_{2n+1}=A,$$

故, $\lim\limits_{n\to+\infty}S_n=A$, 因而, $\sum\limits_{n=1}^{\infty}u_n$ 收敛.

涉及极限的地方都有相应的柯西收敛准则, 利用部分和数列收敛的柯西收敛准则, 容易得到判断级数收敛的充分必要条件, 即相应的柯西收敛准则.

性质 9-5* (柯西收敛准则) 级数 $\sum\limits_{n=1}^{\infty}u_n$ 收敛的**充要条件**是对任意的 $\varepsilon>0$, 存在 $N>0$ 使得 $n>N$ 时, 对任意的自然数 p 都成立

$$|u_{n+1}+\cdots+u_{n+p}|<\varepsilon.$$

和数列收敛的柯西准则一样, N 仅依赖于 $\mathcal{E}$, 与 p 无关. 也常称 $|u_{n+1}+\cdots+u_{n+p}|$ 为级数的柯西片段.

柯西收敛准则应用分析:

(1) **结构分析** 柯西收敛准则是判断极限存在 (收敛性) 的一般准则. 由柯西收敛准则, $\sum\limits_{n=1}^{\infty}u_n$ 收敛的充要条件是充分远的柯西片段任意小, 故级数的敛散性与级数的前面有限项无关, 因而, 去掉或增加或改变级数的有限项不改变级数的敛散性, 但对收敛级数, 上述的改变, 虽然不改变收敛性, 但会改变收敛级数的和.

(2) **应用方法分析** 用柯西收敛准则判断级数的收敛性时, 关键是对柯西片段作估计, 从结构上看, 类似于用定义考察数列的极限问题, 因此, 相应的放大方法可以移植到级数收敛性的判断上. 即要判断级数的收敛性, 通常对柯西片断寻求如下形式的估计 (去掉 p 的影响):

$$|S_{n+p}-S_n|=|u_{n+1}+\cdots+u_{n+p}|\leqslant G(n),$$

其中, $G(n)$ 满足与 p 无关、单调递减且 $G(n)\to 0$. 求解 $G(n)<\varepsilon$ 确定 N. 而在用柯西收敛准则判断发散性时, 要用缩小法, 需要对柯西片段作反向估计, 即寻求如下的估计:

$$|S_{n+p}-S_n|=|u_{n+1}+\cdots+u_{n+p}|\geqslant C(n,p),$$

通过取特定的关系 $p=p(n)$ 能使 $C(n,p)\geqslant\varepsilon_0>0$, 由此得到发散性.

(3) **作用特征** 由于这是一个一般性的判别方法, 理论意义更大, 通常作用于抽象对象, 也用于简单的具体对象. 同时, 由于条件是充要条件, 因此, 既可以判定

收敛性, 也可以判定发散性. 它还是一个利用自身结构特点判定其敛散性的法则, 不需要与其他的级数作比较进行判断, 这也和后面的比较判别法则形成了对比和差别.

例 5 证明: (1) $\sum\limits_{n=1}^{\infty}\frac{1}{n}$ 发散; (2) $\sum\limits_{n=1}^{\infty}\frac{1}{n^2}$ 收敛.

简析 $\sum\limits_{n=1}^{\infty}\frac{1}{n}$ 是调和级数, 前面已经证明过它是发散的. 这里类比数列极限理论中类似的结构, 也可以用柯西收敛准则讨论其敛散性.

证明 (1) 记 $S_n=\sum\limits_{k=1}^{n}\frac{1}{k}$, 考察其柯西片段, 则

$$|S_{n+p}-S_n|=\sum_{k=n+1}^{n+p}\frac{1}{k}>\frac{p}{n+p},$$

因而, 取 $p=n$, 则 $|S_{n+p}-S_n|>\frac{1}{2}$, 故 $\{S_n\}$ 发散, 因此, $\sum\limits_{n=1}^{\infty}\frac{1}{n}$ 发散.

(2) 考察柯西片段, 由于

$$\begin{aligned}\frac{1}{(n+1)^2}+\cdots+\frac{1}{(n+p)^2}&\leqslant\frac{1}{n(n+1)}+\cdots+\frac{1}{(n+p-1)(n+p)}\\&=\frac{1}{n}-\frac{1}{n+p}<\frac{1}{n},\end{aligned}$$

故, 对任意的 $\varepsilon>0$, 存在 $N=\left[\frac{1}{\varepsilon}\right]+1$, 则当 $n>N$ 时对任意 p 成立

$$\frac{1}{(n+1)^2}+\cdots+\frac{1}{(n+p)^2}<\frac{1}{n}<\varepsilon,$$

故, $\sum\limits_{n=1}^{\infty}\frac{1}{n^2}$ 收敛.

习 题 9-1

1. 本节给出的讨论数项级数的敛散性的方法有哪些? 一般的讨论敛散性的步骤是什么? 据此讨论级数 $\sum\limits_{n=1}^{\infty}u_n$ 的敛散性, 其中

(1) $u_n=\frac{1+(-1)^n2^n}{3^n}$;

(2) $u_n=\frac{1}{2^n}-\frac{1}{n}$;

(3) $u_n=\left(1+\dfrac{1}{n}\right)^n$; (4) $u_n=\dfrac{2^n+1}{a^n}\ (a>2)$.

2. 计算下列级数 $\sum\limits_{n=1}^{\infty}u_n$ 的和:

(1) $u_n=\dfrac{1}{(2n+1)(2n-1)}$; (2) $u_n=\sqrt{n+1}-\sqrt{n}$; (3) $u_n=\sqrt{n+2}-2\sqrt{n+1}+\sqrt{n}$.

3. 判断级数 $\sum\limits_{n=1}^{\infty}\left(1+\dfrac{\pi}{n}\right)^n$ 的敛散性. 要求归纳本题考查的重点是什么.

4. 判断级数 $\sum\limits_{n=1}^{\infty}(2n-1)r^{n-1}, |r|<1$ 的敛散性. 要求进行思路分析: 目前证明级数收敛的工具有哪些? 观察所给的级数通项的结构, 要建立的主要关系是什么? (问题解决的重点是什么?)

5. 确定使下列级数收敛的 x 的范围:

(1) $\sum\limits_{n=1}^{\infty}\dfrac{1}{(1+x)^n}$; (2) $\sum\limits_{n=1}^{\infty}(\ln x)^n$.

9.2 正项级数敛散性的判别法

9.1 节引入了常数项级数的收敛性的定义, 并给出一个普遍性的判别法则——柯西准则, 但是, 要通过上述两个方法判断更一般级数的敛散性是很困难的, 必须借助其他的手段获得敛散性, 这就需要一系列简便而有效的判别法则.

每一项都是非负的级数称为正项级数. 正项级数是最简单同时也是最基本的级数, 其他许多级数的敛散性常常可以借助于正项级数的研究而得到解决.

9.2.1 正项级数收敛的基本定理

定义 9-5 若常数项级数 $\sum\limits_{n=1}^{\infty}u_n$ 的通项满足 $u_n>0$, 则称常数项级数 $\sum\limits_{n=1}^{\infty}u_n$ 为正项级数.

根据定义 9-5, 我们挖掘正项级数的结构特征: 设 $\sum\limits_{n=1}^{\infty}u_n$ 是给定的正项级数, 则其部分和 $S_n=\sum\limits_{k=1}^{n}u_k$ 是单调递增有下界 0 的数列. 因此, 成立下面的结论.

定理 9-2(基本定理) 若正项级数 $\sum\limits_{n=1}^{\infty}u_n$ 的部分和 $\{S_n\}$ 有上界, 则 $\sum\limits_{n=1}^{\infty}u_n$ 必收敛. 否则, $\sum\limits_{n=1}^{\infty}u_n$ 发散到 $+\infty$.

定理 9-2′(基本定理) 正项级数 $\sum\limits_{n=1}^{\infty} u_n$ 收敛的充分必要条件为其部分和 $\{S_n\}$ 有界.

例 6 证明 p 级数 $\sum\limits_{n=1}^{\infty} \frac{1}{n^p} = 1 + \frac{1}{2^p} + \frac{1}{3^p} + \cdots + \frac{1}{n^p} + \cdots$ 当 $p \leqslant 1$ 时发散, 当 $p > 1$ 时收敛.

结构分析 分析一般项的结构, 首先 u_n 是正项的, 其次当 $p = 1$ 时 u_n 与调和级数一样, 类比已知, 调和级数发散, 且对应的部分和数列无上界, 趋近于 $+\infty$. 因此, 解题的思想是考察级数的部分和, 证明收敛就需要定理 9-2, 即证明部分和有界, 证明发散, 部分和就需比调和级数的部分和还要大.

解 当 $p \leqslant 1$ 时,

$$S_n = 1 + \frac{1}{2^p} + \frac{1}{3^p} + \cdots + \frac{1}{n^p} \geqslant 1 + \frac{1}{2} + \frac{1}{3} + \cdots + \frac{1}{n},$$

上式右端是调和级数的部分和, 在 9.1 节已证明

$$\lim_{n \to \infty} \left(1 + \frac{1}{2} + \frac{1}{3} + \cdots + \frac{1}{n}\right) = +\infty.$$

因而 $\{S_n\}$ 无上界, 所以当 $p \leqslant 1$ 时 p 级数发散.

当 $p > 1$ 时, 由于 $\frac{1}{n^p} = \int_{n-1}^{n} \frac{1}{n^p} \mathrm{d}x < \int_{n-1}^{n} \frac{1}{x^p} \mathrm{d}x$, 于是

$$\begin{aligned} S_n &= 1 + \frac{1}{2^p} + \frac{1}{3^p} + \cdots + \frac{1}{n^p} \leqslant 1 + \int_1^2 \frac{\mathrm{d}x}{x^p} + \cdots + \int_{n-1}^{n} \frac{\mathrm{d}x}{x^p} \\ &= 1 + \int_1^n \frac{\mathrm{d}x}{x^p} = 1 + \frac{1}{p-1}\left(1 - \frac{1}{n^{p-1}}\right) < 1 + \frac{1}{p-1}, \end{aligned}$$

即 $\{S_n\}$ 有上界, 由基本定理 9-2 可知, 当 $p > 1$ 时 p 级数收敛.

信息挖掘 p 级数在判断正项级数的敛散性方面有着重要的应用. 它的结论应该牢记.

用基本定理判断正项级数的敛散性, 需要对部分和的上界进行估计, 这通常是很困难的, 我们需要更好的判别法则.

9.2.2 正项级数收敛性的判别法

在基本定理 9-2 的基础上, 很容易推出判别正项级数敛散性的比较判别法.

1. 比较判别法

定理 9-3 设正项级数 $\sum\limits_{n=1}^{\infty} u_n, \sum\limits_{n=1}^{\infty} v_n$ 满足：存在常数 C 和自然数 N, 使得 $n > N$ 时 $u_n \leqslant Cv_n$, 则

(1) 若 $\sum\limits_{n=1}^{\infty} v_n$ 收敛, 则 $\sum\limits_{n=1}^{\infty} u_n$ 也收敛;

(2) 若 $\sum\limits_{n=1}^{\infty} u_n$ 发散, 则 $\sum\limits_{n=1}^{\infty} v_n$ 也发散.

简单地说, 大的收敛, 小的也收敛; 小的发散, 大的也发散.

只需利用基本定理比较其部分和关系即可证明结论, 略去具体的证明.

抽象总结 比较判别法是正项级数的最基本的判别法则, 将以此判别法为基础, 通过与不同的标准做对比, 得到不同的判别法, 当然, 应用此判别法及以后由此导出的判别法时, 首先必须选定作为比较对象的标准级数, 因此, 这些判别法通常应用于具体级数的敛散性的判别, 通过对具体级数通项的结构分析, 按照一定的要求确定比较对象, 再用判别法进行判断.

由于要在两个通项间进行比较, 定理 9-3 不好用, 常用定理 9-3 的极限形式, 即定理 9-4.

定理 9-4 若 $\lim\limits_{n\to+\infty} \dfrac{u_n}{v_n} = l$, 则

(1) 当 $0 < l < +\infty$ 时, $\sum\limits_{n=1}^{\infty} u_n, \sum\limits_{n=1}^{\infty} v_n$ 同时敛散;

(2) 当 l =0 时, 若 $\sum\limits_{n=1}^{\infty} v_n$ 收敛, 则 $\sum\limits_{n=1}^{\infty} u_n$ 也收敛;

(3) 当 $l = +\infty$ 时, 若 $\sum\limits_{n=1}^{\infty} v_n$ 发散, 则 $\sum\limits_{n=1}^{\infty} u_n$ 也发散.

利用极限定义 (取特殊的 ε) 很容易建立级数通项之间的大小关系, 然后, 利用定理 9-3 就可以证明结论, 我们也略去具体的证明. 比较判别法是判断正项级数敛散性的基本判别法, 通过这个判别法, 我们可以挖掘正项级数敛散性的深层次原因：

我们知道 $\lim\limits_{n\to+\infty} u_n = 0$ 是级数 $\sum\limits_{n=1}^{\infty} u_n$ 收敛的必要条件, 因而, 通项为无穷小量的级数才有可能收敛. 在数列极限理论中, 我们知道无穷小量是极限为 0 的数列, 虽然极限都为 0, 无穷小量间还是有区别的, 区别的一个重要指标就是无穷小量的阶, 即收敛于 0 的速度, 因此, 可以思考, 通项为无穷小量的正项级数, 其敛散

性是否与通项的阶或其收敛于 0 的速度有关？试着从这个角度分析比较判别法，对正项级数，若 $u_n \leqslant Cv_n$, $n > N$ 且 $\sum\limits_{n=1}^{\infty} v_n$ 收敛，则 $\lim\limits_{n\to+\infty} v_n = 0$，因而此时必然有 $\lim\limits_{n\to+\infty} u_n = 0$，且 $u_n \to 0$ 的速度要快于 $v_n \to 0$ 的速度，因此，速度越快，收敛的可能性也越大. 事实上，比较判别法正是通过比较速度获得敛散性的关系. 即 $0 < l < +\infty$ 时，两个级数的通项具有相同的收敛速度，因而，两个级数也具有相同的敛散性. l=0 时，通项 $u_n \to 0$ 的速度大于通项 $v_n \to 0$ 的速度，因此，由级数 $\sum\limits_{n=1}^{\infty} v_n$ 的收敛性可以推出级数 $\sum\limits_{n=1}^{\infty} u_n$ 收敛；同样，$l = +\infty$ 时，通项 $u_n \to 0$ 的速度小于通项 $v_n \to 0$ 的速度，因此，由 $\sum\limits_{n=1}^{\infty} v_n$ 的发散性可以推出级数 $\sum\limits_{n=1}^{\infty} u_n$ 发散.

通过上述分析，知道了决定正项级数敛散性的关键因素是通项为无穷小量时的阶，因此，结合数列极限中已经掌握的阶的理论 (速度关系)，就可以利用已知的简单的收敛和发散级数，基于比较判别法判断更为复杂的级数的敛散性.

例 7 判断下列级数的敛散性：

(1) $\sum\limits_{n=1}^{\infty} \dfrac{1}{n^p}, p > 2$;

(2) $\sum\limits_{n=1}^{\infty} \sin\dfrac{1}{n}$;

(3) $\sum\limits_{n=1}^{\infty} \left(1 - \cos\dfrac{1}{n}\right)$;

(4) $\sum\limits_{n=1}^{\infty} \left(\tan\dfrac{1}{n} - \sin\dfrac{1}{n}\right)$.

简析 题型为具体的正项级数敛散性的判断；工具有定义、柯西收敛准则及比较判别法；类比已知，从作用对象看，优先考虑比较判别法；为选择作为比较的对象，类比已知敛散性的具体的正项级数，如 $\sum\limits_{n=1}^{\infty} \dfrac{1}{n}$, $\sum\limits_{n=1}^{\infty} \dfrac{1}{n^2}$, $\sum\limits_{n=1}^{\infty} q^n (|q| < 1)$，从这些级数中很容易确定作为比较的级数.

解 (1) 由于 $\dfrac{1}{n^p} < \dfrac{1}{n^2}$, $p > 2$ 且 $\sum\limits_{n=1}^{\infty} \dfrac{1}{n^2}$ 收敛，由比较判别法，则 $p > 2$ 时 $\sum\limits_{n=1}^{\infty} \dfrac{1}{n^p}$ 收敛.

(2) 由于 $\lim\limits_{n\to+\infty} \dfrac{\sin\dfrac{1}{n}}{\dfrac{1}{n}} = 1$ 且 $\sum\limits_{n=1}^{\infty} \sin\dfrac{1}{n}$ 是正项级数，利用比较判别法得，$\sum\limits_{n=1}^{\infty} \sin\dfrac{1}{n}$ 发散.

(3) 由于 $\lim\limits_{n\to+\infty}\dfrac{1-\cos\dfrac{1}{n}}{\dfrac{1}{n^2}}=\dfrac{1}{2}$ 且 $\sum\limits_{n=1}^{\infty}\left(1-\cos\dfrac{1}{n}\right)$ 是正项级数, 故, $\sum\limits_{n=1}^{\infty}\left(1-\cos\dfrac{1}{n}\right)$ 收敛.

(4) 由于 $\lim\limits_{n\to+\infty}\dfrac{\tan\dfrac{1}{n}-\cos\dfrac{1}{n}}{\dfrac{1}{n^3}}=\lim\limits_{x\to 0}\dfrac{\tan x-\sin x}{x^3}=\dfrac{1}{2}$, 由 (1), $\sum\limits_{n=1}^{\infty}\dfrac{1}{n^3}$ 收敛, 故 $\sum\limits_{n=1}^{\infty}\left(\tan\dfrac{1}{n}-\sin\dfrac{1}{n}\right)$ 收敛.

抽象总结 通过例 7 抽象可知, 建立了比较判别法, 基本解决了通项具有确定的 p 阶无穷小量结构的正项级数的敛散性, 即解决了正项级数 $\sum\limits_{n=1}^{\infty}u_n$ 的敛散性, 其中 $u_n\sim\dfrac{1}{n^p}$, $0<p\leqslant 1$, $p\geqslant 2$, 或者, 从函数的观点看, 若把 n 视为自变量, 此时的通项具有幂函数结构. 但是, 还有更多的结构没有解决, 如上述结构中 $1<p<2$, 及通项具有不确定阶的无穷小量, 如 n 幂结构 (类似于 q^n 结构, 或指数函数结构), $n!$ 结构, 因此, 必须建立新的判别法.

2. 根值判别法

我们已经知道了, 级数的敛散性和其通项收敛于 0 的速度有关系, 因此, 将待判敛散性的级数通项与各种已知敛散性的级数通项作比较, 就可以获得各种不同的判别法. 根值判别法就是与几何级数作比较得到的判别法, 即重点解决通项具有 n 幂结构的正项级数的敛散性.

定理 9-5 设 $\sum\limits_{n=1}^{\infty}u_n$ 为正项级数.

(1) 若存在 $N>0, q\in(0,1)$, 使得 $n>N$ 时有 $\sqrt[n]{u_n}\leqslant q$, 则 $\sum\limits_{n=1}^{\infty}u_n$ 收敛;

(2) 若存在 $N>0$, 使得 $n>N$ 时有 $\sqrt[n]{u_n}\geqslant 1$, 则 $\sum\limits_{n=1}^{\infty}u_n$ 发散.

简析 所给的条件已经表明了两个级数通项间的关系, 因此, 直接利用比较判别法即可.

证明 (1) 由条件得, $n>N, u_n\leqslant q^n$, 由于 $\sum\limits_{n=N}^{\infty}q^n$ 收敛, 因而, $\sum\limits_{n=1}^{\infty}u_n$ 收敛.

(2) 由于 $n > N$ 时, $u_n \geqslant 1$, 故 u_n 不收敛于 0, 因而, $\sum\limits_{n=1}^{\infty} u_n$ 发散.

定理 9-5 的极限形式为

定理 9-5′　设 $\sum\limits_{n=1}^{\infty} u_n$ 为正项级数, 且 $r = \lim\limits_{n\to+\infty} \sqrt[n]{u_n}$, 则

(1) $r<1$ 时, 级数 $\sum\limits_{n=1}^{\infty} u_n$ 收敛;

(2) $r>1$ 时, 级数 $\sum\limits_{n=1}^{\infty} u_n$ 发散;

(3) $r=1$ 时, 级数 $\sum\limits_{n=1}^{\infty} u_n$ 的敛散性不能确定.

简析　证明的思路是从条件出发, 将极限所满足的条件形式进一步转化为通项所满足的如同定理 9-5 中的条件形式.

证明　(1) 取 $\varepsilon_0 = \dfrac{1-r}{2} > 0$, $q = r + \varepsilon_0$, 则 $0 < q < 1$, 由极限定义, 对此 ε_0, 存在 $N>0$, 使得 $n>N$ 时, $0 \leqslant \sqrt[n]{u_n} \leqslant r + \varepsilon_0 = q < 1$, 因此, 由定理 9-5 即得结论.

(2) 取 $\varepsilon_0 > 0$ 使得 $q \triangleq r - \varepsilon_0 > 1$, 则存在子列 $\{u_{n_k}\}$, 使得对充分大 n_k, $\sqrt[n_k]{u_{n_k}} \geqslant r - \varepsilon_0 = q > 1$, 因而, $\{u_n\}$ 不收敛于 0, 故 $\sum\limits_{n=1}^{\infty} u_n$ 发散.

(3) 如对级数 $\sum\limits_{n=1}^{\infty} \dfrac{1}{n}$, $\sum\limits_{n=1}^{\infty} \dfrac{1}{n^2}$, 都有 $r=1$, 但前者发散, 后者收敛.

正项级数的根值判别法也称柯西判别法.

定理的逆不成立, 即若 $\sum\limits_{n=1}^{\infty} u_n$ 收敛, 不能保证 $r = \lim\limits_{n\to+\infty} \sqrt[n]{u_n} < 1$, 但能保证 $r = \lim\limits_{n\to+\infty} \sqrt[n]{u_n} \leqslant 1$.

抽象总结　①通过证明过程可知根值判别法在判断收敛性时是与几何级数 $\sum\limits_{n=1}^{\infty} q^n$ 进行比较, 此时, 级数的通项是具有不确定阶的无穷小量, 其收敛于 0 的速度要多快就有多快. 在判断发散性时, 是与通项不是无穷小量的对象进行比较. 由于几何级数中, 通项 $q^n \to 0$ 的速度为非确定的阶, 它比任何确定阶的无穷小量收敛于 0 的速度都快, 因而, 此判别法对通项为确定阶的无穷小量的正项级数失

效. ②在具体的应用中, 由于需要计算 $\lim\limits_{n\to+\infty}\sqrt[n]{u_n}$, 因此, $\sum\limits_{n=1}^{\infty}q^n$ 此方法适用于通项具有 n 幂结构的正项级数, 这是此判别法作用对象的结构特征.

例 8 判断级数 $\sum\limits_{n=1}^{\infty}\dfrac{n^5}{2^n}$ 的敛散性.

简析 通项中含有两类因子: 幂结构因子 n^5 和 n 幂结构 (指数结构) 因子 2^n, 由于因子 n^5 具有确定的阶, 相对简单, 因此, n 幂结构的因子为主要因子 (或困难因子), 故采用根值判别法处理.

解 由于 $\lim\limits_{n\to+\infty}\left(\dfrac{n^5}{2^n}\right)^{\frac{1}{n}}=\lim\limits_{n\to+\infty}\dfrac{n^{\frac{5}{n}}}{2}=\dfrac{1}{2}<1$, 因而, $\sum\limits_{n=1}^{\infty}\dfrac{n^5}{2^n}$ 收敛.

利用级数收敛的必要条件可得 $\lim\limits_{n\to+\infty}\dfrac{n^5}{2^n}=0$, 由此, 进一步可以看到有时通过判断级数的收敛性计算数列的极限比直接计算极限还简单, 因此, 我们又掌握了一个计算极限的方法, 当然, 这种方法只能计算极限为 0 的数列的极限.

3. 比值判别法

此判别法仍是和几何级数作比较, 只是采用了另外一种表现形式.

定理 9-6 设 $\sum\limits_{n=1}^{\infty}u_n$ 是正项级数,

(1) 若存在 $N>0$, $q\in(0,1)$ 使得 $n>N$ 时, $\dfrac{u_{n+1}}{u_n}\leqslant q<1$, 则 $\sum\limits_{n=1}^{\infty}u_n$ 收敛;

(2) 若存在 $N>0$ 使得 $n>N$ 时, $\dfrac{u_{n+1}}{u_n}\geqslant 1$, 则 $\sum\limits_{n=1}^{\infty}u_n$ 发散.

简析 证明的思路仍然是将所给的条件形式转化为如同比较判别法中通项所满足的条件形式. 注意条件的结构特征: 具有递推结构 $u_{n+1}\leqslant qu_n$, 可以充分利用递推结果.

证明 (1) 由于当 $n>N$ 时, $\dfrac{u_{n+1}}{u_n}\leqslant q$, 故此时 $u_{n+1}\leqslant qu_n$, 依次递推则有 $u_n\leqslant q^{n-N}u_N=Cq^n$, 其中 $C=q^{-N}u_N$. 故, $\sum\limits_{n=1}^{\infty}u_n$ 收敛.

(2) 当 $n>N$ 时, 则 $u_{n+1}\geqslant u_n$, 故 $\{u_n\}$ 不收敛于 0, 因而, $\sum\limits_{n=1}^{\infty}u_n$ 发散.

类似有此定理的极限形式.

定理 9-6′ 设 $\sum\limits_{n=1}^{\infty} u_n$ 为正项级数, 且 $\lim\limits_{n\to+\infty} \dfrac{u_{n+1}}{u_n} = r$, 则

(1) $r < 1$ 时, 则 $\sum\limits_{n=1}^{\infty} u_n$ 收敛;

(2) $r > 1$ 时, 则 $\sum\limits_{n=1}^{\infty} u_n$ 发散;

(3) $r = 1$ 时, 级数 $\sum\limits_{n=1}^{\infty} u_n$ 的敛散性不能确定.

正项级数的比值判别法也称达朗贝尔 (D′Alembert, 1717~1783) 判别法.

抽象总结 此判别法和根值判别法作用机理相同; 由于需要计算 $\lim\limits_{n\to+\infty} \dfrac{u_{n+1}}{u_n}$, 此判别法的作用对象的特征是通项的相邻两项能消去大部分因子以简化结构, 特别, 若通项中含有 $n!$, 需要用此判别法处理. 当然, 有些 n 幂结构的因子也可以用此方法处理.

例 9 判断级数 $\sum\limits_{n=1}^{\infty} \dfrac{n^n}{3^n n!}$ 的敛散性.

简析 通项结构中含有困难因子 $n!$, 需用比值判别法处理.

解 记 $u_n = \dfrac{n^n}{3^n n!}$, 则 $r = \lim\limits_{n\to+\infty} \dfrac{u_{n+1}}{u_n} = \dfrac{\mathrm{e}}{3} < 1$, 故, 由比值判别法, 级数收敛.

4* 积分判别法

利用广义积分的敛散性的判别, 也可以判断级数的敛散性, 这就是级数敛散性的积分判别法.

定理 9-7 设正值函数 $f(x)$ 在 $[1, +\infty)$ 上单调减少, $f(n) = u_n$, 记 $A_n = \int_1^n f(x)\mathrm{d}x$, 则 $\sum\limits_{n=1}^{\infty} u_n$ 与 $\{A_n\}$ 同时敛散, 即 $\sum\limits_{n=1}^{\infty} u_n$ 与广义积分 $\int_1^{+\infty} f(x)\mathrm{d}x$ 同时敛散.

简析 证明的思路是寻求 $\{A_n\}$ 与 $\sum\limits_{n=1}^{\infty} u_n$ 部分和的关系.

证明 由于

$$\begin{aligned} u_{k-1} &= \int_{k-1}^{k} u_{k-1}\mathrm{d}x = \int_{k-1}^{k} f(k-1)\mathrm{d}x \geqslant \int_{k-1}^{k} f(x)\mathrm{d}x \geqslant \int_{k-1}^{k} f(k)\mathrm{d}x \\ &= \int_{k-1}^{k} u_k\mathrm{d}x = u_k, \end{aligned}$$

故 $\sum\limits_{k=2}^{n} u_{k-1} \geqslant \sum\limits_{k=2}^{n}\int_{k-1}^{k} f(x)\mathrm{d}x = \int_{1}^{n} f(x)\mathrm{d}x = A_n \geqslant \sum\limits_{k=2}^{n} u_k$, 由此式即可得到结论.

抽象总结 从结构看, 此判别法作用对象具有结构特点：通项能连续化为简单的函数, 且对应的积分能够容易计算; 重点处理不确定阶的因子, 如 $\dfrac{1}{\ln n}$ 等具有对数结构的因子.

例 10 判断 p-级数 $\sum\limits_{n=1}^{\infty}\dfrac{1}{n^p}, p>0$ 的敛散性.

解 前面利用定理 9-2 判断过 p-级数的敛散性. 这里, 我们也可以利用积分判别法判断 p-级数的敛散性. 记 $f(x)=\dfrac{1}{x^p}$, 则当 $x>1$ 时, $f(x)$ 为一个连续且单减的正值函数且满足 $f(n)=\dfrac{1}{n^p}$,

当 $0<p<1$ 时, $A_n=\displaystyle\int_2^n f(x)\mathrm{d}x=\frac{1}{1-p}\left(n^{1-p}-2^{1-p}\right)\to+\infty$,

当 $p=1$ 时, $A_n=\displaystyle\int_2^n f(x)\mathrm{d}x=\ln n-\ln 2\to+\infty$,

当 $p>1$ 时, $A_n=\displaystyle\int_2^n f(x)\mathrm{d}x=\frac{1}{p-1}\left(2^{1-p}-n^{1-p}\right)\to\frac{2^{1-p}}{p-1}$,

故, $\sum\limits_{n=2}^{\infty}\dfrac{1}{n^p}$ 当 $0<p\leqslant 1$ 时发散, 当 $p>1$ 时级数收敛.

抽象总结 至此得到 p-级数的敛散性. 当然, 利用级数收敛的必要条件, 当 $p\leqslant 0$ 时, p-级数也发散.

例 11 判断下列级数的敛散性:

(1) $\sum\limits_{n=2}^{\infty}\dfrac{1}{n(\ln n)^p}, p>0$; (2) $\sum\limits_{n=2}^{\infty}\dfrac{1}{n\ln n\ln\ln n}$.

简析 结构中, 因子 $\dfrac{1}{n^p}$ 具有确定的 p-阶速度, 但是, 无穷小量 $\dfrac{1}{\ln n}$ 的阶不确定, 考虑用积分判别法.

解 (1) 记 $f(x)=\dfrac{1}{x(\ln x)^p}$, 则当 $x>1$ 时, $f(x)$ 为一个连续且单减的正值函数且满足 $f(n)=\dfrac{1}{n(\ln n)^p}$, 由于

$$A_n=\int_2^n f(x)\mathrm{d}x\to\left\{\begin{array}{ll}+\infty, & 0<p\leqslant 1,\\ \dfrac{(\ln\ln 2)^{1-p}}{p-1} & 1<p\end{array}\right. \quad (n\to\infty),$$

因而, $\sum_{n=2}^{\infty}\frac{1}{n(\ln n)^p}$ 当 $0<p\leqslant 1$ 时发散, $p>1$ 时收敛.

(2) 记 $f(x)=\frac{1}{x\ln x\ln\ln x}$, 则当 $x>3$ 时, $f(x)$ 为一个连续且单减的正值函数且满足 $f(n)=\frac{1}{n\ln n\ln\ln n}$, 由于 $A_n=\int_2^n f(x)\mathrm{d}x\to+\infty(n\to+\infty)$, 因而, $\sum_{n=2}^{\infty}\frac{1}{n\ln n\ln\ln n}$ 发散.

抽象总结 (1) 把 $\sum_{n=1}^{\infty}\frac{1}{n^p}(p>0)$ 称为 p-级数, 其通项的结构特征是具有确定的 p-阶的收敛于 0 的速度, 因此, 有了此级数的敛散性, 就可以以此为标准判断通项具有确定阶的无穷小量的正项级数的敛散性. 而对此类级数的处理主要方法就是阶的分析方法, 确定通项的阶, 从而确定对比的标准.

(2) p-级数的敛散性具有门槛结果, 即 $p=1$ 是敛散性的临界值, 在 $0<p\leqslant 1$ 的范围内的 p 值, 级数发散, 在 $p>1$ 范围内的 p 值对应级数收敛.

(3) 指数结构的因子 $\frac{1}{\ln n}$ 是不确定阶的无穷小量, 在判断具有门槛结果的临界指标时的敛散性结论时, 若涉及这类因子, 通常考虑用积分判别法.

(4) 例 11 结果的进一步分析: $\frac{1}{\ln n}$ 趋于 0 的速度比任何确定的阶如 $\frac{1}{n^{\varepsilon}}$ 都小, 因此, 可以设想, 由于 $\sum_{n=1}^{\infty}\frac{1}{n}$ 发散, $\frac{1}{\ln n}$ 趋于 0 的速度对 $\frac{1}{n}$ 趋于 0 的速度的影响可以忽略不计, 因而, $\sum_{n=1}^{\infty}\frac{1}{n\ln n}$ 也发散; 另一方面, 从理论上讲, $\frac{1}{(\ln n)^p}(p>0)$ 趋于 0 的速度也应该要多小有多小, 对 $\frac{1}{n}$ 趋于 0 的速度的影响也应该忽略不计, 但是, 结果表明: $\sum_{n=2}^{\infty}\frac{1}{n(\ln n)^p}$ 当 $p>1$ 时收敛, 这也是门槛结果, 反映出量变到质变的思想. 因此, 涉及此种情形要小心.

有了 p-级数的敛散性, 就可以建立类似于广义积分的以 p-级数为比较对象、通过极限 $\lim_{n\to\infty}n^p u_n=l$ 判断正项级数的敛散性, 由于其本质与前述的比较判别法相同, 不再具体给出.

习 题 9-2

1. 用比较审敛法或极限审敛法判别下列级数的收敛性:

(1) $1+\dfrac{1+2}{1+2^2}+\dfrac{1+3}{1+3^2}+\cdots+\dfrac{1+n}{1+n^2}+\cdots$;

(2) $\dfrac{1}{2\cdot 5}+\dfrac{1}{3\cdot 6}+\cdots+\dfrac{1}{(n+1)\cdot(n+4)}+\cdots$;

(3) $\sin\dfrac{\pi}{2}+\sin\dfrac{\pi}{2^2}+\sin\dfrac{\pi}{2^3}+\cdots+\sin\dfrac{\pi}{2^n}+\cdots$;

(4) $\sum\limits_{n=1}^{\infty}\dfrac{1}{1+a^n}(a>0)$.

2. 利用比值审敛法判别下列级数的收敛性:

(1) $\sum\limits_{n=1}^{\infty}\dfrac{3^n}{n\cdot 2^n}$; (2) $\sum\limits_{n=1}^{\infty}\dfrac{n^2}{3^n}$; (3) $\sum\limits_{n=1}^{\infty}\dfrac{2^n\cdot n!}{n^n}$; (4) $\sum\limits_{n=1}^{\infty}n\tan\dfrac{\pi}{2^{n+1}}$.

3. 用根值审敛法判别下列级数的收敛性:

(1) $\sum\limits_{n=1}^{\infty}\left(\dfrac{n}{2n+1}\right)^n$; (2) $\sum\limits_{n=1}^{\infty}\dfrac{1}{[\ln(n+1)]^n}$;

(3) $\sum\limits_{n=1}^{\infty}\left(\dfrac{n}{3n-1}\right)^{2n-1}$; (4) $\sum\limits_{n=1}^{\infty}\left(\dfrac{b}{a_n}\right)^n$, 其中 $a_n\to a(n\to\infty), a_n, b, a$ 均为正数.

4. 判别下列级数的收敛性:

(1) $\sum\limits_{n=1}^{\infty}n\left(\dfrac{3}{4}\right)^n$; (2) $\sum\limits_{n=1}^{\infty}\dfrac{n^4}{n!}$;

(3) $\sum\limits_{n=1}^{\infty}\dfrac{n+1}{n(n+2)}$; (4) $\sum\limits_{n=1}^{\infty}2^n\sin\dfrac{\pi}{3^n}$;

(5) $\sqrt{2}+\sqrt{\dfrac{3}{2}}+\cdots+\sqrt{\dfrac{n+1}{n}}+\cdots$; (6) $\sum\limits_{n=1}^{\infty}\dfrac{1}{na+b}(a>0,b>0)$.

5. 通过分析结构, 给出结构特点, 据此选择合适的判别法判断下列级数的收敛性.

(1) $\sum\limits_{n=1}^{\infty}\dfrac{1}{\sqrt{n^2+1}}$; (2) $\sum\limits_{n=1}^{\infty}n^p\sin\dfrac{1}{\sqrt{n^2+n}}, p>0$;

(3) $\sum\limits_{n=1}^{\infty}(\sqrt{n+1}-\sqrt{n})$; (4) $\sum\limits_{n=1}^{\infty}\sin\dfrac{1}{\sqrt{n^3+1}}$;

(5) $\sum\limits_{n=1}^{\infty}\left(1-\mathrm{e}^{\frac{1}{n^2}}\right)$; (6) $\sum\limits_{n=1}^{\infty}\dfrac{\ln n}{n^p}, p>0$;

(7) $\sum\limits_{n=1}^{\infty}\dfrac{1}{n^{1+\frac{1}{n}}}$; (8) $\sum\limits_{n=1}^{\infty}\left(\dfrac{1}{n}-\ln\dfrac{n+1}{n}\right)$;

(9) $\sum\limits_{n=1}^{\infty}2^n\tan\dfrac{1}{3^n}$; (10) $\sum\limits_{n=1}^{\infty}\left(\dfrac{n+1}{2n+1}\right)^n$;

(11) $\sum\limits_{n=1}^{\infty}\dfrac{n^n}{n!}$; (12) $\sum\limits_{n=1}^{\infty}\left(\sqrt{1+\dfrac{1}{n^2}}-1\right)$;

(13) $\sum\limits_{n=2}^{\infty}\dfrac{a^n}{n!}, a>1$; (14) $\sum\limits_{n=1}^{\infty}\left(n^{\frac{1}{n}}-1\right)$;

(15) $\sum\limits_{n=2}^{\infty}\dfrac{1}{n\ln^p n},p>0$;　　(16) $\sum\limits_{n=1}^{\infty}\dfrac{n}{(\ln n)^p}\sin\dfrac{1}{n^2},p>0$.

6. 设正项级数 $\sum\limits_{n=1}^{\infty}u_n$ 收敛, 证明：当 $p>1$ 时 $\sum\limits_{n=1}^{\infty}u_n^p$ 也收敛. 其逆成立吗?

7. 设正项级数 $\sum\limits_{n=1}^{\infty}u_n$ 和 $\sum\limits_{n=1}^{\infty}v_n$ 都收敛, 证明: 级数 $\sum\limits_{n=1}^{\infty}\max\{u_n,v_n\}$ 和 $\sum\limits_{n=1}^{\infty}\min\{u_n,v_n\}$ 也收敛. 进一步地, 当 $\sum\limits_{n=1}^{\infty}u_n$ 和 $\sum\limits_{n=1}^{\infty}v_n$ 都发散时, 有何结论?

8. 若级数 $\sum\limits_{n=1}^{\infty}u_n^2$ 和 $\sum\limits_{n=1}^{\infty}v_n^2$ 都收敛, 证明：级数 $\sum\limits_{n=1}^{\infty}|u_nv_n|$ 和 $\sum\limits_{n=1}^{\infty}\min\{u_n,v_n\}$ 均收敛.

9. 利用级数收敛的必要条件证明：

(1) $\lim\limits_{n\to+\infty}\dfrac{n^n}{(n!)^2}=0$;　　(2) $\lim\limits_{n\to+\infty}np^n=0(0<p<1)$.

10. 给定正项级数 $\sum\limits_{n=1}^{\infty}u_n$, 且 $\lim\limits_{n\to+\infty}\dfrac{\ln\dfrac{1}{u_n}}{\ln n}=r$, 证明：当 $r>1$ 时, 级数 $\sum\limits_{n=1}^{\infty}u_n$ 收敛; 当 $r<1$ 时, 级数 $\sum\limits_{n=1}^{\infty}u_n$ 发散. 由此判断 (1)$\sum\limits_{n=1}^{\infty}\dfrac{1}{3^{\ln n}}$; (2)$\sum\limits_{n=1}^{\infty}n^{\ln x},x>0$ 的敛散性.

9.3　任意项级数敛散性的判别法

9.3节课件

前面我们建立了正项级数敛散性的判别理论, 本节继续将研究对象推广到一般, 研究更复杂的任意项级数. 任意项级数是指级数中的各项可以是正数、负数或零的级数. 一般情况下, 任意项级数敛散性的判断要比正项级数敛散性的判定复杂, 研究的最直接思路是利用已经建立的理论. 本节, 首先讨论任意项级数中一类特殊结构的任意项级数——交错级数, 然后再讨论一般的任意项级数的敛散性.

9.3.1　交错级数敛散性的判别法

定义 9-6　各项正负相间的级数, 即形如

$$\sum_{n=1}^{\infty}(-1)^{n+1}u_n=u_1-u_2+u_3-u_4+\cdots+(-1)^{n+1}u_n+\cdots$$

(其中 $u_n>0$) 的级数, 称为交错级数.

定义 9-6 中, 交错级数的首项为正项, 这是交错级数的一般形式, 对首项为负项的交错级数, 可以转化为首项为正项的交错级数.

交错级数中重要的一类是莱布尼茨 (Leibniz) 级数.

定义 9-7 设 $\sum_{n=1}^{\infty}(-1)^{n+1}u_n$ 为交错级数, 若 $\{u_n\}$ 单调递减且趋于 0, 称 $\sum_{n=1}^{\infty}(-1)^{n+1}u_n$ 为莱布尼茨级数.

定理 9-8 莱布尼茨级数必收敛, 且其余项和 r_n 的符号与余项和的第一项的符号相同且 $|r_n| \leqslant u_{n+1}$.

简析 前面, 我们已经接触到了一个莱布尼茨级数 $\sum_{n=1}^{\infty}(-1)^{n+1}\frac{1}{n}$, 这是莱布尼茨级数的典型代表, 因此, 可以从这个级数的处理过程中抽取证明的思想和方法, 用于处理一般的莱布尼茨级数, 这是解决问题的一般性思路, 注意到还有定量分析的结论, 可以考虑定义.

证明 记其部分和为 S_n. 分别考察其偶子列和奇子列.

对其偶子列 $\{S_{2m}\}$, 有

$$S_{2m} = (u_1 - u_2) + (u_3 - u_4) + \cdots + (u_{2m-1} - u_{2m}),$$

$$S_{2(m+1)} = (u_1 - u_2) + (u_3 - u_4) + \cdots + (u_{2m-1} - u_{2m}) + (u_{2m+1} - u_{2m+2}),$$

另一方面,

$$S_{2m} = u_1 - (u_2 - u_3) - (u_4 - u_5) - \cdots - (u_{2m-2} - u_{2m-1}) - u_{2m} \leqslant u_1,$$

因而 $S_{2(m+1)} \geqslant S_{2m}$, 故 $\{S_{2m}\}$ 单调递增且有上界 u_1, 所以, 存在 $u_1 \geqslant S > 0$, 使得 $\lim_{m\to+\infty} S_{2m} = S \geqslant 0$, 又

$$\lim_{m\to+\infty} S_{2m+1} = \lim_{m\to+\infty}\left(S_{2m} + (-1)^{2m+2}u_{2m+1}\right) = S.$$

因此, 数列 $\{S_n\}$ 收敛且 $\lim_{n\to+\infty} S_n = S$, 这就证明了 $\sum_{n=1}^{\infty}(-1)^{n+1}u_n$ 收敛且

$$0 \leqslant S = \sum_{n=1}^{\infty}(-1)^{n+1}u_n \leqslant u_1.$$

对余项和 $r_n = \sum_{k=n+1}^{\infty}(-1)^{k+1}u_k$, 可以视为首项为 $(-1)^{n+2}u_{n+1}$ 的交错级数, 利用上述类似的讨论可知, 首项为正项时, $0 \leqslant r_n \leqslant u_{n+1}$; 首项为负项时, $0 \leqslant -r_n \leqslant u_{n+1}$, 故总有 $|r_n| \leqslant u_{n+1}$. 证毕.

例 12 讨论级数 $\sum_{n=1}^{\infty}(-1)^{n+1}\frac{\ln n}{n}$ 的收敛性.

解 这是一个交错级数, 记 $f(x)=\frac{\ln x}{x}$, 则 $f'(x)=\frac{1-\ln x}{x^2}<0(x>3)$, 且 $\lim_{x\to+\infty}\frac{\ln x}{x}=0$, 因而, $\sum_{n=1}^{\infty}(-1)^{n+1}\frac{\ln n}{n}$ 是莱布尼茨级数, 故级数收敛.

例 13 考察级数 $\sum_{n=1}^{\infty}(-1)^{n+1}\sin(\sqrt{n+1}-\sqrt{n})\pi$ 的收敛性.

解 这是一个交错级数, 由于

$$\sin(\sqrt{n+1}-\sqrt{n})\pi=\sin\left(\frac{1}{\sqrt{n+1}+\sqrt{n}}\right)\pi,$$

因而 $\{\sin(\sqrt{n+1}-\sqrt{n})\pi\}$ 单调递减收敛于 0, 故原级数收敛.

对于一般的任意项级数, 研究的最直接的思路是利用已经建立的理论. 充分利用已经掌握的正项级数的判别法, 研究任意项级数的敛散性, 从而引入级数理论中两个重要的概念——绝对收敛和条件收敛, 并进一步给出这两类级数的重要性质.

9.3.2 任意项级数的判别——绝对收敛和条件收敛

定义 9-8 如果一个级数中既有无限个正项, 又有无限个负项, 这样的级数称为任意项级数.

一个级数, 如果全是正项或者全是负项, 或者只有有限的负项或正项, 都可视为正项级数, 因而, 都可以应用正项级数的判别法判别其敛散性. 为了充分利用已经建立的正项级数的判别法来判断任意项级数的收敛性, 我们称 $\sum_{n=1}^{\infty}|u_n|$ 为 $\sum_{n=1}^{\infty}u_n$ 的绝对值级数.

定理 9-9 如果级数 $\sum_{n=1}^{\infty}u_n$ 对应的绝对值级数 $\sum_{n=1}^{\infty}|u_n|$ 收敛, 则原级数 $\sum_{n=1}^{\infty}v_n$ 必收敛. 这时称级数 $\sum_{n=1}^{\infty}u_n$ 绝对收敛. 即绝对收敛的级数必收敛.

证明 由于 $u_n=(u_n+|u_n|)-|u_n|$, 而 $0\leqslant u_n+|u_n|\leqslant 2|u_n|$, 由 $\sum_{n=1}^{\infty}|u_n|$ 收敛可知, $\sum_{n=1}^{\infty}2|u_n|$ 收敛. 再由比较判别法知 $\sum_{n=1}^{\infty}(u_n+|u_n|)$ 收敛, 因此, 所证级

数 $\sum_{n=1}^{\infty} u_n = \sum_{n=1}^{\infty} [(u_n + |u_n|) - |u_n|]$ 是由两个收敛级数逐项相减而成, 于是, 由级数的性质知级数 $\sum_{n=1}^{\infty} u_n$ 必收敛.

抽象总结 此定理隐藏了任意项级数的一种处理思想, 即通过考察其绝对级数, 将其转化为正项级数, 利用正项级数的判别理论, 得到任意项级数的收敛性.

信息挖掘 定理的逆不一定成立, 如 $\sum_{n=1}^{\infty} \frac{(-1)^n}{n}$ 收敛, 但 $\sum_{n=1}^{\infty} \left|\frac{(-1)^n}{n}\right|$ 发散. 反例从另一角度表明, 若绝对级数发散, 原级数不一定发散, 但是, 若是用根值判别法或比值判别法来判断绝对值级数, 得到 $\sum_{n=1}^{\infty} |u_n|$ 发散, 此时的原级数 $\sum_{n=1}^{\infty} u_n$ 必发散. 这是因为此时 $\lim_{n\to\infty} \frac{|u_{n+1}|}{|u_n|} = r > 1$ 或 $\lim_{n\to\infty} \sqrt[n]{|u_n|} = r > 1$, 因而 $|u_n|$ 当 $n \to \infty$ 时不趋于零, 进而级数 $\sum_{n=1}^{\infty} u_n$ 的一般项 u_n 当 $n \to \infty$ 时也不趋于零, 进而级数 $\sum_{n=1}^{\infty} u_n$ 发散.

定义 9-9 设 $\sum_{n=1}^{\infty} u_n$ 是任意项级数, 若正项级数 $\sum_{n=1}^{\infty} |u_n|$ 收敛, 称任意项级数 $\sum_{n=1}^{\infty} u_n$ 绝对收敛. 若正项级数 $\sum_{n=1}^{\infty} |u_n|$ 发散而任意项级数 $\sum_{n=1}^{\infty} u_n$ 收敛, 称级数 $\sum_{n=1}^{\infty} u_n$ 条件收敛.

例 14 判断下列级数的敛散性. 如果收敛, 指出是绝对收敛还是条件收敛:

(1) $\sum_{n=1}^{\infty} \frac{(-1)^{n-1}}{\sqrt{n}}$; (2) $\sum_{n=1}^{\infty} \frac{\sin(na)}{n^2}$; (3) $\sum_{n=1}^{\infty} \frac{\sin(1+n^2)}{2n^2-100}$.

简析 这是任意项级数, 从各因子的结构看, 利用绝对收敛性判断最简单.

解 (1) 由于 $\sum_{n=1}^{\infty} \left|\frac{(-1)^{n-1}}{\sqrt{n}}\right| = \sum_{n=1}^{\infty} \frac{1}{\sqrt{n}}$ 是 $p = \frac{1}{2} < 1$ 的 p-级数, 故发散. 而级数 $\sum_{n=1}^{\infty} \frac{(-1)^{n-1}}{\sqrt{n}}$ 是莱布尼茨级数, 收敛. 故级数 $\sum_{n=1}^{\infty} \frac{(-1)^{n-1}}{\sqrt{n}}$ 条件收敛.

(2) 级数 $\sum\limits_{n=1}^{\infty}\frac{\sin(na)}{n^2}$ 是任意项级数, 由于 $\left|\frac{\sin(na)}{n^2}\right| \leqslant \frac{1}{n^2}$, 而级数 $\sum\limits_{n=1}^{\infty}\frac{1}{n^2}$ 收敛, 故级数 $\sum\limits_{n=1}^{\infty}\left|\frac{\sin(na)}{n^2}\right|$ 收敛, 因此级数 $\sum\limits_{n=1}^{\infty}\frac{\sin(na)}{n^2}$ 绝对收敛.

(3) 由于 $\left|\frac{\sin(1+n^2)}{2n^2-100}\right| \leqslant \frac{1}{|2n^2-100|} = \frac{1}{n^2+n^2-100} \leqslant \frac{1}{n^2}(n>10)$, 且 $\sum\limits_{n=1}^{\infty}\frac{1}{n^2}$ 收敛, 因而, 级数 $\sum\limits_{n=1}^{\infty}\frac{\sin(1+n^2)}{2n^2-100}$ 绝对收敛.

例 15 设 $a>0$, 判别 $\sum\limits_{n=1}^{\infty}(-1)^n\frac{a^n}{n^p}$ 的绝对收敛性和条件收敛性.

解 先考察其绝对值级数 $\sum\limits_{n=1}^{\infty}\frac{a^n}{n^p}$. 由于 $\lim\limits_{n\to+\infty}\sqrt[n]{\frac{a^n}{n^p}}=a$, 由根值判别法可得: 当 $0<a<1$ 时, 原级数绝对收敛; 当 $a>1$ 时, 绝对值级数 $\sum\limits_{n=1}^{\infty}\frac{a^n}{n^p}$ 发散, 因而, 原级数 $\sum\limits_{n=1}^{\infty}(-1)^n\frac{a^n}{n^p}$ 也发散. $a=1$ 时, $\sum\limits_{n=1}^{\infty}(-1)^n\frac{1}{n^p}$ 的敛散性与 p 有关: 当 $p>1$ 时, $\sum\limits_{n=1}^{\infty}(-1)^n\frac{1}{n^p}$ 绝对收敛; 当 $0<p\leqslant 1$ 时, $\sum\limits_{n=1}^{\infty}\frac{1}{n^p}$ 发散, 此时, $\sum\limits_{n=1}^{\infty}(-1)^n\frac{1}{n^p}$ 为收敛的莱布尼茨级数, 故 $\sum\limits_{n=1}^{\infty}(-1)^n\frac{1}{n^p}$ 条件收敛.

抽象总结 上述例子表明, 对相对简单的任意项级数, 利用正项级数的敛散性判别理论判断其绝对值级数的敛散性, 从而获得任意项级数的敛散性是简单有效的方法.

习 题 9-3

1. 讨论交错级数的收敛性:

(1) $1-\frac{1}{\sqrt{2}}+\frac{1}{\sqrt{3}}-\frac{1}{\sqrt{4}}+\cdots$; (2) $\frac{1}{\ln 2}-\frac{1}{\ln 3}+\frac{1}{\ln 4}-\frac{1}{\ln 5}+\cdots$;

(3) $\sum\limits_{n=1}^{\infty}(-1)^{n+1}\frac{n}{(n+1)^2}$; (4) $\sum\limits_{n=1}^{\infty}(-1)^{n+1}\frac{n^5}{3^n}$.

2. 判别下列级数是否收敛. 如果是收敛的, 是绝对收敛还是条件收敛?

(1) $\sum\limits_{n=1}^{\infty}(-1)^{n-1}\frac{n}{3^{n-1}}$; (2) $\sum\limits_{n=1}^{\infty}(-1)^{n-1}\frac{1}{3}\cdot\frac{1}{2^n}$; (3) $\sum\limits_{n=1}^{\infty}(-1)^{n+1}\frac{2^{n^2}}{n!}$.

3. 设级数 $\sum_{v=1}^{\infty} u_n{}^2$ 收敛, 试问交错级数 $\sum_{n=1}^{\infty}(-1)^n \frac{|u_n|}{\sqrt{n^2+1}}$ 是绝对收敛还是条件收敛?

4. 讨论交错级数的收敛性:

(1) $\sum_{n=1}^{\infty}(-1)^{n+1}\sin\frac{1}{\sqrt[n]{n}}$;　　(2) $\sum_{n=1}^{\infty}(-1)^{n+1}\frac{(2n-1)!!}{(2n)!!}$.

5. 讨论任意项级数的敛散性:

(1) $\sum_{n=1}^{\infty}\frac{\cos n\pi}{\sqrt{n}}\frac{n}{n+1}$;　　(2) $\sum_{n=1}^{\infty}\sin\frac{1}{n^2}\ln\frac{2n+1}{n}$;

(3) $\sum_{n=1}^{\infty}(-1)^{n+1}\frac{n-1}{(n+1)n^p}, p \geqslant 1$.

9.4 函数项级数及其敛散性

本节将常数项级数理论进行推广, 引入函数项级数 $\sum_{n=1}^{\infty} u_n(x)$. 类比常数项级数, 要解决的主要问题是: ①对什么样的 x, $\sum_{n=1}^{\infty} u_n(x)$ 有意义, 即收敛性问题, 也即和的存在性问题, 这是与级数的共性问题; ②若函数项级数收敛, 则级数有和, 则和与 x 有关, 级数对应的和函数 $S(x)=\sum_{n=1}^{\infty} u_n(x)$, 这是与常数项级数的差异问题, 因此, 必须研究和函数具有什么样的分析性质, 涉及定性分析和定量分析两方面的内容. 由此需要研究一致收敛性问题, 解决特殊结构的和函数计算问题.

首先, 类比常数项级数, 引入函数项级数的定义.

9.4.1 函数项级数的定义

给定实数集合 X, $u_n(x)(n=1,2,3,\cdots)$ 是定义在 X 上的函数.

定义 9-10 称无穷个函数的和

$$u_1(x)+u_2(x)+\cdots+u_n(x)+\cdots$$

为函数项级数, 记为 $\sum_{n=1}^{\infty} u_n(x)$, 其中, $u_n(x)$ 称为通项, $S_n(x)=\sum_{k=1}^{n} u_k(x)$ 为部分和函数, 也称 $\{S_n(x)\}$ 为 $\sum_{n=1}^{\infty} u_n(x)$ 的部分和函数列.

上述定义中, 还涉及一个新的概念——函数列 $\{S_n(x)\}$, 这是数列概念的推广. 函数列和函数项级数都是本章的研究对象, 虽然形式不同, 从研究内容看, 二者的地位是等价的, 即函数项级数与函数列可以相互转化, 事实上, 给定函数项

级数 $\sum_{n=1}^{\infty} u_n(x)$, 得到对应的部分和函数列 $\{S_n(x)\}$, 而 $\sum_{n=1}^{\infty} u_n(x)$ 的敛散性也等价于 $\{S_n(x)\}$ 的敛散性. 反之, 给定一个函数列 $\{S_n(x)\}$, 令 $u_n(x) = S_n(x) - S_{n-1}(x)\,(S_0(x) = 0)$, 得函数项级数 $\sum_{n=1}^{\infty} u_n(x)$, 使得 $\sum_{n=1}^{\infty} u_n(x)$ 的部分和正是 $S_n(x)$, 二者的敛散性也等价. 因此, 可以将 $\sum_{n=1}^{\infty} u_n(x)$ 视为与 $\{S_n(x)\}$ 等价的研究对象, 因而, 在后续的研究中, 只以其中的一个为例引入相关的理论, 相应的理论可以平行推广到另一个研究对象上.

从定义看, 函数项级数是无穷个函数的无限和, 类似于常数项级数, 必须讨论无限和是否有意义的问题, 显然, 这和点 x 的位置有关, 为此, 先引入函数项级数的点收敛性.

9.4.2 函数项级数的逐点收敛性

定义 9-11 设 $x_0 \in X$, 若常数项级数 $\sum_{n=1}^{\infty} u_n(x_0)$ 收敛, 称 $\sum_{n=1}^{\infty} u_n(x)$ 在 x_0 点收敛. 否则, 称 $\sum_{n=1}^{\infty} u_n(x)$ 在 x_0 点发散.

显然, $\sum_{n=1}^{\infty} u_n(x)$ 在 x_0 点收敛, 等价于函数列 $\{S_n(x)\}$ 在 x_0 点收敛, 即数列 $\{S_n(x_0)\}$ 收敛.

定义给出了函数项级数在一点的收敛性, 也称点收敛性, 进一步可以将点收敛性推广到区间或集合收敛性.

定义 9-12 若对 $\forall x \in X$, 都有 $\sum_{n=1}^{\infty} u_n(x)$ 收敛, 则称 $\sum_{n=1}^{\infty} u_n(x)$ 在 X 上收敛.

此时, 对 $\forall x \in X$, $\sum_{n=1}^{\infty} u_n(x)$ 都有意义, 记 $S(x) = \sum_{n=1}^{\infty} u_n(x)$, 则 $S(x)$ 是定义在集合 X 上的函数, 称 $S(x)$ 为 $\sum_{n=1}^{\infty} u_n(x)$ 的和函数.

$\sum_{n=1}^{\infty} u_n(x)$ 在 X 上收敛是局部概念, 等价于 $\sum_{n=1}^{\infty} u_n(x)$ 在 X 中每一点都收敛.

$\sum_{n=1}^{\infty} u_n(x)$ 在 X 上收敛, 等价于函数列 $\{S_n(x)\}$ 在 X 上收敛. 显然, 在收敛

的条件下, 有

$$S(x)=\lim_{n\to\infty}S_n(x)=\lim_{n\to\infty}\sum_{n=1}^{n}u_n(x)=\sum_{n=1}^{\infty}u_n(x),\quad \forall x\in X.$$

下面通过例子说明定义的应用. 当然, 定义仍是最底层的工具, 只能处理最简单的结构, 此处最简单的含义是 "能求部分和", 从而转化为函数极限的计算.

例 16 讨论下列函数项级数在 $X=(-1,1)$ 上的收敛性, 并在收敛的条件下求其和函数.

(1) $\sum\limits_{n=0}^{\infty}x^n$; (2) $\sum\limits_{n=0}^{\infty}(-1)^n x^n$.

解 (1) 任取 $x_0\in(-1,1)$, 考察函数项级数 $\sum\limits_{n=1}^{\infty}x_0^n$. 由于 $\sqrt[n]{|x_0|^n}=|x_0|<1$, 由根式判别法可知, $\sum\limits_{n=1}^{\infty}x_0^n$ 绝对收敛, 因而 $\sum\limits_{n=1}^{\infty}x_0^n$ 收敛, 由 $x_0\in(-1,1)$ 的任意性, 则 $\sum\limits_{n=1}^{\infty}x^n$ 在 $(-1,1)$ 收敛.

利用等比数列的求和公式, 有

$$S_n(x)=\sum_{k=0}^{n}x^k=\frac{1-x^n}{1-x},\quad x\in(-1,1),$$

因而,

$$S(x)=\lim_{n\to\infty}S_n(x)=\frac{1}{1-x},\quad x\in(-1,1),$$

即 $\sum\limits_{n=0}^{\infty}x^n=\dfrac{1}{1-x},x\in(-1,1)$.

(2) 类似可以证明: $\sum\limits_{n=0}^{\infty}(-1)^n x^n=\dfrac{1}{1+x},x\in(-1,1)$.

总结 (1) 通过例 16 可知, 借助于常数项级数的收敛性, 可以研究函数项级数的收敛性.

(2) 例 16 的题型结构中既有定性分析——敛散性的判断, 又有定量计算——和函数的计算, 因此, 我们对应的求解过程也分为两部分, 当然, 可以合而为一, 只进行定量分析就够了.

(3) 例 16 的两个由等比的求和公式建立的函数项级数的和函数公式是函数项级数求和函数的基本公式, 本节中涉及函数项级数和函数计算的问题最终都需要

利用各种技术手段转化为上述两个基本公式之一, 当然, 当首项不同时, 不改变敛散性, 但和函数会不同, 如

$$\sum_{n=1}^{\infty} x^n = \frac{x}{1-x}, \quad x \in (-1,1),$$

$$\sum_{n=1}^{\infty}(-1)^{n+1} x^n = \frac{x}{1+x}, \quad x \in (-1,1).$$

将函数项级数与常数项级数进行简单的对比, 可以发现: 二者的共性都是无限和的形式, 因而, 都需要研究收敛性问题; 二者的差异在于通项结构上, 常数项级数的通项是仅与位置变量有关的数, 而函数项级数的通项是与位置变量有关的函数, 这是常量和变量的区别, 对常量, 关注的主要内容是四则运算; 对函数研究的内容要更加丰富复杂, 除了简单的四则运算, 还有更复杂的高级运算, 如求积和求导运算等, 当然, 还有相应的函数的分析性质的研究, 由此决定了函数项级数的研究内容要比数项级数的内容更加丰富, 即除了研究 "点" 收敛之外, 还要在收敛的条件下, 研究其和函数的分析性质与高等运算 (如极限、微分、积分等), 或者研究对每个通项函数 $u_n(x)$ 都成立的分析性质, 对和函数是否也成立, 或者说, 对有限和成立的分析运算性质能否推广到无限和运算, 即函数的性质 (如连续性、可微性等) 能否由有限过渡到无限, 如, 已知成立有限和的函数极限的运算性质 (对应各项都存在)

$$\lim_{x \to x_0}\left[u_1(x)+\cdots+u_n(x)\right] = \lim_{x \to x_0} u_1(x)+\cdots+\lim_{x \to x_0} u_n(x),$$

这个性质能否过渡到对无限和的函数运算也成立, 即成立

$$\lim_{x \to x_0} \sum_{n=1}^{\infty} u_n(x) = \sum_{n=1}^{\infty} \lim_{x \to x_0} u_n(x),$$

当然, 从运算角度看, 这实际是两种运算——求和与求极限的换序运算问题.

再如, 对有限和成立的微分和积分运算性质

$$\frac{\mathrm{d}}{\mathrm{d}x}\left[u_1(x)+\cdots+u_n(x)\right] = \frac{\mathrm{d}u_1(x)}{\mathrm{d}x}+\cdots+\frac{\mathrm{d}u_n(x)}{\mathrm{d}x},$$

$$\int_a^b \left[u_1(x)+\cdots+u_n(x)\right]\mathrm{d}x = \int_a^b u_1(x)\mathrm{d}x+\cdots+\int_a^b u_n(x)\mathrm{d}x,$$

能否过渡到对无限和的运算, 还是两种运算的换序性问题. 当然, 这样的定量分析性质包括了定性分析性质, 即在收敛的情况下, 和函数是否一定继承每个 $u_n(x)$ 相应的性质, 如每个 $u_n(x) \in C[a,b]$, 是否成立 $S(x) \in C[a,b]$?

有例子表明, 不加任何条件, 上述提到的问题的答案都是否定的, 如, 令 $u_1(x) = x$, $u_n(x) = x^n - x^{n-1}(n = 2, 3, \cdots)$, 则 $\sum\limits_{n=1}^{\infty} u_n(x)$ 在 $[0, 1]$ 收敛, 且 $S_n(x) = x^n$, 故

$$S(x) = \lim S_n(x) = \begin{cases} 0, & x \in [0, 1), \\ 1, & x = 1, \end{cases}$$

显然, 对所有 n, 都有 $u_n(x) \in C[0, 1]$, 但 $S(x) \notin C[0, 1]$.

当然, 否定的结论不是我们希望的结论, 因此, 为使得 $\sum\limits_{n=1}^{\infty} u_n(x)$ 保持更好的性质, 必须引入更好的收敛性. 事实上, 从 $\sum\limits_{n=1}^{\infty} u_n(x)$ 的点收敛的定义也可以看出其局限性, 设 $\sum\limits_{n=1}^{\infty} u_n(x)$ 在集合 X 上收敛, 则对任意的 $x \in X$, $\sum\limits_{n=1}^{\infty} u_n(x)$ 和 $\{S_n(x)\}$ 在 x 点收敛, 由级数收敛的定义, 用 ε-N 语言叙述为: 对每个给定的 $x \in X$, 任给 $\varepsilon > 0$, 总存在 $N = N(x, \varepsilon)$, 使得当 $n > N$ 时, 有

$$|S_n(x) - S(x)| < \varepsilon.$$

显然, 对不同的 $x \in X$, $N(x, \varepsilon)$ 也不同. 正是由于在收敛的条件下, $N(x, \varepsilon)$ 强烈依赖于 x, 显示了强烈的局部性质, 使得每个 $u_n(x)$ 的性质很难延伸到和函数上, 也使得一些运算很难推广, 要解决这些问题, 关键是能否找到一个公共的 N, 使得上式对所有 x 都成立? 为此, 我们引入一致收敛性.

*9.4.3 函数项级数的一致收敛性

1. 函数项级数的一致收敛性的概念

设 $S(x) = \sum\limits_{n=1}^{\infty} u_n(x)$, 或 $S(x) = \lim\limits_{n \to \infty} S_n(x)$, $\quad \forall x \in X$.

定义 9-13 如果对 $\forall \varepsilon > 0$, 总存在一个与 x 无关的正整数 $N(\varepsilon) > 0$, 当 $n > N$ 时, 总有 $\left|\sum\limits_{k=1}^{n} u_k(x) - S(x)\right| < \varepsilon, \quad \forall x \in X$, 或 $|S_n(x) - S(x)| < \varepsilon, \quad \forall x \in X$, 则称 $\sum\limits_{n=1}^{\infty} u_n(x)$ 或 $\{S_n(x)\}$ 在 X 上一致收敛于 $S(x)$, 记为

$$\sum_{n=1}^{\infty} u_n(x) \rightrightarrows S(x) \quad (\text{或} S_n(x) \rightrightarrows S(x)), \quad x \in X,$$

或记为 $\sum_{n=1}^{\infty} u_n(x) \overset{X}{\rightrightarrows} S(x) \quad \left(\text{或} S_n(x) \overset{X}{\rightrightarrows} S(x)\right)$.

上述定义是定量的, 必须知道和函数才能验证.

从结构看, 一致收敛性的定义和极限的定义结构相同, 因此, 利用定义进行一致收敛性的验证时, 仍是利用放大法, 在放大过程中要甩掉 x 的影响.

例 17 证明函数项级数 $\dfrac{x}{1+x^2}+\sum_{n=2}^{\infty}\left[\dfrac{x}{1+(nx)^2}-\dfrac{x}{1+(n-1)^2x^2}\right]$ 在 $X=(-\infty,+\infty)$ 上一致收敛于 0.

证明 (1) 计算和函数 $S(x)$.

由于 $S_n(x)=\dfrac{x}{1+n^2x^2}$, 任取 $x_0\in X$, 则 $S_n(x_0)=\dfrac{x_0}{1+n^2x_0^2}\to 0$, 由 $x_0\in X$ 的任意性, 则 $S(x)=0, \quad x\in X$.

(2) 判断及验证. 由于

$$|S_n(x)-S(x)|=\frac{|x|}{1+n^2x^2}=\frac{1}{2n}\cdot\frac{2n|x|}{1+n^2x^2}\leqslant\frac{1}{2n},$$

故, 对 $\forall\varepsilon>0$, 取 $N(\varepsilon)=\left[\dfrac{1}{2\varepsilon}\right]+1$, 当 $n>N$ 时, $|S_n(x)-S(x)|<\varepsilon$, 对 $\forall x\in X$ 成立, 因而, $S_n(x)\rightrightarrows S(x)$, $x\in X$.

总结例 17 的证明过程, 在讨论一致收敛性时, 先计算部分和及其极限函数, 再用类似于数列极限证明的放大法, 对 $|S_n(x)-S(x)|$ 进行放大处理, 寻找一个与 x 无关且单调递减收敛于 0 的界 $G(n)$, 即如下估计:

$$|S_n(x)-S(x)|<\cdots\leqslant G(n),$$

由此证明一致收敛性.

上述证明思想也是定量分析思想, 即需要先计算出和函数, 再证明函数项级数 (函数列) 一致收敛于此和函数.

2. 函数项级数的一致收敛性的判别法

应用定义来判别级数一致收敛, 首先要求出和函数, 这在大多数情形下是不可能实现的. 那么能不能不求和函数, 而由级数本身来判别呢? 这里介绍两个判别级数一致收敛的准则.

定理 9-10 (柯西一致收敛准则) 函数项级数 $\sum_{n=1}^{\infty} u_n(x)$ 在 X 上一致收敛的充要条件是: 对 $\forall\varepsilon>0$, 总存在一个 X 中与 x 无关的正整数 $N(\varepsilon)>0$, 当 $n>N$ 时, 对一切 $p=1,2,\cdots$ 及一切 $x\in X$, 都有

$$|S_{n+p}(x)-S_n(x)|=\left|\sum_{k=n+1}^{n+p}u_k(x)\right|<\varepsilon.$$

证明 必要性 因为 $\sum\limits_{n=1}^{\infty}u_n(x)$ 在 X 上一致收敛, 故由一致收敛的定义知, 对任给的 $\varepsilon>0$, 总存在正整数 $N(\varepsilon)>0$, 当 $n>N$ 时, 对一切 $x\in X$, 都有

$$|S_n(x)-S(x)|<\frac{\varepsilon}{2}.$$

于是, 当 $n>N$ 时, 对一切 $p=1,2,\cdots$ 及一切 $x\in X$, 都有

$$|S_{n+p}(x)-S_n(x)|\leqslant|S_{n+p}(x)-S(x)|+|S_n(x)-S(x)|<\varepsilon.$$

充分性 由充分性假设, 对每个 $x\in X$, 级数 $\sum\limits_{n=1}^{\infty}u_n(x)$ 都收敛, 设其和函数为 $S(x)$. 再由已知条件, 对任给 $\varepsilon>0$, 总存在正整数 $N(\varepsilon)>0$, 当 $n>N$ 时, 对一切 $p=1,2,\cdots$ 及一切 $x\in X$, 都有

$$|S_{n+p}(x)-S_n(x)|<\varepsilon.$$

令 $p\to+\infty$, 则 $S_{n+p}(x)\to S(x)$, 故有

$$|S(x)-S_n(x)|\leqslant\varepsilon.$$

即 $\sum\limits_{n=1}^{\infty}u_n(x)$ 在 X 上一致收敛于 $S(x)$.

应用柯西准则判断一致收敛性有时并不方便. 它的作用主要是理论价值. 下面用它推导一个以魏尔斯特拉斯 (Weierstrass) 命名的优级数判别法.

定理 9-11(魏尔斯特拉斯判别法) 给定 X 上的函数项级数 $\sum\limits_{n=1}^{\infty}u_n(x)$. 若存在 $N>0$, 当 $n>N$ 时, $|u_n(x)|\leqslant a_n$, $\forall x\in X$, 且正项级数 $\sum\limits_{n=1}^{\infty}a_n$ 收敛, 则 $\sum\limits_{n=1}^{\infty}u_n(x)$ 在 X 上一致收敛.

证明 由于 $\sum\limits_{n=1}^{\infty}a_n$ 收敛, 由柯西收敛准则, 对任给的 $\varepsilon>0$, 存在 N, 当 $n>N$ 时, 对任意的正整数 p, 成立

$$0<a_{n+1}+\cdots+a_{n+p}<\varepsilon,$$

因而, 当 $n>N$ 时,

$$|u_{n+1}(x)+\cdots+u_{n+p}(x)|<\varepsilon,\quad 对\forall x\in X,$$

故, $\sum\limits_{n=1}^{\infty}u_n(x)$ 在 X 上一致收敛.

抽象总结 (1) 从判别思想看, 魏尔斯特拉斯判别法也是比较判别法. 其作用对象是具有简单结构的函数项级数, 即能通过对通项函数列的估计得到收敛的优级数, 我们通常把定理中的常数项级数 $\sum\limits_{n=1}^{\infty}a_n$ 称为函数项级数 $\sum\limits_{n=1}^{\infty}u_n(x)$ 的优级数.

(2) 从判别方法看, 优级数的计算所体现的证明一致收敛的思想是将一致收敛的判断转化为最值的计算, 而最值的计算可利用导数法来完成, 因而, 对一个具体的函数列, 可以借助于微分学理论完成一致收敛性的判断.

例 18 判断 $\sum\limits_{n=1}^{\infty}(1-x)^2x^n$ 在 $X=[0,1]$ 上的一致收敛性.

解 记 $u_n(x)=(1-x)^2x^n$, 则

$$u_n'(x)=(1-x)x^{n-1}[n-(n+2)x],$$

则 $u_n(x)$ 在 $x=\dfrac{n}{n+2}$ 点达到其在 [0, 1] 上的最大值, 因而,

$$0\leqslant u_n(x)\leqslant u_n\left(\frac{n}{n+2}\right)=\frac{4}{(n+2)^2}\left(\frac{n}{n+2}\right)^n\leqslant\frac{4}{(n+2)^2},$$

用于 $\sum\limits_{n=1}^{\infty}\dfrac{4}{(n+2)^2}$ 收敛, 故, $\sum\limits_{n=1}^{\infty}(1-x)^2x^n$ 在 $[0,1]$ 上一致收敛.

从结构看, 魏尔斯特拉斯定理可以视为函数项级数中的正项级数的判别理论. 类比常数项级数, 我们构建任意项函数项级数的一致收敛性判别理论.

3. 一致收敛级数的和函数的性质

函数项级数的一致收敛性判别法只是研究函数项级数的理论工具, 利用这些理论工具就可以研究函数项级数和函数的分析性质了. 本小节, 我们研究和函数的分析性质, 如和函数的连续、可微等性质, 并由此讨论关于和函数的一些运算. 需要指明的是, 下面定理中的闭区间 $[a,b]$ 都可以用任意的区间代替.

定理 9-12 (和函数的连续性) 设 $u_n(x)(n=1,2,\cdots)$ 在 $[a,b]$ 上连续, 若 $\sum\limits_{n=1}^{\infty}u_n(x)$ 在 $[a,b]$ 上一致收敛, 则其和函数 $S(x)$ 在 $[a,b]$ 上也连续.

结构分析 根据定义, 要证 $S(x)$ 在 $[a,b]$ 上连续, 只需证明对任意 $x_0\in[a,b]$, 对任意 $\varepsilon>0$, 存在 $\delta(\varepsilon,x_0)>0$, 使得

$$|S(x)-S(x_0)|<\varepsilon,\quad x\in U(x_0,\delta)\cap[a,b].$$

因此, 证明的关键是对上式左端的估计. 而我们知道的条件一是一致收敛性, 由此知道了 $|S_n(x)-S(x)|$, $x\in[a,b]$; 二是连续性, 由此知道了对某个 n 的估计式 $|S_n(x)-S_n(x_0)|<\varepsilon\,(|x-x_0|<\delta(\varepsilon,x_0,n))$. 类比已知和要证明结论的结构, 确定用定义证明的思路, 利用插项方法估计 $|S(x)-S(x_0)|$, 实现利用已知的项对未知项的控制, 但是, 必须要解决估计过程中, 利用连续性所产生 $\delta(\varepsilon,x_0,n)$ 与 n 的依赖关系, 因此, 必须将任意的 n 固定, 即固定下标实现化不定为确定, 这是证明中的技术要求.

证明 由于 $\sum\limits_{n=1}^{\infty}u_n(x)$ 在 $[a,b]$ 上一致收敛于 $S(x)$, 则对 $\forall\varepsilon>0$, 存在 $N(\varepsilon)$, 当 $n>N$ 时, 有 $|S_n(x)-S(x)|<\dfrac{\varepsilon}{3}$, $\forall x\in[a,b]$, 特别, 取 $n_0=N+1$, 则

$$|S_{n_0}(x)-S(x)|<\frac{\varepsilon}{3},\quad \forall x\in[a,b];$$

任取 $x_0\in[a,b]$, 又 $\lim\limits_{x\to x_0}S_{n_0}(x)=S_{n_0}(x_0)$, 存在 $\delta(n_0,\varepsilon)=\delta(\varepsilon)$, 使得

$$|S_{n_0}(x)-S_{n_0}(x_0)|<\frac{\varepsilon}{3},\quad x\in U(x_0,\delta)\cap[a,b],$$

因而, 当 $x\in U(x_0,\delta)\cap[a,b]$ 时,

$$|S(x)-S(x_0)|\leqslant|S(x)-S_{n_0}(x)|+|S_{n_0}(x_0)-S(x_0)|+|S_{n_0}(x)-S_{n_0}(x_0)|<\varepsilon,$$

利用 $x_0\in[a,b]$ 的任意性, 则和函数 $S(x)$ 在 $[a,b]$ 上连续.

抽象总结 定理 9-12 的结论是定性的, 用定量的方式可以表示为

$$\lim_{x\to x_0}\sum_{n=1}^{\infty}u_n(x)=\lim_{x\to x_0}S(x)=S(x_0)=\sum_{n=1}^{\infty}u_n(x_0)=\sum_{n=1}^{\infty}\lim_{x\to x_0}u_n(x),$$

即一致收敛性的函数项级数可以逐项求极限.

定理 9-13 (和函数的可积性) 设 $u_n(x)(n=1,2,\cdots)$ 在 $[a,b]$ 上连续, 若 $\sum\limits_{n=1}^{\infty}u_n(x)$ 在 $[a,b]$ 上一致收敛, 则其和函数 $S(x)$ 在 $[a,b]$ 上可积, 且

$$\int_a^b S(x)\mathrm{d}x=\int_a^b\sum_{n=1}^{\infty}u_n(x)\mathrm{d}x=\sum_{n=1}^{\infty}\int_a^b u_n(x)\mathrm{d}x,$$

即一致收敛性的函数项级数可以逐项求积分.

简析 题型是极限的验证, 直接用定义证明.

证明 由定理 9-12 知, $S(x)$ 在 $[a,b]$ 上连续, 从而可积. 注意到

$$\sum_{n=1}^{\infty}\int_a^b u_n(x)\mathrm{d}x=\lim_{n\to\infty}\sum_{k=1}^{n}\int_a^b u_k(x)\mathrm{d}x,$$

所以只需估计 $\left|\sum_{k=1}^{n}\int_a^b u_k(x)\mathrm{d}x-\int_a^b S(x)\mathrm{d}x\right|$ 即可.

因为 $\sum_{n=1}^{\infty}u_n(x)$ 在 $[a,b]$ 上一致收敛, 所以对 $\forall\varepsilon>0$, 存在 $N(\varepsilon)$, 当 $n>N$ 时, 有

$$|S_n(x)-S(x)|=\left|\sum_{k=1}^{n}u_k(x)-S(x)\right|<\frac{\varepsilon}{b-a},\quad \forall x\in[a,b],$$

于是,

$$\begin{aligned}\left|\sum_{k=1}^{n}\int_a^b u_k(x)\mathrm{d}x-\int_a^b S(x)\mathrm{d}x\right|&=\left|\int_a^b\left(\sum_{k=1}^{n}u_k(x)\right)\mathrm{d}x-\int_a^b S(x)\mathrm{d}x\right|\\&\leqslant\int_a^b\left|\sum_{k=1}^{n}u_k(x)-S(x)\right|\mathrm{d}x\\&<\int_a^b\frac{\varepsilon}{b-a}\mathrm{d}x=\varepsilon,\end{aligned}$$

因而,

$$\int_a^b S(x)\mathrm{d}x=\int_a^b\lim_{n\to\infty}\sum_{k=1}^{n}u_k(x)\mathrm{d}x=\lim_{n\to\infty}\sum_{k=1}^{n}\int_a^b u_k(x)\mathrm{d}x=\sum_{n=1}^{\infty}\int_a^b u_n(x)\mathrm{d}x.$$

继续研究和函数的可微性质.

定理 9-14 (和函数的可微性) 设 $u_n(x)(n=1,2,\cdots)$ 在 $[a,b]$ 上有连续导数, 若 $\sum_{n=1}^{\infty}u_n(x)$ 在 $[a,b]$ 上处处收敛于 $S(x)$, 且 $\sum_{n=1}^{\infty}u_n'(x)$ 在 $[a,b]$ 上一致连续, 则和函数 $S(x)$ 在 $[a,b]$ 上可导, 且

$$S'(x)=\sum_{n=1}^{\infty}u_n'(x).$$

结构分析 我们知道积分和微分存在着量的关系, 而且我们已经知道了积分运算的相应结论, 因此, 证明的思路就是将微分关系转化为积分关系, 借用定理 9-13 完成证明, 可以充分利用已知的函数项级数可以逐项可积定理的证明结论.

证明 设 $\sum\limits_{n=1}^{\infty} u_n'(x)$ 在 $[a,b]$ 上一致连续于 $\sigma(x)$, 下证 $\sigma(x)=S'(x)$. 由定理 9-13 知

$$\int_a^x \sigma(t)\mathrm{d}t=\sum_{n=1}^{\infty}\int_a^x u_n'(t)\mathrm{d}t=\sum_{n=1}^{\infty}[u_n(x)-u_n(a)]=S(x)-S(a),$$

又有定理 9-12 知, $\sigma(x)$ 在 $[a,b]$ 上连续, 故由原函数存在定理, 对上式两边求导, 得

$$\sigma(x)=S'(x),$$

即 $S'(x)=\sum\limits_{n=1}^{\infty} u_n'(x)$.

和函数的可微性定理说明, 在定理条件下, 函数项级数可以逐项求导数. 有上述理论就可以研究和函数的分析性质了.

例 19 证明：当 $x\in(-1,1)$ 时, $\sum\limits_{n=1}^{\infty}\dfrac{(-1)^{n-1}}{n}x^n=x-\dfrac{1}{2}x^2+\dfrac{1}{3}x^3-\cdots=\ln(1+x)$.

证明 考察级数 $\sum\limits_{n=1}^{\infty}(-1)^{n-1}x^{n-1}$. 则

$$S_n(x)=\sum_{k=1}^{n}(-1)^{k-1}x^{k-1}=1-x+x^2+\cdots+(-1)^{n-1}x^{n-1}=\frac{1-(-x)^n}{1+x},x\in(-1,1),$$

因而,

$$S_n(x)\to S(x)=\frac{1}{1+x},\quad x\in(-1,1),$$

即

$$S(x)=\sum_{n=1}^{\infty}(-1)^{n-1}x^{n-1}=\frac{1}{1+x},\quad x\in(-1,1).$$

对 $\forall\delta>0$, $\sum\limits_{n=1}^{\infty}(1-\delta)^{n-1}$ 收敛, 由魏尔斯特拉斯判别法得 $\sum\limits_{n=1}^{\infty}(-1)^{n-1}x^{n-1}$ 在 $[-1+\delta,1-\delta]$ 一致收敛, 因而, 由定理 9-13, 则

$$\sum_{n=1}^{\infty}\int_0^x(-1)^{n-1}t^{n-1}\mathrm{d}t=\int_0^x\frac{\mathrm{d}t}{1+t},\quad x\in[-1+\delta,1-\delta],$$

即

$$\sum_{n=1}^{\infty}\frac{(-1)^{n-1}}{n}x^n=\ln(1+x),\quad x\in[-1+\delta,1-\delta],$$

由 $\delta>0$ 的任意性, 则

$$\sum_{n=1}^{\infty}\frac{(-1)^{n-1}}{n}x^n=\ln(1+x),\quad x\in(-1,1).$$

抽象总结　这类题目从形式看是计算函数项级数的和函数, 处理这类题目的方法是利用已知的函数项级数及其和函数, 通过求积或求导计算新的函数项级数的和函数, 而已知的函数项级数就是两个基本的求和公式:

$$S(x)=\sum_{n=1}^{\infty}(-1)^{n-1}x^{n-1}=\frac{1}{1+x},\quad x\in(-1,1)$$

和

$$S(x)=\sum_{n=0}^{\infty}x^n=\frac{1}{1-x},\quad x\in(-1,1).$$

例 20　证明: $\sum\limits_{n=1}^{\infty}nx^n=\dfrac{x}{(1-x)^2}$, $\forall x\in(-1,1)$.

证明　易证 $\sum\limits_{n=0}^{\infty}x^n$ 在 $(-1,1)$ 点收敛于 $S(x)=\dfrac{1}{1-x}$.

对 $\forall\delta>0$, $\sum\limits_{n=1}^{\infty}nx^{n-1}$ 在 $[-1+\delta,1-\delta]$ 一致收敛于 $\sigma(x)$, 由定理 9-14, 则

$$\sigma(x)=S'(x)=\frac{1}{(1-x)^2},\quad \forall x\in[-1+\delta,1-\delta],$$

故

$$\sum_{n=1}^{\infty}nx^n=x\sum_{n=1}^{\infty}nx^{n-1}=\frac{x}{(1-x)^2},\quad \forall x\in[-1+\delta,1-\delta],$$

由 $\delta>0$ 的任意性, 则 $\sum\limits_{n=1}^{\infty}nx^n=\dfrac{x}{(1-x)^2},\quad \forall x\in(-1,1)$.

习　题　9-4

1. 研究下列函数项级数的点收敛性:

(1) $\sum\limits_{n=1}^{\infty}\left(1-x^2\right)x^n$;　(2) $\sum\limits_{n=1}^{\infty}\dfrac{(-1)^{n+1}}{(1+x^2)^n}$;　(3) $\sum\limits_{n=1}^{\infty}\dfrac{1+(1+x)^n}{1+(n-x)^2}$;　(4) $\sum\limits_{n=1}^{\infty}n^2\mathrm{e}^{-nx}$.

2. 证明下列级数在指定区间上一致收敛:

(1) $\sum\limits_{n=1}^{\infty}\left(1-x^2\right)x^n, x\in\left[-\dfrac{1}{2},\dfrac{1}{2}\right]$;　(2) $\sum\limits_{n=1}^{\infty}\dfrac{(-1)^n}{2^n+x^n}, x\in[0,+\infty)$;

(3) $\sum_{n=1}^{\infty}\frac{1}{\sin nx+n^2}$, $-\infty<x+\infty$; (4) $\sum_{n=1}^{\infty}\frac{x^2}{1+n^3x^4}$, $0\leqslant x<+\infty$.

3. 设 $S(x)=\sum_{n=1}^{\infty}\frac{x^n}{2^n}\cos n(1-x)$, 计算 $\lim_{x\to 1}S(x)$.

4. 设 $S(x)=\sum_{n=1}^{\infty}\frac{\cos nx}{n\sqrt{n}}$, (1) 计算 $\int_0^{\pi}S(x)\mathrm{d}x$; (2) 计算 $S'(x)$, $x\in(0,2\pi)$.

9.5 幂 级 数

本节利用函数项级数的理论研究最为简单的一类函数项级数——幂级数, 由于幂级数结构简单, 具有良好的性质, 在工程技术领域应用非常广泛, 因而, 从理论上对幂级数进行研究很有意义, 本节, 我们利用函数项级数理论, 研究幂级数的收敛性及其相关性质, 体现了从简单到复杂, 从特殊到一般再到特殊的研究思想.

9.5.1 幂级数的概念

引入最简单的函数项级数——幂级数.

定义 9-14 设 $\{a_n\}$ 为给定的数列, 称函数项级数 $\sum_{n=0}^{\infty}a_n(x-x_0)^n$ 为幂级数.

结构分析 从结构形式看, 幂级数的通项具有幂函数结构, 幂级数是有限次多项式函数的推广, 多项式函数是函数中结构最简单的一类函数, 具有特殊的性质, 更便于研究, 因而, 幂级数也是一类最简单的函数项级数, 也必定具有一系列好的性质, 这是我们研究幂级数的原因之一. 另一方面, 我们已经学习过与幂级数结构相近的函数理论——泰勒展开理论, 也是基于幂函数结构简单, 便于运算等原因, 我们将函数进行有限展开, 得到函数的泰勒展开式, 从而对函数进行近似研究, 比较二者的结构形式可以看出, 幂级数是泰勒展开式从有限到无限的推广, 因此, 可以猜想, 引入幂级数理论也是利用化繁为简的思想, 实现对复杂函数的更进一步的较为精确的研究.

在定义中, 若取 $x_0=0$, 我们得到更简单形式的幂级数 $\sum_{n=0}^{\infty}a_nx^n$. 由于对一般的幂级数 $\sum_{n=0}^{\infty}a_n(x-x_0)^n$, 都可以通过作变换 $t=x-x_0$ 将其转化为幂级数 $\sum_{n=0}^{\infty}a_nt^n$. 另一方面, 从形式上看, 由于幂级数 $\sum_{n=0}^{\infty}a_nx^n$ 中, 关于 x 的幂次按标准顺序逐次出现, 把这种类型的幂级数称为标准幂级数.

本节以标准幂级数 $\sum\limits_{n=0}^{\infty} a_n x^n$ 为例引入相关内容.

9.5.2 幂级数的收敛性质

幂级数是特殊的函数项级数, 其结构简单特殊, 因而具有特殊的收敛特性. 下面研究这些性质.

定理 9-15 (阿贝尔定理)

(1) 设 $\sum\limits_{n=0}^{\infty} a_n x^n$ 在 x_0 点收敛, 则对任意的 $x : |x| < |x_0|$, $\sum\limits_{n=0}^{\infty} a_n x^n$ 必绝对收敛.

(2) 设 $\sum\limits_{n=0}^{\infty} a_n x^n$ 在 x_0 点发散, 则对任意的 $x : |x| > |x_0|$, $\sum\limits_{n=0}^{\infty} a_n x^n$ 必发散.

结构分析 证明的关键是建立已知级数 $\sum\limits_{n=0}^{\infty} a_n x_0^n$ 与要讨论级数 $\sum\limits_{n=0}^{\infty} a_n x^n$ 之间的关系, 可以采用形式统一法.

证明 (1) 对任意的 $x : |x| < |x_0|$, 记 $r = \left|\dfrac{x}{x_0}\right|$, 则 $0 < r < 1$, 显然,

$$|a_n x^n| = |a_n x_0^n| \cdot \left|\frac{x}{x_0}\right|^n = |a_n x_0^n| \cdot r^n,$$

因为 $\sum\limits_{n=0}^{\infty} a_n x_0^n$ 收敛, 故 $\lim\limits_{n\to+\infty} a_n x_0^n = 0$, 因而 n 充分大时, $|a_n x_0^n| < 1$, 此时

$$|a_n x^n| \leqslant r^n,$$

由比较判别法得 $\sum\limits_{n=0}^{\infty} a_n x^n$ 绝对收敛.

(2) 类比结论 (1), 用反证法证明.

设存在 $x_1 : |x_1| > |x_0|$, 使得 $\sum\limits_{n=0}^{\infty} a_n x_1^n$ 收敛, 则利用结论 (1), $\sum\limits_{n=0}^{\infty} a_n x_0^n$ 绝对收敛, 与条件矛盾, 故, 结论 (2) 成立.

注 结论 (1) 中, 不要求 $\sum\limits_{n=0}^{\infty} a_n x^n$ 在 x_0 点绝对收敛.

抽象总结 分析结构, 定理 9-15 反映了幂级数的收敛特征——收敛点基本对称的分布特性, 即收敛点“几乎”关于原点对称分布 (对称区间的端点处, 敛散性

不确定, 如 $\sum_{n=1}^{\infty}(-1)^n\frac{x^n}{n}$, 当 $|x|<1$ 时收敛, 当 $x=1$ 时收敛, $x=-1$ 时发散). 因而, 可以设想：应该存在 R, 使得 $|x|<R$ 时, $\sum_{n=0}^{\infty}a_nx^n$ 收敛 (绝对), 而 $|x|>R$ 时, $\sum_{n=0}^{\infty}a_nx^n$ 发散. 事实上, 这样的 R 是存在的. 为方便, 我们引入如下定义.

定义 9-15 若存在正实数 R, 使得当 $|x|<R$ 时 $\sum_{n=0}^{\infty}a_nx^n$ 收敛; 当 $|x|>R$ 时 $\sum_{n=0}^{\infty}a_nx^n$ 发散, 称 R 为 $\sum_{n=0}^{\infty}a_nx^n$ 的收敛半径, 相应的 $(-R,R)$ 称为收敛区间.

特别地, 当 $R=0$ 时, $\sum_{n=0}^{\infty}a_nx^n$ 仅在 x=0 点收敛; 当 $R=+\infty$ 时, $\sum_{n=0}^{\infty}a_nx^n$ 在整个实数轴上收敛; 由于 $\sum_{n=0}^{\infty}a_nx^n$ 在点 $x=\pm R$ 处的收敛性具有不确定性, 我们引入收敛域的定义.

定义 9-16 称 $(-R,R)\cup$ {收敛的端点} 为 $\sum_{n=0}^{\infty}a_nx^n$ 的收敛域, 即收敛域是所有收敛点的集合. 如利用常数项级数理论可以验证：$\sum_{n=1}^{\infty}(-1)^n\frac{x^n}{n}$ 的收敛域为 $(-1,1]$; $\sum_{n=1}^{\infty}\frac{x^n}{n^2}$ 的收敛域为 $[-1,1]$; $\sum_{n=0}^{\infty}x^n$ 的收敛域为 $(-1,1)$, 三者的收敛区间都是 $(-1,1)$.

通过上述定义可知, 确定幂级数 $\sum_{n=0}^{\infty}a_nx^n$ 的收敛性, 只需确定收敛半径 R 及端点的收敛性, 因此, 关键是确定 R. 那么, 如何确定 R? 我们从分析使得 $\sum_{n=0}^{\infty}a_nx^n$ 收敛的点 x 的结构入手. 由于幂级数通项的 n 次幂的结构形式, 我们用根式判别法判断级数的敛散性, 对 $\forall x$, 由于

$$\lim_{n\to\infty}\sqrt[n]{|a_nx^n|}=|x|\lim_{n\to\infty}\sqrt[n]{|a_n|},$$

因此, 若存在极限 $\lim\limits_{n\to\infty}\sqrt[n]{|a_n|}=r$, 则当 $|x|\cdot r<1$, 即 $|x|<\frac{1}{r}$ 时, $\sum_{n=0}^{\infty}a_nx^n$ 绝对

收敛; 当 $|x|\cdot r>1$, 即 $|x|>\dfrac{1}{r}$ 时, $\sum\limits_{n=0}^{\infty}a_nx^n$ 发散. 因此, 必有

$$R=\frac{1}{r}=\frac{1}{\lim\limits_{n\to\infty}\sqrt[n]{|a_n|}}.$$

定理 9-16 若 $r=\lim\limits_{n\to+\infty}\sqrt[n]{|a_n|}$ 存在, 则 $R=\dfrac{1}{r}$ 是 $\sum\limits_{n=0}^{\infty}a_nx^n$ 的收敛半径, 特别, 当 $r=0$ 时, $R=+\infty$; 当 $r=+\infty$ 时, $R=0$.

注 当 $R=0$ 时, $\sum\limits_{n=0}^{\infty}a_nx^n$ 只在 $x=0$ 点收敛, 如 $\sum\limits_{n=0}^{\infty}n!x^n$; 当 $R=+\infty$ 时, $\sum\limits_{n=0}^{\infty}a_nx^n$ 在整个实数轴上收敛, 如 $\sum\limits_{n=1}^{\infty}\dfrac{x^n}{n^n}$.

同样可以利用比值法导出收敛半径.

定理 9-17 若存在极限 $r=\lim\limits_{n\to+\infty}\dfrac{|a_{n+1}|}{|a_n|}$, 则 $R=\dfrac{1}{r}$ 为 $\sum\limits_{n=0}^{\infty}a_nx^n$ 的收敛半径.

例 21 计算下列幂级数的收敛半径、收敛域及和函数:

(1) $\sum\limits_{n=0}^{\infty}x^n$; (2) $\sum\limits_{n=0}^{\infty}(-1)^nx^n$.

解 显然, 二者的收敛半径都是 1, 即 $R=1$, 收敛域都是 $(-1,1)$.

(1) 利用等比数列的求和公式, 则其部分和函数为

$$S_n(x)=\sum_{k=0}^{n}x^k=\frac{1-x^n}{1-x},\quad x\in(-1,1),$$

故, 其和函数为

$$S(x)=\lim_{n\to+\infty}S_n(x)=\frac{1}{1-x},\quad x\in(-1,1).$$

(2) 类似, 其部分和为

$$S_n(x)=\sum_{k=0}^{n}(-1)^kx^k=\frac{1-(-x)^n}{1+x},\quad x\in(-1,1),$$

因而, 其和函数为

$$S(x)=\lim_{n\to+\infty}S_n(x)=\frac{1}{1+x},\quad x\in(-1,1).$$

抽象总结 我们再次利用幂级数理论导出了函数项级数求和的两个基本公式, 这两个结果将是后面计算幂级数的和函数的基本结论, 我们把这两个幂级数称为基本幂级数, 上述公式称为基本求和公式.

例 22 计算下列幂级数的收敛半径和收敛域:

(1) $\sum\limits_{n=1}^{\infty}\frac{x^n}{n}$; (2) $\sum\limits_{n=1}^{\infty}\frac{(x-1)^n}{n^2}$; (3) $\sum\limits_{n=1}^{\infty}n(x+1)^n$.

解 (1) 由于 $\lim\limits_{n\to\infty}\sqrt[n]{\frac{1}{n}}=1$, 故 $R=1$. 当 $x=1$ 时, $\sum\limits_{n=1}^{\infty}\frac{x^n}{n}\bigg|_{x=1}=\sum\limits_{n=1}^{\infty}\frac{1}{n}$ 发散; 当 $x=-1$ 时, $\sum\limits_{n=1}^{\infty}\frac{x^n}{n}\bigg|_{x=1}=\sum\limits_{n=1}^{\infty}\frac{(-1)^n}{n}$ 收敛, 故其收敛域为 $[-1,1)$.

(2) 令 $t=x-1$, 考虑 $\sum\limits_{n=1}^{\infty}\frac{t^n}{n^2}$, 由于 $\lim\limits_{n\to\infty}\left(\frac{1}{n^2}\right)^{\frac{1}{n}}=1$, 故 $R_t=1$. 由于 $\sum\limits_{n=1}^{\infty}\frac{(-1)^n}{n^2}$, $\sum\limits_{n=1}^{\infty}\frac{1}{n^2}$ 都收敛, 故, $\sum\limits_{n=1}^{\infty}\frac{t^n}{n^2}$ 的收敛域为 $[-1,1]$, 即 $-1\leqslant t\leqslant 1$ 时, $\sum\limits_{n=1}^{\infty}\frac{t^n}{n^2}$ 收敛, 因而 $-1\leqslant x-1\leqslant 1$, 即 $0\leqslant x\leqslant 2$ 时, $\sum\limits_{n=1}^{\infty}\frac{(x-1)^n}{n^2}$ 收敛, 因而, $\sum\limits_{n=1}^{\infty}\frac{(x-1)^n}{n^2}$ 的收敛半径为 1, 收敛域为 $[0,2]$.

(3) 令 $t=x+1$, 考虑 $\sum\limits_{n=1}^{\infty}nt^n$, 其收敛半径 $R_t=1$, 收敛域为 $(-1,1)$, 因而原级数的收敛半径为 1, 收敛域为 $-1<x+1<1$, 即 $x\in(-2,0)$.

从例 22 可以看出, 幂级数在端点 $x=\pm R$ 处有不同的敛散性.

例 23 计算下列幂级数的收敛半径和收敛域:

(1) $\sum\limits_{n=0}^{\infty}n^nx^n$; (2) $\sum\limits_{n=1}^{\infty}\frac{x^n}{n!}$.

解 (1) 由于 $\lim\limits_{n\to+\infty}(n^n)^{\frac{1}{n}}=+\infty$, 故 $R=0$, 因而, $\sum\limits_{n=0}^{\infty}n^nx^n$ 的收敛域为 $\{0\}$, 即只有 $x=0$ 才是收敛点.

(2) 采用比值法, 由于 $\lim\limits_{n\to+\infty}\frac{n!}{(n+1)!}=\lim\limits_{n\to+\infty}\frac{1}{n+1}=0$, 故 $R=+\infty$, 故, $\sum\limits_{n=1}^{\infty}\frac{x^n}{n!}$ 的收敛域为 $(-\infty,+\infty)$.

对于非标准的隔项幂级数, 有时可以利用变换化为标准幂级数, 对不能用变换化为标准幂级数的, 需用前述的收敛半径的计算思想来进行计算.

例 24 考察 $\sum_{n=0}^{\infty} 2^n x^{2n}$ 的收敛半径与收敛域.

解 法一 记 $t = x^2$, 考察幂级数 $\sum_{n=0}^{\infty} 2^n t^n$. 易计算其收敛半径为 $R_t = \frac{1}{2}$, 因而, 当 $|t| < \frac{1}{2}$ 时, $\sum_{n=0}^{\infty} 2^n t^n$ 收敛, 故, 当 $x^2 < \frac{1}{2}$, 即 $-\frac{1}{\sqrt{2}} < x < \frac{1}{\sqrt{2}}$ 时, $\sum_{n=0}^{\infty} 2^n x^{2n}$ 收敛. $x = \pm\frac{1}{\sqrt{2}}$ 时, $\sum_{n=0}^{\infty} 2^n x^{2n}$ 都发散, 因而其收敛域为 $\left(-\frac{1}{\sqrt{2}}, \frac{1}{\sqrt{2}}\right)$.

法二 记 $u_n = 2^n |x|^{2n}$, 则 $\lim_{n\to\infty} u_n^{\frac{1}{n}} = 2|x|^2$, 故, 当 $|x| < \frac{1}{\sqrt{2}}$ 时, $\lim_{n\to\infty} u_n^{\frac{1}{n}} < 1$, 此时级数绝对收敛, 当 $|x| > \frac{1}{\sqrt{2}}$ 时, $\lim_{n\to\infty} u_n^{\frac{1}{n}} > 1$, 此时发散. 因而, 其收敛半径为 $R = \frac{1}{\sqrt{2}}$, 当 $x = \pm\frac{1}{\sqrt{2}}$ 时, 幂级数都发散, 因而其收敛域为 $\left(-\frac{1}{\sqrt{2}}, \frac{1}{\sqrt{2}}\right)$.

例 25 考察 $\sum_{n=0}^{\infty} \frac{x^{n^2}}{2^n}$ 的收敛半径与收敛域.

结构分析 此时, 不能通过变换化为标准幂级数, 需采用收敛半径的计算思想来进行.

解 记 $u_n = \frac{|x|^{n^2}}{2^n}$, 则 $\lim_{n\to\infty} u_n^{\frac{1}{n}} = \lim_{n\to+\infty} \frac{|x|^n}{2}$, 故, 当 $|x| < 1$ 时, $\lim_{n\to\infty} u_n^{\frac{1}{n}} = 0$, 此时级数绝对收敛; 当 $|x| > 1$ 时, $\lim_{n\to\infty} u_n^{\frac{1}{n}} = +\infty$, 此时级数发散, 故 $R = 1$, 显然 $x = \pm 1$ 时, $\sum_{n=0}^{\infty} \frac{x^{n^2}}{2^n}$ 也收敛, 故, 其收敛域为 $[-1, 1]$.

9.5.3 收敛幂级数的运算性质

很容易将函数项级数一致收敛的性质推广到幂级数.

设 $\sum_{n=0}^{\infty} a_n x^n$ 的收敛半径为 R, 并记 $S(x) = \sum_{n=0}^{\infty} a_n x^n$, $x \in (-R, R)$.

定理 9-18 (连续性定理) 对幂级数成立结论,

(1) $S(x) \in C(-R, R)$;

(2) 若 $\sum_{n=0}^{\infty} a_n R^n$ 收敛, 则 $S(x) \in C(-R, R]$;

(3) 若 $\sum_{n=0}^{\infty} a_n(-R)^n$ 收敛, 则 $S(x) \in C[-R, R)$;

(4) 若 $\sum_{n=0}^{\infty} a_n R^n$ 和 $\sum_{n=0}^{\infty} a_n(-R)^n$ 收敛, 则 $S(x) \in C[-R, R]$,

即和函数连续到收敛的端点.

定理 9-19 (逐项求积定理) 对任意的 $x \in (-R, R)$, 则

$$\int_0^x S(t)\mathrm{d}t = \int_0^x \sum_{n=0}^{\infty} a_n t^n \mathrm{d}t = \sum_{n=0}^{\infty} \frac{1}{n+1} a_n x^{n+1}.$$

定理 9-20 (逐项求导定理) 对任意的 $x \in (-R, R)$, 则

$$S'(x) = \frac{\mathrm{d}}{\mathrm{d}x} \sum_{n=0}^{\infty} a_n x^n = \sum_{n=1}^{\infty} a_n n x^{n-1}.$$

抽象总结 上述定理表明：幂级数逐项求导和求积后仍是幂级数且收敛半径不变, 但在 $x = \pm R$ 处, 收敛性可能会改变, 这是幂级数具有的又一类好性质, 定量表示为

$$S(x) = \sum_{n=0}^{\infty} a_n x^n, \quad x \in (-R, R),$$

$$\int_0^x S(t)\mathrm{d}t = \sum_{n=0}^{\infty} \frac{1}{n+1} a_n x^{n+1}, \quad x \in (-R, R),$$

$$S'(x) = \sum_{n=1}^{\infty} a_n n x^{n-1}, \quad x \in (-R, R),$$

对比三者结构的变化, 逐项求积后在原幂级数的系数前出现因子 $\frac{1}{n+1}$, 逐项求导后在原幂级数的系数前出现因子 n, 因此, 在后续处理问题时, 若研究的幂级数中有 $\frac{1}{n+1}$ 结构的因子时, 可以将其视为某个幂级数的逐项求积, 则通过逐项求导可以消去此因子; 若研究的幂级数中有 n 结构的因子时, 可以将其视为某个幂级数的逐项求导, 则通过逐项求积可以消去此因子, 这为我们对幂级数的研究提供了线索和思路.

根据上述性质并结合上述的分析, 我们可以进行幂级数的和函数的计算. 计算的基本方法是利用逐项求导或求积定理, 将要计算的幂级数转化为基本幂级数, 利用基本和函数公式得到求导或求积后的函数, 再经过反向的函数运算即求积或求导得到要计算的函数. 当然, 还可以反向操作, 即对基本和函数公式进行逐项求积或求导, 逐步转化为求解的幂级数.

例 26 计算下述幂级数的和函数:

(1) $\sum_{n=1}^{\infty}\frac{1}{n+1}x^n$; (2) $\sum_{n=1}^{\infty}\frac{x^{n+1}}{n(n+1)}$.

简析 类比基本幂级数, (1) 中多出因子 $\frac{1}{n+1}$, (2) 中多出 $\frac{1}{n(n+1)}$, 为将其转化为基本幂级数, 需要通过逐次求导消去多出的因子, 这是整体的处理思路. 还需要根据结构进行细节上的技术处理, 主要解决求导时能消去相应的因子. 当然, 在求导过程中注意首项的变化, 这涉及和函数的计算.

解 (1) 易计算 $\sum_{n=1}^{\infty}\frac{1}{n+1}x^n$ 的收敛域为 $[-1,1)$, 因此, 可以定义

$$S(x)=\sum_{n=1}^{\infty}\frac{1}{n+1}x^n, x\in[-1,1).$$

记 $g(x)=\sum_{n=1}^{\infty}\frac{x^{n+1}}{n+1}$, 由于 $\sum_{n=1}^{\infty}\frac{x^{n+1}}{n+1}$ 的收敛半径为 1, 收敛域为 $[-1,1)$, 则 $g(x)$ 在 $[-1,1)$ 有定义. 利用逐项求导定理, 则

$$g'(x)=\sum_{n=1}^{\infty}x^n=\frac{x}{1-x},\quad x\in(-1,1),$$

两端求积分, 则

$$g(x)=g(0)+\int_0^x\frac{t}{1-t}\mathrm{d}t=-\ln(1-x)-x,\quad x\in(-1,1),$$

故

$$S(x)=\frac{1}{x}g(x)=-\frac{1}{x}\ln(1-x)-1,\quad x\in(-1,0)\cup(0,1),$$

由于 $S(x)\in C[-1,1)$, 因而,

$$\sum_{n=1}^{\infty}\frac{1}{n+1}x^n=\begin{cases}-\frac{1}{x}\ln(1-x)-1, & x\in[-1,0)\cup(0,1),\\ 0, & x=0.\end{cases}$$

(2) 记 $S(x)=\sum_{n=1}^{\infty}\frac{x^{n+1}}{n(n+1)}$, 此级数的收敛域为 $[-1,1]$, 则 $S(x)$ 在 $[-1,1]$ 有定义. 利用逐项求导定理, 则

$$S'(x)=\sum_{n=1}^{\infty}\frac{x^n}{n},\quad x\in(-1,1),$$

再次求导, 利用已知公式, 则

$$S''(x)=\sum_{n=1}^{\infty}x^{n-1}=\frac{1}{1-x},\quad x\in(-1,1),$$

由于 $S'(0)=0$, 利用积分理论, 则

$$S'(x)=\int_0^x S''(t)\mathrm{d}t=-\ln(1-x),\quad x\in(-1,1),$$

同样, 再求积, 则

$$S(x)=\int_0^x S'(t)\mathrm{d}t=(1-x)\ln(1-x)+x,\quad x\in(-1,1),$$

利用连续性定理, 故

$$\sum_{n=1}^{\infty}\frac{x^{n+1}}{n(n+1)}=(1-x)\ln(1-x)+x,\quad x\in[-1,1].$$

例 26 也可以从已知结论 $\sum\limits_{n=1}^{\infty}x^{n-1}=\frac{1}{1-x}$, $x\in(-1,1)$, 通过逐项求积来完成.

上述两个例子采用了两种不同的处理方法, 自行进行总结.

例 27 证明：$1-\frac{1}{2}+\frac{1}{3}-\frac{1}{4}+\cdots+(-1)^{n-1}\frac{1}{n}+\cdots=\ln 2$.

结构分析 这是常数项级数的求和, 即非等差也非等比结构, 常数项级数理论不能解决. 函数项级数或幂级数理论给出常数项级数求和的新方法, 即将常数项级数视为幂级数在某点处的函数值, 先计算和函数, 再计算对应的函数值. 关键问题是构筑幂级数, 通常是直接构造法.

证明 考虑幂级数 $\sum\limits_{n=1}^{\infty}(-1)^{n-1}\frac{1}{n}x^n$, 易知其收敛半径 $R=1$, 收敛域为 $(-1,1]$. 易知

$$\sum_{n=1}^{\infty}(-1)^{n-1}x^{n-1}=1-x+x^2+\cdots+(-1)^{n-1}x^{n-1}+\cdots=\frac{1}{1+x},\quad x\in(-1,1),$$

利用逐项求积定理, 则

$$x-\frac{1}{2}x+\frac{1}{3}x^3+\cdots+(-1)^{n-1}\frac{x^n}{n}+\cdots=\ln(1+x),\quad x\in(-1,1),$$

进一步利用连续性定理, 则

$$x-\frac{1}{2}x+\frac{1}{3}x^3+\cdots+(-1)^{n-1}\frac{x^n}{n}+\cdots=\ln(1+x),\quad x\in(-1,1],$$

取 $x=1$ 即得结论.

例 28 求 $\sum\limits_{n=1}^{\infty}\dfrac{2n-1}{2^n}$.

解 法一 考虑级数 $\sum\limits_{n=1}^{\infty}x^{2n-1}=x+x^3+x^5+\cdots$, 易知 $\sum\limits_{n=1}^{\infty}x^{2n-1}=\dfrac{x}{1-x^2}$, $x\in(-1,1)$, 逐项求导得

$$\sum_{n=1}^{\infty}(2n-1)x^{2(n-1)}=\frac{1+x^2}{\left(1-x^2\right)^2},\quad x\in(-1,1),$$

因此, 两边同乘 x^2, 得

$$\sum_{n=1}^{\infty}(2n-1)x^{2n}=\frac{x^2\left(1+x^2\right)}{\left(1-x^2\right)^2},\quad x\in(-1,1),$$

取 $x=\dfrac{1}{\sqrt{2}}$, 则 $\sum\limits_{n=1}^{\infty}\dfrac{2n-1}{2^n}=3$.

法二 由于 $\sum\limits_{n=1}^{\infty}\dfrac{2n-1}{2^n}=\sum\limits_{n=1}^{\infty}n\dfrac{1}{2^{n-1}}-\sum\limits_{n=1}^{\infty}\left(\dfrac{1}{2}\right)^n$. 故考虑级数 $\sum\limits_{n=1}^{\infty}x^n$, $\sum\limits_{n=1}^{\infty}nx^{n-1}$, 易知

$$S(x)=\sum_{n=1}^{\infty}x^n=\frac{x}{1-x},\quad x\in(-1,1),$$

且由逐项求导定理得

$$\sum_{n=1}^{\infty}nx^{n-1}=\sum_{n=1}^{\infty}\frac{\mathrm{d}}{\mathrm{d}x}x^n=\frac{\mathrm{d}}{\mathrm{d}x}\sum_{n=1}^{\infty}x^n=\frac{\mathrm{d}}{\mathrm{d}x}S(x)=\frac{1}{(1-x)^2},\quad x\in(-1,1),$$

取 $x=\dfrac{1}{2}$, 则

$$\sum_{n=1}^{\infty}\left(\frac{1}{2}\right)^n=S\left(\frac{1}{2}\right)=1,\quad \sum_{n=1}^{\infty}n\frac{1}{2^{n-1}}=\left.\frac{1}{(1-x)^2}\right|_{x=\frac{1}{2}}=4$$

故 $\sum\limits_{n=1}^{\infty}\dfrac{2n-1}{2^n}=3$.

抽象总结 对这类数项级数求和, 由于通项中含有 n 幂次的结构, 因而, 计算的思想是将其转化为幂级数在某点处的函数值, 因此, 先计算一个幂级数, 再求函数值.

9.5.4 函数的幂级数展开

上节的研究表明：幂级数具有很好的性质, 由此可以带来很多的应用优势, 如数值模拟和计算. 事实上, 许多应用领域对函数的模拟和计算, 都是将函数近似之后进行的. 所谓近似, 实际就是找一个替代物, 这个替代物形式简单、易于研究 (性质)、便于计算. 而幂级数正具有这方面的特征. 那么, 函数能否用幂级数来代替？或者说能否展开成幂级数？若能, 要求的条件是什么, 如何展开？

我们已经学过类似的函数展开理论, 即泰勒展开, 因此, 先从泰勒展开说起. 如果 $f(x)$ 在 x_0 的某邻域 $U(x_0)$ 内有 $n+1$ 阶导数, 则

$$f(x)=f(x_0)+f'(x_0)(x-x_0)+\cdots+\frac{f^{(n)}(x_0)}{n!}(x-x_0)^n+R_n(x), \quad x\in U(x_0),$$

其中 $R_n(x)=\dfrac{f^{(n+1)}(\xi)}{(n+1)!}(x-x_0)^{n+1}$ (ξ 介于 x_0 与 x 之间) 为余项.

观察上述展开式, 得到如下信息：① $f(x)$ 满足 $n+1$ 阶可导, ② 泰勒展开式是有限展开的形式, ③ 与幂级数相比：二者形式相近, 只有有限与无限之分. 因此, 要从泰勒展开式进一步展开成幂级数, 只需将上述展开过程无限进行下去, 这就要求：① $f(x)$ 满足任意阶可导, ②能无限展开. 但仅考虑上述两个方面还不够, 因为在有限泰勒展开过程中, 不必考虑收敛性问题, 因为有限和总是有意义的, 一旦将有限过程转化为无限过程, 必须考虑最重要的问题：收敛性问题. 换句话, 设 $f(x)$ 满足任意阶可导条件, 也能将泰勒展开无限进行下去, 那么无限展开后得到的级数是否收敛？若收敛是否就收敛于 $f(x)$ 呢？

通过泰勒展开, 明显地可以获得下述结论.

定理 9-21 设 $f(x)$ 在 $U(x_0)$ 具任意阶导数, 则 $f(x)$ 在 $U(x_0)$ 展开成幂级数

$$f(x)=\sum_{n=0}^{\infty}\frac{f^{(n)}(x_0)}{n!}(x-x_0)^n, \quad x\in U(x_0),$$

当且仅当 $f(x)$ 的泰勒展开式的余项 $R_n(x)=\dfrac{f^{(n+1)}(\xi)}{(n+1)!}(x-x_0)^{n+1}$ (ξ 介于 x_0 与 x 之间) $\lim\limits_{n\to+\infty}R_n(x)=0, x\in U(x_0)$.

证明 充分性 由于 $f(x)$ 在 $U(x_0)$ 具任意阶导数, 故, $f(x)$ 可进行泰勒展开

$$f(x)=f(x_0)+f'(x_0)(x-x_0)+\cdots+\frac{f^{(n)}(x_0)}{n!}(x-x_0)^n+R_n(x),$$

其中, $R_n(x)=\dfrac{f^{(n+1)}(\xi)}{(n+1)!}(x-x_0)^{n+1}$ (ξ 介于 x_0 与 x 之间), 由于 $\lim\limits_{n\to\infty}R_n(x)=0,\forall x\in U(x_0)$, 因此

$$\lim_{n\to+\infty}\sum_{k=0}^{n}\frac{f^{(k)}(x_0)}{k!}(x-x_0)^k=\lim_{n\to+\infty}(f(x)-R_n(x))=f(x),$$

利用级数的收敛性, 则

$$f(x)=\sum_{n=0}^{\infty}\frac{f^{(n)}(x_0)}{n!}(x-x_0)^n,\quad \forall x\in U(x_0).$$

必要性 设 $f(x)=\sum\limits_{n=0}^{\infty}\dfrac{f^{(n)}(x_0)}{n!}(x-x_0)^n$, 记 $S_n(x)$ 为其部分和, 利用泰勒展开, 则

$$\lim_{n\to+\infty}R_n(x)=\lim_{n\to+\infty}(f(x)-S_n(x))=0.$$

定理 9-21 给出了将函数展开成幂级数的条件, 由于幂级数是利用泰勒展开得到的, 也称泰勒级数.

从定理 9-21 中可知, 要研究 $f(x)$ 是否可展成幂级数形式, 关键是条件 $\lim\limits_{n\to+\infty}R_n(x)=0$ 是否成立.

当 $x_0=0$ 时, $f(x)$ 展开的泰勒级数也称为麦克劳林 (Maclaurin) 级数或直接称为 x 的幂级数, 即

$$f(x)\sim\sum_{n=0}^{\infty}\frac{f^{(n)}(0)}{n!}x^n=f(0)+f'(0)x+\cdots+\frac{f^{(n)}(0)}{n!}x^n+\cdots.$$

例 29 将 $f(x)=\mathrm{e}^x$ 展开成 x 的幂级数.

解 由于 $f^{(n)}(x)=\mathrm{e}^x,\quad f^{(n)}(0)=1$, 又

$$R_n(x)=\frac{\mathrm{e}^{\xi}}{(n+1)!}x^{n+1},\quad \xi\in(0,x),$$

显然 $|R_n(x)|\leqslant\dfrac{\mathrm{e}^{|x|}}{(n+1)!}|x|^{n+1}$, 因而, 对任意的 x, $\lim\limits_{n\to\infty}R_n(x)=0$, 故

$$f(x)=\mathrm{e}^x=1+x+\frac{x^2}{2!}+\cdots+\frac{x^n}{n!}+\cdots,\quad \forall x\in\mathbf{R}.$$

例 30 将 $f(x)=\sin x$ 展成麦克劳林级数.

解 由于 $f^{(n)}(x)=\sin\left(\frac{n\pi}{2}+x\right)$, 故

$$f^{(n)}(0)=\begin{cases}0, & n=4k,\\ 1, & n=4k+1,\\ 0, & n=4k+2,\\ -1, & n=4k+3.\end{cases}$$

又 $R_n(x)=\frac{1}{(n+1)!}\sin\left(\frac{(n+1)\pi}{2}+\xi\right)x^{n+1}$, 故对任意的 x 成立 $\lim\limits_{n\to\infty}R_n(x)=0$, 因而

$$f(x)=\sin x=x-\frac{x^3}{3!}+\frac{x^5}{5!}-\frac{x^7}{7!}+\cdots,\quad x\in(-\infty,+\infty).$$

注 类似可得 $f(x)=\cos x=1-\frac{x^2}{2!}+\frac{x^4}{4!}-\frac{x^6}{6!}+\cdots,\quad x\in(-\infty,+\infty)$.

例 31 将 $f(x)=(1+x)^a$ 展开成麦克劳林级数.

解 由 $(1+x)^a$ 的泰勒公式知其泰勒级数为

$$1+ax+\frac{a(a-1)}{2!}x^2+\cdots+\frac{a(a-1)\cdots(a-n+1)}{n!}x^n+\cdots,$$

很容易求出级数的收敛半径为 1, 因此, 我们在区间 $(-1,1)$ 上研究展开问题. 设其和为 $S(x)$, 即

$$S(x)=1+ax+\frac{a(a-1)}{2!}x^2+\cdots+\frac{a(a-1)\cdots(a-n+1)}{n!}x^n+\cdots,$$

逐项求导, 得

$$S'(x)=a+a(a-1)x+\cdots+\frac{a(a-1)\cdots(a-n+1)}{(n-1)!}x^{n-1}+\cdots,$$

由此得

$$\begin{aligned}(1+x)S'(x)=&a\left\{1+[(a-1)+1]x+\cdots+\left[\frac{a(a-1)\cdots(a-n+1)}{(n-1)!}\right.\right.\\&\left.\left.+\frac{a(a-1)\cdots(a-n)}{n!}\right]x^n+\cdots\right\}\\=&a\left[1+ax+\cdots+\frac{a(a-1)\cdots(a-n+1)}{n!}x^n+\cdots\right]=aS(x),\end{aligned}$$

这是可分离变量的一阶微分方程, 且 $S(0)=1$, 解之, 得

$$S(x)=(1+x)^a,$$

于是

$$(1+x)^a=1+ax+\frac{a(a-1)}{2!}x^2+\cdots+\frac{a(a-1)\cdots(a-n+1)}{n!}x^n+\cdots\quad(-1<x<1).$$

上式称为二项式级数, 当 a 为正整数时, 就是牛顿二项式公式. 当 $a=-1$ 时, 得

$$\frac{1}{1+x}=1-x+x^2-\cdots+(-1)^nx^n+\cdots\quad(-1<x<1).$$

在该式中, 用 $-x$ 代替 x, 得

$$\frac{1}{1-x}=1+x+x^2+\cdots+x^n+\cdots\quad(-1<x<1).$$

也可以借助于函数项级数的运算性质, 利用已知函数的幂级数展开式, 通过逐项求积或求导得到一些相关函数的幂级数展开式.

例 32 将 $\ln(1+x)$ 展开成 x 的幂级数.

解 已知有如下展开式:

$$\frac{1}{1+x}=\sum_{n=0}^{\infty}(-1)^nx^n,\quad x\in(-1,1),$$

右端幂级数的收敛半径为 $R=1$, 收敛域为 $(-1,\ 1)$.

利用逐项求积定理, 则对任意的 $x\in(-1,1)$,

$$\ln(1+x)=\int_0^x\frac{1}{1+t}\mathrm{d}t=\int_0^x\sum_{n=0}^{\infty}(-1)^nt^n\mathrm{d}t=\sum_{n=0}^{\infty}\int_0^x(-1)^nt^n\mathrm{d}t,$$

故

$$\ln(1+x)=\sum_{n=0}^{\infty}\frac{(-1)^n}{n+1}x^{n+1},\quad x\in(-1,1).$$

注意到右端幂级数在 $x=1$ 处收敛, 因此, $\ln(1+x)=\sum\limits_{n=0}^{\infty}\dfrac{(-1)^n}{n+1}x^{n+1},\quad x\in(-1,1]$. 类似泰勒展开, 各种运算技术也可以用于函数的幂级数展开. 函数 $\mathrm{e}^x,\sin x,\cos x,(1+x)^a,\ln(1+x),\dfrac{1}{1+x},\dfrac{1}{1-x},\ln(1+x)$ 的幂级数展开式作为基本公式, 以后可以直接引用.

例 33 将 $f(x)=\dfrac{1}{x^2-x-1}$ 展开成 x 的幂级数.

结构分析 函数为有理式结构, 通过因式分解先简化为最简结构, 利用已知的函数展开进行运算.

解 由于 $f(x)=\dfrac{1}{3}\left(\dfrac{1}{x-2}-\dfrac{1}{x+1}\right)=-\dfrac{1}{3}\left(\dfrac{1}{2}\dfrac{1}{1-\dfrac{x}{2}}+\dfrac{1}{x+1}\right)$, 利用已知的展开式, 则

$$\frac{1}{1+x}=\sum_{n=0}^{\infty}(-1)^n x^n,\quad x\in(-1,1),$$

$$\frac{1}{1-\dfrac{x}{2}}=\sum_{n=0}^{\infty}\left(\frac{x}{2}\right)^n,\quad x\in(-2,2).$$

因此, $x\in(-1,1)$ 时, 有

$$f(x)=-\frac{1}{3}\left(\sum_{n=0}^{\infty}\frac{1}{2^{n+1}}x^n+\sum_{n=0}^{\infty}(-1)^n x^n\right)=-\frac{1}{3}\sum_{n=0}^{\infty}\left[\frac{1}{2^{n+1}}+(-1)^n\right]x^n.$$

当 $x=\pm1$ 时, 右端级数发散, 因而, 幂级数的收敛域为 $x\in(-1,1)$. 故

$$f(x)=-\frac{1}{3}\left(\sum_{n=0}^{\infty}\frac{1}{2^{n+1}}x^n+\sum_{n=0}^{\infty}(-1)^n x^n\right)=-\frac{1}{3}\sum_{n=0}^{\infty}\left[\frac{1}{2^{n+1}}+(-1)^n\right]x^n,\quad x\in(-1,1).$$

例 34 求函数 $\ln x$ 在 $x-2$ 的幂级数.

解 $\ln x=\ln[2+(x-2)]=\ln\left[2\cdot\left(1+\dfrac{x-2}{2}\right)\right]=\ln 2+\ln\left(1+\dfrac{x-2}{2}\right)=$ $\ln 2+\displaystyle\sum_{n=1}^{\infty}\frac{(-1)^{n-1}}{n\cdot 2^n}(x-2)^n, 1<x\leqslant 3$.

例 35 设 $f(x)=\begin{cases}\dfrac{1+x^2}{x}\arctan x, & x\neq 0,\\ 1, & x=0,\end{cases}$ 试将 $f(x)$ 展成 x 的幂级数, 并求 $\displaystyle\sum_{n=1}^{\infty}\frac{(-1)^n}{1-4n^2}$ 的和.

解 $\arctan x=\displaystyle\int_0^x\frac{\mathrm{d}t}{1+t^2}=\int_0^x\sum_{n=0}^{\infty}(-1)^n t^{2n}\mathrm{d}t=\sum_{n=0}^{\infty}(-1)^n\int_0^x t^{2n}\mathrm{d}t=$ $\displaystyle\sum_{n=0}^{\infty}(-1)^n\frac{1}{2n+1}x^{2n+1}, x\in[-1,1]$.

当 $x \neq 0$ 时,

$$\begin{aligned}f(x) &= 1+\sum_{n=1}^{\infty}(-1)^n\frac{1}{2n+1}x^{2n}+\sum_{n=0}^{\infty}(-1)^n\frac{x^{2n+2}}{2n+1}\\&=1+\sum_{n=1}^{\infty}(-1)^n\left[\frac{1}{2n+1}-\frac{1}{2n-1}\right]x^{2n}\\&=1+\sum_{n=1}^{\infty}(-1)^n\frac{2}{1-4n^2}x^{2n},\quad x\in[-1,1]\text{且}x\neq 0.\end{aligned}$$

当 $x=0$ 时, 上式也成立.

所以, $f(x)=1+\sum\limits_{n=1}^{\infty}(-1)^n\dfrac{2}{1-4n^2}x^{2n},\quad x\in[-1,1].$

故 $\sum\limits_{n=1}^{\infty}(-1)^n\dfrac{1}{1-4n^2}=\dfrac{1}{2}[f(1)-1]=\dfrac{\pi}{4}-\dfrac{1}{2}.$

9.5.5 函数的幂级数展开的应用

利用直接或间接展开法, 可以把多数初等函数展开成幂级数. 特别有些函数不能用初等函数表示, 但却可以用幂级数表示, 这样就扩大了函数的类型. 幂级数的应用很广泛, 这里仅举它在定积分、微分方程等方面的两个简单例子.

例 36 用 8 次多项式近似计算 $\displaystyle\int_0^1\frac{\sin x}{x}\mathrm{d}x$ 的值, 并估计误差.

解 $\dfrac{\sin x}{x}=1-\dfrac{x^2}{3!}+\dfrac{x^4}{5!}-\dfrac{x^6}{7!}+\cdots$, 若用 8 次多项式近似计算 $\displaystyle\int_0^1\frac{\sin x}{x}\mathrm{d}x$ 的值, 则

$$\int_0^x\frac{\sin x}{x}\mathrm{d}x=x-\frac{x^3}{3\cdot 3!}+\frac{x^5}{5\cdot 5!}-\frac{x^7}{7\cdot 7!}+\cdots,$$

因为 $|R_8(1)|\leqslant\dfrac{1}{9\cdot 9!}\leqslant 1.837\times 10^{-6}$, 所以

$$\int_0^1\frac{\sin x}{x}\mathrm{d}x=1-\frac{1}{3\cdot 3!}+\frac{1}{5\cdot 5!}-\frac{1}{7\cdot 7!}+\cdots\approx 1-\frac{1}{3\cdot 3!}+\frac{1}{5\cdot 5!}-\frac{1}{7\cdot 7!}\approx 0.945941,$$

总误差 $\leqslant 3\times 0.5\times 10^{-6}+1.837\times 10^{-6}\leqslant 3.437\times 10^{-6}$.

例 37 利用幂级数求微分方程 $y''+xy'+y=0$ 满足 $y(0)=0, y'(0)=1$ 的解.

解 设 $y=\sum\limits_{n=0}^{\infty}a_nx^n$, 则 $y'=\sum\limits_{n=1}^{\infty}na_nx^{n-1}, y''=\sum\limits_{n=2}^{\infty}n(n-1)a_nx^{n-2}$, 于是,

得

$$(a_0+2a_2)+\sum_{n=1}^{\infty}\left[(n+1)a_n+(n+1)(n+2)a_{n+2}\right]x^n=0.$$

从而, 得

$$a_0+2a_2=0,\quad 2a_1+6a_3=0,\quad 3a_2+12a_4=0,\quad \cdots,$$

$$(n+1)a_n+(n+1)(n+2)a_{n+2}=0.$$

由 $y(0)=0,y'(0)=1$, 可知：$a_0=0,a_1=1$. 再根据上式, 可逐步求出：$a_2=0,a_3=-\dfrac{1}{3},a_4=0,\cdots$, 依次类推, 即可求出其幂级数解.

习　题　9-5

1. 确定下列幂级数的收敛半径与收敛域：

(1) $\displaystyle\sum_{n=1}^{\infty}\frac{x^n}{n}$;　　(2) $\displaystyle\sum_{n=2}^{\infty}\frac{x^n}{n\ln^2 n}$;

(3) $\displaystyle\sum_{n=1}^{\infty}\frac{x^n}{n\cdot 3^n}$;　　(4) $\displaystyle\sum_{n=1}^{\infty}\frac{1+(-1)^{n+1}}{n}x^n$;

(5) $\displaystyle\sum_{n=1}^{\infty}\frac{x^{n^2}}{n^2}$;　　(6) $\displaystyle\sum_{n=1}^{\infty}\frac{4-(-2)^n}{n}x^n$;

(7) $\displaystyle\sum_{n=1}^{\infty}\frac{(x-5)^n}{\sqrt{n}}$;　　(8) $\displaystyle\sum_{n=1}^{\infty}\left(\frac{1}{n}+\frac{2^n}{n^2}\right)(x-1)^n$.

2. 求幂级数的和函数：

(1) $\displaystyle\sum_{n=1}^{\infty}nx^{n-1}$;　　(2) $\displaystyle\sum_{n=0}^{\infty}\frac{x^{2n+1}}{2n+1}$.

3. 求常数项级数的和：

(1) $\displaystyle\sum_{n=1}^{\infty}(-1)^n\frac{n^2}{2^n}$;　　(2) $\displaystyle\sum_{n=1}^{\infty}\frac{1}{n2^n}$.

4. (1) 求出幂级数 $\displaystyle\sum_{n=0}^{\infty}(2n+1)x^n$ 的收敛半径及其和函数; (2) 求 $\displaystyle\sum_{n=0}^{\infty}\frac{(2n+1)(-2)^{n-1}}{3^{n+1}}$ 的和.

5. 设幂级数 $\displaystyle\sum_{n=0}^{\infty}a_n\left(x-\frac{1}{2}\right)^n$ 在 $x=-\dfrac{1}{2}$ 处收敛, 则此级数在 $x=\dfrac{4}{3}$ 处________.

(A) 条件收敛　(B) 绝对收敛　(C) 发散　(D) 收敛性不能确定

6. 将下列函数展开成 x 的幂级数, 并求展开式成立的区间：

(1) $\sin^2 x$;　　(2) $(1+x)\ln(1+x)$.

7. 将函数 $\lg x$ 展开成 $(x-1)$ 的幂级数, 并求展开式成立的区间.

8. 将函数 $f(x)=\cos x$ 展开成 $\left(x+\dfrac{\pi}{3}\right)$ 的幂级数.

9. 将函数 $f(x)=\dfrac{1}{x^2+3x+2}$ 展开成 $(x+4)$ 的幂级数.

10. 利用函数的幂级数展开式, 求 $\sqrt{\mathrm{e}}$ (误差不超过 0.001) 的近似值.

11. 用被积函数的幂级数展开式, 求定积分 $\displaystyle\int_0^{0.5}\frac{1}{1+x^4}\mathrm{d}x$ (误差不超过 0.0001) 的近似值.

12. 求幂级数 $\displaystyle\sum_{n=1}^{\infty}n(n+1)x^n$ 的和函数.

13. 给出命题：设 $f(x)=\displaystyle\sum_{n=1}^{\infty}\frac{x^n}{n^2}$, 则成立

$$f(x)+f(1-x)+\ln x\ln(1-x)=\frac{\pi^2}{6},\quad 0<x<1.$$

通过结构分析：所成立的结论的类型是什么？证明这类结论常用的方法是什么？根据所给函数 $f(x)$ 的结构特点和你所给出的方法, 需要用到哪些理论？给出命题的证明.

14. 首先给出你所掌握的已知的函数展开, 充分利用你给出的结果将下列函数展开成幂级数:

(1) $f(x)=\sin x\cos x$;　　(2) $f(x)=\sin^2 2x$.

9.6　傅里叶级数

函数项级数理论的产生, 使人们在解决实际问题中, 实现用简单的函数代替复杂的函数, 以便于对复杂函数进行计算和性质的研究. 幂级数是实现上述目的的可以操作的技术手段之一. 但是, 幂级数展开要求的条件很强: 函数必须是无限可微的, 且只在幂级数的收敛域内收敛于函数自身. 更重要的是, 幂函数不是周期函数, 不能适用于描述和研究周期现象的模型, 而周期现象是自然界和工程技术中经常出现的现象, 如星球的运动、飞轮的转动、物体的振动和电磁波等.

考虑能否用简单的周期函数来表示周期现象, 基本初等函数中只有三角函数具有周期性, 且正弦函数和余弦函数比正切函数和余切函数具备更优良的性质: 连续、可导, 并且积分和求导后仍然是正弦函数或余弦函数.

将形如 $\displaystyle\sum_{n=0}^{\infty}(a_n\cos nx+b_n\sin nx)$ 的函数项级数称为三角级数.

本节主要讨论：在一定的条件下, 如何把一个周期函数展开成上述的三角级数. 为此, 产生了傅里叶 (Fourier, 1768～1830) 级数理论, 将来我们将了解到, 傅里叶级数的展开要求要低得多, 且吻合较好 (不受收敛域限制), 而且能反映周期现象. 正是这些优势特点, 使得现代通信领域、信号领域、电子领域等广泛使用傅里叶级数理论, 显示了傅里叶级数理论在现代分析理论中的重要地位.

9.6.1 傅里叶级数的定义及收敛性

三角级数 $\sum\limits_{n=0}^{\infty}(a_n\cos nx+b_n\sin nx)$ 是由三角函数系 $A=\{1,\cos x,\sin x,\cos 2x,\sin 2x,\cdots,\cos nx,\sin nx,\cdots\}$ 和系数 a_n,b_n 构成.

三角函数系 A 有一个很好的属性——正交性, 它在三角级数的收敛性以及 $f(x)$ 如何展开成三角级数的讨论中起着重要作用.

1. 三角函数系的正交性

由于 $\cos nx,\sin nx(n=1,2,\cdots)$ 是周期为 2π 的函数, 对任意的常数 c, $[c,c+2\pi]$ 是长度为 2π 的区间, 假设集合 $A=\{1,\cos x,\sin x,\cos 2x,\sin 2x,\cdots,\cos nx,\sin nx,\cdots\}$, 经过简单的计算, 可以验证:

(1) 对任意的 $f(x),g(x)\in A,f\neq g$, 都成立 $\int_c^{c+2\pi}f(x)\cdot g(x)\mathrm{d}x=0$; 比如:

$$\int_c^{c+2\pi}1\cdot\cos nx\mathrm{d}x=\int_0^{2\pi}\cos nx\mathrm{d}x=0,$$

$$\int_c^{c+2\pi}\cos mx\cdot\cos nx\mathrm{d}x=\frac{1}{2}\int_c^{c+2\pi}[\cos(m+n)x+\cos(m-n)x]\mathrm{d}x=0(m\neq n).$$

类似可得

$$\int_c^{c+2\pi}1\cdot\sin nx\mathrm{d}x=0,\quad \int_c^{c+2\pi}\sin mx\cdot\cos nx\mathrm{d}x=0,$$

$$\int_c^{c+2\pi}\sin mx\cdot\sin nx\mathrm{d}x=0\quad (m\neq n).$$

(2) 对任意的 $f(x)\in A$, 都成立 $\int_c^{c+2\pi}f^2(x)\mathrm{d}x\neq 0$.

因此, 三角函数系 A 中任意两个不同的函数之积在 $[c,c+2\pi]$ 上的积分等于零, 这一性质称为三角函数系的正交性. 为方便, 通常我们选 $c=-\pi$ 或 $c=0$, 将函数在 $[-\pi,\pi]$ 或 $[0,2\pi]$ 上展开, 这里, 我们以 $[-\pi,\pi]$ 上函数的展开为例引入相应理论.

2. 傅里叶级数的定义

三角级数

$$\sum_{n=0}^{\infty}(a_n\cos nx+b_n\sin nx)=a_0+\sum_{n=1}^{\infty}(a_n\cos nx+b_n\sin nx).$$

如果函数 $f(x)$ 在 $[-\pi,\pi]$ 上是可积的, 并且能展开成三角级数, 即

$$f(x)=a_0+\sum_{n=1}^{\infty}\left(a_n\cos nx+b_n\sin nx\right), \tag{9-6-1}$$

那么, 三角级数的系数 a_0, a_n, b_n 与函数 $f(x)$ 是什么关系呢?

对 (9-6-1) 式在 $[-\pi,\pi]$ 上积分, 得

$$\int_{-\pi}^{\pi}f(x)\mathrm{d}x=\int_{-\pi}^{\pi}a_0\mathrm{d}x+\int_{-\pi}^{\pi}\left[\sum_{k=1}^{\infty}(a_k\cos kx+b_k\sin kx)\right]\mathrm{d}x=2\pi a_0,$$

因此

$$a_0=\frac{1}{2\pi}\int_{-\pi}^{\pi}f(x)\mathrm{d}x.$$

以 $\cos mx$ 乘以三角级数两端, 再在 $[-\pi,\pi]$ 上积分, 得

$$\begin{aligned}\int_{-\pi}^{\pi}f(x)\cos mx\mathrm{d}x=&\int_{-\pi}^{\pi}a_0\cos mx\mathrm{d}x+\sum_{n=1}^{\infty}\left[a_n\int_{-\pi}^{\pi}\cos nx\cos mx\mathrm{d}x\right.\\&\left.+b_n\int_{-\pi}^{\pi}\sin nx\cos mx\mathrm{d}x\right]=a_m\pi.\end{aligned}$$

因此,

$$a_m=\frac{1}{\pi}\int_{-\pi}^{\pi}f(x)\cos mx\mathrm{d}x\quad(m=1,2,\cdots),$$

即

$$a_n=\frac{1}{\pi}\int_{-\pi}^{\pi}f(x)\cos nx\mathrm{d}x\quad(n=1,2,\cdots).$$

以 $\sin mx$ 乘以三角级数两端, 再在 $[-\pi,\pi]$ 上积分, 得

$$\begin{aligned}&\int_{-\pi}^{\pi}f(x)\sin mx\mathrm{d}x\\=&\int_{-\pi}^{\pi}a_0\sin mx\mathrm{d}x+\sum_{n=1}^{\infty}\left[a_n\int_{-\pi}^{\pi}\cos nx\sin mx\mathrm{d}x+b_n\int_{-\pi}^{\pi}\sin nx\sin mx\mathrm{d}x\right]=b_m\pi.\end{aligned}$$

因此,

$$b_m=\frac{1}{\pi}\int_{-\pi}^{\pi}f(x)\sin mx\mathrm{d}x\quad(m=1,2,\cdots),$$

即

$$b_n=\frac{1}{\pi}\int_{-\pi}^{\pi}f(x)\sin nx\mathrm{d}x\quad(n=1,2,\cdots).$$

观察系数 a_0, a_n, b_n 的结构, 就会发现如果函数 $f(x)$ 展开的三角级数形式为

$$f(x)=\frac{a_0}{2}+\sum_{n=1}^{\infty}\left(a_n\cos nx+b_n\sin nx\right),$$

那么, 对 (9-6-1) 式在 $[-\pi,\pi]$ 上积分, 可得

$$\int_{-\pi}^{\pi}f(x)\mathrm{d}x=\int_{-\pi}^{\pi}\frac{a_0}{2}\mathrm{d}x+\int_{-\pi}^{\pi}\left[\sum_{k=1}^{\infty}(a_k\cos kx+b_k\sin kx)\right]\mathrm{d}x=\pi a_0,$$

则

$$a_0=\frac{1}{\pi}\int_{-\pi}^{\pi}f(x)\mathrm{d}x.$$

定义 9-17 称三角级数

$$\frac{a_0}{2}+\sum_{n=1}^{\infty}(a_n\cos nx+b_n\sin nx)$$

为 $f(x)$ 的**傅里叶级数** (Fourier series), 其中 $a_0=\dfrac{1}{\pi}\displaystyle\int_{-\pi}^{\pi}f(x)\mathrm{d}x$, $a_n=\dfrac{1}{\pi}\displaystyle\int_{-\pi}^{\pi}f(x)\cos nx\mathrm{d}x$, $b_n=\dfrac{1}{\pi}\displaystyle\int_{-\pi}^{\pi}f(x)\sin nx\mathrm{d}x, n=1,2,\cdots$. 称为 $f(x)$ 的**傅里叶系数**.

显然, 当 $f(x)$ 可积时, 上述系数都是有意义的, 因此, 可以计算出函数 $f(x)$ 的傅里叶级数, 此时也称可将 $f(x)$ **展开成傅里叶级数**, 记为

$$f(x)\sim\frac{a_0}{2}+\sum_{n=1}^{\infty}\left(a_n\cos nx+b_n\sin nx\right).$$

这样, 在可积的条件下, 函数 $f(x)$ 总可以展开成傅里叶级数, 但是, 展开并不是目的, 展开是为了应用, 为此, 必须解决如下问题:

(1) 傅里叶级数是否收敛?

(2) 傅里叶级数收敛时是否收敛于 $f(x)$?

3. 傅里叶级数收敛的必要条件

定理 9-22 (狄利克雷收敛定理) 设函数 $f(x)$ 是周期为 2π 的周期函数, 在 $[-\pi,\pi]$ 上满足:

(1) 连续或只有有限个第一类间断点;

(2) 只有有限个极值点,

则 $f(x)$ 的傅里叶级数收敛, 并且

(1) 当 x 为 $f(x)$ 的连续点时, 级数收敛于 $f(x)$;

(2) 当 x 为 $f(x)$ 的间断点时, 级数收敛于 $\dfrac{f(x-0)+f(x+0)}{2}$.

这里 $f(x-0)$ 与 $f(x+0)$ 分别表示 $f(x)$ 在点 x 处的左、右极限, 特别当 $x=\pm\pi$ 时, 傅里叶级数收敛于 $\dfrac{f(-\pi+0)+f(\pi-0)}{2}$.

由于傅里叶级数收敛性的证明很复杂, 本定理证明从略.

抽象总结 上述系列结论表明: ① 若收敛条件满足, 则在连续点处, 其傅里叶级数收敛于连续点处的函数值, 而在第一类间断点处, 收敛于此点左、右极限的平均值. ② 当 $f(x)$ 是定义在 $(0,2\pi]$ 上以 2π 为周期的函数时, 在相同的条件下可以将函数展开成傅里叶级数. ③ $f(x)$ 展开成傅里叶级数的条件要比展开成幂级数的条件低得多

$$f(x)\sim\frac{a_0}{2}+\sum_{n=1}^{\infty}\left(a_n\cos nx+b_n\sin nx\right),$$

其中

$$\begin{aligned}
a_0&=\frac{1}{\pi}\int_0^{2\pi}f(x)\mathrm{d}x,\\
a_n&=\frac{1}{\pi}\int_0^{2\pi}f(x)\cos nx\mathrm{d}x,\\
b_n&=\frac{1}{\pi}\int_0^{2\pi}f(x)\sin nx\mathrm{d}x,\quad n=1,2,\cdots.
\end{aligned}$$

9.6.2　函数的傅里叶级数展开

前面研究了傅里叶级数的定义及收敛性, 本节我们对可积的周期函数 $f(x)$ 进行傅里叶级数展开. 分几种情况讨论, ① 一般展开——对给定在一个基本周期区间 (长度为一个周期的区间) 上定义的函数, 展开成傅里叶级数. 此时, 我们先讨论以 2π 为周期的函数展开, 基本周期区间通常取 $(-\pi,\pi]$ 或 $(0,2\pi]$; 然后, 讨论仅在区间 $(-\pi,\pi]$ 或 $(0,2\pi]$ 上有定义的非周期函数的展开, 通常把函数视为以 2π 为周期的函数进行延拓, 延拓成整个实数轴上的周期函数, 以 2π 为周期的函数展开, 最后将所得级数限定在给定的区间 $(-\pi,\pi]$ 或 $(0,2\pi]$ 上即可. 类似地, 对于以 $2l$ 为周期的函数的展开, 基本周期区间通常取 $(-l,l]$ 或 $(0,2l]$, 在区间 $(-l,l]$ 或 $(0,2l]$ 上有定义的非周期函数的展开, 仍然先作周期延拓, 再按周期函数进行展开. ② 按特殊要求展开——展开成正弦级数或余弦级数, 此时, 函数给定在半个基本周期区间如 $[0,\pi]$ 或 $[-l,0]$ 上, 奇延拓或偶延拓至一个基本周期区间后, 再周期延拓至整个实数轴成为周期函数.

不论是何种形式的展开, 都要求先确定基本周期区间, 然后将函数视为周期

函数, 从基本周期区间延拓至整个实数轴. 由此确定周期, 代入相应的系数计算公式, 实现函数的傅里叶级数展开.

从结构角度看, 函数的傅里叶级数展开的题型按展开要求分类通常有两种结构, 其一是没有任何要求的一般展开; 其二是按特殊要求展开为正弦级数或余弦级数.

我们将从上述结构的角度出发, 建立函数的傅里叶级数展开的理论和方法.

1. 以 2π 为周期的函数的傅里叶级数

给定一个周期为 2π, 定义在长度为 2π 的基本周期区间上的函数, 将其展开为傅里叶级数, 计算非常简单, 只需计算定积分求出相应的傅里叶级数的系数即可.

例 38 设 $f(x)$ 是周期为 2π 的周期函数, 它在 $[-\pi,\pi)$ 上的表达式为

$$f(x)=\begin{cases} x, & -\pi\leqslant x<0, \\ 0, & 0\leqslant x<\pi, \end{cases}$$

试将 $f(x)$ 展成傅里叶级数.

解 $f(x)$ 满足狄利克雷收敛条件, 其图形如图 9-1 所示.

计算傅里叶系数

$$a_0=\frac{1}{\pi}\int_{-\pi}^{\pi}f(x)\mathrm{d}x=\frac{1}{\pi}\int_{-\pi}^{0}x\mathrm{d}x=\frac{1}{\pi}\cdot\frac{x^2}{2}\bigg|_{-\pi}^{0}=-\frac{\pi}{2},$$

$$a_n=\frac{1}{\pi}\int_{-\pi}^{\pi}f(x)\cos nx\mathrm{d}x=\frac{1}{\pi}\int_{-\pi}^{0}x\cos nx\mathrm{d}x=\frac{1}{\pi}\left[\frac{x\sin nx}{n}+\frac{\cos nx}{n^2}\right]_{-\pi}^{0}$$

$$=\frac{1}{n^2\pi}(1-\cos n\pi)=\frac{1}{n^2\pi}\left[1-(-1)^n\right],$$

$$b_n=\frac{1}{\pi}\int_{-\pi}^{\pi}f(x)\sin nx\mathrm{d}x=\frac{1}{\pi}\int_{-\pi}^{0}x\sin nx\mathrm{d}x=\frac{(-1)^{n+1}}{n},$$

所以, $f(x)$ 的傅里叶级数展开式为

$$f(x)=-\frac{\pi}{4}+\sum_{n=1}^{\infty}\frac{1-\cos n\pi}{n^2\pi}\cos nx+\sum_{n=1}^{\infty}\frac{(-1)^{n+1}}{n}\sin nx,\quad 其中\ -\infty<x<+\infty,$$

且 $x\neq(2k+1)\pi,\quad k\in\mathbf{Z}$. 当 $x=(2k+1)\pi, k\in\mathbf{Z}$ 时, 级数收敛于 $\dfrac{0+(-\pi)}{2}=-\dfrac{\pi}{2}$.

$f(x)$ 的傅里叶级数的和函数的图像如图 9-2 所示.

例 39 周期为 2π, 振幅为 1 的电压 u 的方波如图 9-3, 它在 $[-\pi,\pi)$ 上的表达式为

$$u(t)=\begin{cases} -1, & -\pi\leqslant t<0, \\ 1, & 0\leqslant t<\pi. \end{cases}$$

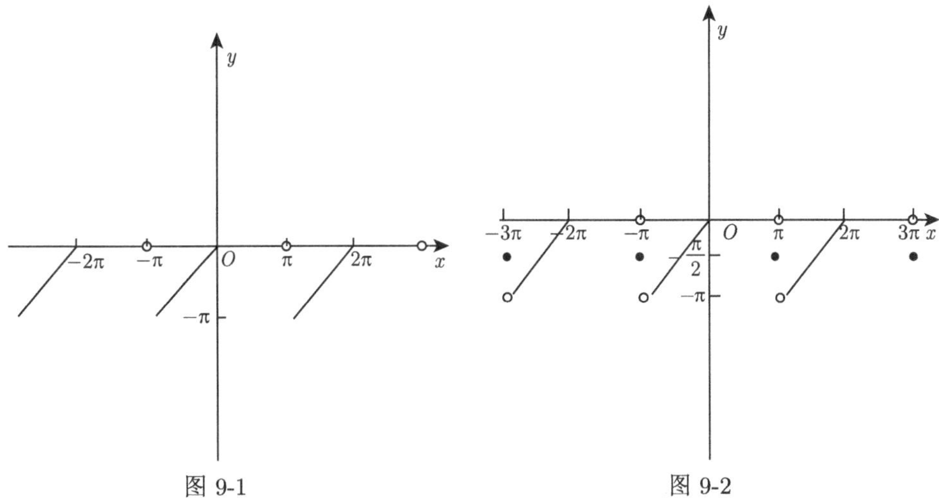

图 9-1　　　　图 9-2

(1) 将 $u(t)$ 展开成傅里叶级数;

(2) 写出傅里叶级数在 $[-\pi,\pi)$ 的和函数, 并求出 $S(-\pi), S(0), S\left(\dfrac{\pi}{2}\right)$ 及 $S\left(\dfrac{3\pi}{2}\right)$.

解 函数 $u(t)$ 满足收敛定理的条件, $t=k\pi(k=0,\pm1,\pm2,\cdots)$ 是 $u(t)$ 的第一类间断点, 如图 9-3 所示.

傅里叶系数为

$$\begin{aligned}a_n&=\frac{1}{\pi}\int_{-\pi}^{\pi}u(t)\cos nt\mathrm{d}t=\frac{1}{\pi}\int_{-\pi}^{0}(-1)\cos nt\mathrm{d}t+\frac{1}{\pi}\int_{0}^{\pi}1\cdot\cos nt\mathrm{d}t\\&=0\quad(n=0,1,2,\cdots),\\b_n&=\frac{1}{\pi}\int_{-\pi}^{\pi}u(t)\sin nt\mathrm{d}t=\frac{1}{\pi}\int_{-\pi}^{0}(-1)\sin nt\mathrm{d}t+\frac{1}{\pi}\int_{0}^{\pi}1\cdot\sin nt\mathrm{d}t\\&=\frac{1}{\pi}\left[\frac{\cos nt}{n}\right]_{-\pi}^{0}+\frac{1}{\pi}\left[-\frac{\cos nt}{n}\right]_{0}^{\pi}\\&=\frac{2}{n\pi}[1-\cos n\pi]\\&=\frac{2}{n\pi}[1-(-1)^n]=\begin{cases}\dfrac{4}{n\pi}, & n=1,3,5,\cdots,\\0, & n=2,4,6,\cdots.\end{cases}\end{aligned}$$

所以, $u(t)$ 的傅里叶级数展开式为

$$u(t) \sim \frac{4}{\pi}\left[\sin t+\frac{1}{3}\sin 3t+\cdots+\frac{1}{2k-1}\sin(2k-1)t+\cdots\right].$$

当 $-\infty<t<+\infty, t\neq 0,\pm\pi,\pm 2\pi,\cdots$ 时,

$$u(t)=\frac{4}{\pi}\left[\sin t+\frac{1}{3}\sin 3t+\cdots+\frac{1}{2k-1}\sin(2k-1)t+\cdots\right].$$

当 $t=0,\pm\pi,\pm 2\pi\cdots$, 即 $t=k\pi(k=0,\pm1,\pm2,\cdots)$ 时, 级数收敛于 $\frac{-1+1}{2}=0$, 傅里叶级数和函数的图像如图 9-4 所示.

在 $[-\pi,\pi]$ 的傅里叶级数和函数,

$$S(t)=\begin{cases}0, & t=\pm\pi,\\ -1, & -\pi<t<0,\\ 0, & t=0,\\ 1, & 0<t<\pi,\end{cases}$$

$$S(-\pi)=S(\pi)=\frac{f(-\pi+0)+f(\pi-0)}{2}=\frac{-1+1}{2}=0,$$

$$S(0)=\frac{f(0-0)+f(0+0)}{2}=\frac{-1+1}{2}=0,$$

$$S\left(\frac{\pi}{2}\right)=f\left(\frac{\pi}{2}\right)=1,$$

$$S\left(\frac{3\pi}{2}\right)=f\left(\frac{3\pi}{2}\right)=f\left(\frac{3\pi}{2}-2\pi\right)=f\left(-\frac{\pi}{2}\right)=-1.$$

注意计算结果的表达方式, "∼" 表示展开的含义, "=" 表示展开后的傅里叶级数收敛的结果, 即其和函数, 判定和函数的依据是狄利克雷收敛定理. 在判断收敛性结果时, 我们也只在函数的定义区间上进行收敛性判断.

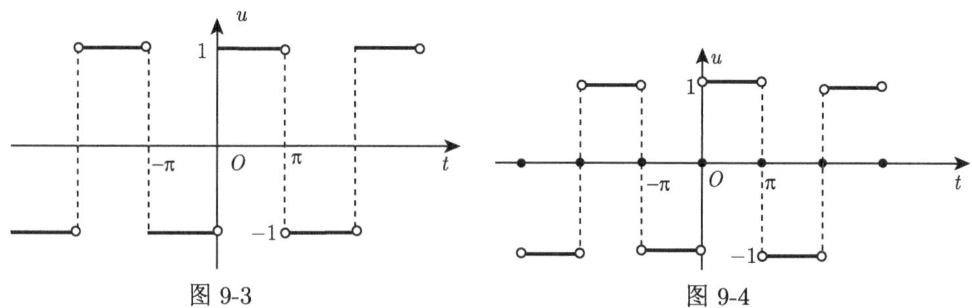

图 9-3　　图 9-4

从展开结果看, 是将方形波表示为一系列正弦波的叠加.

如果给定一个定义在长度为 2π 的区间上的非周期函数, 将其展开为傅里叶级数. 此时, 形式上只给出函数在一个基本周期区间上的定义, 基本周期区间通常是半开半闭的区间, 通常为 $(-\pi,\pi]$ 或 $[0,2\pi)$ 或其他形式, 需要做以 2π 为周期的周期延拓, 延拓后函数是定义在整个实数轴上的周期函数. 再做相应的傅里叶级数展开即可.

例 40 将 $f(x)=x^2$ 在 $(0,2\pi]$ 上展开成傅里叶级数.

结构分析 题目是一般的傅里叶级数展开. 函数视为定义在基本区间 $(0,2\pi]$ 上, 做周期延拓, 延拓周期为 2π 的函数, 直接代入公式计算傅里叶系数即可.

解 将函数视为定义在一个基本区间上的周期函数, 函数的周期仍是 2π, 如图 9-5 所示.

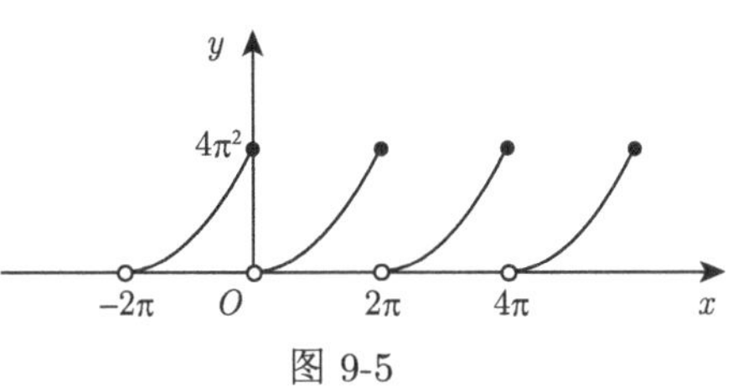

图 9-5

计算傅里叶系数:

$$a_0=\frac{1}{\pi}\int_0^{2\pi}f(x)\mathrm{d}x=\frac{8}{3}\pi^2,$$

$$a_n=\frac{1}{\pi}\int_0^{2\pi}f(x)\cos nx\mathrm{d}x=\frac{4}{n^2},$$

$$b_n=\frac{1}{\pi}\int_0^{2\pi}f(x)\sin nx\mathrm{d}x=-\frac{4\pi}{n},$$

故

$$f(x)\sim\frac{4}{3}\pi^2+4\sum_{n=1}^{\infty}\left(\frac{\cos nx}{n^2}-\frac{\pi\sin nx}{n}\right)=\begin{cases}x^2, & x\in(0,2\pi),\\ 2\pi^2, & x=0,2\pi.\end{cases}$$

注意 由于周期性的要求, 基本区间通常是半开半闭的形式, 以满足周期延拓后, 函数在基本区间的两个端点处函数值相等.

2. 以 $2l$ 为周期的函数的傅里叶级数

设 $f(x)$ 的周期为 $2l$, 已知它在 $(-l,l]$ 的表达式, 计算其傅里叶级数. 为此, 我们利用变量代换, 将其转化为以 2π 为周期的函数进行展开.

作变换 $x=\dfrac{l}{\pi}t$, 则 $F(t)=f\left(\dfrac{l}{\pi}t\right)=f(x)$ 就是以 2π 为周期的函数, 故

$$F(t)\sim\frac{a_0}{2}+\sum_{n=1}^{\infty}\left(a_n\cos nt+b_n\sin nt\right),$$

其中,

$$a_n=\frac{1}{\pi}\int_{-\pi}^{\pi}F(t)\cos nt\mathrm{d}t=\frac{1}{l}\int_{-l}^{l}f(x)\cos\frac{n\pi}{l}x\mathrm{d}x,\quad n=0,1,2,\cdots,$$

$$b_n=\frac{1}{l}\int_{-l}^{l}f(x)\sin\frac{n\pi}{l}x\mathrm{d}x,\quad n=1,2,\cdots,$$

因此,

$$f(x)\sim\frac{a_0}{2}+\sum_{n=1}^{\infty}\left(a_n\cos\frac{n\pi}{l}x+b_n\sin\frac{n\pi}{l}x\right).$$

例 41 将 $f(x)=\begin{cases}1+x, & -1<x\leqslant 0,\\ 1-x, & 0<x\leqslant 1\end{cases}$ 展开成傅里叶级数.

结构分析 题目是一般的傅里叶级数展开, 由于没有特殊的展开要求, 因而, 可以将函数视为定义在一个基本周期区间、以 $2(l=1)$ 为周期的函数, 代入相应的公式进行计算即可得到展开结果.

解 函数 $f(x)$ 以 $2(l=1)$ 为周期, 如图 9-6 所示, 代入公式计算得

$$a_0=\int_{-1}^{1}f(x)\mathrm{d}x=1,$$

$$\begin{aligned}a_n&=\int_{-1}^{1}f(x)\cos n\pi x\mathrm{d}x=\int_{-1}^{0}(1+x)\cos n\pi x\mathrm{d}x+\int_{0}^{1}(1-x)\cos n\pi x\mathrm{d}x\\&=2\int_{0}^{1}(1-x)\cos n\pi x\mathrm{d}x=\frac{2\left((-1)^n-1\right)}{n^2\pi^2},\end{aligned}$$

$$\begin{aligned}b_n&=\int_{-1}^{1}f(x)\sin n\pi x\mathrm{d}x=\int_{-1}^{0}(1+x)\sin n\pi x\mathrm{d}x+\int_{0}^{1}(1-x)\sin n\pi x\mathrm{d}x\\&=2\int_{0}^{1}x\sin n\pi x\mathrm{d}x=\frac{2(-1)^{n+1}}{n\pi},\end{aligned}$$

由于函数是连续的, 故

$$f(x)\sim 1+\sum_{n=1}^{\infty}\left(\frac{2\left((-1)^n-1\right)}{n^2\pi^2}\cos nx+\frac{2(-1)^{n+1}}{n\pi}\sin nx\right)=f(x),\quad x\in(-1,1].$$

注 展开结果表明, 将一系列锯齿波转化为正弦波和余弦波的叠加.

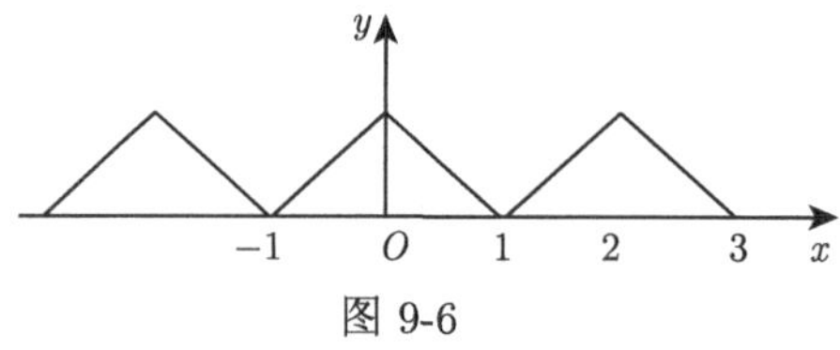

图 9-6

3. 函数的正弦级数和余弦级数展开

对有些函数, 展开成傅里叶级数时只含有正弦项, 即 $a_n=0$, 还有些函数展开后只含有余弦项, 即 $b_n=0$. 另一方面, 在某些情况下, 要求我们将函数 $f(x)$ 只展开成正弦或余弦级数, 此时, 我们称对函数 $f(x)$ 进行正弦展开或余弦展开, 这就是对函数的特殊展开.

我们首先建立特殊展开的理论. 很容易利用积分的性质, 得到正弦或余弦展开的条件.

我们以定义在 $(-\pi,\pi]$ 上以 2π 为周期的函数为例.

(1) 当 $f(x)$ 为奇函数时, 利用定积分的性质, 则 $a_n=0(n=0,1,2,\cdots)$, $b_n=\dfrac{2}{\pi}\displaystyle\int_0^{\pi}f(x)\sin nx\mathrm{d}x(n=1,2,\cdots)$, 因而, $f(x)$ 的傅里叶级数为

$$f(x)\sim\sum_{n=1}^{\infty}b_n\sin nx.$$

(2) 当 $f(x)$ 为偶函数时, 则 $b_n=0(n=1,2,\cdots)$, $\quad a_n=\dfrac{2}{\pi}\displaystyle\int_0^{\pi}f(x)\cos nx\mathrm{d}x$ $(n=0,1,2,\cdots)$, 因而, $f(x)$ 的傅里叶级数为

$$f(x)\sim\frac{a_0}{2}+\sum_{n=1}^{\infty}a_n\cos nx.$$

因而, 当周期函数是奇函数或偶函数时, 其展开后的傅里叶级数是正弦级数或余弦级数.

例 42 将 $f(x)=x, x\in(-\pi,\pi]$ 展开成傅里叶级数.

简析 一般要求的傅里叶级数展开, 直接代入公式计算即可.

解 由于 $f(x)=x$ 是奇函数, 因而,

$$a_n=0\quad(n=0,1,2,\cdots),$$

$$b_n=\frac{2}{\pi}\int_0^{\pi}x\sin nx\mathrm{d}x=\frac{2(-1)^{n+1}}{n}\quad(n=1,2,\cdots)$$

因而, $f(x)$ 的傅里叶级数为

$$f(x)\sim\sum_{n=1}^{\infty}\frac{2(-1)^{n+1}}{n}\sin nx=\begin{cases}x, & x\in(-\pi,\pi),\\ 0, & x=\pm\pi.\end{cases}$$

4. 半个周期上的函数的展开

由于奇函数或偶函数能展开成特殊的正弦级数或余弦级数, 因此, 有时在对

函数进行展开时会提出特殊的展开要求——将函数展开成正弦级数或余弦级数.

此时, 由于给定的函数不一定具有相应的奇偶性, 因此, 通常将给定的 $f(x)$ 视为定义在半个周期区间上的函数, 因此, 应将 $f(x)$ 作奇延拓或偶延拓至一个基本周期区间上, 然后再展开成傅里叶级数. 但是, 在具体的计算过程中, 并不需要进行延拓, 只需将其视为已经按要求延拓后的函数直接计算即可.

注意, 对定义在半个周期区间的函数作偶延拓时, 由于偶函数特殊的对称性 (函数图像关于 y 轴对称), 半个区间的形式可以是任意的, 如函数 $f(x)$ 可以定义在 $[0,\pi]$, 此时将 $f(x)$ 作延拓:

$$\tilde{f}(x)=\begin{cases} f(x), & x\in[0,\pi], \\ f(-x), & x\in[-\pi,0), \end{cases}$$

则 $\tilde{f}(x)$ 就是定义在 $[-\pi,\pi]$ 上的偶函数, 周期延拓后在端点 $x=\pm\pi$ 处是连续的, 且自然满足周期性 $f(\pi)=f(-\pi)$. 若 $f(x)$ 定义在 $[0,\pi)$, 此时将 $f(x)$ 作延拓:

$$\tilde{f}(x)=\begin{cases} f(x), & x\in[0,\pi), \\ f(-x), & x\in(-\pi,0), \end{cases}$$

则 $\tilde{f}(x)$ 就是定义在 $(-\pi,\pi)$ 上的偶函数, 可以任意补充 $\tilde{f}(x)$ 在 $x=\pm\pi$ 处的函数值. 当对函数作奇延拓时, 由于奇函数具有的对称性质 (函数图像关于原点对称) 和性质 $f(0)=0$, 因此, 通常可以如下进行奇延拓:

(1) 若 $f(0)=0$, 则

$$\tilde{f}(x)=\begin{cases} f(x), & x\in[0,\pi), \\ -f(-x), & x\in(-\pi,0); \end{cases}$$

(2) 若 $f(0)\neq 0$, 则

$$\tilde{f}(x)=\begin{cases} f(x), & x\in(0,\pi), \\ 0, & x=0, \\ -f(-x), & x\in(-\pi,0). \end{cases}$$

如果需要, 可以补充函数在 $x=\pm\pi$ 处的函数值. 当然, 在实际计算傅里叶级数时, 不需要详细的延拓过程, 通常对延拓进行默认, 只需代入公式直接计算即可, 有时, 对给定的函数在个别点处不一定满足奇函数的要求.

例 43 将 $f(x)=x$ 在 $[0,\pi)$ 上展开成余弦级数.

简析 题目要求进行余弦展开, 属于函数的特殊要求展开, 函数应该视为定义在半个周期区间上的偶函数. 由此判断, 函数的周期为 2π, 因此, 应将函数视为定义在半个周期区间上、以 2π 为周期的偶函数.

解 由题意, 我们将函数视为先偶延拓成以 2π 为周期的函数, 然后再周期延拓至整个实数轴上, 因而, 函数 $f(x)=x$ 是以 2π 为周期的偶函数, 故

$$
\begin{aligned}
&b_n=0,\quad n=1,2,\cdots,\\
&a_0=\frac{2}{\pi}\int_0^{\pi}x\mathrm{d}x=\pi,\\
&a_n=\frac{2}{\pi}\int_0^{\pi}x\cos nx\mathrm{d}x=\frac{2\left((-1)^n-1\right)}{n^2\pi},\quad n=1,2,\cdots,
\end{aligned}
$$

因而, $f(x)$ 的傅里叶级数为

$$
f(x)\sim\pi+\sum_{n=1}^{\infty}\frac{2\left((-1)^n-1\right)}{n^2}\cos nx=x,\quad x\in[0,\pi).
$$

例 43 的函数只定义在 $[0,\pi)$ 上, 只需给出在此区间上的展开式. 由于视其为偶函数, 此时也可以直接定义在 $[0,\pi)$ 上.

例 44 将 $f(x)=\begin{cases}\sin\dfrac{\pi x}{l}, & 0<x<\dfrac{l}{2},\\ 0, & \dfrac{l}{2}\leqslant x\leqslant l\end{cases}$ 展开成正弦级数.

解 根据题目要求, $f(x)$ 应视为定义在半个基本区间上的函数, 因此, 可以将 $f(x)$ 视为奇延拓后的以 $2l$ 为周期的函数, 故

$$
\begin{aligned}
&a_n=0,\quad n=0,1,2,\cdots,\\
&b_n=\frac{2}{l}\int_0^{\frac{l}{2}}\sin\frac{\pi x}{l}\sin\frac{\pi n}{l}x\mathrm{d}x,\quad n=1,2,\cdots,
\end{aligned}
$$

因而,

$$
b_1=\frac{1}{2},\quad b_n=\begin{cases}0, & n=2k+1,\\ -\dfrac{(-1)^{k+1}\cdot 2n}{\pi\left(n^2-1\right)}, & n=2k,\end{cases}
$$

故

$$
f(x)\sim\frac{1}{2}\sin\frac{\pi x}{l}-\sum_{k=1}^{\infty}\frac{(-1)^k\cdot 4k}{\pi\left(4k^2-1\right)}\cdot\sin\frac{2k\pi x}{l}=\begin{cases}\sin\dfrac{\pi x}{l}, & 0\leqslant x<\dfrac{l}{2},\\ 0, & \dfrac{l}{2}<x\leqslant l,\\ \dfrac{1}{2}, & x=\dfrac{l}{2}.\end{cases}
$$

注 从上面的一些展开例子可知, 在非对称区间上定义的函数, 既可以视为一个周期区间上定义的函数, 也可以视为半个周期区间上定义的函数, 因此, 可以有不同的展开, 此时, 一定要正确理解题意, 按要求进行展开.

例 45 将 $f(x)=\pi-x$ 按下列要求展开成相应的傅里叶级数:

(1) 在 $(0,\pi]$ 上展开成傅里叶级数;

(2) 在 $(0,\pi]$ 上展开成正弦级数;

(3) 在 $(0,\pi]$ 上展开成余弦级数.

解 (1) 属于一般要求的展开, 此时将函数视为定义在一个基本周期区间上的函数, 因此, 函数是以 π 为周期的函数, 利用展开公式, 则

$$a_0=\frac{2}{\pi}\int_0^{\pi}(\pi-x)\mathrm{d}x=\pi,$$

$$a_n=\frac{2}{\pi}\int_0^{\pi}(\pi-x)\cos 2nx\mathrm{d}x=0,\quad n=1,2,\cdots,$$

$$b_n=\frac{2}{\pi}\int_0^{\pi}(\pi-x)\sin 2nx\mathrm{d}x=\frac{1}{n},\quad n=1,2,\cdots,$$

因而, $f(x)$ 的傅里叶级数为

$$f(x)\sim\frac{\pi}{2}+\sum_{n=1}^{\infty}\frac{1}{n}\sin 2nx=\begin{cases}\pi-x, & x\in(0,\pi),\\ \dfrac{\pi}{2}, & x=\pi.\end{cases}$$

(2) 这是特殊要求的展开, 因此, 应将函数视为定义在半个周期区间上的奇函数, 故, 函数是以 2π 为周期的奇函数, 故

$$a_n=0,\quad n=1,2,\cdots,$$

$$b_n=\frac{2}{\pi}\int_0^{\pi}(\pi-x)\sin nx\mathrm{d}x=\frac{2}{n},\quad n=1,2,\cdots,$$

因而, $f(x)$ 的傅里叶级数为

$$f(x)\sim\sum_{n=1}^{\infty}\frac{2}{n}\sin nx=\begin{cases}\pi-x, & x\in(0,\pi),\\ 0, & x=\pi.\end{cases}$$

(3) 将函数作偶延拓, 则

$$a_0=\frac{2}{\pi}\int_0^{\pi}(\pi-x)\mathrm{d}x=\pi,$$

$$a_n=\frac{2}{\pi}\int_0^{\pi}(\pi-x)\cos nx\mathrm{d}x=\begin{cases}0, & n=2k,\\ \dfrac{4}{n^2\pi}, & n=2k+1,\end{cases}\quad n=1,2,\cdots,$$

$$b_n=0,\quad n=1,2,\cdots,$$

因而, $f(x)$ 的傅里叶级数为

$$f(x) \sim \frac{\pi}{2}+\sum_{k=0}^{\infty}\frac{4}{(2k+1)^2\pi}\cos(2k+1)x=\pi-x,\quad x\in[0,\pi].$$

注 (1) 由此例可以看出, 对同一个函数, 可以根据要求和不同的理解得到不同的展开式, 因此, 在展开时, 一定要正确理解题意.

(2) 以上各题可以借助函数曲线确定区间端点和分段点处的傅里叶级数的收敛性质.

还有一类题目涉及傅里叶级数的等式问题. 这类问题本质上还是函数的傅里叶展开, 关键是需要通过要证明的等式判断出函数的周期和展开要求.

例 46 证明 $\displaystyle\sum_{n=1}^{\infty}\frac{\cos nx}{n^2}=\frac{1}{12}\left(3x^2-6\pi x+2\pi^2\right),\quad x\in[0,\pi].$

结构分析 题型为涉及傅里叶级数的等式的证明, 其本质还是傅里叶级数的展开, 重点和难点是通过对等式的结构, 特别是傅里叶级数的结构分析, 确定函数的周期和展开要求 (对应于函数的奇偶性). 对本题, 从 $\cos nx$ 的结构看, 符合 $T=2\pi$ 的函数的展开, 注意到验证的区间是 $[0,\pi]$, 且左端是余弦级数, 符合定义在半个周期区间上的特殊要求的展开. 因此, 要证明的等式的本质是对右端的函数视为定义在半个周期区间 $[0,\pi]$ 的、以 2π 为周期的偶函数的傅里叶级数展开, 只需进行展开计算并判断收敛性即可.

解 记 $f(x)=3x^2-6\pi x+2\pi^2, x\in[0,\pi]$, 将 $f(x)$ 视为以 2π 为周期的偶函数, 将其展开成余弦级数, 则

$$a_0=\frac{2}{\pi}\int_0^{\pi}f(x)\mathrm{d}x=0,$$

$$a_n=\frac{2}{\pi}\int_0^{\pi}f(x)\cos nx\mathrm{d}x=\frac{12}{n^2},\quad n=1,2,\cdots,$$

$$b_n=0,\quad n=1,2,\cdots,$$

且进行偶延拓后, $f(x)$ 在 $[0,\pi]$ 上连续, 故

$$\sum_{n=1}^{\infty}\frac{\cos nx}{n^2}=\frac{1}{12}\left(3x^2-6\pi x+2\pi^2\right),\quad x\in[0,\pi].$$

例 47 证明: $\displaystyle\frac{\pi}{2}-\sum_{n=1}^{\infty}\frac{2}{n}\sin 2nx=x, x\in(0,\pi).$

简析 左端虽然有常数项 $\dfrac{\pi}{2}$, 既可以将其视为 $\dfrac{a_0}{2}$ 项, 也可以将其移到右端, 作为函数的一部分. 注意到级数结构为正弦级数, 因此, 将其作为函数的一部分更

合理, 故构造函数为 $f(x)=x-\dfrac{\pi}{2}$. 右端的级数为正弦级数, 从 $\sin 2nx$ 的结构看, 可以取 $T=2\pi$ 或 $T=\dfrac{\pi}{2}$. 当取 $T=2\pi$ 时, 应对函数 $f(x)$ 进行奇延拓, 此时, 应该有 $b_{2n-1}=0, b_{2n}=-\dfrac{2}{n}$. 当取 $T=\dfrac{\pi}{2}$ 时, 应将函数 $f(x)$ 视为以 $x=\dfrac{\pi}{2}$ 为对称的奇函数, 需要进行变量代换. 第一种方法更直接, 我们采用第一种方法.

证明 记 $f(x)=x-\dfrac{\pi}{2},\quad x\in(0,\pi)$, 将 $f(x)$ 进行奇延拓, 在以 2π 为周期进行延拓, 因此, $f(x)$ 是以 2π 为周期的奇函数, 将其进行傅里叶级数展开, 则

$$a_n=0,\quad n=0,1,2,\cdots,$$

$$b_n=\frac{2}{\pi}\int_0^{\pi}f(x)\sin nx\mathrm{d}x=\frac{2}{n}\left[-(-1)^n-1\right],\quad n=1,2,\cdots,$$

由于 $f(x)$ 在 $(0,\pi)$ 内连续, 因而,

$$f(x)\sim-\sum_{n=1}^{\infty}\frac{2}{n}\sin 2nx=x-\frac{\pi}{2},\quad x\in(0,\pi),$$

因此, 结论成立.

习 题 9-6

1. 将 $f(x)=x+1$ 在 $x\in(-\pi,\pi]$ 上展开成傅里叶级数.

2. 将 $f(x)=\begin{cases}1, & x\in(-\pi,0],\\ 0, & x\in(-0,\pi]\end{cases}$ 展开成傅里叶级数.

3. 将 $f(x)=\mathrm{e}^x$ 在 $x\in(-2\pi,0]$ 上展开成傅里叶级数.

4. 将 $f(x)=x$ 在 $x\in(0,2]$ 上展开成傅里叶级数.

5. 将 $f(x)=x$ 在 $x\in[0,\pi)$ 上分别展开成正弦级数和余弦级数.

6. 将 $f(x)=x^2$ 在 $x\in(-\pi,\pi]$ 上展开成傅里叶级数.

7. 将 $f(x)=x+1$ 按要求在 $x\in(0,\pi]$ 上展开成傅里叶级数:

(1) 在 $x\in(0,\pi]$ 上直接展开成傅里叶级数;

(2) 在 $x\in(0,\pi]$ 上展开成正弦级数;

(3) 在 $x\in(0,\pi]$ 上展开成余弦级数.

8. 把函数 $f(x)=\begin{cases}\dfrac{2x}{l}, & 0\leqslant x<\dfrac{l}{2},\\ 1, & \dfrac{l}{2}\leqslant x\leqslant l\end{cases}$ 展开成正弦级数.

9. 证明: $\displaystyle\sum_{k=1}^{\infty}\frac{1}{k}\sin kx=\frac{\pi-x}{2}, x\in(0,2\pi)$.

10. 设周期函数 $f(x)$ 的周期为 2π, 证明:

(1) 若 $f(x-\pi)=-f(x)$, 则 $f(x)$ 的傅里叶系数 $a_{2k}=0, b_{2k}=0$.

(2) 若 $f(x-\pi)=f(x)$, 则 $f(x)$ 的傅里叶系数 $a_{2k+1}=0, b_{2k+1}=0$.

习题答案

第 5 章

习题 5-1

1. $5\boldsymbol{a}-11\boldsymbol{b}+7\boldsymbol{c}$.

2.$-10\boldsymbol{u}+16\boldsymbol{v}+11\boldsymbol{w}$.

3-5. 略.

6. $\overrightarrow{BA}=\overrightarrow{BO}+\overrightarrow{OA}=\dfrac{1}{2}\boldsymbol{b}-\dfrac{1}{2}\boldsymbol{a}$, $\overrightarrow{AD}=\overrightarrow{AB}+\overrightarrow{BD}=\dfrac{1}{2}\boldsymbol{b}-\dfrac{1}{2}\boldsymbol{a}+\boldsymbol{b}=\dfrac{3}{2}\boldsymbol{b}-\dfrac{1}{2}\boldsymbol{a}$,

$$\overrightarrow{CB}=\frac{1}{2}\boldsymbol{a}-\frac{1}{3}\boldsymbol{b},\quad \overrightarrow{DC}=-\overrightarrow{BA}=\frac{1}{2}\boldsymbol{a}-\frac{1}{2}\boldsymbol{b}.$$

7. 略.

习题 5-2

1.(1) 关于 xOy 面对称点 $(a,b,-c)$；关于 yOz 面对称点 $(-a,b,c)$；关于 zOx 面对称点 $(a,-b,-c)$.

(2) 关于 x 轴对称点 $(a,b,-c)$；关于 y 轴对称点 $(-a,b,-c)$；关于 z 轴对称点 $(-a,-b,c)$.

(3) 关于坐标原点对称点 $(-a,-b,-c)$.

(4) 在 xOy 面垂足 $(a,b,0)$；在 yOz 面垂足 $(0,b,c)$；在 xOz 面垂足 $(a,0,c)$；在 x 轴垂足 $(a,0,0)$；在 y 轴垂足 $(0,b,0)$；在 z 轴垂足 $(0,0,c)$.

2. 5.

3. $\overrightarrow{M_1M_2}=(1,-2,-2)$, $-2\overrightarrow{M_1M_2}=(-2,4,4)$.

4. $\boldsymbol{e}=\pm\dfrac{\boldsymbol{a}}{|\boldsymbol{a}|}=\pm\left(\dfrac{6}{11},\dfrac{7}{11},-\dfrac{6}{11}\right)$.

5. 略.

6. $\overrightarrow{M_1M_2}=\left(-1,-\sqrt{2},1\right)$, $|\overrightarrow{M_1M_2}|=2$；$\alpha=\dfrac{2}{3}\pi$，$\beta=\dfrac{3}{4}\pi$，$\gamma=\dfrac{\pi}{3}$.

7. 模: $\sqrt{154}$；三个分向量 $(-9,0,0)$, $(0,8,0)$, $(0,0,3)$;

在三个坐标轴上的投影；$-9,8,3$;

方向余弦: $\cos\alpha=\dfrac{-9}{\sqrt{154}}$, $\quad\cos\beta=-\dfrac{8}{\sqrt{154}}$, $\quad\cos 9=\dfrac{3}{\sqrt{154}}$;

与之同向的单位向量 $\dfrac{1}{\sqrt{154}}(-9,-8,3)$;

与之平行的单位向量 $\pm\dfrac{1}{\sqrt{154}}(-9,-8,3)$.

8. $\boldsymbol{a}$ 可能是

$$\left(\frac{1}{2},\frac{1}{2},\frac{\sqrt{2}}{2}\right),\left(\frac{1}{2},-\frac{1}{2},\frac{\sqrt{2}}{2}\right),\left(\frac{1}{2},\frac{1}{2},-\frac{\sqrt{2}}{2}\right),\left(\frac{1}{2},-\frac{1}{2},-\frac{\sqrt{2}}{2}\right).$$

9. (1) $\alpha=\dfrac{\pi}{2}$. 说明向量与 x 轴垂直; (2) $\beta=0$. 说明向量与 y 轴正向一致; (3) $\alpha=\beta=\dfrac{\pi}{2}$. 说明向量与 z 轴平行 (或与 z 轴重合).

10. $\boldsymbol{r}_u=4\cdot\cos 60^\circ=2$.

11. $\boldsymbol{a}$ 在 x 轴上的投影是 13; $\boldsymbol{a}$ 在 y 轴上的分量是 $7\boldsymbol{j}$.

12. $\boldsymbol{d}=2\boldsymbol{a}-\boldsymbol{b}+3\boldsymbol{c}$.

习题 5-3

1. (1) 3, $(5,1,7)$; (2) $-18; 2(5,1,7)$; (3) $\cos(\boldsymbol{a}\cdot\boldsymbol{b})=\dfrac{3}{42}\sqrt{21}$.

2. (1) $(2\boldsymbol{a}-3\boldsymbol{b})\cdot(3\boldsymbol{a}+4\boldsymbol{b})=-168-4\sqrt{2}$, $(2\boldsymbol{a}-3\boldsymbol{b})\times(3\boldsymbol{a}+4\boldsymbol{b})=17\boldsymbol{a}\times\boldsymbol{b}$,

$$\theta=\arccos\frac{\sqrt{2}}{\sqrt{31+3\sqrt{2}}},\quad \theta=\arccos\frac{-42\sqrt{2}}{2\sqrt{586+2\cdot\sqrt{2}}}.$$

(2) $\mathrm{Prj}_{\boldsymbol{b}}\boldsymbol{a}=\sqrt{2}$.

3. (1) $\overrightarrow{AB}\times\overrightarrow{AC}=\begin{vmatrix}\boldsymbol{i}&\boldsymbol{j}&\boldsymbol{k}\\0&-3&-1\\0&-2&-2\end{vmatrix}=(4,0,0)$. (2) $\pm(1,0,0)$.

(3) $\lambda=-2\mu$. (4) $\lambda=-\dfrac{2}{3}\mu$.

4. (1) $\boldsymbol{a}\cdot\boldsymbol{b}=(2,-3,1)\cdot(1,-1,3)=8$; $\boldsymbol{a}\cdot\boldsymbol{c}=(2,-3,1)\cdot(1,-2,0)=8$;
$(\boldsymbol{a}\cdot\boldsymbol{b})\boldsymbol{c}-(\boldsymbol{a}\cdot\boldsymbol{c})\boldsymbol{b}=8(\boldsymbol{i}-2\boldsymbol{j})-8(\boldsymbol{i}-\boldsymbol{j}+3\boldsymbol{k})=-8\boldsymbol{j}-24\boldsymbol{k}$.
(2) $\boldsymbol{a}+\boldsymbol{b}=3\boldsymbol{i}-4\boldsymbol{j}+4\boldsymbol{k}, \boldsymbol{b}+\boldsymbol{c}=(2\boldsymbol{i}-3\boldsymbol{j}+3\boldsymbol{k})$;

$$(\boldsymbol{a}+\boldsymbol{b})\times(\boldsymbol{b}+\boldsymbol{c})=\begin{vmatrix}\boldsymbol{i}&\boldsymbol{j}&\boldsymbol{k}\\3&-4&4\\2&-3&3\end{vmatrix}=(0,-1,-1).$$

(3) $(\boldsymbol{a}\times\boldsymbol{b})\cdot\boldsymbol{c}=\begin{vmatrix}2&-3&1\\1&-1&3\\1&-2&0\end{vmatrix}=2$.

5. $\dfrac{\sqrt{19}}{2}$.

6. (1) $-\dfrac{\sqrt{6}}{2}$, (2) $\boldsymbol{a}\times\boldsymbol{b}=(1,7,-5)$, $\boldsymbol{C}=\left(\dfrac{\sqrt{3}}{5},\dfrac{7\sqrt{3}}{5},-\sqrt{3}\right)$ 或 $\left(-\dfrac{\sqrt{3}}{5},-\dfrac{7}{5}\sqrt{3},\sqrt{3}\right)$.

7. 略. 8. 略.

9. $245\sqrt{70}$.

习题 5-4

1. $3x-7y+5z-4=0$.
2. $2(x-2)+9(y-9)-6(z+6)=0$, 即 $2x+9y-6z-121=0$.
3. $x-3y-2z=0$.
4. 略.
5. $\cos\alpha=\dfrac{|\boldsymbol{n}\cdot\boldsymbol{n}_z|}{\boldsymbol{n}}=\dfrac{1}{3}$, $\cos\beta=\dfrac{|\boldsymbol{n}\cdot\boldsymbol{n}_x|}{\boldsymbol{n}}=\dfrac{2}{3}$, $\cos\gamma=\dfrac{|\boldsymbol{n}\cdot\boldsymbol{n}_y|}{|\boldsymbol{n}|}=\dfrac{2}{3}$.
6. $x+y-3z-4=0$.
7. (1) $y=-5$; (2)$x+3y=0$; (3) $9y-z-2=0$.
8. 略.
9. $\dfrac{x-4}{2}=\dfrac{y+1}{1}=\dfrac{z-3}{5}$.
10. $\dfrac{x}{-2}=\dfrac{y-z}{1}=\dfrac{z-2}{3}$, $\begin{cases}x=-2t,\\y=2+t,\\z=2+3t.\end{cases}$
11. $16x-14y-11z-65=0$.
12. $\dfrac{x}{-2}=\dfrac{y-z}{3}=\dfrac{z-4}{1}$.
13. $d=1$.
14. $d=\dfrac{3\sqrt{2}}{2}$.
15. $\cos\theta=0$.
16. $\theta=0$.
17. (1) 平行; (2) 垂直; (3) 直线在平面上.
18. $\begin{cases}17x+31y-37z-117=0,\\4x-y+z=1.\end{cases}$
19. $\dfrac{x+\dfrac{616}{205}}{3}=\dfrac{y-\dfrac{1337}{205}}{-2}=\dfrac{z-\dfrac{2051}{205}}{-6}$.
20. $x+20y+7z-1z=0$ 或 $x-z+4=0$.
21. (1) L_1 与 L_2 不共面; (2) $d=\dfrac{19}{33}\sqrt{3}$;

(3) $x+19y-z+z=0$.

习题 5-5

1. $(x-1)^2+(y+2)^2+(z-3)^2=1$.
2. 表示球心为 $\left(1,0,-\dfrac{1}{2}\right)$, 半径为 $\dfrac{\sqrt{5}}{2}$ 的球面.

3. $2x-2y-2z+5=0$.

4. $x^2+z^2=2y$.

5. $x^2+z^2+4y^2=1$(椭球面).

6. $x^2-9y^2-9z^2=1$.

7-9. 略.

10. (1) 在 yOz 面投影 $\begin{cases} z^2-4z-4y=0, \\ x=0; \end{cases}$

(2) 在 zOx 面的投影 $\begin{cases} x^2+z^2-4z=0, \\ y=0; \end{cases}$

(3) 在 xOy 面的投影 $\begin{cases} x^2+4y=0, \\ z=0. \end{cases}$

11.(1) 在 yOz 面的投影 $\begin{cases} a^2-z^2=\pm 4\sqrt{a^2-y^2-z^2}, \\ x=0; \end{cases}$

(2) 在 zOx 面的投影 $\begin{cases} z^2+4x=a^2, \\ y=0; \end{cases}$

(3) 在 xOy 面的投影 $\begin{cases} x^2+y^2-4x=0, \\ z=0. \end{cases}$

12. (1) 在 yOz 面的投影 $\begin{cases} 2z^2-2z+y^2-8=0, \\ x=0; \end{cases}$

(2) 在 zOx 面的投影 $\begin{cases} 2x^2-2x+y^2-8=0, \\ z=0; \end{cases}$

(3) 在 zOx 面的投影 $\begin{cases} x+z=1, \\ y=0. \end{cases}$

13. $\begin{cases} x=\dfrac{3}{2}\sqrt{2}\cos\theta, \\ y=\dfrac{3}{2}\sqrt{2}\cos\theta, \quad 0\leqslant\theta\leqslant 2\pi. \\ z=3\sin\theta. \end{cases}$

14. $\begin{cases} \dfrac{x-1}{2}=\sqrt[3]{z}+1, \\ y=\left(\dfrac{x-1}{2}\right)^2-2. \end{cases}$

15. $\varOmega$ 在 xOy 面投影 $\begin{cases} x^2+y^2\leqslant 1, \\ z=0; \end{cases}$ $\varOmega$ 在 yOz 面投影 $\begin{cases} |y|\leqslant z\leqslant 2-y^2, \\ x=0; \end{cases}$ $\varOmega$ 在 zOx 面投影为 $\begin{cases} |x|\leqslant z\leqslant 2-x^2, \\ y=0. \end{cases}$

16. Ω 在 xOy 面投影 $\begin{cases} x^2+4y^2\leqslant 1, \\ z=0; \end{cases}$ Ω 在 yOz 面投影 $\begin{cases} -\dfrac{1}{2}\leqslant y\leqslant \dfrac{1}{2}, \\ 1\leqslant z\leqslant 2, \\ x=0; \end{cases}$ Ω 在 zOx 面投影 $\begin{cases} -\dfrac{1}{2}\leqslant x\leqslant \dfrac{1}{2}, \\ 1\leqslant z\leqslant 2, \\ y=0. \end{cases}$

17. Ω 在 xOy 面投影是 $\begin{cases} x^2+y^2\leqslant x, \\ z=0. \end{cases}$ Ω 在 yOz 面投影是 $\begin{cases} -\sqrt{1-x^2}\leqslant z\leqslant \sqrt{1-x^2}, \\ x\geqslant 0; \end{cases}$ Ω 在 zOx 面投影是 $\begin{cases} -\sqrt{1y^2}\leqslant z\leqslant \sqrt{1+y^2}, \\ -\dfrac{1}{2}\leqslant y\leqslant \dfrac{1}{2}, \\ x=0. \end{cases}$

18-19. 略.

20. $(x-5)^2+\left(y+\dfrac{9}{5}\right)^2+\left(z+\dfrac{9}{5}\right)^2=\dfrac{972}{25}$, 是以 $\left(5,-\dfrac{9}{5},-\dfrac{9}{5}\right)$ 为球心, $\dfrac{18}{5}\sqrt{3}$ 为半径的球面.

第 6 章

习题 6-1

1. $E^0=\{(x,y):x\in(0,1),y\in(-1,2)\}$;

$\partial E=\{x=0,-1\leqslant y\leqslant 2\}\cup\{x=1,-1\leqslant y\leqslant 2\}\cup\{y=-1,0\leqslant x\leqslant 1\}\cup\{y=2,0\leqslant x\leqslant 1\}$;

$E'=\{(x,y):x\in[0,1],y\in[-1,2]\}$.

2. $E^0=\{(x,y):x>0,y>0,x\neq y\}$;

$\partial E=\{(x,y),x=0,y>0\}\cup\{(x,y):y=0,x>0\}\cup\{(x,y):y=x,x>0\}$;

$$E'=\{(x,y):x\geqslant 0,y\geqslant 0\}.$$

3. (1)$\{(x,y):y^2>2x\}$; (2)$\{(x,y,z):z^2\leqslant x^2+y^2$, 且 $x^2+y^2\neq 0\}$;

(3) $\{(x,y):x\geqslant\sqrt{y}$ 且 $y\geqslant 0\}$; (4) $\{(x,y):y>x\geqslant 0$ 且 $x^2+y^2<1\}$.

4. $f(x,y)=\dfrac{x^2(1-y)}{1+y}$.

5.(1)2; (2)2; (3)0; (4)1; (5)0; (6)1; (7)0; (8)0.

6. 极限均不存在.

7. (1) 重极限等于 0, 两个二次极限均不存在;

(2) 重极限和两个二次极限都等于 1.

8. (1) 函数 $f(x,y)$ 在指定的整个定义域上都连续;

(2) $f(x,y)$ 在 $(0,0)$ 点不连续, 其他点都连续.

习题 6-2

1.$u_x(0,0)=0,\ u_y(0,0)=0.$

2. (1)$u_x(0,0)=\lim\limits_{\Delta x\to 0}\dfrac{u(\Delta x,0)-u(0,0)}{\Delta x}=\lim\limits_{\Delta x\to 0}\dfrac{0}{\Delta x}=0;$

(2) $u_x(1,-1)=\lim\limits_{\Delta x\to 0}\dfrac{u(1+\Delta x,-1)-u(1,-1)}{\Delta x}=-\lim\limits_{\Delta x\to 0}\dfrac{1+\Delta x}{\Delta^2 x}$ 不存在.

3. (1) $u_x(0,0)=0,\ u_y(0,0)=0;$

(2) $u_x(1,0)=-1,\ u_y(1,0)=0;$

(3) $u_x(0,1)=\ln 2-1,\ u_y(0,1)=0;$

(4) $u_x(1,0)=0,\ u_y(1,0)=\sin 1;$

(5) $u_x(0,0)=0,\ u_y(0,0)=0.$

4.(1) $u_x(x,y)=2xy,\ u_y(x,y)=x^2+2yz,\ u_z(x,y)=y^2;$

(2) $u_x(x,y)=\dfrac{y^3+yz^2+y^2z+z^3-xyz}{(x^2+y^2+z^2)^{3/2}},\ u_y(x,y)=\dfrac{x^3+z^3+xz^2+x^2z-xyz}{(x^2+y^2+z^2)^{3/2}},$

$u_z(x,y)=\dfrac{x^3+y^3+xy^2+x^2y-xyz}{(x^2+y^2+z^2)^{3/2}}.$

5. 略.

6. (1) 利用基本求导公式.

$$u_{xx}(x,y)=\frac{3xyz(y^2+z^2)}{(x^2+y^2+z^2)^{5/2}},\quad u_{xy}(x,y)=\frac{z^3(x^2+y^2+z^2)+3x^2y^2z}{(x^2+y^2+z^2)^{5/2}},$$

$$u_{xz}(x,y)=\frac{y^3(x^2+y^2+z^2)+3x^2z^2y}{(x^2+y^2+z^2)^{5/2}},\quad u_{yy}(x,y)=\frac{3xyz(x^2+z^2)}{(x^2+y^2+z^2)^{5/2}},$$

$$u_{zz}(x,y)=\frac{3xyz(x^2+y^2)}{(x^2+y^2+z^2)^{5/2}},\quad u_{yz}(x,y)=\frac{x^3(x^2+y^2+z^2)+3y^2z^2x}{(x^2+y^2+z^2)^{5/2}};$$

(2) 利用基本求导公式.

$$u_{xy}(x,y)=\frac{1}{(x+y)^2}\cos\frac{1}{x+y}+\frac{2x}{(x+y)^3}\cos\frac{1}{x+y}-\frac{x}{(x+y)^4}\sin\frac{1}{x+y},$$

$$u_{yy}(x,y)=\frac{2x}{(x+y)^3}\cos\frac{1}{x+y}-\frac{x}{(x+y)^4}\sin\frac{1}{x+y},$$

$$u_{xx}(x,y)=-\frac{1}{(x+y)^2}\cos\frac{1}{x+y}-\frac{y-x}{(x+y)^3}\cos\frac{1}{x+y}-\frac{x}{(x+y)^4}\sin\frac{1}{x+y}.$$

7. (1) 利用基本求导公式：$u_{xyy}(x,y)=2\mathrm{e}^{y^2}+4y^2\mathrm{e}^{y^2},\ u_{xxy}(x,y)=2;$

(2) 利用基本求导公式：

$$u_{xyy}(x,y)=\frac{4x[3(x^2+y)^2-1]}{(1+(x^2+y)^2)^3},\quad u_{xxy}(x,y)=\frac{32x^2(x^2+y)^2-4(3x^2+y)(1+(x^2+y)^2)}{(1+(x^2+y)^2)^3}.$$

8. $f_{xy}(0,0)=\lim\limits_{\Delta y\to 0}\dfrac{f_x(0,0+\Delta y)-f_x(0,0)}{\Delta y}=\lim\limits_{\Delta y\to 0}\dfrac{(\Delta y)^6}{(\Delta y)^9}=\infty;$

$$f_{yx}(0,0)=\lim_{\Delta y\to 0}\frac{f_y(0+\Delta x,0)-f_y(0,0)}{\Delta x}=0.$$

9.(1) $\mathrm{d}u=-\dfrac{1}{(1+x+y^2+z^3)^2}[\mathrm{d}x+2y\mathrm{d}y+3z^2\mathrm{d}z]$;

(2) $\mathrm{d}u=[\sec(x+y)+x\sec(x+y)\cdot\tan(x+y)]\mathrm{d}x+x\sec(x+y)\tan(x+y)\mathrm{d}y$.

10. (1) 由于 $\lim\limits_{\substack{x\to 0\\ y\to 0\\ z\to 0}} f(x,y,z)=0=f(0,0,0)$, 所以 $f(x,y,z)$ 在 $(0,0,0)$ 点连续.

(2) 由于 $f_x(0,0,0)=\lim\limits_{\Delta x\to 0}\dfrac{f(\Delta x,0,0)-f(0,0,0)}{\Delta x}=\lim\limits_{\Delta x\to 0}\dfrac{\sqrt{\Delta^2 x}}{\Delta x}$ 不存在, 同理 $f_y(0,0,0)$, $f_z(0,0,0)$ 也不存在, 所以偏导数不连续, 函数 $f(x,y,z)$ 在点 $(0,0,0)$ 也不可微.

11. (1) 由于 $\lim\limits_{\substack{x\to 0\\ y\to 0}} f(x,y)=\lim\limits_{\substack{x\to 0\\ y\to 0}} xy\sin\dfrac{1}{x^2+y^2}=0=f(0,0)$, 所以 $f(x,y)$ 在 $(0,0)$ 连续.

(2) 利用定义计算可得

$$f_x(0,0)=\lim_{\Delta x\to 0}\frac{f(\Delta x,0)-f(0,0)}{\Delta x}=0,\quad f_y(0,0)=\lim_{\Delta y\to 0}\frac{f(0,\Delta y)-f(0,0)}{\Delta y}=0,$$

所以 $f(x,y)$ 在 $(0,0)$ 点偏导数存在.

(3) 根据全微分的定义

$$\lim_{\substack{\Delta x\to 0\\ \Delta y\to 0}}\frac{\Delta z-f_x(0,0)\Delta x-f_y(0,0)\Delta y}{\sqrt{\Delta^2 x+\Delta^2 y}}=\lim_{\substack{\Delta x\to 0\\ \Delta y\to 0}}\frac{\Delta x\Delta y\sin\dfrac{1}{\Delta^2 x+\Delta^2 y}}{\sqrt{\Delta^2 x+\Delta^2 y}},$$

因为 $0\leqslant\left|\dfrac{\Delta x\Delta y}{\sqrt{\Delta^2 x+\Delta^2 y}}\right|\leqslant\dfrac{\sqrt{\Delta^2 x+\Delta^2 y}}{2}\xrightarrow[\Delta y\to 0]{\Delta x\to 0}0$, $\left|\sin\dfrac{1}{\Delta^2 x+\Delta^2 y}\right|\leqslant 1$, 所以 $\lim\limits_{\substack{\Delta x\to 0\\ \Delta y\to 0}}\dfrac{\Delta x\Delta y}{\sqrt{\Delta^2 x+\Delta^2 y}}\sin\dfrac{1}{\Delta^2 x+\Delta^2 y}=0$, 所以 $f(x,y)$ 在 $(0,0)$ 点可微.

12. (1) 因为 $\lim\limits_{\substack{x\to 0\\ y\to 0}} f(x,y)=\lim\limits_{\substack{x\to 0\\ y\to 0}}(x^2+y^2)\sin\dfrac{1}{x^2+y^2}=0=f(0,0)$, 所以 $f(x,y)$ 在 $(0,0)$ 点连续.

(2) $f_x(x,y)=\begin{cases}2x\sin\dfrac{1}{x^2+y^2}-\dfrac{2x}{x^2+y^2}\cos\dfrac{1}{x^2+y^2}, & (x,y)\neq(0,0),\\ 0, & (x,y)=(0,0),\end{cases}$

$$f_y(x,y)=\begin{cases}2y\sin\dfrac{1}{x^2+y^2}-\dfrac{2y}{x^2+y^2}\cos\dfrac{1}{x^2+y^2}, & (x,y)\neq(0,0),\\ 0, & (x,y)=(0,0).\end{cases}$$

(3) $\lim\limits_{\substack{\Delta x\to 0\\ \Delta y\to 0}}\dfrac{f(0+\Delta x,0+\Delta y)-f(0,0)-f_x(0,0)\Delta x-f_x(0,0)\Delta y}{\sqrt{\Delta^2 x+\Delta^2 y}}=0$, 所以 $f(x,y)$ 在 $(0,0)$ 点可微.

(4) $f_x(x,y)$ 在 $(0,0)$ 不连续. 同理, $f_y(x,y)$ 在 $(0,0)$ 不连续.

13. 略.

习题 6-3

1. $\dfrac{\partial z}{\partial x}=f_u\cdot y\cdot x^{y-1}+f_v\cdot y^x\cdot\ln y.$

2. $\dfrac{\partial u}{\partial x}=f_1'+y\cdot f_2',\ \dfrac{\partial v}{\partial x}=g'(x+xy)\cdot(1+y).$

3. 0.

4. $x\dfrac{\partial^2 u}{\partial x^2}+y\dfrac{\partial^2 u}{\partial x\partial y}=\dfrac{x}{y}f''-\dfrac{x}{y}f''=0.$

5. $2f_{11}''+(2\sin x-y\cos x)f_{12}''+\cos xf_2'+y\sin x\cos xf_{22}''.$

6. $\dfrac{\partial^2 z}{\partial x\partial y}=-2f''+g_{12}''\cdot x+g_2'+yg_{22}''\cdot x\ =-2f''+xg_{12}''+g_2'+xyg_{22}''.$

7-9. 略.

10. $a=3.$

11. $f(u)=c_1\mathrm{e}^u+c_2\mathrm{e}^{-u}.$

习题 6-4

1. (1) $u_x=-\dfrac{\mathrm{e}^{yu}}{y^2+xy\mathrm{e}^{yu}},\ u_y=-\dfrac{2y+2yu+xu\mathrm{e}^{yu}}{y^2+xy\mathrm{e}^{yu}}.$

(2) $u_x=\dfrac{x^2yu+y^3u+yu^3-2x}{2u-x^3y-xy^3-xyu^2},\ u_y=\dfrac{x^3u+xuy^2+xu^3-2y}{2u-x^3y-xy^3-xyu^2}.$

2. $\dfrac{\partial z}{\partial x}=\dfrac{yz}{zy+xy},\ \dfrac{\partial z}{\partial y}=\dfrac{z^2}{zy+xy}.$

3. $-1.$

4. $2x-2xy\dfrac{f_1'}{f_2'}.$

5. 略.

6. $\dfrac{\mathrm{d}y}{\mathrm{d}x}=-\dfrac{x+6xz}{2y+6yz},\ \dfrac{\mathrm{d}z}{\mathrm{d}x}=\dfrac{xy}{y+3yz}.$

7. (1) $\begin{cases}\mathrm{d}y=\mathrm{d}x,\\ \mathrm{d}z=-\dfrac{x+y}{z}\mathrm{d}x=-\dfrac{2x}{z}\mathrm{d}x.\end{cases}$

(2) $\begin{cases}\dfrac{\partial u}{\partial x}=\dfrac{2v^2(x+y)-x(1+v^2)}{yuv(y^2+1)(x+y)-x},\\ \dfrac{\partial v}{\partial x}=\dfrac{v-2yu(1+y^2)(1+v^2)}{4yuv(y^2+1)(x+y)-x},\end{cases}\quad \begin{cases}\dfrac{\partial v}{\partial y}=\dfrac{2yu(1+v^2)(1+y^2)+u^2(1+3y^2)}{x-4yuv(x+y)(1+y^2)},\\ \dfrac{\partial v}{\partial y}=\dfrac{2yu(1+v^2)(1+y^2)+u^2(1+3y^2)}{x-4yuv(x+y)(1+y^2)}.\end{cases}$

(3) $u_x=f_x+f_y\cdot\dfrac{h_1'g_3'-h_3'g_1'}{h_3'g_2'-g_3'h_2'}.$

(4) $z_x=\mathrm{e}^{-u}(v\cos v-u\sin v),\ z_y=\mathrm{e}^{-u}(u\cos v-v\sin v)$

习题 6-5

1. (1) $\sqrt{2}$; (2)0.

2. (1) $\dfrac{2+3\sqrt{3}}{4}$; (2) $-\dfrac{1}{2}$.

3. -1.

4. 提示：$\lim\limits_{\substack{x\to 0\\ y\to 0}}\dfrac{(x+y)\sin(xy)}{x^2+y^2}=\lim\limits_{\substack{x\to 0\\ y\to 0}}\dfrac{x^2y+xy^2}{x^2+y^2}=0$, $f(x,y)$ 在 $(0,0)$ 连续.

$\left.\dfrac{\partial f}{\partial \boldsymbol{l}}\right|_{(0,0)}=\lim\limits_{t\to 0^+}\dfrac{f(0+t\cos\alpha,0+t\cos\beta)-f(0,0)}{t}=\cos^2\alpha\cos\beta+\cos^2\beta\cos\alpha$, 方向导数存在. $f_x(0,0)=0$, $f_y(0,0)=0$,

$$\lim_{\substack{\Delta x\to 0\\ \Delta y\to 0}}\frac{\Delta z-f_x(0,0)\Delta x-f_y(0,0)\Delta y}{\sqrt{\Delta^2 x+\Delta^2 y}}=\lim_{\substack{\Delta x\to 0\\ \Delta y\to 0}}\frac{(\Delta x+\Delta y)\sin\Delta x\Delta y}{(\Delta^2 x+\Delta^2 y)^{3/2}},$$

取 $\Delta y=k\Delta x$, $\lim\limits_{\substack{\Delta y=k\Delta x\\ \Delta x\to 0}}\dfrac{2k\Delta^3 x}{(1+k^2)^{3/2}\Delta^3 x}=\dfrac{2k}{\sqrt{1+k^3}^3}$ 与 k 有关, 极限 I 不存在, $f(x,y)$ 在 $(0,0)$ 处不可微.

5. 沿梯度方向 $(0,1,2)$ 的方向导数最大. 最大值是 $\sqrt{5}$.

6. $\dfrac{f'(r)}{r}(x,y,z)$.

7. 上升最快的方向 $(-2,-2)$, 下降最快的方向是 $(2,2)$.

8. 略.

习题 6-6

1. $\dfrac{\mathrm{d}\boldsymbol{r}}{\mathrm{d}t}=\left(-\mathrm{e}^{-t},0,\dfrac{\sec^2 t}{2\sqrt{\tan t}}\right)$, $\dfrac{\mathrm{d}^2\boldsymbol{r}}{\mathrm{d}t^2}=\left(\mathrm{e}^{-t},0,\dfrac{4\sec^2\tan^2 t-\sec^4 t}{4(\tan t)^{3/2}}\right)$.

2. 提示：$\boldsymbol{u}=(f_1(t_0),f_2(t_0),f_2(t_0))$, $\boldsymbol{v}=(g_1(t_0),g_2(t_0),g_2(t_0))$,

$$\boldsymbol{f}\times\boldsymbol{g}=(f_2g_3-f_3g_2,f_3g_1-f_1g_3,f_1g_2-f_2g_1),$$

$$\begin{aligned}\lim_{t\to t_0}\boldsymbol{f}\times\boldsymbol{g}=&(f_2(t_0)g_3(t_0)-f_3(t_0)g_2(t_0),f_3(t_0)g_1(t_0)\\&-f_1(t_0)g_3(t_0),f_1(t_0)g_2(t_0)-f_2(t_0)g_1(t_0))\\=&\boldsymbol{u}\times\boldsymbol{v}.\end{aligned}$$

3. 略.

习题 6-7

1. (1) $f(x,y)$ 没有极值.

(2) $f(x,y)$ 在 $(-1,0)$ 处取得极小值 -2.

2. (1) $f_{\max}(x,y)=\dfrac{9}{8}$, $f_{\min}(x,y)=-\dfrac{9}{4}$.

(2) $f_{\max}(x,y)=\dfrac{9}{2}$, $f_{\min}(x,y)=0$.

3. 提示：$f(x,y)$ 在 D 上的最小值是 0, 最大值是 $\dfrac{3}{8}\sqrt{3}$, 因此, $f(x,y)\leqslant\dfrac{3}{8}\sqrt{3}$.

4. 提示：假设 $f(x,y)=\mathrm{e}^y+x\ln x-x-xy$, 求其最小值.

5. (1) $(0,0,0)$ 是 $f(x,y,z)$ 的极小值点, 极小值为 0.

(2) $(\pm 2,0,0)$ 是 $f(x,y,z)$ 的极大值点, 极大值为 4.

6. $f(x,y)_{\max}=\dfrac{3}{2}+\dfrac{\sqrt{37}}{2}$, $f(x,y)_{\min}=\dfrac{3}{2}-\dfrac{\sqrt{37}}{2}$.

7. 提示：本题旨在求函数 $f=x_1x_2\cdots x_n$ 在条件 $x_1+x_2+\cdots+x_n=a$ 下的最大值.

8. 曲面 $z=xy-1$ 上点 $(0,0,-1)$ 到坐标原点距离最小, 最小值 $d_{\min}=1$.

习题 6-8

1. 略. 2. 略.

3.(1) 切线的方程为 $\dfrac{x}{1}=\dfrac{y-1}{0}=\dfrac{z-1}{1}$, 法平面方程为 $x-z+1=0$.

(2) 切线方程为 $\dfrac{x}{1}=\dfrac{y-1}{0}=\dfrac{z-1}{1}$, 法平面方程为 $x=0$.

(3) 切线方程为 $\dfrac{x-\frac{\sqrt{2}}{2}}{-1}=\dfrac{y-\frac{\sqrt{2}}{2}}{1}=\dfrac{z-\frac{\pi}{4}}{\sqrt{2}}$, 法平面方程为 $x-y-\sqrt{2}z+\dfrac{\sqrt{2}}{4}\pi=0$.

(4) 切线方程为 $\dfrac{x-2}{4}=\dfrac{y-2}{4}=\dfrac{z-1}{1}$, 法平面方程为 $4x+4y+z-17=0$.

4. (1) 切平面方程为 $z=1$, 对应的法线方程为 $\dfrac{x}{0}=\dfrac{y}{0}=\dfrac{z-1}{2}$.

(2) 切平面方程为 $x-y+2z+2=0$, 对应的法线方程为 $\dfrac{x-1}{1}=\dfrac{y-1}{-1}=\dfrac{z+1}{2}$.

习题 6-9

1-3. 略.

第 7 章

习题 7-1

1. 不可以. 取极限的过程要求分割得足够细, 足够密, 使区域内 ΔG_T 各点距离足够近. 而 ΔG_T 的度量最大值趋于 0 时, 区域可能是狭长型的, 不能保证 ΔG_T 内各点足够近, 分得足够密.

2. $\mathrm{e}^{b^2}\pi ab\leqslant I\leqslant \mathrm{e}^{a^2}\cdot\pi ab$.

3. $\dfrac{2}{5}\leqslant I\leqslant\dfrac{1}{2}$.

4. $\displaystyle\iint\limits_{r\leqslant|x|+|y|\leqslant 1}\ln\left(x^2+y^2\right)\mathrm{d}x\mathrm{d}y<0$.

5. $\displaystyle\iint\limits_{D}\ln(x+y)\mathrm{d}\sigma>\iint\limits_{D}[\ln(x+y)]^2\mathrm{d}\sigma$.

6. $\displaystyle\lim_{n\to+\infty}\frac{1}{n^2}\sum_{i=1}^{n}\sum_{j=1}^{n}\mathrm{e}^{\frac{i^2+j^2}{n^2}}=\iint\limits_{D}\mathrm{e}^{x^2+y^2}\mathrm{d}\sigma$ 其中 D：$\{(x,y):0\leqslant x\leqslant 1,0\leqslant y\leqslant 1\}$.

习题 7-2

1. (1) $\dfrac{13}{2}$. (2) 2. (3) 0. (4) $\dfrac{5}{4}\pi$. (5) $2-2\cos 1$. (6) $\mathrm{e}-\mathrm{e}^{-1}$.

2. $2\pi R^2$.

3. $\dfrac{4}{3}\left(\dfrac{\pi}{2}-\dfrac{2}{3}\right)$.

4. (1) $\displaystyle\int_0^1 \mathrm{d}x\int_0^{1-y} f(x,y)\mathrm{d}x$.

(2) $\displaystyle\int_1^2 \mathrm{d}x\int_{1-x}^{0} f(x,y)\mathrm{d}y$.

(3) $\displaystyle\int_0^1 \mathrm{d}y\int_0^{y^2} f(x,y)\mathrm{d}x+\int_1^2 \mathrm{d}y\int_0^{\sqrt{2y-y^2}} f(x,y)\mathrm{d}x$.

(4) $\displaystyle\int_0^2 \mathrm{d}x\int_{\frac{x}{2}}^{3-x} f(x,y)\mathrm{d}y$.

5. (1) $\dfrac{1}{2}\left(1-\mathrm{e}^4\right)$. (2) $\dfrac{\sqrt{2}-\ln(1+\sqrt{2})}{4}$. (3) $\dfrac{5}{6}+\dfrac{\pi}{4}-\dfrac{2\sqrt{2}}{3}$. (4) $\dfrac{4}{\pi^2}+\dfrac{8}{\pi^3}$.

6. (1) $\dfrac{\pi a^4}{2}$. (2) $\dfrac{3}{2}\pi$. (3) $\dfrac{8}{9}\sqrt{2}$. (4) $\dfrac{7\pi}{3}$. (5) $\dfrac{\pi^2}{32}$.

7. $\mathrm{e}-1$.

8. (1) 0.

(2) 提示：作变换 $T\begin{cases} u=xy, \\ v=x, \end{cases}$ 故 $\displaystyle\iint\limits_D \frac{x}{1+x^2y^2}\mathrm{d}x\mathrm{d}y = \iint\limits_{D_{uv}} \frac{v}{1+u^2}\cdot\frac{1}{v}\mathrm{d}u\mathrm{d}v$ $=\arctan 2-\dfrac{\pi}{4}$.

9. (1) 0. (2) 0. (3) $\dfrac{\ln 2}{2}\pi$.

10. (1) 积分区域为关于 $y=x$ 对称. (2) 当 $a=b$ 时, 最易计算, 此时计算结果为 $a\pi$.

(3) 若 $a\neq b$, 由轮换对称性, $\displaystyle\iint\limits_D \frac{af(x)+f(y)}{f(x)+f(y)}\mathrm{d}x\mathrm{d}y=\frac{\pi}{2}(a+b)$.

习题 7-3

1. (1) $\displaystyle I=\iint\limits_{D_{xy}}\mathrm{d}x\mathrm{d}y\int_0^{\frac{1}{2}(2-x-y)}(x+y+2z)\,\mathrm{d}z=\int_0^2\mathrm{d}x\int_0^{2-x}\mathrm{d}y\int_0^{\frac{1}{2}(2-x-y)}(x+y+2z)\mathrm{d}z=1$.

(2) $\displaystyle I=\iint\limits_{D_{xy}}\frac{1}{x^2+y^2}\mathrm{d}x\mathrm{d}y\int_0^y\mathrm{d}z=\int_1^2\mathrm{d}x\int_0^x\frac{1}{x^2+y^2}\mathrm{d}y\int_0^y\mathrm{d}z=\int_1^2\mathrm{d}x\int_0^x\frac{y}{x^2+y^2}\mathrm{d}y$ $=\dfrac{1}{2}\ln 2$.

(3) $\displaystyle I=\int_0^1 z\mathrm{d}z\iint\limits_{D_z}\mathrm{d}x\mathrm{d}y=\int_0^1 z\cdot\pi z\mathrm{d}z=\frac{\pi}{3}$.

(4) $I=\iiint\limits_{\Omega} x\mathrm{d}x\mathrm{d}y\mathrm{d}z=\int_0^1 x\mathrm{d}x\iint\limits_{D_x}\mathrm{d}y\mathrm{d}z=\int_0^1 x\cdot\pi\cdot x^2\mathrm{d}x=\frac{\pi}{3}$.

(5) $I=\iint\limits_{D_{xy}}\mathrm{d}y\mathrm{d}z\int_0^{1-x-y} z\mathrm{d}z=\int_0^1\mathrm{d}x\int_0^{1-x}\mathrm{d}y\int_0^{1-x-y} z\mathrm{d}z=\frac{1}{24}$.

(6) $I=\int_{-1}^1 z^2\mathrm{d}z\iint\limits_{D_z}\mathrm{d}x\mathrm{d}y=\int_{-1}^1 z^2\cdot\pi\left(1-z^2\right)\mathrm{d}z=\frac{4\pi}{15}$.

(7) $I=\int_{-c}^c z^2\mathrm{d}z\iint\limits_{D_z}\mathrm{d}x\mathrm{d}y=\int_{-c}^c z^2\cdot\pi ab\left(1-\frac{z^2}{c^2}\right)\mathrm{d}z=\frac{4\pi abc^3}{15}$.

2. (1) $I=\iint\limits_{D_{\rho\theta}}\rho^3\mathrm{d}\rho\mathrm{d}\theta\int_{\frac{\rho^2}{2}}^2\mathrm{d}z=\int_0^{2\pi}\mathrm{d}\theta\int_0^2\rho^3\mathrm{d}\rho\int_{\frac{\rho^2}{2}}^2\mathrm{d}z=\frac{16\pi}{3}$.

(2) $I=\iint\limits_{D_{\rho\theta}}\rho^2\mathrm{d}\rho\mathrm{d}\theta\int_\rho^1\mathrm{d}z=\int_0^{2\pi}\mathrm{d}\theta\int_0^1\rho^2\mathrm{d}\rho\int_\rho^1\mathrm{d}z=\frac{\pi}{6}$.

(3) $I=\int_0^{2\pi}\mathrm{d}\theta\int_0^{\frac{\pi}{2}}\mathrm{d}\varphi\int_0^{\cos\varphi} r\cdot r^2\sin\varphi\mathrm{d}r=\int_0^{2\pi}\mathrm{d}\theta\int_0^{\frac{\pi}{2}}\sin\varphi\mathrm{d}\varphi\int_0^{\cos\varphi} r^3\mathrm{d}r=\frac{\pi}{10}$.

(4) $I=\iiint\limits_{\Omega_1} z\mathrm{d}x\mathrm{d}y\mathrm{d}z+\iiint\limits_{\Omega_2} z\mathrm{d}x\mathrm{d}y\mathrm{d}z=\int_0^{\frac{r}{2}} z\cdot\pi\left(2rz-z^2\right)\mathrm{d}z+\int_{\frac{r}{2}}^r z\cdot\pi\left(r^2-z^2\right)\mathrm{d}z=$ $\frac{5\pi r^4}{24}$.

(5) $I=\iiint\limits_{\Omega}\frac{1}{r}\cdot r^2\sin\varphi\mathrm{d}r\mathrm{d}\varphi\mathrm{d}\theta=\int_0^{2\pi}\mathrm{d}\theta\int_0^{\frac{\pi}{4}}\mathrm{d}\varphi\int_0^{\frac{1}{\cos\varphi}} r\sin\varphi\mathrm{d}r=\left(\sqrt{2}-1\right)\pi$.

(6) $I=\iiint\limits_{\Omega} z\mathrm{d}x\mathrm{d}y\mathrm{d}z=\int_0^{2\pi}\mathrm{d}\theta\int_0^{\frac{\pi}{4}}\mathrm{d}\varphi\int_0^1 r\cos\varphi\cdot r^2\sin\varphi\mathrm{d}r=\frac{\pi}{8}$.

(7) 略.

3. $V=\iiint\limits_{\Omega}\mathrm{d}x\mathrm{d}y\mathrm{d}z=\iint\limits_{D_{r\theta}}\rho\mathrm{d}\rho\mathrm{d}\theta\int_{\rho^2}^{\sqrt{2-\rho^2}}\mathrm{d}x=\int_0^{2\pi}\mathrm{d}\theta\int_0^1\rho\mathrm{d}\rho\int_{\rho^2}^{\sqrt{2-\rho^2}}\mathrm{d}x=\frac{8\sqrt{2}-7}{6}\pi$.

4. $\iiint\limits_{\Omega}\left(x^2+y^2+z\right)\mathrm{d}v=\frac{256}{3}\pi$.

5. (1) $\iiint\limits_{\Omega}(x+z)\mathrm{d}V=\iiint\limits_{\Omega} z\mathrm{d}V=\int_0^1 z\mathrm{d}z\iint\limits_{D_z}\mathrm{d}x\mathrm{d}y=\int_0^1 z\cdot\pi z^2\mathrm{d}z=\frac{\pi}{4}$.

(2) 由对称性知 $\iiint\limits_{\Omega} xyz\mathrm{d}V=0$.

6. (1) $I=0$.

(2) $I=\frac{1}{3}\int_0^{2\pi}\mathrm{d}\theta\int_0^{\pi}\mathrm{d}\varphi\int_0^1 r^2\cdot r^2\sin\varphi\mathrm{d}r=\frac{4\pi}{15}$.

(3) $I=\iiint\limits_{\Omega}(k+m+n)x^2\mathrm{d}x\mathrm{d}y\mathrm{d}z=\dfrac{k+m+n}{3}\iiint\limits_{\Omega}3x^2\mathrm{d}x\mathrm{d}y\mathrm{d}z=\dfrac{4\pi}{15}(k+m+n)$.

(4) $I=\dfrac{k^2+m^2+n^2}{3}\cdot\dfrac{4\pi}{5}=\dfrac{4\pi}{15}\left(k^2+m^2+n^2\right)$.

习题 7-4

1. (1) $\dfrac{7\sqrt{2}}{2}$. (2) $I=0$. (3) $\dfrac{8\sqrt{2}}{3}\pi^3$. (4) $\dfrac{\sqrt{6}}{3}$.
2. (1) $I=0$. (2) $\dfrac{2\pi}{3}a^3$. (3) $I=\dfrac{4\pi}{3}$. (4) $I=6\sqrt{2}$.
3. $m=\displaystyle\int_0^{\pi}a\sin t\cdot\sqrt{a^2}\mathrm{d}t=2a^2$.
4. (1) $I=\dfrac{7}{24}\sqrt{3}$. (2) $I=\dfrac{\sqrt{2}+1}{2}\pi$. (3) $I=\dfrac{4\pi}{3}$.
5. $\dfrac{\sqrt{3}}{120}$.
6. 9π.
7. $4\pi a^2$.
8. (1) $8\pi R^4$. (2) $-\pi$.

习题 7-5

1. 提示:作变换 $T:\begin{cases}u=xy,\\ v=\dfrac{y}{x},\end{cases}$ T 将 D 映为区域 $D_{uv}=\left\{(u,v):a^2\leqslant u\leqslant 2a^2,1\leqslant v\leqslant 2\right\}$.

又 $J=\dfrac{D(x,y)}{D(u,v)}=\dfrac{1}{\dfrac{D(u,v)}{D(x,y)}}=\dfrac{2y}{x}=2v$, 故

$$A=\iint\limits_{D}\mathrm{d}x\mathrm{d}y=\iint\limits_{D_{uv}}2v\mathrm{d}u\mathrm{d}v=\int_1^2 2v\mathrm{d}v\int_{a^2}^{2a^2}\mathrm{d}u=3a^2.$$

2. $A=2A_1=2\iint\limits_{\Sigma}\mathrm{d}S=2\iint\limits_{D_{xy}}\sqrt{1+z_x^2+z_y^2}\mathrm{d}x\mathrm{d}y=20a^2(\pi-2)$.
3. 质心为 $\left(\dfrac{r\sin\theta}{\theta},0\right)$.
4. 对 x 轴的转动惯量：$I_x=\iint\limits_{D}\rho y^2\mathrm{d}a=\displaystyle\int_0^b\mathrm{d}x\int_0^{-\frac{a}{b}x+a}\rho y^2\mathrm{d}y=\dfrac{\rho a^3b}{12}$.

对 y 轴的转动惯量：$I_y=\iint\limits_{D}\rho x^2\mathrm{d}a=\displaystyle\int_0^b\mathrm{d}x\int_0^{-\frac{a}{b}x+a}\rho x^2\mathrm{d}y=\dfrac{\rho ab^3}{12}$.

5. 质心 $\left(0,\dfrac{3}{2\pi}\right)$. $I_x=\dfrac{1}{8}\pi$.

6. $R^3\left(\alpha-\dfrac{\sin 2\alpha}{2}\right)$.

7. $2\pi G\rho_0\left(\dfrac{a}{\sqrt{R^2+a^2}}-1\right)$.

8. 略.

第 8 章

习题 8-1

1. (1) -2. (2) -2. (3) 0, 0. (4) 0.

(5) 2π. (6) $-a^2\pi$, 0. (7) -2π. (8) $-\pi$.

2. (a) $P(x,y)=y$, $Q(x,y)=x$ 时,

(1) $I=\displaystyle\int_{\pi}^{0}[a\sin\theta\cdot(-a\sin\theta)+a\cos\theta\cdot a\cos\theta]\,\mathrm{d}\theta=0$;

(2) $I=\displaystyle\int_{-a}^{a}0\mathrm{d}x=0$;

(3) $I=\displaystyle\int_{-a}^{a}[k(x-a)(x+a)+x\cdot 2kx]\,\mathrm{d}x=0$;

(4) 略.

(b) $P(x,y)=k_1y$, $Q(x,y)=k_2x$ 时,

(1) $I=\displaystyle\int_{\pi}^{0}[k_1a\sin\theta\cdot(-a\sin\theta)+k_2a\cos\theta\cdot a\cos\theta]\mathrm{d}\theta=\frac{a^2\pi}{2}(k_1-k_2)$;

(2) $I=\displaystyle\int_{-a}^{a}0\mathrm{d}x=0$;

(3) $I=\displaystyle\int_{-a}^{a}(k_1k(x-a)(x+a)+k_2x\cdot 2kx)\mathrm{d}x=\frac{4(k_2-k_1)k}{3}a^3$;

结论：若 $\dfrac{\partial Q}{\partial x}=\dfrac{\partial P}{\partial y}$, 则 $\displaystyle\int_l P\mathrm{d}x+Q\mathrm{d}y$ 仅与起点终点有关, 而与积分路径无关.

(4) 略.

3. $-\pi$.

4. $I=0$.

习题 8-2

1. (1) $I=ab(h(c)-h(0))+bc(f(a)-f(0))+ac(g(b)-g(0))$.

(2) $I=0$.(3)$I=12\pi$. (4) $I=\dfrac{1}{2}$. (5) $I=6\pi$. (6) 略. (7) 略.

2. 略.

3. $I=\dfrac{1}{4}$.

4. $I=\dfrac{\pi}{2}$.

5. 提示：取 $\boldsymbol{n}=\pm\dfrac{(-z_x,-z_y,1)}{\sqrt{1+z_x^2+z_y^2}}$, 则 $\dfrac{\cos\alpha}{\cos\gamma}=-z_x$, $\dfrac{\cos\beta}{\cos\gamma}=-z_y$.

6. 略.

习题 8-3

1. (1) $I=\dfrac{\pi}{2}-\displaystyle\int_{l_1}(\mathrm{e}^x\sin y-y+x^3)\mathrm{d}x+(\mathrm{e}^x\cos y+y^4-1)\mathrm{d}y=\dfrac{\pi}{2}-4$.

(2) $I=-\displaystyle\int_{l_1}\left(2y+\mathrm{e}^x\sin x-x^3\right)\mathrm{d}x+\left(2x+y^3\cos y\right)\mathrm{d}y=\dfrac{\mathrm{e}^{\pi}}{2}-\dfrac{\pi^4}{4}+\dfrac{1}{2}$.

(3) $I=-\displaystyle\int_{l_1}\left(1+6y^2\arctan y\right)\mathrm{d}y-\int_{l_2}2x\mathrm{e}^{x^2}\mathrm{d}x=\dfrac{\pi}{2}+\ln 2+\mathrm{e}^{-1}$.

(4) $I=-\displaystyle\int_{l_1}x\ln\left(x^2+y^2+1\right)\mathrm{d}x+y\ln\left(x^2+y^2+1\right)\mathrm{d}y=\left(\dfrac{\pi^2}{2}+1\right)\ln\left(\pi^2+1\right)-\dfrac{\pi^2}{2}$.

(5) $I=-2\pi$.

2. 0.

3. 0.

4. 提示：$\displaystyle\oint_l\frac{\partial u}{\partial \boldsymbol{n}}\mathrm{d}S=\oint_l(u_x\cos\beta-u_y\cos\alpha)\mathrm{d}S=\oint_l -u_y\mathrm{d}x+u_x\mathrm{d}y$

$$\underline{\underline{\text{格林公式}}}\iint_D(u_{xx}+u_{yy})\,\mathrm{d}x\mathrm{d}y.$$

5. $\displaystyle\oint_l\frac{x\mathrm{d}y-y\mathrm{d}x}{4x^2+y^2}=\pi$.

6.(1) $I=\displaystyle\iiint_\Omega(1+2+3)\mathrm{d}V=6\iiint_\Omega\mathrm{d}V=6\cdot\frac{1}{3}\cdot2\cdot1\cdot2=8$.

(2) $I=\displaystyle\iiint_\Omega 3\left(x^2+y^2+z^2\right)\mathrm{d}V=3\int_0^{2\pi}\mathrm{d}\theta\int_0^{\pi}\mathrm{d}\varphi\int_0^1 r^2\cdot r^2\sin\varphi\mathrm{d}r=\frac{12\pi}{5}$.

(3) $I=\displaystyle\iiint_\Omega(0+1-1)\mathrm{d}V-\iint_{\boldsymbol{\Sigma_1}}y^3\mathrm{e}^z\mathrm{d}y\mathrm{d}z+(y+xz)\mathrm{d}z\mathrm{d}x+(1-z)\mathrm{d}x\mathrm{d}y=0-0=0$.

7. 提示：记 $\boldsymbol{S}$ 为 S 的外侧.

$$\frac{1}{2}\oiint_S\cos(\boldsymbol{r},\boldsymbol{n})\,\mathrm{d}S=\frac{1}{2}\oiint_S\frac{\boldsymbol{r}\cdot\boldsymbol{n}}{|\boldsymbol{r}|\,|\boldsymbol{n}|}\mathrm{d}S=\frac{1}{2}\iint_S\frac{1}{r}(x\cos\alpha+y\cos\beta+z\cos\gamma)\mathrm{d}S$$

$$=\frac{1}{2}\iint_{\boldsymbol{S}}\frac{1}{r}\left(x\mathrm{d}y\mathrm{d}z+\frac{1}{r}y\mathrm{d}z\mathrm{d}x+\frac{1}{r}z\mathrm{d}x\mathrm{d}y\right),$$

记 $P=\dfrac{1}{r}x$, $Q=\dfrac{1}{r}y$, $R=\dfrac{1}{r}z$. 由高斯公式得

$$\text{上式}=\frac{1}{2}\iiint_V\left(\frac{r^2-x^2}{r^3}+\frac{r^2-y^2}{r^3}+\frac{r^2-z^2}{r^3}\right)\mathrm{d}x\mathrm{d}y\mathrm{d}z=\iiint_V\frac{1}{r}\mathrm{d}x\mathrm{d}y\mathrm{d}z.$$

8. (1) $I=\iint\limits_{\Sigma}\begin{vmatrix} 0 & 0 & 1 \\ \dfrac{\partial}{\partial x} & \dfrac{\partial}{\partial y} & \dfrac{\partial}{\partial z} \\ z-y^3 & x^3+y & z^3+y \end{vmatrix}\mathrm{d}S=3\int_0^{2\pi}\mathrm{d}\theta\int_0^1\rho^2\cdot\rho\mathrm{d}\rho=\dfrac{3\pi}{2}$.

(2) $I=\iint\limits_{\Sigma}\begin{vmatrix} \dfrac{1}{\sqrt{3}} & \dfrac{1}{\sqrt{3}} & \dfrac{1}{\sqrt{3}} \\ \dfrac{\partial}{\partial x} & \dfrac{\partial}{\partial y} & \dfrac{\partial}{\partial z} \\ y+y^2+yz & xz+2xy & xy+y \end{vmatrix}\mathrm{d}S=\iint\limits_{\Sigma}\mathrm{d}S=0$

习题 8-4

1. (1) $I=\int_0^1 2x\mathrm{d}x+\int_0^2(1+\cos y)\mathrm{d}y=3+\sin 2$.

(2) $I=\int_0^1\left(4x^3+1\right)\mathrm{d}x+\int_0^1\mathrm{e}^y\mathrm{d}y=4+\mathrm{e}$.

(3) $I=\dfrac{1}{2}\ln 3$.

(4) $I=\dfrac{\pi}{4}$.

2. (1) $I=\int_l\left(yf(xy)-\dfrac{y^2}{x^3}\right)\mathrm{d}x+\left(xf(xy)+\dfrac{y}{x^2}\right)\mathrm{d}y$ 曲线具有任意性, 无具体解析式.

(2) 猜想与积分曲线路径及抽象函数均无关.

(3) 先说明曲积分与路径无关, 再找向单路径.

(4) $I=-\dfrac{65}{72}$.

(5) 略.

3. (1) $u(x,y)=\int_0^x 0\mathrm{d}x+\int_0^y x^2(1+xy)\mathrm{e}^{xy}\mathrm{d}y=\int_0^y\left(x^2\mathrm{e}^{xy}+x^3y\mathrm{e}^{xy}\right)\mathrm{d}y=x^2y\mathrm{e}^{xy}$.

(2) $u(x,y)=\int_0^x 0\mathrm{d}x+\int_0^y\dfrac{1+x^2}{(1+x^2)^2+y^2}\mathrm{d}y=\arctan\dfrac{y}{1+x^2}$.

4. (1) $I=11+2\mathrm{e}^3$. (2) $I=3$.

习题 8-5

1. $\iint\limits_{\Sigma}\boldsymbol{A}\cdot\mathrm{d}\boldsymbol{S}=\iiint\limits_{\Omega}2(x+y+z)\mathrm{d}V=0$.

2. $\iint\limits_{l}(x-z)\mathrm{d}x+\left(x^2+yz\right)\mathrm{d}y-3xy^2\mathrm{d}z=\iint\limits_{\Sigma}\begin{vmatrix} 0 & 0 & 1 \\ \dfrac{\partial}{\partial x} & \dfrac{\partial}{\partial y} & \dfrac{\partial}{\partial z} \\ x-z & x^2+yz & -3xy^2 \end{vmatrix}\mathrm{d}S=0$.

3. (1) $\mathrm{div}\boldsymbol{A}=2+2z+6=8+2z$.

(2) $\mathrm{div}\boldsymbol{A}=y\mathrm{e}^{xy}-xz\sin(xyz)-0=y\mathrm{e}^{xy}-xz\sin(xyz)$.

(3) $\mathrm{div}\boldsymbol{A}=2xyz+2xyz-2xyz=2xyz$.

4.(1) $(1,1,0)$.

(2) $(0,0,4y)$.

(3) $\left(x^2z,\ 4xy-2xyz,\ -y^2-4xz\right)$.

5. $\boldsymbol{l}$ 与 $\left(\dfrac{2}{\sqrt{6}},\dfrac{-1}{\sqrt{6}},\dfrac{-1}{\sqrt{6}}\right)$ 方向一致时, 环流密度取最大值, 最大值为 $|\mathrm{rot}\boldsymbol{A}|_M|=\sqrt{16+4+4}=2\sqrt{6}$.

第 9 章

习题 9-1

1. (1) 收敛. (2) 发散. (3) 发散. (4) 收敛.

2. (1) $\sum\limits_{n=1}^{\infty}\dfrac{1}{(2n+1)(2n-1)}=\dfrac{1}{2}$.

(2) 因为 $S_n=(\sqrt{2}-1)+(\sqrt{3}-\sqrt{2})+\cdots+(\sqrt{n+1}-\sqrt{n})=\sqrt{n+1}-1\to\infty(n\to\infty)$, 所以级数发散.

(3) $\sum\limits_{n=1}^{\infty}(\sqrt{n+2}-2\sqrt{n+1}+\sqrt{n})=1-\sqrt{2}$.

3. $\lim\limits_{n\to\infty}u_n=\lim\limits_{n\to\infty}\left(1+\dfrac{\pi}{n}\right)^{\frac{n}{\pi}\cdot\pi}=\mathrm{e}^{\pi}\neq0$, 由级数收敛的必要条件知, $\sum\limits_{n=1}^{\infty}\left(1+\dfrac{\pi}{n}\right)^n$ 发散.

4. 记 $\sum\limits_{n=1}^{\infty}(2n-1)r^{n-1}$ 的前 n 项和为 S_n,

$$S_n=\frac{2r\left(1-r^{n-1}\right)}{(1-r)^2}+\frac{1-(2n-1)r^n}{1-r}\to\frac{r+1}{(1-r)^2}\quad(n\to\infty).$$

5.(1) 当 $\left|\dfrac{1}{1+x}\right|<1$, 即 $x>0$ 或 $x<-2$ 时, 级数收敛.

(2) 当 $|\ln x|<1$, 即 $\mathrm{e}^{-1}<x<\mathrm{e}$ 时, 级数收敛.

习题 9-2

1. (1) 因为 $\lim\limits_{n\to\infty}\dfrac{\dfrac{1+n}{1+n^2}}{\dfrac{1}{n}}=\lim\limits_{n\to\infty}\dfrac{n(n+1)}{1+n^2}=1$, 且 $\sum\limits_{n=1}^{\infty}\dfrac{1}{n}$ 发散, 所以 $\sum\limits_{n=1}^{\infty}\dfrac{1+n}{1+n^2}$ 发散.

(2) 因为 $(n+1)\cdot(n+4)<\dfrac{1}{n^2}$, 且 $\sum\limits_{n=1}^{\infty}\dfrac{1}{n^2}$ 收敛, 所以由比较审敛法得, $\sum\limits_{n=1}^{\infty}\dfrac{1}{(n+1)(n+4)}$ 收敛.

(3) 因为 $\sin\dfrac{\pi}{2^n}<\dfrac{\pi}{2^n}$, 且 $\sum\limits_{n=1}^{\infty}\dfrac{\pi}{2^n}$ 收敛, 所以由比较审敛法得, $\sum\limits_{n=1}^{\infty}\dfrac{\pi}{2^n}$ 收敛.

(4) $a>1$ 时, 因为 $\dfrac{1}{1+a^n}<\dfrac{1}{a^n}$, 且 $\sum\limits_{n=1}^{\infty}\dfrac{1}{a^n}$ 收敛, 由比较审敛法得, $\sum\limits_{n=1}^{\infty}\dfrac{1}{1+a^n}$ 收敛. $0<a<1$ 时, $\lim\limits_{n\to\infty}\dfrac{1}{1+a^n}=1$, 由级数收敛的必要条件知, $\sum\limits_{n=1}^{\infty}\dfrac{1}{1+a^n}$ 发散, $a=1$ 时, $\sum\limits_{n=1}^{\infty}\dfrac{1}{1+a^n}=\sum\limits_{n=1}^{\infty}\dfrac{1}{2}$, 由级数收敛的必要条件知, 此级数也发散.

2. (1) 记 $u_n=\dfrac{3^n}{n\cdot 2^n}$, 则 $\lim\limits_{n\to\infty}\dfrac{u_{n+1}}{u_n}=\lim\limits_{n\to\infty}\dfrac{3^{n+1}}{(n+1)\cdot 2^{n+1}}\cdot\dfrac{n\cdot 2^n}{3^n}=\lim\limits_{n\to\infty}\dfrac{n}{(n+1)}\dfrac{3}{2}=\dfrac{3}{2}>1$, 故由比值审敛法, 级数发散.

(2) 记 $u_n=\dfrac{n^2}{3^n}$, 则 $\lim\limits_{n\to\infty}\dfrac{u_n+1}{u_n}=\lim\limits_{n\to\infty}\dfrac{(n+1)^2}{3^{n+1}}\cdot\dfrac{3^n}{n^2}=\lim\limits_{n\to\infty}\dfrac{(n+1)^2}{3n^2}=\dfrac{1}{3}<1$, 故由比值审敛法, 级数收敛.

(3) 记 $u_n=\dfrac{2^n\cdot n!}{n^n}$, 则 $\lim\limits_{n\to\infty}\dfrac{u_{n+1}}{u_n}=\lim\limits_{n\to\infty}\dfrac{2^{n+!}\cdot(n+1)!}{(n+1)^{n+1}}\cdot\dfrac{n^n}{2^n\cdot n!}=\lim\limits_{n\to\infty}\dfrac{2}{\left(1+\dfrac{1}{n}\right)^n}=\dfrac{2}{\mathrm{e}}<1$, 故由比值审敛法, 知级数收敛.

(4) 记 $u_n=n\tan\dfrac{\pi}{2^{n+1}}$, 则 $\lim\limits_{n\to\infty}\dfrac{u_{n+1}}{u_n}=\lim\limits_{n\to\infty}\dfrac{(n+1)\tan\dfrac{n}{2^{n+2}}}{n\tan\dfrac{\pi}{2^{n+1}}}=\lim\limits_{n\to\infty}\dfrac{(n+1)1}{n\cdot 2}=\dfrac{1}{2}<1$, 故由比值审敛法, 级数收敛.

3. (1) 记 $u_n=\left(\dfrac{n}{2n+1}\right)^n$, $\lim\limits_{n\to\infty}\sqrt[n]{u_n}=\lim\limits_{n\to\infty}\dfrac{n}{2n+1}=\dfrac{1}{2}<1$, 故由根值审敛法, 级数收敛.

(2) 记 $u_n=\dfrac{1}{[\ln(n+1)]^n}$, $\lim\limits_{n\to\infty}\sqrt[n]{u_n}=\lim\limits_{n\to\infty}\dfrac{1}{\ln(n+1)}=0<1$. 故由根值审敛法, 级数收敛.

(3) 记 $u_n=\left(\dfrac{n}{3n-1}\right)^{2n-1}$, $\lim\limits_{n\to\infty}\sqrt[n]{u_n}=\lim\limits_{n\to\infty}\left(\dfrac{n}{3n-1}\right)^{\frac{2n-1}{n}}=\dfrac{1}{9}<1$, 故由根值审敛法知, 级数收敛.

(4) 记 $u_n=\left(\dfrac{b}{a_n}\right)^n$, $\lim\limits_{n\to\infty}\sqrt[n]{u_n}=\lim\limits_{n\to\infty}\dfrac{b}{a_n}=\dfrac{b}{a}$, 则当 $\dfrac{b}{a}<1$ 时, 由根值审敛法, 级数收敛; 当 $\dfrac{b}{a}>1$ 时, 由根值审敛法, 级数发散; 当 $\dfrac{b}{a}=1$ 时, 根值审敛法失效.

4. (1) 收敛.(2) 收敛.(3) 发散. (4) 收敛. (5) 发散. (6) 发散.

5. (1) 发散. (2) 发散. (3) 发散.(4) 收敛. (5) 收敛.

(6) 当 $P\leqslant 1$ 时, 发散; 当 $P>1$ 时, 收敛.

(7) 发散. (8) 收敛. (9) 收敛.(10) 收敛. (11) 发散.(12) 收敛.

(13) 收敛. (14) 收敛.

(15) $P>1$ 时, 收敛; $0<P\leqslant 1$ 时, 发散.

(16) $P>1$ 时, 收敛; $0<P\leqslant 1$ 时, 发散.

6. 提示：因为 $\sum\limits_{n=1}^{\infty}u_n$ 收敛, 所以 $\lim\limits_{n\to\infty}u_n=0$, 故 $\exists N$, 当 $n>N$ 时, $0\leqslant u_n<\dfrac{1}{2}$, 因此 $p>1$ 时, $u_n^p<u_n(n>N)$ 又 $\sum\limits_{n=1}^{\infty}u_n$ 收敛, 由比较判别法, $\sum\limits_{n=1}^{\infty}u_n^p$ 收敛. 逆不成立. 如 $\sum\limits_{n=1}^{\infty}\dfrac{1}{n^p}(p>1)$ 收敛, 但 $\sum\limits_{n=1}^{\infty}\dfrac{1}{n}$ 发散.

7. 提示：因为 $\sum\limits_{n=1}^{\infty}u_n$, $\sum\limits_{n=1}^{\infty}v_n$ 均收敛, 因为 $|u_n-v_n|\leqslant u_n+v_n$, 所以 $\sum\limits_{n=1}^{\infty}|u_n-v_n|$ 收敛, 故 $\sum\limits_{n=1}^{\infty}\dfrac{|u_n-v_n|+(u_n+v_n)}{2}$ 收敛. 又 $\max\{u_n,v_n\}=\dfrac{|u_n-v_n|+(u_n+v_n)}{2}$, 即 $\sum\limits_{n=1}^{\infty}\max\{u_n,v_n\}$ 收敛. 借助 $\min\{u_n,v_n\}=\dfrac{u_n+v_n-|u_n-v_n|}{2}$, 同理可证 $\sum\limits_{n=1}^{\infty}\min\{u_n,v_n\}$ 收敛. $\sum\limits_{n=1}^{\infty}u_n$, $\sum\limits_{n=1}^{\infty}v_n$ 均发散时, $\sum\limits_{n=1}^{\infty}\max\{u_n,v_n\}$ 发散, $\sum\limits_{n=1}^{\infty}\min\{u_n,v_n\}$ 可能收敛, 也可能发散.

8. 提示：因为 $\sum\limits_{n=1}^{\infty}u_n^2$, $\sum\limits_{n=1}^{\infty}v_n^2$ 均收敛, 所以 $\sum\limits_{n=1}^{\infty}\dfrac{u_n^2+v_n^2}{2}$ 收敛. 又因为 $|u_nv_n|\leqslant\dfrac{u_n^2+v_n^2}{2}$, 所以 $\sum\limits_{n=1}^{\infty}|u_nv_n|$ 收敛.

9. 提示：(1) 记 $u_n=\dfrac{n^n}{(n!)^2}$, 因为 $\sum\limits_{n=1}^{\infty}\dfrac{n^n}{(n!)^2}$ 收敛, 由必要条件知, $\lim\limits_{n\to\infty}\dfrac{n^n}{(n!)^2}=0$.

(2) $\lim\limits_{n\to\infty}\sqrt[n]{np^n}=\lim\limits_{n\to\infty}p\cdot\sqrt[n]{n}=p$, 所以 $\sum\limits_{n=1}^{\infty}np^n$ 收敛, 故 $\sum\limits_{n=1}^{\infty}np^n=0$.

10. 提示：由 $\lim\limits_{n\to\infty}\dfrac{\ln\dfrac{1}{u_n}}{\ln n}=r$, $\forall\varepsilon>0$, $\exists$ 止整数 N, 当 $n>N$ 时, 有 $\dfrac{1}{n^{r-\varepsilon}}>u_n>\dfrac{1}{n^{r+\varepsilon}}$. 当 $r>1$ 时, 取 $\varepsilon=\dfrac{r-1}{2}$, 使 $q=r-\varepsilon>1$, 则 $\exists$ 正整数 N, 当 $n>N_1$ 时, 有 $u_n<\dfrac{1}{n^{r-\varepsilon}}$, 此时 $\sum\limits_{n=1}^{\infty}\dfrac{1}{n^{r-\varepsilon}}$ 收敛, 故由比较判别法 $\sum\limits_{n=1}^{\infty}u_n$ 收敛. 当 $r<1$ 时, 取 $\varepsilon=\dfrac{1-r}{2}$, 使 $r+\varepsilon<1$, 则 $\exists N_2$, 当 $n>N_2$, 有 $u_n>\dfrac{1}{n^{r+\varepsilon}}$ 又此时 $\sum\limits_{n=1}^{\infty}\dfrac{1}{n^{r+\varepsilon}}$ 发散, 故由比较判别法, $\sum\limits_{n=1}^{\infty}u_n$ 发散.

(1) 因为 $\lim\limits_{n\to\infty}\dfrac{\ln 3^{\ln n}}{\ln n}=\lim\limits_{n\to\infty}\dfrac{\ln n\cdot\ln 3}{\ln n}=\ln 3>1$, 所以 $\sum\limits_{n=1}^{\infty}\dfrac{1}{3^{\ln n}}$ 收敛.

(2) 因为 $\lim\limits_{n\to\infty}\dfrac{\ln\dfrac{1}{n^{\ln x}}}{\ln n}=\lim\limits_{n\to\infty}\dfrac{(-\ln x)\ln n}{\ln n}=-\ln x$, 当 $0<x<\dfrac{1}{\mathrm{e}}$ 时, 级数收敛; 当

$x > \frac{1}{\mathrm{e}}$ 时, 级数发散; 当 $x = \frac{1}{\mathrm{e}}$ 时, 级数 $\sum\limits_{n=1}^{\infty} \frac{1}{n}$ 发散.

习题 9-3

1. (1) 记 $u_n = \frac{1}{\sqrt{n}}$, $\{u_n\}$ 单调递减, 且 $\lim\limits_{n\to\infty} u_n = 0$, 故 $\sum\limits_{n=1}^{\infty} (-1)^{n+1} \frac{1}{\sqrt{n}}$ 为莱布尼茨级数, 收敛.

(2) 记 $u_n = \frac{1}{\ln n}$, $\{u_n\}$ 单调递减, 且 $\lim\limits_{n\to\infty} u_n = 0$, 故 $\sum\limits_{n=1}^{\infty} (-1)^{n+1} \frac{1}{\ln(n+1)}$ 收敛.

(3) 记 $u_n = \frac{n}{(n+1)^2}$, 因为 $u_n - u_{n+1} = \frac{n}{(n+1)^2} - \frac{n+1}{(n+2)^2} = \frac{n^2+n-1}{(n+1)^2(n+2)^2} > 0 (\forall n)$ 所以 $\{u_n\}$ 单调递减, 且 $\lim\limits_{n\to\infty} u_n = 0$, 故 $\sum\limits_{n=1}^{\infty} (-1)^{n+1} \frac{n}{(n+1)^2}$ 收敛.

(4) 记 $u_n = \frac{n^5}{3^n}$, 考察 $f(x) = \frac{x^5}{3^x}$, $f'(x) = \frac{x^4(5 - x\ln 3)}{3^x} < 0 (x > 5)$, 故 $n > 5$ 时, $u_n > u_{n+1}$, 且 $\lim\limits_{n\to\infty} \frac{n^5}{3^n} = 0$, 因此 $\sum\limits_{n=1}^{\infty} (-1)^{n+1} \frac{n^5}{3^n}$ 收敛.

2. (1) 绝对收敛.(2) 绝对收敛. (3) 发散.

3. 绝对收敛.

4. (1) 发散. (2) 收敛.

5. (1) 收敛. (2) 收敛. (3) 当 $p > 1$ 时, 绝对收敛; 当 $p = 1$ 时, 收敛.

习题 9-4

1. (1) 当 $-1 \leqslant x \leqslant 1$ 时, $\sum\limits_{n=1}^{\infty} (1 - x^2) x^n$ 收敛.

(2) $\forall x \in \mathbf{R}$, $\sum\limits_{n=1}^{\infty} \frac{(-1)^{n+1}}{(1+x^2)^n}$ 收敛.

(3) $-2 \leqslant x \leqslant 0$ 时, $\sum\limits_{n=1}^{\infty} \frac{1+(1+x)^n}{1+(n-x)^2}$ 收敛.

(4) 当 $x > 0$ 时, $\sum\limits_{n=1}^{\infty} n^2 \mathrm{e}^{-nx}$ 收敛; $x \leqslant 0$ 时, $\sum\limits_{n=1}^{\infty} n^2 \mathrm{e}^{-nx}$ 发散.

2. (1) 记 $u_n(x) = (1 - x^2)\, x^n$, 则

$$u_n'(x) = -2x^{n+1} + (1 - x^2) \cdot n x^{n-1} = x^{n-1} \left[n - (n+2) x^2 \right].$$

当 $x \in \left[-\frac{1}{2}, \frac{1}{2}\right]$ 时, $u_n'(x) > 0$. 故 $u_n(x)$ 在 $x = \frac{1}{2}$ 时, 取得最大值, 在 $x = -\frac{1}{2}$ 时, 取得最小值, 即 $\frac{3}{4}\left(-\frac{1}{2}\right)^n \leqslant \ln(x) \leqslant \frac{3}{4}\left(\frac{1}{2}\right)^n$, $\left(x \in \left[-\frac{1}{2}, \frac{1}{2}\right]\right)$. 因此 $|u_n(x)| \leqslant \frac{3}{4} \cdot \left(\frac{1}{2}\right)^n$. 又

$\sum\limits_{n=1}^{\infty}\frac{3}{4}\cdot\left(\frac{1}{2}\right)^n$ 收敛, 因此 $\sum\limits_{n=1}^{\infty}(1-x^2)x^n$ 在 $\left[-\frac{1}{2},\frac{1}{2}\right]$ 上一致收敛.

(2) 记 $u_n(x)=\frac{(-1)^n}{2^n+x^n}$, $|u_n(x)|=\frac{1}{2^n+x^n}\leqslant\frac{1}{2^n}$, 又 $\sum\limits_{n=1}^{\infty}\frac{1}{2^n}$ 收敛, 因此 $\sum\limits_{n=1}^{\infty}\frac{(-1)^n}{2^n+x^n}$ 在 $[0,+\infty]$ 上一致收敛.

(3) 因为对 $\forall x\in\mathbf{R}$, $\left|\frac{1}{\sin nx+n^2}\right|\leqslant\frac{1}{n^2-|\sin nx|}\leqslant\frac{1}{n^2-1}\quad(n>1)$, 又 $\sum\limits_{n=2}^{\infty}\frac{1}{n^2-1}$ 收敛, 所以 $\sum\limits_{n=1}^{\infty}\frac{1}{\sin nx+n^2}$ 在 $(-\infty,+\infty)$ 一致收敛.

(4) 记 $u_n(x)=\frac{x^2}{1+n^3x^4}$ $(x\geqslant 0)$.

$$u_n'(x)=\frac{2x\left(1+n^3x^4\right)-x^2\cdot 4n^3x^3}{\left(1+n^3x^4\right)^2}=\frac{2x\left(1-n^3x^4\right)}{\left(1+n^3x^4\right)^2},$$

则 $u_n(x)$ 在 $x=\frac{1}{n^{3/4}}$ 时达到 $[0,+\infty]$ 上的最大值, 故 $0\leqslant \ln(x)\leqslant\frac{\frac{1}{n^{3/2}}}{2}=\frac{1}{2n^{3/2}}$ $(x\leqslant 0)$. 又 $\sum\limits_{n=1}^{\infty}\frac{1}{2n^{3/2}}$ 收敛, 所以 $\sum\limits_{n=1}^{\infty}\frac{x^2}{1+n^3x^4}$ 在 $[0,+\infty]$ 上一致收敛.

3. $\lim\limits_{x\to 1}S(x)=\lim\limits_{x\to 1}\sum\limits_{n=1}^{\infty}\frac{x^n}{2^n}\cos n(1-x)=\sum\limits_{n=1}^{\infty}\lim\limits_{x\to 1}\frac{x^n}{2^n}\cos n(1-x)=\sum\limits_{n=1}^{\infty}\frac{1}{2^n}=\frac{\frac{1}{2}}{1-\frac{1}{2}}=1.$

4. $\int_0^{\pi}S(x)\mathrm{d}x=\int_0^{\pi}\left[\sum\limits_{n=1}^{\infty}\frac{\cos nx}{n\sqrt{n}}\right]\mathrm{d}x=\sum\limits_{n=1}^{\infty}\left[\int_0^{\pi}\frac{\cos nx}{n\sqrt{n}}\mathrm{d}x\right]=\sum\limits_{n=1}^{\infty}0=0.$

$$S'(x)=\left(\sum_{n=1}^{\infty}\frac{\cos nx}{n\sqrt{n}}\right)'=\sum_{n=1}^{\infty}\left(\frac{\cos nx}{n\sqrt{n}}\right)'=\sum_{n=1}^{\infty}\frac{-\sin nx}{\sqrt{n}}.$$

习题 9-5

1. (1) $R=1$, 收敛域为 $[-1,1]$. (2) $R=3$, 收敛域为 $[-3,3)$.
(3) $R=1$, 收敛域为 $[-1,1]$. (4) $R=1$, 收敛域为 $[-1,1]$.
(5) $R=1$, 收敛域为 $\left(-\frac{1}{2},\frac{1}{2}\right]$. (6) $R=1$, 收敛域为 $[4,6)$. (7) 略. (8) 略.

2. (1) $\sum\limits_{n=1}^{\infty}nx^{n-1}=1+2x+\cdots+nx^{n-1}+\cdots=\left(\frac{x}{1-x}\right)'=\frac{1}{(1-x)^2}$, $x\in(-1,1)$.

(2) $x+\frac{x^3}{3}+\frac{x^5}{5}+\cdots+\frac{x^{2n+1}}{2n+1}+\cdots=\int_0^x\frac{1}{1-x^2}\mathrm{d}x=\frac{1}{2}\ln\frac{1+x}{1-x}$, $x\in(-1,1)$.

3. (1) $\sum\limits_{n=1}^{\infty} n^2 x^n = x\sum\limits_{n=1}^{\infty} n^2 x^{n-1} = \dfrac{x(1+x)}{(1-x)^3}$, $x\in(-1,1)$. 取 $x=-\dfrac{1}{2}$, 则 $\sum\limits_{n=1}^{\infty}(-1)^n\dfrac{n^2}{2^n} = -\dfrac{2}{27}$.

(2) $\sum\limits_{n=1}^{\infty}\dfrac{x^n}{n} = -\ln(1-x), x\in[-1,1)$, 取 $x=\dfrac{1}{2}$, 则 $\sum\limits_{n=1}^{\infty}\dfrac{1}{n2^n} = -\ln\dfrac{1}{2} = \ln 2$.

4. (1) $R=1$, $\sum\limits_{n=0}^{\infty}(2n+1)x^n = \dfrac{1+x}{(1-x)^2}$, $x\in(-1,1)$.

(2) $\sum\limits_{n=0}^{\infty}\dfrac{(2n+1)(-2)^{n-1}}{3^{n+1}} = \dfrac{1}{(-2)\cdot 3}\sum\limits_{n=0}^{\infty}\dfrac{(-2)^n(2n+1)}{3^n} = -\dfrac{1}{50}$.

5. B.

6. (1)
$$\sin^2 x = \frac{1}{2}\left(\frac{2^2x^2}{2!} - \frac{2^4x^4}{4!} + \frac{2^6x^6}{6!} - \cdots\right)$$
$$= \frac{2x^2}{2!} - \frac{2^3x^4}{4!} + \frac{25x^6}{6!} - \cdots + \frac{(-1)^{n-1}2^{2n-1}x^{2n}}{(2n)!},\quad x\in(-\infty,+\infty)$$

(2)
$$(1+x)\ln(1+x) = \ln(1+x) + x\ln(1+x)$$
$$= x + \sum_{n=0}^{\infty}\frac{(-1)^n}{(n+1)(n+2)}x^{n+2} = x + \sum_{n=1}^{\infty}\frac{(-1)^{n-1}}{n(n+1)}x,\quad x\in(-1,1].$$

7. $\lg x = \dfrac{1}{\ln 10}\sum\limits_{n=1}^{\infty}\dfrac{(-1)^{n-1}}{n}(x-1)^n$, $0<x\leqslant 2$.

8.
$$\cos x = \cos\left(x+\frac{\pi}{3}-\frac{\pi}{3}\right) = \frac{1}{2}\cos\left(x+\frac{\pi}{3}\right) + \frac{\sqrt{3}}{2}\sin\left(x+\frac{\pi}{3}\right).$$
$$= \sum_{n=0}^{\infty}\frac{(-1)^n}{2\cdot(2n)!}\left[\left(x+\frac{\pi}{3}\right)^{2n} + \frac{\sqrt{3}}{(2n+1)}\left(x+\frac{\pi}{3}\right)^{2n+1}\right]\quad (x\in\mathbf{R}).$$

9. $f(x) = -\dfrac{1}{3}\sum\limits_{n=0}^{\infty}\dfrac{(x+4)^n}{3^n} + \dfrac{1}{2}\sum\limits_{n=0}^{\infty}\dfrac{(x+4)^n}{2^n} = \sum\limits_{n=0}^{\infty}\left(\dfrac{1}{2^{n+1}} - \dfrac{1}{3^{n+1}}\right)(x+4)^n$, $x\in(-6,-2)$.

10. $\sqrt{\mathrm{e}} = 1 + \dfrac{1}{2} + \dfrac{1}{2!}\left(\dfrac{1}{2}\right)^2 + \dfrac{1}{3!}\left(\dfrac{1}{2}\right)^3 + \dfrac{1}{4!}\left(\dfrac{1}{2}\right)^4 \approx 1.648$.

11. $\displaystyle\int_0^{0.5}\frac{1}{1+x^4}\mathrm{d}x = \frac{1}{2} - \frac{1}{5}\cdot\frac{1}{2^5} + \frac{1}{9}\cdot\frac{1}{2^9} \approx 0.4940$.

12. 提示: $\sum\limits_{n=1}^{\infty}n(n+1)x^n = x\sum\limits_{n=1}^{\infty}n(n+1)x^{n-1} = x\sum\limits_{n=1}^{\infty}\left(x^{n+1}\right)'' = x\left(\sum\limits_{n=1}^{\infty}x^{n+1}\right)'' = x\left(\dfrac{x^2}{1-x}\right)''$.

13. 解析: 恒等式问题的证明. 常用拉格朗日中值定理的结论证明, 即导函数恒为 0 的函数为常值函数, 用到逐项求导理论, 级数的和、差理论等.

令 $F(x)=f(x)+f(1-x)+\ln x\ln(1-x), x\in(0,1)$ 则

$$\begin{aligned}F'(x)&=f'(x)+(-1)f'(1-x)+\frac{1}{x}\ln(1-x)-\frac{1}{1-x}\ln x\\&=\sum_{n=1}^{\infty}\frac{x^{n-1}}{n}-\sum_{n=1}^{\infty}\frac{(1-x)^{n-1}}{n}+\frac{1}{x}\sum_{n=1}^{\infty}\frac{-x^n}{n}-\frac{1}{1-x}\ln[1-(1-x)]\\&=-\sum_{n=1}^{\infty}\frac{(1-x)^{n-1}}{n}-\frac{1}{1-x}\sum_{n=1}^{\infty}\frac{-(1-x)^n}{n}\\&=-\sum_{n=1}^{\infty}\frac{(1-x)^{n-1}}{n}+\sum_{n=1}^{\infty}\frac{(1-x)^{n-1}}{n}=0, x\in(0,1),\end{aligned}$$

故 $F(x)\equiv C$, $x\in(0,1)$.

14. 提示: (1) $f(x)=\sin x\cos x=\dfrac{1}{2}\sin 2x$.

(2) $f(x)=\sin^2 2x=\dfrac{1-\cos 4x}{2}=\dfrac{1}{2}-\dfrac{\cos 4x}{2}$.

习题 9-6

1. $f(x)=\displaystyle\sum_{n=1}^{\infty}\frac{2(-1)^{n-1}}{n}\sin nx$, $-\infty<x<+\infty$, 且 $x\neq(2k+1)\pi$, $k\in\mathbf{Z}$. 当 $x=(2k+1)\pi$, $k\in\mathbf{Z}$ 时, 级数收敛于 $\dfrac{\pi+1+(-\pi+1)}{2}=1$.

2. $f(x)=-\dfrac{2}{\pi}\sin x-\dfrac{2}{3\pi}\sin 3x-\cdots-\dfrac{2}{(2k+1)\pi}\sin(2k+1)x-\cdots 0$, $-\infty<x<+\infty$, 且 $x\neq\pm\pi,\pm2\pi,\pm3\pi,\cdots$, 当 $x=0,\pm\pi,\pm2\pi,\cdots$ 时, 级数收敛于 $\dfrac{1}{2}$.

3. $$\begin{aligned}f(x)&=\frac{1}{2\pi}\left(1-\mathrm{e}^{-2\pi}\right)+\sum_{n=1}^{\infty}\left(\frac{1-\mathrm{e}^{-2\pi}}{\pi\left(n^2+1\right)}\cos nx+\frac{n\left(\mathrm{e}^{-2\pi}-1\right)}{\pi\left(n^2+1\right)}\sin nx\right)\\&=\frac{1}{2\pi}\left(1-\mathrm{e}^{-2\pi}\right)+\frac{1-\mathrm{e}^{-2\pi}}{\pi}\sum_{n=1}^{\infty}\left(\frac{\cos nx}{n^2+1}-\frac{n\sin nx}{n^2+1}\right),\quad x\in(-2\pi,0),\end{aligned}$$

当 $x=0$ 时, 级数收敛到 $\dfrac{1+\mathrm{e}^{-2\pi}}{2}$.

4. $f(x)=1-\dfrac{2}{\pi}\displaystyle\sum_{n=1}^{\infty}\frac{1}{n}\sin n\pi x$, $x\in(0,2)$. $x=2$ 时, 级数收敛到 $\dfrac{0+2}{2}=1$.

5. $f(x)=\displaystyle\sum_{n=1}^{\infty}\frac{(-1)^{n-1}2}{n}\sin nx,\quad x\in[0,\pi)$.

$$f(x)=\frac{\pi}{2}-\frac{4}{\pi}\sum_{k=0}^{\infty}\frac{1}{(2k+1)^2}\cos(2k+1)x,\quad x\in[0,\pi).$$

6. $f(x)=\dfrac{\pi^2}{3}+\displaystyle\sum_{n=1}^{\infty}\frac{(-1)^n4}{n^2}\cos nx,\quad x\in(-\pi,\pi]$.

7. (1) $f(x)=\dfrac{\pi+2}{2}-\sum\limits_{n=1}^{\infty}\dfrac{1}{n}\sin 2nx,\quad x\in(0,\pi).$

当 $x=\pi$ 时, 级数收敛到 $\dfrac{1+\pi+1}{2}=\dfrac{\pi+2}{2}$.

(2) $f(x)$ 的正弦级数为

$$f(x)=\frac{2}{\pi}(\pi+2)\sin x-\sin 2x+\frac{2}{3\pi}(\pi+2)\sin 3x-\frac{1}{2}\sin 4x+\cdots+\frac{2}{(2k-1)\pi}(\pi+2)\sin(2k-1)x-\frac{2}{2k}\sin 2kx+\cdots,\quad x\in(0,\pi).$$

$x=\pi$ 时, 级数收敛到 0.

(3) $f(x)$ 的余弦级数为

$$f(x)=\frac{\pi+2}{2}-\sum_{k=1}^{\infty}\frac{4}{(2k-1)^2\pi}\cos(2k-1)x,\quad x\in(0,\pi].$$

8. $f(x)$ 的正弦级数为

$$f(x)=\frac{2l}{\pi^2}\sin\frac{\pi x}{l}+\frac{l}{2\pi}\sin\frac{2\pi x}{\tau}-\frac{2l}{9\pi^2}\sin\frac{3\pi x}{l}-\frac{l}{4\pi}\sin\frac{4\pi x}{l}+\cdots+\frac{2l}{(4k+1)^2\pi^2}\sin\frac{(4k+1)\pi x}{l}+\frac{l}{(4k+2)\pi}\sin\frac{(4k+2)\pi x}{l}-\frac{2l}{(4k+3)^2\pi^2}\sin\frac{(4k+3)\pi x}{l}-\frac{l}{(4k+4)\pi}\sin\frac{(4k+4)\pi x}{l}+\cdots,x\in(0,l).$$

$x=l$ 时, 级数收敛到 0.

9. 提示：令 $f(x)=\dfrac{\pi-x}{2}$, $x\in(0,2\pi)$. $f(x)$ 的正弦级数为

$$f(x)=\sum_{k=1}^{\infty}\frac{2}{2k}\sin\frac{2k}{2}x=\sum_{k=1}^{\infty}\frac{1}{k}\sin kx,\quad x\in(0,2\pi).$$

10. 略.

参 考 文 献

从福仲. 2018. 高等数学新理念教程 [M]. 北京: 科学出版社.

崔国忠, 石金娥, 郭从洲. 2018. 数学分析 [M]. 北京: 科学出版社.

大连理工大学应用数学系. 2007. 工科数学分析 [M]. 大连: 大连理工大学出版社.

苏德矿, 吴明华. 2007. 微积分 [M]. 2 版. 北京: 高等教育出版社.

同济大学数学系. 2014. 高等数学 [M]. 7 版. 北京: 高等教育出版社.

吴迪光, 张彬. 1995. 微积分学 [M]. 杭州: 浙江大学出版社.

朱建民, 李建平. 2015. 高等数学 [M]. 2 版. 北京: 高等教育出版社.